全国高等院校"十二五"特色精品课程建设成果

工程力学

（第2版）

〔上 册〕

Gongcheng Lixue

⊙邱小林 冯 薇 冯新红 包忠有 编著

北京理工大学出版社
BEIJING INSTITUTE OF TECHNOLOGY PRESS

内 容 简 介

本教材是按 90~96 课时编写的，适用于高等教育应用型院校对《工程力学》课程安排为中等学时的各专业，亦适用于自学使用。内容包含静力学基本理论，构件的强度、刚度和稳定性计算，以及运动学和动力学基本概念。

本教材中除例题和习题以外，还有一定数量的思考题及题后分析，以帮助使用本教材的读者进一步提高分析问题和解决问题的能力，实现我们抛砖引玉的目标。

版权专有　侵权必究

图书在版编目（CIP）数据

工程力学：全 2 册 / 邱小林等编著. —2 版. —北京：北京理工大学出版社，2012.7（2020.8 重印）
ISBN 978-7-5640-6335-1

Ⅰ.①工… Ⅱ.①邱… Ⅲ.①工程力学-高等学校-教材 Ⅳ.①TB12

中国版本图书馆 CIP 数据核字（2012）第 165860 号

出版发行 / 北京理工大学出版社
社　　址 / 北京市海淀区中关村南大街 5 号
邮　　编 / 100081
电　　话 /（010）68914775（办公室）　68944990（批销中心）　68911084（读者服务部）
网　　址 / http://www.bitpress.com.cn
经　　销 / 全国各地新华书店
印　　刷 / 唐山富达印务有限公司
开　　本 / 787 毫米 × 1092 毫米　1/16
印　　张 / 33.25
字　　数 / 754 千字
版　　次 / 2012 年 7 月第 2 版　2020 年 8 月第 7 次印刷
总 定 价 / 76.00 元

责任校对 / 陈玉梅
责任印制 / 王美丽

图书出现印装质量问题，本社负责调换

出版说明 >>>>>>>

北京理工大学出版社为了顺应国家对机电专业技术人才的培养要求，满足企业对毕业生的技能需求，以服务教学、立足岗位、面向就业为方向，经过多年的大力发展，开发了近 30 多个系列 500 多个品种的高等教育机电类产品，覆盖了机械设计与制造、材料成型与控制技术、数控技术、模具设计与制造、机电一体化技术、焊接技术及自动化等 30 多个制造类专业。

为了进一步服务全国机电类高等教育的发展，北京理工大学出版社特邀请一批国内知名行业专业、高等院校骨干教师、企业专家和相关作者，根据高等教育教材改革的发展趋势，从业已出版的机电类教材中，精心挑选一批质量高、销量好、院校覆盖面广的作品，集中研讨、分别针对每本书提出修改意见，修订出版了该高等院校"十二五"特色精品课程建设成果系列教材。

本系列教材立足于完整的专业课程体系，结构严整，同时又不失灵活性，配有大量的插图、表格和案例资料。作者结合已出版教材在各个院校的实际使用情况，本着"实用、适用、先进"的修订原则和"通俗、精炼、可操作"的编写风格，力求提高学生的实际操作能力，使学生更好地适应社会需求。

本系列教材在开发过程中，为了更适宜于教学，特开发配套立体资源包，包括如下内容：

➢ 教材使用说明；

➢ 电子教案，并附有课程说明、教学大纲、教学重难点及课时安排等；

➢ 教学课件，包括：PPT 课件及教学实训演示视频等；

➢ 教学拓展资源，包括：教学素材、教学案例及网络资源等；

> 教学题库及答案,包括:同步测试题及答案、阶段测试题及答案等;
> 教材交流支持平台。

北京理工大学出版社

前 言 >>>>>>

  本教材系按 90~96 课时编写的，适用于高等教育应用型院校对《工程力学》课程安排为中等学时的各专业，亦可供自学之用。

  在内容的安排上，先讲授静力学基本理论，然后讲述构件的强度、刚度和稳定性计算，最后讲授运动学和动力学基本理论。

  本教材吸收了众多学者的教学经验，在例题和习题的选择上，紧紧围绕相应的基本理论，并配以合适的题后分析及相应的思考题，以启发读者能深入思考，从中找出规律性的东西，提高读书质量。这其中包括了读者易于误解之处以及需要灵活掌握的方法，力求在分析问题和解决问题时避免呆板，防止死记硬背。建议读者在做完每一道习题之后，亦应进行题后分析，把书读活读好，扎扎实实地掌握其基本理论、基本概念及解题技巧，并在生产实践中加以灵活应用。

  本教材由南昌理工学院邱小林教授、江西农业大学冯薇副教授、江西渝州科技职业学院冯新红老师、华东交通大学包忠有教授编著，华东交通大学余学文副教授也参加了编写。

  欢迎使用本教材的教师和读者对本教材提出宝贵意见，以帮助我们不断提高学术水平。

编 者

目 录

第一篇 理论力学

第1章 静力学公理和物体的受力分析 ………… 3
1.1 静力学引言 ………………………… 3
1.2 静力学的基本概念 ………………… 3
1.3 静力学公理 ………………………… 5
1.4 约束和约束反力 …………………… 7
1.5 物体的受力分析 …………………… 10
小结 …………………………………… 17
思考题 ………………………………… 17
习题 …………………………………… 18

第2章 平面汇交力系 ………………… 22
2.1 平面汇交力系合成与平衡的几何法 ………………………… 22
2.2 三力平衡定理 ……………………… 24
2.3 力的分解·力的投影 ……………… 25
2.4 平面汇交力系合成与平衡的解析法 ………………………… 27
小结 …………………………………… 32
思考题 ………………………………… 33
习题 …………………………………… 33

第3章 力对点的矩·平面力偶理论 … 36
3.1 力对点的矩 ………………………… 36
3.2 力偶与力偶矩 ……………………… 37
3.3 平面力偶系的合成和平衡条件 ………………………… 39

小结 …………………………………… 44
思考题 ………………………………… 45
习题 …………………………………… 45

第4章 平面任意力系 ………………… 47
4.1 工程中的平面任意力系问题 ……………………………… 47
4.2 平面任意力系向一点的简化 ……………………………… 48
4.3 平面任意力系简化结果的讨论·合力矩定理 …………… 52
4.4 平面任意力系的平衡条件·平衡方程 …………………… 54
4.5 平面平行力系的平衡方程 ……………………………… 58
4.6 物体系的平衡问题 ………………… 59
4.7 静定与超静定问题的概念 ………………………………… 65
小结 …………………………………… 66
思考题 ………………………………… 67
习题 …………………………………… 68

第5章 考虑摩擦的平衡问题 ………… 73
5.1 引言 ………………………………… 73
5.2 滑动摩擦力的性质·滑动摩擦定律 ……………………… 73
5.3 自锁现象和摩擦角 ………………… 76

5.4 考虑摩擦的平衡问题 …………… 78
5.5 滚动摩阻的概念 …………………… 82
小结 …………………………………… 82
思考题 ………………………………… 83
习题 …………………………………… 84

第 6 章 空间力系 …………………… 86
6.1 空间力在直角坐标轴上的投影和沿直角坐标轴的分解 …………………… 86
6.2 空间汇交力系的合成与平衡 ……… 88
6.3 空间力偶理论 ……………………… 91
6.4 力对点的矩矢和力对轴的矩 ……… 93
6.5 空间任意力系向一点的简化·主矢和主矩 ……………………… 96
6.6 空间任意力系的平衡方程 ………… 98
6.7 空间力系的平衡问题 ……………… 99
6.8 物体的重心·形心 ………………… 103
小结 …………………………………… 110
思考题 ………………………………… 111
习题 …………………………………… 111

第 7 章 点的运动学 ………………… 115
7.1 运动学引言 ………………………… 115
7.2 点的运动的矢量法 ………………… 116
7.3 点的运动的直角坐标法 …………… 117
7.4 点的运动的弧坐标法 ……………… 121
小结 …………………………………… 125
思考题 ………………………………… 125
习题 …………………………………… 125

第 8 章 刚体的基本运动 …………… 127
8.1 刚体的平行移动 …………………… 127
8.2 刚体绕固定轴的转动 ……………… 128
8.3 定轴转动刚体内各点的速度和加速度 ………………………… 129

小结 …………………………………… 132
思考题 ………………………………… 132
习题 …………………………………… 133

第 9 章 点的合成运动 ……………… 135
9.1 点的合成运动的概念 ……………… 135
9.2 点的速度合成定理 ………………… 137
9.3 牵连运动为平动时点的加速度合成定理 ……………… 141
小结 …………………………………… 144
思考题 ………………………………… 144
习题 …………………………………… 145

第 10 章 刚体的平面运动 …………… 149
10.1 刚体平面运动的概念 ……… 149
10.2 平面图形的运动方程·平面图形运动的分解 …… 150
10.3 求平面图形上点的速度的基点法 ………………………… 151
10.4 求平面图形上点的速度的瞬心法 ………………………… 154
10.5 求平面图形上点的加速度的基点法 ………………………… 158
小结 …………………………………… 161
思考题 ………………………………… 162
习题 …………………………………… 162

第 11 章 质点运动微分方程 ………… 166
11.1 动力学引言 ………………… 166
11.2 动力学的基本定律 ………… 166
11.3 质点运动微分方程 ………… 168
11.4 质点动力学的两类问题 …… 169
小结 …………………………………… 172
思考题 ………………………………… 172
习题 …………………………………… 173

第 12 章 动量定理 …………………… 175
12.1 动量 ………………………… 175
12.2 力的冲量 …………………… 178

12.3 动量定理 …………………… 178
12.4 质心运动定理 ………………… 184
小结 ……………………………… 186
思考题 …………………………… 187
习题 ……………………………… 188

第 13 章 动量矩定理 …………… 191
13.1 动量矩 ………………………… 191
13.2 动量矩定理 …………………… 194
13.3 转动惯量·平行轴定理 ……… 199
13.4 刚体的定轴转动微分
 方程 ………………………… 203
小结 ……………………………… 206
思考题 …………………………… 207
习题 ……………………………… 207

第 14 章 动能定理 ………………… 211
14.1 力的功·元功·功率 ………… 211
14.2 几种常见力的功 ……………… 213
14.3 动能 …………………………… 216
14.4 动能定理 ……………………… 218
14.5 基本定理的综合应用 ………… 223
小结 ……………………………… 228

思考题 …………………………… 229
习题 ……………………………… 229

第 15 章 达朗伯原理 …………… 233
15.1 惯性力·达朗伯原理 ………… 233
15.2 刚体惯性力系的简化 ………… 237
15.3 动静法 ………………………… 240
小结 ……………………………… 243
思考题 …………………………… 244
习题 ……………………………… 244

第 16 章 虚位移原理 …………… 247
16.1 约束的分类·广义坐标与
 自由度 ……………………… 247
16.2 虚位移·虚功·理想
 约束 ………………………… 249
16.3 虚位移原理 …………………… 252
16.4 虚位移原理应用举例 ………… 254
小结 ……………………………… 258
思考题 …………………………… 258
习题 ……………………………… 259

习题答案 ……………………………… 262

第一篇　理论力学

　　本篇研究**物体机械运动的一般规律**。

　　运动是物质的存在方式,所有物质都处在永恒不停的运动中。没有运动的物质是不存在的。但物质运动的形式却多种多样,任何物理过程(如发光、生电)、化学过程(如合成、分解)、生物过程(如细胞的分裂)甚至人的思维过程等,都属于物质运动的不同形式。机械运动是物质运动形式中最简单的一种。所谓**机械运动**,就是物体在空间的位置随时间而发生改变的运动。平衡是机械运动的一种特殊情况。机械运动现象是如此之普遍,可以说宇宙万物无一不处于机械运动之中,甚至比较复杂的物质运动形式也与机械运动有着或多或少的联系。所以对机械运动的研究有着十分重要的意义。

　　研究机械运动的一般规律,是以**刚体、质点和质点系**为研究对象,以牛顿定律为理论基础,通过一系列的公理、定理、原理来揭示研究对象的机械运动的普遍规律。这些内容属于经典力学的范畴,它适用于宏观、低速(与光速相比)物体的运动。近代物理学的重大发展表明,对于微观粒子和速度接近于光速的宏观物体,它们的机械运动有其特殊的规律性,不属于经典力学的研究范畴。在科学技术高度发达的当代,生产实践中的大量力学问题,仍用经典力学的理论来解决,不仅使用方便,而且具有足够的精确度。

本篇的内容可以划分为三部分:

第一部分(第1~6章),属于静力学内容。静力学研究物体受力分析的方法、力系简化的方法,以及物体在力系作用下的平衡规律及其应用。

第二部分(第7~10章),属于运动学内容。运动学研究物体机械运动的几何性质,如点的运动轨迹、速度、加速度等。

第三部分(第11~16章),属于动力学内容。动力学研究物体的机械运动与所受的力之间的关系。

学习第一篇的内容,不但为学习第二篇提供基础知识,而且在了解机械运动的客观规律的基础上,为认识和解决较广泛的工程实际问题,以及学习其他技术知识和从事科学研究工作创造条件。

第1章 静力学公理和物体的受力分析

导言

- 本章讲述静力学的基本概念和公理、常见的约束与其约束反力,以及物体的受力分析。
- 静力学的基本概念和公理是静力学的理论基础;物体受力分析是力学课程中第一个重要的基本训练。
- 将约束视为一知识单元,它由四个相关的知识点组成,且其相依关系为:约束概念→约束构造→约束性质→约束反力。
- 力的概念、公理及约束等知识是正确进行物体受力分析的依据。

1.1 静力学引言

静力学研究物体在力系作用下的平衡规律及其在工程中的应用。

力系是指作用在物体上的一组力。

平衡是指物体相对于惯性参考系保持静止或作匀速直线平动。虽然,平衡是物体机械运动的一种特殊状态。一般工程问题中,平衡通常是指相对于地球保持静止或作匀速直线平动。

静力学主要包含三个内容:

一是物体的**受力分析**,即了解物体的受力情况。

二是**力系的简化**。如果两个力系对某物体的作用效果相同,则说这两个力系是**等效力系**。这时,可用其中的一个力系代替另一个力系,而不改变对该物体的作用效果,这种代换称为力系的**等效代换**。用简单的力系等效代换复杂的力系,称作力系的简化。

三是**力系的平衡条件**,并应用平衡条件求解工程实际问题。需要注意,物体处于平衡状态与物体上所受力系满足力系的平衡条件,这二者的含义不是相互等同的。物体平衡时,其上所受力系必满足力系的平衡条件;物体上所受力系满足力系的平衡条件时,物体不一定平衡。

静力学部分所建立的基本概念、理论和方法,在动力学部分中也将得到应用,这些概念是重要的力学基础知识。

1.2 静力学的基本概念

力和刚体是静力学中两个重要的基本概念。这里将介绍这两个概念的涵义,说明它们反映了客观事物的何种本质特征,是概括了客观事物的哪些共性而抽象化形成的。

1.2.1 力的概念

在生活和生产实践中,到处可以看到相互作用的物体。物体相互作用所产生的效果是多种多样的。铁板与空气接触,这种作用的效果是使铁板表面生锈;玻璃棒与丝绸摩擦,这种作用的效果是使玻璃棒带电,如此等等。两个物体相互作用,使物体的机械运动状态发生改变,这种作用效果更是经常、大量观察得到的。例如用手将石子抛出,手与石子相互作用的结果是使石子由静止而进入运动。被抛出的石子与地球相互吸引,又使石子沿抛物线降落。手抛石子的作用,地球吸引石子的作用,它们的效果都是使石子的机械运动状态发生改变,产生这种效果的机械作用称之为力。

不论是何种物体相互作用,也不论物体之间相互作用的方式如何,只要物体间相互作用的效果是使物体的机械运动状态发生改变,就将具有这种本质特征的机械作用称之为力。总之,**力是物体间相互的机械作用**,这种作用使物体的机械运动状态发生改变。物体的变形是物体机械运动状态改变的一种形式。所以,力的作用效果包括使物体发生变形。

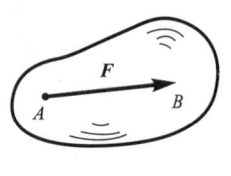

图 1-1

实践证明,力对物体的作用效果决定于力的大小、方向和作用点,称为**力的三要素**。作用在物体上的力 F(图 1-1)需要用矢量表示。矢量的起点 A 表示力的作用点;矢量的长度 AB 按选定的比例尺表示力的大小;矢量的方向表示力作用的方向。

在国际单位制中,力的单位是牛[顿](N)或千牛[顿](kN),且 $1\ \text{kN}=10^3\ \text{N}$。

理解和应用力的概念时应明确:

(1)力是两个物体的相互作用,每一力必有承受此力作用的物体,称为**受力物体**,还有施加这一作用力的物体,称为**施力物体**。

(2)两个物体相互作用,同时产生两个力。力总是成对出现的,每一对力中,一个力的受力物体正是另一个力的施力物体。

1.2.2 刚体的概念

任何物体受力作用时都要发生变形,即便变形极其微小,也能用各种测试手段证明变形的存在。但是,在研究物体机械运动规律时,如果物体受力作用所引起的变形很小,对所研究的问题影响甚微;或者物体的变形已经结束,不再继续发生,且已发生的变形与所研究的问题无关。在上述情况下,为使问题得到简化,可以略去物体变形这一次要因素,把所研究的物体看作不变形的物体——刚体。**刚体是受力作用而不变形的物体**。刚体上任意两点的距离恒定不变。

绝对刚硬的物体在客观世界中并不存在,**刚体是一种理想化的力学模型**。在所研究的机械运动问题中,物体的变形可以不予考虑,这是刚体概念所反映和概括的本质特征。

需强调指出,一个物体是否视为刚体,应取决于所研究问题的性质。在图 1-2 中的钢杆 AB 受三个力作用处于静止平衡状态。若研究钢杆平衡时三个力所需满足的条件,可不考虑钢杆的变形,将其视为刚体;若研究钢杆是否可能被拉断,钢

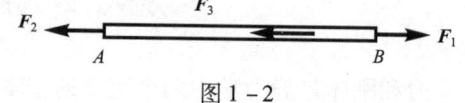

图 1-2

杆的变形则是决定性因素,需将其视为变形体。

上例中当需考虑杆 AB 的变形时,刚体的概念仍是解决变形体力学问题时所需要考虑的一个方面。由刚体概念所建立的一些平衡规律,在第二篇中研究弹性杆件时,都将有条件地得到应用。

1.3 静力学公理

静力学公理是人们在实践中总结出的关于力的一些基本规律,这些规律又在实践中得到验证,而被人们所公认。静力学公理所反映的规律是极其简单的,但是,它是建立静力学理论的基础。

公理一 二力平衡条件

物体受两个力作用且处于平衡状态,此二力必须满足的条件是:作用在同一条直线上,且大小相等,方向相反。

由两个力所组成的力系是最简单的力系。公理一给出了这种最简单力系的平衡条件。按图 1-3 这二力矢量的关系为:

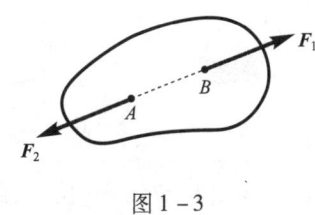

图 1-3

$$F_1 = -F_2$$

公理二 力的平行四边形法则

一力与某一力系等效,则此力称为该力系的**合力**。

作用在物体同一点的两个力,可以合成为作用在该点的一个合力,合力矢量的大小和方向,用以这两个分力为边所组成的平行四边形的对角线来确定。

图 1-4(a)中的平行四边形 ABCD 表示了作用在 A 点的分力 F_1 和 F_2 与其合力 R 的关系。

由矢量代数可知,合力矢量等于二分力矢量的矢量和:

$$R = F_1 + F_2$$

合力矢量也可由图 1-4(b)中的力三角形确定。由余弦定理求合力的大小:

$$R = \sqrt{F_1^2 + F_2^2 + 2F_1 F_2 \cos\alpha}$$

用正弦定理确定合力 R 与分力 F_1 的夹角:

$$\sin\varphi = \frac{F_2}{R}\sin\alpha$$

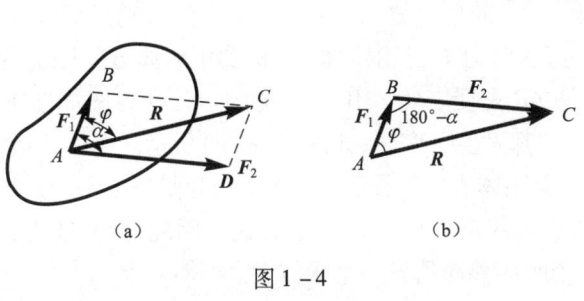

图 1-4

公理三 加减平衡力系原理

满足力系平衡条件的力系称为平衡力系。平衡力系不能改变刚体的运动状态,或说平衡力系对刚体不产生作用效果。

从作用在刚体上的力系中,减去或加上任意的平衡力系,对刚体的作用效果不会改变。

由这一公理还可引出力的可传性:

作用在刚体上的力,可沿其作用线在该刚体上移动,而不改变此力对该刚体的作用效果,如图 1-5 所示。

应用力的可传性时需注意：

此原理只能用于刚体,如图 1-6(a)所示刚体受二等值、反向、共线的拉力 $\boldsymbol{F}_A = -\boldsymbol{F}_B$ 作用平衡,依力的可传性,将二力分别沿作用线移动成图 1-6(b)所示受二压力作用平衡是允许的。但对变形体(假如图 1-6 中杆 AB 是变形体,变形体将在本书第二篇中研究)则力的可传性原理不成立。因图 1-6(a)中杆 AB 受拉产生伸长变形,而图 1-6(b)中杆 AB 受压产生缩短变形,二者截然不同。如不考虑条件,乱用力的可传性,必将导致错误结果。

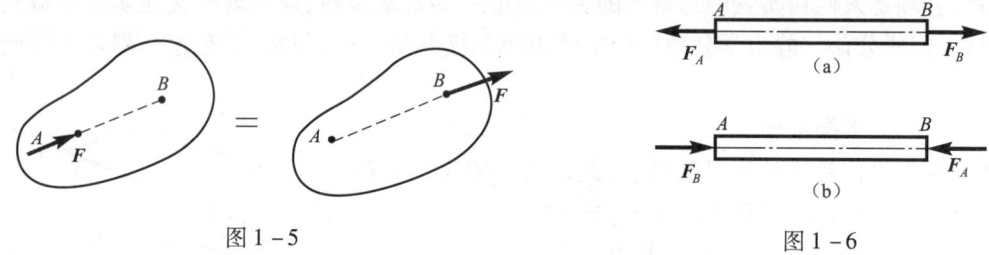

图 1-5　　　　　　　　　　　图 1-6

又如图 1-7(a)、(b)所示刚架,根据力的可传性,将力 $\boldsymbol{F}$ 由作用点 O 移到了作用点 O',对吗?

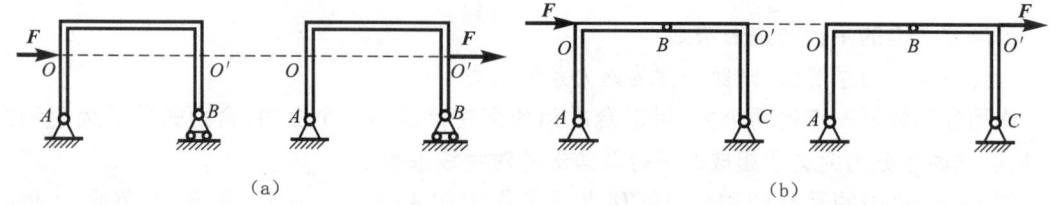

图 1-7

要注意力的可传性是针对一个刚体而言的,即作用在同一刚体上的力可沿其作用线移动到该刚体上的任一点,而不改变此力对刚体的外效应。故图 1-7(a)中力的移动是可以的,但图 1-7(b)中力 $\boldsymbol{F}$ 的移动是错误的。因为,这时力 $\boldsymbol{F}$ 已由刚体 AB 移到了刚体 BC 上,这是不允许的。因为移动前 BC 是二力构件,刚体 AB 是受三力作用而平衡的。其受力图如图 1-8(a)所示。而移动后刚体 BC 和 AB 的受力图都发生了变化,如图 1-8(b)所示。刚体 AB 由原受三力平衡变为受二力平衡(二力构件)。而刚体 BC 由原受二力平衡变为受三力平衡。同时在铰链 B 处,两个刚体相互作用力的方向在力移动之后也发生了变化。因此,力只能在同一刚体上沿其作用线移动,而绝不允许由一个刚体移动到另一个刚体上。

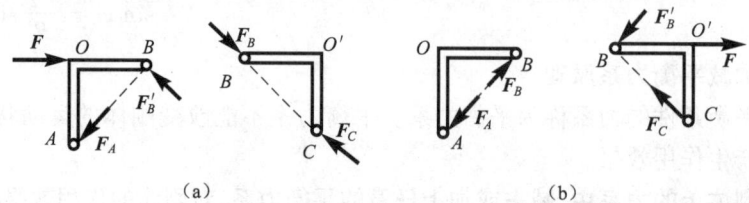

图 1-8

公理四　作用和反作用定律

两个物体相互作用,同时产生一对力。称其中一个为**作用力**,另一个则为**反作用力**。

两个物体相互作用所产生的作用力与反作用力,总是共线、等值、反向地分别作用在相互作用的两个物体上。

分别用力 F 和 F' 表示作用力和反作用力,二力矢量的关系为:

$$F = -F'$$

公理四中作用力与反作用力的关系,以及公理一中两个平衡力之间的关系,都表达为:两个力共线、等值、反向。但是,公理一中指的是作用在同一个物体上的两个力,公理四中指的是分别作用在两个物体上的两个力。这是两个公理在本质上的差异。

作用与反作用定律,适用于刚体,也适用于变形体;适用于平衡的物体,也适用于一般运动的物体。

1.4　约束和约束反力

物体可以这样分为两类:一类是**自由体**,它可以自由地移动,不受其他物体的任何限制。如空中飞行的飞机,它可以在任意方向移动和旋转,属于自由体。另一类是**非自由体**,它不能自由地移动,某些方向的移动因受其他物体的限制不能实现。如用绳索悬挂的重物,受绳索的限制不能发生向下的移动,属于非自由体。

限制非自由体自由移动的其他物体,称为非自由体的约束。 如上述绳索就是重物的约束。**约束对非自由体的机械作用称为约束反力。** 由于约束对非自由体的作用是阻碍非自由体的移动,所以,**约束反力的方向,总是与约束所阻碍的移动的方向相反。** 这是确定约束反力方向的一般原则,约束反力的大小都是未知的。

在生活和生产实践中,约束的形式繁多,这里仅就几种典型的、常见的约束作一介绍。着重说明由约束的构造确定约束的性质,由约束的性质分析约束反力的一般方法,从而培养把工程问题简化为力学问题的能力。

1.4.1　柔索

柔索约束由软绳、链条等构成。柔索只能承受拉力,即只能限制物体在柔索受拉方向的移动,这就是柔索约束的约束性质。被约束的物体所受的约束反力与约束所限制的移动方向相反,所以,**柔索的约束反力通过接触点,沿着柔索而背离物体。**

图 1-9 给出一受软绳约束的物体,约束反力 T 如图中所示,约束反力 T 的反作用力 T' 作用在软绳上,使软绳受拉。

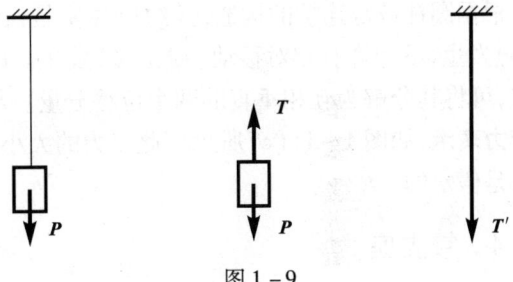

图 1-9

1.4.2　光滑面

光滑面约束由两个物体表面光滑接触所构成。物体沿接触面的公法线且指向接触面的移动受到限制。这是光滑面约束的约束性质。所以,**光滑面对物体的约束反力作用于接触点,沿**

接触面的公法线且指向物体。

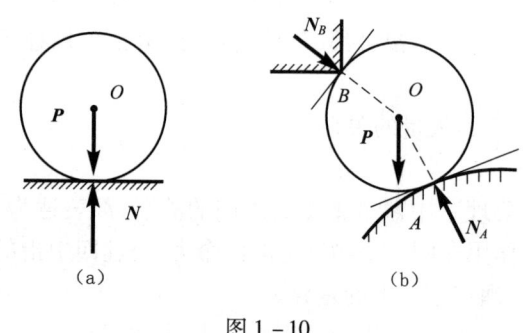

图 1-10

图 1-10(a)中力 N 为光滑接触面对轮 O 的约束反力。图 1-10(b)中的圆盘 O 在 A、B 两点各有一光滑接触面。反力 N_A 沿两个接触面的公法线,反力 N_B 沿圆盘表面的法线,两个反力都指向圆盘的中心 O。

实际生活中理想的光滑面并不存在。当接触面的摩擦很小,在所研究的问题中可以忽略时,接触面可视为光滑面。需要考虑摩擦的情况,将在第 5 章专门讨论。

1.4.3 光滑圆柱铰链

铰链约束是连接两个物体(构件)的常见约束形式。铰链约束是这样构成的:在两个物体上各作一个大小相同的光滑圆孔,用光滑圆柱销钉插入两物体的圆孔中,如图 1-11(a)所示。圆柱铰链连接用简化图形如图 1-11(b)表示。

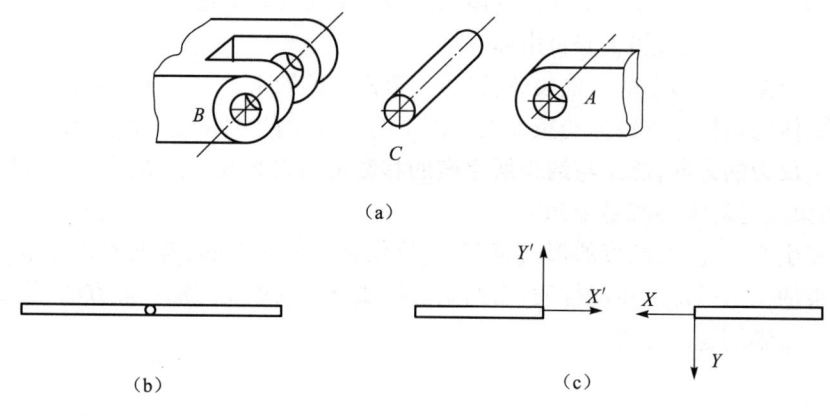

图 1-11

根据圆柱铰链连接的构造,其约束性质是:在两物体的铰链连接处,允许有相对转动(角位移)发生,不允许有相对移动(线位移)发生。因为铰链约束所限制的线位移方向不能直观确定,可将其分解为互相垂直的两个位移分量。与之对应,**铰链连接的约束反力用相互垂直的两分力表示**,如图 1-11(c)所示。此二力的大小和指向均为未知,图 1-11(c)中约束反力的指向是假定的。

1.4.4 铰支座

铰支座有固定铰支座和滚动铰支座两种。把构件用铰链与地面或其他固定的物体连接,构成的约束称为**固定铰支座**(图 1-12(a))。将构件用铰链连接在支座上,支座又用辊轴支持在光滑面上,这样构成的约束称为**滚动铰支座**(图 1-12(b))。这两种支座的简化图形分别如图 1-12(c)和(d)所示。图(e)中的梁 AB 其两端就是分别用这两种支座固定在地面上,这种梁称为简支梁。

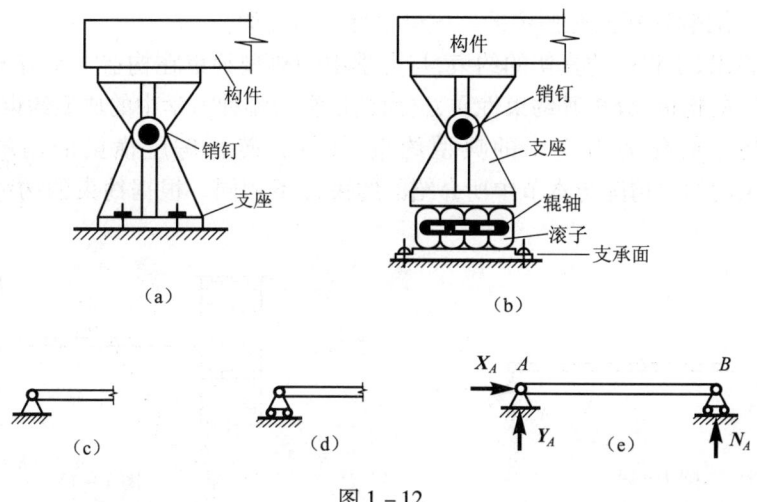

图 1-12

固定铰支座的约束性质与圆柱铰链约束相同。所以，**固定铰支座的约束反力一般也用两个相互垂直的分力来表示**。滚动铰支座只限制垂直于光滑面且指向光滑面的移动，因而**滚动铰支座的约束反力垂直于光滑面且指向物体**。这两种支座的约束反力表示在图 1-12(e)中，其中约束反力 X_A、Y_A 的指向是假定的。

1.4.5 链杆·链杆支座

链杆是两端与其他物体用光滑铰链连接，不计自重且中间不受力的杆件。链杆只在两个铰链处受力作用，因此又称为**二力杆**。

由二力平衡条件可知，当链杆处于平衡状态时，其上所受的两个力必定是大小相等、方向相反地作用在链杆两个铰链中心的连线上。按作用与反作用定律，**链杆对物体的约束反力也必定作用在链杆两铰链中心的连线上**。反力的大小和指向待定。

在图 1-13(a) 所示结构中，不计构件自重，杆 BC 即为二力杆。其上 B、C 两点所受的力 N_B 和 N_C 共线、等值、反向，如图 1-13(c)所示，图中二力方向的指向是假定的。二力杆 BC 对杆 AB 的约束反力为 N'_C，是 N_C 的反作用力，如图 1-13(b)所示。

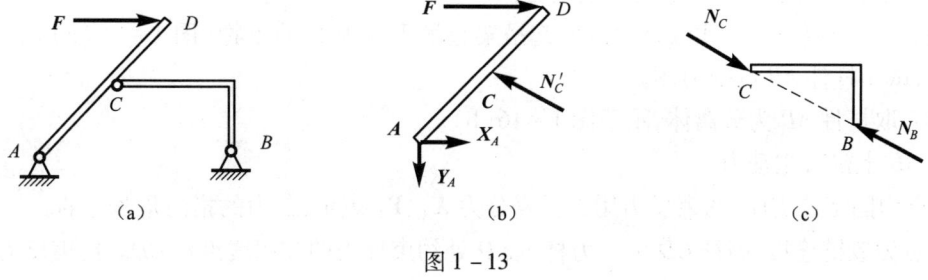

图 1-13

铰链约束的约束反力，一般是用两个垂直分力表示。但是，当用铰链与二力杆相连接时，铰链的约束反力作用线是确定的，所以不再用两个垂直分力表示。在图 1-13 中，铰链 C 的约束反力或固定铰支座 B 的约束反力都属于这种情况。

用链杆作支座,称为**链杆支座**。在图 1-14 中所示梁的 B 端的支座为链杆支座,其约束反力 N_B 的作用线沿链杆,指向是假定的。该梁也称为简支梁。

最后强调指出,工程中的真实的约束,与力学中的典型约束在构造上常有不同。这时,必须了解真实约束的构造,分析其约束性质,进而判定它与哪种力学中的典型约束在约束性质上基本相同,并将它简化为力学中的典型约束。例如,砖石房屋横梁的两端埋入墙体内(图 1-15)。梁的约束情况与本节中所介绍的约束都不相同。根据约束的构造,分析约束的性质可知:

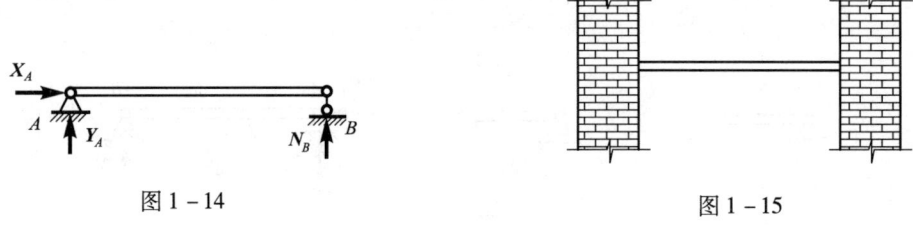

图 1-14　　　　　　　　　　图 1-15

(1) 梁端的线位移受到限制;
(2) 梁端埋入墙体的部分较短,限制转动的能力较弱,允许梁端有微小的角位移发生。

上述约束性质与简支梁所受约束的约束性质基本相同,于是它便可简化为图 1-14 所示的简支梁。

1.5　物体的受力分析

解决力学问题时,要首先确定研究的对象,并了解研究对象的受力情况。这个过程称为物体的受力分析。熟练、正确地进行物体的受力分析是重要的基本训练。在物体受力分析上的失误,必然导致力学计算的失败。倘若在解决工程问题时出现了这种情况,必将造成严重的不良后果。

物体的受力分析包含两个步骤:一是将所要研究的物体(构件)单独分离出来,画出其简图。这一步称为**取研究对象**或说**取分离体**。二是在分离体上画出它所受的全部力,包括约束反力和约束反力以外的**主动力**。这一步称为**画受力图**。

下面举例说明进行物体受力分析的方法。

例 1-1　由杆件 AB 和 CD 组成的起吊架起吊重量为 Q 的重物(图 1-16(a))。不计杆件自重,试作杆件 AB 的受力图。

解　取杆件 AB 为分离体,示于图 1-16(b)。

杆 AB 上没有主动力。

A 点为固定铰支座,约束反力用二垂直分力 X_A、Y_A 表示,二力的指向是假定的。

D 点为铰链连接,因杆 CD 为二力杆,铰 D 处约束反力的作用线沿杆 CD。约束反力 N_D 的指向可随意假定。

B 点为柔索约束,约束反力为绳索的拉力 T。从重物的受力图(图 1-16(c))上,由二力平衡条件有 $T'=Q$。力 T 为力 T' 的反作用力,所以,$T=T'=Q$。

杆 AB 的受力图如图(b)所示。

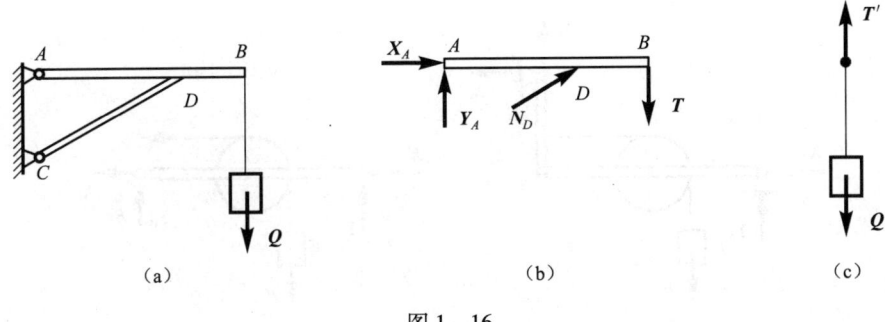

图 1-16

受力图上力 X_A、Y_A、N_D 的指向是否符合实际,以后将通过平衡方程而得知。

例 1-2 在图 1-17(a)所示的结构中,构件 AB 重 P_1、BC 重 P_2,BC 上受荷载 F 作用。试作 AB、BC 及整体结构的受力图。

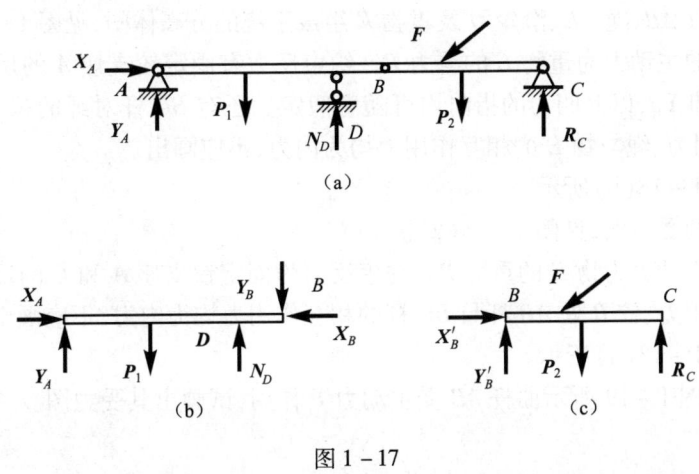

图 1-17

解 先取 AB 为分离体。所受主动力是重力 P_1。约束反力有固定铰支座 A 的反力 X_A 和 Y_A,链杆支座 D 的反力 N_D;杆 BC 通过铰 B 施加的反力 X_B 和 Y_B。受力图如图 1-17(b)所示,图中各约束反力的指向都是假定的。

再取 BC 为分离体。所受主动力是重力 P_2 和荷载 F。约束反力有滚动铰支座 C 的反力 R_C,按约束性质该力指向上;杆 AB 通过铰 B 施加的反力 X'_B 和 Y'_B,它们分别是 X_B 和 Y_B 的反作用力,其方向分别与 X_B 和 Y_B 相反,不能再随意假定。受力图如图 1-17(c)所示。

最后取整体为分离体,受力图如图 1-17(a)所示。与图(b)、(c)相比,整体受力图中没有画出铰 B 处的约束反力。此处的约束反力是整体的两部分(AB 和 BC)之间的相互作用力。对 AB 和 BC 而言,所受的约束反力分别是作用力和反作用力;对整体而言,这里的约束反力是成对出现的平衡力,所以受力图上不必画出。

分离体内各部分之间的相互作用力,称为内力。分离体外的其他物体对分离体的作用力,称为外力。受力图上只画外力,不画内力。显然,内力与外力的区分是相对的,将依研究对象选择的不同而改变。

例1-3 图1-18(a)所示系统中,重物E重为P,其他各构件不计自重。

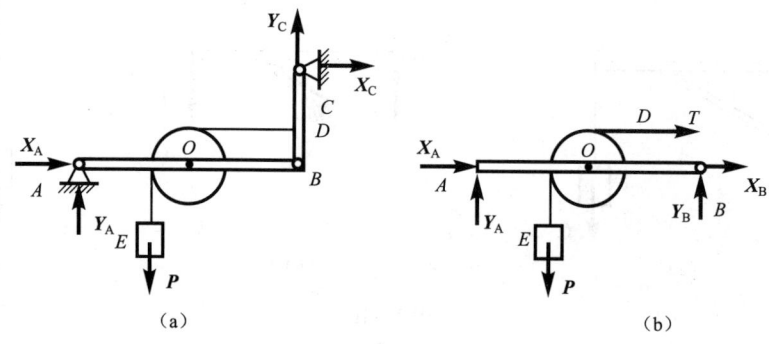

图1-18

(1) 将杆AB、绳DE、滑轮O及重物E所组成的系统作研究对象,画出其受力图。
(2) 画系统整体的受力图。

解 (1) 画杆AB、绳DE、滑轮O及重物E组成系统的分离体图,见图1-18(b)。

分离体所受的主动力为重物E的重力P。约束反力有固定铰支座A的反力X_A和Y_A,铰链B的反力X_B和Y_B,以上四力的指向均可随意假定。还有BC杆对绳的拉力T。滑轮O与杆AB的相互作用力、绳与物E的相互作用力均为内力,不应画出。

受力图如图1-18(b)所示。

(2) 画整体的受力图,见图1-18(a)。

整体所受的主动力为物E的重力P。约束反力为固定铰支座A和C的反力。D点处BC杆与绳的相互作用力、铰B处AB杆与BC杆的相互作用力均为内力,不应画出。

受力图如图1-18(a)所示。

例1-4 如图1-19所示曲杆AB受主动力P作用,试画出其受力图。

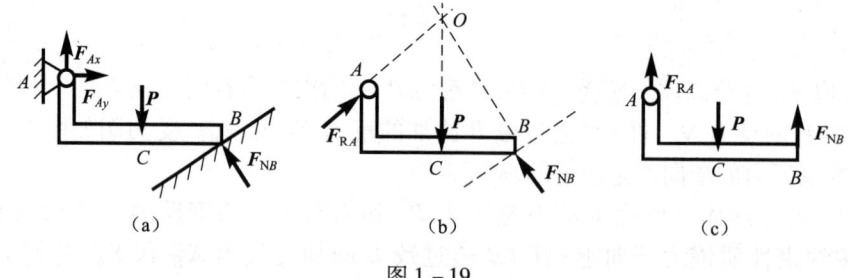

图1-19

解 研究对象 曲杆AB(该系统只有一个物体,故可在原图上画其受力图)

分析力、画受力图 先画主动力P。由于B处为光滑面约束,反力应过接触点沿接触面公法线方向,此处杆的尖角B无法线,则法线应沿另一物体(支承面斜面)的法线方向为F_{NB}。而A铰处按一般铰链分析,画成过铰链中心A的二正交分力F_{Ax}、F_{Ay}(图1-19(a)),也可根据三力平衡汇交定理确定F_{RA},必过P与F_{NB}的交点O。正确的受力图如图1-19之(a)或(b)所示。

但常有人不根据约束类型,而凭直观想象画其受力图。如根据主动力P铅垂向下,即认为A、B处反力皆向上以平衡力P,画成如图1-19(c)所示的受力图,显然是错误的。

例 1-5 画出图 1-20(a)、(b)所示物块的受力图。

解 对图 1-20(a):

研究对象 物块

分析力、画受力图 先画主动力 P。由于支座 B 为活动铰链支座,其约束反力 F_{NB} 垂直支承面。A 处为固定铰链支座,其约束反力为二正交分力 F_{Ax}、F_{Ay},如图 1-20(a)所示。也可用三力平衡汇交定理,确定 A 处约束反力 F_{RA} 汇交于 P 和 F_{NB} 的交点 E,如图 1-20(c)所示。

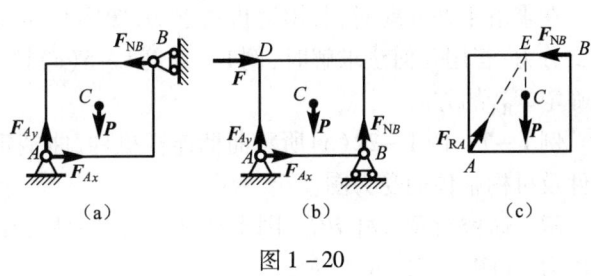

图 1-20

对图 1-20(b):这种情况不是三力平衡,则 A 处约束反力只能画成二正交分力。如图 1-20(b)所示。

例 1-6 试画出图 1-21(a)所示结构中重物 G、滑轮 B、杆 AC 和杆 CD 及整体的受力图。

解 该系统为若干物体组成,画其中任一物体的受力图,必须取出分离体。

研究对象 重物 G。其上受有重力 P 及绳子拉力 F_{TE},画出其受力图如图 1-21(b)所示。

研究对象 杆 CD。因不计自重(凡题目没给出自重者均认为不计自重),只在 D、C 二铰链处受力,故为二力杆。其反力沿二铰链中心连线,指向设为拉力,如图 1-21(d)所示。在机构问题中,先找出二力杆,有助于确定相关的未知力的方位。

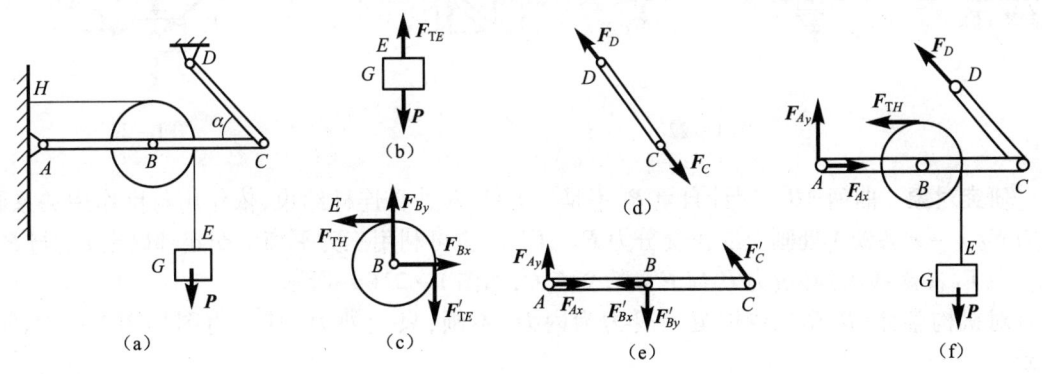

图 1-21

研究对象 轮 B。B 处为铰链约束,画出二正交分力 F_{Bx}、F_{By}(指向假设)。E 处绳子拉力 F'_{TE} 与 F_{TE} 是作用力与反作用力关系,H 处绳子拉力为 F_{TH},画出其受力图如图 1-21(c)所示。

研究对象 杆 AC。C 处依作用与反作用关系画出 $F'_C = -F_C$,B 处画上 F'_{Bx}、F'_{By} 应分别与 F_{Bx}、F_{By} 互为作用力反作用力。A 处为固定铰链支座,画上二正交分力 F_{Ax}、F_{Ay}。其受力图如图 1-21(e)所示。

研究对象 机构整体。该机构所受外力有主动力 P、约束反力 F_D、F_{TH}、F_{Ax}、F_{Ay}。对机构整体而言,B、C、E 处均受内力作用,切勿画出。其受力图如图 1-21(f)所示。

分析与讨论

对二力杆 CD 画约束反力,一定按二力平衡条件来画,其约束反力沿铰链中心连线,不能再按一般铰链画成二正交分力。

在求解平衡问题时,若用解析法求解,像例1-4、例1-5(a)铰 A 处约束反力,一般画成二正交分力;若用几何法求解时,例1-4、例1-5(a)铰 A 处约束反力,宜根据三力平衡汇交定理来确定 F_{RA} 的方向。

例1-7 图1-22(a)所示曲柄连杆机构,曲柄重 P,活塞受推力 F,系统平衡,试画出各零件及机构整体的受力图。

解 研究对象 杆 BC。因不计自重为二力杆,其约束反力应沿两铰链 B、C 中心连线,设为压力,如图1-22(b)所示。

研究对象 活塞 C。活塞 C 除受主动力 F 外,还受到连杆对活塞的约束,依作用与反作用关系画出 $F'_C = -F_C$。而气缸对活塞的约束,属光滑面,但因活塞是位于槽内,槽面能限制活塞的运动有两个方向,为双向(双面)约束,设槽的下面对活塞有约束反力 F_{NC},如图1-22(c)所示。如画成上、下两面均受压力的受力图(图1-23),显然是错误的。

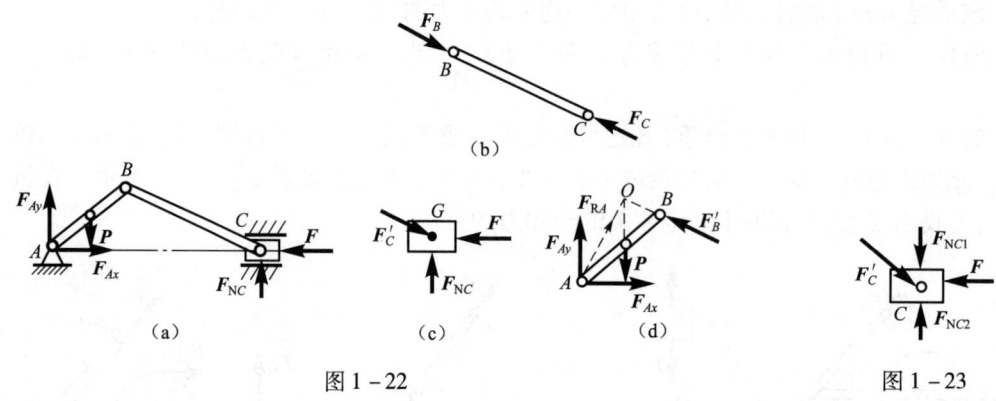

图1-22   图1-23

研究对象 曲柄 AB。因计自重 P,不是二力杆,B 处受连杆约束,依作用与反作用关系画出力 $F'_B = -F_B$,铰 A 处画上二正交分力 F_{Ax}、F_{Ay}。也可利用三力平衡汇交定理确定 F_{Ax} 与 F_{Ay} 的合力 F_{RA}(虚线示)必过力 P 与 F'_B 的交点 O,如图1-22(d)所示。

对机构整体,B、C 二铰链处所受力为内力,不画,只画外力,其受力图如图1-22(a)所示。

以上按正确的方法、步骤讨论了几例受力图的画法及应注意的问题。为使读者能牢固地掌握知识,熟练正确地画好受力图,下面再针对初学者容易混淆的概念和解题中常见的错误,举出一些错解例题,通过正、误对比,以巩固和深化有关的基本概念和基本理论,从而练好画受力图的基本功。

例1-8 图1-24(a)所示梯子 AB 重 P,在 E 处用绳 ED 拉住,A、B 处分别搁在光滑的墙及地面上。试画出梯子的受力图。

解 取梯子 AB 为研究对象,画出其受力图如图1-24(b)。

错解分析 A 处为光滑面约束,其约束反力应过接触点沿接触面的公法线方向,墙为尖点无法线,F_{NA} 应垂直于杆 AB 才对,此处 F_{NA} 画成水平方向,显然错了。E 处绳只能承受拉力,此处画成压力,方向错了。梯子受力图的正确画法如图1-25所示。

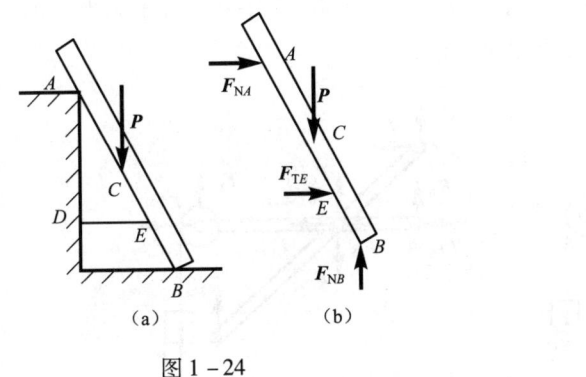
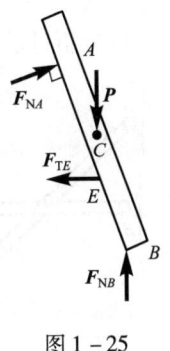

图 1-24　　　　　　　　　　　图 1-25

例 1-9　试画出图 1-26(a)、(b)所示构架中 AB、BC 的受力图。

解　对图 1-26 中之(a)、(b)图，分别取构件 AB、BC 为研究对象，画出如图 1-26(c)、(d)所示的受力图。

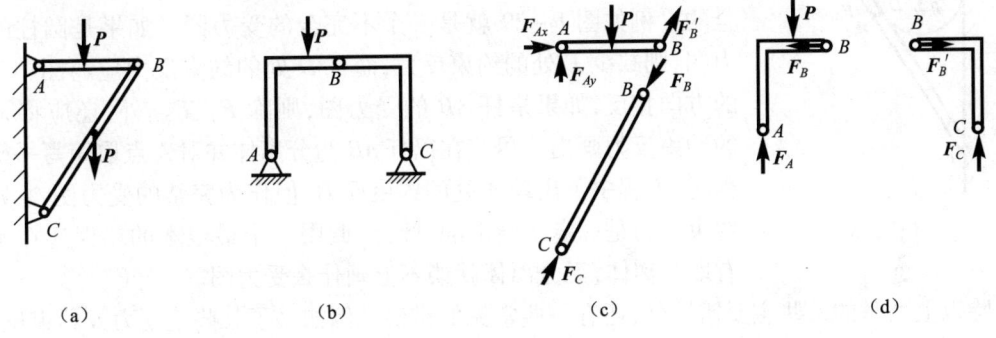

图 1-26

错解分析　对 1-27(a)图，未把 BC 杆的自重 P 计入，而误认为二力杆，杆端铰链约束反力画成沿杆的中心线，故 B、C 处约束反力画错了，正确的画法应分解成二正交分力，如图 1-27(a)所示。

对 1-27(b)图，A、B、C 三处的约束反力都错了。构件 BC 本是二力构件，其约束反力应沿 B、C 两点连线。此处画成沿该处杆件的中心线方向，当然构件 AB 的受力图也随之错画，正确的受力图如图 1-27(b)所示。

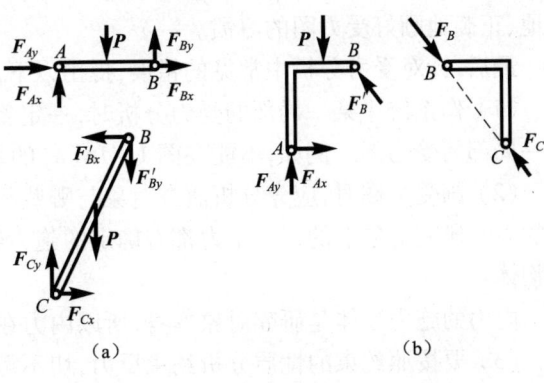

图 1-27

除上述易出的错误外，有时还出现对所取研究对象(分离体)的范围不明确，画出了某些不必画出的内力。如图 1-28(b)所示，这个受力图无法辨认是整个系统的受力图，还是哪一部分的受力图。如果是整个系统的受力图，则 C 铰处的约束反力(F_{Cx}、F_{Cy} 与 F'_{Cx}、F'_{Cy})是内力，不必画出。同理，D 处的绳子拉力 F_T 和 E 铰处的约束反力 F_{Ex}、F_{Ey} 也不应画出。而且，作为系统的内力本应成对出现,但图中 F_T、及 F_{Ex}、F_{Ey} 都只有作用力而无反作用力。如果根据这样的受力图来进行分析计算,必然导致错误的结果。

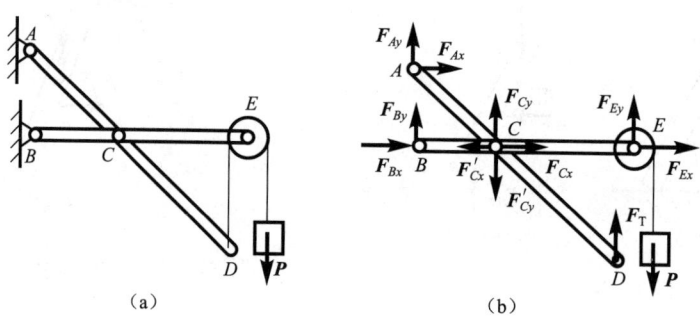

图 1-28

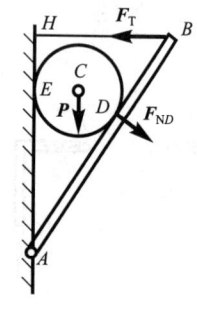

图 1-29

有时还出现认为某些力与计算无关(后面将要讲到的列平衡方程不出现的力),而不把它们在受力图中画出,这样的受力图是不完全的。例如图 1-29 就是一个不完全的受力图。如果是圆柱的受力图,则缺少 E 处的约束反力,而且 D 处的约束反力应与图中 F_{ND} 的方向相反,如果是杆 AB 的受力图,则除 F_T、F_{ND} 外,还应将 A 处的约束反力画出。尽管在以杆 AB 为分离体并对 A 点取矩写平衡方程时,方程中不出现 A 处的约束反力,但作为完整的受力图,A 处的约束反力是一定要画出的,此外,此图一个最根本的错误还在于没有取分离体,无分离体就谈不上画什么受力图。

除以上列举的一些主要错误外,还有一些常见的错误。例如丢了某些主动力或约束反力;有关受力图中作用力与反作用力的关系不对;未标明力的作用点的名称或力的名称等。有些错误虽小,但却可能给计算造成很大差错。因此,在学习时,首先,一定要养成严格按照规定完整地、正确地画好受力图的习惯。

最后,针对受力分析中常见的错误,提出以下注意事项:

(1) 作系统中某一局部的受力分析时,一定要单独画出其分离体图。不要在系统图上画某一局部的受力图。例如,不能在图 1-16(a)的系统整体图上画受力图(图 1-16(b))。

(2) 画受力图时,应先分析研究对象与哪些相邻物体有机械作用,并由此确定研究对象所受的力。研究对象上的每一个力都有确定的施力物体,且施力物体一定是研究对象以外的其他物体。

内力的施力物体是研究对象本身,所以内力在受力图上不应画出。

(3) 要按照约束的性质分析约束反力,切不可由主动力的情况来臆测约束反力。约束反力与主动力的关系是以后将要解决的问题。

(4) 要注意识别二力杆约束,并正确地画出其约束反力。

(5) 对两个相互作用的物体进行受力分析时,作用力与反作用力的方向只能假定一个,另一个应按作用与反作用定律来确定。

 小 结

(1) 力和刚体的概念是最基本的力学概念,它们是概括了一般事物的某种本质特征而抽象化形成的。

"物体相互作用,使物体的机械运动状态发生改变",这一本质特征抽象化为力。由于力是物体间相互的机械作用,所以:

① 力必有受力物体和施力物体。

② 力总是成对出现,作用力与反作用力共存,且作用在相互作用的两个物体上。

"物体的变形在所研究的机械运动问题中可以不予考虑",这一本质特征抽象化为刚体模型。在力学的其他领域还将建立其他不同的力学模型。

(2) 静力学公理是力学的基本常识。

公理一给出了一物体上两个力应满足的平衡条件。

公理二给出了求两个共点力的合力的方法和结果。

公理三给出了刚体上力系等效变换的一种基本形式。

公理四给出了物体间的相互机械作用在量上的关系,为研究相互作用的物体的平衡与运动变化提供了重要的依据。

(3) 约束是对物体间相互作用的形式的归纳和抽象化。尽管约束类型繁多,但就知识的内涵而言无非是:约束概念→约束构造→约束性质→约束反力。

(4) 物体的受力分析是本课程中重要的第一个基本训练。有关注意事项见 1.5 中最后的总结。

 思考题

1-1 以下说法对吗?为什么?

(1) 处于平衡状态的物体就可视为刚体。

(2) 变形微小的物体就可视为刚体。

(3) 物体的变形对所研究的力学问题没有影响,或者影响甚微,可将物体视为刚体。

1-2 图 1-30 所示的起吊架,用止推轴承 A 和导向轴承 B 固定,各接触面均为光滑面。试按约束的构造确定约束的性质,并按约束的性质分析约束反力。

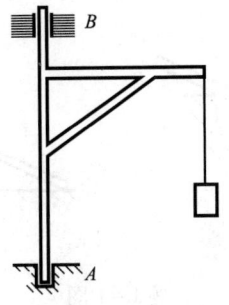

图 1-30

1-3 试指出图1-31中各受力图的错误或不妥之处。

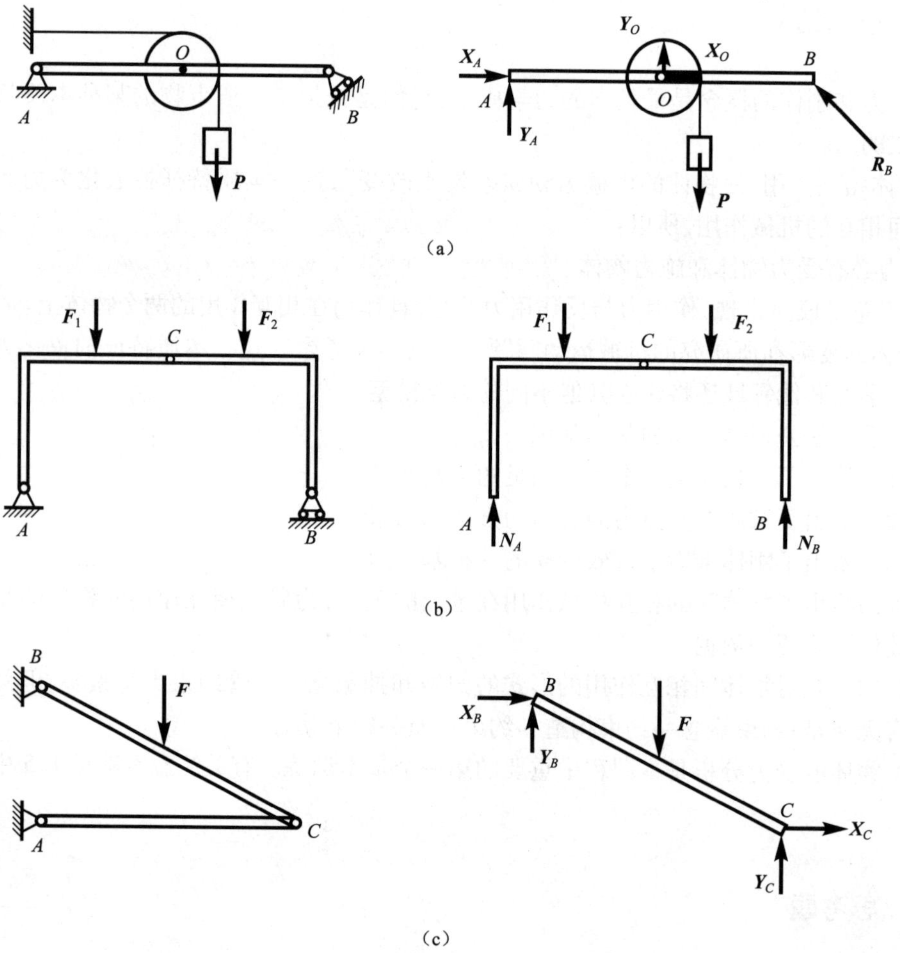

(a)

(b)

(c)

图 1-31

习　题

1-1 画出杆件 AB 的受力图。图中的各接触面均为光滑面。

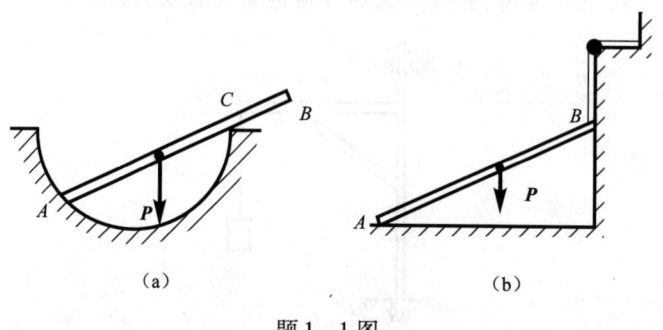

题 1-1 图

1-2　画圆盘 A 的受力图。各接触面均为光滑面。

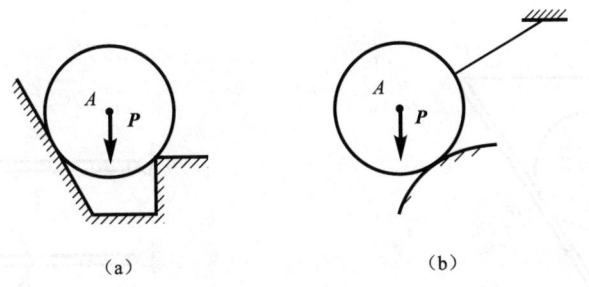

题 1-2 图

1-3　画杆件 AB 的受力图。

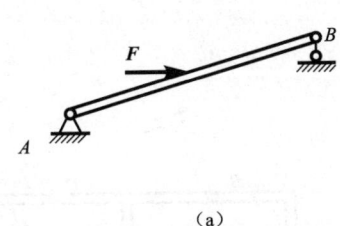 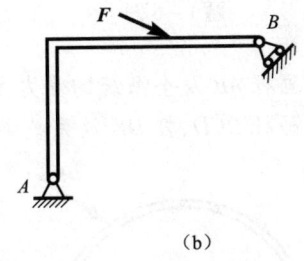

题 1-3 图

1-4　画杆件 AB 的受力图。

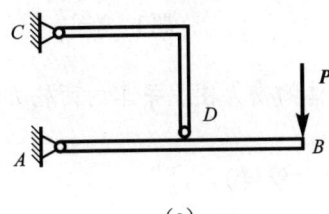 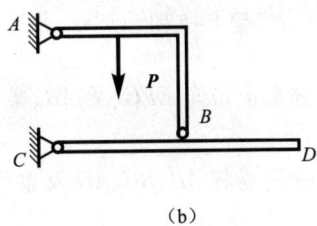

题 1-4 图

1-5　画图示系统的受力图。

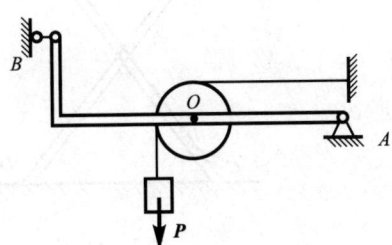 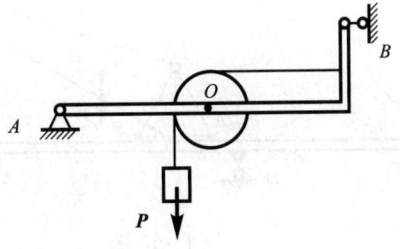

题 1-5 图

1-6　画杆 AB 及系统的受力图。各接触面均为光滑面。

1-7　试以杆 BC、轮 O、绳索及重物 M 作为分离体,画此系统的受力图。再画杆 AB 的受力图。

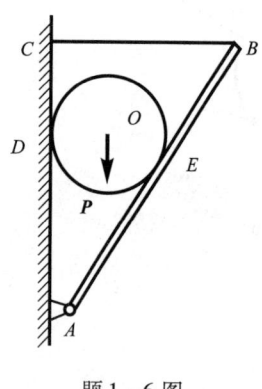

题1-6图

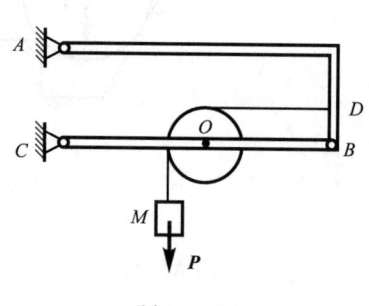

题1-7图

1-8　画杆 AB 及全系统的受力图。

1-9　画杆 BCD、杆 DE 及系统整体的受力图。

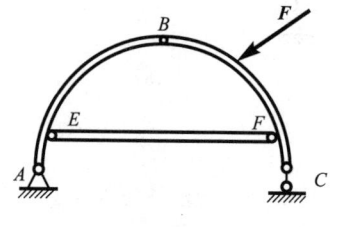

题1-8图

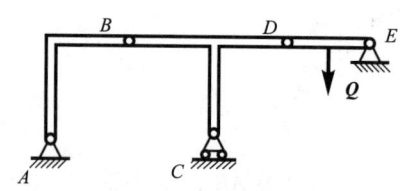

题1-9图

1-10　分别画吊车 EFG、梁 AB、梁 BC 及系统整体的受力图。吊车的两轮 E、F 与梁为光滑接触。

1-11　分别画杆 AB、BC、AD 及整体的受力图(O 为铰链)。

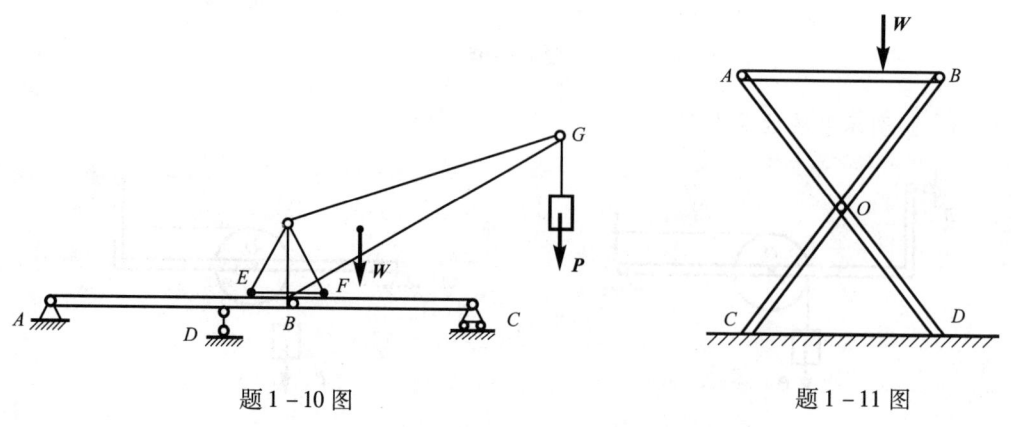

题1-10图　　　　　　　　　　　题1-11图

1-12　分别以杆 BD 和 CD 为分离体,画其受力图,并画结构的受力图。

1-13　按图中给定的结构和荷载,试画:

（1）结构整体的受力图；
（2）杆 AC 的受力图；
（3）由杆 AC、AE、EF 所组成的系统的受力图。

1-14 按图中给定的结构和荷载,试画：
（1）结构整体的受力图；
（2）杆 AB 的受力图；
（3）杆 CD 的受力图。

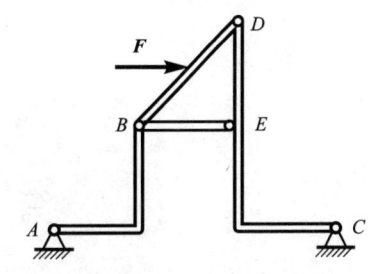

题 1-12 图

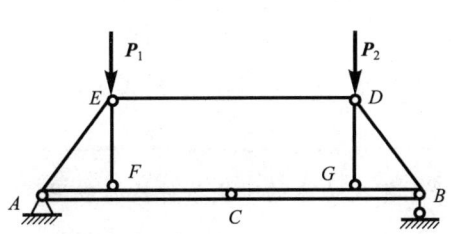

题 1-13 图

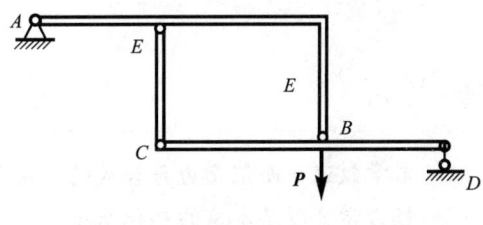

题 1-14 图

第 2 章　平面汇交力系

导言

- 本章叙述平面汇交力系合成的方法与结果、平面汇交力系的平衡条件及其应用。
- 静力学公理是本章的知识基础。
- 本章中所得结果可用于解决工程问题,并是研究复杂力系简化和平衡条件的基础。

2.1　平面汇交力系合成与平衡的几何法

力系中各力的作用线都在同一平面内且汇交于一点,这样的力系称为平面汇交力系。平面汇交力系在工程问题中是常见的。例如土建施工中用起重机吊装横梁(图 2-1(a))时,起重机吊钩所受的各力就组成一平面汇交力系,如图 2-1(b)所示。

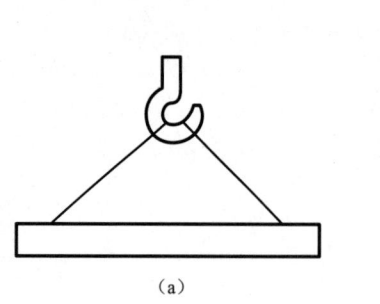
(a)

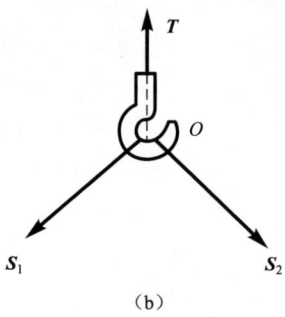
(b)

图 2-1

根据刚体上力的可传性,可将力系中各力沿其作用线移至汇交点,使平面汇交力系转化为平面共点力系,且不改变力系对刚体的作用效果。这样,本章中只针对平面共点力系来研究平面汇交力系的合成与平衡条件。

2.1.1　平面汇交力系合成的几何法

在物体的 O 点作用一平面汇交力系(F_1, F_2, F_3, F_4),如图 2-2(a)所示。此汇交力系的合成,可按公理二完成。先将力系中的两个力按力的平行四边形法则合成,所得合力再与第三个力合成。如此连续地应用力的平行四边形法则,可求得平面汇交力系的合力,且合力作用在汇交点 O。具体做法如下:

任取一点 a，作矢量 $\overline{ab} = \boldsymbol{F}_1$，过点 b 作矢量 $\overline{bc} = \boldsymbol{F}_2$，连接 a、c 两点的矢量 $\overline{ac} = \boldsymbol{R}_1$ 就是力 $\boldsymbol{F}_1$ 与 $\boldsymbol{F}_2$ 的合力矢量，即 $\boldsymbol{R}_1 = \boldsymbol{F}_1 + \boldsymbol{F}_2$。再过点 c 作矢量 $\overline{cd} = \boldsymbol{F}_3$，连接 a、d 两点的矢量 $\overline{ad} = \boldsymbol{R}_2$ 就是力 $\boldsymbol{R}_1$ 与 $\boldsymbol{F}_3$ 的合力矢量，即 $\boldsymbol{R}_2 = \boldsymbol{R}_1 + \boldsymbol{F}_3 = \boldsymbol{F}_1 + \boldsymbol{F}_2 + \boldsymbol{F}_3$。最后，过点 d 作矢量 $\overline{de} = \boldsymbol{F}_4$，连接 a、e 两点的矢量 $\overline{ae} = \boldsymbol{R}$ 就是力 $\boldsymbol{R}_2$ 与

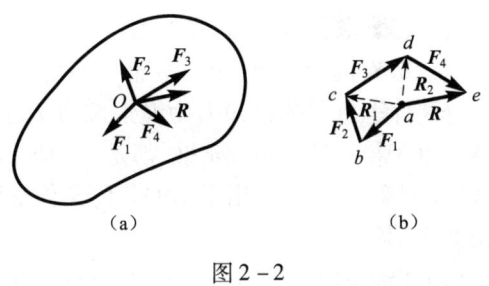

图 2-2

$\boldsymbol{F}_4$ 的合力矢量，即力系的合力矢量，且 $\boldsymbol{R} = \boldsymbol{R}_2 + \boldsymbol{F}_4 = \boldsymbol{F}_1 + \boldsymbol{F}_2 + \boldsymbol{F}_3 + \boldsymbol{F}_4$。可见，力系的合力矢量等于力系中各力矢量的矢量和。

上述求合力矢量的过程示于图 2-2(b) 中。观察可得求合力矢量的**力多边形法**如下：**将力系中各力矢量首尾相连，构成开口的力多边形 $abcde$，由第一个力矢量的起端向最后一个力矢量的末端，引一矢量 $\boldsymbol{R}$ 将力多边形封闭。力多边形的封闭矢量 $\boldsymbol{R}$ 即等于力系的合力矢量。**

在一般情况下，平面汇交力系的合力矢量等于力系中各力的矢量和：

$$\boldsymbol{R} = \boldsymbol{F}_1 + \boldsymbol{F}_2 + \cdots + \boldsymbol{F}_n = \sum_{i=1}^{n} \boldsymbol{F}_i \tag{2-1}$$

合力的作用线通过各力的汇交点。

2.1.2 平面汇交力系平衡的几何条件

平面汇交力系可以用它的合力等效代换。于是，**平面汇交力系平衡的必要和充分条件是：该力系的合力等于零，即力系中各力的矢量和等于零：**

$$\sum_{i=1}^{n} \boldsymbol{F}_i = \boldsymbol{0} \tag{2-2}$$

合力 $\boldsymbol{R} = \boldsymbol{0}$ 这一条件在力多边形上表现为，第一个力矢量的起端与最后一个力矢量的末端重合为一点，力多边形成为自身封闭的力多边形。从而得到**平面汇交力系平衡的几何条件是：该力系的力多边形是自身封闭的力多边形。**

下面举例说明如何应用平面汇交力系平衡的几何条件，求解平面汇交力系的平衡问题。

例 2-1 三角支架用两个无重杆铰接组成，悬挂重量为 W 的重物（图 2-3(a)），求杆 AC 和 BC 所受的力。

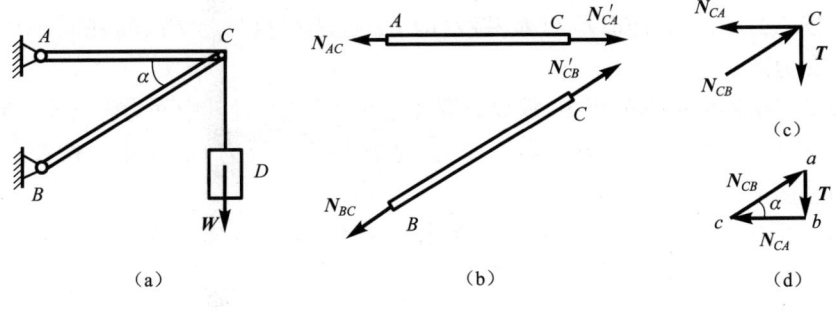

图 2-3

解 （1）取分离体，画受力图。

取铰链 C 为分离体（也可取整个三角架为分离体）。

分离体上所受的已知力为绳索拉力 T，其值为 $T=W$。未知力是杆 AC 和杆 BC 的约束反力 N_{CA} 和 N_{CB}。因杆 AC 和 BC 都是二力杆，以上二约束反力分别在铰 A、C 及铰 B、C 中心的连线上（图 2-3(c)）。用平衡的几何条件解题时，对受力图上未知力的指向不作假定，只需先画出其作用线。

（2）作封闭力多边形，定未知力指向，并求其值。

按平衡的几何条件，受力图上的三个力所组成的力三角形应是自身封闭的。作出封闭力三角形 abc，并按各力首尾相连的条件，定出未知力 N_{CA}、N_{CB} 的指向，如图 2-3(d) 所示。

从力三角形 abc 中解得：

$$N_{CB} = \frac{T}{\sin\alpha} = \frac{W}{\sin\alpha}$$

$$N_{CA} = T\cot\alpha = W\cot\alpha$$

杆 AC 为二力杆，杆两端所受的力为 N_{AC}、N'_{CA}。按公理一，此二力共线、等值、反向。力 N'_{CA} 是力 N_{CA} 的反作用力。按公理四，N'_{CA} 与 N_{CA} 共线、等值、反向。由此确定杆 AC 所受力的值为：

$$N_{AC} = N'_{CA} = N_{CA} = W\cot\alpha$$

同理，杆 BC 所受力的值为：

$$N_{BC} = N'_{CB} = N_{CB} = \frac{W}{\sin\alpha}$$

二杆所受力的指向如图 2-3(b) 所示。杆 AC 受拉，杆 BC 受压。

2.2 三力平衡定理

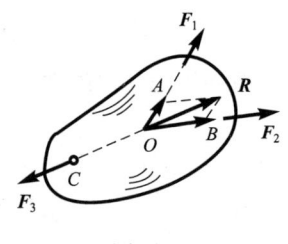

图 2-4

三力平衡定理 刚体在三个力作用下处于平衡状态，其中两个力的作用线汇交于一点，则第三个力的作用线必通过该点，三力组成一平面汇交力系。

证明 刚体的 A、B、C 三点分别作用着力 F_1、F_2、F_3，使刚体处于平衡状态，其中力 F_1 和 F_2 的作用线已知，且汇交于 O 点。由力的可传性和力的平行四边形法则，求出力 F_1 和 F_2 的合力 R，如图 2-4 所示。平衡力系（F_1、F_2、F_3）由力系（R、F_3）等效代换。按二力平衡条件知，F_3 与 R 共线，即 F_3 通过 O 点且与 F_1、F_2 在同一平面内，三者组成平面汇交力系。

在某些工程结构的力学分析中，需要研究受三个力作用，且其中两力汇交于一点的平衡物体。这时，可应用三力平衡定理确定第三个力（通常是约束反力）的作用线位置，然后用平面汇交力系的平衡条件求解未知力。

例 2-2 曲杆如图 2-5(a) 所示。按图示尺寸和荷载求支座 A 和 B 的约束反力。

解 （1）取分离体，画受力图。

取曲杆为分离体。

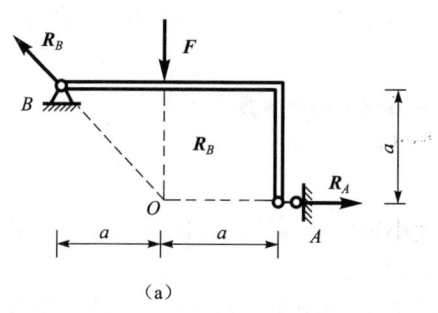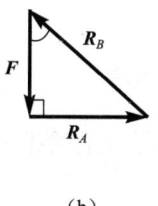

图 2-5

分离体上的主动力为力 F。链杆支座 A 的约束反力为 R_A,其作用线沿链杆支座,指向待定。固定铰支座 B 的约束反力,可用两个垂直分力表示,记为 X_B 和 Y_B。这时,力系(X_B,Y_B,F,R_A)不是平面汇交力系。为应用平面汇交力系的平衡条件求解,作受力图时,可用三力平衡定理确定固定铰支座 B 的约束反力 R_B 的作用线。反力 R_B 是 X_B 和 Y_B 的合力,其作用线通过力 F 和力 R_A 的汇交点 O,见图 2-5(a),指向待定。

(2)作封闭力三角形,定未知力指向,求未知力的值。

作力 F、R_A、R_B 的封闭力三角形,如图 2-5(b)所示。按各力首尾相连的原则,定力 R_A 和 R_B 的指向。

从力三角形中解得:

$$R_A = F; R_B = \sqrt{2}F$$

❈ 2.3 力的分解·力的投影 ❈

2.3.1 力的分解

给定两个作用于一点的力,可以用力的平行四边形法则求二力的合力,且此合力是唯一确定的。如给定一个力,也可以用力的平行四边形法则将其分解为两个分力,为得到唯一确定的结果,则需要对分力的大小、方向等附加一定的限制条件。工程中经常用到的一种情况是给定两个分力的作用线方位,求分力。

已知力矢量 $R = AB$,给定它的两个分力的作用线与矢量 R 的夹角分别为 α 和 β。这时,以 $R = AB$ 为对角线,以与 R 夹角分别为 α 和 β 的线段 AM 和 AN 为边,作平行四边形 $ACBD$。得到两个分力 $F_1 = AC$、$F_2 = AD$,分力的大小可从三角形 ABC 中解出(图 2-6(a))。

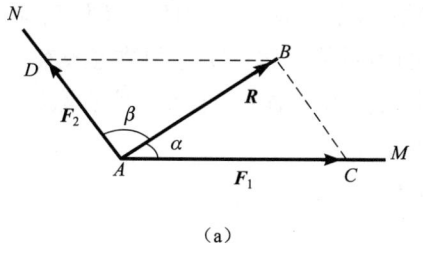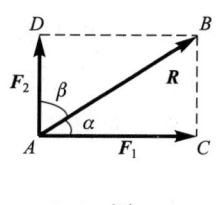

图 2-6

当力 R 沿两个互相垂直的方向分解时,平行四边形 $ACBD$ 为一矩形(图 2-6(b))。两个垂直分力的大小分别为:

$$F_1 = R\cos \alpha; F_2 = R\cos \beta$$

2.3.2 力的投影

力 F 在某轴 x 上的投影,等于力 F 的大小乘以力与该轴正向夹角 α 的余弦,记为 X,即

$$X = F\cos \alpha \tag{2-3}$$

在轴上的投影是代数量。当力与轴的正向夹角 α 为锐角时(图 2-7(a)),取正值;反之,取负值(图 2-7(b))。在图 2-7 中,过矢量的起端 A 和末端 B 分别作轴的垂线,所得垂足 a 和 b 之间的线段长度就是力在轴上的投影的绝对值。当从垂足 a 到 b 的指向与轴的正向一致时,力的投影为正,即 $X = ab$。反之,力的投影为负,即 $X = -ab$。

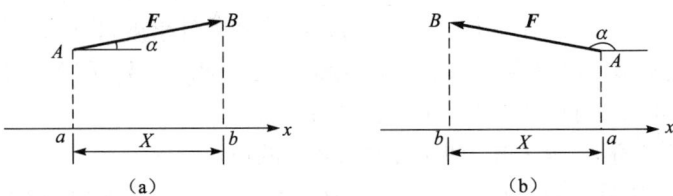

图 2-7

已知力 F 在两个正交轴上的投影 X 和 Y(图 2-8(a)),很容易确定力 F 的大小和方向:

$$\left. \begin{array}{l} F = \sqrt{X^2 + Y^2} \\ \cos \alpha = \dfrac{X}{F}, \cos \beta = \dfrac{Y}{F} \end{array} \right\} \tag{2-4}$$

式中:α 和 β 分别是力 F 与 x 和 y 轴的正向夹角。

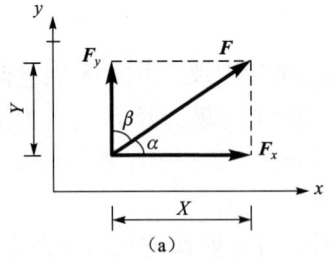 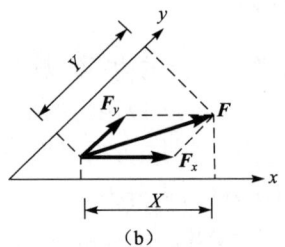

图 2-8

从图 2-8(a)可知,将力 F 沿正交的 x 轴和 y 轴方向分解为两个分力 F_x 和 F_y,它们的大小分别等于力 F 在此二轴上的投影 X 和 Y 的绝对值。这一关系只在正交轴系中才会出现。对图 2-8(b)所示的非正交轴系,力沿轴的分力与力在轴上的投影二者在数值上是不相等的。

力 F 沿坐标轴分解得分力,是矢量 F_x、F_y,即:

$$F = F_x + F_y$$

力 F 在坐标轴上的投影是代数量 F_x、F_y,

而

$$F \neq F_x + F_y$$

若 x、y 轴相互垂直,则 $|F_x| = |F_x|$,$|F_y| = |F_y|$;若 x、y 轴相互不垂直,则 $|F_x| \neq |F_x|$,$|F_y| \neq |F_y|$。见图 2-9(a)、(b)。

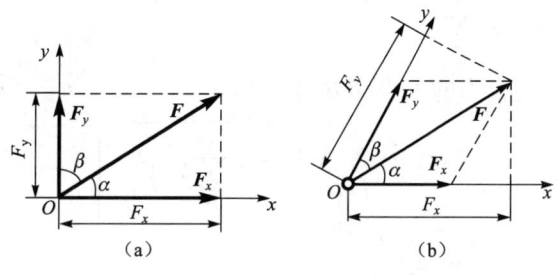

图 2-9

2.3.3 合力投影定理

合力投影定理建立了平面汇交力系合力在轴上的投影与各分力在同轴上投影的关系。

设作用于 O 点的平面汇交力系 (F_1,F_2,F_3,F_4),及其力多边形 $ABCDE$ 与合力矢量 R 分别如图 2-10 (a) 及 (b) 所示。在图 2-10 (b) 上选定 x 轴,力多边形图中各力矢量在 x 轴上的投影依次为:

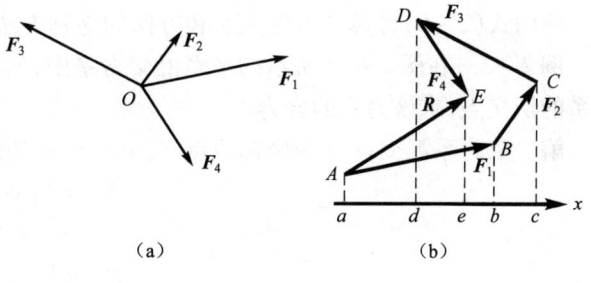

图 2-10

$$X_1 = ab, \quad X_2 = bc, \quad X_3 = -cd$$
$$X_4 = de, \quad R_x = ae$$

因为 $ae = ab + bc - cd + de$,所以得:

$$R_x = X_1 + X_2 + X_3 + X_4$$

在一般情况下,平面汇交力系由 n 个力组成,则有:

$$R_x = \sum_{i=1}^{n} X_i \tag{2-5}$$

得到合力投影定理如下:**力系合力在任一轴上的投影,等于力系中各力在同一轴上投影的代数和。**

2.4 平面汇交力系合成与平衡的解析法

2.4.1 平面汇交力系合成的解析法

作用于 O 点的平面汇交力系 (F_1,F_2,$\cdots$,F_n),求其合力矢量 R。

以汇交点 O 为原点建立直角坐标系 Oxy(图 2-11)。按合力投影定理求合力在 x、y 轴上的投影:

$$R_x = \sum_{i=1}^{n} X_i$$

$$R_y = \sum_{i=1}^{n} Y_i$$

然后,即可按式(2-4)确定合力的大小和方向;

$$\left.\begin{aligned} R &= \sqrt{\left(\sum_{i=1}^{n} X_i\right)^2 + \left(\sum_{i=1}^{n} Y_i\right)^2} \\ \cos\alpha &= \frac{R_x}{R} \\ \cos\beta &= \frac{R_y}{R} \end{aligned}\right\} \tag{2-6}$$

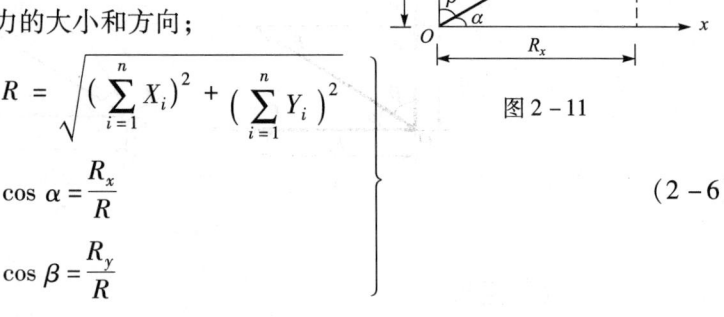

图 2-11

式中:α 和 β 分别为合力矢量 **R** 与 x 轴和 y 轴的正向夹角。

使用式(2-6)计算合力的大小和方向的这种方法,称为平面汇交力系合成的解析法。

例 2-3 在图 2-12 所示的平面汇交力系中,$F_1 = 30$ N、$F_2 = 100$ N、$F_3 = 20$ N。O 点为力系的汇交点,求该力系的合力。

解 取力系汇交点 O 为坐标原点,建立坐标系如图。合力在轴上的投影分别为:

$$R_x = F_1 \cos 30° - F_2 \cos 60° + F_3 \cos 45°$$
$$= -9.87 \text{ N}$$

$$R_y = F_1 \sin 30° + F_2 \sin 60° - F_3 \sin 45°$$
$$= 87.46 \text{ N}$$

按式(2-6)求合力的大小和方向:

$$R = \sqrt{R_x^2 + R_y^2} = 88.02 \text{ N}$$

$$\cos\alpha = \frac{R_x}{R} = -0.112$$

$$\cos\beta = \frac{R_y}{R} = 0.994$$

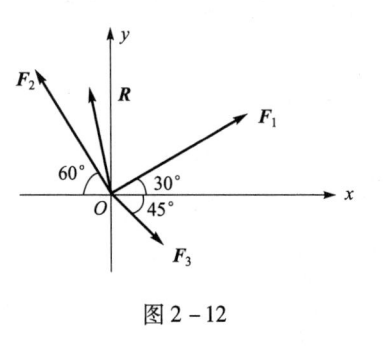

图 2-12

解得 $\alpha = 96.5°$,$\beta = 6.5°$。合力作用线通过 O 点,位于第二象限内。

2.4.2 平面汇交力系的平衡方程

平面汇交力系平衡的必要与充分条件是力系的合力 **R** 等于零。由式(2-6)的第一式可知,合力 **R** 为零等价于

$$\left.\begin{aligned} \sum_{i=1}^{n} X_i &= 0 \\ \sum_{i=1}^{n} Y_i &= 0 \end{aligned}\right\} \tag{2-7}$$

于是,**平面汇交力系平衡的必要与充分条件可解析地表达为:力系中所有各力在两个坐标轴上投影的代数和分别为零**。式(2-7)称为**平面汇交力系的平衡方程**。

平面汇交力系有两个独立的平衡方程,可用于求解两个未知量。

例 2-4 小滑轮 C 连接在铰接三角架 ABC 上。绳索绕过滑轮，一端缠绕在绞车 D 上，另一端悬挂重 $P=100$ kN 的重物（图 2-13（a））。不计各构件自重和滑轮 C 的尺寸。求杆 AC 和 BC 所受的力。

解 （1）取分离体，画受力图。

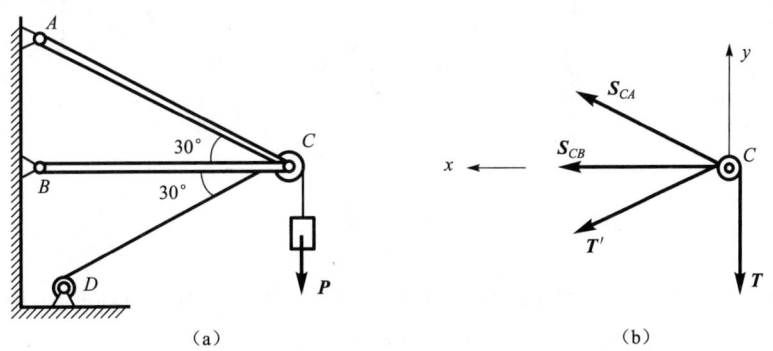

图 2-13

取滑轮 C 和绕在它上面的一小段绳索为分离体。

绳索两端的拉力分别为 T 和 T'，滑轮 C 平衡时有 $T=T'$，且拉力 T 的大小等于重物的重量 P。杆 AC 和 BC 都是二力杆，它们对轮 C 的约束反力 S_{CA} 和 S_{CB} 的作用线分别沿直线 AC 和 BC，指向未知。

在应用平衡方程求解平衡问题时，需计算力在轴上的投影，这样，受力分析中必须事先假定未知力的指向。对于二力杆的约束反力，一般按使杆件受拉来假定约束反力的指向。

受力图如图 2-13（b）所示。

（2）列平衡方程，求解未知量。

选力系汇交点 C 为坐标原点，坐标轴如图 2-13（b）中所示。写平衡方程：

$$\sum X = 0: \quad S_{CB} + S_{CA}\cos 30° + T'\cos 30° = 0 \quad (1)$$

$$\sum Y = 0: \quad S_{CA}\sin 30° - T'\sin 30° - T = 0 \quad (2)$$

由式（2）解得 $S_{CA}=300$ N，将此值代入式（1），解得 $S_{CB}=-389.7$ N。

S_{CA} 为正值，表明受力图中力 S_{CA} 的指向与实际指向相同，S_{CB} 为负值，表明受力图中力 S_{CB} 的指向与实际指向相反，即杆 BC 受压。

例 2-5 连杆机构由三个无重杆铰接组成（图 2-14（a））。铰 B 处受水平力 P 作用，当机构处于平衡状态时，铰 C 处的水平力 F 的值应为多大？

解 解题思路分析：

机构整体所受的力系（P,F,S_A,S_D）不是平面汇交力系（图 2-14（a））。所以，不能取整体机构作为研究对象来求解。

待求力 F 作用在铰 C 上，铰 C 受平面汇交力系（F,S_{CB},S_{CD}）作用。但力系中三个力均为未知，只有事先求得 S_{CB} 或 S_{CD}，才能求力 F。铰 C 的受力情况如图 2-14（c）所示。

铰 B 受平面汇交力系（P,S_{BC},S_{BA}）作用（图 2-14（b）），以铰 B 为研究对象，可求 S_{BC}。杆 BC 为二力杆，可知 $S_{BC}=S_{CB}$，且二力指向相反。

综上分析，求解过程如下：

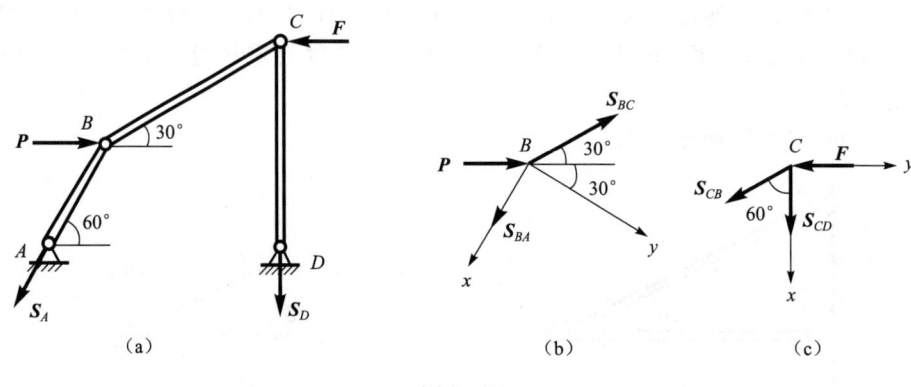

图 2-14

（1）取铰 B 为分离体，受力图如图 2-14(b) 所示。选 y 轴与力 S_{BA} 垂直，由平衡方程：

$$\sum Y = 0: \quad P\cos 30° + S_{BC}\cos 60° = 0$$

解得 $S_{BC} = -\sqrt{3}P$。

（2）取铰 C 为分离体，受力图如图 2-14(c) 所示，选 y 轴与力 S_{CD} 垂直，由平衡方程：

$$\sum Y = 0: \quad -F - S_{CB}\sin 60° = 0$$

代入 $S_{CB} = S_{BC} = -\sqrt{3}P$，解得 $F = 1.5P$。

以上分析和求解的过程中，着重强调的是两个问题：

一是要在了解研究对象的受力情况的基础上，恰当地选取分离体，以最简捷的思路给出求解未知量的过程。

二是要恰当地选取坐标轴和平衡方程，提高计算工作的效率。

求解较复杂的平衡问题时，首先构思解题方案，形成解题思路，这不但是正确、顺利地解题的指导和保证，更是培养分析、解决问题能力的必不可缺的训练。

例 2-6 结构由 AB、BC、EF 三个构件组成，尺寸和荷载如图 2-15(a) 所示。不计构件自重，求铰 B 处构件 AB 与 BC 的相互作用力。

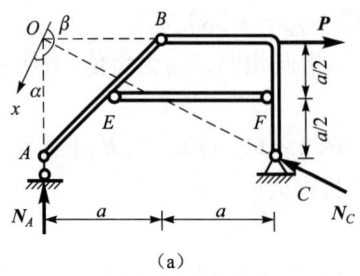
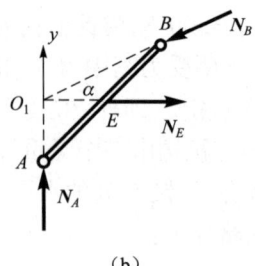

图 2-15

解 解题思路分析：

铰 B 的约束反力是整体结构的内力，不能在整体结构上求得。可取构件 AB 或 BC 为研究对象，求铰 B 的反力。

杆 AB 在 A、E、B 三点受约束反力作用，其中 A、E 两点的约束反力作用线已知，可用三力平

衡定理确定 B 点反力作用线(图 2-15(b)),并用平面汇交力系平衡方程求解。

杆 AB 上 A、E、B 三点所受力均为未知,但 A 点反力可从整体结构的受力图(图 2-15(a))上求得。

综上分析,求解过程如下:

(1) 取整体结构为分离体。所受的外力为主动力 P,链杆支座 A 的反力 N_A,固定铰支座 C 的反力 N_C。反力 N_C 的作用线用三力平衡定理确定。受力图如图 2-15(a)所示,其中反力 N_A 和 N_C 的指向是假定的。

选 x 轴与反力 N_C 垂直,列平衡方程:

$$\sum X = 0: \quad -N_A\cos\alpha - P\cos\beta = 0$$

其中,$\cos\alpha = \dfrac{2}{\sqrt{5}}$,$\cos\beta = \dfrac{1}{\sqrt{5}}$,代入方程,解得 $N_A = -\dfrac{P}{2}$。

(2) 取构件 AB 为分离体。受 N_A、N_E、N_B 三个约束反力作用。EF 是二力杆,铰 E 的反力 N_E 是水平的,按三力平衡定理,铰 B 的反力 N_B 的作用线通过 N_A 和 N_E 的交点 O_1。受力图如图 2-15(b)所示,其中力 N_E 和 N_B 的指向是假定的。

选坐标轴 y 与反力 N_E 垂直,列平衡方程:

$$\sum Y = 0: \quad N_A - N_B\sin\alpha = 0$$

其中 $\sin\alpha = \dfrac{1}{\sqrt{5}}$,代入方程,解得:

$$N_B = \sqrt{5}N_A = -\dfrac{\sqrt{5}}{2}P$$

分析

(1) 几何法与解析法的比较。

学习时要注意两种方法的区别,并能针对具体问题,灵活恰当地选择合适的方法。

几何法必须根据受力图作力多边形。应用力多边形法则求解。要求作图精确,否则误差太大。对二力的合成与三力的平衡问题可绘力三角形草图,应用三角公式计算求解。但对多个力的合成与平衡问题,不宜用几何法。

解析法即投影计算法,不需再画力多边形,只需根据受力图选取投影坐标轴,进行投影计算,所以应用解析法是求解的重点。

(2) 平衡方程式中的正、负号和解平衡方程所得结果的正、负号。

平衡方程是代数方程,每一项的正负号决定于其投影的正负号,而计算结果的正、负号是由于某些约束反力的指向是假设的,在列平衡方程时,是根据假设的指向进行投影并代入方程,因此可通过计算结果的正、负号确定约束反力的方向。若结果为正,表明假设的指向与实际的指向一致,若结果为负,表明假设的指向与实际的指向相反。

(3) 几种特殊平面汇交力系平衡时力的判定。

若某节点 O 有两个不共线的力作用处于平衡状态,如图 2-16 所示,则:

$$N_1 = N_2 = 0$$

若某节点 O 受三个力作用处于平衡状态,其中,N_1、N_2 共线,而 N_3 不共线,如图 2-17 所示,则:

$$N_3 = 0$$

若某节点 O 受力如图 2-18 所示,处于平衡状态,则:
$$N_1 = P; N_2 = P$$

若某节点 O 受力如图 2-19 所示,处于平衡状态,则:

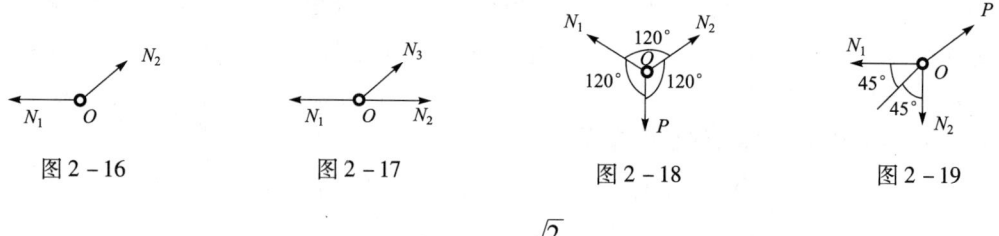

图 2-16　　　　　图 2-17　　　　　图 2-18　　　　　图 2-19

$$N_1 = N_2 = \frac{\sqrt{2}}{2}P$$

以上结果请读者验证,并指出为何有以上结果,再将以上结果在实际计算中加以灵活应用。

(4) 解题技巧。

如何使解题简便,如何用最少的方程数和最简单的方程式求出全部未知量,是解题的技巧问题。

对于平面汇交力系,主要在于选择合适的投影轴,令投影轴尽量与不想求出的未知力垂直,使一个方程中只含一个未知量,避免解联立方程。还有对称性的应用也十分重要,如图 2-18、图 2-19 结果的得出。

 小　结

(1) 平面汇交力系合成的结果是一合力。合力作用于力系的汇交点,合力的大小和方向可以用两种方法得到:

① 几何法。作力多边形,由多边形的封闭边决定合力的大小和方向。

② 解析法。用合力投影定理求合力在直角坐标系两个轴上的投影,按式(2-6)决定合力的大小和方向。

(2) 平面汇交力系的平衡条件是力系的合力为零。平衡条件有两种不同的表达形式:

① 平衡的几何条件。力多边形是自身封闭的力多边形。

② 平衡的解析条件。合力在两个坐标轴上的投影 $R_x = \sum X$ 和 $R_y = \sum Y$ 分别为零。

(3) 两种平衡条件的应用方法

① 应用平衡的几何条件解题,作受力分析时,对未知力只定出作用线方位。通过作出封闭力多边形,确定未知力的指向,并求未知力的值。

② 应用平衡方程解题,作受力分析时,需假定未知力的指向。通过平衡方程求解未知力的值,并由所求值的正负号判定所假定未知力的指向是否符合实际。

③ 当研究对象只受三个力作用,且其中两个力的作用线相交,第三个力的作用线未知时,则无论是用几何法求解还是用平衡方程求解,都需先用三力平衡定理确定第三力的作用线方位,然后再应用平衡条件(方程)求解未知量。

思考题

2-1　已知作用于 O 点的平面汇交力系的力多边形如图 2-20 所示。如在 O 点再施加一力 F_5，且

（1）$F_5 = \overline{ae}$；

（2）$F_5 = \overline{ea}$。

试分别给出此两种情况下，力系的合力矢量。

2-2　已知力 F 在 x 轴上的投影 X，又知力 F 沿 x 轴方向分力的大小为 $2|X|$。试说明另一分力的大小和方向与力矢 F 有何关系。

2-3　某平面汇交力系满足条件 $\sum X = 0$，试问此力系合成后可能是什么结果。

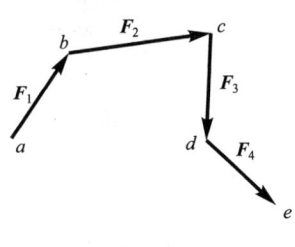

图 2-20

 习　题

2-1　平面汇交力系如图示。已知 $P_1 = 2$ kN，$P_2 = 2.5$ kN，$P_3 = 1.5$ kN，求力系合力。

2-2　平面汇交力系如图示。已知 $F_1 = 600$ N，$F_2 = 300$ N，$F_3 = 400$ N，求力系合力。

2-3　铰接三角架悬挂物重 $P = 10$ kN。已知 $AB = AC = 2$ m，$BC = 1$ m。求杆 AC 和 BC 所受的力。

2-4　起吊架的铰 C 处装一小滑轮，绳索绕过滑轮，一端固定于墙上，另一端吊起重 $G = 20$ kN 的重物。按图中给定的角度求杆 AC 和 BC 所受的力。

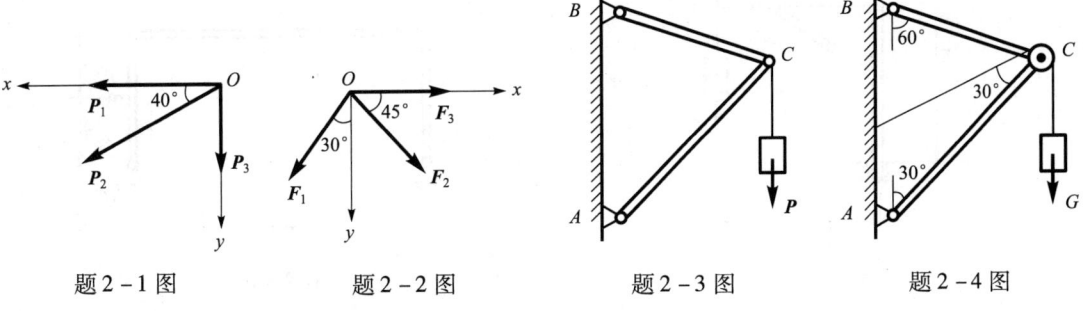

题 2-1 图　　题 2-2 图　　题 2-3 图　　题 2-4 图

2-5　压路机的碾子重 20 kN，半径 $r = 40$ cm。要用通过中心 O 的水平力 F 将碾子拉过高 $h = 8$ cm 的石块，求力 F 的大小。要想用最小的力拉动碾子，试确定力作用的方向及此最小力的值。

2-6　刚架受水平力 P 作用，求支座 A 和 B 的约束反力。

2-7　图示结构受荷载 $Q = 1$ kN 作用，求 CD 杆所受的力及支座 B 的约束反力。

2-8　按图示结构和荷载，求杆 BC 所受的力及支座 A 的约束反力。

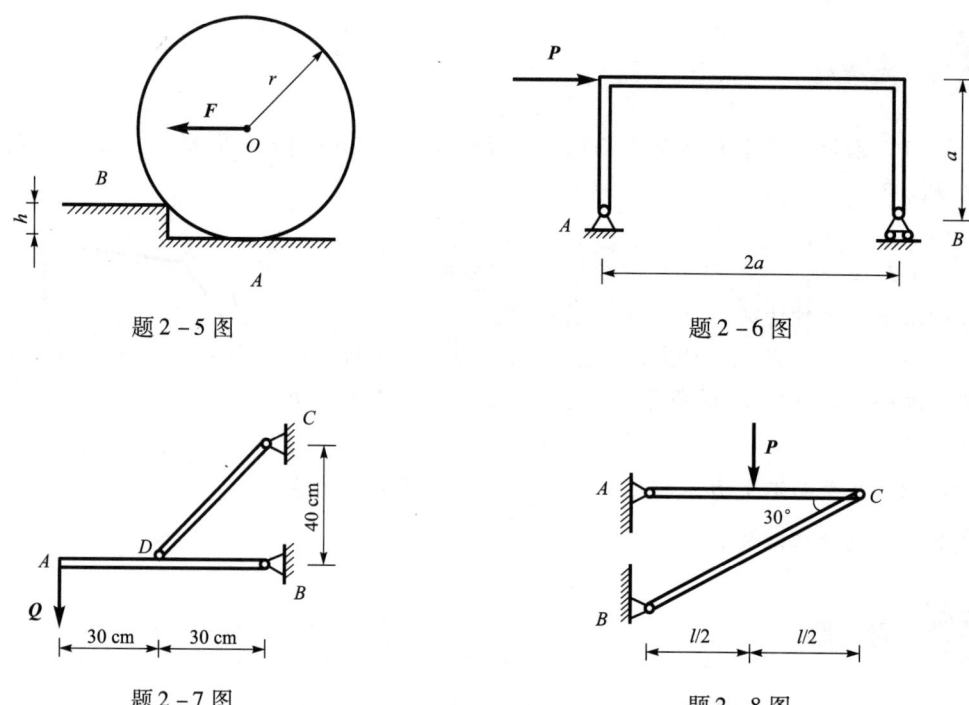

题 2-5 图　　　　　　　　题 2-6 图

题 2-7 图　　　　　　　　题 2-8 图

2-9　起重架用止推轴承和导向轴承固定,起吊重量为 P。不计摩擦,试按图示尺寸求轴承反力。

2-10　三铰刚架如图所示,求固定铰支座 A 和 C 的约束反力。

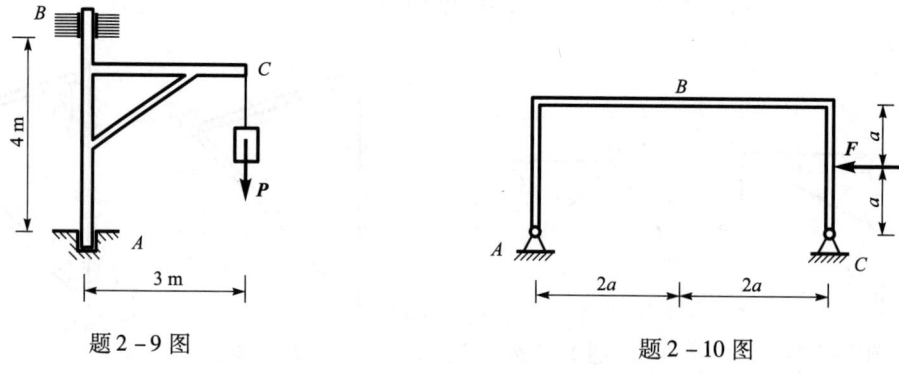

题 2-9 图　　　　　　　　题 2-10 图

2-11　由杆 AC 和 CD 铰接组成的多跨静定梁如图示。求在力 P 作用下链杆支座 B 的约束反力。

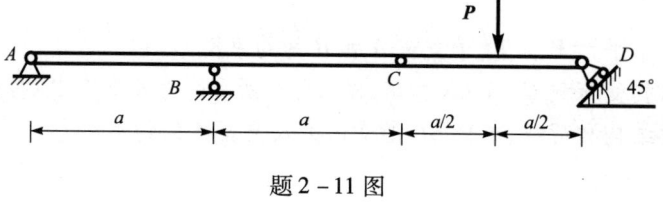

题 2-11 图

2-12 压榨机如图示,在铰 A 处加水平力 P,使压块 C 压紧物体 D。不计摩擦,求物体 D 所受的压力。

2-13 图示四连杆机构中,在铰 A 和 B 上按给定的角度分别施加力 Q 和 R。求机构平衡时,力 Q 与 R 的值所满足的关系。

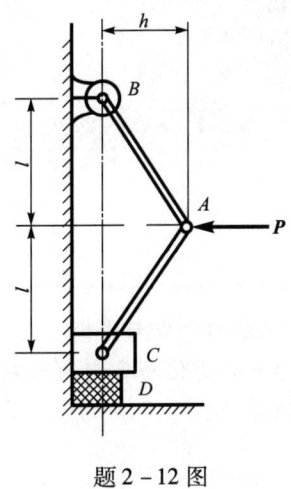

题 2-12 图

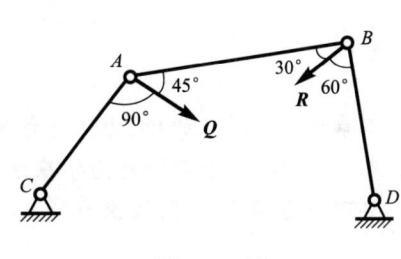

题 2-13 图

第3章 力对点的矩·平面力偶理论

导言

- 本章讲述力对点的矩、力偶与力偶矩的概念,以及力偶系的合成与平衡。
- 本章中的概念和理论是力学基础知识,是研究复杂力系的简化与平衡的基础。
- 要理解力偶的性质,认识力对点的矩与力偶矩各自的特性。

3.1 力对点的矩

观察力对物体的作用效果:将一方板置于光滑水平面上,其上施加力 F。当力 F 通过板的重心时,板产生平行移动(图3-1(a))。当力 F 不通过板的重心时,板不但发生移动,还发生转动(图3-1(b))。力所产生的移动效果与力的大小和方向有关。力所产生的转动效果与哪些因素有关,如何度量力所产生的转动效果,这是本章要解决的问题。

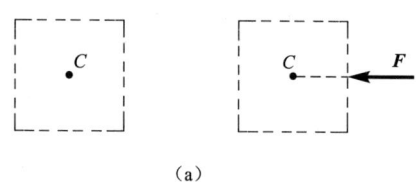
(a)

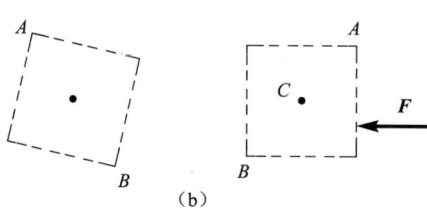
(b)

图 3-1

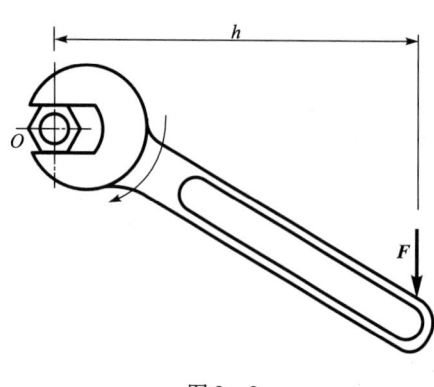

图 3-2

研究一个最常见的例子。用扳手拧螺母时,在扳手上加一力 F,扳手以螺母的轴线 O 为轴旋转(图3-2)。经验证明,力 F 使扳手产生的转动效果与三个因素有关:力 F 的大小;力 F 作用线到转动中心 O 的距离 h;力 F 使扳手转动的方向。总之,力 F 使扳手绕 O 点转动的效果可以用代数量 $\pm Fh$ 来确定,其中正、负号分别用来表示扳手的两个不同的转动方向。

上面研究力 F 使扳手绕 O 点转动效果的例子中,O 点称为矩心,矩心 O 到力 F 作用线的距离 h 称为力臂。反映力 F 使扳手绕 O 点转动效果的代数量 $\pm Fh$ 称为力 F 对 O 点的矩,并用符号 $M_O(F)$ 表示,即力 F 对 O 点的矩为 $M_O(F) = \pm Fh$。

将上面的讨论推广到一般情况。设物体受力 F 的作用,为确定(度量)力 F 使物体绕任意点 O 的转动效果,取 O 点为矩心,力臂为 h,则力 F 对 O 点的矩为:

$$M_O(F) = \pm Fh \qquad (3-1)$$

这个代数量唯一地确定(度量)力 F 使物体绕 O 点转动的效果。

力对点的矩也可以用以矩心为顶点,以力矢量为底边所构成的三角形面积的二倍来表示:

$$M_O(F) = \pm 2\triangle OAB\ 面积 \qquad (3-2)$$

如图3-3所示。

综上所述,力对点的矩可定义如下:

力对点的矩是力使物体绕点转动效果的度量。它是一个代数量,其绝对值等于力的大小与力臂之积,其正负号代表力使物体绕矩心转动的方向。 即 $M_O(F) = \pm Fh$。约定力使物体绕矩心逆时针方向转动时,力对点的矩取正号,反之取负号。

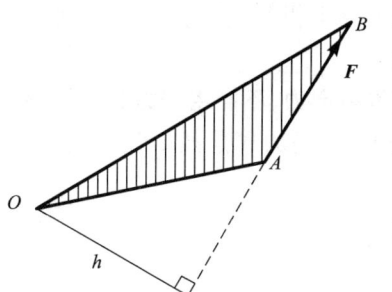

图3-3

力矩的单位是牛[顿]·米(N·m)。

例3-1 矩形板不计自重,边长 $a = 0.3$ m, $b = 0.2$ m,板铅垂置放于水平面上,长边的倾角 $\alpha = 30°$(图3-4)。给定力 $F_1 = 40$ N, $F_2 = 50$ N,方向如图3-4所示。试确定板在此二力作用下相对 A 点转动的方向。

解 按式(3-1)分别计算两个力使矩形板绕 A 点转动的效果:

$$M_A(F_1) = F_1 h_1$$
$$M_A(F_2) = -F_2 h_2$$

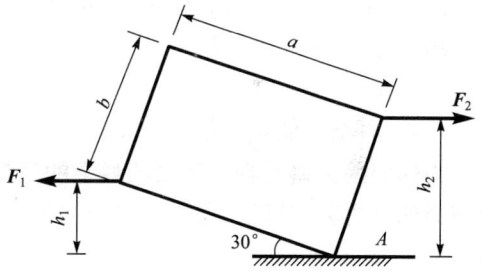

图3-4

其中 $h_1 = 0.3\sin 30° = 0.15$ m, $h_2 = 0.2\sin 60° = 0.17$ m。

得 $M_A(F_1) = 6$ N·m, $M_A(F_2) = -8.5$ N·m。判定板将相对 A 点顺时针方向转动。

3.2 力偶与力偶矩

3.2.1 力偶·力偶的第一性质

大小相等、方向相反且不共线的两个平行力称为力偶。

图3-5中的两个力 F 和 F' 组成一力偶,并用符号 (F, F') 表示。力偶中两个力矢量满足条件:

$$F = -F'$$

两力作用线间的距离 d 称为**力偶臂**,两力所在的平面称为**力偶作用面**。

力偶的作用效果是改变物体的转动状态。汽车司机转动方向盘时,对方

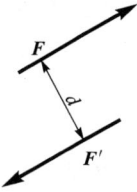

图3-5

向盘所施加的力偶;用手指旋开水龙头时,对水龙头所施加的力偶,都是用于改变物体的转动状态。

力偶中的两个力不共线,不满足二力平衡条件,即力偶不是平衡力系。事实上,只受一个力偶作用的物体,不可能处于平衡状态,其转动状态一定发生改变。力偶没有不为零的合力。因为,如果力偶有不为零的合力,则此合力在任选的坐标轴(不与合力作用线垂直)上的投影不为零。但是,力偶是等值、反向的两个力,它们在任何一个轴上投影的代数和都必然为零。说明力偶不能与一力等效。

力偶的作用效果是使物体的转动状态发生改变。力偶没有合力,不能用一力等效代换,不能用一力与之平衡。这就是力偶的第一性质。上述性质表明,力与力偶是两个独立的力学作用量。

3.2.2 力偶矩·力偶的第二性质

经验证明,力偶的作用效果取决于这样三个因素:
(1) 构成力偶的力的大小。
(2) 力偶臂的大小。
(3) 力偶的转向。

因此,可以用代数量 $\pm Fd$ 确定或度量力偶使物体转动的效果,并称此代数量为**力偶矩**。用符号 m 表示力偶矩,则

$$m = \pm Fd \tag{3-3}$$

于是,可给力偶矩作如下定义:

力偶矩是力偶使物体转动的效果的度量。它是一个代数量,其绝对值等于力偶中力的大小与力偶臂之积,其正负号代表力偶的转向,即 $m = \pm Fd$。约定力偶逆时针转向取正号,反之取负号。

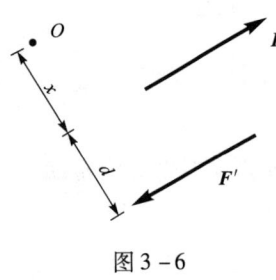

图 3-6

力偶矩的单位与力对点的矩的单位一样,也是牛[顿]·米(N·m)。

由式(3-1)知,力使物体转动的效果,一般与转动中心(矩心)的位置有关。力偶则不同,力偶使物体绕不同矩心的转动效果是相同的。为验证这一论点,给定力偶($\boldsymbol{F}$, $\boldsymbol{F}'$),其力偶臂为 d,任选一点 O(图3-6),来确定力偶使物体绕 O 点转动的效果。设 O 点到力线 $\boldsymbol{F}$ 的距离为 x,力 $\boldsymbol{F}$ 和力 $\boldsymbol{F}'$ 使物体绕 O 点转动的效果分别为:

$$M_O(\boldsymbol{F}) = Fx$$
$$M_O(\boldsymbol{F}') = -F'(x+d)$$

力偶使物体绕 O 点转动的效果为二者的和:

$$M_O(\boldsymbol{F}) + M_O(\boldsymbol{F}') = Fx - F'(x+d)$$
$$= -Fd$$
$$= m$$

结果表明,力偶使物体绕 O 点转动的效果,与 O 点的位置无关,只由力偶的力偶矩 m 确定。

力偶使物体转动的效果只由力偶矩 m 确定,与矩心的位置无关,这就是力偶的第二性质。

这一性质不但阐明了力偶使物体的转动效果与力使物体的转动效果的不同,而且还揭示了力偶等效的条件。

3.2.3 力偶等效条件

按力偶的第二性质,作用在刚体上的两上力偶的等效条件是:此二力偶的力偶矩彼此相等。上述力偶等效条件,又称为同平面内力偶等效定理。

由同平面内力偶等效定理可知:

(1) 力偶可以在其作用面内随意移转,不会改变它对刚体的作用效果,即力偶对刚体的作用效果与它在作用面内的位置无关。

(2) 在保持力偶矩不变的条件下,可以随意同时改变力偶中力的大小和力偶臂的长短,这不会影响力偶对刚体的作用效果。

以上两种同平面内力偶等效变换的情况,在图3-7中给出了形象的说明。

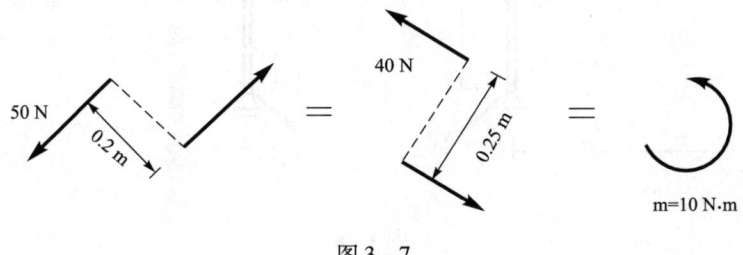

图 3-7

力偶的等效变换说明,在给定一个力偶的时候,力偶中力的大小和方向如何,以及力偶臂的长短如何,这些都是无关紧要的。只需要给出力偶的力偶矩就足够了。于是,以后用一个带箭头的弧线表示力偶,以箭头的指向代表力偶的转向,在弧线旁标出力偶矩的值即可,如图3-7所示。

3.3 平面力偶系的合成和平衡条件

3.3.1 平面力偶系的合成

设在刚体的同一平面内作用 n 个力偶 $(\boldsymbol{F}_1, \boldsymbol{F}_1'), (\boldsymbol{F}_2, \boldsymbol{F}_2'), \cdots, (\boldsymbol{F}_i, \boldsymbol{F}_i'), \cdots, (\boldsymbol{F}_n, \boldsymbol{F}_n')$,其力偶矩分别为 $m_1, m_2, \cdots, m_i \cdots, m_n$。应用力偶的等效变换,可将 n 个力偶合成为一合力偶,合力偶矩记为 M。合力偶的作用效果等于力偶系中各力偶的作用效果之和,由此得合力偶矩为:

$$M = \sum_{i=1}^{n} m_i \tag{3-4}$$

于是可得结论如下:

平面力偶系可以合成为一个合力偶,此合力偶的力偶矩等于力偶系中各分力偶的力偶矩的代数和。

3.3.2 平面力偶系的平衡条件

平面力偶系可以用它的合力偶来等效地代换,由此可知,如合力偶的力偶矩为零,则力偶系是一个平衡的力偶系。即平面力偶系平衡的必要与充分条件是:力偶系中所有各力偶的力偶矩的代数和等于零:

$$\sum_{i=1}^{n} m_i = 0 \qquad (3-5)$$

平面力偶系有一个平衡方程,可以用于求解一个未知量。

例 3 - 2 三铰刚架如图 3 - 8(a)所示。求在力偶矩为 m 的力偶的作用下,支座 A 和 B 的约束反力。

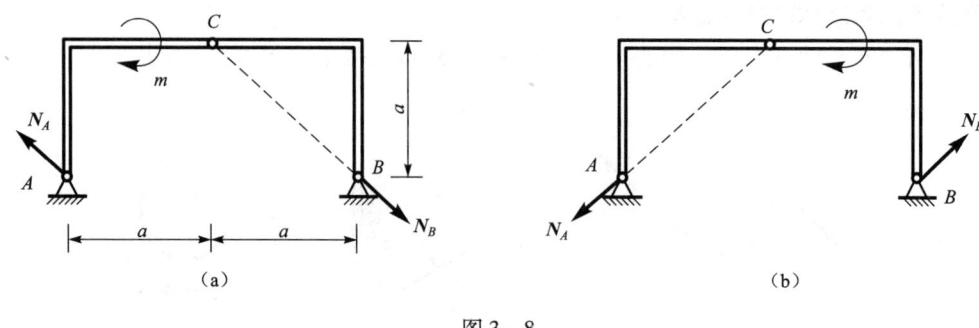

图 3 - 8

解 (1) 取分离体,画受力图。

取三铰刚架为分离体。其上受给定力偶的作用,还有固定铰支座 A 和 B 的约束反力的作用。由于杆 BC 是二力杆,支座 B 的反力 N_B 的作用线应在铰 B 和铰 C 的连线上,其指向可随意假定,如图 3 - 8(a)中所示,支座 A 的反力作用线是未知的,考虑到力偶只能用力偶与之平衡,断定支座 A 的反力 N_A 与反力 N_B 必组成一力偶,即 N_A 与 N_B 平行,且大小相等,指向相反。

(2) 列平衡方程,求解未知量。

分离体受两个力偶所组成的力偶系作用,由力偶系的平衡方程式(3 - 5),有

$$\sum m_i = 0: \ -m - \sqrt{2}aN_B = 0$$

解得

$$N_A = N_B = \frac{-m}{\sqrt{2}a}$$

式中:负号表明所假定的约束反力的指向与实际指向相反。

(3) 讨论。

① 改变给定力偶在杆 AC 上的位置,按 3.2 中所述,这属力偶的等效变换。不会改变研究对象的受力情况和所得计算结果。

② 将给定力偶从杆 AC 上移到杆 BC 上,这不属于力偶的等效变换。等效变换只能在一个刚体上进行。如将力偶从杆 AC 上移到杆 BC 上,改变了研究对象的受力情况,受力图如图 3 - 8(b)所示,这属原则性的错误。

例 3 - 3 在图 3 - 9(a)所示的结构中,A 点为光滑接触面。求在力偶矩为 m 的力偶作用

下,支座 D 的约束反力。

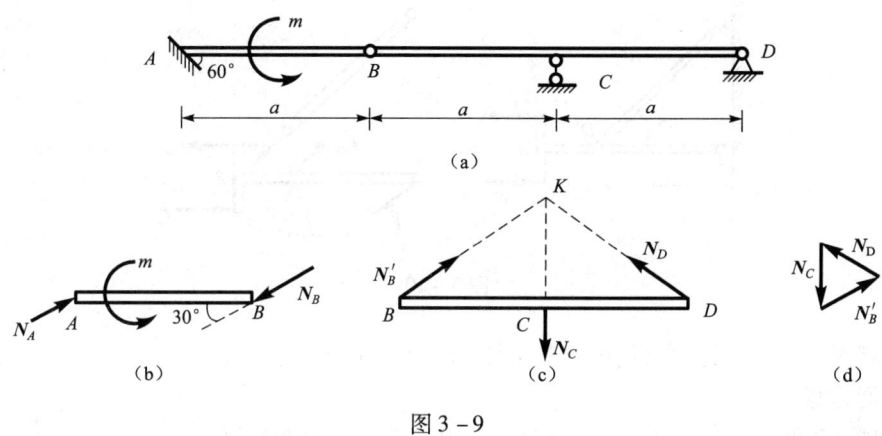

图 3-9

解 解题思路分析:

整体结构上所受的力系既不是平面汇交力系,也不是平面力偶系。不宜取整体结构作为研究对象进行求解。

杆件 AB 上所受的约束反力 N_A 和 N_B 一定组成一力偶,与给定的力偶相平衡(图 3-9(b))。此二约束反力可由力偶系的平衡条件求解。

杆件 BD 受 N_B'、N_C、N_D 三力作用处于平衡状态,按三力平衡定理,反力 N_D 的作用线通过力 N_B' 和 N_C 的交点 K(图 3-9(c))。求得 N_B' 后,可按平面汇交力系的平衡条件求反力 N_D。

综上分析,本题求解过程如下:

(1) 取杆 AB 为分离体,受力图如图 3-9(b) 所示,其中 $N_A = -N_B$。

由力偶系的平衡条件式(3-5),有:

$$\sum m_i = 0: \quad m - N_B a \sin 30° = 0$$

解得 $\quad N_B = \dfrac{2m}{a}$

(2) 取杆 BD 为分离体,受力图如图 3-9(c) 所示,其中 N_B' 为 N_B 的反作用力。

用平面汇交力系平衡的几何条件求解。作封闭力三角形,确定未知力 N_C 和 N_D 的指向,见图 3-9(d),并解得 $N_D = N_B = \dfrac{2m}{a}$。

3.3.3 两类平面力偶理论

第一类平面力偶理论 根据力偶的性质,结构受力偶作用处于平衡状态,则约束反力也应组成力偶与之平衡。如例 3-2。

例 3-4 图 3-10 所示支架 A、C、D 处均为铰接。其 AB 杆上作用一大小为 $m=1$ kN·m 的力偶,求 A、C 处的约束反力。不计各杆自重。

解 研究对象 杆 AB

分析力 B 端受一力偶作用,因为力偶只能用力偶来平衡,可知 A、D 处反力也必组成一力偶。由于杆 CD 为二力杆,可知 F_D' 应沿 CD 连线,设其受拉(图 3-10(b)),则 $F_D = -F_D'$,

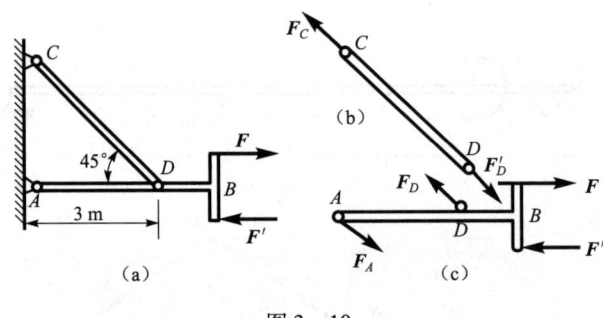

图 3-10

于是可确定 F_A 与 F_D 反向平行,画出受力图如图 3-10(c)所示。

列平衡方程

由 $\Sigma M_i = 0$ 得 $\qquad F_A 3 \times \cos 45° - 1 = 0 \qquad$ 代入数值

$$F_A = F_D = 1 \text{ kN} \cdot \text{m}/(3 \text{ m} \times \cos 45°) = 0.471 \text{ kN}$$

结果为正值,表明 F_A 的指向设对,再由杆 CD 平衡,得力 F_C 的大小为

$$F_C = F'_D = F_D = 0.471 \text{ kN}$$

分析与讨论

此题容易出现的错误是,针对受力图 3-10(c),列出如下平衡方程:

$$\Sigma m_i = 0 \qquad F_D \cdot AD - m = 0 \qquad F_D = m/AD = (1/3) \text{kN} = 0.333 \text{ kN}$$

于是得结论 $F_A = F_D = F_C = 0.333$ kN,显然与正确答案不同,原因是力偶(F_A、F_D)的力偶矩计算有误(写成 $F_D \cdot AD$),其力偶臂应为力 F_A 与 F_D 之间的垂直距离,而不是 AD,应为 $AD \cdot \cos 45°$。

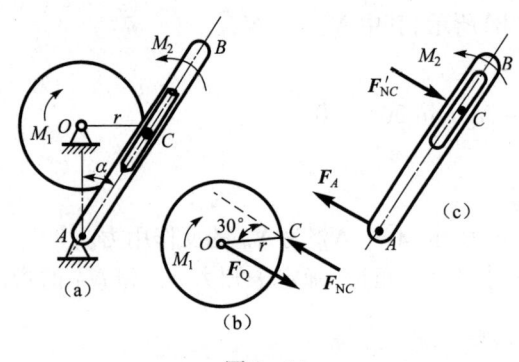

图 3-11

此题也可以取整体为研究对象,但要注意 D 处的约束反力勿画,因 D 处的约束反力属内约束反力。C 处的约束反力可根据 CD 为二力杆画出,根据力偶只能由力偶来平衡,从而确定 A 处反力方向,然后列方程求解,可得与上相同的正确答案。

例 3-5 图 3-11(a)所示机构中,圆盘上的固定销子 C 可在杆 AB 的槽内滑动。杆 AB 及盘上各作用一力偶,已知盘半径 $r = 0.2$ m,$M_1 = 200$ N·m,当销 C 与圆盘中心 O 的连线处于水平位置时,杆 AB 与铅垂线间夹角 $\alpha = 30°$,试求图示位置平衡时 M_2 的大小及 O、A 处的约束反力。假设所有接触处都是光滑的。

解 研究对象 圆盘

分析力 圆盘上作用有主动力偶矩 M_1,槽 AB 对销子 C 的约束反力为 F_{NC},此力的方向单从圆盘的约束情况不易确定,必须结合杆 AB 的受力分析。杆 AB 上槽对销子的约束,属光滑面约束的双向约束,其约束反力应垂直于槽杆 AB,根据未知力偶矩 M_2 的转向(题目给出了 M_2 的转向),可确定 F_{NC} 的实际指向。这样求得的结果为正值。画出受力图如图 3-11(b)所示。

列平衡方程

由 $\Sigma m_i = 0$ 得
$$F_{NC}r\sin 30° - M_1 = 0$$

$$F_{NC} = F_O = \frac{M_1}{r\sin 30°} = \frac{200}{0.2\sin 30°} \text{ N} = 2\ 000 \text{ N} = 2 \text{ kN}$$

研究对象　杆 AB

分析力　杆 AB 上作用有矩为 M_2 的力偶和约束反力 F'_{NC} 及 F_A，根据力偶的平衡条件可知，力 F'_{NC} 与 F_A 必组成一力偶，画出其受力图如图 3-11(c)所示。

列平衡方程

由 $\Sigma m_i = 0$ 得
$$M_2 - F'_{NC}\frac{r}{\sin 30°} = 0$$

$$M_2 = 2rF'_{NC} = 2 \times 0.2 \text{ m} \times 2\ 000 \text{ N} = 800 \text{ N} \cdot \text{m}$$

又
$$F_A = -F'_{NC}$$

故
$$F_A = F'_{NC} = F_{NC} = 2 \text{ kN}(方向如图 3-11 所示)$$

第二类力偶理论　结构在同一平面内受四个两两相互平行的力作用处于平衡状态，则属于平面力偶系的平衡。

设有一平面平衡力系，由 F_1、F_2、F_3 和 F_4 四力组成，见图 3-12。其中力 F_1 的大小(按一定比例尺画)和方向均为已知；力 F_2、F_3 和 F_4 的作用线方位 2-2、3-3、4-4 也均为已知(且 F_1、F_2 两作用线平行，F_3、F_4 作用线平行)，但它们的大小和指向均为未知，现须证明该力系是一个平衡的平面力偶系。

证明　由于该力系是一个平衡力系，故如令不平行的两个力，如 F_1、F_3 与另外不平行力的两力，如 F_2、F_4 分别合成两个合力，则该两合力应大小相等、指向相反，并位于同一作用线上。为了求该两合力的作用位置，先延长力系中各力的作用线，使力 F_1 和 F_3 相交于 A 点，力 F_2 和 F_4 相交于 A' 点(也可令力 F_1 和 F_4 的作用线相交，力 F_2 和 F_3 的作用线相交，所得结果相同)；再连接交点 A 和 A'。这样，力 F_1 和 F_3 的合力(在此以 R 表示)以及力 F_2 和 F_4 的合力(在此以 R' 表示)，应分别作用于交点 A 和 A'，它们的共同作用线就是 AA' 连线。现把力 F_1 沿其作用线移到 AB 位置，以 AB 为一边线，以力 F_3 的作用线 3-3 为另一边线的方位，作一平行四边形 $ABDC$，于是其对角线 AD 的长度即表示合力 R 的大小，边线 AC 的长度即表示力 F_3 的大小；至于它的指向，按平面汇交力系的合成法即可确定。合力 R 求得后，就可在图中的点 A' 沿着 AA' 的延长线取一线段 $A'D'$，作为矢 $-R$，它就是力 F_2 和 F_4 的合力 R'，再运用平行四边形法则求出其两个分力(即力 F_2 和 F_4)的大小和指向。从图 3-12 很容易看出：

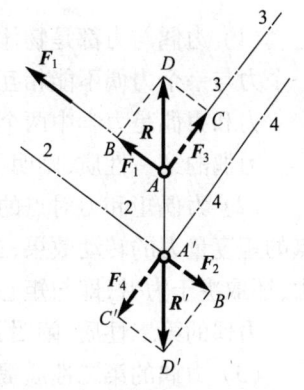

图 3-12

$$\triangle ABD = \triangle A'B'D'，其中 AB = A'B'，即 F_1 = -F_2$$
$$\triangle ACD = \triangle A'C'D'，其中 AC = A'C'，即 F_3 = -F_4$$

这就证明了原力系是由两个力偶组成，它是一个平衡的平面力偶系。

例 3-6　在图 3-13(a)所示结构中，各构件的自重略去不计，在构件 BC 上作用一力偶矩为 M 的力偶，各尺寸如图。求支座 A 的约束反力。

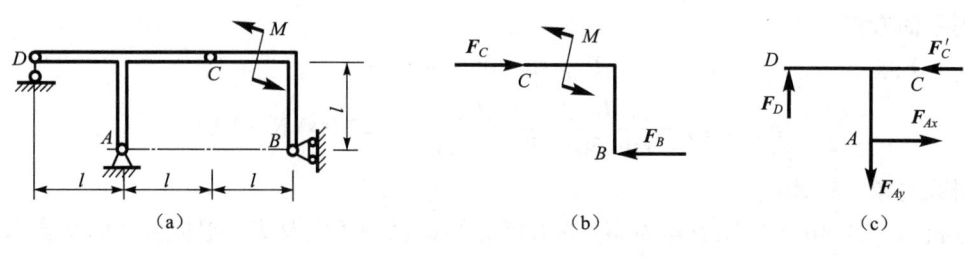

图 3-13

解 研究对象 杆 ACD 及杆 CB

分析力 BC 杆上作用有逆时针转向的力偶矩 M，根据第一类平面力偶理论可确定出 F_B、F_C 的大小及方向。

ACD 杆上，由于 F'_C 大小方向已知，F_D 的作用线已知，根据 A 点的约束性质及第二类平面力偶理论，可有意识地将 F_{Ax} 的作用线与 F'_C 平行，F_{Ay} 的作用线与 F_D 平行，并正确地定出其方向。

列平衡方程

由 $\sum m_i = 0$ 得
$$F_C = F_B = \frac{M}{l}$$

$$F_{Ax} = F'_C; \qquad F_D = F_{Ay} = \frac{F'_C l}{l} = \frac{M}{l}$$

故应用平面力偶理论在求解某些结构的约束反力时计算特别方便。

 **小　结**

（1）力偶与力都是物体相互间的机械作用，力偶能改变物体的转动状态。力偶没有合力。一个力与一个力偶不能相互等效代换，一个力与一个力偶不能相互平衡。

力和力偶是力学中两个独立的作用量。

力偶的第一性质，阐明了力与力偶之间的共性和特性。

（2）力偶矩和力对点的矩都是机械作用效果的度量。力偶矩度量力偶的转动效果，力对点的矩度量力的转动效果，二者的表达式(3-3)与(3-1)也相似。力的转动效果不仅取决于力，还取决于力臂，即与矩心的位置有关。力偶的转动效果则由力偶矩唯一确定。

力偶的第二性质，阐明了力对点的矩与力偶矩之间的共性和特性。

（3）力偶的第二性质揭示了刚体上同一平面内两个力偶等效的条件。在保持力偶矩不变的条件下，力偶可在作用面内作等效变换。

力偶的等效变换只能在同一刚体上进行。

（4）平面力偶系可以合成为一合力偶，合力偶矩等于各分力偶矩的代数和。

合力偶矩
$$M = \sum m_i = 0$$

是平面力偶系的平衡条件(平衡方程)。

3-1 半径为 R 的圆轮可绕通过轮心的轴 O 转动。轮上作用一个力偶矩为 m 的力偶和一与轮缘相切的力 T(图 3-14),使轮处于平衡状态。

(1) 这是否说明力偶可用一力与之平衡?

(2) 求轴 O 的约束反力的大小和方向。

3-2 刚体的某平面内作用一力和一力偶(图 3-15)。试用力偶的等效条件和有关的静力学公理,将它们等效变换为一个力,并说明此力的大小和其作用线的位置。

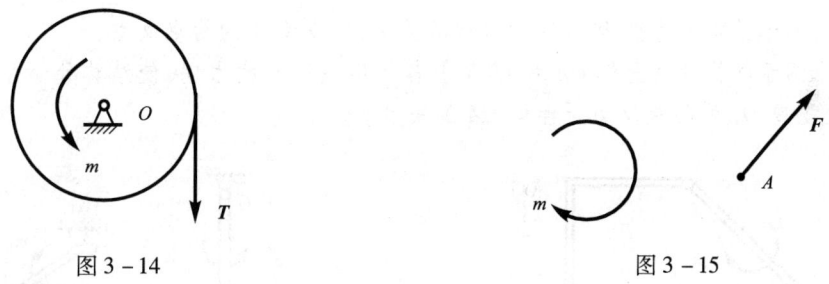

图 3-14　　　　　　　　　图 3-15

3-1 按图中给定的条件,求力 F 对 A 点的矩。

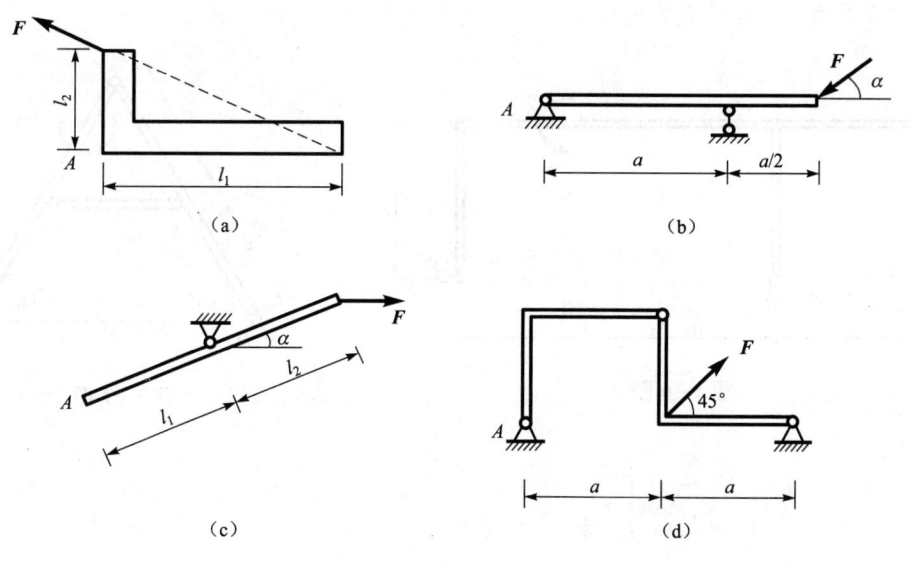

题 3-1 图

3-2 T 形板上受三个力偶的作用。已知 $F_1 = 50$ N, $F_2 = 40$ N, $F_3 = 30$ N,试按图中给定的条件,求该力偶系的合力偶矩。

3-3　刚架 AB 上受一力偶的作用，其力偶矩为 m。求支座 A 和 B 的约束反力。

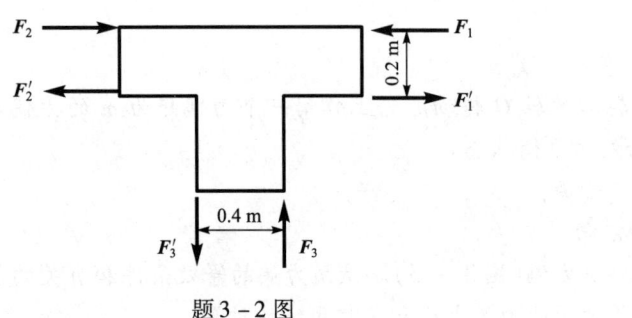

题 3-2 图

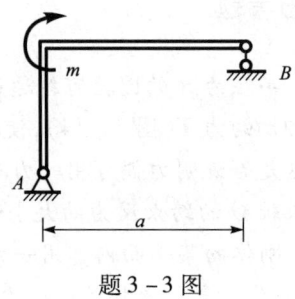

题 3-3 图

3-4　图示结构受力偶矩为 m 的力偶的作用，求支座 A 的约束反力。

3-5　图示结构中的曲柄 OA 和 O_1B 上各作用一已知的力偶，使结构处于平衡状态。设 $O_1B = r$，求支座 O_1 的约束反力及曲柄 OA 的长度。

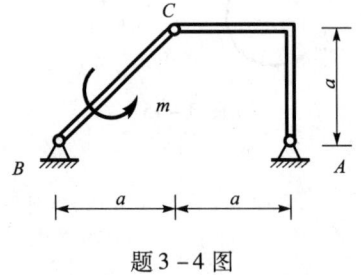

题 3-4 图

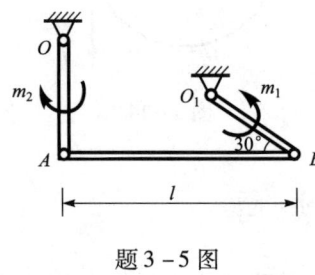

题 3-5 图

3-6　图示结构受给定力偶的作用，求支座 A 的约束反力。

3-7　图示结构受给定力偶的作用。求支座 A 和铰 C 的约束反力。

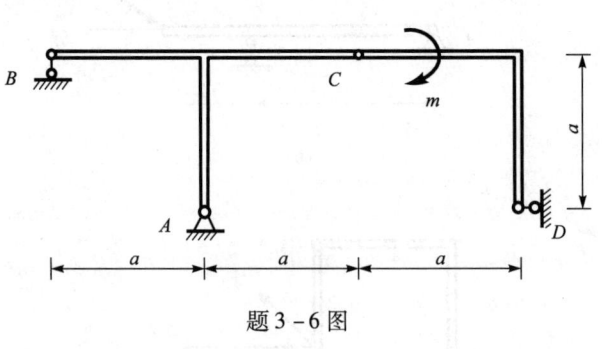

题 3-6 图

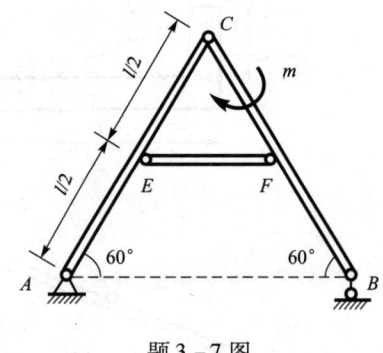

题 3-7 图

第4章 平面任意力系

 导言

- 本章研究平面任意力系简化的方法和结果,以及平面任意力系的平衡条件及其在工程中的应用。
- 平面任意力系向一点简化的方法具有普遍意义,可用于解决复杂的空间力系的简化问题;多数工程问题都可简化为平面任意力系问题进行分析和计算。基于以上原因,本章内容是静力学的核心。
- 关于力系向一点的简化,关键是要了解主矢、主矩的概念,并会计算平面任意力系的主矢和主矩。关于平面任意力系平衡条件的应用,重点是要掌握求解物体系平衡问题的方法。

4.1 工程中的平面任意力系问题

力系中各力的作用线在同一平面内,且任意地分布,这样的力系称为平面任意力系。

严格说来,受平面任意力系作用的物体并不多见。只是在求解许多工程问题时,可以把所研究的问题加以简化,按物体受平面任意力系作用来处理,并且,这种简化处理能与实际情况足够地接近。例如,房屋是空间结构,它所受的力是在空间分布的空间力系。在分析屋架上各构件的受力情况时,可以忽略各屋架间沿房屋纵向的联系,单独取出一具屋架(图 4-1(a)),不考虑其厚度,把它视为平面结构。屋架上所受的力,如支座反力 X_A、Y_A、Y_B 和通过檩条传到屋架上的荷载 P 和 Q 等,都看成作用在屋架的自身平面内。于是,得到图 4-1(b)所示的平面任意力系。又如,图 4-2(a)所示的汽车是一个空间物体,它所受的重力、地面对车轮的支撑力及阻力等并不作用在同一平面内。但是,汽车具有纵向对称面,可以把汽车所受的力简化到纵向对称面内。分析时研究汽车的纵向对称面,两个前轮的反力合成为力 N_A、F_A,两个后轮的反力合成为力 N_B

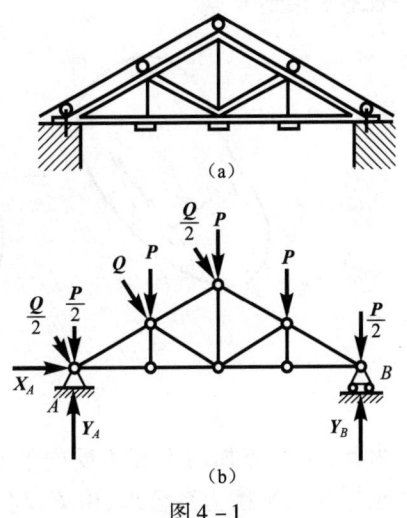

图 4-1

和 F_B，汽车重力的合力 P 及阻力的合力 F 都作用在纵向对称面内。上述各力组成平面任意力系，如图 4-2(b) 所示。

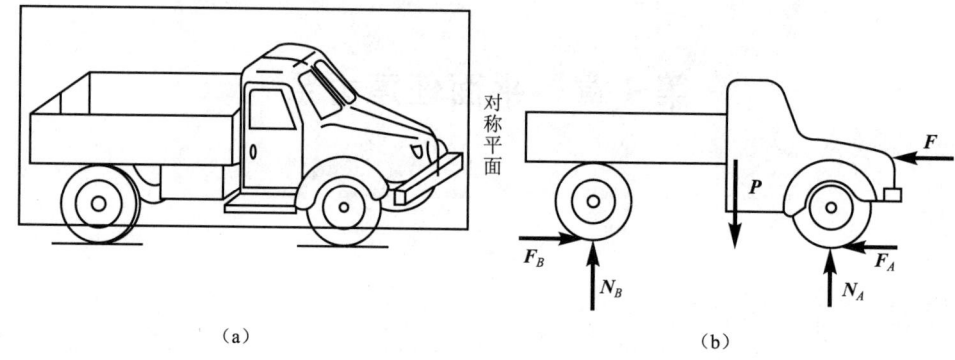

图 4-2

事实上，许多工程问题都可简化为平面力系问题来解决。因此，本章内容在工程实践中有重要的意义。

4.2 平面任意力系向一点的简化

平面任意力系的简化不宜用力的平行四边形法则来将各力逐次地合成。因为对平面任意力系来说，这样做不但繁琐，且简化结果不便于解析地表达，致使推导平衡方程发生困难。这里介绍的平面任意力系向作用面内一点简化的方法，是一个普遍的、有效的方法，不仅物理意义明确，且数字表达简单，易于导出平面任意力系的平衡方程。

力系向一点简化，需要将力系中各力都等效地平移到任意选定的一点上。

4.2.1 力的等效平移

已知力 F 作用在刚体某平面的 A 点上。在该平面上任选一点 B（图 4-3(a)），要求将力 F 等效地平移到 B 点。

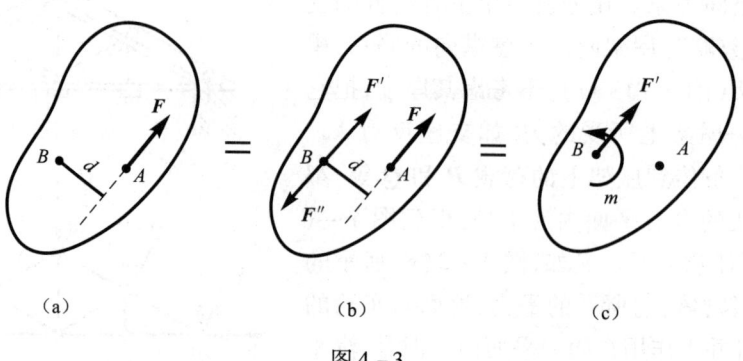

图 4-3

为此，在 B 点加两个等值反向的平衡力 F' 和 F''，并使 $-F'' = F' = F$，如图 4-3(b) 所示。根据加减平衡力系公理，由 F、F' 和 F'' 三个力所组成的力系与力 F 等效。由于力 F 和

F'' 组成一个力偶臂为 d 的力偶,于是,这三个力所组成的力系可以看成是作用在 B 点的一个力 F' 和一个力偶 (F,F''),如图 4-3(c)所示。称此力偶为附加力偶,附加力偶的力偶矩为:

$$m = \pm Fd$$

其中力偶臂 d 是 B 点到力 F 作用线的距离。这样,附加力偶矩也就等于力 F 对 B 点的矩:

$$m = M_B(F) = \pm Fd \qquad (4-1)$$

综上所述,得结论如下:作用在刚体某平面内 A 点的力 F 可以等效地平移到该平面内的任意点 B,但必须附加一力偶,此附加力偶的力偶矩等于原力 F 对 B 点的矩。此结论称作力的平移定理。

力的平移定理是力系向一点简化的依据。用它来解释构件的变形情况也是很方便的。图 4-4 中所示的厂房立柱,在柱的突出部分(牛腿)承受吊车梁施加的压力 P。按力的平移定理,可将力 P 等效地平移到立柱的轴线上,同时附加一力偶,其力偶矩为 $m = -Pe$,移动后的力 P' 使立柱产生压缩变形,力偶矩为 m 的力偶使立柱产生弯曲变形。表明力 P 所引起的立柱的变形是压缩和弯曲两种变形的组合。

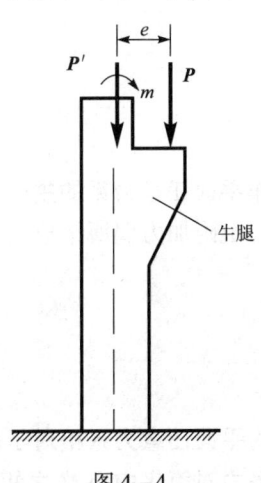

图 4-4

4.2.2 平面任意力系向一点的简化·主矢和主矩

设刚体受平面任意力系的作用,该力系由 $F_1,F_2,\cdots,F_i\cdots,F_n$ 等 n 个力所组成,如图 4-5(a)所示。在力系作用面内任选一点 O,将力系向 O 点简化,并称 O 点为**简化中心**。

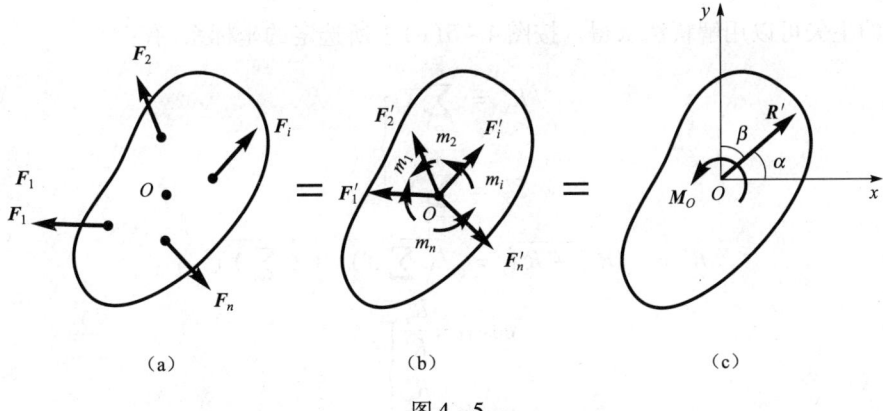

图 4-5

按力的平移定理,将各力等效地平移到简化中心 O,得到汇交于 O 点的力 $F_1',F_2',\cdots,F_i'\cdots,FVn$,其中

$$F_i' = F_i \qquad (i \neq 1,2,\cdots,n)$$

此外,还应附加相应的附加力偶,各附加力偶的力偶矩以 $m_1,m_2,\cdots,m_i,\cdots,m_n$ 表示,它们分别等于原力系中各力对简化中心 O 之矩:

$$m_i = M_O(F_i) \qquad (i = 1,2,\cdots,n)$$

这样,对给定的平面任意力系,通过力的等效平移转化为一平面汇交力系和一平面力偶系,如图 4-5(b)所示。平面任意力系简化的问题也就转化为平面汇交力系和平面力偶系的简化问题。

由力 $F_1', F_2', \cdots, F_n'$ 所组成的平面汇交力系,可简化为作用于简化中心 O 的一个力 R',该力矢量:

$$R' = F_1' + F_2' + \cdots + F_n'$$
$$= F_1 + F_2 + \cdots + F_n$$

即

$$R' = \sum_{i=1}^{n} F_i \tag{4-2}$$

称作**平面任意力系的主矢**。平面任意力系的主矢等于力系中各力的矢量和。

由附加力偶所组成的平面力偶系,可简化为一力偶,此力偶的力偶矩以 M_O 表示,则有:

$$M_O = m_1 + m_2 + \cdots + m_n$$
$$= M_O(F_1) + M_O(F_2) + \cdots + M_O(F_i)$$

即

$$M_O = \sum_{i=1}^{n} M_O(F_i) \tag{4-3}$$

称为**平面任意力系相对于简化中心 O 的主矩**。平面任意力系对简化中心 O 的主矩等于力系中各力对简化中心 O 之矩的代数和。

平面任意力系向一点简化的结果可以总结如下:

平面任意力系向作用面内任选的简化中心简化,一般可得到一个力和一个力偶。此力作用于简化中心,它的矢量等于力系中各力的矢量和,称作平面任意力系的主矢。此力偶的矩等于力系中各力对简化中心之矩的代数和,称作平面任意力系相对于简化中心的主矩。

力系的主矢可以用解析法求得。按图 4-5(c)中所选定的坐标系,有:

$$\left. \begin{array}{l} R_x' = \sum_{i=1}^{n} X_i \\ R_y' = \sum_{i=1}^{n} Y_i \end{array} \right\} \tag{4-4}$$

$$R' = \sqrt{R_x'^2 + R_y'^2} = \sqrt{(\sum X)^2 + (\sum Y)^2} \tag{4-5}$$

$$\left. \begin{array}{l} \cos \alpha = \dfrac{R_x'}{R'} \\ \cos \beta = \dfrac{R_y'}{R'} \end{array} \right\} \tag{4-6}$$

式中:X_i 和 Y_i 分别是力 F_i 在 x 轴和 y 轴上的投影;α 和 β 分别代表主矢 R' 与 x 轴和 y 轴的正向夹角。

力系的主矩可直接由式(4-3)求得。

需要强调指出:

(1) 由式(4-2)可知,**力系的主矢与简化中心的位置无关**。对于给定的平面任意力系,不论向哪点简化,所得到的主矢相同。

(2) 当简化中心的位置不同时,各力对简化中心的矩一般都将有所变化。由式(4-3)可知,在一般情况下主矩与简化中心的位置有关。因此,提到主矩时必须指明简化中心的位置。书写中用下脚标加以注明,例如相对于简化中心 O 的主矩应记为 M_O。

例 4-1 在边长为 $a = 1$ m 的正方形的四个顶点上,作用有 F_1、F_2、F_3、F_4 四个力(图 4-6)。已知 $F_1 = 40$ N,$F_2 = 60$ N,$F_3 = 60$ N,$F_4 = 80$ N。求该力系向 A 点简化的结果。

解 选坐标系如图。按式(4-4)~式(4-6)求力系的主矢:

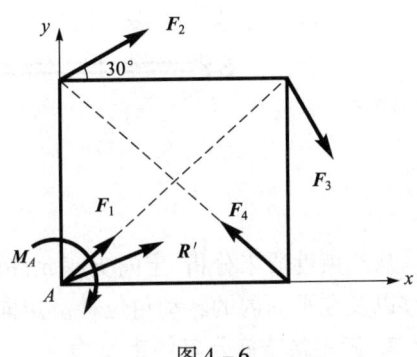

图 4-6

$$R'_x = X_1 + X_2 + X_3 + X_4$$
$$= F_1\cos 45° + F_2\cos 30° + F_3\sin 45° - F_4\cos 45°$$
$$= 66.10 \text{ N}$$
$$R'_y = Y_1 + Y_2 + Y_3 + Y_4$$
$$= F_1\sin 45° + F_2\sin 30° - F_3\cos 45° + F_4\sin 45°$$
$$= 72.42 \text{ N}$$
$$R' = \sqrt{R'^2_x + R'^2_y} = 98.05 \text{ N}$$
$$\cos\alpha = \frac{R'_x}{R'} = 0.67$$
$$\cos\beta = \frac{R'_y}{R'} = 0.74$$

解得主矢 R' 与 x 轴和 y 轴的正向夹角分别为:

$$\alpha = 42.39°;\quad \beta = 47.21°$$

力系相对简化中心 A 的主矩按式(4-3)为:

$$M_A = \sum_{i=1}^{n} M_A(F_i)$$
$$= -F_2 a\cos 30° - \frac{F_3 a}{\cos 45°} + F_4 a\sin 45°$$
$$= -80.24 \text{ N} \cdot \text{m}$$

负号表明主矩 M_A 为顺时针转向。

4.2.3 定向支座及固定端支座的约束反力

1. 定向支座及其约束反力

在图 4-7(a)中,杆件 AB 的 A 端即为定向支座。它是由两个相邻的等长、平行链杆所组成的。支座的约束反力就是两个链杆的约束反力,如图 4-7(b)所示。其中两个力的作用线分别沿两个链杆,大小均为未知,图中的指向是假定的。由于通常并不给出两个链杆的距离,所以,用这种方法表示定向支座的约束反力,在计算中不便求出。现将这两个力视为平面任意力系,并将其向杆件的 A 端简化,得到一个力和一个力偶。如图 4-7(c)所示。这样,**定向支座的约束反力就用一个平行于链杆的力和一个力偶来表示。二者的大小和方向都是未知的。**

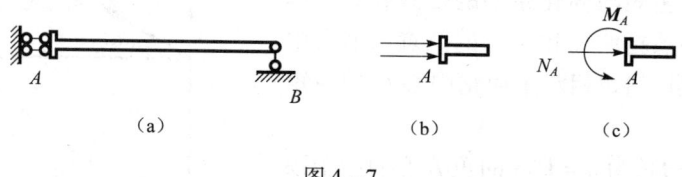

图 4-7

从约束性质来分析,定向支座允许杆件的 A 端发生与链杆垂直的位移,限制沿链杆方向的位移以及在平面内的转动角位移。定向支座的约束反力与其所限制的位移相对应。

2. 固定端支座及其约束反力

固定端支座是一种常见的约束形式。这里通过悬臂梁来说明固定端支座的构造,并分析其约束反力。

将梁的一端牢固地固定在墙体(或其他物体)内,使梁既不能移动又不能转动,这就构成了固定端支座,如图 4-8(a)所示。图 4-8(b)是固定端支座的简化图形。在梁端插入墙体的部分,表面上各点都受到墙的作用力,当研究平面力系问题时,这些力是分布的平面任意力系。将该力系向杆端的 A 点简化,得一力 R_A 和一矩为 M_A 的力偶,分别称为固定端支座的约束反力和约束反力偶,二者的大小和方向都是未知的。通常将力 R_A 分解为两个垂直的分力 X_A 和 Y_A,这样,**固定端支座的约束反力就用两个垂直的力和一个约束反力偶表示**(图 4-8(b))。

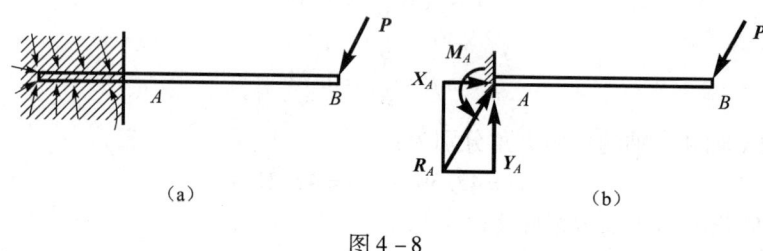

图 4-8

显然,约束反力 X_A、Y_A 分别限制物体左右、上下的移动,而约束反力偶 M_A 则限制物体的转动。

4.3 平面任意力系简化结果的讨论·合力矩定理

4.3.1 平面任意力系简化结果的讨论

平面任意力系向简化中心 O 简化,一般得一力和一力偶。由于所研究的力系不同,也由于一力和一力隅不是最简单的力系,可进一步简化,平面任意力系简化的最终结果可能有以下三种情况:

1. 平衡力系

当力系向 O 点简化,主矢 $R'=0$,主矩 $M_O=0$ 时,力系向其他点简化,主矢、主矩也为零。这时力系对刚体的作用效果为零,力系为平衡力系。

2. 合力偶

当力系向 O 点简化,主矢 $R' = 0$,主矩 $M_O \neq 0$ 时,表明力系向简化中心 O 等效平移后,所得到的汇交力系是平衡力系,即原力系与附加力偶系等效。所以原力系可简化为一力偶,此力偶称为力系的合力偶,合力偶的矩就是原力系相对简化中心 O 的主矩 M_O。

这时,力系等效于合力偶,所以,力系向任何点简化的主矩都等于合力偶矩。即当主矢 $R' = 0$ 时,主矩与简化中心的位置无关。

3. 合力

当力系向 O 点简化,主矢 $R' \neq 0$,主矩 $M_O = 0$ 时,表明力系向简化中心 O 等效平移后,所得到的附加力偶系是平衡力系,即原力系与汇交点为 O 点的汇交力系等效,该汇交力系的合力 R' 也就是平面任意力系的合力 R。所以原力系可简化为一合力 R,合力作用线通过简化中心 O,合力矢量即等于主矢: $R = R'$。

当力系向 O 点简化,主矢 $R' \neq 0$,主矩 $M_O \neq 0$ 时,力系也简化为合力 R,且合力矢量即等于主矢: $R = R'$。所不同的是,此情况下合力作用线不通过简化中心 O。由力的平移定理知,一个力可以等效地平移,但需附加一力偶,按这一变换的逆过程,也可将一力和一力偶等效地变换为一个力。

4.3.2 平面任意力系的合力矩定理

当力系有合力 R 时,合力 R 与原力系等效。所以,原力系向任意点 O 简化的主矩 $\sum_{i=1}^{n} M_O(F_i)$ 与合力 R 向 O 点简化的主矩 $M_O(R)$ 相等,即:

$$M_O(R) = \sum_{i=1}^{n} M_O(F_i) \tag{4-7}$$

得平面任意力系的合力矩定理如下:**当平面任意力系有合力时,合力对作用面内任意点的矩,等于力系中各力对同一点的矩的代数和。**

上述合力矩定理,在研究空间力系的问题时,也适用于力对轴取矩的情况。

例 4 – 2 求例 4 – 1 中所给定的平面任意力系的合力作用线。

解 在例 4 – 1 中已经求出给定力系向 A 点简化的结果,且主矢和主矩均不为零。由此判定力系可简化为一合力 R,且:

$$R = R'$$

所以,力系合力的大小和方向已在例 4 – 1 中求出。本题中只需再求出合力 R 的作用线与 x 轴的交点 K,则合力作用线的位置就完全确定,它就在通过 K 点且与主矢 R' 平行的直线上。于是,问题归结为求合力作用线与 x 轴的交点 K 的坐标 x_K。

设想将合力 R 沿其作用线移至 K 点,并分解为两个分力 R_x 和 R_y,如图 4 – 9 所示。按合力矩定理式 (4 – 7),有:

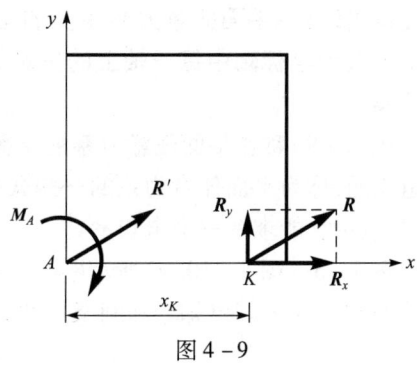

图 4 – 9

$$M_A(\boldsymbol{R}) = \sum_{i=1}^{4} M_A(\boldsymbol{F}_i)$$

式中：
$$\sum_{i=1}^{4} M_A(\boldsymbol{F}_i) = M_A = -80.24 \text{ N} \cdot \text{m}$$
$$M_A(\boldsymbol{R}) = M_A(\boldsymbol{R}_x) + M_A(\boldsymbol{R}_y) = R_y \cdot x_K$$

解得
$$x_K = \frac{M_A}{R_y} = \frac{-80.24}{72.42} = -1.11 \text{ m}$$

负号表明 K 点应在坐标原点 A 的左侧。

❈ 4.4 平面任意力系的平衡条件·平衡方程 ❈

4.4.1 平面任意力系的平衡条件·平衡方程

当平面任意力系的主矢 $\boldsymbol{R}' = \boldsymbol{0}$ 和主矩 $M_O = 0$ 时，平面任意力系为平衡力系。反之，如果平面任意力系为平衡力系，必有主矢 $\boldsymbol{R}' = \boldsymbol{0}$ 和主矩 $M_O = 0$。于是得知，**平面任意力系的主矢和主矩同时为零**。即

$$\left. \begin{array}{l} \boldsymbol{R} = \boldsymbol{0} \\ M_O = 0 \end{array} \right\} \quad (4-8)$$

是平面任意力系平衡的必要与充分条件。

主矢 $\boldsymbol{R}' = \boldsymbol{0}$ 等价于 $R_x' = 0$ 和 $R_y' = 0$；主矩 $M_O = 0$ 等价于 $\sum_{i=1}^{n} M_O(\boldsymbol{F}_i) = 0$。于是平面任意力系平衡的必要与充分条件式(4-8)可解析地表达为：

$$\left. \begin{array}{l} \sum_{i=1}^{n} X_i = 0 \\ \sum_{i=1}^{n} Y_i = 0 \\ \sum_{i=1}^{n} M_O(\boldsymbol{F}_i) = 0 \end{array} \right\} \quad (4-9)$$

由此得出结论：平面任意力系平衡的必要与充分条件可解析地表达为：力系中所有各力在两个任选的坐标轴中每一轴上的投影的代数和分别等于零，及各力对任意点的矩的代数和等于零。

式(4-9)称作平面任意力系的平衡方程。该方程组是由两个投影方程和一个取矩方程所组成的，称为平面任意力系的**一矩式平衡方程**。平衡方程式(4-9)中包含三个独立的平衡方程，应用它能求解三个未知量。

例 4-3 图 4-10(a)所示刚架 AB，受均匀分布的风荷载作用，荷载集度(单位长度上所受的力)为 $q\text{N/m}$。已知 q 和刚架尺寸，求支座 A 和 B 的约束反力。

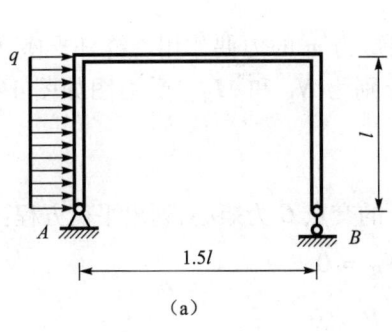 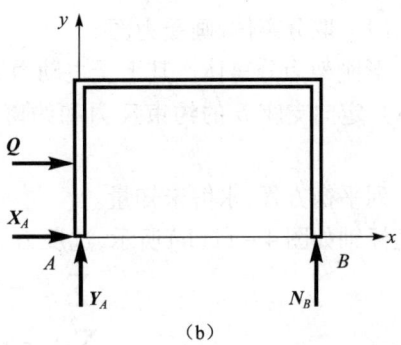

图 4-10

解 (1) 取分离体,画受力图。

取刚架 AB 为分离体。它所受的分布荷载用其合力 Q 代替。合力 Q 的大小等于荷载集度 q 与荷载作用长度之积:

$$Q = ql$$

合力 Q 作用在均布荷载分布线的中点。分离体上还受支座反力 X_A、Y_A 以及 N_B 的作用(图4-10(b))。

(2) 列平衡方程,求解未知力。

刚架受平面任意力系作用,三个支座反力是未知量,可用平衡方程(4-9)求解。取坐标轴如图 4-10(b)所示,选 A 点为矩心,列平衡方程:

$$\sum X = 0: \quad Q + X_A = 0 \tag{1}$$

$$\sum Y = 0: \quad N_B + Y_A = 0 \tag{2}$$

$$\sum M_A(F) = 0: \quad 1.5lN_B - 0.5lQ = 0 \tag{3}$$

由式(1)和式(3)分别解得 $X_A = -Q = -ql$,$N_B = \dfrac{1}{3}ql$。将 N_B 的值代入(2),得 $Y_A = -N_B = -\dfrac{1}{3}ql$。负号表明约束反力的实际指向与受力图中所假定的指向相反。

此题如采用第二类平面力偶理论求解更为简便,请读者自行验证。

例 4-4 图 4-11(a)所示的 T 形刚架用链杆支座和定向支座固定,受力 P 和力偶矩 $m = 2Pa$ 的力偶的作用。求链杆支座 A 和定向支座 B 的约束反力。

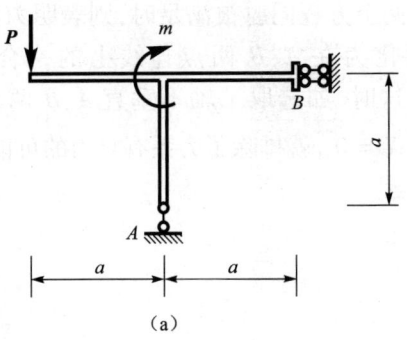 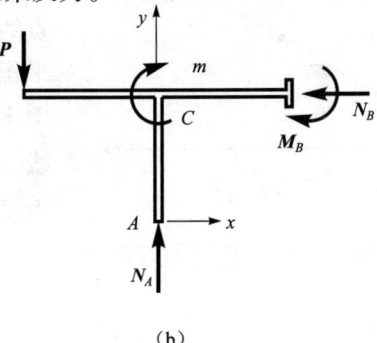

图 4-11

解 (1) 取分离体,画受力图。

取 T 形刚架为分离体。其上受主动力 P 和力偶矩为 m 的力偶作用。链杆支座 A 的约束反力为 N_A,定向支座 B 的约束反力和约束反力偶分别为 N_B 和 M_B。受力图如图 4-11(b) 所示。

(2) 列平衡方程,求解未知量。

取坐标轴如图 4-11(b)所示,选反力 N_A 和 N_B 的交点 C 为矩心,列出平衡方程:

$$\sum X = 0: \quad -N_B = 0 \tag{1}$$

$$\sum Y = 0: \quad N_A - P = 0 \tag{2}$$

$$\sum M_C(F) = 0: \quad -m - M_B + Pa = 0 \tag{3}$$

解得:

$$N_B = 0; \quad N_A = P; \quad M_B = -Pa$$

列矩平衡方程时,将矩心选在未知力的交点上,可避免求解联立方程。

此题如应用力偶理论求解十分简便,请读者自行验证。

4.4.2 平面任意力系平衡方程的多矩式形式

平面任意力系的平衡方程还可以写成二矩式和三矩式的形式。

二矩式平衡方程的形式是:

$$\left. \begin{aligned} \sum_{i=1}^{n} M_A(F_i) &= 0 \\ \sum_{i=1}^{n} M_B(F_i) &= 0 \\ \sum_{i=1}^{n} X_i &= 0 \end{aligned} \right\} \tag{4-10}$$

其中矩心 A 和 B 两点的连线不能与 x 轴垂直。

方程组(4-10)是平面任意力系平衡的必要和充分条件。作为平衡的必要条件,这是十分明显的,因为对于平衡力系,式(4-10)一定被满足。下面说明它是力系平衡的充分条件。力系满足 $\sum M_A(F) = 0$,表明力系或者平衡,或者可简化为通过 A 点的一合力。力系满足 $\sum M_B(F) = 0$,表明力系或者平衡,或者可简化为通过 B 点的一合力。当两个方程同时被满足时,则表明力系或者平衡,或者可简化为在 A、B 两点连线上的一合力,如图 4-12 所示。这时,如选取 x 轴不垂直 A、B 两点的连线,力系满足 $\sum X = 0$,就排除了力系有合力的可能性,即力系必为平衡力系。

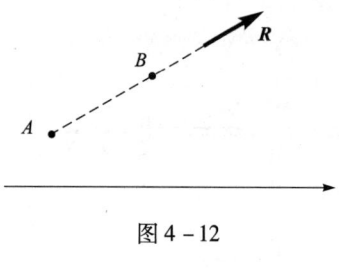

图 4-12

三矩式平衡方程的形式是:

$$\left.\begin{array}{l}\sum_{i=1}^{n} M_A(\boldsymbol{F}_i) = 0 \\ \sum_{i=1}^{n} M_B(\boldsymbol{F}_i) = 0 \\ \sum_{i=1}^{n} M_C(\boldsymbol{F}_i) = 0 \end{array}\right\} \qquad (4-11)$$

其中,矩心 A、B、C 三点不能在同一条直线上。方程组式(4-11)是平面任意力系平衡的必要和充分条件,可作与式(4-10)类似的论证。

下面举例说明多矩式的平面任意力系平衡方程的应用。

例 4-5 十字梁用三个链杆支座固定,如图 4-13(a)所示,求在水平力 P 的作用下,各支座的约束反力。

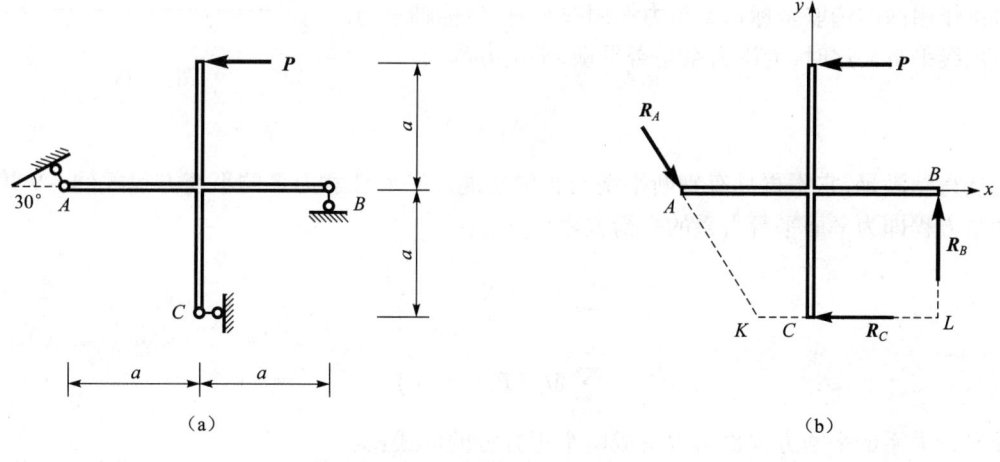

图 4-13

解 (1) 取分离体,画受力图。

取十字梁为分离体。其上所受主动力为 P,约束反力为各链杆支座的反力 R_A、R_B 和 R_C。受力图如图 4-13(b)所示。

(2) 列平衡方程,求解未知力。

用二矩式平衡方程求解。分别取反力 R_B 和 R_C 的交点 L 以及 B 点为矩心,并选坐标轴如图 4-13(b)所示。列平衡方程:

$$\sum M_L(\boldsymbol{F}) = 0: \qquad 2aP + 2aR_A\cos 30° - aR_A\sin 30° = 0 \qquad (1)$$

$$\sum M_B(\boldsymbol{F}) = 0: \qquad aP - aR_C + 2aR_A\cos 30° = 0 \qquad (2)$$

$$\sum Y = 0: \qquad R_B - R_A\cos 30° = 0 \qquad (3)$$

式中计算力 R_A 的矩时,是用它沿 x 轴和 y 轴的分力来计算的,由式(1)解得:

$$R_A = -1.62P$$

将其值代入式(2)、(3),解得

$$R_B = -1.40P; \quad R_C = -1.81P$$

(3) 讨论:本题可用三矩式平衡方程求解。应用式(1)求反力 R_A,应用式(2)求反力 R_C。

求反力 R_B 时,以反力 R_A 和反力 R_C 的交点 K(图 4-13(b))为矩心,用矩方程 $\sum M_K(F) = 0$ 求解。也可选 A 点为矩心,用矩方程 $\sum M_A(F) = 0$ 求解。

4.5 平面平行力系的平衡方程

力系中各力的作用线在同一平面内且相互平行,这样的力系称作平面平行力系。平面汇交力系、平面力偶系、平面平行力系等都是平面任意力系的特殊情况。这三种力系的平衡方程都可作为平面任意力系平衡方程的特例而导出。下面导出平面平行力系的平衡方程。

在图 4-14 中给出一由 n 个力组成的平面平行力系。在力系作用面内选取坐标轴 x 与力作用线垂直,坐标轴 y 与力作用线平行。这时,无论力系是否平衡,平衡方程

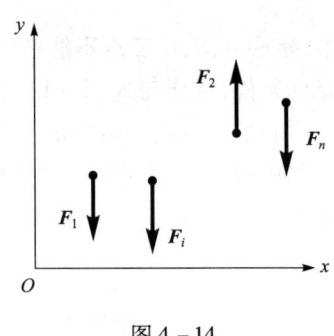

图 4-14

$$\sum_{i=1}^{n} X_i = 0$$

都自然得到满足,它不再具有判断平衡与否的功能。平面任意力系的平衡方程式(4-9)中的后两个方程即为平面平行力系的平衡方程。

$$\left.\begin{aligned}\sum_{i=1}^{n} Y_i &= 0 \\ \sum_{i=1}^{n} M_O(F_i) &= 0\end{aligned}\right\} \qquad (4-12)$$

平面平行力系的平衡方程也可以写成两个矩方程的形式:

$$\left.\begin{aligned}\sum_{i=1}^{n} M_A(F_i) &= 0 \\ \sum_{i=1}^{n} M_B(F_i) &= 0\end{aligned}\right\} \qquad (4-13)$$

其中,矩心 A 和 B 的连线不能与力的作用线平行。否则式(4-13)不是平面平行力系平衡的充分条件。

平面平行力系有两个独立的平衡方程,可用于求解两个未知量。

例 4-6 塔式起重机如图 4-15 所示。机架重 $P = 700$ kN,作用线通过塔架轴线。最大起重量 $W = 200$ kN,最大悬臂长为 12 m,轨道 A 和 B 的间距为 4 m。平衡块重为 Q,它到塔架轴线的距离为 6 m。为保证起重机在满载和空载时都不翻倒,试求平衡块的重量应为多大。

解 (1) 取分离体,画受力图。

取起重机为分离体。分离体上的主动力有机架、重物、平衡块的重力,分别为 P、W、Q。约束反力为两个光滑轨道的反力 N_A 和 N_B。分离体受平面平行力系作用。

(2) 列平衡方程,求解未知力。

在受力图上,力 N_A、N_B、Q 是三个未知力,独立的平衡方程只有两个,求解时需要利用塔架翻倒条件建立补充方程。

当起重机满载时,悬臂的端部起吊最大重量 $W=200$ kN。这时,平衡块的作用是保证塔架不绕 B 轮翻倒。研究塔架即将翻倒的临界平衡状态,在这一状态下,有补充方程 $N_A=0$,且塔架在图示位置处于平衡。在这个平衡状态下求得的 Q 值,是满载时使塔架不翻倒的最小 Q 值,用 $Q_{\min}$ 表示。当平衡块重小于 $Q_{\min}$ 时,塔架将绕 B 轮翻倒。

由平衡方程

$$\sum M_B(F) = 0: \quad (6+2)Q_{\min} + 2P - (12-2)W = 0$$

解得

$$Q_{\min} = 75 \text{ kN}$$

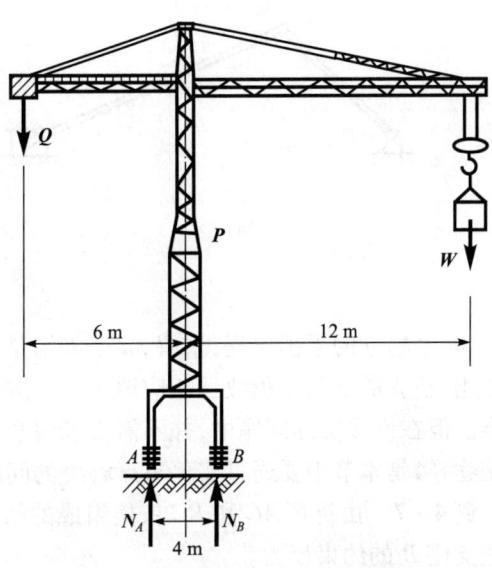

图 4-15

再研究起重机空载($W=0$)的情况。这时要求平衡块不使塔架绕 A 轮翻倒。研究塔架即将绕 A 轮翻倒的临界平衡状态,在这一平衡状态下,有补充方程 $N_B=0$,且塔架在图示位置处于平衡。在这个平衡状态下求得的 Q 值,是空载时使塔架不翻倒的最大 Q 值,用 $Q_{\max}$ 表示。当平衡块重大于 $Q_{\max}$ 时,塔架将绕 A 轮翻到。

由平衡方程

$$\sum M_A(F) = 0: \quad (6-2)Q_{\max} - 2P = 0$$

解得

$$Q_{\max} = 350 \text{ kN}$$

从对满载和空载两种临界平衡状态的研究结果得知,为使起重机在正常工作状态下不翻倒,平衡块重量的取值范围是:

$$75 \text{ kN} \leqslant Q \leqslant 350 \text{ kN}$$

工程实践中,意外因素的影响是难免的,为保障安全工作,应用中需要把理论计算的取值范围适当缩小。

学完上节和本节后,请做习题 4-3 ~ 4-13。

4.6 物体系的平衡问题

在工程中常常用若干构件通过某种连接方式组成机构或结构,用以传递运动或承受荷载。这些机构或结构统称为物体系。图 4-16(a)是机器中常用的曲柄连杆机构,它是由曲柄 OA、连杆 AB 和滑块 B 三个构件铰接组成的。图 4-16(b)是一拱桥的简图,它由两个曲杆铰接组成。这些都是物体系的实例。

求解物体系的平衡问题具有重要的实际意义。

当物体系处于平衡状态时,系统中的每一个物体也必定处于平衡状态。如果每一物体都受平面任意力系的作用,则对每一物体有三个独立的平衡方程。物体系由 n 个物体组成,则可

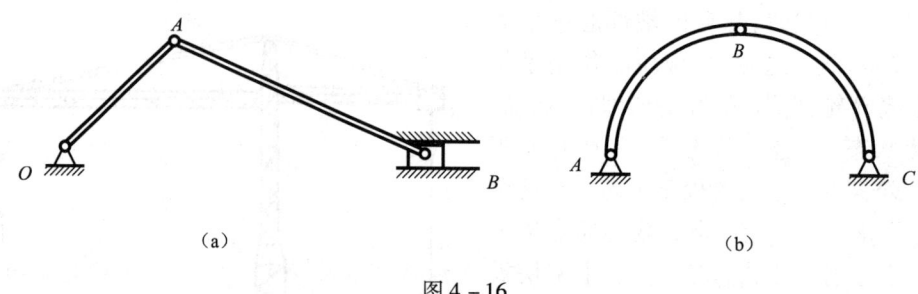

图 4 – 16

写出 $3n$ 个独立的平衡方程,求解 $3n$ 个未知量。假如有物体受平面汇交力系或平面平行力系的作用,独立的平衡方程数目相应地减少。按上述方法求解物体系的平衡问题,在理论上没有困难。但在许多实际问题中,并不需要求解全部未知量。如何针对具体问题,选择简捷有效的解题途径,是本节中要通过实例重点解决的问题。

例 4 – 7 由折杆 AC 和 BC 铰接组成的结构如图 4 – 17(a)所示。按图示尺寸和荷载求固定铰支座 B 的约束反力。

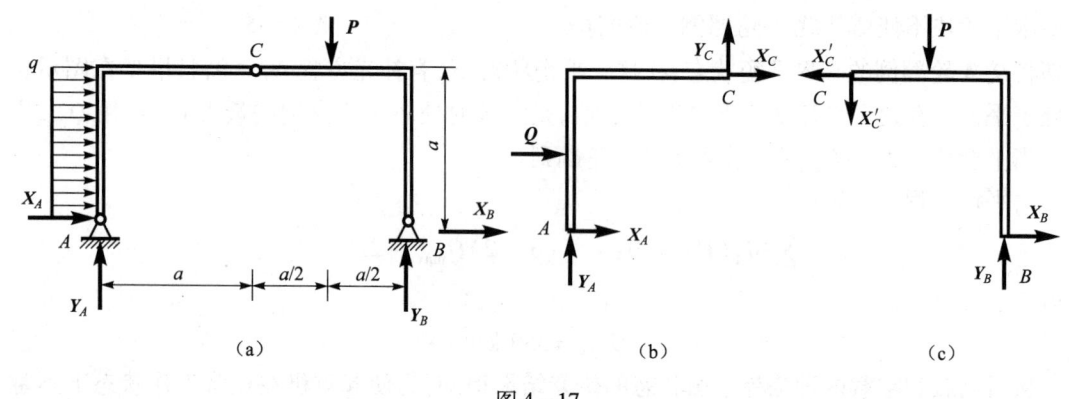

图 4 – 17

解 解题思路分析:

结构由构件 AC 和 BC 组成,共有六个独立的平衡方程,可用于求解固定铰支座 A 和 B 及铰 C 等三处的六个未知力,其中包括了待求的支座 B 的约束反力。但是,这种作法显然是笨拙的。为以有效、简捷的途径求解物体系的平衡问题,必须在求解之前探索科学的解题思路。寻求和建立解题思路的依据是了解物体系整体及其各局部的受力情况。

在图 4 – 17(a)、(b)、(c)中分别给出了结构整体,构件 AC、构件 BC 的受力情况。待求反力 X_B 和 Y_B 作用在整体受力图 4 – 17(a)上,也作用在构件 BC 的受力图 4 – 17(c)上。

在受力图 4 – 17(a)上,有 X_A、Y_B、Y_A、X_B 四个未知力,但独立的平衡方程仅有三个,不能求解四个未知力。由于 X_A、Y_A、X_B、Y_B 四力作用线于交于 A 点,所以可由方程 $\sum m_A(F) = 0$ 求出反力 Y_B,反力 X_B 则不能从整体受力图上求出。

在受力图 4 – 17(c)上,有 X_B、Y_B、X'_C、Y'_C 四个未知力,独立的平衡方程仅有三个,不能求解四个未知力。但只要能从其他物体(或整体,或 AC)上求出四个未知力中的某一个,则可对受力图 4 – 17(c)写出其三个平衡方程,求解另三个未知力。

综上分析,本题的解题思路可总结如下:

第一步:取整体为分离体,用平衡方程 $\sum M_A(\boldsymbol{F}) = 0$ 求支座 B 的约束反力 Y_B。

第二步:取构件 BC 为分离体,用平衡方程 $\sum M_C(\boldsymbol{F}) = 0$ 求支座 B 的约束反力 X_B。

具体求解过程如下:

(1) 取结构整体为分离体,受力图如图 4-17(a) 所示。由平衡方程:

$$\sum M_A(\boldsymbol{F}) = 0: \quad -\frac{1}{2}qa^2 - \frac{3}{2}Pa + 2aY_B = 0$$

解得

$$Y_B = \frac{1}{4}(qa + 3P)$$

(2) 取构件 BC 为分离体,受力图如图 4-17(c) 所示。由平衡方程:

$$\sum M_C(\boldsymbol{F}) = 0: \quad -\frac{1}{2}Pa + X_B a + Y_B a = 0$$

解得:

$$X_B = -\frac{1}{4}(qa + P)$$

最后需要说明,本题中对受力图 4-17(a)、(b)、(c) 可各写出三个平衡方程,可能写出的平衡方程总共有九个。这九个方程中独立的平衡方程只有六个,其余三个方程可由这六个方程导出,即是不独立的。例如,对受力图(a)写出的平衡方程 $\sum X = 0$ 记为方程(1);对受力图(b)写出的平衡方程 $\sum X = 0$ 记为方程(2);对受力图(c)写出的平衡方程 $\sum X = 0$ 记为方程(3)。不难看出,方程(2)与方程(3)相加,即为方程(1)。说明这三个方程中只有两个是独立的,另一个是不独立的,或说是可导出的。对上述的三个方程,在解题时应用其中任意的两个方程之后,第三个方程不能用来求解出新的未知量。

在按选定的解题思路解题时,如果选用的每一个方程都能求解出一个未知量,那么所选用的方程便都是独立的。

例 4-8 图 4-18(a) 所示的结构由杆件 AB、BC、CD、圆轮 O、软绳和重物 E 所组成。圆轮与杆 CD 用铰链连接,圆轮半径 $r = l/2$。重物 E 重 W,其他杆件不计自重。求固定端 A 的约束反力。

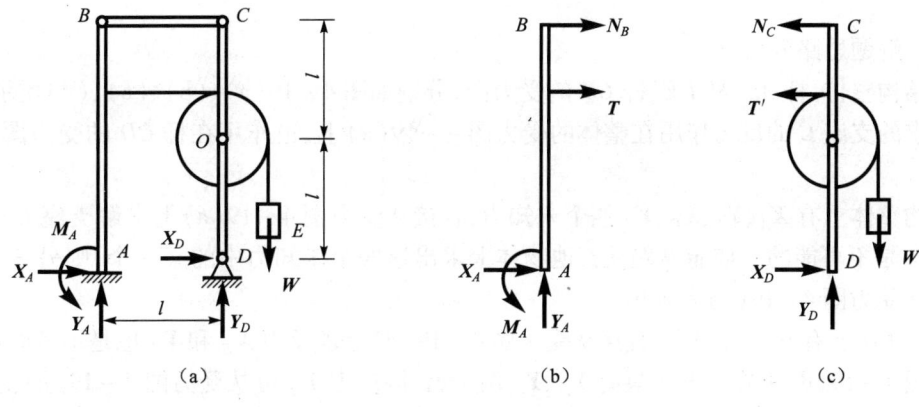

图 4-18

解 解题思路分析：

结构整体和杆件 AB 的受力图分别如图 4-18(a) 和 (b) 所示。以杆件 CD、圆轮、绳索和重物 E 所组成的系统作为分离体，其受力图如图 4-18(c) 所示。

待求的固定端 A 的约束反力作用在受力图 4-18(a) 和受力图 (b) 上。

在受力图 4-18(a) 上，有 X_A、Y_A、M_A、X_D、Y_D 五个未知量，而独立的平衡方程只有三个，要通过研究结构整体求固定端 A 的约束反力，必须先从其他物体上求出支座 D 的反力 X_D 和 Y_D。

在受力图 4-18(b) 上，有 X_A、Y_A、M_A、N_B 四个未知量，而独立的平衡方程只有三个，要通过研究杆 AB 求固定端 A 的约束反力，必须先从其他物体上求出二力杆 BC 的反力 N_B。

支座 D 的反力 X_D、Y_D 以及二力杆 BC 的约束反力都作用在受力图 4-18(c) 上。可以对受力图 (c) 写平面任意力系的平衡方程，求解这三个未知力。之后，便可在受力图 (a) 或受力图 (b) 上求解固定端 A 的约束反力。

选用从受力图 4-18(b) 上求解的方案，具体求解过程如下：

(1) 取杆 CD、圆轮、绳索及重物 E 所组成的系统为分离体，受力图如图 4-18(c) 所示。列平衡方程：

$$\sum M_D(F) = 0：\quad 2lN_C + 1.5lT' - 0.5lW = 0$$

其中 $T' = W$，解得

$$N_C = -0.5W$$

(2) 取杆 AB 为分离体，受力图如图 4-18(b) 所示。列平衡方程：

$$\sum X = 0：\quad N_B + T + X_A = 0$$

$$\sum Y = 0：\quad Y_B = 0$$

$$\sum M_A(F) = 0：\quad M_A - 2lN_B - 1.5lT = 0$$

式中：$T = T' = W$，$N_B = N_C = -0.5W$，解得

$$X_A = -0.5W$$
$$Y_A = 0$$
$$M_A = 0.5lW$$

例 4-9 图 4-19(a) 所示的结构由 AB、CD、DE、BF 四个杆件铰接组成。求支座 C 的约束反力。

解 解题思路分析：

画结构整体、杆 AB、杆 DE、杆 CD 的受力图，分别如图 4-19(a)、(b)、(c)、(d) 所示。

待求的支座 C 的反力作用在整体的受力图 4-19(a) 上，也作用在杆 CD 的受力图 4-19(d) 上。

结构整体上有 X_A、Y_A、X_C、Y_C 四个未知力，直接从受力图 4-19(a) 上求解支座 C 的反力 X_C 和 Y_C 是不可能的。如能事先从其他物体上求出这四个未知力中的某一个，则另三个未知力就可从受力图 4-19(a) 上求出。

杆件 CD 上有五个未知力，直接从受力图 4-19(d) 上求反力 X_C 和 Y_C 也是不可能的。但是受力图 4-19(d) 上在 y 方向只有 Y'_D、Y_C 两个力，因反力 Y_D 可从受力图 4-19(c) 上求解，所以反力 Y_C 随之可以求出。

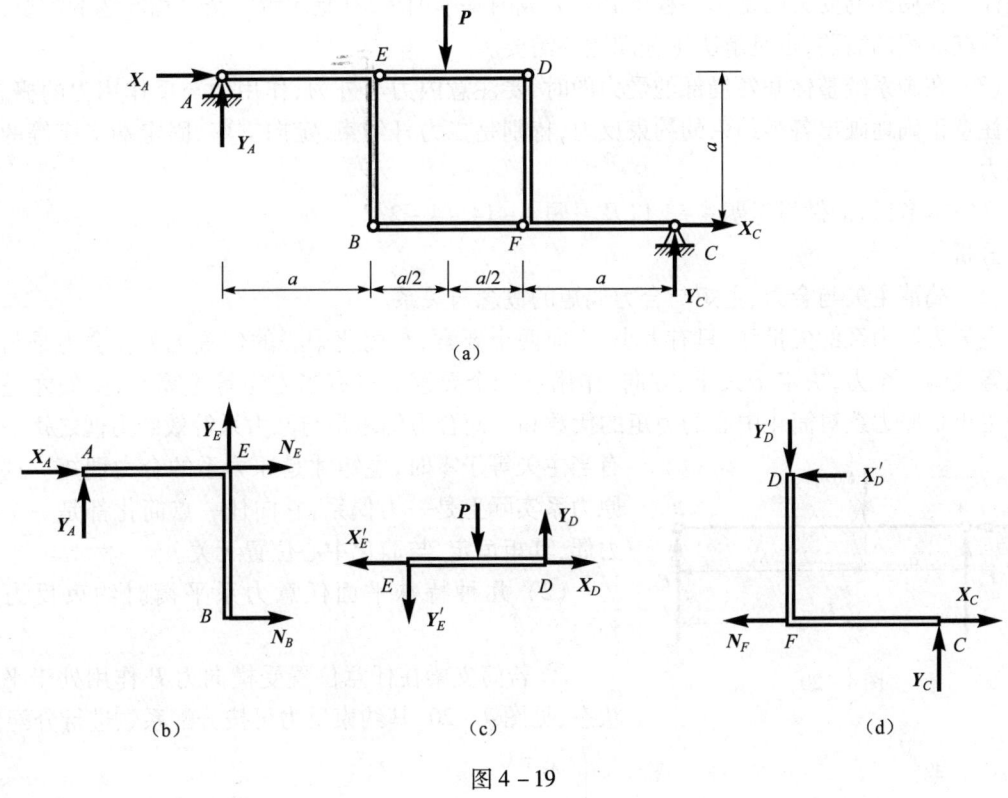

图 4-19

综上分析,求解过程如下:

(1) 取杆件 DE 为分离体,受力图如图 4-19(c)所示。列平衡方程:

$$\sum M_E(\boldsymbol{F}) = 0: \quad -\frac{1}{2}Pa + Y_D a = 0$$

解得 $Y_D = P/2$。

(2) 取杆件 CD 为分离体,受力图如图 4-19(d)所示。列平衡方程:

$$\sum Y = 0: \quad Y_C - Y'_D = 0$$

式中:$Y'_D = Y_D = P/2$,解得 $Y_C = P/2$。

(3) 取结构整体为分离体,受力图如图 4-19(a)所示。列平衡方程:

$$\sum M_A(\boldsymbol{F}) = 0: \quad -1.5Pa + 3aY_C + aX_C = 0$$

解得 $X_C = 0$。

本节的最后,对以上三个例题分析和求解过程中的指导思想和需注意的问题,再进一步强调如下:

(1) 解决物体系的平衡问题时,应该针对各问题的具体条件和要求,构思正确、简捷的解题思路。这种解题思路具体地体现为:恰当地选取分离体;恰当地选取平衡方程;以最优的途径得到问题的解答。盲目地对系统中的每一物体都写出三个平衡方程,最终也能得到问题的解答,但工作量大,易于出错。更重要的是,不利于培养分析问题和解决问题的能力。

(2) 系统整体和各局部的受力情况,是构思解题思路所必须的基本信息。正确地画出系统整体和各局部的受力图是本课程中必须完成的基本训练,这是求解复杂平衡问题的需要,是学习后继课程的需要,也是解决工程问题的需要。

（3）在画系统整体和各局部的受力图时,要注意内力与外力、作用力与反作用力的概念。还要注意正确地画出各类约束的约束反力,特别是二力杆约束、定向支座、固定端支座等的约束反力。

学完本节后,请做思考题 4-1 以及习题 4-14~4-23。

分析

（1）搞清主矢与合力、主矩与合力偶矩的概念与关系。

主矢为原力系的矢量和,只有大小、方向两个要素,与简化中心的位置无关。合力是与原力系等效的一个力,决定于大小、方向、作用点三个要素。只有当主矩等于零时,主矢才是合力。主矩是原力系对简化中心的力矩的代数和。而合力偶矩是与原力系等效的力偶之矩。只有当主矢等于零时,主矩才是原力系的合力偶矩。这时原力系实际上是一力偶系,它向任一点简化都是一个合力偶,其矩恒定,与简化中心位置无关。

（2）几种特殊平面任意力系平衡时约束反力的判定。

① 若简支梁在任意位置受横向力 P 作用处于平衡状态,见图 4-20,其约束反力可按分配系数进行分配。

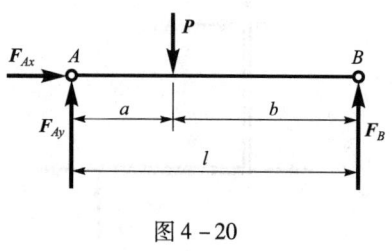

图 4-20

$$\begin{cases} F_{Ax} = 0 \\ F_{Ay} = P \cdot \dfrac{b}{l} \\ F_B = P \cdot \dfrac{a}{l} \end{cases}$$

其中 $\dfrac{b}{l}$、$\dfrac{a}{l}$ 为分配系数。

② 若结构在 P 力作用下处于平衡状态,见图 4-21,由于杆 AC、AD 与 P 力汇交于 A 点,可判定杆 BE 是不受力杆,即零杆。

$$F_{BE} = 0$$

③ 若结构在 P 力作用下处于平衡状态,见图 4-22。由于杆 AB、CD 和 P 力平行,则可判定斜杆 EF 亦为不受力杆即零杆。

$$F_{EF} = 0$$

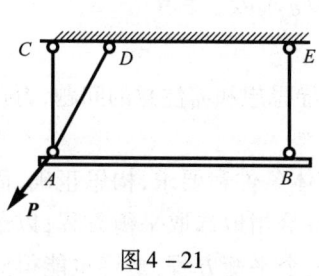

图 4-21

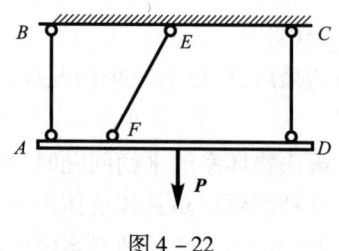

图 4-22

以上结论请读者加以验证,并在实际应用中加以灵活应用。

(3) 求解物体和物体系统的平衡问题时,应注意以下方法的应用。

① 根据题意灵活恰当地选取研究对象,其原则是:

(a) 当整个系统的未知数不超过三个,或虽超过三个但能求出一部分未知量时,则可取整体为研究对象。

(b) 如果取整体为研究对象,经分析可知一个未知量也求不出来,则必须将系统拆开求解,此时一般先取受力简单,特别是未知力少而又有主动力作用的单个物体或部分物体为研究对象求解,直到求出全部未知量。

(c) 选择每一个研究对象所包含的未知量,最好不超过该对象所能列出的独立平衡方程数,力求每一个方程解出一个未知量,尽量避免解联立方程,特别是尽量避免解两个对象的联立方程。当然,实在不可避免时,也只好通过联立方程求解。

综上所述,在解题过程中要求所画的受力图最少,所列的平衡方程数最少为原则。

② 正确地画出研究对象的受力图。

(a) 解除约束才会出现约束反力;

(b) 在进行受力分析时就酝酿好解决问题的方案,最好时时记住力偶理论、零杆分析及对称性。

③ 掌握列平衡方程的技巧。

列平衡方程时,选取三种平衡方程形式中的哪一种,应视具体问题而定,一般常选取基本式或二矩式,三矩式用得较少。列具体方程时,最好每个方程只含一个未知量。为此,选取的投影轴应与尽可能多的未知力垂直;矩心取在未知力的交点处。

4.7 静定与超静定问题的概念

对于一个平衡的系统,可能列出的独立的平衡方程的数目是确定的。**如果平衡系统的全部未知量(包括需要求出的和不需要求出的)的数目,等于系统的独立的平衡方程的数目,能用静力平衡方程求解全部未知量,则所研究的平衡问题是静定的,或说是静定问题**。如果某静定系统是一结构,该结构称为**静定结构**。

确定一个结构是否是静定结构,需首先确定系统的独立的平衡方程数 n,再确定系统的未知力数 m,当 $n=m$ 时,该结构则为静定结构。例如,例 4 - 9 中的结构,由 AB、CD、DE、BF 四个物体组成。其中前三个物体都受平面任意力系作用,各有 3 个独立的平衡方程,后一物体 BF 是二力杆,受共线力系作用,有一个独立的平衡方程。结构的独立的平衡方程数 $n = 3 \times 3 + 1 = 10$。结构上 A、C、D、E 四个铰链各有二个未知力,铰链 B 和 F 连接的是二力杆 BF,所以各有一个未知力。结构上未知力的数目 $m = 2 \times 4 + 2 = 10$。对此结构 $n = m = 10$,为静定结构。

如果在杆 BF 上有荷载作用,即杆 BF 不是二力杆,这时铰 B 和铰 F 上的未知力各为两个,杆 BF 受平面任意力系的作用,有三个独立的平衡方程。结构则有 $n = m = 12$,仍为静定结构。这说明,**结构是不是静定的,并不因各构件所受荷载的不同而改变,它是结构自身的特性**。

工程中为了减少结构或构件的变形,为了使结构的各部分能充分发挥其承受荷载的能力,常常在静定结构上增加约束,从而增加了未知量的数目,**未知量的数目大于独立的平衡方程的数目,仅应用平衡方程不能求解全部未知量,这类问题称为超静定问题**。相应的结构称为超静定结构。

图 4-23(a)中的简支梁是静定结构。如在梁的跨中加一链杆支座,得到图 4-23(b)所示的两跨连续梁,是一个超静定结构,其未知量数较独立的平衡方程数多 1 个,就称为一次超静定结构。图 4-24(a)中所示的刚架结构是静定的。如在两个固定铰支座上施加限制转动的约束,变为固定端支座,如图 4-24(b)所示,该结构就是超静定的,其未知量的数目较独立的平衡方程数多 2 个,就称为二次超静定结构。

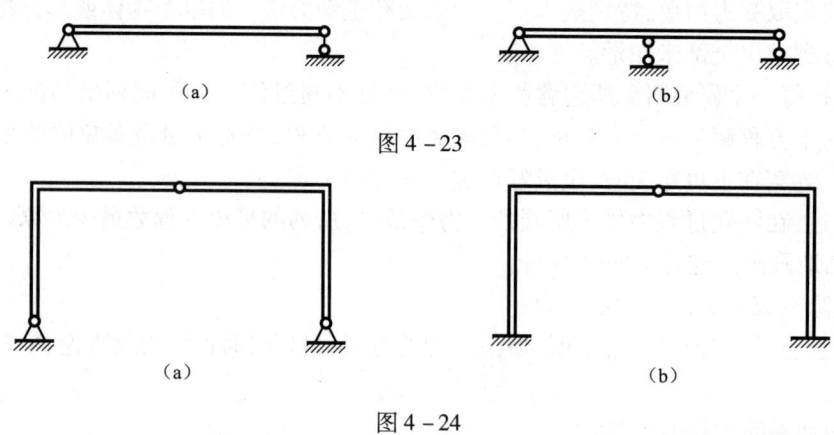

图 4-23

图 4-24

在本课程的第一篇中只研究静定问题。超静定结构的计算,必须在刚体力学的基础上,进一步考虑物体变形的影响才能解决,这时,物体的变形成为研究问题中的重要因素。在本课程的第二篇中将涉及超静定问题。关于超静定结构的计算,在有关的后继课程中专有论述。

学完本节后,请做思考题 4-3。

 小 结

(1) 平面任意力系向一点简化的实质是:以力的平移定理为工具,将平面任意力系分解为平面汇交力系和平面力偶系,使得平面任意力系的简化问题转化为平面汇交力系和平面力偶系的简化问题。因此,平面任意力系向一点简化的一般结果必然是简化中心上的一个力和一个力偶,即平面任意力系一般说等效于一力和一力偶。此力的矢量等于力系中各力的矢量和,即 $\boldsymbol{R}' = \sum_{i=1}^{n} \boldsymbol{F}_i$,称为平面任意力系的主矢;此力偶的矩等于力系中各力对简化中心的矩的代数和,即 $M_O = \sum_{i=1}^{n} M_O(\boldsymbol{F}_i)$,称为平面任意力系相对简化中心的主矩。

(2) 主矢与简化中心的位置无关,一般地说,力 $\boldsymbol{R}'$ 不是原力系的合力。在主矩等于零的特殊情况下,力 $\boldsymbol{R}'$ 与原力系等效,是原力系的合力。

主矩一般与简化中心的位置有关。在主矢等于零的特殊情况下,原力系与力偶系等效,即与一力偶等效。这时,主矩与简化中心的位置无关,且主矩可以称为原力系的合力偶矩。

完成平面任意力系向一点的简化,归结为求力系的主矢和对简化中心的主矩,对给定的平面任意力系,主矢和主矩可按式(4-3)~(4-6)求得。

(3) 平面任意力系有三个独立的平衡方程,可用于求解三个未知量。

平面任意力系的平衡方程可写成一矩式、二矩式、三矩式三种形式,后两种形式的平衡方程是有附加条件的。

应在掌握好一矩式平衡方程的基础上,掌握二矩式、三矩式平衡方程。

(4) 物体系的平衡问题是本章中最难掌握的内容。不同的问题解法不一样,似乎无规律可循。解题时分析、思考的基本原则应是:正确地分析物体系整体和各局部的受力情况,在此基础上根据问题的条件和要求,恰当地选取分离体,恰当地选择平衡方程,恰当地选择投影轴和矩心,建立最优的解题思路。实践这一原则既是求解物体系平衡问题本身的需要,也是培养能力、提高智力的需要。

应在掌握好单个物体平衡问题的基础上,掌握物体系的平衡问题。

(5) 本章中扩充了约束和荷载的类型。对固定端约束和定向支座约束,要明确约束的构造、约束的表示方法、约束的性质以及约束反力的表示方法。画受力图时不要漏画这两种约束的约束反力偶。

思考题

4-1 已知平面任意力系向 A 点简化的主矢为 R',主矩为 M_A。在以下四种情况下:

(1) $R' \neq 0$, $\quad M_A \neq 0$;

(2) $R' = 0$, $\quad M_A \neq 0$;

(3) $R' \neq 0$, $\quad M_A = 0$;

(4) $R' = 0$, $\quad M_A = 0$;

该力系向任意点 B 简化的结果可能如何?

4-2 对一汇交于 O 点的平面汇交力系:

(1) 将该力系向作用面内 A 点简化,所得主矩 $M_A = 0$,如果该力系有合力,试确定力系合力作用线的位置。

(2) 如以方程

$$\left. \begin{array}{l} \sum M_A(F) = 0 \\ \sum M_B(F) = 0 \end{array} \right\}$$

作为该平面汇交力系的平衡方程,需对矩心 A 和 B 附加什么条件?

4-3 试判定以下各结构哪个是静定的,哪个是超静定的。

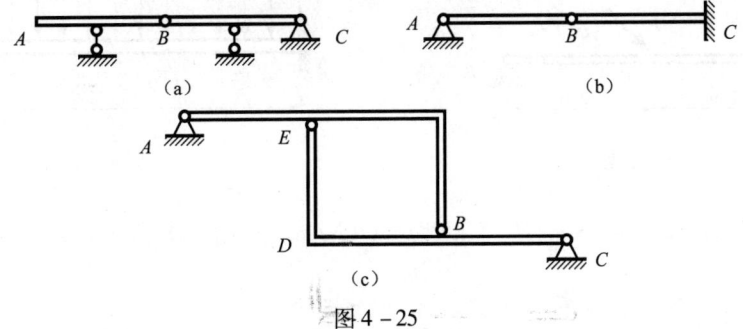

图 4-25

习 题

4-1 挡土墙自重 $W=400$ kN,土压力 $F=320$ kN,水压力 $H=176$ kN。试求上述各力组成的力系向底边中心简化的结果,并求力系合力作用线的位置。

4-2 桥墩所受的力 $P=2\,740$ kN, $W=5\,280$ kN, $Q=140$ kN, $T=193$ kN, $m=552.5$ kN·m。求力系向 O 点简化的结果,并求合力作用线的位置。

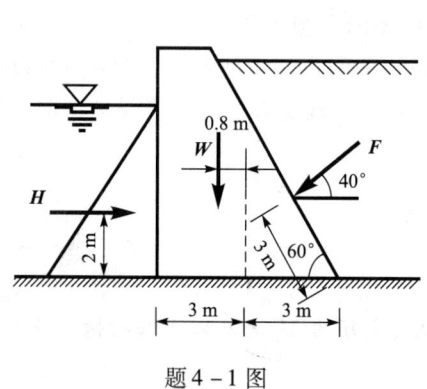

题 4-1 图

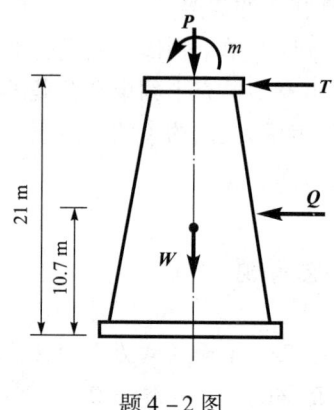

题 4-2 图

4-3 外伸梁受力 F 和力偶矩为 m 的力偶作用。已知 $F=2$ kN, $m=2$ kN·m,求支座 A 和 B 的反力。

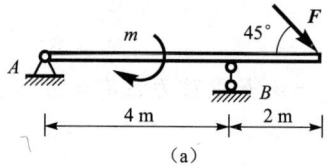

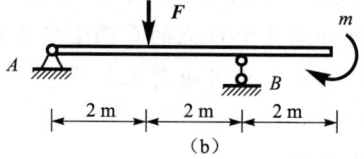

题 4-3 图

4-4 已知 $P=20$ kN,求简支架支座 A 和 B 的反力。

4-5 已知均布荷载集度 q,求悬臂梁固定端 A 的反力。

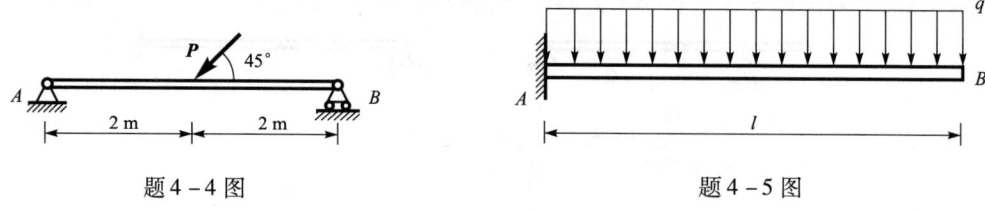

题 4-4 图　　　　　　　　题 4-5 图

4-6 已知 $m=2.5$ kN·m, $P=5$ kN, $q=1$ kN/m。求刚架支座 A 和 B 的反力。

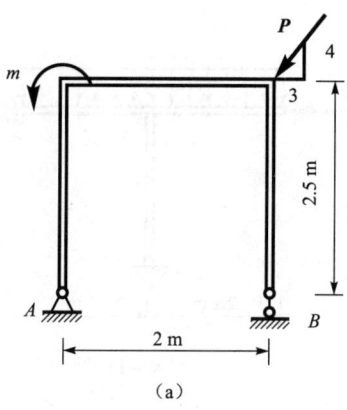
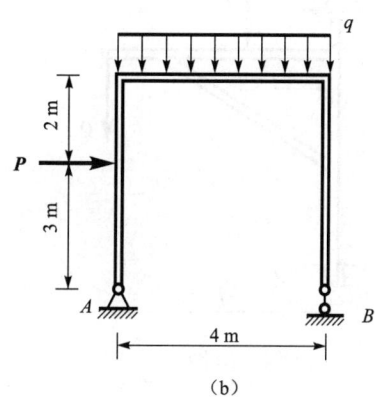

(a)　　　　　　　　　　　　(b)

题 4-6 图

4-7 已知力 F、力偶矩为 m 的力偶和均布荷载的集度 q，求外伸梁支座 A 和 B 的反力。

4-8 已知 $P=2\,000$ N, $q=500$ N/m。求外伸梁支座 A 和 B 的反力。

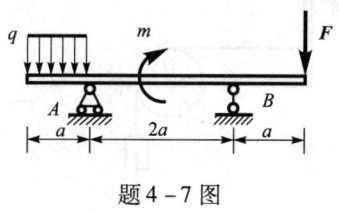
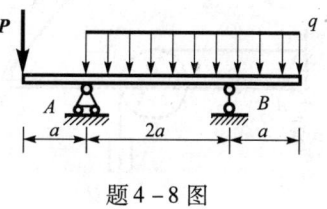

题 4-7 图　　　　　　　　　　　　题 4-8 图

4-9 支架如图所示，求在力 P 作用下，支座 A 和 B 的反力。

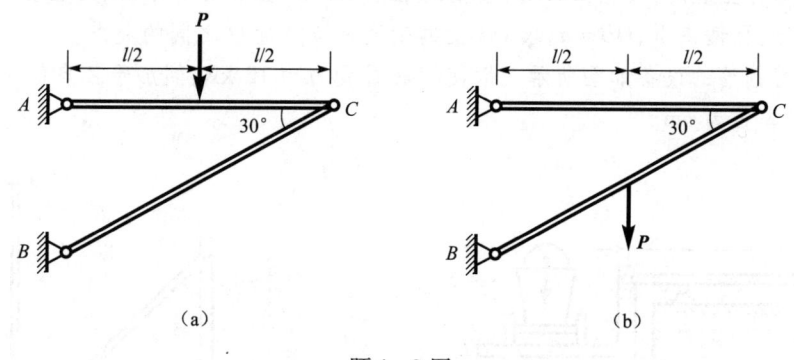

(a)　　　　　　　　　　　　(b)

题 4-9 图

4-10 起重架用光滑轴承 A 和 B 固定，求在力 P 和 Q 作用下，轴承 A 和 B 的反力。

4-11 刚架用链杆支座 A 和定向支座 B 固定。$P=2$ kN, $q=500$ N/m。求支座 A 和 B 的约束反力。

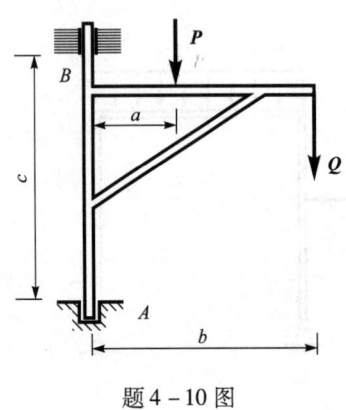

题 4-10 图

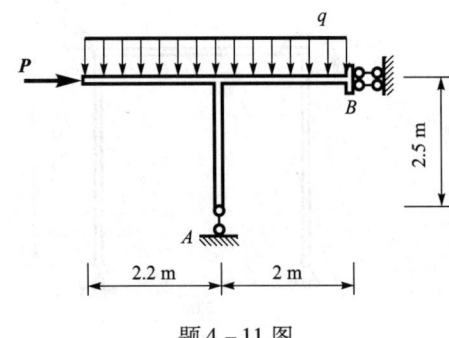

题 4-11 图

4-12 梁 AB 用支座 A 和杆 BC 固定。轮 D 铰接在梁上，绳绕过轮 D，一端系在墙上，另一端挂重物 Q。已知 $r = 10$ cm，$AD = 20$ cm，$BD = 40$ cm，$\alpha = 45°$，$Q = 1\,800$ N，求支座 A 的反力。

4-13 杆 ACB 上铰接一圆轮，绳索绕过圆轮，一端连在杆上，另一端挂重物 Q。已知 $AD = CD = CB = 40$ cm，$r = 10$ cm，$Q = 10$ kN，求支座 A 和 B 的反力。

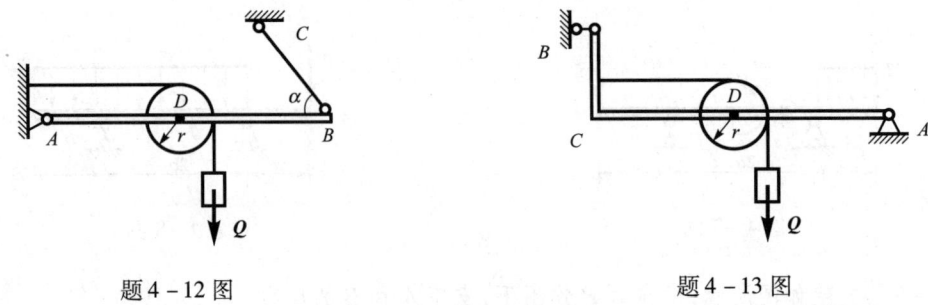

题 4-12 图　　　　　　　　　题 4-13 图

4-14 台秤空载时，支架 BCE 的重量与杠杆 AB 的重量恰好平衡，秤台上有重量时，在 OA 上加一秤锤，秤锤重 W，$OB = a$，求 OA 上的刻度 x 与重量 Q 之间的关系。

4-15 剪钢筋的设备如图所示。欲使钢筋 E 受力为 12 kN，问加于 A 点的水平力 P 应多大？图中长度单位为 cm。

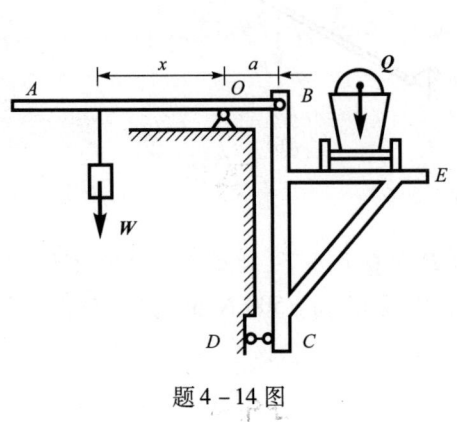

题 4-14 图

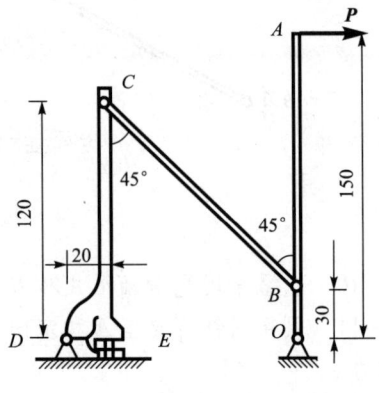

题 4-15 图

4-16 三铰拱如图示。已知 $Q=300$ kN, $l=32$ m, $h=10$ m。求支座 A 和 B 的反力。

4-17 梁 AB 的 A 端为固定端，B 端与杆 BEC 铰接。圆轮 D 铰接在杆 BEC 上，其半径 $r=5$ cm, $CD=DE=20$ cm, $AC=BE=15$ cm, $Q=1$ kN。求固定端 A 的约束反力。

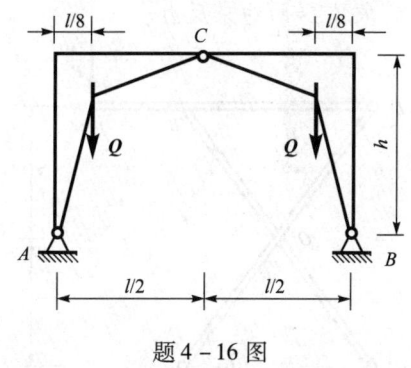

题 4-16 图

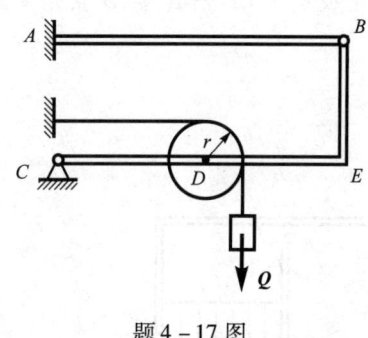

题 4-17 图

4-18 多跨静定梁由杆 AC 和 CD 组成。起重机放在梁上，重 $Q=50$ kN, 重心通过 C 点，两轮 F 和 G 与梁光滑接触，起重荷载 $P=10$ kN。求支座 A 和 D 的反力。

4-19 多跨静定梁如图所示。$q=10$ kN/m, $m=40$ kN·m, 求支座 A 的反力。

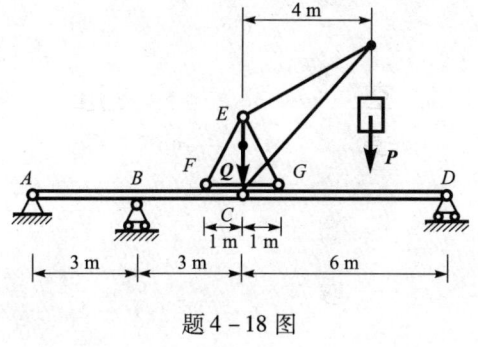

题 4-18 图

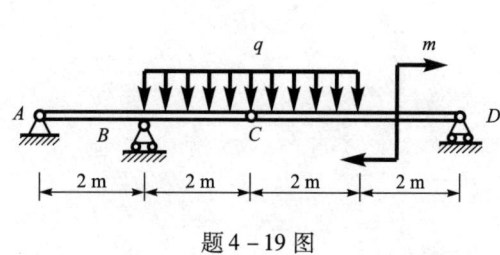

题 4-19 图

4-20 图示结构由 AB 和 CD 两部分组成。求在均布荷载 q 的作用下，定向支座 A 的约束反力。

4-21 图示混合结构受荷载 P 作用，求支座 B 的反力，以及杆件 1 和 2 所受的力。

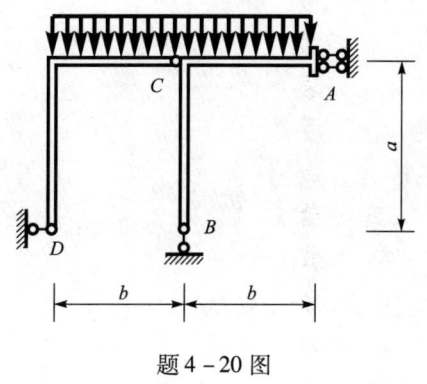

题 4-20 图

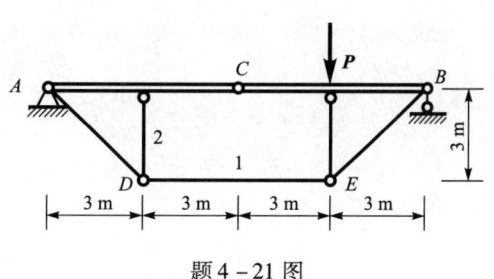

题 4-21 图

4-22 图示结构由 AB、CD、DE 三个杆件铰接组成。已知 $a = 2$ m,$q = 500$ N/m,$P = 2\,000$ N。求铰链 B 的约束反力。

4-23 结构由 AB、CD、DE 三个杆件组成。杆件 AB 和 CD 在中点 O 用铰链连接。杆 DE 在 D 点用铰链与 CD 杆连接,B 点光滑放置在 DE 杆上。求铰 O 的约束反力。

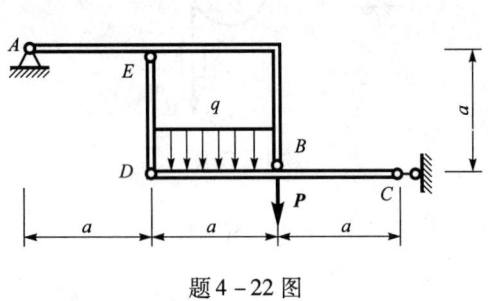

题 4-22 图

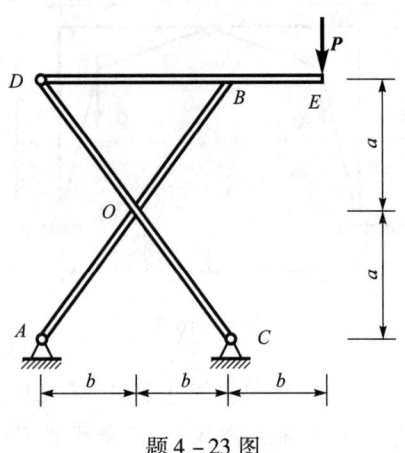

题 4-23 图

第 5 章　考虑摩擦的平衡问题

导言

- 本章研究两个物体相互接触时，接触面上滑动摩擦力的性质，以及考虑摩擦时平衡问题的解法。
- 自锁、摩擦角概念是滑动摩擦力性质的引申，可用于几何地、直观地判定有摩擦物体是否平衡。
- 求解摩擦平衡问题与一般平衡问题的差别仅在于：受力图上要画出粗糙面的摩擦力；对每一摩擦力都写出相应的补充方程；摩擦平衡问题的解有其取值范围。

5.1　引　言

此前，假定物体间的接触都是光滑的，接触面上的约束反力都沿接触面的法线方向。事实上，绝对光滑的接触面并不存在，只有在所研究的问题中，摩擦力足够小，可以忽略不计的情况下，这样的假定才是可行的。在许多问题中摩擦不容忽视。例如，有了摩擦，人才能在地面上行走，汽车才能开动；重力水坝依靠摩擦来阻止坝体的滑动；千斤顶是因螺杆与螺母接触面的摩擦才能支持重物，如此等。上述摩擦现象被人们用来为生活和生产服务。摩擦也有不利的一面，仅就摩擦所消耗的能量来说就已是十分惊人的。研究摩擦的规律，利用其有利的一面，减少其不利的影响，无疑有着重要的实际意义。

关于摩擦机理和摩擦规律的研究，已有专著论述，所涉及的知识远远超出本门课程的范畴。这里只将摩擦力视为接触面的切向约束反力，研究它的性质，并依据这些性质提出考虑摩擦时平衡问题的解法。

按照相接触物体的相对运动形式，摩擦可以分为滑动摩擦与滚动摩擦两类；按照接触面的物理性质，摩擦可以分为干摩擦与湿摩擦两种。考虑专业的需要，本章中只研究发生在干燥接触面上的滑动摩擦，并给出滚动摩擦的概念。

5.2　滑动摩擦力的性质·滑动摩擦定律

5.2.1　静滑动摩擦力——接触面的切向反力

放在光滑接触面上的物体，只受到沿接触面法线方向的约束，约束反力也沿着接触面的法线方向。光滑接触面在切线方向不具有阻碍物体运动的能力,当物体受切线方向的主动力时,无论这力多么微小,都会使物体由静止而进入运动。

当重为 P 的物体放在有摩擦的粗糙面上时,在接触面的切线方向施加水平力 Q,如果力 Q 的值比较小,物体仍处于平衡状态。表明粗糙接触面对物体沿切线方向的位移也有限制作用,所以沿切线方向也产生约束反力,记为 F。切向约束反力 F 是由于两个物体在接触面上发生摩擦而产生的,其作用是限制物体沿接触面相对滑动,所以称为**静滑动摩擦力**。

从图 5-1 中看到,当切线方向的主动力 Q 指向右时,如不存在摩擦,物体将沿接触面向右滑动。摩擦力 F 阻碍物体滑动,所以其方向应指向左。确切地说,**静滑动摩擦力的方向与物体相对滑动的趋势相反**。所谓"相对滑动的趋势"是指设想不存在摩擦时,物体在主动力作用下相对于接触物体滑动的方向。

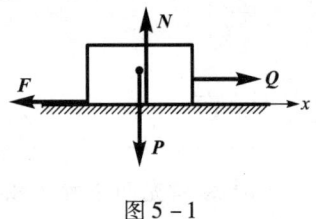

图 5-1

受静滑动摩擦力作用的物体是处于平衡状态的,所以,**应由静力学平衡方程求解静滑动摩擦力的大小**。对图 5-1 所示的情况,则应由平衡方程 $\sum X = 0$,解得静滑动摩擦力 $F = Q$。

综上所述,静滑动摩擦力是不光滑接触面的切向约束反力,其方向与物体相对滑动的趋势相反,其大小由平衡方程确定。

5.2.2 临界平衡状态·最大静滑动摩擦力·静滑动摩擦定律

对图 5-1 所示的物体,不改变法线方向主动力 P 的大小(即不改变法向反力 N 的大小),而逐渐增大切线方向主动力 Q 的值,则在物体处于平衡状态时,摩擦力的大小 $F = Q$ 也随之增大。当力 Q 增大到某一值时,如果再继续增大,则物体的平衡状态就将被破坏而产生相对滑动。将这种**物体即将滑动而尚未滑动的平衡状态称为临界平衡状态**。在临界平衡状态下,静滑动摩擦力达到最大值,称之为**最大静滑动摩擦力**,以 $F_{\max}$ 表示。

这就是说,在法线方向主动力不变的条件下,静滑动摩擦力不能随切线方向主动力的增大而无限地增大。它只能在零与最大静滑动摩擦力 $F_{\max}$ 之间取值:

$$0 \leqslant F \leqslant F_{\max} \tag{5-1}$$

静滑动摩擦力的这一性质与一般约束反力是不同的。

法国物理学家库仑对干燥接触面做了大量的实验,结果表明,**最大静滑动摩擦力的大小与相接触两物体间的正压力(法向反力)成正比**:

$$F_{\max} = fN \tag{5-2}$$

比例系数 f 称为静滑动摩擦系数。这一规律称为**静滑动摩擦定律**,或**库仑定律**。

静滑动摩擦系数的大小由实验确定。它与相接触物体的材料和表面状况(粗糙程度、温度和湿度等)有关。在材料和表面状况确定的条件下,可近似地看作常数。其数值可在有关的工程手册中查到。

在表 5-1 中列出了几种常见材料的静滑动摩擦系数值。

表 5-1　常见材料的滑动摩擦系数

材料名称	静摩擦系数	动摩擦系数
钢—钢	0.15	0.15
软钢—铸铁	0.2	0.18
软钢—青铜	0.2	0.18
皮革—铸铁	0.3~0.5	0.28
木材—木材	0.4~0.6	0.2~0.5

综上所述,可归纳结论如下:

(1) 静滑动摩擦力 F 可在

$$0 \leqslant F \leqslant F_{max}$$

范围内取值。其中最大静滑动摩擦力 F_{max} 只在临界平衡状态下出现。

(2) 最大静滑动摩擦力 F_{max} 的大小与法向反力 N 的大小成正比,比例系数 f 称为静滑动摩擦系数。

(3) 临界平衡状态是平衡状态中的一个,所以,求最大静滑动摩擦力 $F_{max} = fN$ 时,式中的法向反力 N 的值,应由临界平衡状态下的平衡方程确定。

例 5-1　重为 Q 的物块放在水平面上,接触面的静滑动摩擦系数为 f。在物块上加力 P,该力与水平面的夹角为 α(图 5-2(a))。求:(1) 物块静止平衡时,静滑动摩擦力 F 的大小;(2) 力 P 达到何值时,物块处于临界平衡状态?此时静滑动摩擦力的值为多大?

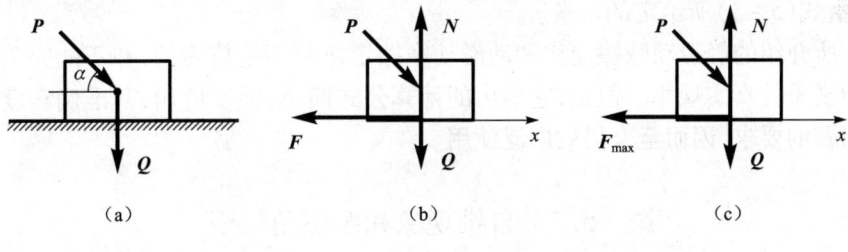

图 5-2

解　(1) 求平衡时的静滑动摩擦力。

物块受主动力 P 作用有向右滑动的趋势,摩擦力的方向沿接触面指向左,受力图如图 5-2(b)所示。由平衡方程

$$\sum X = 0: P\cos\alpha - F = 0$$

解得

$$F = P\cos\alpha$$

(2) 求临界平衡状态下力 P 的值及静滑动摩擦力的值。

临界平衡状态下,静滑动摩擦力达到最大值,受力图如图 5-2(c)所示。受力图上有 N、P、F_{max} 三个未知量,对该平面汇交力系写平衡方程,有

$$\sum X = 0: P\cos\alpha - F_{max} = 0$$

$$\sum Y = 0: N - P\sin\alpha - Q = 0$$

由静滑动摩擦定律,有

$$F_{\max} = fN$$

从上三方程解得

$$P = \frac{fQ}{\cos\alpha - f\sin\alpha}$$

$$F_{\max} = P\cos\alpha = \frac{fQ}{1 - f\tan\alpha}$$

5.2.3 动滑动摩擦力·动滑动摩擦系数

对图 5-1 所示的物体,当它处于临界平衡状态时,继续增大切向方向的主动力 Q,物块就会沿接触面发生滑动。这时的摩擦力是物体相对滑动时的阻力,称为**动滑动摩擦力**。实验表明,动滑动摩擦力 F' 的方向与物体相对滑动的方向相反,动滑动摩擦力的大小与相接触物体间的正压力成正比:

$$F' = f'N \tag{5-3}$$

比例系数 f' 称为**动滑动摩擦系数**。这一规律称为**动滑动摩擦定律**。

动滑动系数 f' 与相接触物体的材料和表面情况有关,也与相对滑动的速度有关。在相对滑动的速度不大时,可以近似地取为常数。在表 5-1 中列出了几种材料的动滑动摩擦系数的值。对多数材料来说,动滑动摩擦系数略小于静滑动摩擦系数,即

$$f' < f$$

在法向反力确定的情况下,静滑动摩擦力可以在某一范围内取值。动滑动摩擦力则与之不同,它是由式(5-3)所给定的常量。

本节中所介绍的静滑动摩擦定律和动滑动摩擦定律都不是精确的,并不能完美地描述摩擦这种复杂现象的真实规律。但是,它给出的计算公式简单,便于应用,其准确程度可以满足工程实际问题的要求,因而至今仍被广泛使用。

5.3 自锁现象和摩擦角

5.3.1 自锁现象

由静滑动摩擦力的性质可知,静滑动摩擦力只能在范围

$$0 \leq F \leq F_{\max} = fN$$

内取值,静滑动摩擦力不能无条件地随主动力的增大而增大。从另一个角度说,并不是什么样的主动力都可使有摩擦的物体处于平衡状态。主动力满足什么条件才可以使有摩擦的物体处于平衡状态呢?自锁现象给出了回答。

物块放在水平面上,接触面的静滑动摩擦系数为 f。物块所受的主动力的合力为 W,合力 W 与接触面法线的夹角用 α 表示(图 5-3)。现研究欲使物块处于平衡状态,主动力合力 W 所应满足的条件。

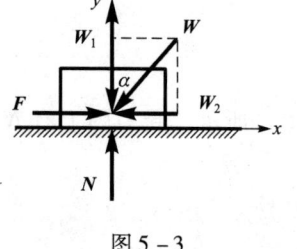

图 5-3

将主动力合力 W 分解为法向分量 W_1 和切向分量 W_2，其值分别为：

$$W_1 = W\cos\alpha$$
$$W_2 = W\sin\alpha$$

物块平衡时，接触面的法向反力 N 和切向摩擦力 F 可以由平衡方程确定：

$$\sum X = 0: F = W_2 = W\sin\alpha \qquad (5-4)$$
$$\sum Y = 0: N = W_1 = W\cos\alpha \qquad (5-5)$$

因为物块处于平衡状态，按静滑动摩擦力的性质必有：

$$F \leqslant F_{\max} = fN \qquad (5-6)$$

将式(5-4)、式(5-5)代入式(5-6)，得

$$W_2 \leqslant fW_1$$

或

$$W\sin\alpha \leqslant fW\cos\alpha$$

由此得

$$\tan\alpha \leqslant f \qquad (5-7)$$

式(5-7)给出了物体处于平衡状态时主动力合力所应满足的条件。当物体处于临界平衡状态时，式(5-7)取等号。显然，当主动力满足条件式(5-7)时，物体也必处于平衡状态。

这一结果表明：**主动力合力作用线与接触面法线间夹角的正切小于或等于静滑动摩擦系数 f**，是有摩擦物体平衡的必要与充分条件。值得注意的是，有摩擦物体是否处于平衡状态，与主动力合力的大小无关，只取决于主动力合力作用线的方位。即：**只要主动力合力作用线的方位满足条件式(5-7)，无论主动力合力多么大，物体都能处于平衡状态**。这种情况称为自锁现象，式(5-7)则称为自锁条件。

自锁条件式(5-7)还可写作：

$$\tan\alpha = \frac{W_2}{W_1} \leqslant f \quad \text{或} \quad \tan\alpha = \frac{F}{N} \leqslant f \qquad (5-8)$$

这表明，物体是否处于平衡状态，取决于主动力合力的两个分量的比值，而不单独取决于某一分量的大小。或者说，物体是否处于平衡状态，取决于摩擦力与法向反力的比值，而不单独取决于摩擦力的大小。

当然，主动力合力不满足条件式(5-7)，物体就不能处于平衡状态。或者说，无论主动力合力如何小，只要它与接触面法线间夹角的正切大于静滑动摩擦系数 f，即 $\tan\alpha > f$，则物体必不平衡。

5.3.2 摩擦角

物体处于平衡状态时主动力合力与接触面法线的夹角 α 由式(5-7)给定，当物体处于临界平衡状态时，此夹角取最大值，并记为 φ（图5-4），则

$$\left.\begin{array}{r}\alpha_{\max} = \varphi \\ \tan\varphi = f\end{array}\right\} \qquad (5-9)$$

称 φ 角为**摩擦角**。摩擦角是物体处于平衡状态时主动力合力与接触面法线的最大夹角，摩擦角的正切等于静滑动摩擦系数 f。

应用摩擦角的概念，可以将自锁条件式(5-7)表达为：

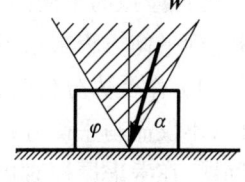

图 5-4

$$\alpha \leqslant \varphi = \arctan f \qquad (5-10)$$

自锁条件的这一表达式表明,只要主动力合力的作用线位于摩擦角内,无论主动力合力如何大,物体都处于平衡状态。当主动力合力作用于摩擦角边界上($\alpha = \varphi$)时,物体处于临界平衡状态。主动力合力作用线位于摩擦角外($\alpha > \varphi$)时,无论其值如何小,物体都不能维持平衡。

可以从另一角度来定义摩擦角。

不光滑接触面的约束反力包含法向反力 N 和切向摩擦力 F。这两个力的合力记为 R:

$$R = N + F$$

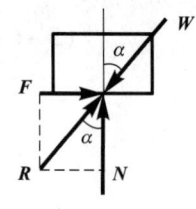

图 5-5

称为**全反力**。物体在主动力合力 W 和全反力 R 的作用下处于平衡状态,此二力应共线、反向、等值。主动力合力与法线的夹角等于全反力与法线的夹角(图 5-5)。全反力 R 与接触面法线的夹角为 α,有

$$\tan \alpha = \frac{F}{N}$$

物体处于临界平衡状态时,$\alpha = \alpha_{max} = \varphi$,$F = F_{max}$,则有

$$\tan \varphi = \frac{F_{max}}{N} = f$$

再次得到式(5-9)的结果。于是,摩擦角又可定义为:**摩擦角是全反力与接触面法线的最大夹角,即临界平衡状态下全反力与法线的夹角。**

例 5-2 砂堆如图 5-6 所示。已知砂粒之间的静滑动摩擦系数为 f,为使砂粒不从砂堆上滑落下来,砂堆的最大倾角应为多大。

解 以砂堆的倾斜面作为不光滑接触面。取砂粒 A 为研究对象,它所的主动力合力即为重力 P。已知接触面的静滑动摩擦系数 f,可求摩擦角 φ:

$$\tan \varphi = f, \quad \varphi = \arctan f$$

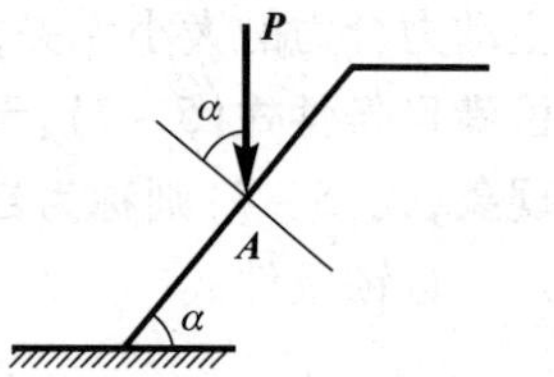

图 5-6

将主动力合力 P 与接触面法线的夹角以 α 表示,由图 5-6 知此角即等于砂堆斜面的倾角。按自锁条件式(5-7),为保证砂粒不滑下,主动力的合力 P 的作用线应在摩擦角内,即应有:

$$\alpha \leqslant \varphi = \arctan f$$

所以,砂堆的最大倾角应为:

$$\alpha_{max} = \varphi = \arctan f$$

5.4 考虑摩擦的平衡问题

考虑摩擦的平衡问题与不考虑摩擦的平衡问题在解法上并无本质区别,都要通过作受力分析,列平衡方程来求得问题的解答。考虑摩擦的平衡问题求解时的特殊之处是:

(1) 作受力分析时,不光滑接触面上除有法向反力外,还增加了切向反力——摩擦力 F。因此,不仅需写平衡方程,对未知的摩擦力还需写补充方程: $F \leqslant fN$。这样,不计摩擦时的静定问题,在考虑摩擦时也是静定的。

为了避免求解不等式的方程,对考虑摩擦的平衡问题只研究临界平衡状态。这时,受力图

上的摩擦力为最大静滑动摩擦力 F_{max}，补充方程为：
$$F_{max} = fN$$

（2）由于平衡时静滑动摩擦力可在范围
$$0 \leq F \leq F_{max}$$
内取值，这就使得有摩擦的平衡问题的解是有范围的。在求出临界平衡状态下的解之后，需分析在平衡状态下解的取值范围。

下面举例说明解题方法。

例 5-3 物块重 P，放在倾角为 α 的斜面上，接触面的静滑动摩擦系数为 f。用水平力 Q 维持物块的平衡，试求力 Q 的大小。

解 由经验可知，当水平力 Q 过大时，物块将向上滑动；当水平力 Q 过小时，物块将向下滑动。只有力 Q 在某一适当的范围内取值时，物块才能处于平衡状态。

（1）研究物块具有向上滑动趋势的临界平衡状态。

此时力 Q 是使物块平衡时的最大力 Q_{max}，摩擦力也取最大值，记为 F_{max}，其方向与物块的滑动趋势相反，沿斜面指向下。受力图如图 5-7(a) 所示。在受力图上的平面汇交力系中有 Q_{max}、F_{max}、N 三个未知量，可用平面汇交力系的两个平衡方程和一个补充方程求解。

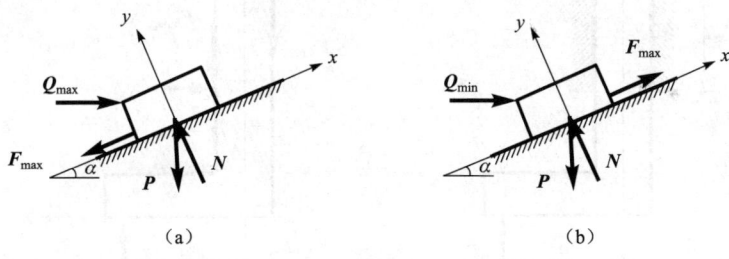

图 5-7

列平面汇交力系的平衡方程：

$$\sum X = 0: -P\sin\alpha + Q_{max}\cos\alpha - F_{max} = 0 \quad (1)$$

$$\sum Y = 0: -P\cos\alpha - Q_{max}\sin\alpha + N = 0 \quad (2)$$

由静滑动摩擦定律，有补充方程：

$$F_{max} = fN \quad (3)$$

将式(3)代入式(1)，再从式(1)、式(2)中消去 N，即可求得

$$Q_{max} = \frac{\tan\alpha + f}{1 - f\tan\alpha}P$$

（2）研究物块具有向下滑动趋势的临界平衡状态。

此时力 Q 是使物块平衡时的最小力 Q_{min}，摩擦力仍取最大值，记为 F_{max}，其方向与物块的滑动趋势相反，沿斜面指向上。受力图如图(b)所示。所研究力系仍为平面汇交力系。

列平衡方程

$$\sum X = 0: -P\sin\alpha + Q_{min}\cos\alpha + F_{max} = 0 \quad (4)$$

$$\sum Y = 0: -P\cos\alpha - Q_{min}\sin\alpha + N = 0 \quad (5)$$

补充方程

$$F_{\max} = fN \tag{6}$$

由方程(4)~(6)解得

$$Q_{\min} = \frac{\tan\alpha - f}{1 + f\tan\alpha} P$$

由以上两个结果得知,为维持物块平衡,水平力 Q 的取值范围应是

$$Q_{\min} \leqslant Q \leqslant Q_{\max}$$

即

$$\frac{\tan\alpha}{1 + f\tan\alpha} P \leqslant Q \leqslant \frac{\tan\alpha + f}{1 - f\tan\alpha} P$$

不难看出,在所研究的两种情况中,法向反力 N 分别取不同的值,最大静滑动摩擦力 $F_{\max}$ 也相应地取不同的值。

例 5-4 图 5-8(a)中的推杆可在滑道内滑动。已知滑道的长度为 b,宽为 d,它与推杆间的静滑动摩擦系数为 f。在推杆上加一力 P,问力 P 与推杆轴线的距离 a 为多大时推杆才不致被卡住。推杆不计自重。

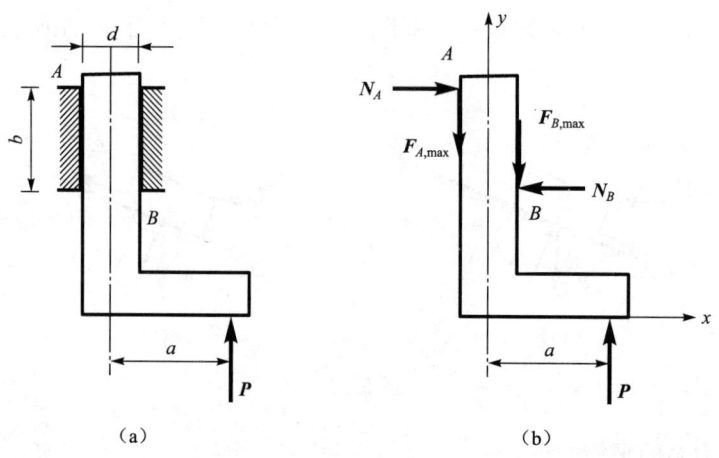

图 5-8

解 取推杆为分离体,研究它具有向上滑动趋势的临界平衡状态。此时,推杆在 A、B 两点与滑道接触,在这两点均有摩擦力,且均取最大值,其方向指向下。受力图如图 5-8(b)所示。受力图上的平面任意力系中未知量有 N_A、N_B、$F_{A,\max}$、$F_{B,\max}$ 以及距离 a 共五个。由平面任意力系的三个平衡方程及对 A、B 两点的两个补充方程,共五个方程可用于求解上述五个未知量。

列平衡方程:

$$\sum X = 0: N_A - N_B = 0 \tag{1}$$

$$\sum Y = 0: P - F_{A,\max} - F_{B,\max} = 0 \tag{2}$$

$$\sum M_A(F) = 0: P\left(a + \frac{d}{2}\right) - N_B b - F_{B,\max} d = 0 \tag{3}$$

对 A、B 两个接触点分别写补充方程:

$$F_{A,\max} = f N_A \tag{4}$$

$$F_{B,\max}=fN_B \tag{5}$$

将式(4)、(5)代入式(2),再从式(1)、(2)中解得

$$N_B=N_A=\frac{P}{2f} \tag{6}$$

且

$$F_{B,\max}=fN_B=\frac{P}{2} \tag{7}$$

将式(6)、(7)代入式(3),求得

$$a=\frac{b}{2f}$$

所得解是推杆具有向上滑动趋势的临界平衡状态下,距离 a 的值。**将临界平衡状态下解中所含的摩擦系数减小,即得一般平衡状态下的解**(证明从略)。所以,一般平衡状态下(即推杆卡住时)应有:

$$a\geqslant\frac{b}{2f}$$

要使推杆不被卡住,则 a 值应为:

$$a<\frac{b}{2f}$$

本节最后需要指出,在临界平衡状态下求解考虑摩擦的平衡问题时,可以应用摩擦角的概念。这时,受力图上不需单独画出不光滑接触面的法向反力和切向摩擦力,而只画全反力,全反力与接触面法线的夹角为摩擦角 φ。求解时则不必写补充方程,只需写出平衡方程即可。这种作法在许多情况下是很简便的。

应用这种作法对例 5-4 求解如下:

推杆的受力图如图 5-9 所示。A 和 B 两点的全反力 $\boldsymbol{R}_A$ 和 $\boldsymbol{R}_B$ 与接触面法线的夹角为 φ(摩擦角),且 $\tan\varphi=f$。全反力的指向可由该点的法向反力和切向摩擦力的指向确定。视推导所受的力系为平面任意力系,力系中的三个未知量 $\boldsymbol{R}_A$、$\boldsymbol{R}_B$ 的值以及距离 a 可由三个平衡方程求解。

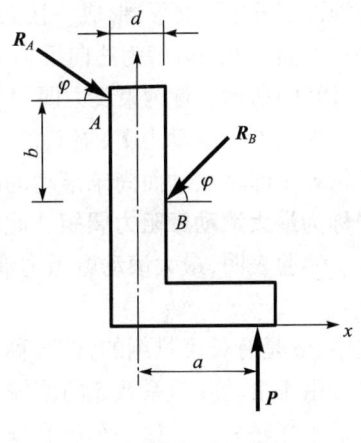

图 5-9

写平面任意力系的平衡方程:

$$\sum X=0: R_A\cos\varphi-R_B\cos\varphi=0$$

$$\sum Y=0: P-R_A\sin\varphi-R_B\sin\varphi=0$$

$$\sum M_B(F)=0: P\left(a-\frac{d}{2}\right)-R_A\cos\varphi b+R_A\sin\varphi d=0$$

解得:

$$R_A=R_B=\frac{P}{2\sin\varphi}$$

$$a=\frac{b}{2\tan\varphi}=\frac{b}{2f}$$

也可用此法解例 5-3,但两个坐标轴以选在水平和铅垂方向为宜。

5.5 滚动摩阻的概念

当物体沿粗糙接触面有相对滑动的趋势时,沿接触面的切线方向产生静滑动摩擦力,阻碍发生相对滑动。对于如图5-10(a)中所示的车轮,在受主动力 T 作用而处于平衡状态时,它不但有沿接触面滑动的趋势,还有绕接触点滚动的趋势。因而,在车轮与地面相接触之处,除产生阻碍滑动的静滑动摩擦力之外,还产生阻碍滚动的**滚动摩阻**。对此可简明解释如下。

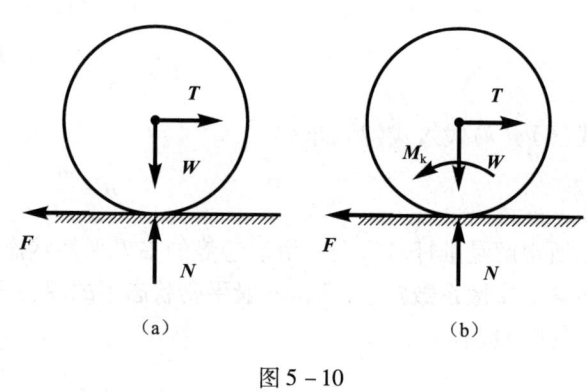

图 5-10

设车轮重 W,半径为 r,在轮心作用一水平力 T。当力 T 的值很小时,车轮静止不动。由平衡方程求得法向反力和静滑动摩擦力的大小分别为 $N=W$ 和 $F=T$。显然,法向反力 N 与重力 W 组成一平衡力系,而静滑动摩擦力 F 与主动力 T 组成一力偶,其力偶矩的大小为 $m=Tr$。在此力偶的作用下,轮应发生滚动。车轮实际并不滚动而保持静止,其原因是:在接触点处车轮与地面都发生了变形,形成一接触面,将接触面上的分布力向接触点简化,得一力和一矩为 M_K 的一力偶。该力分解为法向反力 N 和切向摩擦力 F,该力偶则为限制滚动的约束反力偶,如图5-10(b)所示。称约束反力偶 M_K 为**滚动摩阻力偶**,其力偶矩可由平衡方程求出为 $M_K = T \cdot r$。

逐渐增大主动力 T 的值,滚动摩阻力偶矩 M_K 的值也随之增大。当力 T 增大到某一值时,车轮处于即将滚动而尚未滚动的临界平衡状态,滚动摩阻力偶矩达到最大值,以 $M_{K,\max}$ 表示,并称为**最大滚动摩阻力偶矩**。此时,如继续增大主动力 T,车轮就发生滚动。

实验表明,最大滚动摩阻力偶矩的值与法向反力成正比,即:

$$M_{K,\max} = \delta N \tag{5-11}$$

式中:δ 是有长度量纲的常数,称为**滚动摩阻系数**。式(5-11)称为**滚动摩阻定律**。

由于滚动摩阻系数 δ 的值较小,在许多问题中滚动摩阻可以略去不计。但滑动摩擦力一般是不能略去的。如果车轮在滚动,在与地接触点处无相对滑动发生,称车轮的运动为纯滚动,或说滚动无滑动。此时车轮与地面接触点的滑动摩擦力属静滑动摩擦力。

 小 结

1. 滑动摩擦力的性质

滑动摩擦力是不光滑接触面的切向约束反力。

物体静止时,静滑动摩擦力的方向与相对滑动的趋势相反,其大小由平衡方程决定。

物体处于临界平衡状态时,静滑动摩擦力达到最大值,其值由静滑动摩擦定律给出:

$$F_{\max} = fN$$

物体平衡时,静滑动摩擦力可在范围

$$0 \leqslant F \leqslant F_{\max} = fN$$

内取值。

物体运动时,接触面产生动滑动摩擦力,其方向与相对滑动的方向相反,其大小由动滑动摩擦定律给出:

$$F' = f'N$$

2. 自锁现象与摩擦角

以 α 表示主动力合力的作用线与接触面法线的夹角,当主动力合力作用线的位置满足条件

$$\tan \alpha \leqslant f$$

时,无论主动力多大,物体都处于平衡状态。这种现象称为自锁现象。

在临界平衡状态下,主动力合力与法线的夹角 α 取最大值,记 $\alpha_{\max} = \varphi$,则 φ 角称为摩擦角,其值为 $\varphi = \arctan f$。摩擦角也是平衡时全反力与法线的最大夹角。

自锁现象和摩擦角的概念,都是静滑动摩擦力性质的体现或延伸。

3. 考虑摩擦的平衡问题的解法

摩擦平衡问题的基本解法是研究临界平衡状态。在做法上与一般平衡问题不同之处是:

(1) 受力图上要画出不光滑接触面的最大静滑动摩擦力 $\boldsymbol{F}_{\max}$,力 $\boldsymbol{F}_{\max}$ 的方向与物体相对滑动的趋势相反。

(2) 除列平衡方程外,还要对每一不光滑接触面写出补充方程 $\boldsymbol{F}_{\max} = fN$。联立求解平衡方程和补充方程,得到临界平衡状态下问题的解答。

(3) 需要分析平衡状态下解的取值范围。如解的取值范围不能直观判定时,一般可用减小摩擦系数的方法来给出。

思考题

5-1 重为 $P = 100$ N 的物块放在水平面上,摩擦系数 $f = 0.3$。物块上加水平力 Q(图 5-11),当 Q 值分别为 10 N,20 N,40 N 时,物块是否平衡?如平衡,静滑动摩擦力为多大?

5-2 物块重 $P = 100$ N,用力 $Q = 500$ N 将其压在一铅直表面上,如图 5-12 所示。摩擦系数 $f = 0.3$,求摩擦力。要想使物块不滑下,力 Q 的最小值应为多少?

图 5-11　　　　　　　　　图 5-12

5-3 物块受力 P 及自重 Q 作用(图 5-13),已知 $P = Q$,$\alpha = 30°$,摩擦角 $\varphi = 20°$。问物块能否平衡,为什么?

5-4 楔子打入下端固定的柱 B 和顶棚中间(图 5-14),它的两个接触面的摩擦角均为 φ。试问:楔子的斜面与水平面的夹角 α 为多大时,楔子才不会滑出来?楔子不计自重。(提

示:楔子只受两个全反力作用)

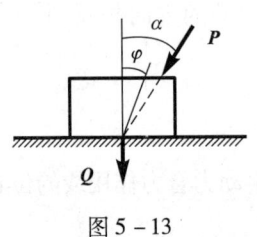

图 5 – 13

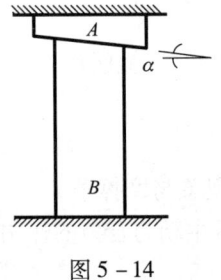

图 5 – 14

5 – 1　简易提升装置如图示。物重 $Q = 25$ kN,摩擦系数 $f = 0.3$。分别求出使重物上升和下降时绳子的拉力 T 的值。

5 – 2　重为 P 的物体放在倾角为 α 的斜面上,已知摩擦角为 φ。在物体上加一力 Q,此力与斜面的夹角为 θ,求能拉动物体的力 Q 的值,并问当 θ 角取何值时此力最小。

题 5 – 1 图　　　　　　　　　　　题 5 – 2 图

5 – 3　梯子 AB 长 l,重 $P = 200$ N,与水平面夹角 $\alpha = 60°$。两个接触面的摩擦系数均为 0.25。重为 $Q = 650$ N 的人所能达到的最高点 C 到 A 点的距离 s 应为多少?

5 – 4　梯子重 P,支撑在光滑的墙上,地面的摩擦系数为 f。问梯子与地面的夹角 α 为何值时,重为 Q 的人才能到达梯子顶点 B?

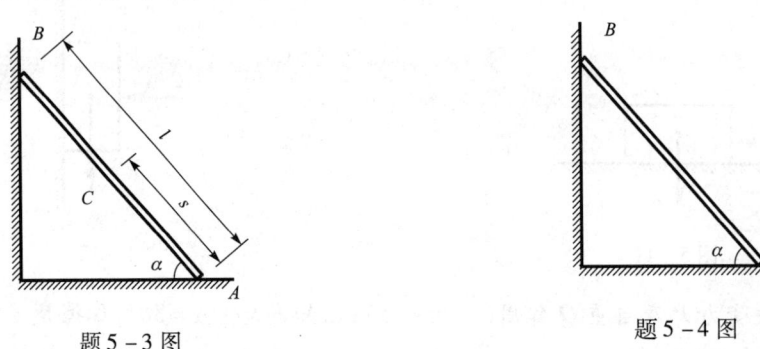

题 5 – 3 图　　　　　　　　　　　题 5 – 4 图

5 – 5　圆棒重 $G = 400$ N,直径 $D = 25$ cm,置于 V 形槽中。在棒上加一力偶,当力偶矩 $m = 1\,500$ N·cm 时,刚好可使圆棒转动。试求圆棒与 V 形槽间的摩擦系数 f。不计滚动摩阻。

5-6 鼓轮 B 重 500 N，置于墙角。墙面光滑，与地面的摩擦系数为 0.25。鼓轮上的绳索挂重物 A，$R=20$ cm，$r=10$ cm，求鼓轮平衡时重物 A 的最大重量。

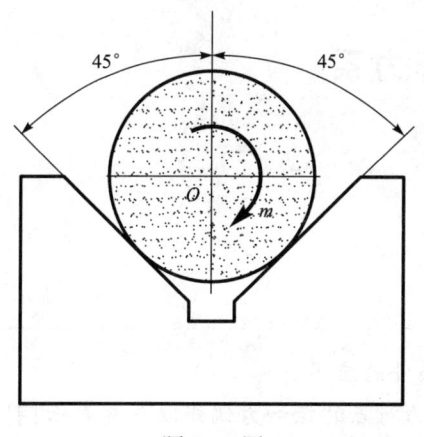

题 5-5 图

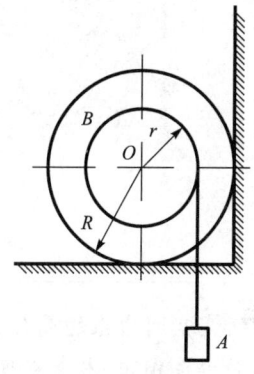

题 5-6 图

5-7 制动装置如图示。制动杆与轮间的摩擦系数为 f，物块的重量为 W，求制动时所施加力 P 的最小值。

5-8 舂杆 AB 如图示。杆重 $Q=1.8$ kN，$b=1.5$ m，$a=1.5$ cm。杆与导板 C、D 的摩擦系数均为 $f=0.15$。求推起舂杆所需力 P 的最小值。

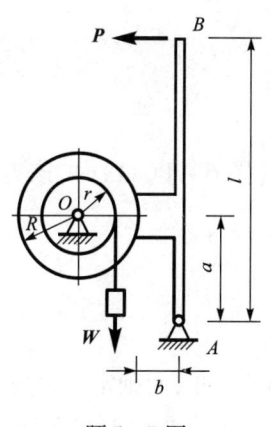

题 5-7 图

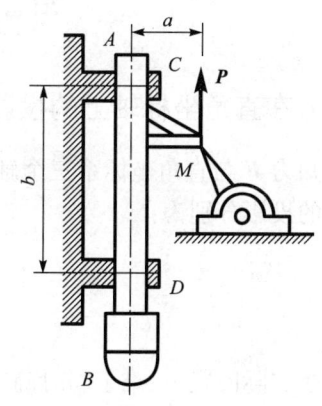

题 5-8 图

5-9 长为 l 的梯子 AB 水平放置于两个斜面上，两个接触面的摩擦角均为 φ。不计梯子自重，重为 Q 的人在梯子上走动，要使梯子不滑动，求人在梯子上活动的范围。

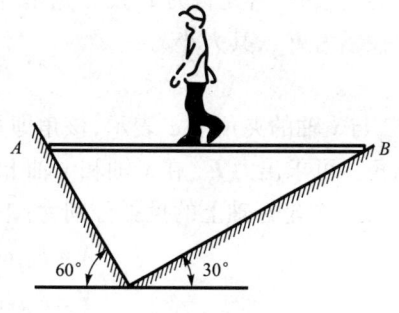

题 5-9 图

第6章 空间力系

导言

- 本章研究空间力系的简化、平衡条件及平衡条件的应用。
- 与平面力系相比，本章在理论上的扩展是：将力对点的矩和力偶矩以矢量表示；引申出力对轴的矩的概念，并在平衡方程中引入力对轴取矩的平衡方程。
- 由于所研究的物体由平面物体转为空间物体，约束的类型也由平面约束扩展为空间约束，受力分析中的新问题是要正确画出各类空间约束的约束反力。

6.1 空间力在直角坐标轴上的投影和沿直角坐标轴的分解

6.1.1 力在直角坐标轴上的投影

当已知力 F 与直角坐标系三个轴的正向夹角 α、β 和 γ（图6-1(a)）时，该力在 x、y 和 z 三个轴上的投影分别为：

$$\left.\begin{array}{l} X = F\cos\alpha \\ Y = F\cos\beta \\ Z = F\cos\gamma \end{array}\right\} \quad (6-1)$$

在许多实际问题中，难于同时确定一个力与三个坐标轴的夹角，而确定一力与某一坐标面的夹角是很方便的。在图6-1(b)中，已知力 F 与坐标面 Oxy 的夹角（仰角）为 θ，求该力在坐标轴上的投影时，可先将力 F 投影到坐标面 Oxy 上。力在面上的投影是矢量，记力 F 在 Oxy 面上的投影为 F_{xy}，其大小为：

$$F_{xy} = F\cos\theta$$

将力 F_{xy} 与 x 轴的夹角用 φ 表示，该角即是通过力 F 作用线的铅垂面与坐标面 Oxz 的夹角，称为方向角。可求出力 F_{xy} 在 x 轴和 y 轴上的投影，也就是力 F 在 x 轴和 y 轴上的投影。于是，得力 F 在三个坐标轴上的投影分别为：

$$\left.\begin{array}{l} X = F_{xy}\cos\varphi = F\cos\theta\cos\varphi \\ Y = F_{xy}\sin\varphi = F\cos\theta\sin\varphi \\ Z = F\sin\theta \end{array}\right\} \quad (6-2)$$

如图 6-1(b)中所示。

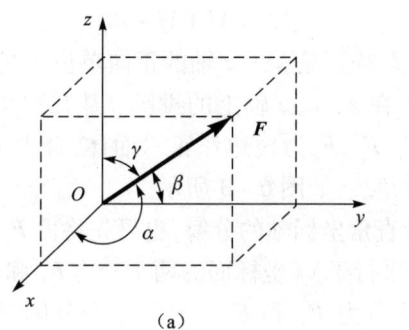
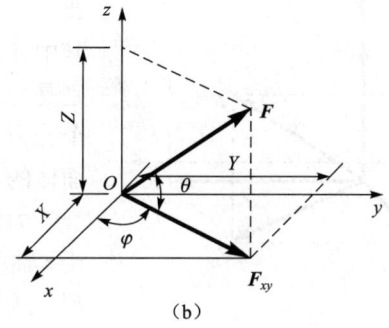

图 6-1

先将力投影到坐标面上,再求力在轴上的投影的方法,称为二次投影法。

例 6-1 在边长为 a 的正六面体的对角线上作用一力 F,如图 6-2 所示。求该力在 x、y、z 轴上的投影。

解 力 F 与坐标面 Oxy 的夹角 θ 易于确定,由直角三角形 abc 可知:

$$\cos\theta = \sqrt{\frac{2}{3}}$$

$$\sin\theta = \sqrt{\frac{1}{3}}$$

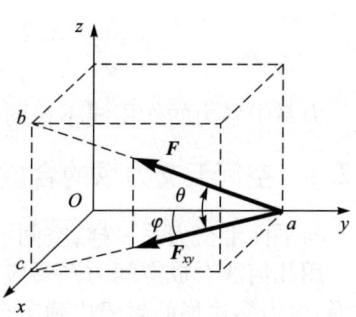

图 6-2

便于应用二次投影法求解。力 F 在 Oxy 坐标面上投影的大小为:

$$F_{xy} = F\cos\theta = \sqrt{\frac{2}{3}}F$$

求得

$$X = F\cos\theta\sin\varphi = \frac{\sqrt{3}}{3}F$$

$$Y = -F\cos\theta\cos\varphi = -\frac{\sqrt{3}}{3}F$$

$$Z = F\sin\theta = \frac{\sqrt{3}}{3}F$$

式中:$\cos\varphi = \sin\varphi = \frac{\sqrt{2}}{2}$。

6.1.2 力沿直角坐标轴的分解

力 F 可以分解为沿直角坐标轴的分力 F_x、F_y、F_z,各分力矢量的表达式分别为:

$$\left.\begin{array}{l}\boldsymbol{F}_x = X\boldsymbol{i} \\ \boldsymbol{F}_y = Y\boldsymbol{j} \\ \boldsymbol{F}_z = Z\boldsymbol{k}\end{array}\right\} \tag{6-3}$$

合力矢量

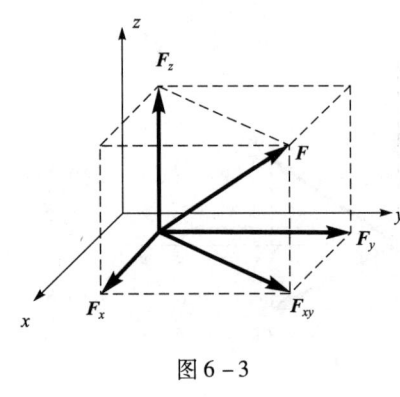

图 6-3

$$F = F_x + F_y + F_z$$
或
$$F = Xi + Yj + Zk \tag{6-4}$$

其中,i、j、k 分别是 x、y、z 轴的正向单位矢量,X、Y、Z 分别是力 F 在 x、y、z 轴上的投影。从几何角度看,以三个分力 F_x、F_y、F_z 为棱边作正六面体,合力 F 是该正六面体的对角线,如图 6-3 所示。

力沿直角坐标轴的分解,也可先将力 F 分解为平行于 z 轴和平行于 xy 坐标面的两个分力 F_z 和 F_{xy},再将力 F_{xy} 分解为分力 F_x 和 F_y。力的这个分解过程,与求力的投影时的二次投影法是相对应的。

❀ 6.2 空间汇交力系的合成与平衡 ❀

力系中各力的作用线不在同一平面内但汇交于一点,这样的力系称为**空间汇交力系**。

6.2.1 空间汇交力系的合成

与平面汇交力系一样,空间汇交力系的合成也可以用几何法和解析法两种方法来完成。

用几何法合成空间力系要应用力的多边形法则。将各力矢量首尾相连,构成空间的力多边形,由力多边形的封闭边确定合力矢量的大小和方向。**空间汇交力系的合力等于各分力的矢量和**,即

$$R = \sum_{i=1}^{n} F_i \tag{6-5}$$

合力的作用线通过力系的汇交点。

由于空间汇交力系的力多边形是空间的力多边形,用几何法求合力很不方便。

用解析法合成空间汇交力系,需应用合力投影定理求合力在坐标轴上的投影,有:

$$\left.\begin{array}{l} R_x = \sum_{i=1}^{n} X_i \\ R_y = \sum_{i=1}^{n} Y_i \\ R_z = \sum_{i=1}^{n} Z_i \end{array}\right\} \tag{6-6}$$

合力的大小则为:

$$R = \sqrt{R_x^2 + R_y^2 + R_z^2} \tag{6-7}$$

合力的方向按下式确定:

$$\left.\begin{array}{l} \cos \alpha = \dfrac{R_x}{R} \\ \cos \beta = \dfrac{R_y}{R} \\ \cos \gamma = \dfrac{R_z}{R} \end{array}\right\} \tag{6-8}$$

式中:α、β、γ分别是合力 R 与 x、y、z 轴的正向夹角。

6.2.2 空间汇交力系的平衡方程

空间汇交力系合成的结果是一合力。所以,空间汇交力系平衡的必要与充分条件是:**力系的合力等于零**,即:

$$R = \sum_{i=1}^{n} F_i = 0 \qquad (6-9)$$

当用几何法求空间汇交力系合力时,平衡条件式(6-9)表现为力多边形自身封闭。由此可见,**空间汇交力系平衡的几何条件是:力系的力多边形是自身封闭的力多边形**。

当用解析法求空间汇交力系合力时,按式(6-7),平衡条件式(6-9)等价于:

$$\left. \begin{array}{l} \sum_{i=1}^{n} X_i = 0 \\ \sum_{i=1}^{n} Y_i = 0 \\ \sum_{i=1}^{n} Z_i = 0 \end{array} \right\} \qquad (6-10)$$

即空间汇交力系平衡的解析条件是:力系中所有各力在三个坐标轴中每一轴上的投影的代数和分别为零。式(6-10)称为空间汇交力系的平衡方程。

空间汇交力系有三个独立的平衡方程,可用于求解三个未知量。

例6-2 简易起吊架如图6-4(a)所示。杆 AB 铰接于墙上,不计自重。绳索 AC 与 AD 在同一水平面内。已知起吊重物的重量 $P = 1$ kN,$CE = DE = 12$ cm,$AE = 24$ cm,$\beta = 45°$,求绳索的拉力及杆 AB 所受的力。

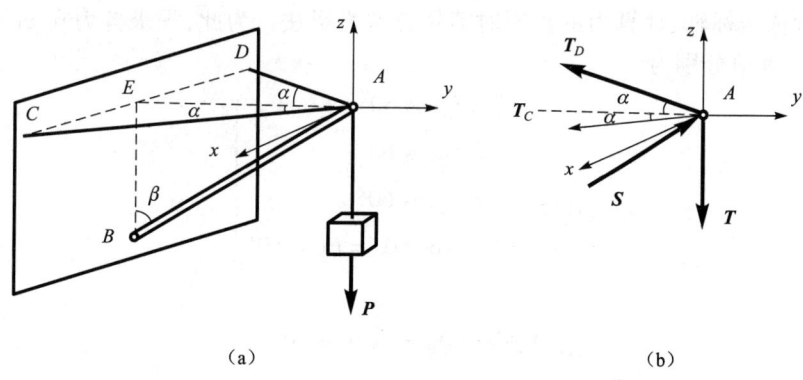

图6-4

解 取铰 A 为分离体。其上有绳索 AC 和 AD 的拉力 T_C 和 T_D、二力杆 AB 的作用力 S、起吊重物的绳索拉力 $T = P$。四个力组成一空间汇交力系,受力图如图6-4(b)所示。

选坐标轴如图,列平衡方程:

$$\sum X = 0: T_C \sin\alpha - T_D \sin\alpha = 0 \qquad (1)$$

$$\sum Y = 0: -T_C \cos\alpha - T_D \cos\alpha + S\sin\beta = 0 \qquad (2)$$

$$\sum Z = 0: -P + S\cos\beta = 0 \tag{3}$$

式中:$\cos\alpha = \dfrac{AE}{AC} = \dfrac{2}{\sqrt{5}}$,$\sin\alpha = \dfrac{1}{\sqrt{5}}$。由方程(1)、(2)、(3)解得:

$$S = 1.41 \text{ kN}$$
$$T_C = T_D = 0.56 \text{ kN}$$

例 6-3 用三角架 ABCD 和绞车 D 起吊重 P = 30 kN 的重物。三角架的各无重杆在 D 点用铰链相接,另一端铰接在地面上。各杆与绳索 DE 都与地面成 60°角,ABC 为一等边三角形。求平衡时各杆所受的力。

解 取铰 D 及重物为分离体(也可取起吊架整体为分离体)。其上受重力 **P**、绳索拉力 **T** 以及三个二力杆的约束反力 S_A、S_B、S_C 的作用。受力图如图 6-5(a)所示。

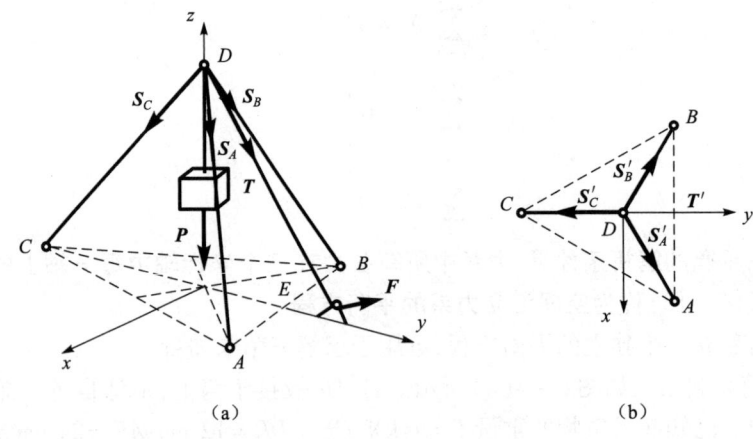

图 6-5

按图中所选坐标轴,计算力的投影时需用二次投影法。为此,先求各力在 xy 坐标面上的投影(图(b)),其值分别为

$$\left.\begin{array}{l} S'_A = S_A\cos 60° \\ S'_B = S_B\cos 60° \\ S'_C = S_C\cos 60° \\ T' = T\cos 60° = P\cos 60° \end{array}\right\} \tag{1}$$

写平衡方程

$$\sum X = 0: (S'_A - S'_B)\cos 30° = 0 \tag{2}$$
$$\sum Y = 0: S'_C + T' + (S'_A + S'_B)\cos 60° = 0 \tag{3}$$
$$\sum Z = 0: -(S_A + S_B + S_C + T)\cos 30° - P = 0 \tag{4}$$

将式(1)代入式(2)、(3)、(4),解得

$$S_A = S_B = -31.5 \text{ kN}$$
$$S_C = -1.55 \text{ kN}$$

6.3 空间力偶理论

6.3.1 空间力偶的等效条件·力偶矩以矢量表示

1. 空间力偶的等效条件

作用在同一平面内的两个力偶,只要力偶矩相等,则彼此等效。现在研究作用在不同平面内的两个力偶的等效条件。

为形象地说明,下面考查力偶臂为 a 的力偶(F、F'),将它作用在边长为 a 的正六面体的三个不同侧面上,如图 6-6(a)、(b)、(c)所示。图中的 x、y、z 轴通过六面体的中心,并与六面体的棱边平行。经验表明,在图 6-6(a)和(b)所示的两种情况中,力偶(F、F')分别作用在两个平行平面上,使六面体产生绕 x 轴的相同的转动效果。在图 6-6(c)中,力偶作用在正六面体的上侧面,产生绕 z 轴的转动效果。可见,同一个力偶作用在一个刚体的各平行平面内时,对刚体的作用效果相同,或说,**力偶在刚体的平行平面内移动,不会改变对刚体的作用效果**。

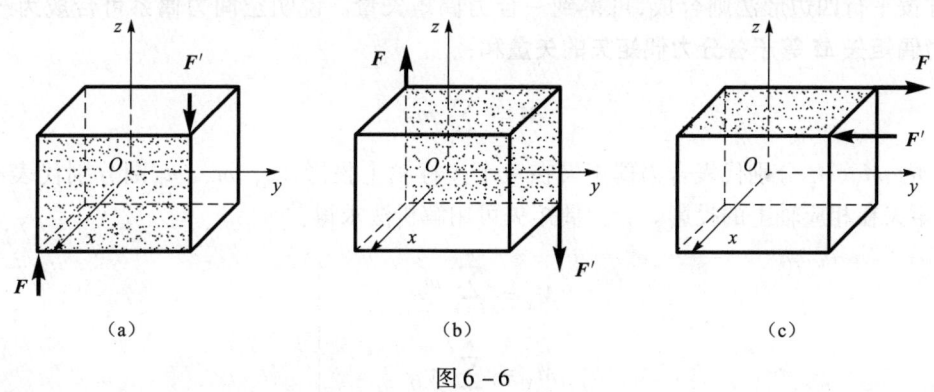

图 6-6

将上述结论和平面力偶的等效条件结合起来,就得到**空间力偶的等效条件**如下:**作用在刚体上的两个力偶,如果其作用面平行且力偶矩相等,则二力偶彼此等效**。

2. 力偶矩以矢量表示

空间力偶的等效条件说明,当力偶作用面的方位不同时,力偶的作用效果是不同的。由此看出,空间力偶对刚体的作用效果由下列三个因素决定:

(1) 力偶作用面的方位;
(2) 力偶矩的大小;
(3) 力偶在作用面内的转向。

这三个因素可以用一矢量来表示:以矢量的方位表示力偶作用面的法线的方位;以矢量的长度按选定的比例尺表示力偶矩的大小;以矢量的指向按右手螺旋法则表示力偶在作用面内的转向,即右手四指顺着力偶的转向握去,大拇指的指向为矢量的指向,如图 6-7(b)所示。称此矢量为**力偶矩矢**,记为 m。力偶矩矢完全给定了空间力偶对刚体的作用效果。

由于力偶可以在作用面内移转,又可以平行于作用面而移动,所以,**力偶矩矢的起点可以任意地选择或移动,即力偶矩矢是自由矢量**。

应用力偶矩矢可将空间力偶的等效条件叙述为:**空间二力偶的力偶矩矢相等,则彼此等效**。

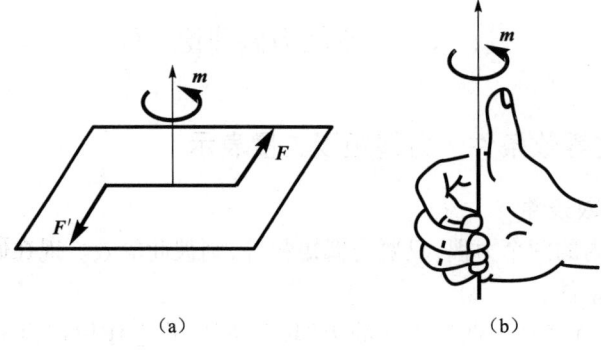

图 6-7

6.3.2 空间力偶系的合成与平衡

空间力偶系由 n 个力偶组成,各力偶矩矢分别为 $\boldsymbol{m}_1,\boldsymbol{m}_2,\cdots,\boldsymbol{m}_n$。将各力偶矩矢平移到一点上,并按平行四边形法则合成,可得到一合力偶矩矢量。说明**空间力偶系可合成为一合力偶,合力偶矩矢 M 等于各分力偶矩矢的矢量和**:

$$M = \sum_{i=1}^{n} m_i \tag{6-11}$$

以 M_x、M_y、M_z 分别代表合力偶矩矢在三个坐标轴上投影,m_{ix}、m_{iy}、m_{iz} 则分别代表第 i 个分力偶矩矢在相应轴上的投影。合力偶矩矢可用解析法求得:

$$\left. \begin{array}{l} M_x = \sum_{i=1}^{n} m_{ix} \\ M_y = \sum_{i=1}^{n} m_{iy} \\ M_z = \sum_{i=1}^{n} m_{iz} \\ M = \sqrt{M_x^2 + M_y^2 + M_z^2} \end{array} \right\} \tag{6-12}$$

$$\left. \begin{array}{l} \cos \alpha = \dfrac{M_x}{M} \\ \cos \beta = \dfrac{M_y}{M} \\ \cos \gamma = \dfrac{M_z}{M} \end{array} \right\} \tag{6-13}$$

式中:α、β、γ 是合力偶矩矢 M 与 x、y、z 轴的正向夹角。

空间力偶系平衡的必要与充分条件是:力偶系的合力偶矩矢等于零,即:

$$\sum_{i=1}^{n} m_i = 0 \tag{6-14}$$

上式可解析表达为:

第6章 空间力系

$$\left.\begin{array}{l}\sum_{i=1}^{n} m_{ix} = 0 \\ \sum_{i=1}^{n} m_{iy} = 0 \\ \sum_{i=1}^{n} m_{iz} = 0\end{array}\right\} \quad (6-15)$$

称为**空间力偶系的平衡方程**。力偶系中各力偶矩矢在三个坐标轴中每一轴上投影的代数和分别等于零,为空间力偶系平衡的必要与充分条件。

空间力偶系有三个独立的平衡方程,可用于求解三个未知量。

6.4 力对点的矩矢和力对轴的矩

6.4.1 力对点的矩用矢量表示

在平面力系中各力的作用线及矩心都在同一平面内。如果将一力的作用线与矩心所确定的平面称为该力的力矩面,则平面力系中各力的力矩面是同一个平面。所以,只要给定力对点的矩的大小及正负号,就完全确定了力使物体绕点转动的效果。

研究空间力系问题时,矩心确定后,各力的力矩面不同。因此,力使物体绕点转动的效果应由下列三个因素决定:

(1) 力作用线与矩心所在面的方位,即力矩面的方位。
(2) 力对点的矩的大小。
(3) 力对点的矩在力矩面内的转向。

这三个因素可以用一矢量来表示:以矢量的方位表示力矩面的法线的方位;以矢量的长度按选定的比例尺表示力对点的矩的大小;以矢量的指向按右手螺旋法则表示在力矩面内力对点的矩的转向,如图6-8所示。称此矢量为**力对点的矩矢**,记为 $\boldsymbol{M}_O(\boldsymbol{F})$。力对点的矩矢完全给定了力使物体绕点转动的效果。

当矩心位置变化时,力矩矢量的大小和方向一般随之变化。为使力矩矢量能反映矩心的位置,规定**将矩心作为力矩矢量的起点**。这样,与力偶矩矢不同,**力对点的矩矢是定位矢量**。

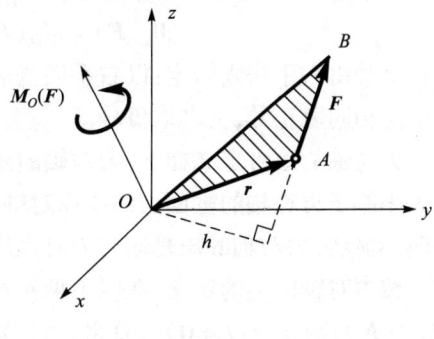

图 6-8

力 $\boldsymbol{F}$ 对 O 点的矩矢的大小可以用力与力臂的积表示,也可以用三角形 OAB 的面积的二倍来表示

$$|\boldsymbol{M}_O(\boldsymbol{F})| = Fh = 2\triangle OAB \text{ 面积}$$

如果从矩心 O 向力的作用点 A 引一矢径 $\boldsymbol{r}$,以 α 表示矢径 $\boldsymbol{r}$ 与力 $\boldsymbol{F}$ 的正向夹角,则矢量积 $\boldsymbol{r} \times \boldsymbol{F}$ 的大小为:

$$|\boldsymbol{r} \times \boldsymbol{F}| = Fr\sin\alpha = Fh = 2\triangle OAB \text{ 面积}$$

该矢量积的方向也与力 $\boldsymbol{F}$ 对 O 点的矩矢方向相同,所以有

$$M_O(F) = r \times F \tag{6-16}$$

即力对点的矩矢等于从矩心向力作用点引出的矢径与该力的矢量积。

6.4.2 力对轴的矩

有固定轴的物体受力作用时会绕轴发生转动。力使物体绕轴转动的效果用力对轴的矩来度量。

图 6-9(a)中,门在 A 点受力 F 作用而绕 z 轴发生转动,现在定量地确定这一转动效果。过 A 点作平面 xy,该面与 z 轴垂直,并交 z 轴于 O 点,线段 OA 为 xy 面与门的交线。将力 F 分解为两个分力 F_z 和 F_{xy},F_z 与 z 轴平行,F_{xy} 在 xy 面内。经验表明,力 F_z 不能使门产生转动效果,只有力 F_{xy} 才能使门转动。由图(b)可见,平面 xy 上的力 F_{xy} 使门绕 z 轴转动的效果由力 F_{xy} 对 O 点的矩来确定。

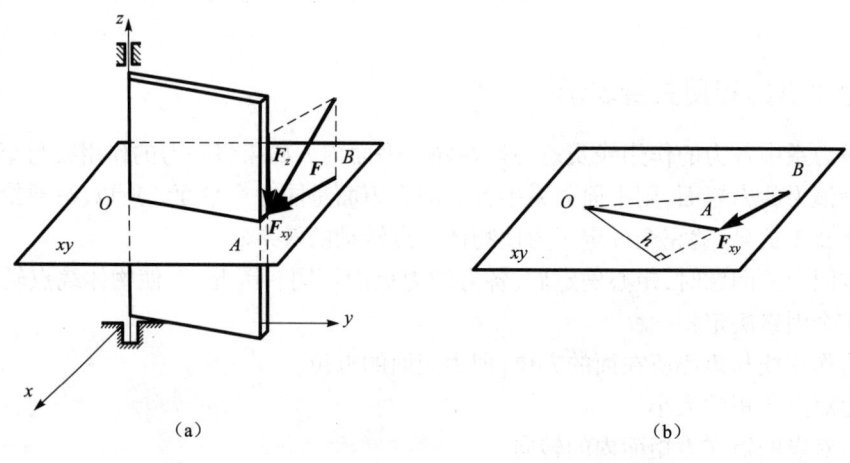

图 6-9

以 $M_z(F)$ 表示力 F 对 z 轴的矩,上述分析说明:

$$M_z(F) = M_O(F_{xy}) = \pm Fh = \pm 2\triangle OAB \text{ 面积} \tag{6-17}$$

其正负号由右手法则给定:以右手四指表示力 F 使物体绕轴转动的方向,若拇指的指向与轴的正向相同取正号,反之取负号。

力对轴的矩可定义如下:**力对轴的矩是力使刚体绕轴转动效果的度量,它是一个代数量,其大小等于力在轴的垂面上的投影对轴与该垂面的交点的矩,其正负号代表力使刚体绕轴的转向**。显然,力对轴的矩是通过力对点的矩来计算的。

按力对轴的矩的定义,在以下两种情况下力对轴的矩为零:(1)力 F 与轴平行($F_{xy}=0$);(2)力 F 与轴相交($h=0$)。总之,力与轴共面时,力对轴的矩为零。

例 6-4 力 F 作用在边长为 a 的正六面体的对角线上,求力 F 对 x、y、z 轴的矩。

解 (1)求 $M_x(F)$。将力 F 投影到与 x 轴垂直的侧面 $ABCD$ 上,得力 F_{yz},如图 6-10(a)所示。

$$F_{yz} = F\cos \alpha = \sqrt{\frac{2}{3}}F$$

由力对轴的定义,有

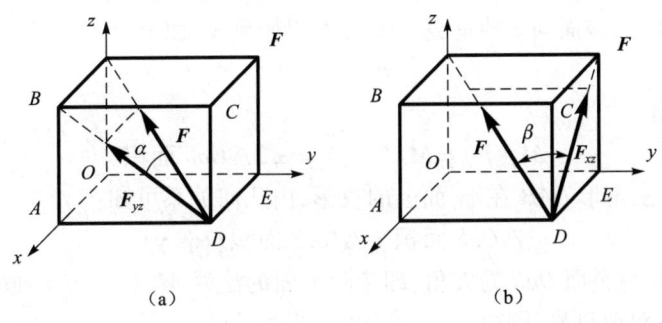

图 6-10

$$M_x(F) = M_A(F_{yz}) = \frac{\sqrt{2}}{2}aF_{yz} = \sqrt{\frac{1}{3}}aF$$

(2) 求 $M_y(F)$。将力 F 投影到与 y 轴垂直的侧面 $CDEF$ 上,得力 F_{xz}(图 6-10(b)):

$$F_{xz} = F\cos\beta = \sqrt{\frac{2}{3}}F$$

$$M_y(F) = M_E(F_{xz}) = \sqrt{\frac{1}{3}}aF$$

按右手法则判定 $M_y(F)$ 取负值。

(3) 求 $M_z(F)$。力 F 与 z 轴相交,有:

$$M_z(F) = 0$$

解本题时,也可将力 F 沿坐标轴分解为三个分力 F_x、F_y、F_z,然后按合力矩定理,力 F 对某轴的矩等于三个分力对同轴之矩的代数和,同样可得上面的结果。

6.4.3 力对点的矩与力对通过该点的轴的矩的关系

这个问题是空间力系理论中的关键问题。

设力 F 作用于刚体的 A 点,任取一点 O 为矩心(图 6-11),力 F 对 O 点的矩矢的大小为:

$$|M_O(F)| = 2\triangle OAB \text{ 面积}$$

力矩矢的方位与三角形 OAB 垂直,其指向按右手法则给定,如图 6-11 所示。

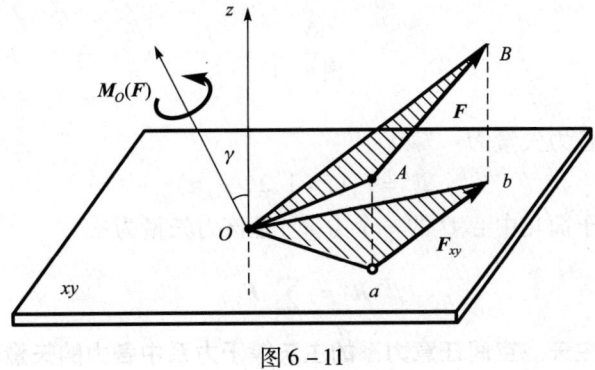

图 6-11

过矩心 O 任作一轴 z,该轴与矢量 $M_O(F)$ 的夹角为 γ。现在研究矢量 $M_O(F)$ 与代数量 $M_z(F)$ 的关系。

过 O 点作平面 xy,该面与 z 轴垂直。将力 F 投影到 xy 面上,该投影的大小为:
$$|F_{xy}| = |\overline{ab}|$$
按力对轴的定义,有
$$M_z(F) = M_O(F_{xy}) = \pm 2\triangle Oab \text{ 面积}$$
其中三角形 Oab 是三角形 OAB 在 xy 面上的投影,由几何关系可知:
$$\triangle Oab \text{ 面积} = \triangle OAB \text{ 面积}|\cos\gamma|$$
式中:γ 是平面 OAB 与平面 Oab 的夹角,即是两平面的法线 $M_O(F)$ 与 z 轴的夹角。将上式两端同乘 2,并去掉绝对值符号,则得
$$\pm 2\triangle Oab \text{ 面积} = 2\triangle OAB \text{ 面积} \cdot \cos\gamma$$
即
$$M_z(F) = |M_O(F)|\cos\gamma$$
该式右端正是力 F 对 O 点的矩矢在 z 轴上的投影,记为 $[M_O(F)]_z$,于是有
$$M_z(F) = [M_O(F)]_z \tag{6-18}$$
即力对点的矩矢在通过该点的轴上的投影等于力对该轴的矩。

6.5 空间任意力系向一点的简化·主矢和主矩

空间任意力系向一点简化的方法与平面任意力系向一点简化的方法基本相同。设刚体上 $F_1, F_2, \cdots, F_n$ 这 n 个力组成一空间任意力系(图 6-12(a))。取 O 点为简化中心,将各力等效地平移到 O 点,并将各附加力偶矩以矢量表示。得到一空间汇交力系和一空间力偶系,如图 6-12(b)所示。

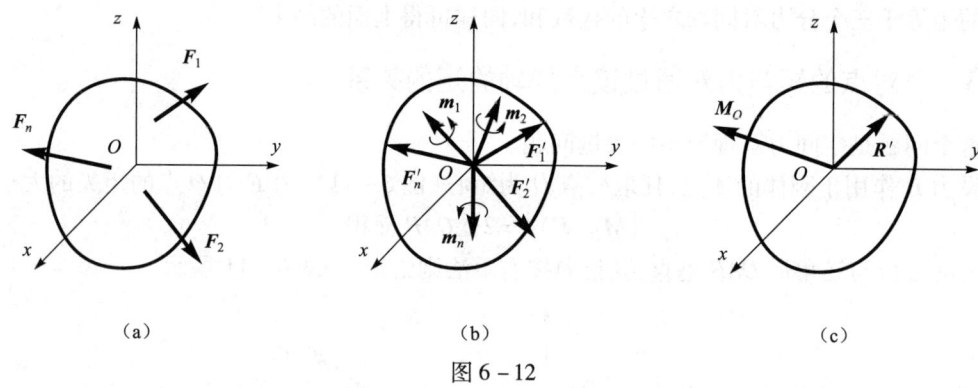

图 6-12

空间汇交力系中各力矢量为:
$$F'_i = F_i \ (i = 1, 2, \cdots, n)$$
此力系可合成为作用于简化中心 O 的一个力 R',且该力矢量为:
$$R' = \sum_{i=1}^{n} F_i \tag{6-19}$$
称为**空间任意力系的主矢**。**空间任意力系的主矢等于力系中各力的矢量和。**

附加空间力偶系中,各附加力偶矩矢为:
$$M_i = M_O(F_i) \quad (i = 1, 2, \cdots, n)$$
此力偶系可合成为一力偶,该力偶的力偶矩矢为:

$$M_O = \sum_{i=1}^{n} M_O(F_i) \tag{6-20}$$

称为**空间任意力系的主矩**。空间任意力系相对简化中心 O 的主矩等于力系中各力对简化中心 O 的矩的矢量和。

于是可得结论如下：空间任意力系向一点简化，一般可得一力和一力偶。此力作用于简化中心，等于力系中各力的矢量和，称为力系的**主矢**；此力偶的力偶矩矢等于力系中各力对简化中心的矩矢的矢量和，称为力系的**主矩**。

力系的主矢可用解析式求得：

$$\left. \begin{aligned} R'_x &= \sum_{i=1}^{n} X_i \\ R'_y &= \sum_{i=1}^{n} Y_i \\ R'_z &= \sum_{i=1}^{n} Z_i \end{aligned} \right\} \tag{6-21}$$

$$R' = \sqrt{R'^2_x + R'^2_y + R'^2_z} \tag{6-22}$$

$$\left. \begin{aligned} \cos \alpha &= \frac{R'_x}{R'} \\ \cos \beta &= \frac{R'_y}{R'} \\ \cos \lambda &= \frac{R'_z}{R'} \end{aligned} \right\} \tag{6-23}$$

式中：α、β、γ 分别是主矢 R' 与 x、y、z 轴的正向夹角。

力系的主矩可用解析式求得。按式(6-18)求主矩在以简化中心 O 为原点的坐标轴上的投影：

$$\left. \begin{aligned} M_{Ox} &= \sum_{i=1}^{n} [M_O(F_i)]_x = \sum_{i=1}^{n} M_x(F_i) \\ M_{Oy} &= \sum_{i=1}^{n} [M_O(F_i)]_y = \sum_{i=1}^{n} M_y(F_i) \\ M_{Oz} &= \sum_{i=1}^{n} [M_O(F_i)]_z = \sum_{i=1}^{n} M_z(F_i) \end{aligned} \right\} \tag{6-24}$$

主矩的大小为：

$$M_O = \sqrt{M_{Ox}^2 + M_{Oy}^2 + M_{Oz}^2} \tag{6-25}$$

主矩的方向由下式确定：

$$\left. \begin{aligned} \cos \alpha' &= \frac{M_{Ox}}{M} \\ \cos \beta' &= \frac{M_{Oy}}{M} \\ \cos \gamma' &= \frac{M_{Oz}}{M} \end{aligned} \right\} \tag{6-26}$$

式中:α'、β'、γ'分别是主矩 M_O 与 x、y、z 轴的正向夹角。

6.6 空间任意力系的平衡方程

6.6.1 空间任意力系的平衡方程

空间任意力系一般等效于一力 R'(主矢)和一矩为 M_O(主矩)的力偶,因此,**空间任意力系平衡的必要与充分条件是:力系的主矢和主矩分别为零**,即:

$$\left.\begin{aligned} R' &= \sum_{i=1}^{n} F_i = 0 \\ M_O &= \sum_{i=1}^{n} M_O(F_i) = 0 \end{aligned}\right\} \quad (6-27)$$

根据式(6-22)和式(6-25),上述条件可等价地写为:

$$\left.\begin{aligned} \sum_{i=1}^{n} X_i &= 0 \\ \sum_{i=1}^{n} Y_i &= 0 \\ \sum_{i=1}^{n} Z_i &= 0 \\ \sum_{i=1}^{n} M_x(F_i) &= 0 \\ \sum_{i=1}^{n} M_y(F_i) &= 0 \\ \sum_{i=1}^{n} M_z(F_i) &= 0 \end{aligned}\right\} \quad (6-28)$$

于是,空间任意力系平衡的必要与充分条件可叙述为:**力系中各力在三个坐标轴中每一轴上的投影的代数和分别为零,以及各力对每一坐标轴的矩的代数和分别为零**。式(6-28)称为**空间任意力系的平衡方程**。

空间任意力系有六个独立的平衡方程,可用于求解六个未知量。

空间任意力系的平衡方程也可写成多矩式的形式,如将式(6-28)写为四个取矩方程和两个投影方程等。关于空间任意力系多矩式平衡方程的补充条件,是一个很复杂的问题,这里不作讨论。应用中只要所列的每一个方程都能用于求解出一个未知量,所列出的方程便是独立的平衡方程。

6.6.2 空间平行力系的平衡方程

力系中所有各力的作用线平行,且在空间分布,该力系称为**空间平行力系**。空间平行力系是空间任意力系的特殊情况,其平衡方程可由空间任意力系的平衡方程导出。

选坐标轴 z 与力作用线平行,xy 坐标面与力作用线垂直,如图 6-13 所示。在这种情况

下,空间任意力系的平衡方程中的下列三个方程:

$$\sum_{i=1}^{n} X_i = 0$$

$$\sum_{i=1}^{n} Y_i = 0$$

$$\sum_{i=1}^{n} M_z(\boldsymbol{F}_i) = 0$$

无论空间平行力系是否平衡,都自然得到满足,不再是力系平衡的条件。得到空间平行力系的平衡方程为:

$$\left.\begin{array}{r} \sum_{i=1}^{n} Z_i = 0 \\ \sum_{i=1}^{n} M_x(\boldsymbol{F}_i) = 0 \\ \sum_{i=1}^{n} M_y(\boldsymbol{F}_i) = 0 \end{array}\right\} \quad (6-29)$$

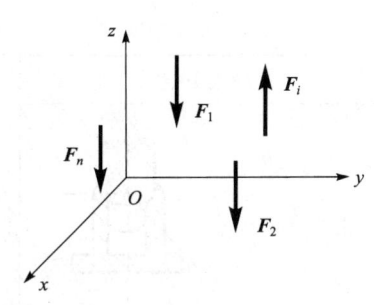

图 6-13

空间平行力系有三个独立的平衡方程,可用于求解三个未知量。

6.7 空间力系的平衡问题

6.7.1 空间约束及其约束反力

在空间力系的平衡问题中,空间结构(或机构)为研究对象。空间结构(机构)上的约束在构造和约束性质上都具有空间性,导致约束反力与构件不处在同一平面内,应用中更需注意由约束的构造确定约束的性质,由约束的性质分析约束反力。这里不作详细讨论,在表6-1中给出了几种常见的空间约束的类型,给出了它们的构造、简图及约束反力的表示方法,并将在例题中说明它们的应用。

表 6-1 常见空间约束及其约束反力

约束类型	简 图	约束反力
球铰链		
普通轴承		

续表

约束类型	简 图	约束反力
止推轴承		Z_A, Y_A, X_A
空间固定端		Z_A, Y_A, X_A, m_{Ax}, m_{Ay}, m_{Az}
蝶铰链		Z_A, Y_A

6.7.2 空间力系的平衡问题

应用空间力系的平衡方程求解平衡问题,首先要注意准确识别各构件和各力在空间(坐标系)中的位置,这是正确地写出平衡方程的基础。其次要注意:写投影方程时,如不便确定力与坐标轴的夹角,可应用二次投影法计算力在轴上的投影;写对轴取矩的方程时,要正确应用力对轴的矩的概念和合力矩定理,要明确计算力对轴的矩应归结为计算力对点的矩。

例 6-5 起重机如图 6-14(a)所示。轮 A、B、C 构成等边三角形,机身重 $G = 100$ kN,重力通过三角形 ABC 的中心 E。起重臂 FHD 可绕铅垂轴 HD 转动。已知 $a = 5$ m,$l = 3.5$ m,载重 $P = 20$ kN,$\alpha = 30°$(图 6-14(b))。求三个轮子的光滑接触反力。

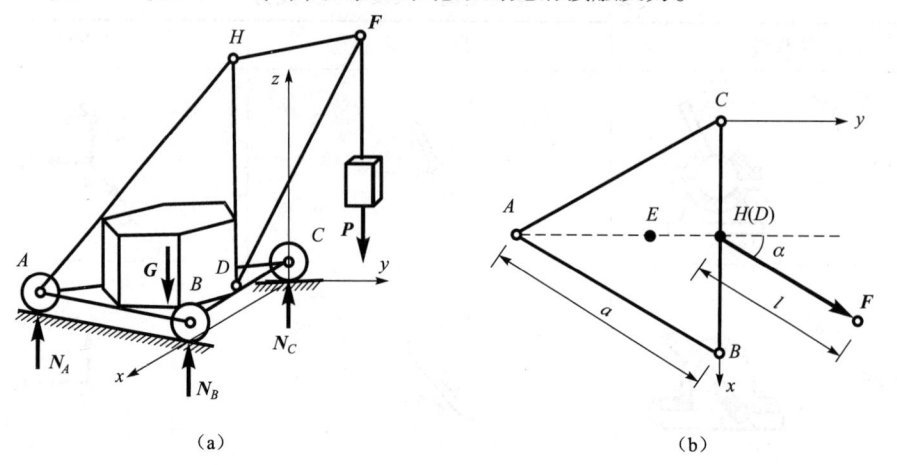

图 6-14

解 取起重机为分离体。所受主动力为重力 G 和荷载 P,约束反力是三个轮子的光滑接触反力 N_A、N_B、N_C(图 6-14(a))。分离体所受力系为空间平行力系。

选取坐标轴如图示。列平衡方程:

$$\sum Z = 0 : N_A + N_B + N_C - G - P = 0 \tag{1}$$

$$\sum M_x(F) = 0 : \left(G\frac{a}{3} - N_A a\right)\cos 30° - Pl\cos\alpha = 0 \tag{2}$$

写对 y 轴的取矩方程时,参照俯视图 6-14(b),有:

$$\sum M_y(F) = 0 : (G - N_A)a\sin 30° - N_B a + P(a\sin 30° + l\sin\alpha) = 0 \tag{3}$$

代入 $\alpha = 30°$,由式(2)解得:

$$N_A = 19.3 \text{ kN}$$

将 N_A 值代入式(3),解得:

$$N_B = 57.3 \text{ kN}$$

最后由式(1)解出 $N_C = 43.4$ kN。

例 6-6 起重机械如图 6-15 所示。电机通过链条带动鼓轮提起重物。已知链条拉力 $T_1 = 2T_2$, $r = 10$ cm, $R = 20$ cm, $P = 10$ kN。求平衡时轴承 A 和 B 的约束反力及链条的拉力。

解 取鼓轮和重物为分离体。轴承 A 和 B 的约束反力沿 x、z 轴,以 X_A、Z_A 和 X_B、Z_B 表示。链条的拉力 T_1 和 T_2 在与坐标面 Axz 平行的平面内。分离体上的主动力为重力 P。

受力图上的空间任意力系中有五个未知力。因为所有各力都处在 y 轴的垂面内,平衡方程 $\sum Y = 0$ 自然得到满足,所以本题中可写出五个独立的平衡方程。

求解空间力系平衡问题时,对轴取矩的平衡方程通常都能包含较少的未知量,因而先解取矩方程是很方便的。写对轴取矩形式的平衡方程如下:

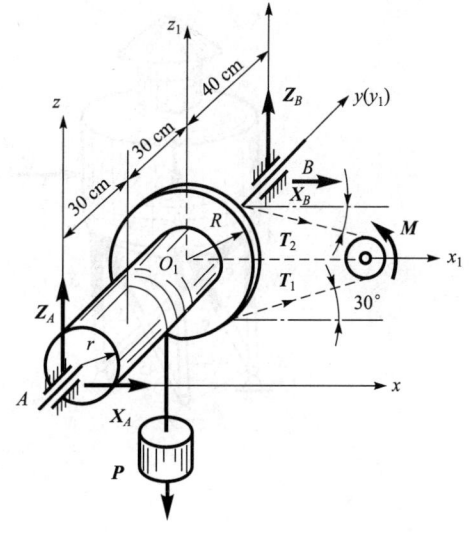

图 6-15

$$\sum M_y(F) = 0 : T_2 R - T_1 R - Pr = 0 \tag{1}$$

$$\sum M_z(F) = 0 : -100 X_B - 60(T_1 + T_2)\cos 30° = 0 \tag{2}$$

$$\sum M_x(F) = 0 : 100 Z_B - 30P + 60(T_1 - T_2)\sin 30° = 0 \tag{3}$$

写投影形式的平衡方程:

$$\sum X = 0 : X_A + X_B + (T_1 + T_2)\cos 30° = 0 \tag{4}$$

$$\sum Z = 0 : Z_A + Z_B - P + (T_1 - T_2)\sin 30° = 0 \tag{5}$$

将 $T_1 = 2T_2$ 代入式(1),得:

$$T_1 = 2T_2 = 10 \text{ kN}$$

将 T_1、T_2 值代入式(2),得:

$$X_B = -7.8 \text{ kN}$$

由式(3)、(4)、(5)分别求得:

$$Z_B = 1.5 \text{ kN}$$
$$X_A = -5.2 \text{ kN}$$
$$Z_A = 6 \text{ kN}$$

求解反力 X_A 和 Z_A 时,可以不用投影方程(4)和(5),也可选用取矩方程求解。例如,可选坐标轴 $O_1 x_1$ 和 $O_1 z_1$(如图示)。则可由矩方程:

$$\sum M_{z1}(\boldsymbol{F}) = 0, 求 X_A$$
$$\sum M_{x1}(\boldsymbol{F}) = 0, 求 Z_A$$

例 6 – 7 冷却塔用三根铅垂直杆和三根斜直杆支撑如图 6 – 16(a)所示。三角形 ABC 为边长为 a 的等边三角形,各铅垂直杆的长度也为 a。塔重 $\boldsymbol{P}$,风压力为 $\boldsymbol{Q}$,作用线通过塔身中心。各杆不计自重,用球铰与塔身和地面连接,求各杆所受的力。

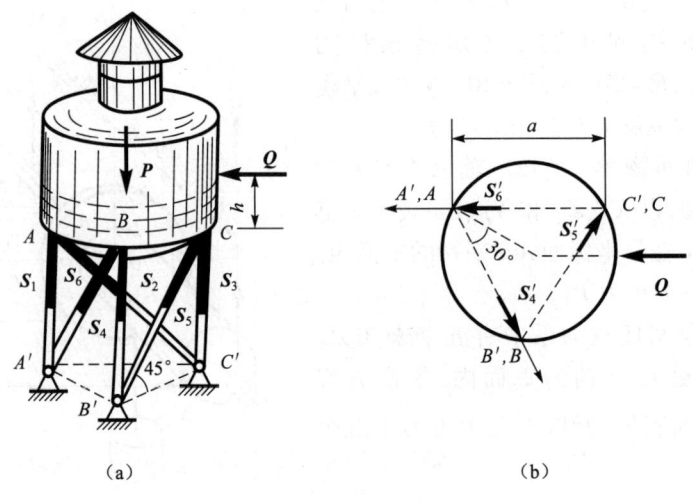

图 6 – 16

解 取塔身为分离体。受主动力重力 $\boldsymbol{P}$ 和风压力 $\boldsymbol{Q}$ 作用。约束反力为六根支杆对塔身的作用力。由于各支杆均为二力杆,约束反力沿直杆轴线,并假定这些力均使杆件受压。

求解中完全选用取矩形式的平衡方程。

选 AA' 为取矩轴(↑),未知力中除 S_5 外,其余各力或与轴平行或与轴相交,因而对轴的矩为零。主动力 $\boldsymbol{Q}$ 对 AA' 轴的矩可借助图 6 – 16(b)求得。列平衡方程:

$$\sum M_{AA'}(\boldsymbol{F}) = 0:$$

$$S_5 a\cos 45° \cos 30° - \frac{a}{2} Q\tan 30° = 0 \tag{1}$$

解得:

$$S_5 = \frac{\sqrt{2}}{3} Q$$

再分别取 BB' 和 CC' 为轴(↑),列平衡方程:

$$\sum M_{BB'}(\boldsymbol{F}) = 0:$$

$$S_6 a\cos 45°\sin 60° + Q\frac{2a}{3}\cos 30° = 0 \tag{2}$$

$$\sum M_{CC'}(\boldsymbol{F}) = 0:$$

$$S_4 a\cos 45°\sin 60° - Q\frac{a}{3}\cos 30° = 0 \tag{3}$$

分别求出:

$$S_6 = -\frac{2\sqrt{2}}{3}Q$$

$$S_4 = \frac{\sqrt{2}}{3}Q$$

最后分别取 AB、BC、CA 为轴,各轴的正向如图 6-16(b)中所示。列平衡方程:

$$\sum M_{AB}(\boldsymbol{F}) = 0:$$

$$S_3 a\sin 60° + S_5 a\sin 45°\sin 60° + Qh\cos 30° - P\frac{a}{2}\tan 30° = 0 \tag{4}$$

$$\sum M_{BC}(\boldsymbol{F}) = 0:$$

$$S_1 a\sin 60° + S_6 a\sin 45°\sin 60° + Qh\cos 30° - P\frac{a}{2}\tan 30° = 0 \tag{5}$$

$$\sum M_{CA}(\boldsymbol{F}) = 0:$$

$$S_2 a\sin 60° + S_4 a\sin 45°\sin 60° - P\frac{a}{2}\tan 30° = 0 \tag{6}$$

由式(5)、(6)、(4)可分别解出:

$$S_1 = \frac{P}{3} + \left(\frac{2}{3} - \frac{h}{a}\right)Q$$

$$S_2 = \frac{1}{3}(P - Q)$$

$$S_3 = \frac{P}{3} - \left(\frac{1}{3} - \frac{h}{a}\right)Q$$

6.8 物体的重心·形心

重心、形心的概念在工程中具有重要意义,应用相当广泛。例如,水坝的重心位置关系到坝体在水压力作用下能否维持平衡;飞机的重心位置设计不当就不能安全稳定地飞行;构件截面的形心位置将影响构件在荷载作用下的内力分布,与构件受荷载后能否安全工作有着密切的联系。总之,重心(形心)与物体的平衡、物体的运动以及构件的内力分布紧密相关。

本节将介绍重心的概念和确定重心、形心位置的方法。

6.8.1 平行力系的中心与重心

空间平行力系在工程中是常见的。水对水坝(迎水面为平面的水坝)的作用力,风对墙的压力,都是空间平行力系的例子。**空间平行力系的合力的作用点称为空间平行力系的中心**。可以证明,平行力系的中心只由力系中各力的作用点和大小决定,与力作用线的方位无关。

物体的重心是平行力系中心的一个重要特例,地球表面附近的物体,在它的每一微小部分上,都受到铅垂向下的地球引力(重力)的作用。这些力实际上组成一空间汇交力系,力系的汇交点在地球中心附近。可以算出在地球表面相距 31 m 的两点上,二重力之间的夹角不超过 1 s。这就说明,把物体上各微小部分的重力视为空间平行力系是足够精确的。

物体上各微小部分的重力组成一个空间平行力系,此平行力系的合力的大小称为**物体的重量**,此平行力系的中心 C 称为**物体的重心**。所以,**物体的重心就是物体重力合力的作用点**。如果将物体看作刚体,一个物体的重心是物体上一个确定的几何点,无论物体如何放置,重心在物体上的位置是固定不变的。

6.8.2 重心与形心的坐标公式

为确定物体重心的位置,取直角坐标系 $Oxyz$,其中 z 轴铅垂向上。将物体的重心以 C 表示,重心在坐标系中的坐标记为 x_C、y_C、z_C,如图 6-17 所示。下面建立重心坐标表达式。

将物体分割成许多微小部分,其中某微小部分 M_i 的重力为 P_i,其作用点的坐标为 x_i、y_i、z_i。各微小部分重力的合力 $\boldsymbol{P} = \sum \boldsymbol{P}_i$,其大小即为物体的重量,其作用点即为重心 C。按图 6-17 对 x 轴和 y 轴分别应用合力矩定理,得到:

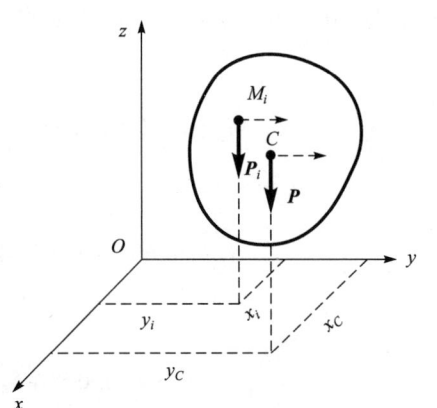

图 6-17

$$\left. \begin{aligned} -y_C P &= -\sum y_i P_i \\ x_C P &= \sum x_i P_i \end{aligned} \right\} \tag{6-30}$$

由式(6-30)可求得重心坐标 x_C 和 y_C。为求坐标 z_C,可将物体固结在坐标系中,随坐标系一起绕 x 轴顺时针方向旋转 90°,坐标轴 y 的正向变为铅垂向下。这时,重力 $\boldsymbol{P}$ 和 $\boldsymbol{P}_i$ 都平行于 y 轴,且与 y 轴同向,如图中带箭头的虚线段所示。在此情况下对 x 轴应用合力矩定理,有:

$$-z_C P = -\sum z_i P_i \tag{6-31}$$

由式(6-30)、式(6-31)得到物体重心 C 的坐标公式为:

$$\left. \begin{aligned} x_C &= \frac{\sum x_i P_i}{P} \\ y_C &= \frac{\sum y_i P_i}{P} \\ z_C &= \frac{\sum z_i P_i}{P} \end{aligned} \right\} \tag{6-32}$$

如果物体是均质的,其单位体积的重量 γ = 常量。以 ΔV_i 表示微小部分 M_i 的体积,以

$V = \sum \Delta V_i$ 表示整个物体的体积,则有:

$$P_i = \gamma \Delta V_i, \qquad P = \sum P_i = \gamma \sum \Delta V_i = \gamma V \qquad (6-33)$$

将式(6-33)代入式(6-32),约去 γ,得到重心坐标公式的另一种表达形式:

$$\left. \begin{array}{l} x_C = \dfrac{\sum x_i \Delta V_i}{V} \\[6pt] y_C = \dfrac{\sum y_i \Delta V_i}{V} \\[6pt] z_C = \dfrac{\sum z_i \Delta V_i}{V} \end{array} \right\} \qquad (6-34)$$

这说明均质物体重心的位置与物体的重量无关,完全取决于物体的大小和形状。所以**均质物体的重心又称作形心**。确切地说,**由式(6-32)所决定的点称作物体的重心;由式(3-34)所决定的点称作几何形体的形心**。对均质物体,重心和形心重合在一点上。非均质物体的重心和形心一般是不重合的。

如果将物体分割的份数无限多,且每份的体积无限小,在极限情况下,式(6-34)则写成积分形式:

$$\left. \begin{array}{l} x_C = \dfrac{\int_V x \mathrm{d}V}{V} \\[8pt] y_C = \dfrac{\int_V y \mathrm{d}V}{V} \\[8pt] z_C = \dfrac{\int_V z \mathrm{d}V}{V} \end{array} \right\} \qquad (6-35)$$

对均质等厚薄壳(或曲面图形),形心坐标公式(6-35)则由体积分蜕化为面积分:

$$\left. \begin{array}{l} x_C = \dfrac{\int_S x \mathrm{d}S}{S} \\[8pt] y_C = \dfrac{\int_S y \mathrm{d}S}{S} \\[8pt] z_C = \dfrac{\int_S z \mathrm{d}S}{S} \end{array} \right\} \qquad (6-36)$$

式中:S 为薄壳(曲面图形)的面积;$\mathrm{d}S$ 为面积元素;x、y、z 为面积元素的坐标。

对于等厚平板(或平面图形),计算形心坐标时,可将坐标面 Oxy 取在与板平行的板的中面(或平面图形)上。这时,形心坐标 $z_C = 0$,x_C 和 y_C 按式(6-36)中的前两式计算。

由式(6-35)和式(6-36)不难证明,具有对称面、对称轴或对称中心的均质物体,其重心(形心)一定在它的对称面、对称轴或对称中心上。

常见的简单形状的均质物体的重心,可在有关的工程手册中查到。根据本课程和后继课程的需要,这里摘录一部分,列入表6-2中,供读者使用。

表 6-2　简单形状的均质物体重心表

图　形	重 心 位 置
三角形	在中线的交点 $y_O = \dfrac{1}{3}h$
梯形	$y_C = \dfrac{h(2a+b)}{3(a+b)}$
圆弧	$x_C = \dfrac{r\sin\alpha}{\alpha}$ 对于半圆弧 $\alpha = \dfrac{\pi}{2}$，则 $x_C = \dfrac{2r}{\pi}$
弓形	$x_C = \dfrac{2}{3}\dfrac{r^3\sin^3\alpha}{A}$ $\left[\text{面积 } A = \dfrac{r^2(2\alpha - \sin 2\alpha)}{2}\right]$
扇形	$x_C = \dfrac{2}{3}\dfrac{r\sin\alpha}{\alpha}$ 对于半圆 $\alpha = \dfrac{\pi}{2}$，则 $x_C = \dfrac{4r}{3\pi}$
部分环形	$x_C = \dfrac{2}{3}\dfrac{R^3 - r^3}{R^2 - r^2}\dfrac{\sin\alpha}{\alpha}$

续表

图　形	重心位置
抛物线面	$x_C = \dfrac{3}{8}a$ $y_C = \dfrac{2}{5}b$
抛物线面	$x_C = \dfrac{3}{4}a$ $y_C = \dfrac{3}{10}b$
半圆球	$z_C = \dfrac{3}{8}r$
正圆锥体	$z_C = \dfrac{1}{4}h$
正角锥体	$z_C = \dfrac{1}{4}h$

续表

图 形	重心位置
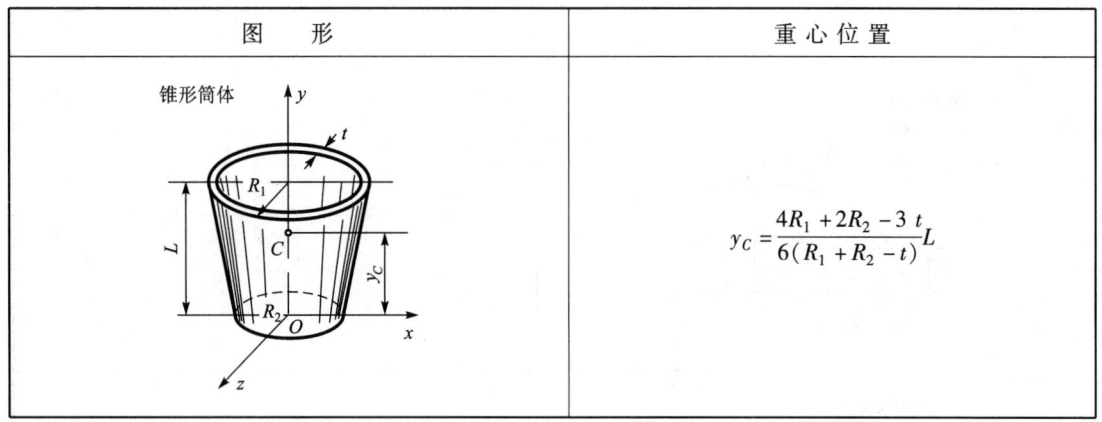 锥形筒体	$y_C = \dfrac{4R_1 + 2R_2 - 3t}{6(R_1 + R_2 - t)}L$

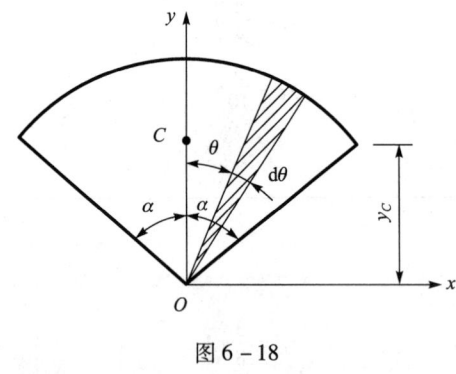

图 6-18

例 6-8 扇形的半径为 R，圆心角为 2α（弧度），求扇形的形心。

解 取扇形的对称轴为 y 轴，扇形的形心 C 在 y 轴上，即 $x_C = 0$。为利用式(6-36)求形心坐标 y_C，将扇形分割为扇形元素，如图中阴影部分所示。将扇形元素视为三角形，其面积 $dS = \dfrac{1}{2}R^2 d\theta$，其形心在三角形中线上距 O 点 $\dfrac{2R}{3}$ 处，且其坐标 $y = \dfrac{2}{3}R\cos\theta$。注意到扇形的面积 $S = \alpha R^2$，由式(6-33)中的第二式，有

$$y_C = \dfrac{\int_S y dS}{S}$$

$$= \dfrac{2}{\alpha R^2}\int_0^\alpha \dfrac{2}{3}R\cos\theta \dfrac{1}{2}R^2 d\theta$$

$$= \dfrac{2R}{3\alpha}\int_0^\alpha \cos\theta d\theta$$

$$y_C = \dfrac{2R}{3\alpha}\sin\alpha$$

所得结果与表 6-2 中给出的算式相同。

6.8.3 确定重心位置的常用方法

常见的简单形状的物体的重心，可从有关手册中查到，不需通过积分运算求得。对复杂形状的物体，用式(6-35)、(6-36)计算并不方便。下面介绍确定复杂形状物体重心位置的常用方法。

1. 组合法

这种方法适用于由几个简单形体组合而成的复杂形体。每个简单形体的重心（形心）坐标是已知的，可用式(6-32)、(6-34)求复杂形体的重心（形心）。

例 6-9 角钢截面如图 6-19 所示。$a = 8$ cm, $b = 12$ cm, $d = 1$ cm。求该截面形心的坐标。

解一 选坐标轴如图。将图形分割成为两个矩形，第一个矩形的面积和形心 C_1 的坐标分别为：
$$A_1 = bd = 12 \text{ cm}^2$$
$$x_1 = 0.5 \text{ cm}$$
$$y_1 = 6 \text{ cm}$$

第二个矩形的面积和形心 C_2 的坐标分别为：
$$A_2 = (a-d)d = 7 \text{ cm}^2$$
$$x_2 = d + \frac{1}{2}(a-d) = 4.5 \text{ cm}$$
$$y_2 = 0.5 \text{ cm}$$

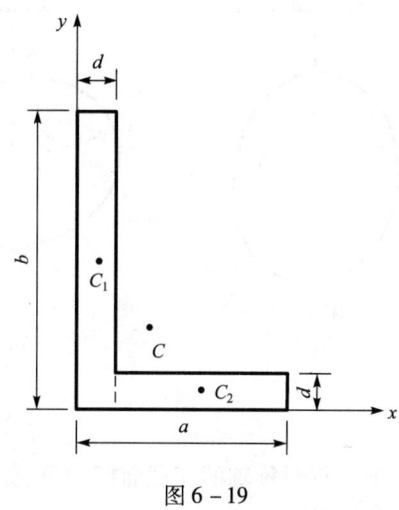

图 6-19

由式(6-36)，截面图形的形心坐标为：
$$x_C = \frac{A_1 x_1 + A_2 x_2}{A_1 + A_2} = 1.97 \text{ cm}$$
$$y_C = \frac{A_1 y_1 + A_2 y_2}{A_1 + A_2} = 3.97 \text{ cm}$$

用组合法求形心坐标时，可以采用不同的分割方法，对确定的坐标系，其计算结果相同。

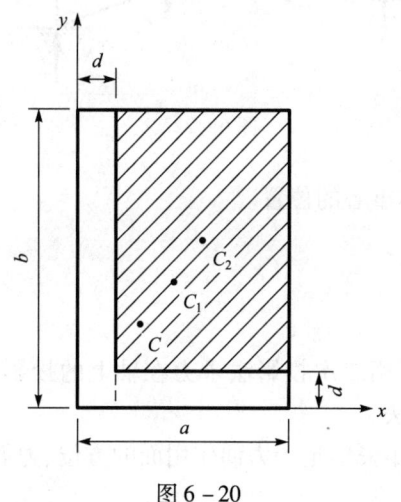

图 6-20

解二 将所研究的图形视为从宽为 a、高为 b 的矩形中去掉阴影部分的矩形，如图6-20 所示。在应用式 (6-36) 时，被去掉部分的面积应取负值。采用这种分割方式时的组合法称为**负面积法**。

求解过程如下：

大的矩形面积和其形心 C_1 的坐标分别为：
$$A_1 = ab = 96 \text{ cm}^2$$
$$x_1 = 4 \text{ cm}$$
$$y_1 = 6 \text{ cm}$$

被去掉的矩形的面积和其形心 C_2 的坐标分别为：
$$A_2 = (a-d)(b-d) = 77 \text{ cm}^2$$
$$x_2 = 4.5 \text{ cm}$$
$$y_2 = 6.5 \text{ cm}$$

将 A_2 冠以负号代入式(6-33)，解得：
$$x_C = \frac{A_1 x_1 - A_2 x_2}{A_1 - A_2} = 1.97 \text{ cm}$$
$$y_C = \frac{A_1 y_1 - A_2 y_2}{A_1 - A_2} = 3.97 \text{ cm}$$

2. 实验法

对形状更复杂的物体，通过计算手段确定重心的位置是困难的。这时，用实验测定重心位置往往比较简单。最常用的测定重心的方法有两种，这两种方法都是以物体的平衡条件为理

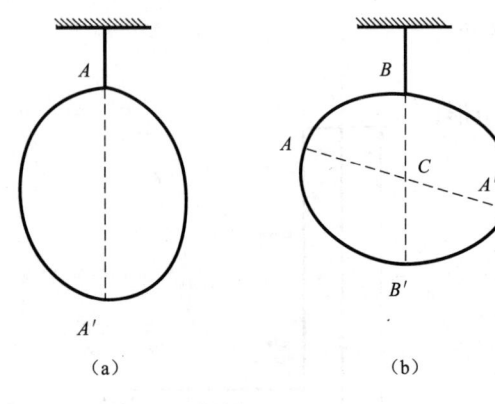

图 6-21

论根据的。

（1）悬挂法。这种方法适用于平板式薄片零件。先通过任意点 A 将物体悬挂，如图 6-21(a) 所示。物体受绳索拉力及重力作用处于平衡，按二力平衡公理，重心在通过悬挂点 A 的铅垂线 AA' 上。再通过任意点 B 将物体悬挂（图 6-21(b)），重心应在通过 B 点的铅垂线 BB' 上。两条线的交点即为物体的重心 C。

（2）称重法。这种方法适用于形状复杂、体积较大的物体。为说明这种测定重心的方法，取一有对称轴的变截面杆为例，如图 6-22 所示。在这种情况下，则只需测定重心在对称轴上的位置。

首先称出杆的重量 P。然后将杆的一端 A 放置在刀口上，另一端 B 放在台秤上，并使对称轴线处于水平位置。从台秤上读出反力 N_B 的大小，量出 A、B 两点的水平距离 l，写出平衡方程：

$$\sum M_A(F) = 0: N_B l - Ph = 0$$

式中：h 是重心 C 到 A 点的水平距离。解得：

$$h = \frac{N_B}{P} l$$

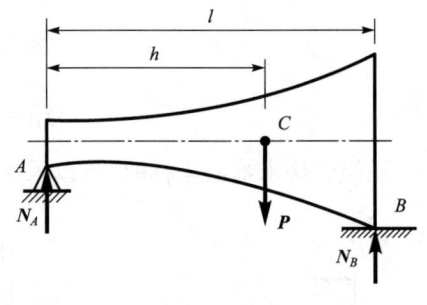

图 6-22

这样，通过两次称重，就确定了重心在轴线上的位置。
对非对称的物体，可以在三个方向重复上述做法，得到物体重心的位置。

 **小　结**

（1）当空间力与各坐标轴的夹角不便完全确定时，可用二次投影法求力在轴上的投影。二次投影法是将力分解，用合力投影定理求力的投影的方法。

（2）空间力偶的力偶矩是矢量，且是自由矢量。力偶矩矢给定了力偶作用面的方位、力偶矩的大小、力偶在作用面内的转向。

（3）空间力对点的矩是矢量，且是定位矢量。力对点的矩矢给定了矩心的位置、力与矩心所在面的方位、力矩的大小、力矩的转向。力对点的矩矢的表达式为 $M_O(F) = r \times F$。

（4）力对轴的矩是空间力系中最重要的概念之一。力对轴的矩是通过力对点的矩来计算的。计算力对轴的矩时，先将力分解为与轴平行和垂直的两个分量，再按合力矩定理求力对轴的矩。

（5）由力对某点的矩矢与力对通过该点的轴的矩的关系，可将主矩矢 $M_O = 0$ 这一条件等价地表示为：

$$\left.\begin{array}{l}\sum_{i=1}^{n} M_x(\boldsymbol{F}_i) = 0 \\ \sum_{i=1}^{n} M_y(\boldsymbol{F}_i) = 0 \\ \sum_{i=1}^{n} M_z(\boldsymbol{F}_i) = 0\end{array}\right\}$$

此即空间任意力系平衡方程中的三个对轴取矩的方程。这三个方程的运用是求解空间力系平衡问题的重点和难点。

（6）重心、形心的概念及其位置的确定是一个重要的工程问题。重心是重力的合力的作用点。形心在本章虽然由重心引出，但它不是重心的特例，只是对均质物体而言，重心与形心重合为一点。形心是由式(6-31)或式(6-32)所给定的几何点。

6-1　正六面体边长为 a，在顶点 B 受力 $\boldsymbol{F}$ 作用，如图 6-23 所示。试定出力 $\boldsymbol{F}$ 对 A 点的矩矢，并计算力 $\boldsymbol{F}$ 对 x、y、z 三轴的矩。观察是否满足关系：

$$[M_A(\boldsymbol{F})]_x = M_x(\boldsymbol{F})$$
$$[M_A(\boldsymbol{F})]_y = M_y(\boldsymbol{F})$$
$$[M_A(\boldsymbol{F})]_z = M_z(\boldsymbol{F})$$

并对该结果是否符合 6.4 中的结论作出分析。

6-2　空间任意力系由大小相等的两个力 $\boldsymbol{F}_1$ 和 $\boldsymbol{F}_2$ 所组成，二力分别作用在边长为 a 的正六面体的两个侧面的对角线上，如图 6-24 所示。求该力系向 O 点简化的结果。

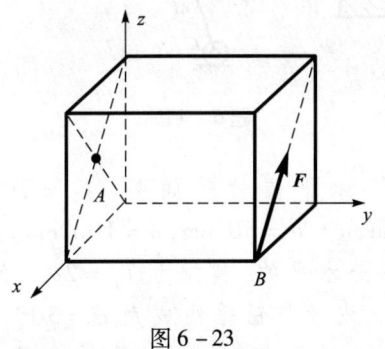

图 6-23

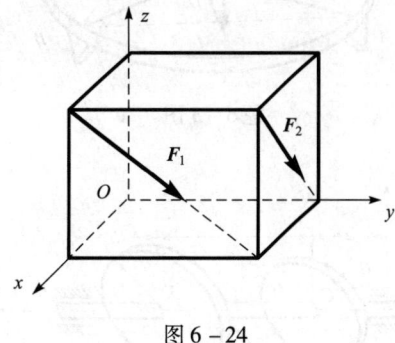

图 6-24

6-1　图示空间构架由三根直杆铰接组成，D 端所挂重物重为 $G = 10$ kN。各杆自重不计，求铰 A、B、C 的反力。

6-2　空间桁架如图所示。力 P 作用在 $ABCD$ 平面内，与铅垂线成 $45°$ 角。$\triangle EAK = \triangle FBM$，其顶点 A 和 B 处为直角，又 $EC = CK = FD = DM$。若 $P = 10$ kN，求各杆所受的力（各杆不计自重）。

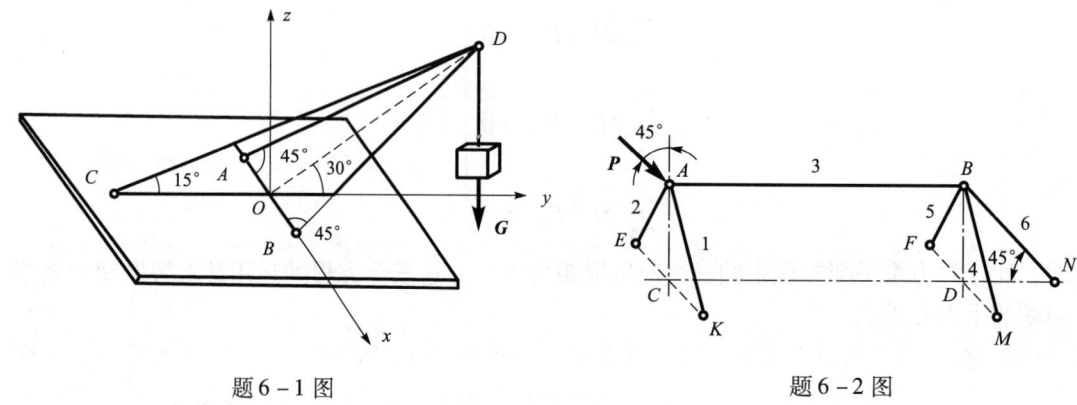

题 6-1 图　　　　　　　　　　　　题 6-2 图

6-3　三脚圆桌半径 $r = 50$ cm，重 $P = 600$ N。圆桌的三脚 A、B、C 构成等边三角形，在中线 CD 上距圆心为 a 的 M 点处作用铅垂力 $Q = 1\,500$ N，求使圆桌不翻倒的最大距离 a。

6-4　起重机如图示。$AD = BD = 1$ m，$CD = 1.5$ m，$CM = 1$ m。机身连同平衡锤 F 共重 $P = 100$ kN，其重心在 G 点，G 点在 $LNFM$ 面内，到机身轴线 MN 的距离 $GH = 0.5$ m。重物重 $Q = 30$ kN。求当机身平面 LMN 平行于 AB 时车轮 A、B、C 对轨道的压力。

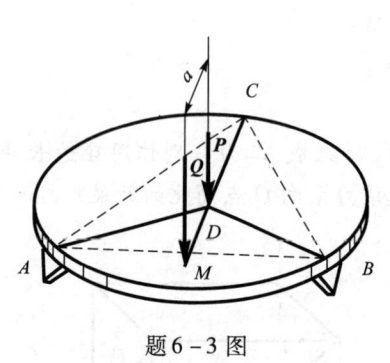
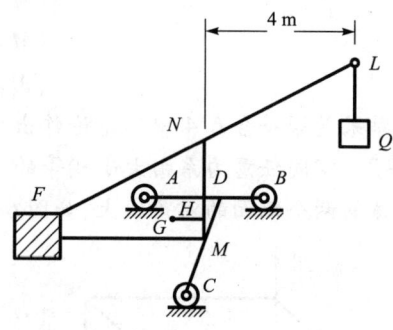

题 6-3 图　　　　　　　　　　　　题 6-4 图

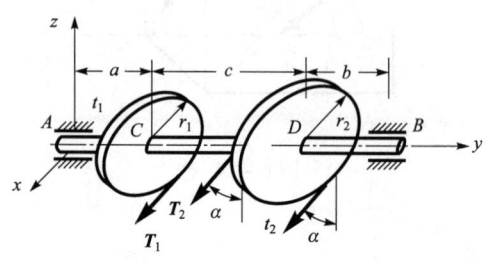

题 6-5 图

6-5　水平传动轴如图。$r_1 = 20$ cm，$r_2 = 25$ cm，$a = b = 50$ cm，$c = 100$ cm。C 轮上的皮带是水平的，其拉力 $T_1 = 2t_1 = 5\,000$ N。D 轮上皮带与铅垂线成角 $\alpha = 30°$，其拉力 $T_2 = 2t_2$。求平衡时力 T_2 及轴承 A、B 的反力。

6-6　重 Q 的小车用鼓轮带动沿光滑斜面提升。鼓轮重 $q = 1$ kN，其直径 $d = 24$ cm，$Q = 10$ kN。驱动杠杆如图(b)(四根杠杆均垂直于鼓轮轴)。求平衡时轴承 A、B 的反力及杠杆上力 P 的值。

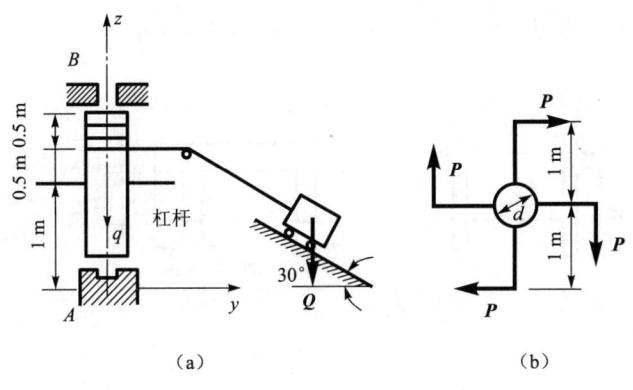

题 6-6 图

6-7 提升装置如图。已知轮盘 C 的半径为鼓轮半径的 6 倍，绕在盘 C 上的绳在盘面内与水平线成 30°角，并绕过轮 D 挂重 $P=60$ N 的重物。求平衡时重物 Q 的重量及轴承 A、B 的反力。

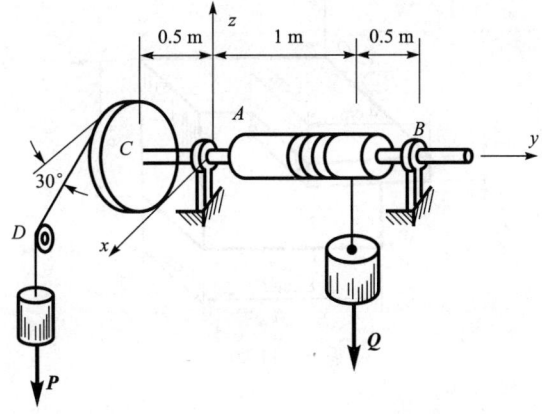

题 6-7 图

6-8 均质方板重 $Q=200$ N，用球铰链 A 和蝶铰 B 固定在墙上，并用绳 CE 维持平衡。$\angle ECA = \angle BAC = 30°$。求绳拉力及 A 和 B 两支座的反力。

6-9 用六根直杆支撑水平方板，板的一角受铅垂力 P 作用。不计板和杆的自重，求各杆所受的力。

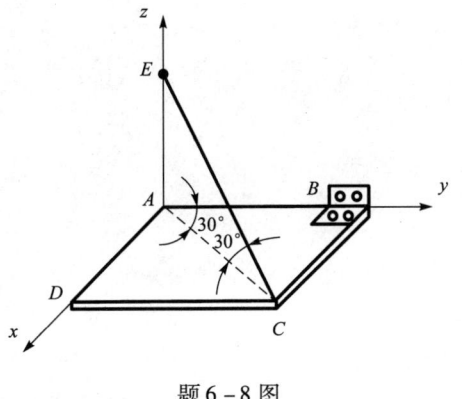

题 6-8 图

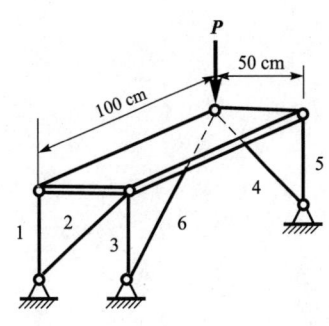

题 6-9 图

6-10 求下列各平面图形的形心。图中的长度单位为 cm。

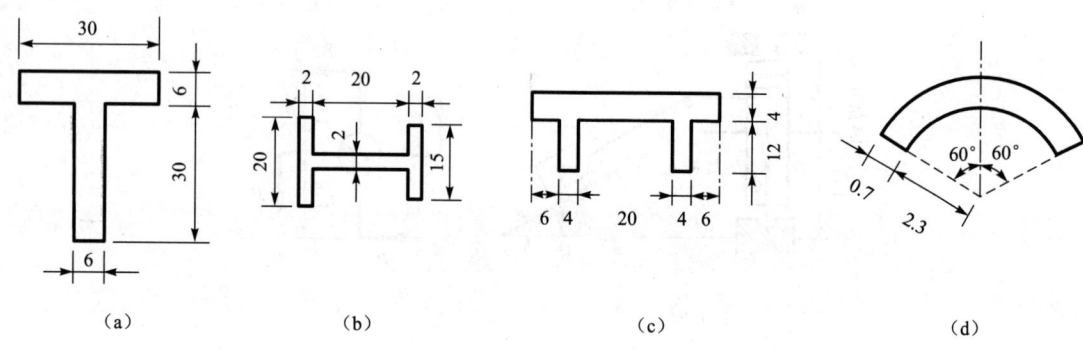

题 6-10 图

6-11 机器基础如图。视该基础由均质物体组成，求其重心位置。

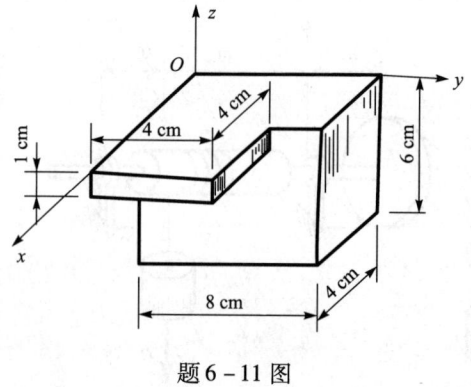

题 6-11 图

第 7 章　点的运动学

导言

- 本章研究确定点在空间位置的方法以及点的速度、加速度的概念及计算。
- 矢量法、直角坐标法、弧坐标法是解决点的运动学问题的三种基本方法。其中前者是后二者的理论基础,后两种方法在工程问题中得到广泛应用。
- 本章内容是研究运动学问题的基础理论,是学习动力学的必备知识。
- 本章中所采用的矢量分析的方法,与高等数学中矢量运算的知识密切相关。

7.1　运动学引言

物体运动时,其运动状态原本与物体的质量情况和受力情况有关,但在运动学中不考虑物体的运动与其质量和所受力的关系,只孤立地研究对物体运动状态的描述问题。例如,在点的运动学中不考虑点的质量和其受力情况如何,只研究确定点的位置、轨迹、速度、加速度的方法等,这些都不涉及与点运动有关的物理因素,而只是对点运动状态的几何描述。所以,**运动学是研究物体运动的几何性质的科学**。

运动学中将物体抽象化为点和刚体两种模型,因而运动学包含点的运动学和刚体运动学两部分。其中点的运动学是刚体运动学的基础。

在观察和描述一物体的运动时,必须选定另一物体作为参考体。众所周知,站在地面上观察一汽车的运动和在飞行的飞机上观察该汽车的运动,观察结果是不同的。这说明物体的运动只能相对(某物体)地描述,或说只能先选定参考体,再来描述物体相对于参考体的运动。固结在参考体上的坐标系称为**参考系**。在一般工程问题中,通常以地球作为参考体,将固结在地球上的坐标系作为参考系。

运动学中常用**瞬时和时间间隔**两个概念来表示时间。瞬时应理解为在运动过程中物体到达某一位置时相对应的时刻,在时间轴上表现为一点。时间间隔是指两个瞬时之间的一段时间间,在时间轴上表现为一线段。

运动学知识是学习动力学的预备知识,是描述变形体的变形(位移)的工具,同时又能直接用于机构的运动分析和设计等实际问题中。运动学在理论上、工程上都具有重要意义。

7.2 点的运动的矢量法

7.2.1 点的运动方程和轨迹

动点在空间的位置可以用一个矢量来给定。设动点 M 在瞬时 t 位于图 7 – 1 所示的位置，任选一固定点 O 向 M 点引一矢量 $\overline{OM} = \boldsymbol{r}$，称矢量 $\boldsymbol{r}$ 为动点 M 的**矢径**。当点 M 运动时，矢径的大小和方向一般都随时间发生变化，矢径 $\boldsymbol{r}$ 是时间的单值连续函数

$$\boldsymbol{r} = \boldsymbol{r}(t) \tag{7-1}$$

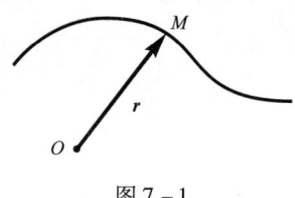

图 7 – 1

这一矢量方程确定了任意瞬时动点 M 在空间的位置，称为动点的**矢量形式的运动方程**。

当时间 t 连续变化时，矢径 $\boldsymbol{r}$ 的矢端曲线是动点运动中所经过的曲线，即是动点 M 的运动轨迹。

7.2.2 点的速度和加速度

设在瞬时 t 动点的位置为 M，矢径为 $\boldsymbol{r}$。经过时间间隔 Δt，即在瞬时 $t + \Delta t$ 动点的位置为 M'，矢径为 $\boldsymbol{r}'$，如图 7 – 2 所示。动点位置的变化可用矢径的改变量 $\Delta \boldsymbol{r} = \boldsymbol{r}' - \boldsymbol{r}$ 给出。称 $\Delta \boldsymbol{r}$ 为在时间间隔 Δt 内动点的**位移矢量**。

比值 $\dfrac{\Delta \boldsymbol{r}}{\Delta t}$ 称为动点在时间间隔 Δt 内的**平均速度**，记为 $\boldsymbol{v}^*$，即

$$\boldsymbol{v}^* = \frac{\Delta \boldsymbol{r}}{\Delta t}$$

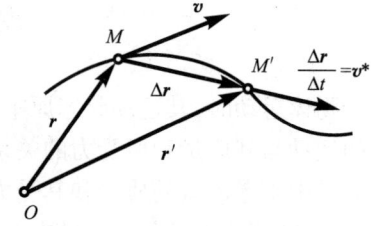

图 7 – 2

当 $\Delta t \to 0$ 时，平均速度的极限即为动点在瞬时 t 的**速度**，记为 $\boldsymbol{v}$，有

$$\boldsymbol{v} = \lim_{\Delta t \to 0} \frac{\Delta \boldsymbol{r}}{\Delta t} = \frac{\mathrm{d}\boldsymbol{r}}{\mathrm{d}t} \tag{7-2}$$

动点的速度等于其矢径对时间的一阶导数。

当 Δt 趋于零时，$\Delta \boldsymbol{r}$ 的极限位置就是轨迹在点 M 的切线位置。所以，动点的速度沿轨迹在该点的切线，方向与动点运动的方向一致，如图 7 – 2 所示。

速度的单位可用米/秒(m/s)表示。

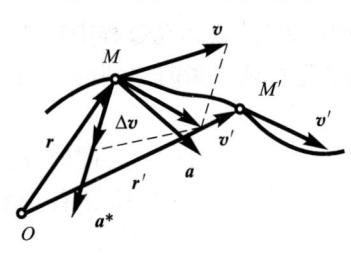

图 7 – 3

设在瞬时 t 动点位于 M，速度为 $\boldsymbol{v}$。经时间间隔 Δt 动点位于 M'，其速度为 $\boldsymbol{v}'$。此时间间隔内速度的改变量为 $\Delta \boldsymbol{v} = \boldsymbol{v}' - \boldsymbol{v}$，比值 $\dfrac{\Delta \boldsymbol{v}}{\Delta t}$ 称为动点在时间间隔 Δt 内的平均加速度，记为 $\boldsymbol{a}^*$，即

$$\boldsymbol{a}^* = \frac{\Delta \boldsymbol{v}}{\Delta t}$$

如图 7 – 3 所示。

当 Δt→0 时,平均加速度的极限即为动点在瞬时 t 的**加速度**,记为 a,有

$$a = \lim_{\Delta t \to 0} \frac{\Delta v}{\Delta t} = \frac{dv}{dt} = \frac{d r^2}{d t^2} \tag{7-3}$$

动点的加速度等于其速度对时间的一阶导数,也即等于矢径对时间的二阶导数。

关于加速度的方向,将在以后讨论。

加速度的单位可用米/秒²(m/s²)表示。

7.3 点的运动的直角坐标法

7.3.1 点的运动方程和轨迹

以动点 M 的矢径的起点 O 为坐标原点,建立直角坐标系 Oxyz。动点 M 的坐标为 x、y、z,动点的位置由这三个坐标给定(图 7-4)。当动点运动时,其位置坐标 x、y、z 都是时间 t 的单值连续函数,即:

$$\left.\begin{aligned} x &= x(t) \\ y &= y(t) \\ z &= z(t) \end{aligned}\right\} \tag{7-4}$$

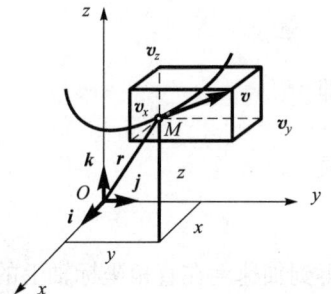

图 7-4

这组方程确定了任意瞬时动点 M 在空间的位置,称为**动点的直角坐标形式的运动方程。**

当时间 t 连续变化时,式(7-4)所给出的空间曲线就是动点 M 的轨迹。所以,运动方程式(7-4)是动点轨迹的参数方程。

7.3.2 点的速度和加速度

应用动点的坐标 x、y、z 可将动点的矢径 r 解析地表达为:

$$r = xi + yj + zk$$

其中 i、j、k 分别是 x、y、z 三坐标轴的单位矢量(图7-4)。

将矢径的解析表达式代入式(7-2),有:

$$\begin{aligned} v &= \frac{dr}{dt} = \frac{d}{dt}(xi + yj + zk) \\ &= \frac{dx}{dt} i + \frac{dy}{dt} j + \frac{dz}{dt} k \end{aligned} \tag{7-5}$$

得到速度在直角坐标轴上的投影为:

$$\left.\begin{aligned} v_x &= \frac{dx}{dt} \\ v_y &= \frac{dy}{dt} \\ v_z &= \frac{dz}{dt} \end{aligned}\right\} \tag{7-6}$$

动点的速度在各直角坐标轴上的投影分别等于动点的相应坐标对时间的一阶导数。

速度的大小为：

$$v = \sqrt{v_x^2 + v_y^2 + v_z^2} \tag{7-7}$$

速度的方向可由其方向余弦表示：

$$\left.\begin{array}{l}\cos(\boldsymbol{v},\boldsymbol{i}) = \dfrac{v_x}{v} \\ \cos(\boldsymbol{v},\boldsymbol{j}) = \dfrac{v_y}{v} \\ \cos(\boldsymbol{v},\boldsymbol{k}) = \dfrac{v_z}{v}\end{array}\right\} \tag{7-8}$$

将速度的解析表达式(7-5)代入加速度公式(7-3)，有：

即

或

$$\left.\begin{array}{l}\boldsymbol{a} = \dfrac{\mathrm{d}\boldsymbol{v}}{\mathrm{d}t} = \dfrac{\mathrm{d}}{\mathrm{d}t}(v_x\boldsymbol{i} + v_y\boldsymbol{j} + v_z\boldsymbol{k}) \\ \boldsymbol{a} = \dfrac{\mathrm{d}v_x}{\mathrm{d}t}\boldsymbol{i} + \dfrac{\mathrm{d}v_y}{\mathrm{d}t}\boldsymbol{j} + \dfrac{\mathrm{d}v_z}{\mathrm{d}t}\boldsymbol{k} \\ \boldsymbol{a} = \dfrac{\mathrm{d}^2x}{\mathrm{d}t^2}\boldsymbol{i} + \dfrac{\mathrm{d}^2y}{\mathrm{d}t^2}\boldsymbol{j} + \dfrac{\mathrm{d}^2z}{\mathrm{d}t^2}\boldsymbol{k}\end{array}\right\} \tag{7-9}$$

得到加速度在直角坐标轴上的投影为：

$$\left.\begin{array}{l}a_x = \dfrac{\mathrm{d}v_x}{\mathrm{d}t} = \dfrac{\mathrm{d}^2x}{\mathrm{d}t^2} \\ a_y = \dfrac{\mathrm{d}v_y}{\mathrm{d}t} = \dfrac{\mathrm{d}^2y}{\mathrm{d}t^2} \\ a_z = \dfrac{\mathrm{d}v_z}{\mathrm{d}t} = \dfrac{\mathrm{d}^2z}{\mathrm{d}t^2}\end{array}\right\} \tag{7-10}$$

动点的加速度在直角坐标轴上的投影等于对应的速度投影对时间的一阶导数，也即等于动点的对应坐标对时间的二阶导数。

加速度的大小为：

$$a = \sqrt{a_x^2 + a_y^2 + a_z^2} \tag{7-11}$$

加速度的方向可由其方向余弦表示：

$$\left.\begin{array}{l}\cos(\boldsymbol{a},\boldsymbol{i}) = \dfrac{a_x}{a} \\ \cos(\boldsymbol{a},\boldsymbol{j}) = \dfrac{a_y}{a} \\ \cos(\boldsymbol{a},\boldsymbol{k}) = \dfrac{a_z}{a}\end{array}\right\} \tag{7-12}$$

应用方程组(7-4)~(7-12)可求解两类问题：

（1）已知(或据题意建立)点的运动方程，求点的速度、加速度。属数学中的微分运算。

（2）已知点的速度或加速度，求点的运动方程。属数学中的积分运算，此时积分常数要根据点运动的初始条件确定。

例7-1 直杆上的 A、B 两端各铰接一滑块,并分别沿两个相互垂直的滑槽运动。曲柄 OC 绕轴 O 转动,其端点 C 与 AB 杆的中点以铰链连接,如图7-5(a)所示。点 M 是直杆上的一点,已知 $MA=b$,$MB=a$,$\varphi=\omega t$(ω 为常量)。求动点 M 的运动方程、轨迹、速度和加速度。

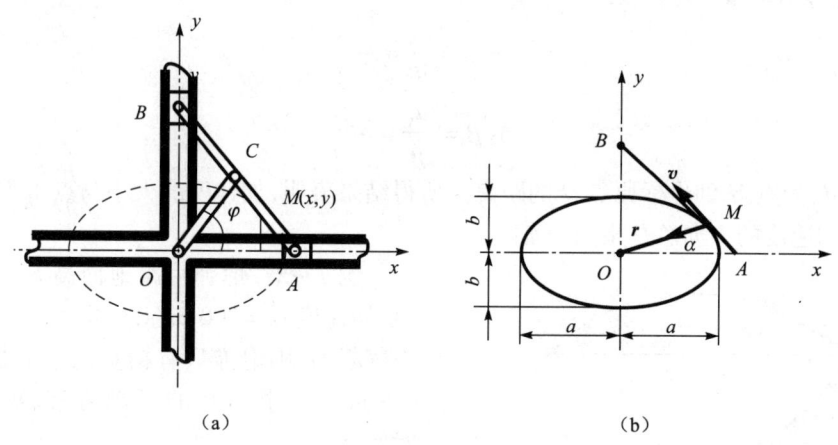

图7-5

解 (1)建立点 M 的运动方程。

取坐标轴如图7-5(a),因 $\angle MAO=\angle COA=\varphi$,所以点 M 的运动方程为:

$$\left.\begin{array}{l}x=BM\cos\varphi=a\cos\omega t\\ y=AM\sin\varphi=b\sin\omega t\end{array}\right\}$$

从运动方程中消去时间 t 得轨迹方程为:

$$\frac{x^2}{a^2}+\frac{y^2}{b^2}=1$$

这是椭圆方程,点 M 的轨迹为椭圆(图7-5(b))。杆 AB 上不同点的轨迹为参数不同的椭圆,图(a)所示的机构为一椭圆规尺。

(2)求点 M 的速度。

按式(7-6),有

$$v_x=\frac{\mathrm{d}x}{\mathrm{d}t}=-a\omega\sin\omega t=-\frac{a\omega}{b}y$$

$$v_y=\frac{\mathrm{d}y}{\mathrm{d}t}=b\omega\cos\omega t=\frac{b\omega}{a}x$$

速度的大小为:

$$v=\sqrt{v_x^2+v_y^2}=\frac{\omega}{ab}\sqrt{a^4y^2+b^4x^2}$$

速度的方向沿椭圆在该点的切线。

(3)求点 M 的加速度。

按式(7-10),有

$$a_x=\frac{\mathrm{d}v_x}{\mathrm{d}t}=-a\omega^2\cos\omega t=-\omega^2 x$$

$$a_y=\frac{\mathrm{d}v_y}{\mathrm{d}t}=-b\omega^2\sin\omega t=-\omega^2 y$$

加速度的大小为:

$$a = \sqrt{a_x^2 + a_y^2} = \omega^2 \sqrt{x^2 + y^2} = \omega^2 r$$

加速度的方向余弦为:

$$\cos \alpha = \frac{a_x}{a} = -\frac{x}{r}$$

$$\cos \beta = \frac{a_y}{a} = -\frac{y}{r}$$

式中:$r = OM$,为点 M 到坐标原点 O 的距离。所得结果表明,加速度的大小与点 M 到 O 轴的距离成正比,加速度的方向总是指向 O 轴。

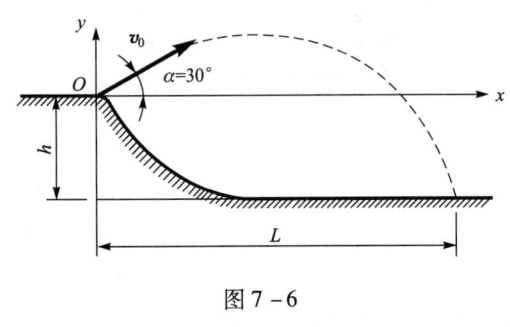

图 7-6

例 7-2 炮弹由距地面高 $h = 20$ m 处射出,初速度 $v_0 = 800$ m/s,射出角 $\alpha = 30°$。不计空气阻力,则炮弹只有铅垂向下的加速度 $g = 9.8$ m/s^2。求炮弹的运动方程、射程和飞行时间。

解 取炮口处为坐标原点,坐标系如图 7-6 所示。

按题意可知,炮弹飞行过程中有:

$$\left. \begin{array}{l} a_x = 0 \\ a_y = -g \end{array} \right\}$$

即

$$\left. \begin{array}{l} \dfrac{dv_x}{dt} = 0 \\ \dfrac{dv_y}{dt} = -g \end{array} \right\}$$

积分一次,得:

$$\left. \begin{array}{l} v_x = C_1 \\ v_y = -gt + C_2 \end{array} \right\} \quad (1)$$

式中:C_1、C_2 为积分常数。由运动的初始条件可知,当 $t = 0$ 时,初速度 $v_x = v_0 \cos \alpha$、$v_y = v_0 \sin \alpha$,代入式(1)确定积分常数的值:

$$\left. \begin{array}{l} C_1 = v_0 \cos \alpha \\ C_2 = v_0 \sin \alpha \end{array} \right\} \quad (2)$$

将式(2)代入式(1),可得到:

$$\left. \begin{array}{l} v_x = \dfrac{dx}{dt} = v_0 \cos \alpha \\ v_y = \dfrac{dy}{dt} = -gt + v_0 \sin \alpha \end{array} \right\} \quad (3)$$

将式(3)积分一次,得:

$$\left. \begin{array}{l} x = (v_0 \cos \alpha)t + C_3 \\ y = -\dfrac{1}{2}gt^2 + (v_0 \sin \alpha)t + C_4 \end{array} \right\} \quad (4)$$

由运动的初始条件可知,当 $t=0$ 时,初位置的坐标 $x=y=0$,代入式(4),确定积分常数:
$$C_3 = C_4 = 0 \tag{5}$$
将式(5)代入式(4),得动点的运动方程:
$$\left. \begin{array}{l} x = (v_0 \cos \alpha) t \\ y = -\dfrac{1}{2} g t^2 + (v_0 \sin \alpha) t \end{array} \right\} \tag{6}$$
代入题中给定数据,运动方程为:
$$\left. \begin{array}{l} x = 693 t \\ y = 400 t - 4.9 t^2 \end{array} \right\} \tag{7}$$

计算炮弹飞行时间,需应用炮弹落地点的坐标 $y = -h = -20$ m,将这一条件代入式(7)中的第二式,有
$$4.9 t^2 - 400 t - 20 = 0$$
解得:
$$t = 81.7 \text{ s}$$
计算炮弹的射程,即为求落地点的坐标 x,将飞行时间 t 代入式(7)中第一式,得射程:
$$L = 693 \times 81.7 = 56.6 \text{ km}$$

7.4 点的运动的弧坐标法

7.4.1 弧坐标和点的运动方程

当动点的运动轨迹已知时,可以将轨迹曲线视为坐标轴,确定每一瞬时动点在轨迹曲线上的位置。为此,在轨迹曲线上任选点 O 为参考点,规定轨迹上参考点的一侧为轨迹的正向,另一侧则为负向,如图 7-7 所示。某瞬时动点 M 的位置可以由轨迹上参考点 O 到动点 M 的曲线弧长 $s = \overset{\frown}{OM}$ 确定。当动点 M 位于轨迹的正向(负向)一侧时,弧长 s 取正值(负值)。称弧长 s 为**弧坐标**。动点 M 运动时,其弧坐标是时间 t 的单值连续函数,即:

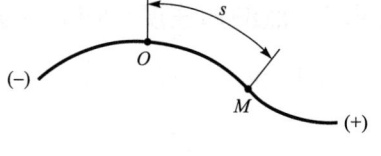

图 7-7

$$s = s(t) \tag{7-13}$$

式(7-13)为**动点的弧坐标形式的运动方程**。

7.4.2 点的速度

已知动点的轨迹和弧坐标形式的运动方程 $s = s(t)$,求动点的速度。

设在瞬时 t 动点位于点 M 处,其弧坐标为 s,矢径为 r,如图 7-8 所示。矢径 r 的大小和方向随弧坐标 s 而变化,即 $r = r[s(t)]$。按复合函数求导数法则,动点的速度:
$$v = \frac{\mathrm{d}r}{\mathrm{d}t} = \frac{\mathrm{d}r}{\mathrm{d}s} \cdot \frac{\mathrm{d}s}{\mathrm{d}t}$$
式中 $\dfrac{\mathrm{d}r}{\mathrm{d}s}$ 为一矢量,由图 7-8 不难看出其大小为:

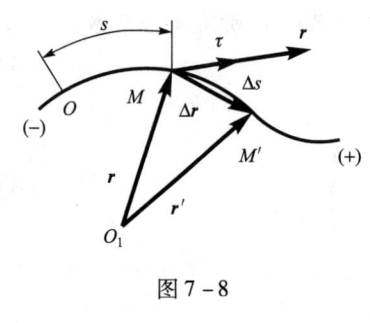

图 7-8

$$\left|\frac{d\boldsymbol{r}}{ds}\right| = \lim_{\Delta s \to 0}\left|\frac{\Delta \boldsymbol{r}}{\Delta s}\right| = 1$$

矢量 $\frac{d\boldsymbol{r}}{ds}$ 的方向为 $\Delta s \to 0$ 时 $\frac{\Delta \boldsymbol{r}}{\Delta s}$ 的极限方向。当 $\Delta s \to 0$ 时，$M' \to M$，所以 $\frac{\Delta \boldsymbol{r}}{\Delta s}$ 的极限方向沿轨迹在点 M 的切线，且无论动点 M 运动的方向如何，它总是指向弧坐标的正向。综上所述，矢量 $\frac{d\boldsymbol{r}}{ds}$ 是过动点 M 沿轨迹的切线且指向弧坐标正向的单位矢量，称该矢量为动点 M 的**切向单位矢量**，用 τ 表示，即：

$$\frac{d\boldsymbol{r}}{ds} = \boldsymbol{\tau}$$

于是有：

$$\boldsymbol{v} = \frac{ds}{dt}\boldsymbol{\tau} \tag{7-14}$$

因为 $\frac{ds}{dt}$ 是一个代数量，上式表明 $\frac{ds}{dt}$ 的绝对值等于速度的大小，其正负号给出速度的方向：当 $\frac{ds}{dt} > 0$ 时，速度 $\boldsymbol{v}$ 与 $\boldsymbol{\tau}$ 同向，即 $\boldsymbol{v}$ 沿轨迹在点 M 的切线并指向弧坐标正向；当 $\frac{ds}{dt} < 0$ 时，速度 $\boldsymbol{v}$ 与 $\boldsymbol{\tau}$ 反向，即 $\boldsymbol{v}$ 沿轨迹在点 M 的切线并指向弧坐标的负向。所以称 $\frac{ds}{dt}$ **为速度的代数值**，用 v 表示。这样，得到弧坐标法求速度的公式为：

$$\left.\begin{array}{l} \boldsymbol{v} = v\boldsymbol{\tau} \\ v = \dfrac{ds}{dt} \end{array}\right\} \tag{7-15}$$

7.4.3 点的加速度·切向加速度与法向加速度

将速度的弧坐标表达式(7-15)代入加速度公式(7-3)，有：

$$\boldsymbol{a} = \frac{d\boldsymbol{v}}{dt} = \frac{d(v\boldsymbol{\tau})}{dt}$$

$$\boldsymbol{a} = \frac{dv}{dt}\boldsymbol{\tau} + v\frac{d\boldsymbol{\tau}}{dt} \tag{7-16}$$

上式右端的第一部分反映速度代数值 v 对时间的变化率；第二部分反映切向单位矢量 $\boldsymbol{\tau}$ 的方向对时间的变化率，也代表速度方向的变化率。用弧坐标给定动点的运动后，第一部分是已知的，下面讨论第二部分。

当弧坐标 s 改变时，切向单位矢量 $\boldsymbol{\tau}$ 的方向随之改变，$\boldsymbol{\tau}$ 是弧坐标 s 的连续函数，即 $\boldsymbol{\tau} = \boldsymbol{\tau}[s(t)]$。按复合函数求导数法则，有：

$$\frac{d\boldsymbol{\tau}}{dt} = \frac{d\boldsymbol{\tau}}{ds} \cdot \frac{ds}{dt} = v\frac{d\boldsymbol{\tau}}{ds}$$

因此，式(7-16)中的第二部分为：

$$v\frac{d\boldsymbol{\tau}}{dt} = v^2\frac{d\boldsymbol{\tau}}{ds} \tag{7-17}$$

下面来确定矢量$\dfrac{\mathrm{d}\tau}{\mathrm{d}s}$的大小和方向。

设瞬时 t 动点 M 处的切向单位矢量为 τ，经时间间隔 Δt，动点在 M' 处的切向单位矢量为 τ'，切向单位矢量的增量为 $\Delta\tau=\tau'-\tau$，如图 7-9(a)所示。当 Δt 很小时，τ 与 τ' 之间的夹角 $\Delta\varphi$ 也很小，按图 7-9(b)中的等腰三角形可求得 $\Delta\tau$ 的大小为：

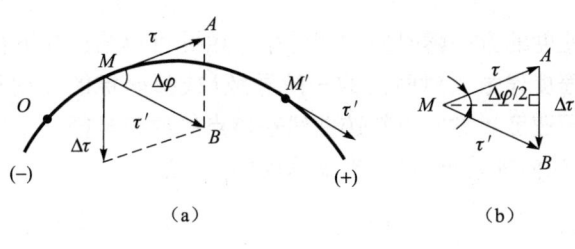

图 7-9

$$|\Delta\tau|=2|\tau|\sin\dfrac{\Delta\varphi}{2}\approx 2\cdot\dfrac{\Delta\varphi}{2}=\Delta\varphi$$

于是可以求得矢量$\dfrac{\mathrm{d}\tau}{\mathrm{d}s}$的大小为：

$$\left|\dfrac{\mathrm{d}\tau}{\mathrm{d}s}\right|=\lim_{\Delta s\to 0}\left|\dfrac{\Delta\tau}{\Delta s}\right|=\lim_{\Delta s\to 0}\dfrac{\Delta\varphi}{|\Delta s|}$$

式中：$\dfrac{\Delta\varphi}{|\Delta s|}$表示单位弧长上轨迹曲线切线的转角，其极限是动点的轨迹曲线在点 M 处的曲率，所以有：

$$\left|\dfrac{\mathrm{d}\tau}{\mathrm{d}s}\right|=\dfrac{1}{\rho}$$

式中：ρ 为轨迹曲线在点 M 处的曲率半径。

矢量$\dfrac{\mathrm{d}\tau}{\mathrm{d}s}$的方向是当 $\Delta s\to 0$ 时，$\Delta\tau$ 的极限方向。由图 7-9(a)可见 $\Delta\tau$ 所在的平面是过点 M、包含 τ 且与 τ' 平行的平面，即图中 ABM 所示的平面。当 $\Delta s\to 0$ 时，该平面随之以 τ 为轴转动，并趋向一极限位置。此极限位置的平面称为曲线在点 M 处的**密切面**。矢量$\dfrac{\mathrm{d}\tau}{\mathrm{d}s}$处在密切面内，其具体的方位和指向可如下确定：由图 7-9(a)可知，当 $\Delta s\to 0$ 时，$\Delta\varphi\to 0$，矢量$\dfrac{\Delta\tau}{\Delta s}$的极限位置与切向单位矢量 τ 垂直，即为轨迹曲线在点 M 处的主法线方位，并指向轨迹曲线内凹的一侧。

如果通过动点 M 引出一沿轨迹的主法线且指向轨迹曲线内凹一侧的单位矢量，记为 n，并称为**主法线单位矢量**，则综合对矢量$\dfrac{\mathrm{d}\tau}{\mathrm{d}s}$的大小和方向的讨论，有：

$$\dfrac{\mathrm{d}\tau}{\mathrm{d}s}=\dfrac{1}{\rho}\boldsymbol{n}$$

代入式(7-17)，有：

$$v\dfrac{\mathrm{d}\tau}{\mathrm{d}t}=v^2\dfrac{\mathrm{d}\tau}{\mathrm{d}s}=\dfrac{v^2}{\rho}\boldsymbol{n} \tag{7-18}$$

将这一结果代入式(7-16)，就得到用弧坐标法给定的加速度公式：

$$a = \frac{dv}{dt}\tau + \frac{v^2}{\rho}n \qquad (7-19)$$

结果表明,在弧坐标法中加速度被分解为正交的两项。加速度沿切线方向的分量 $a_\tau = \frac{dv}{dt}\tau$ 称为**切向加速度**,反映速度的代数值随时间的变化率;加速度沿主法线方向的分量 $a_n = \frac{v^2}{\rho}n$ 称为**法向加速度**,反映速度的方向随时间的变化率。由此可得结论如下:**动点的加速度在轨迹切线轴上的投影,等于速度代数值对时间的一阶导数(或弧坐标的二阶导数);加速度在轨迹主法线轴上的投影,等于速度平方除以轨迹曲线在该点的曲率半径**。

已知切向加速度和法向加速度,可求出加速度的大小:

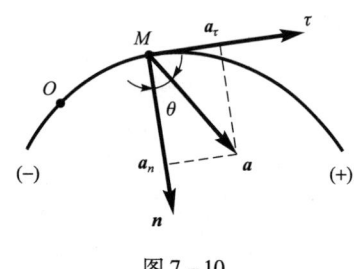

图 7-10

$$a = \sqrt{a_\tau^2 + a_n^2} = \sqrt{\left(\frac{dv}{dt}\right)^2 + \left(\frac{v^2}{\rho}\right)^2} \qquad (7-20)$$

加速度的方向用加速度与主法线间的夹角 θ(图 7-10)来确定:

$$\tan\theta = \frac{|a_\tau|}{a_n} \qquad (7-21)$$

显然加速度 a 总是偏向轨迹曲线的内凹一侧。

例 7-3 图 7-11 所示的小环 M 同时套在细杆 AB 和半径为 R(单位:m)的固定大圆环上。细杆绕大圆环上的点 A 匀速转动,与铅垂直径的夹角 $\varphi = \omega t$(φ 以 rad 计,t 以 s 计)。求小环的运动方程、速度和加速度。

解 取小环 M 为动点,其轨迹已知为大圆环。选定小环的初瞬时位置 C 作为参考点,顺时针方向为轨迹正向,如图 7-11 所示。

环 M 沿轨迹的运动方程为:

$$s = \overset{\frown}{CM} = 2\varphi R = 2\omega t R$$

环 M 的速度的代数值为:

$$v = \frac{ds}{dt} = 2\omega R$$

切向加速度的值为:

$$a_\tau = \frac{dv}{dt} = 0$$

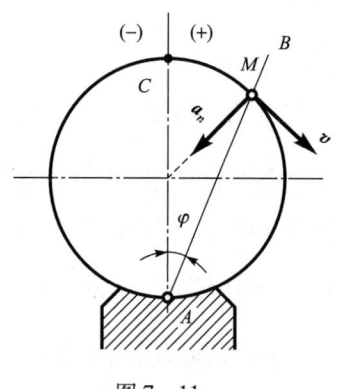

图 7-11

法向加速度的值为:

$$a_n = \frac{v^2}{\rho} = 4R\omega^2$$

加速度的大小为:

$$a = \sqrt{a_\tau^2 + a_n^2} = a_n = 4R\omega^2$$

加速度的方向:

$$\tan\theta = \frac{|a_\tau|}{a_n} = 0$$

速度和加速度的方向示于图 7-11 中。

小 结

（1）建立点的运动方程，就是要求给定点在空间的位置及其随时间的变化规律。可以用一矢量，或用直角坐标系的坐标，或用弧坐标等三种方法写出点的运动方程。只有在已知点的轨迹时才可应用弧坐标法，且需在轨迹上选定参考点并规定正负向。

（2）每一种建立点的运动方程的方法，都对应着一种求速度、加速度的方法。工程中用直角坐标法和弧坐标法求动点的速度和加速度，但这两种方法都是以矢量法为理论基础，由矢量法而导出的。

（3）弧坐标法是本章的难点。如何用弧坐标写运动方程、求速度和加速度等，需要理解并会运用。要特别注意了解切向加速度及法向加速度的物理意义，能在给定轨迹和弧坐标形式的运动方程的条件下，计算速度、切向加速度、法向加速度及加速度的大小和方向。

思考题

7-1 点作曲线运动时，点的位移、路程和弧坐标是否相同？为什么？

7-2 点作曲线运动时，量 v 与 v 有何不同？量 $\dfrac{\mathrm{d}v}{\mathrm{d}t}$ 和 $\dfrac{\mathrm{d}v}{\mathrm{d}t}$ 有何不同？

7-3 如果点在运动过程中恒有：
(1) $a_\tau = 0$；(2) $a_n = 0$；
(3) $a_\tau = $ 常数；(4) $a = 0$；
(5) $v = $ 常数，$a_n = $ 常数。
试用切向加速度和法向加速度的物理意义说明以上各情况下动点作怎样的运动。

习 题

7-1 动点在某瞬时的速度矢量和加速度矢量的几种情况如图所示，试指明其中哪些情况是运动中可能实现的，哪些情况是不可能实现的，并说明理由。

7-2 在水平面上方高为 20 m 的岸上的一点 D，用长 40 m 的绳系住一船 B。在 D 处以匀速 $u = 3$ m/s 将绳抽拉，使船靠岸。求在 5s 末瞬时船的速度。

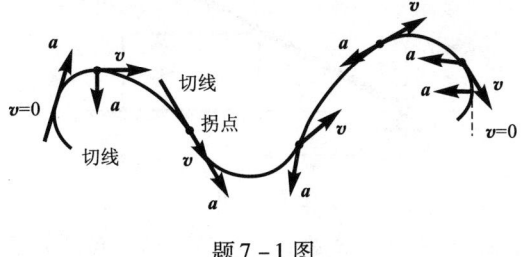

题 7-1 图

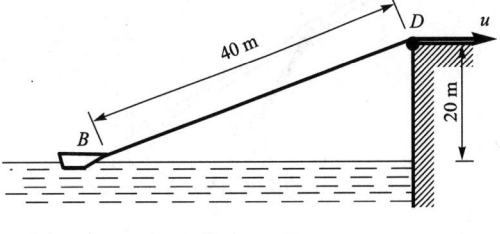

题 7-2 图

7-3 图示一曲线规尺,已知 $OA = AB = 20$ cm, $CD = DE = AC = AE = 5$ cm。若杆 OA 绕 O 轴转动时,与水平线的夹角按规律 $\alpha = \omega t$ 变化,式中 $\omega = \dfrac{\pi}{5}$ rad/s,求尺上点 D 的运动方程和轨迹。

7-4 雷达与火箭发射台的距离为 L,观察铅垂上升的火箭,测得角 θ 的变化规律为 $\theta = kt$ (k 为常数)。试写出火箭的运动方程,并计算 θ 的值为 $\dfrac{\pi}{6}$ 和 $\dfrac{\pi}{3}$ 时,火箭的速度和加速度。

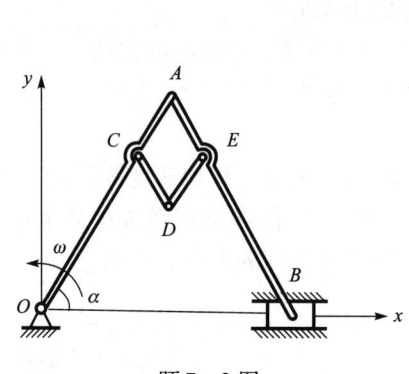

题 7-3 图

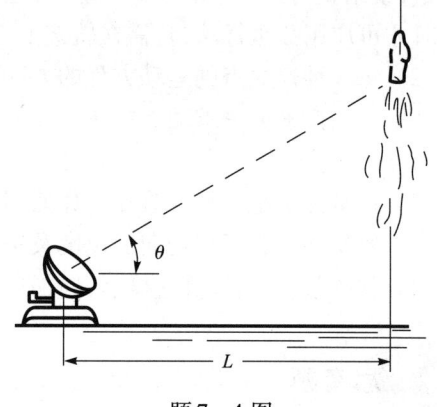

题 7-4 图

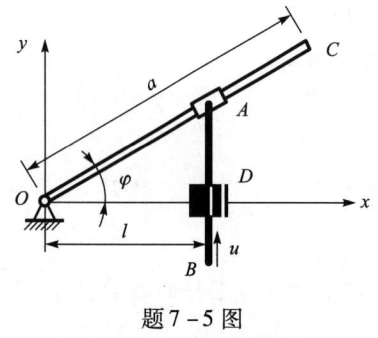

题 7-5 图

7-5 摇杆机构的滑杆 AB 以匀速 u 上升,并通过滑套 A 带动摇杆 OC 绕 O 轴转动。试建立摇杆 OC 上点 C 的运动方程,并求此点在 $\varphi = \dfrac{\pi}{4}$ 时速度的大小。假定初瞬时 $\varphi = 0$,摇杆长 $OC = a$,距离 $OD = l$。

7-6 升降机开始上升时加速度的大小为 a_0,以后随时间而均匀地减小,到 t_1 秒时减到零。如升降机的初速度 $v_0 = 0$,求升降机上升过程中所能达到的最大速度 $v_{\max}$,以及达到最大速度时所经过的距离 H。

7-7 摆杆机构由摆杆 AB、杆 OC 以及滑套 C 组成。由于杆 AB 绕 A 轴摆动,通过滑套 C 带动杆 OC 绕 O 轴摆动。$OA = OC = 20$ cm,设 φ 角的变化规律为 $\varphi = 2t^3$ rad,其中 t 以 s 计。求杆 OC 上点 C 的运动方程,并确定 $t = 0.5$ s 时点 C 的位置、速度和加速度。

7-8 由于各接触面为光滑面,绕轴 O 转动的杆 OA 推动物块 M 沿水平面滑动。已知 h 并假设 $\varphi = \omega t$ (ω 为常量),求物块 M 的速度和加速度。

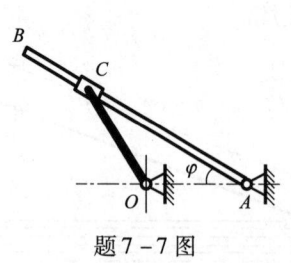

题 7-7 图

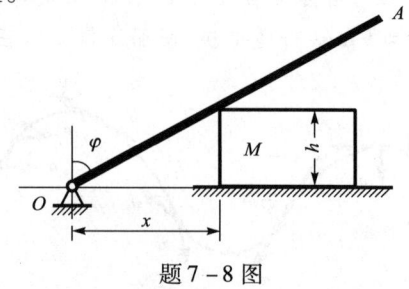

题 7-8 图

7-9 一动点的初速度为零,以匀切向加速度 a_τ 沿半径为 R 的圆周运动。问运动开始后经过多长时间,该点的切向加速度和法向加速度的大小相等。

第 8 章 刚体的基本运动

> **导言**
>
> - 本章研究刚体的平行移动和定轴转动两种刚体基本运动形式,描述刚体整体运动的特征,并给出刚体上点的运动与刚体整体运动的联系。
> - 刚体的基本运动形式在工程中得到广泛的应用。在解决点的运动学的深层次问题以及刚体的复杂运动问题时都以本章内容为理论基础。
> - 根据平行移动和定轴转动的特征识别作平动和作转动的刚体,并能根据刚体整体的运动确定刚体上点的运动,这是学习本章时必须注意的问题。

8.1 刚体的平行移动

刚体在运动过程中,其上任一直线始终与初始位置保持平行,则这种运动称为刚体的平行移动,简称平动。

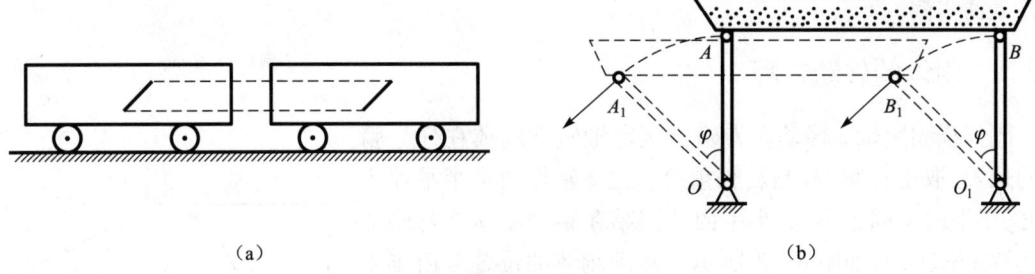

图 8-1

图 8-1(a)中所示沿直线轨道行驶的车厢,车厢上的任一直线始终平行于初始位置,车厢的运动即为平动。车厢上每一点的轨迹都是直线,这种平动称为直线平动。又如图 8-1(b)中所示摆动送料槽,摆杆长 $OA = O_1B$,且 $AB = OO_1$。运动过程中四边形 O_1OAB 总为平行四边形,直线 AB 始终与初始位置平行,送料槽上任一与 AB 相交的直线也始终与自己的初始位置平行,送料槽的运动也是平动。送料槽上任意点的轨迹是曲线,这种平动称为曲线平动。

在平动刚体上任选两点 A 和 B,以 r_A 和 r_B 分别表示点 A 和点 B 的矢径。刚体平动过程中此二矢量的矢端曲线就是点 A 和点 B 的运动轨迹,如图 8-2 中虚线所示。从点 A 向点 B 引

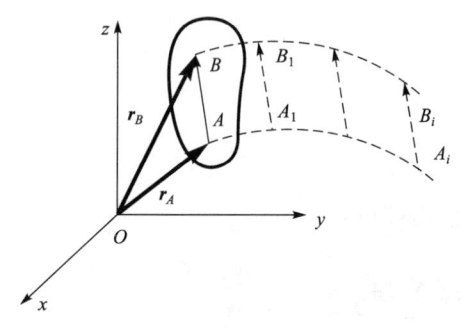

图 8-2

一矢量 $\overline{AB}$，当刚体平动时，该矢量的大小和方向均不改变，为一常矢量。于是由：

$$r_B = r_A + \overline{AB} \quad (8-1)$$

可知，点 A 的轨迹只要移动一段距离 AB，便与点 B 的轨迹完全重合，表明**刚体平动时，其上任意两点的轨迹完全相同，且相互平行**。例如，图 8-1(b) 中料槽上各点的轨迹都是半径相同的圆。

将式(8-1)两端对时间求一阶导数，注意到矢量 $\overline{AB}$ 为常矢量，则有：

$$\frac{dr_B}{dt} = \frac{dr_A}{dt}, \text{即 } v_B = v_A \quad (8-2)$$

式(8-2)两端对时间求一阶导数，则有：

$$a_B = a_A \quad (8-3)$$

表明刚体平动时，其上各点在同一瞬时具有相同的速度和相同的加速度。

综上所述，可将刚体平动的特征概括如下：**刚体平动时，其上各点轨迹形状相同且平行，同一瞬时各点的速度相同，各点的加速度相同**。由此可知，只要确定刚体上某一点的运动，则平动刚体上所有各点的运动便随之确定。

刚体平动的运动学问题，归结为点的运动学问题。

8.2 刚体绕固定轴的转动

刚体运动过程中，刚体内有一条直线始终保持不动，这种运动称为刚体绕固定轴的转动，简称定轴转动。不动的直线称为转轴。电动机的转子、机床的主轴、飞轮等物体的运动都是定轴转动的实例。

8.2.1 刚体的转动方程

刚体绕固定轴 z 转动。为确定该定轴转动刚体在任一瞬时的位置，取坐标轴 Oz 与转轴重合。过 z 轴作两个半平面 Ⅰ 和 Ⅱ，半平面 Ⅰ 固定不动，半平面 Ⅱ 固结在转动刚体上与刚体一起绕 z 轴转动，如图 8-3 所示。转动刚体的位置可由半平面 Ⅱ 的位置给定。以 φ 角表示半平面 Ⅱ 与半平面 Ⅰ 之间的夹角，并称 φ 角为刚体的**转角**。以弧度(rad)计。φ 角是代数量，动半平面 Ⅱ 相对定半平面 Ⅰ 的某一转向规定 φ 角取正值，则相反的转向 φ 角取负值。

刚体转动时，转角 φ 是时间的单值连续函数，即：

$$\varphi = \varphi(t) \quad (8-4)$$

称为**刚体的转动方程**。给定函数 $\varphi(t)$，定轴转动刚体在任一瞬时的位置可由该函数确定。

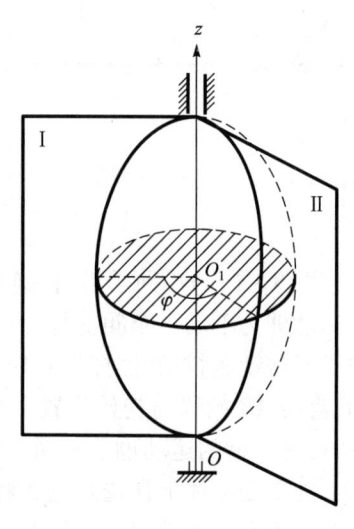

图 8-3

8.2.2 刚体的角速度和角加速度

用**角速度**来描述刚体转动的快慢程度,以 ω 表示。则应有:

$$\omega = \frac{d\varphi}{dt} \tag{8-5}$$

刚体的角速度等于转角对时间的一阶导数。角速度的单位是弧度/秒(rad/s)。角速度是代数量,$\omega > 0$ 时,刚体按规定的转角正向转动;$\omega < 0$ 时,刚体按规定的转角负向转动。**角速度的方向就是刚体转动的方向**。

工程中转动的快慢程度用每分钟的转数 n 来表示,称为**转速**,其单位为转/分(r/min)。角速度 ω 与转速 n 的换算关系为:

$$\omega = \frac{2n\pi}{60} = \frac{n\pi}{30} \tag{8-6}$$

用**角加速度**来描述角速度变化的快慢程度,以 ε 表示。则应有:

$$\varepsilon = \frac{d\omega}{dt} = \frac{d^2\varphi}{dt^2} \tag{8-7}$$

刚体的角加速度等于角速度对时间的一阶导数或转角对时间的二阶导数。角加速度的单位是弧度/秒^2(rad/s^2)。角加速度是代数量。当 ε 与 ω 同号时,ω 的绝对值随时间增大,刚体加速转动;当 ε 与 ω 异号时,ω 的绝对值随时间减小,刚体减速转动。由角加速度 ε 的正负号不能判定刚体转动的方向。

8.3 定轴转动刚体内各点的速度和加速度

给定定轴转动刚体的角速度和角加速度,可求刚体内任一点的速度和加速度。

图 8-4(a)中所示的转动刚体,已知转动方程 $\varphi(t)$、角速度 ω、角加速度 ε,在刚体上任选一点 M,它到转轴的距离 R 称为该点的**转动半径**,下面研究点 M 的运动。

转动刚体上的任意点 M 在转轴的垂面内作圆周运动,其圆心是该垂面与轴的交点 O(图 8-4(b))。下面用弧坐标法研究点 M 的运动。

选定刚体转角 φ 为零时,点 M 所在的位置 M_0 为参考点,以 φ 角的正向作为轨迹的正向,则点 M 的弧坐标为:

$$s = R\varphi$$

点 M 速度的代数值为:

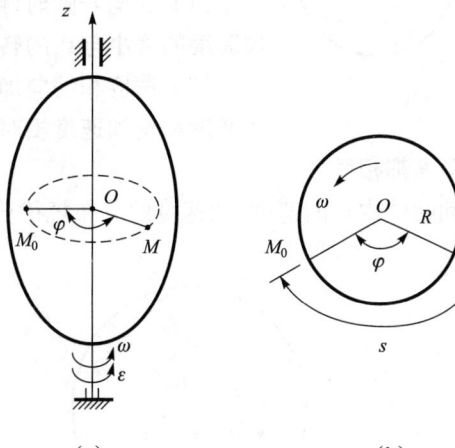

图 8-4

$$v = \frac{ds}{dt} = R\frac{d\varphi}{dt}$$

按式(8-5),有

$$v = R\omega \tag{8-8}$$

转动刚体上任一点的速度的代数值等于刚体的角速度与该点转动半径的乘积。速度的方向垂直于转动半径,且与刚体转动的方向一致,如图 8-4(b)所示。

点 M 的切向加速度和法向加速度的值分别为:

$$a_\tau = \frac{d v}{d t} = \frac{d}{d t}(R\omega)$$

$$a_n = \frac{v^2}{\rho} = \frac{R^2 \omega^2}{R}$$

即

$$\left.\begin{array}{l} a_\tau = R\varepsilon \\ a_n = R\omega^2 \end{array}\right\} \quad (8-9)$$

转动刚体上任一点的切向加速度的值等于刚体的角加速度与该点转动半径的乘积,其方向与转动半径 R 垂直,当 $\varepsilon>0$ 时,a_τ 指向转角 φ 的正向,否则相反;点的法向加速度的值等于刚体角速度的平方与该点转动半径的乘积,其方向沿转动半径指向转轴。

点 M 的加速度的大小为:

$$a = \sqrt{a_\tau^2 + a_n^2}$$

即

$$a = R\sqrt{\varepsilon^2 + \omega^4} \quad (8-10)$$

点 M 加速度的方向可由下式确定:

$$\tan\theta = \frac{|a_\tau|}{a_n} = \frac{|\varepsilon|}{\omega^2} \quad (8-11)$$

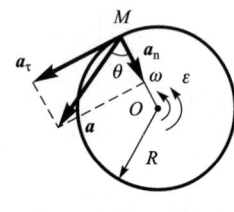

图 8-5

式中:角 θ 为加速度 a 与点 M 轨迹的主法线的夹角,如图 8-5 所示。

转动刚体内点的速度、加速度的分布规律可总结如下:

(1)在同一瞬时,刚体内各点的速度、切向加速度、法向加速度及加速度的大小与点的转动半径的值成正比。

(2)速度和切向加速度的方向与转动半径相垂直,其指向分别与角速度和角加速度相对应。在同一瞬时,各点的加速度与该点转动半径的夹角 θ 都相同。

转动刚体内点的速度、加速度的分布规律分别如图 8-6(a)和(b)所示。

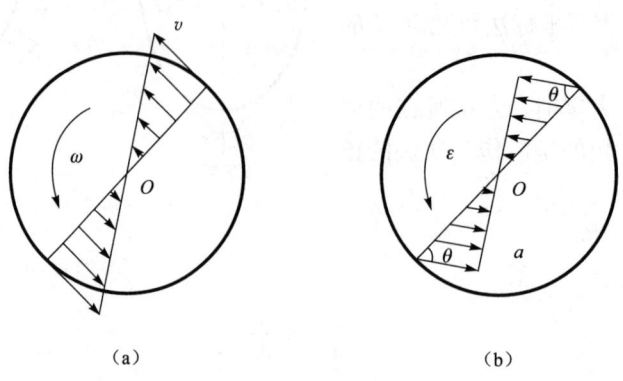

图 8-6

例8-1 鼓轮 O 按转动方程 $\varphi = 2t^2 - t^3$（φ 以 rad 计，t 以 s 计）带动物块 A 运动。鼓轮半径 $r = 0.2$ m，求 $t = 1$ s 时轮缘上点 M 及物块 A 的速度和加速度。

解 鼓轮的角速度和角加速度分别为：

$$\omega = \frac{d\varphi}{dt} = 4t - 3t^2$$

$$\varepsilon = \frac{d\omega}{dt} = 4 - 6t$$

代入 $t = 1$ s，得该瞬时角速度和角加速度的值分别为 $\omega = 1$ rad/s，$\varepsilon = -2$ rad/s²。二者的方向分别示于图8-7中。

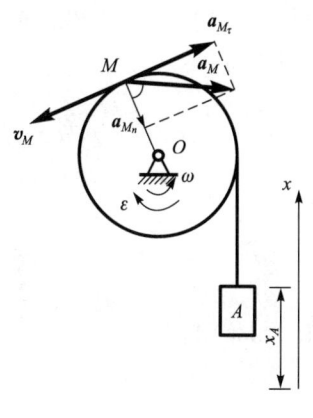

图8-7

求轮缘上点 M 的速度和加速度。

由式(8-8)得点 M 的速度代数值为：

$$v_M = r\omega = 0.2 \text{ m/s}$$

由式(8-9)得点 M 的切向加速度和法向加速度的值为

$$a_{M_\tau} = r\varepsilon = -0.4 \text{ m/s}^2$$

$$a_{M_n} = r\omega^2 = 0.2 \text{ m/s}^2$$

由式(8-10,8-11)得点 M 加速度的大小和方向：

$$a_M = \sqrt{a_{M_\tau}^2 + a_{M_n}^2} = 0.45 \text{ m/s}^2$$

$$\theta = \arctan\frac{|\varepsilon|}{\omega^2} = 63.4°$$

求物块 A 的速度和加速度。

物块 A 作直线运动。以 $t = 0$ 时物块 A 的位置为坐标原点，选 x 轴如图8-7所示。物块 A 的运动方程为：

$$x_A = r\varphi$$

于是可求点 A 作直线运动的速度和加速度：

$$v_A = \frac{dx_A}{dt} = r\frac{d\varphi}{dt} = r\omega = v_M$$

$$a_A = \frac{dv_A}{dt} = r\frac{d\omega}{dt} = r\varepsilon = a_{M_\tau}$$

说明物块 A 的速度和加速度的大小分别等于轮缘上点 M 的速度和切向加速度的大小。在 $t = 1$ s 时，有：

$$v_A = 0.2 \text{ m/s}; \qquad a_A = -0.4 \text{ m/s}^2$$

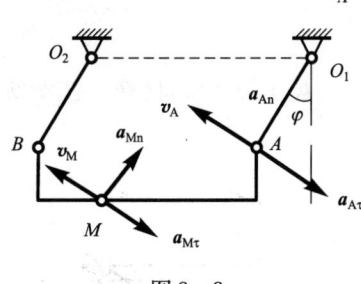

图8-8

例8-2 荡木用两条等长的钢索平行吊起，钢索长为 l，摆动规律为 $\varphi = \varphi_0 \sin\frac{\pi}{4}t$，$l$ 以 cm 计，φ_0 以 rad 计，t 以 s 计。求 $t = 1$ s 时荡木上点 M 的速度和加速度。

解 荡木运动过程中，四边形 O_1ABO_2 总是一平行四边形，判定荡木 AB 作曲线平动，钢索 O_1A 和 O_2B 按相同的规律分别以 O_1 和 O_2 为轴作定轴转动。根据刚体平动的特征,荡木上的点 M 和点 A 有相同的轨迹、速度和加速度。点 A 又是转动刚体 O_1A 上的一点,所以求得:

$$v_M = v_A = l\frac{\mathrm{d}\varphi}{\mathrm{d}t} = \frac{\pi}{4}l\varphi_0 \cos\frac{\pi}{4}t$$

$$a_{M_\tau} = a_{A_\tau} = l\frac{\mathrm{d}^2\varphi}{\mathrm{d}t^2} = -\frac{\pi}{16}l\varphi_0 \sin\frac{\pi}{4}t$$

$$a_{M_n} = a_{A_n} = l\left(\frac{\mathrm{d}\varphi}{\mathrm{d}t}\right)^2 = \frac{\pi^2}{16}l\varphi_0^2 \cos^2\frac{\pi}{4}t$$

在 $t = 1$ s 时,有:

$$v_M = v_A = \frac{\sqrt{2}}{8}\pi l\varphi_0$$

$$a_{M_\tau} = a_{A_\tau} = -\frac{\sqrt{2}}{32}\pi^2 l\varphi_0$$

$$a_{M_n} = a_{A_n} = \frac{1}{32}\pi^2 l\varphi_0^2$$

小 结

(1) 刚体的平行移动是刚体的最简单的运动形式。刚体平动时其上每一直线都始终平行于其自身的初始位置。

刚体平动时,刚体上各点轨迹的形状相同且平行;刚体上各点具有相同的速度和加速度。刚体平动的运动学问题,归结为点的运动学问题。

(2) 刚体的定轴转动也是刚体的最简单的运动形式。刚体运动过程中,如其上有两点不动,则刚体以两点的连线为轴作定轴转动。

定轴转动刚体运动的几何性质是用三个几何量来描述的,即转角 φ、转动快慢的量度 $\omega = \frac{\mathrm{d}\varphi}{\mathrm{d}t}$、转动快慢的变化的量度 $\varepsilon = \frac{\mathrm{d}\omega}{\mathrm{d}t}$。上述三者分别称为转动刚体的转动方程、转动角速度、转动角加速度。

(3) 转动刚体运动的几何性质确定后,转动刚体上任一点的运动随之唯一确定。转动刚体内的点在转轴的垂面内作圆周运动,用弧坐标法给定点的运动方程 $s = 2\varphi$,点的速度、切向加速度、法向加速度即可按式(8-5)~式(8-11)相应求出。

思考题

8-1 图 8-9 所示悬挂重物的绳绕在鼓轮上,绳上点 C 与轮上点 C' 相接触。当重物上升时此两点的速度、加速度相同,当重物下降时如何? 为什么?

8-2 判断图 8-10 中鼓轮的角速度是否可如下计算:由

$$\tan\varphi = \frac{x}{R}$$

所以有

$$\omega = \frac{\mathrm{d}\varphi}{\mathrm{d}t} = \frac{\mathrm{d}}{\mathrm{d}t}\left(\arctan\frac{x}{R}\right)$$

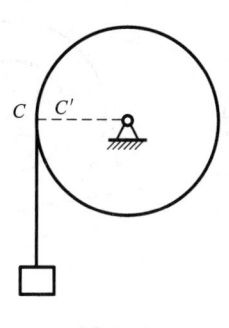

图 8-9

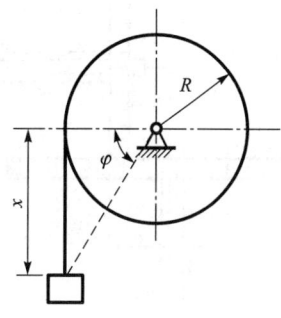

图 8-10

习 题

8-1 平行连杆机构中,曲柄长 $O_1A = O_2B = 20$ cm,连杆长 $AB = O_1O_2$。曲柄 O_1A 以匀转速 $n = 320$ r/min 转动,求连杆 AB 的中点 C 的速度和加速度。

8-2 定轴转动刚体内的一点 A 与转轴相距 $R = 60$ cm,按规律 $s = 6t + 2t^3$ (s 以 cm 计,t 以 s 计)运动。求 $t = 3$ s 时刚体的角速度和角加速度。

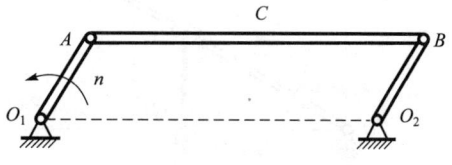

题 8-1 图

8-3 飞轮半径 $R = 2$ m,由静止开始匀加速转动,经 10 s 后,轮缘上点的速度大小 $v = 100$ m/s。求 $t = 15$ s 时飞轮边缘上点的速度、切向加速度和法向加速度的大小。

8-4 飞轮边缘上一点 A 的速度大小 $v_A = 50$ cm/s,和点 A 在同一半径上的点 B 的速度大小 $v_B = 10$ cm/s,距离 $AB = 20$ cm,求飞轮的角速度及其直径。

8-5 摩擦传动机构如图示,主动轴 I 的转速 $n = 600$ r/min。轴 I 的轮盘与轴 II 的轮盘接触,接触点按箭头 A 所示的方向移动,距离 d 的变化规律为 $d = 10 - 0.5t$,其中 d 以 cm 计,t 以 s 计。已知 $r = 5$ cm,$R = 15$ cm。求:(1)以距离 d 表示轴 II 的角加速度;(2)当 $d = r$ 时,轮 B 边缘上一点的加速度。

8-6 图示电动绞车由皮带轮 I 和轮 II 及鼓轮 III 组成,鼓轮 III 和皮带轮 II 固结在同一轴上。各轮的半径分别为 $r_1 = 30$ cm,$r_2 = 75$ cm,$r_3 = 40$ cm。轮 I 的转速 $n = 100$ r/min,设皮带与轮之间无滑动,求重物 M 上升的速度以及皮带 AB、BC、CD、DA 各段上点的加速度的大小。

8-7 图示机构中杆 AB 沿铅直滑道以匀速 u 上升,开始时 $\varphi = 0$,求当 $\varphi = \frac{\pi}{4}$ 时,摇杆 OC 的角速度和角加速度。

8-8 小环 A 沿半径为 R 的固定圆环以匀速 v_0 运动,带动穿过小环的摆杆 OB 绕 O 轴转动。求摆杆 OB 的角速度和角加速度。若 $OB = l$,求点 B 的速度和加速度。

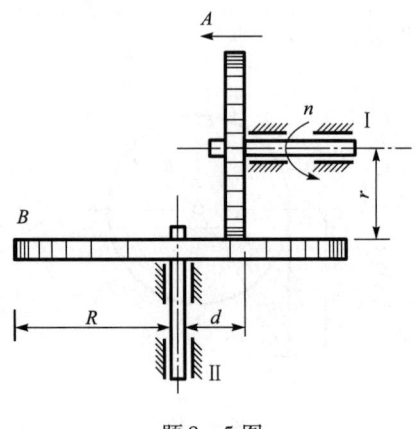

题 8-5 图

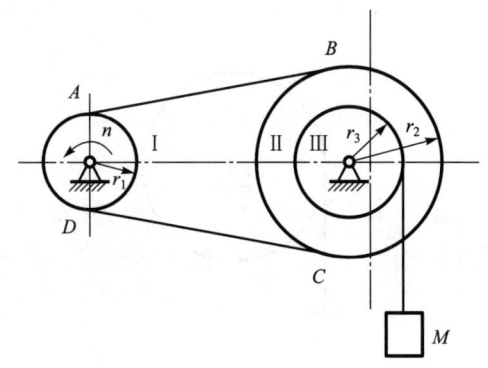

题 8-6 图

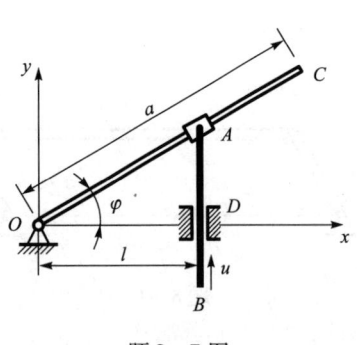

题 8-7 图

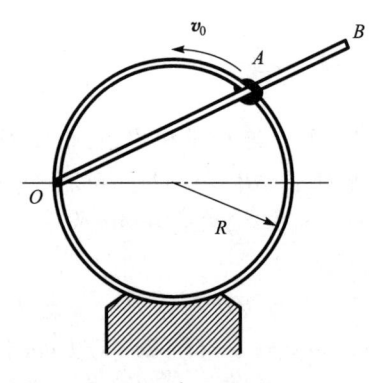

题 8-8 图

第9章 点的合成运动

> **导言**

- 本章提出了动点运动的合成与分解的有关概念,建立了定量描述速度合成与分解及加速度合成与分解的公式,着重强调了解决点的合成运动问题的基本方法。
- 动点运动的合成与分解,其实质是确定动点相对不同参考系的运动之间的关系,这在理论上和实际应用中都具有重要的意义。
- 点的运动学和刚体的基本运动是本章的基础知识,掌握这些知识是学习本章的前提条件。

9.1 点的合成运动的概念

9.1.1 运动的合成与分解

在观察和描述点的运动时,如果选择不同的参考系,将会得到不同的结果。例如在图 9-1(a)中,车轮沿直线轨道滚动。如在车上观察轮缘上点 M 的运动,由于点 M 与车轴(点 O')距离不变,看到点 M 的轨迹是一个圆。如在地面上观察,轮缘上点 M 的轨迹是一旋轮线,如图 9-1(a)中虚线所示。又如在图 9-1(b)中,桥式起重机的桥架保持静止,卷扬车沿桥架匀速运动并起吊重物。在卷扬车上观察重物的运动是沿铅垂直线上升,在地面上观察重物的运动是沿图中虚线所示的平面曲线运动。

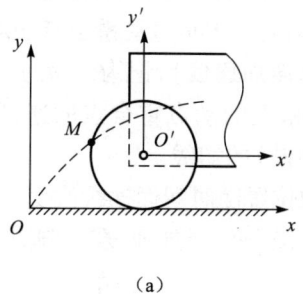
(a)

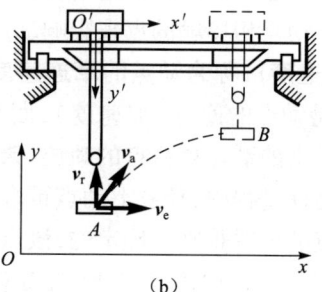
(b)

图 9-1

在不同的参考体上观察同一点的运动,其结果不同,这就是运动的相对性。在研究与运动相对性有关的点的运动学问题时,将所研究(观察)的点称为**动点**,将固结在运动参考体上的参考系称为**动系**,将固结在地面上的参考系称为**定系**。在图9-1(a)所示的例中,轮缘上的点 M 为动点,固结在车上(轮轴 O' 上)的参考系 $O'x'y'$ 为动系;在图9-1(b)所示的例中,起吊的重物为动点,固结在卷扬车上的参考系 $O'x'y'$ 为动系。两例中的定系 Oxy 都固结在地面上。

绝对静止的物体并不存在,所谓动系、定系都是相对而言,是人为定义的。通常是取固结在地面(或相对地面静止的物体)上的参考系作为定系。

动点相对于定系的运动,可由动点相对于动系的运动和动系相对于定系的运动合成而得到。动点相对于定系的运动,可以分解为动点相对于动系的运动和动系相对于定系的运动。这就是动点运动的合成与分解。

9.1.2 关于三种运动

在研究动点运动的合成与分解问题时,是要在两个参考系上观察一个点的运动,并要建立所观察的结果的关系,这就需要明确地定义三种运动:

(1) **动点相对于定系的运动,称为绝对运动**。它是在定系上所观察到的动点的运动。
(2) **动点相对于动系的运动,称为相对运动**。它是在动系上所观察到的动点的运动。
(3) **动系相对于定系的运动,称为牵连运动**。它是在定系上所观察到的动系的运动。

绝对运动和相对运动都是指点的运动。牵连运动则是指参考体的运动,即刚体的运动。据此前已研究过的刚体运动形式,牵连运动可分为平动或定轴转动两种。

在图9-1(a)所示的例中,动点 M 的绝对运动轨迹是图中虚线所示的旋轮线,相对运动轨迹是以轮轴 O' 为圆心的圆。牵连运动是车身的直线平动。在图9-1(b)所示的例中,动点 A(重物)的绝对运动轨迹是图中虚线所示的平面曲线,相对运动轨迹是沿动系 y' 轴的铅垂直线。牵连运动是卷扬车的直线平动。

9.1.3 关于三种速度(加速度)

(1) **动点相对定系运动的速度(加速度),称为绝对速度(绝对加速度)**,记为 $v_a(a_a)$。动点的绝对速度沿绝对轨迹的切线。

(2) **动点相对动系运动的速度(加速度),称为相对速度(相对加速度)**,记为 $v_r(a_r)$。动点的相对速度沿相对轨迹的切线。

(3) 由于动系的运动是刚体的运动,对于非平动的刚体,其上各点的运动都不完全相同,而动系是通过它与动点相接触的点来影响动点运动的。于是将**动系上与动点相重合的一点相对定系的速度(加速度),称为动点的牵连速度(牵连加速度)**,记为 $v_e(a_e)$。动点的牵连速度(牵连加速度)不是动点的速度(加速度),而是动系上的动点重合点的速度(加速度)。**动点的牵连速度沿动系上的动点重合点的轨迹(牵连轨迹)的切线**。

在动点相对运动过程中,动系上动点重合点的位置随时间而连续改变。但在指定的瞬时,动系上动点重合点的位置是唯一确定的,该点的轨迹、速度(加速度)就随之唯一地确定,即在指定瞬时牵连轨迹、速度(加速度)是唯一确定的。

在图9-1(b)所示例中,动点的绝对速度 v_a 沿虚线所示绝对轨迹的切线。动点的相对速度 v_r 沿相对轨迹 y' 轴所给定的铅垂直线。动点的牵连速度 v_e,它是动系 $O'x'y'$ 上与重物 A 相重合点的速度,由于动系随卷扬车平动,其上各点的速度相同,所以牵连速度 v_e 即为卷扬车的速度,如图 9 – 1(b)中所示。

例 9 – 1 小环 M 套在直杆 OA 及固定圆环 O_1 上,小环 M 按规律 $s = s(t)$ 沿圆环 O_1 运动,并带动直杆 OA 绕在圆环上的 O 轴转动,如图 9 – 2 所示。试分析小环 M 的三种运动和三种速度。

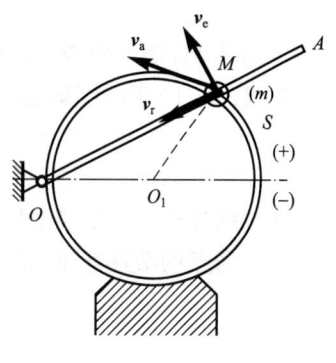

图 9 – 2

解 (1) 确定动点,选参考系。

动点:小环 M。

动系:固结在直杆 OA 上的参考系。

定系:地面,也即固定在地面上的圆环 O_1。

(2) 运动分析。

绝对运动:小环 M 沿固定圆环 O_1 的圆周运动。

相对运动:小环 M 沿运动的 OA 杆的直线运动。

牵连运动:动系(即杆 OA)绕 O 轴的定轴转动。

(3) 速度分析。

绝对速度 v_a:小环 M 沿固定圆环 O_1 运动的速度,其方位沿圆环 O_1 的切线。

相对速度 v_r:小环 M 沿杆 OA 运动的速度,其方位沿直杆 OA。

牵连速度 v_e:动系 OA 上与小环 M 相重合的点 m 运动的速度,即转动刚体 OA 上点 m 的速度,其方位垂直于点 m 与转轴 O 的连线。

三种速度 v_a、v_r、v_e 均示于图 9 – 2 中,图中各速度的指向均为假定的。

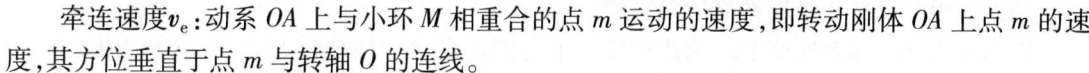

9.2 点的速度合成定理

本节将建立定量地描述速度合成与分解的关系式,给出绝对速度、相对速度、牵连速度三者的关系。

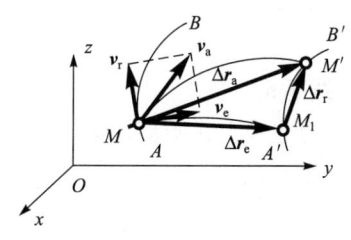

图 9 – 3

设有动点 M 沿不变形的曲线 AB 作相对运动,将该曲线视为动系,它又相对定系 $Oxyz$ 作牵连运动。在瞬时 t,动点、动系的位置示于图 9 – 3 中。经时间间隔 Δt,动系 AB 运动到新的位置 $A'B'$,动点 M 也到达新的位置 M'。下面对这一运动过程进行分析。

在定系 $Oxyz$ 上观察这一运动过程,观察到动点 M 沿弧线 $\overset{\frown}{MM'}$ 到达新位置 M'。弧线 $\overset{\frown}{MM'}$ 为动点的绝对轨迹。从初位置 M 向末位置 M' 引一矢量,记为 Δr_a,该矢量则为在时间间隔 Δt 中动点 M 的**绝对位移**。此外还观察到动系 AB 上动点 M 的重合点沿弧线 $\overset{\frown}{MM_1}$ 到达新位置 M_1。弧线 $\overset{\frown}{MM_1}$ 为动系上动点重合点的轨迹,即牵连轨迹。从初位置 M 向末位置 M_1 引一矢量,记为 Δr_e,该矢量则为在时间间隔 Δt 中动点的**牵连位移**。

在动系 AB(即 $A'B'$)上观察这一运动过程,则只观察到动点在动系上的运动,从初位置 M_1 沿弧线 $\overset{\frown}{M_1M'}$ 到达新位置 M'。显然,弧线 $\overset{\frown}{M_1M'}$ 为动点的相对轨迹,由 M_1 引向 M' 的矢量 Δr_r 即为动点在时间间隔 Δt 中的**相对位移**。

由图 9-3 可见三个位移矢量的关系为

$$\Delta r_a = \Delta r_e + \Delta r_r \tag{9-1}$$

式(9-1)表明,**动点的绝对位移是相对位移和牵连位移的矢量和**。

将式(9-1)两端同除 Δt,并令 $\Delta t \to 0$,取极限,得到:

$$\lim_{\Delta t \to 0} \frac{\Delta r_a}{\Delta t} = \lim_{\Delta t \to 0} \frac{\Delta r_e}{\Delta t} + \lim_{\Delta t \to 0} \frac{\Delta r_r}{\Delta t}$$

由速度的定义式(7-2)知,上式左端即为动点的绝对速度 v_a。按牵连速度的定义知,上式右端第一项为动点的牵连速度,即:

$$\lim_{\Delta t \to 0} \frac{\Delta r_e}{\Delta t} = v_e$$

由相对速度的定义知,上式右端第二项为动点的相对速度,即:

$$\lim_{\Delta t \to 0} \frac{\Delta r_r}{\Delta t} = v_r$$

于是有:

$$v_a = v_e + v_r \tag{9-2}$$

式(9-2)给出了速度合成与分解的关系式,称为**速度合成定理**:**在每一瞬时动点的绝对速度等于动点的相对速度和牵连速度的矢量和**。

以相对速度 v_r 和牵连速度 v_e 为边构成一平行四边形,绝对速度 v_a 为该平行四边形的对角线,并称此四边形为**速度四边形**。式(9-2)中每一矢量都由大小和方向两个因素确定,当式中六个因素中已知四个时,速度四边形即可作出,并可从速度四边形上求解另两个因素。

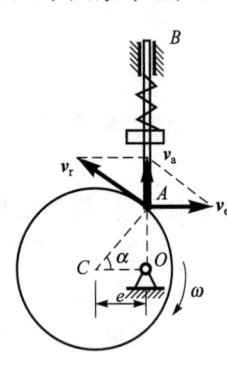

图 9-4

例 9-2 圆凸轮半径为 r,偏心 $OC = e$,以匀角速度 ω 转动,推动顶杆 AB 沿铅直滑道运动,如图 9-4 所示。已知转轴 O 位于 AB 延长线上,求当 $OC \perp OA$ 时,顶杆 AB 的速度。

解 (1) 选顶杆 AB 上的点 A 为动点,凸轮 O 为动系,地面为定系。

(2) 运动分析。

绝对运动:动点 A 沿铅直线 AB 作直线运动。

相对运动:动点 A 在动系即圆形凸轮的边缘上作圆周运动。

牵连运动:动系即圆凸轮绕轴 O 作定轴转动。

(3) 速度分析。

绝对速度 v_a:为待求的杆 AB 平动的速度,其方位铅直,指向待定。

相对速度 v_r:大小未知,方位沿相对轨迹即凸轮圆周的切线,指向待定。

牵连速度 v_e:为凸轮边缘上的点 A 的速度,按转动刚体上点的速度的计算式,$v_e = OA \cdot \omega$,其方位垂直于转动半径 OA,指向与 ω 的转向一致。

速度分析结果列于下表:

	v_a	v_e	v_r
大小	未知	$OA \cdot \omega$	未知
方向	沿 AB	$\perp OA$	$\perp CA$

(4) 画速度四边形,求未知量。

先画出大小和方向均为已知的速度四边形的边v_e,然后按对角线v_a的方位及另一边v_r的方位,画出速度四边形如图示,并由速度四边形确定v_a和v_r的指向。

由速度四边形解得:

$$v_a = \frac{v_e}{\tan \alpha} = OA\omega \frac{OC}{OA} = e\omega$$

例9-3 推杆EF以速度v在水平滑道内运动,用连接在E端的套筒带动平行连杆机构运动。已知平行连杆机构中$O_1A = O_2B = l$,$O_1O_2 = AB$,求曲柄O_1A的角速度(图9-5)。

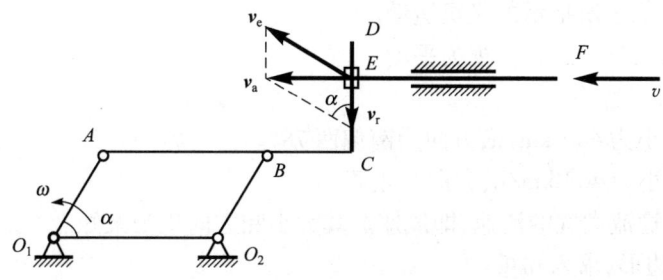

图9-5

解 (1) 取杆EF上的套筒E为动点,杆AD为动系,地面为定系。

(2) 运动分析。

绝对运动:套筒E沿水平直线运动。

相对运动:套筒在杆AD的CD段作直线运动。

牵连运动:动系(杆AD)作曲线平动。

(3) 速度分析。

绝对速度v_a:为套筒E随EF杆运动的速度v。

相对速度v_r:大小未知,方位沿CD直线,指向待定。

牵连速度v_e:为杆AD上的点E的速度。由于杆AD作平动,其上各点的速度相同,所以牵连速度等于杆AD上点A的速度。从$v_e = v_A$可知,牵连速度的方位垂直于O_1A,大小待求,指向待定。

速度分析结果列于下表:

	v_a	v_e	v_r
大小	v	未知	未知
方向	水平向左	$\perp O_1A$	沿CD

(4) 画速度四边形,求未知量。

先画大小和方向均为已知的速度四边形的对角线v_a,然后按速度四边形两个边v_e和v_r的方位,画出速度四边形如图9-5所示。

由速度四边形解得:

$$v_e = \frac{v_a}{\sin \alpha} = \frac{v}{\sin \alpha}$$

曲柄 O_1A 的角速度为：

$$\omega = \frac{v_A}{l} = \frac{v_e}{l} = \frac{v}{l\sin\alpha}$$

例 9-4 飞机在稳定流动的大气中飞行。地面雷达观测飞机速度为 480 km/h，飞行方向为南偏西 78°。机上仪表指示飞行速度为 400 km/h，飞行方向为正西。求风速和风向。

解 （1）取飞机为动点，稳定流动的大气为动系，地面为定系。

（2）运动分析。

绝对运动：地面雷达所观测的飞机运动。

相对运动：机上仪表所指示的飞机运动。

牵连运动：稳流大气的运动。视为平动。

（3）速度分析。

绝对速度 v_a：大小为 480 km/h，方向为南偏西 78°。

相对速度 v_r：大小为 400 km/h，方向为正西。

牵连速度 v_e：为稳流大气的流速，即风速。其大小和方向均为未知。

（4）画速度四边形，求未知量。

由速度四边形的已知边 v_r 和对角线 v_a，画出速度四边形如图 9-6 所示，并解得：

$$v_e = \sqrt{v_a^2 + v_r^2 - 2v_a v_r \cos 12°}$$
$$= 122 \text{ km/h}$$

由

$$\frac{v_a}{\sin\varphi} = \frac{v_e}{\sin 12°}$$

解得 $\varphi = 125°$

本例题答案为：风速 122 km/h，风向南偏西 35°。

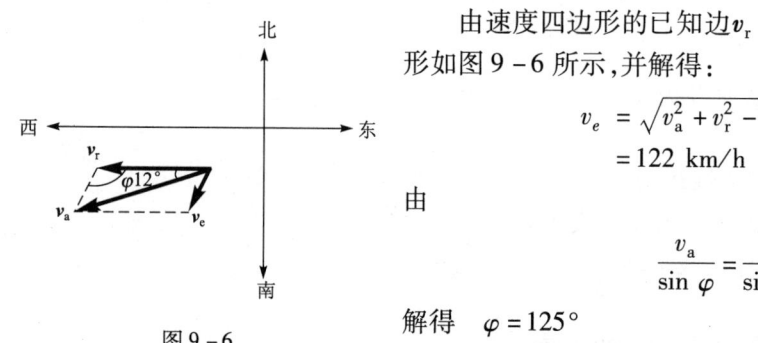

图 9-6

根据以上三例，对速度合成定理应用中需注意的问题总结如下：

（1）动点和动系不能选在同一物体上，这样不能实现运动的合成与分解。恰当地选择动点、动系，必须使得相对运动简单且直观。如在例 9-2 中，如选圆凸轮上的点 A 为动点，杆 AB 为动系，那相对运动的情况就很难直观判定，会给相对速度分析和以后将要进行的相对加速度分析造成困难。

（2）运动分析应以动点、动系为依据，动点、动系选择不同，运动分析的结果也不同。

运动分析中绝对运动和相对运动都是动点的运动，它们可能是直线运动、圆周运动或其他某种曲线运动等。牵连运动则是刚体的运动，按现时已介绍过的刚体运动，牵连运动只有平动和定轴转动两种运动形式。

（3）速度分析应以运动分析为依据，绝对速度和相对速度应分别沿绝对轨迹和相对轨迹的切线。

分析牵连速度，应针对具体问题首先判定它是动系上哪一点的速度，然后再根据动系运动的形式（平动或转动）确定牵连速度的大小、方位、指向等。

（4）画速度四边形应从 v_a、v_e、v_r 三者中大小和方向都已知的那个量作起。绝对速度 v_a 一定在速度四边形中对角线的位置上，否则就是错误地应用了速度合成定理。

9.3 牵连运动为平动时点的加速度合成定理

点的加速度合成结果与牵连运动的形式有关,这里只研究牵连运动为平动时点的加速度合成问题。

设有动系 $O'x'y'z'$ 在定系 $Oxyz$ 中作平动。动系各坐标轴的单位矢量分别为 i'、j'、k'。动点 M 在动系中沿相对轨迹曲线 AB 运动,动点在动系中的位置由坐标 x'、y'、z' 给定,如图 9-7 所示。

对动点 M 应用速度合成定理,有:
$$v_a = v_e + v_r$$
将上式两端对时间求导数,得:
$$\frac{d v_a}{dt} = \frac{d v_e}{dt} + \frac{d v_r}{dt} \quad (1)$$
由加速度定义可知,上式左端项为动点的绝对加速度:
$$\frac{d v_a}{dt} = a_a \quad (2)$$

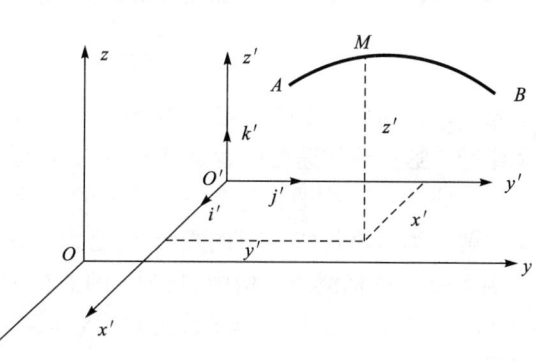

图 9-7

由于动系作平动,动系上各点的速度都等于动系原点 O' 的速度,动系上各点的加速度都等于动系原点 O' 的加速度,即:
$$v_e = v_{O'}$$
$$a_e = a_{O'}$$
所以式(1)右端第一项为:
$$\frac{d v_e}{dt} = \frac{d v_{O'}}{dt} = a_{O'} = a_e \quad (3)$$

注意到动点 M 的相对速度和相对加速度可用直角坐标法给出,即:
$$v_r = \frac{dx'}{dt}i' + \frac{dy'}{dt}j' + \frac{dz'}{dt}k'$$
$$a_r = \frac{d^2x'}{dt^2}i' + \frac{d^2y'}{dt^2}j' + \frac{d^2z'}{dt^2}k'$$

由此,式(1)中右端的第二项可写作:
$$\frac{d v_r}{dt} = \frac{d}{dt}\left(\frac{dx'}{dt}i' + \frac{dy'}{dt}j' + \frac{dz'}{dt}k'\right)$$
$$= \frac{d^2x'}{dt^2}i' + \frac{d^2y'}{dt^2}j' + \frac{d^2z'}{dt^2}k'$$
$$= a_r \quad (4)$$

上式求导数过程中应用了动系作平动,单位矢量 i'、j'、k' 是常矢量的条件。

将式(2)、(3)、(4)代入式(1),得到:
$$a_a = a_e + a_r \quad (9-3)$$

式(9-3)给出了加速度合成与分解的关系式,称为**点的加速度合成定理:当牵连运动为平动**

时,在每一瞬时动点的绝对加速度等于动点的相对加速度与牵连加速度的矢量和。

在应用加速度合成定理式(9-3)时,应注意以下问题:

(1) 在不同的具体问题中,式(9-3)的形式会表现不同。在最一般的情况下,即动点的绝对运动和相对运动都是曲线运动,牵连平动也是曲线平动,这时式(9-3)表示为:

$$a_{a\tau} + a_{an} = a_{r\tau} + a_{rn} + a_{e\tau} + a_{en} \tag{9-4}$$

它包含六个矢量的复杂形式。所以,必须针对每一具体问题,在运动分析的基础上给出加速度合成公式(9-3)的具体表现形式。

(2) 式(9-4)中各法向加速度的值分别为:

$$a_{an} = \frac{v_a^2}{\rho_a}; \quad a_{rn} = \frac{v_r^2}{\rho_r}; \quad a_{en} = \frac{v_e^2}{\rho_e}$$

式中:ρ_a、ρ_r 分别是动点的绝对轨迹、相对轨迹的曲率半径,ρ_e 是动系上动点的重合点轨迹的曲率半径。这三项加速度或者是已知的,或者可通过速度合成定理求得。

(3) 式(9-3)中通常包含三个以上的矢量,不便用几何法求解。加速度合成一般采用投影法求解。为写出式(9-3)的投影式,必须先画出该式中各项加速度的矢量图。

例 9-5 曲柄滑道机构中,长为 r 的曲柄 OA 通过滑块带动滑槽 BCD 作往复运动,如图 9-8 所示。某瞬时曲柄与铅垂线夹角为 $\varphi = 30°$,角速度为 ω,角加速度为 ε,方向如图示。求此时滑槽的加速度。

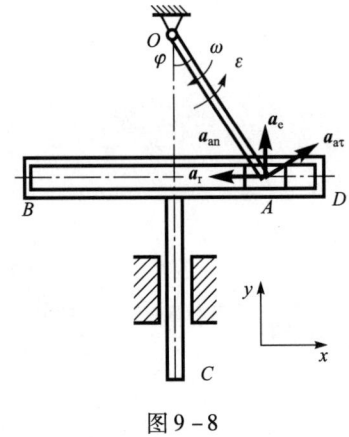

图 9-8

解 (1) 选滑块 A 为动点,滑槽 BCD 为动系,地面为定系。

(2) 运动分析。

绝对运动:滑块 A 作圆周运动,其加速度为 $a_{a\tau}$ 和 a_{an}。

相对运动:滑块 A 在滑道 BD 中作直线运动,其加速度为 a_r。

牵连运动:滑槽 BCD 的直线平动。动系上各点沿铅垂线运动,牵连加速度为 a_e。

(3) 加速度合成公式及加速度分析。

从运动分析中可知,本问题加速度合成公式的形式为:

$$a_{a\tau} + a_{an} = a_r + a_e \tag{1}$$

对式中各加速度的大小、方向分析列于下表:

	$a_{a\tau}$	a_{an}	a_r	a_e
大小	$r\varepsilon$	$r\omega^2$	未知	未知
方向	$\perp OA$	指向 O	沿 BD	铅直

(4) 画加速度矢量图,写投影式求未知量。

将加速度合成公式(1)中的各项画在图 9-8 上,图中 a_r 和 a_e 的指向是假定的。

选 x、y 轴如图。为求牵连加速度 a_e,写式(1)在 y 轴上的投影式:

$$a_{a\tau}\sin\varphi + a_{an}\cos\varphi = a_e$$

解得:

$$a_e = \frac{r}{2}(\varepsilon + \sqrt{3}\omega^2)$$

即为滑槽 BCD 的加速度。

例 9-6 半圆形凸轮在水平面上运动，带动推杆 AB 在铅垂滑道内运动，如图 9-9(a)所示。已知凸轮半径为 R，速度为 v，加速度为 a，杆 AB 相对凸轮的位置用角 φ 给定。求杆 AB 的加速度。

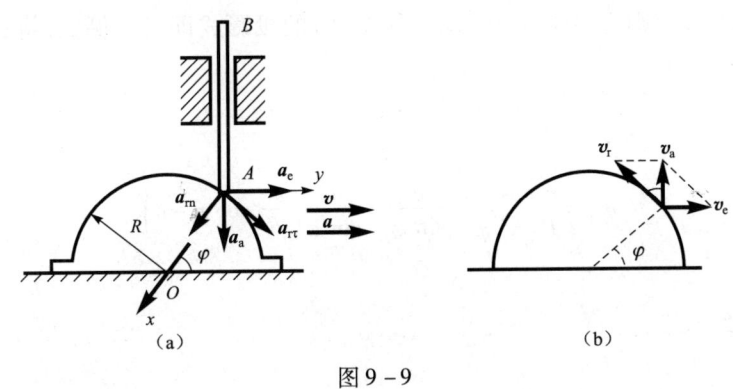

图 9-9

解 (1) 选推杆 AB 上的点 A 为动点，凸轮 O 为动系，地面为定系。

(2) 运动分析。

绝对运动：动点 A 随杆 AB 沿铅垂线运动，其加速度为 a_a。

相对运动：动点 A 沿凸轮边缘作圆周运动，其加速度为 $a_{r\tau}$、a_{rn}。

牵连运动：凸轮作水平直线运动。动系上各点均沿水平直线运动，牵连加速度为 a_e。

(3) 加速度合成公式及加速度分析。

从运动分析中可知，本问题加速度合成公式的形式为：

$$a_a = a_{r\tau} + a_{rn} + a_e \tag{1}$$

对式中各加速度的大小、方向分析列于下表：

	a_a	$a_{r\tau}$	a_{rn}	a_e
大小	未知	未知	$\dfrac{v_r^2}{R}$	a
方向	铅直	$\perp OA$	指向 O	向右

表中相对速度 v_r 的大小应由速度合成定理求得。按图 9-9(b)可求得：

$$v_r = \frac{v}{\sin\varphi}$$

于是，相对法向加速度的大小为：

$$a_{rn} = \frac{v_r^2}{R} = \frac{v^2}{R\sin^2\varphi}$$

(4) 画加速度矢量图，写投影式求未知量。

将加速度合成公式(1)中的各项画在图 9-9(a)上，图中 a_a 和 $a_{r\tau}$ 的指向是假定的。为求得绝对加速度 a_a，选 x 轴与未知的相对切向加速度 $a_{r\tau}$ 垂直，写式(1)在 x 轴上的投影式：
$$a_a \sin \varphi = a_{rn} - a_e \cos \varphi$$

代入 $a_{rn} = \dfrac{v^2}{R \sin^2 \varphi}, a_e = a$，解得：

$$a_a = \dfrac{v^2}{R \sin^3 \varphi} - a \cot \varphi$$

如需求未知量 $a_{r\tau}$，则可另选一坐标轴，写式(1)的投影式即可。例如，将式(1)投影到 y 轴(图 9-9(a))上，有：

$$0 = a_e + a_{r\tau} \sin \varphi - a_{rn} \cos \varphi$$

解得：

$$a_{r\tau} = \dfrac{v^2 \cos \varphi}{R \sin^2 \varphi} - \dfrac{a}{\sin \varphi} = \dfrac{1}{\sin \varphi}\left(\dfrac{v^2}{R} \cot \varphi - a\right)$$

小 结

(1) 本章从运动的相对性出发，研究同一点相对于两个不同的参考系的运动之间的关系。从位移、速度、加速度三个方面，对点的运动合成与分解给出了定量的描述。

(2) 在点的合成运动问题中，三种运动和三种速度(加速度)是最基本的概念。绝对运动和绝对速度(加速度)是动点相对于定系的运动和速度(加速度)；相对运动和相对速度(加速度)是动点相对于动系的运动和速度(加速度)；牵连运动则是动系相对定系的运动，而牵连速度(加速度)是动系上的动点的重合点的速度(加速度)。在具体应用时，必须根据选择的动点和动系来分析三种运动和三种速度(加速度)，而且三种运动的情况是分析三种速度(加速度)的依据。

(3) 速度合成定理 $v_a = v_e + v_r$ 对动系的运动形式没有限制，且定理的表达形式不因问题不同而异。加速度合成定理 $a_a = a_e + a_r$，只适用于动系作平动的情况，且定理的表达形式会因问题不同而有所变动。每一具体问题中加速度合成定理的具体表达形式，应从运动分析中得到。

(4) 当加速度合成定理的表达式中含有 a_{an}(或 a_{en}，或 a_{rn})且为未知时，需先用速度合成定理求出 v_a(或 v_e，或 v_r)。当加速度合成定理的表达式中项数大于 3 时，需要用投影法求解未知量。此时，必须先画出加速度矢量图。

思考题

9-1 在图 9-10(a)中选滑块 A 为动点，BCD 为动系。在图 9-10(b)中选环 M 为动点，OA 为动系。所画速度四边形有无错误？错在哪里？

9-2 平行连杆机构由杆 O_1A、O_2B 及半圆形平板 ABD 组成，如图 9-11 所示。动点 M 沿 ADB 上的圆弧线相对板作匀速运动。试以 ADB 为动系，写出加速度合成公式(因动点 M 的绝对轨迹未知，可将绝对加速度写成 $a_a = a_{ax} + a_{ay}$)。

9-3 已知某问题中的加速度合成公式为

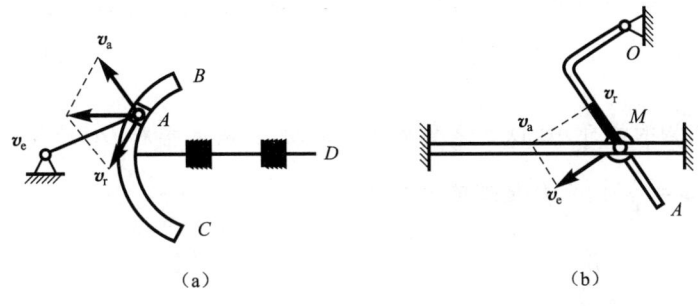

图 9-10

$$a_{a\tau} + a_{an} = a_e + a_r$$

且加速度矢量图如图 9-12 所示。该加速度合成公式在 x 轴上的投影式为

$$a_{an}\cos\varphi - a_{a\tau}\sin\varphi - a_r = 0$$

该投影式写得对吗？正确的写法是怎样的？

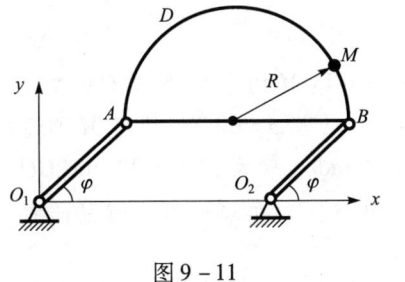

图 9-11

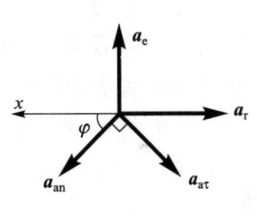

图 9-12

习　题

9-1　为卸下胶带运输机上的物料，装设挡板把物料推向一旁。挡板与胶带运动方向间的夹角 $\alpha = 60°$。设胶带运动速度 $v_1 = 0.6$ m/s，物料被阻挡后沿挡板运动的速度 $v_2 = 0.14$ m/s，试求物料对胶带的相对速度的大小，以及它与胶带前进方向间的角度。

9-2　矿砂从传送带 A 落到另一传送带 B 上的绝对速度 $v_1 = 4$ m/s，其方向与铅垂线成 30°角。设传送带 B 与水平线成 15°角，其速度为 $v_2 = 2$ m/s，求矿砂相对传送带 B 的相对速度。又问当传送带 B 的速度为多大时，矿砂的相对速度才能与它垂直。

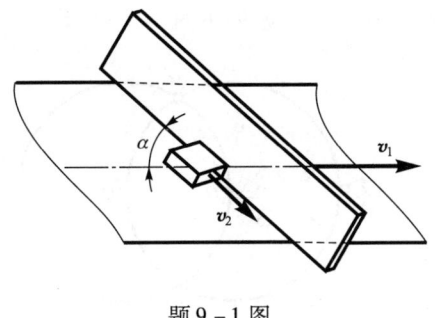

题 9-1 图

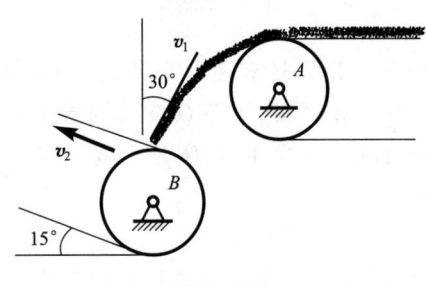

题 9-2 图

9-3 曲柄滑道机构如图。曲柄长 $OA=r$，以匀角速度 ω 绕轴 O 转动。装在水平杆上的滑槽 DE 与水平线成 $60°$ 角。求当曲柄与水平线的夹角分别为 $\varphi=0°$、$30°$、$60°$ 时，杆 BC 的速度。

9-4 摇杆机构的滑杆 AB 以等速度 u 向上运动，初瞬时摇杆 OC 水平。摇杆长 $OC=a$，距离 $OD=l$，求当 $\varphi=\dfrac{\pi}{4}$ 时，点 C 速度的大小。

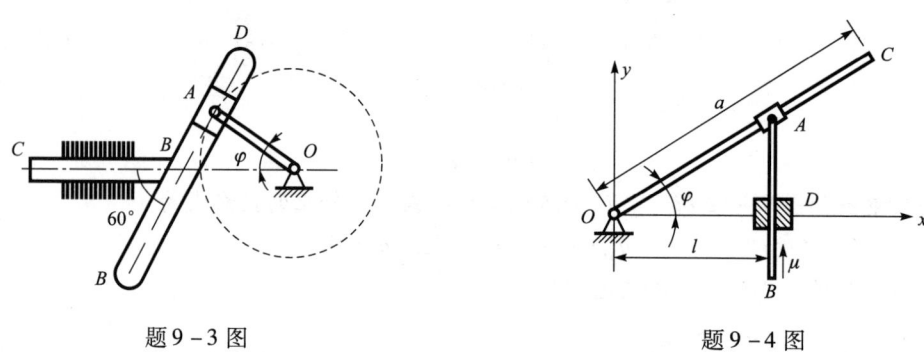

题 9-3 图   题 9-4 图

9-5 图示折杆 OBC 绕轴 O 转动，使套在其上的小环 M 沿固定直杆 OA 滑动。已知 $OB=10$ cm，OB 与 BC 垂直，曲柄的角速度 $\omega=0.5$ rad/s。求当 $\varphi=60°$ 时，小环 M 的速度。

9-6 图示刨床机构中，曲柄 OA 以角速度 $\omega=2$ rad/s 转动，$OA=20$ cm，$OO_1=l=20\sqrt{3}$ cm，$L=40\sqrt{3}$ cm。求图示位置杆 DE 的移动速度及滑块 C 沿摇杆 O_1B 滑动的速度。

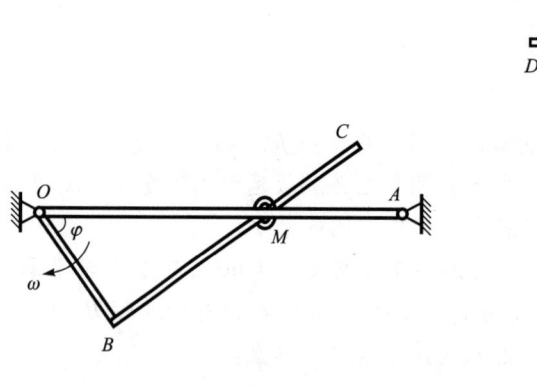 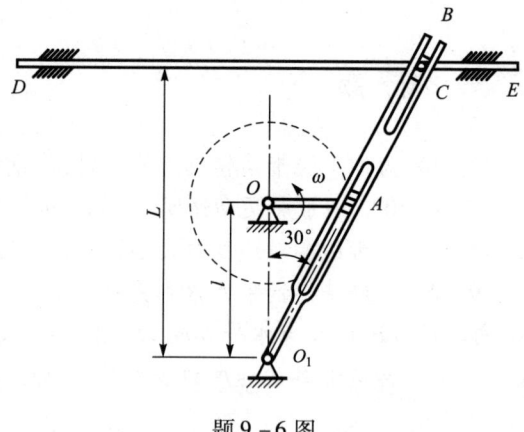

题 9-5 图   题 9-6 图

9-7 小环 M 套在两个半径为 r 的圆环上，其中圆环 O' 固定不动，圆环 O 绕其圆周上点 A 以匀角速度 ω 转动。求当 A、O、O' 位于同一直线时小环 M 的速度。

9-8 平底顶杆 AB 可沿导轨上下移动，偏心圆盘绕轴 O 转动，轴 O 位于顶杆的轴线上。圆盘半径为 R，偏心 $OC=e$，角速度为 ω。OC 与水平线夹角用

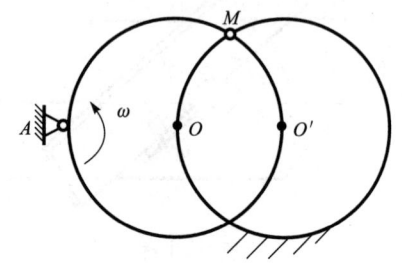

题 9-7 图

α 表示,求 $\alpha = 0°$ 时顶杆的速度。

9 – 9 用细管制成的圆环其半径为 $r = 20$ cm,以角速度 $\omega = 2$ rad/s 绕垂直于图面的轴 A 匀速转动。细管内有小球 M 以相对速度 $v_r = 40$ cm/s 在管内运动。求图示位置小球 M 的绝对速度。

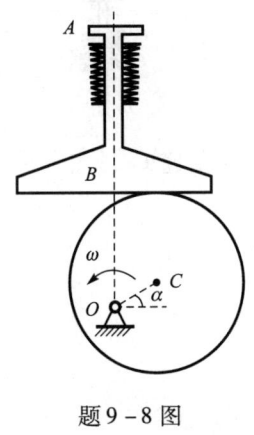

题 9 – 8 图

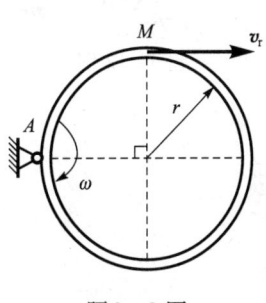

题 9 – 9 图

9 – 10 具有圆弧形滑道的曲柄滑道机构中,圆弧半径为 $R = 10$ cm,曲柄 $OA = 10$ cm。已知曲柄以匀转速 $n = 120$ r/min 转动,求 $\varphi = 30°$ 时,滑道的速度和加速度。

9 – 11 小车的运动规律为 $x = 50\ t^2$, x 以 cm 计, t 以 s 计。车上摆杆 $O'M$ 在图面内绕轴 O' 转动,其转动规律为 $\varphi = \dfrac{\pi}{3\sqrt{3}} \sin \pi t$。设摆杆长 $O'M = 60$ cm,求摆杆端点 M 在 $t = \dfrac{1}{3}$ s 时的加速度。

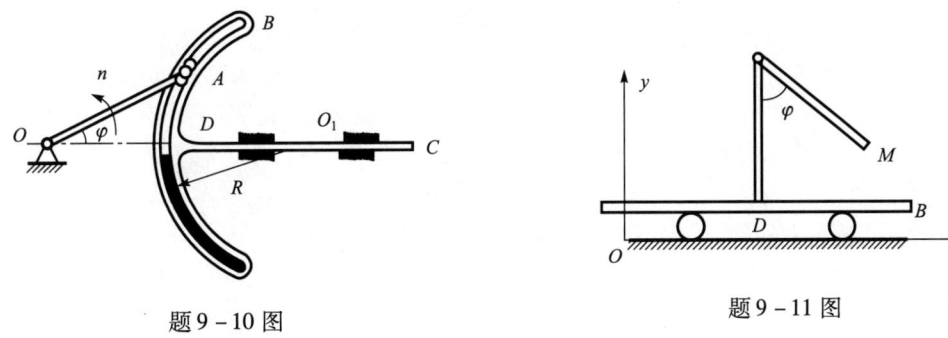

题 9 – 10 图   题 9 – 11 图

9 – 12 在两个滑槽 BC 与 EF 之间有一销 M,滑槽 BC 运动并带动 M 在固定滑槽 EF 内运动。已知 $AD = BC$,曲柄长 $AB = CD = r$,并以 $\varphi = \varphi_0 \sin \omega t$ 的规律摆动。设 $r = 20$ cm, $\varphi_0 = \dfrac{\pi}{3}$, $\omega = 1$ rad/s,求 $\varphi = \dfrac{\pi}{6}$ 时, M 在滑槽 EF 及滑槽 BC 中运动的速度及加速度。

9 – 13 平行连杆机构中, $O_1 A = O_2 B = 10$ cm,又 $O_1 O_2 = AB$。杆 $O_1 A$ 以匀角速度 $\omega = 2$ rad/s,绕 O_1 轴转动。杆 AB 上有一套筒 C,该套筒与杆 CD 铰接,带动杆 CD 运动。求当 $\varphi = 60°$ 时,杆 CD 的速度和加速度。

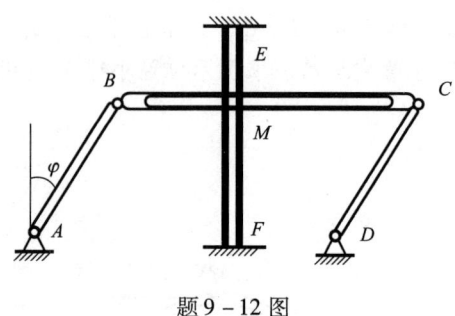 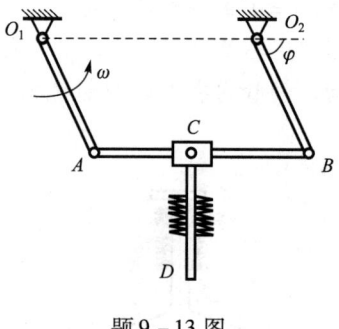

题 9 – 12 图 　　　　　　　　题 9 – 13 图

第 10 章 刚体的平面运动

> **导言**

- 本章研究将刚体的平面运动分解为刚体的基本运动形式——平动和转动，并在此基础上给出确定平面运动刚体上点的速度的瞬心法和加速度的基点法。
- 点的合成运动一章与本章在理论上同出一辙。前者研究点的运动，后者研究刚体的运动，但所用的方法都是运动合成与分解的方法。求平面运动刚体上点的速度、加速度的公式可由点的速度合成定理和加速度合成定理导出。
- 平面运动是工程问题和力学问题中常见的刚体运动形式。解决刚体平面运动问题所采用的刚体运动合成与分解的方法也可用于解决刚体的其他复杂运动问题。

10.1 刚体平面运动的概念

10.1.1 刚体的平面运动

刚体平面运动是刚体的一种较复杂的运动形式。

观察图 10-1(a)中沿直线轨道滚动的车轮 O，以及图 10-1(b)中曲柄连杆机构上的连杆 AB，其上任一直线不能始终与初始位置平行，其上没有固定不动的点，因此可断定上述刚体的运动不是平动，也不是定轴转动。它们运动的共同特征是：**刚体运动时，其上任意点到某固定平面的距离保持不变**。刚体的这种运动形式称为**平面运动**。对图 10-1 中所示的两例，可任选一与图面平行的平面作为固定平面，轮 O 及连杆 AB 在运动中其上各点都与该面保持距离不变。

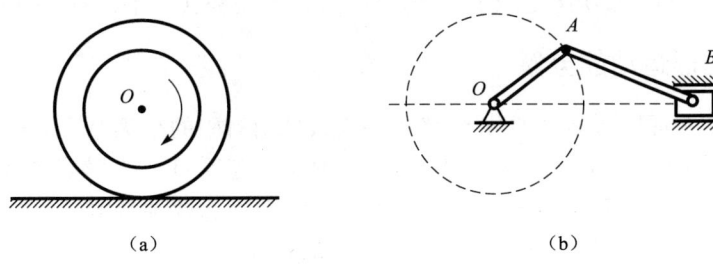

图 10-1

10.1.2 刚体平面运动研究的简化

图 10-2 中为一平面运动刚体,刚体内的每一点都与固定平面 Ⅰ 保持距离不变,即刚体内的每一点都在与固定平面 Ⅰ 平行的平面内运动。取一与平面 Ⅰ 平行的平面 Ⅱ 去截割刚体,所得截面 S 称为**平面图形 S**。平面图形 S 上的每一点都在 Ⅱ 平面内运动,即平面图形 S 在自身平面(Oxy 面)内运动。

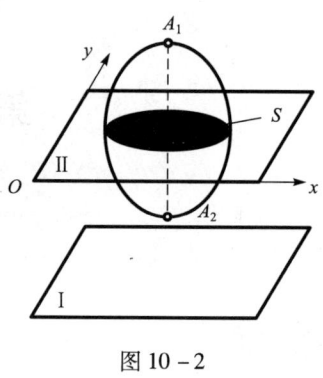

图 10-2

过平面图形 S 上的任一点 A,取截面 S 的垂线 A_1A_2,当刚体作平面运动时,线段 A_1A_2 始终垂直于固定平面 Ⅰ,即线段 A_1A_2 作平动。所以,平面图形上点 A 的运动可代表线段 A_1A_2 上所有各点的运动。因此,平面图形 S 在自身平面内的运动就代表了平面运动刚体的运动,即**刚体的平面运动可简化为平面图形 S 在自身平面内的运动来研究**。

10.2 平面图形的运动方程·平面图形运动的分解

10.2.1 平面图形的运动方程

为确定平面图形 S 在自身平面 Oxy 面内的位置,可先确定平面图形上任一点 A 的位置,再确定通过点 A 的任意线段 AB 的位置即可。用点 A 的坐标 x_A、y_A 及线段 AB 的倾角 φ 给定平面图形 S 的位置,如图 10-3 所示。当平面图形运动时,这三个量是时间的单值连续函数,即:

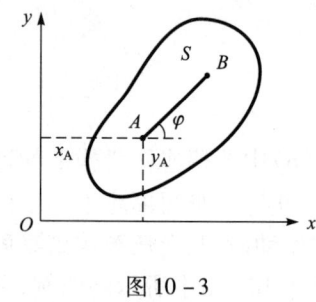

图 10-3

$$\left.\begin{array}{l} x_A = x_A(t) \\ y_A = y_A(t) \\ \varphi = \varphi(t) \end{array}\right\} \quad (10-1)$$

式(10-1)称为平面图形的运动方程。点 A 称为基点。

由平面图形的运动方程可看到平面图形运动的两个特殊情况:

(1) 如果 x_A 和 y_A 为二常量,即基点 A 不动,则平面图形以基点 A 为轴作定轴转动。

(2) 如果角 φ 为一常量,即线段 AB 的方位不变,则平面图形跟随基点 A 作平动。

上面两种情况表明,平面运动包含着随同基点的平动和绕基点的转动这两种基本运动形式。

10.2.2 平面图形运动的分解

为形象地说明平面图形运动的分解,考察沿直线轨道行驶的车辆上的车轮 O',如图 10-4 所示。车轮 O' 作平面运动,取轮轴 O' 为基点,选一平动参考系 $O'x'y'$,该参考系就是以轴 O' 为原点固结在车厢上的参考系。这样,车轮的平面运动就分解为两种基本运动形式:牵连运动为动系 $O'x'y'$ 随同基点 O' 的平动;相对运动为车轮绕基点 O' 的转动。

下面将这一分析方法用于平面图形运动的一般情况。

平面图形 S 在自身平面 Oxy 面内运动,如图 10-5 所示。在平面图形上任选点 A 为基点,并以基点 A 为原点选一平动坐标系 $Ax'y'$。在平面图形运动过程中动系的原点始终固结于平面图形的点 A 上,动系的坐标轴 x'、y' 始终分别平行于定系的坐标轴 x、y。于是,**平面图形相对于动系的运动是绕基点 A 的转动,平面图形的牵连运动是动系随同基点 A 的平动**。由此可得结论:**平面图形在自身平面内的运动是随基点的平动和绕基点的转动的合成运动**。

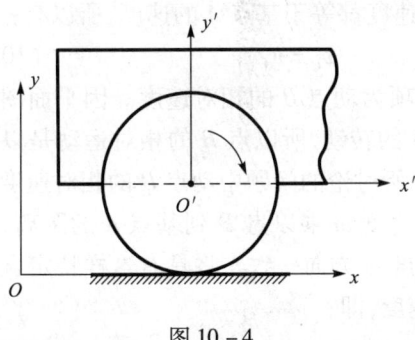

图 10 - 4

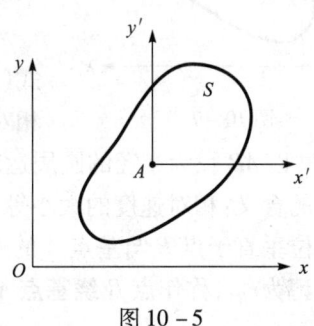

图 10 - 5

10.2.3 平面图形的运动分解与基点位置的关系

设平面图形在位置 I 处,经时间间隔 Δt 运动到位置 II 处,其上的线段 AB 随之运动到 $A'B'$ 位置,如图 10 - 6 所示。

先以点 A 为基点分解这一运动过程:线段 AB 从位置 I 随同基点 A 平动到 $A'B''$ 处,再绕基点 A' 转动 $\Delta\varphi$ 角到达位置 II $A'B'$ 处,再以点 B 为基点分解这一运动过程:线段 AB 从位置 I 随同

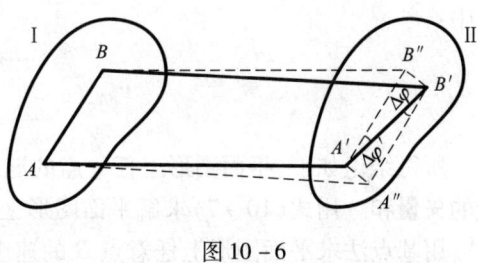

图 10 - 6

基点 B 平动到 $B'A''$ 处,再绕基点 B' 转动 $\Delta\varphi'$ 角到达位置 II $A'B'$ 处。

由图中可见 $\Delta\varphi = \Delta\varphi'$,所以平面图形绕基点 A' 转动的角速度 $\omega_A = \lim\limits_{\Delta t \to 0} \dfrac{\Delta\varphi}{\Delta t}$ 与绕基点 B' 转动的角速度 $\omega_B = \lim\limits_{\Delta t \to 0} \dfrac{\Delta\varphi'}{\Delta t}$ 相等,即:

$$\omega_A = \omega_B = \omega \qquad (10-2a)$$

对上式求导数,则有:

$$\varepsilon_A = \varepsilon_B = \varepsilon \qquad (10-2b)$$

可得结论如下:**平面图形绕基点的转动与基点的位置无关,同一瞬时绕图形上任何一点转动的角速度(角加速度)都相同,称为平面图形的角速度(角加速度),记为 $\omega(\varepsilon)$**。

由于平面图形上各点的运动情况不同,所以随基点的平动与基点位置有关。

10.3 求平面图形上点的速度的基点法

为求平面图形上任一点 B 的速度 v_B,选平面图形上的点 A 为基点,其速度为 v_A,在基点 A 上建立平动参考系 $Ax'y'$,如图 10 - 7 所示。用点的速度合成定理

$$v_a = v_e + v_r \qquad (10-3)$$

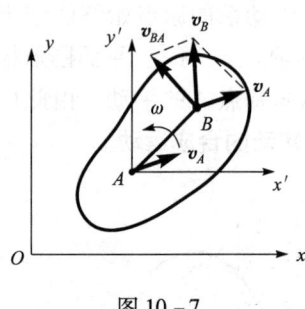

图 10-7

求动点 B 的速度。

式(10-3)左端的绝对速度即为待求的动点 B 的速度：

$$v_a = v_B \tag{10-4}$$

式(10-3)右端第一项为动点 B 的牵连速度，因动系 $Ax'y'$ 作平动，动系上各点的速度都等于基点 A 的速度，所以有：

$$v_e = v_A \tag{10-5}$$

式(10-3)右端第二项为动点 B 的相对速度。因平面图形的相对运动是绕基点 A 的转动，所以点 B 的相对运动是以基点 A 为圆心并以 AB 长为半径的圆周运动。由此得知，在所讨论的问题中动点 B 的相对速度具有以下特定的含义：相对速度的大小等于平面图形的角速度 ω 乘以点 B 到基点 A 的距离，相对速度的方位垂直于点 B 与基点 A 的连线，指向与角速度 ω 方向一致。将具有这样特定含义的相对速度记为 v_{BA}，称作点 B 绕基点 A 作圆周运动的速度，即：

$$v_r = v_{BA} \tag{10-6}$$

将式(10-4)~式(10-6)代入式(10-3)，有：

$$v_B = v_A + v_{BA} \tag{10-7}$$

式中：

$$v_{BA} \begin{cases} |v_{BA}| = \omega \cdot AB \\ v_{BA} \perp AB \end{cases} \tag{10-8}$$

所得结论如下：**平面图形上任一点的速度等于基点的速度与该点绕基点作圆周运动的速度的矢量和**。用式(10-7)求解平面图形上点的速度的方法称为**基点法**。

用基点法求平面图形上任意点 B 的速度时，通常选速度已知的点为基点，且相对速度 v_{BA} 的方位是已知的，这样，式(10-7)中其余的三个因素：v_B 的大小、方向及平面图形的角速度 ω，知道其中之一，就可用式(10-7)求出另外两个。

在求平面图形上点的速度时，常常应用式(10-7)在 A、B 两点连线上的投影式。将 v_A、v_B、v_{BA} 在 A、B 两点连线上的投影分别用 $[v_A]_{AB}$、$[v_B]_{AB}$、$[v_{BA}]_{AB}$ 表示，则由式(10-7)有：

$$[v_A]_{AB} = [v_B]_{AB} + [v_{BA}]_{AB}$$

因 v_{BA} 与 A、B 两点连线垂直，$[v_{BA}]_{AB} = 0$，得到：

$$[v_A]_{AB} = [v_B]_{AB} \tag{10-9}$$

称为**速度投影定理：平面图形上任意两点的速度在这两点连线上的投影相等**。

当已知平面图形上点 A 的速度大小和方向，又知点 B 速度的方向，用速度投影定理求点 B 速度的大小是很方便的。

实际上刚体运动过程中，其上任意两点间的距离保持不变，因而两点的速度在两点连线方向的投影必须相等，否则，两点的距离就要改变。这说明无论刚体以何种形式运动，速度投影定理都成立、都适用。

例 10-1 椭圆规尺的 A 端以速度 v_A 沿 x 轴运动，尺长 $AB = l$，如图 10-8 所示。求 B 端的速度及尺 AB 的

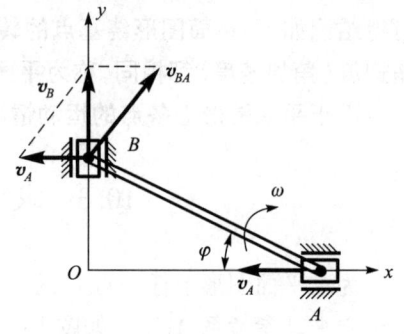

图 10-8

角速度。

解 尺 AB 作平面运动。取速度已知的点 A 为基点,求点 B 速度的公式为:

$$v_B = v_A + v_{BA}$$

式中:v_B 的方位已知,沿 y 轴。v_A 的大小和方向均为已知。v_{BA} 的方位已知,垂直于 AB。速度公式中的未知因素只有 v_B 和 v_{BA} 的大小,可作出速度四边形如图 10-8 所示,其中 v_B 为速度四边形的对角线。

解速度四边形可得:

$$v_B = v_A \cot \varphi$$

$$v_{BA} = \frac{v_A}{\sin \varphi}$$

因为 $v_{BA} = \omega \cdot AB$,这里 ω 是尺 AB 的角速度,得:

$$\omega = \frac{v_{BA}}{l} = \frac{v_A}{l \sin \varphi}$$

如只求点 B 的速度,用速度投影定理很方便。对 A、B 两点写速度投影定理:

$$[v_B]_{AB} = [v_A]_{AB}$$

即

$$v_B \cos(90° - \varphi) = v_A \cos \varphi$$

同样求得 $v_B = v_A \cot \varphi$。

例 10-2 车轮半径为 R,轮心 O 速度为 v_O,沿直线轨道无滑动地滚动,如图 10-9 所示。求车轮的角速度及轮缘上点 B 的速度。

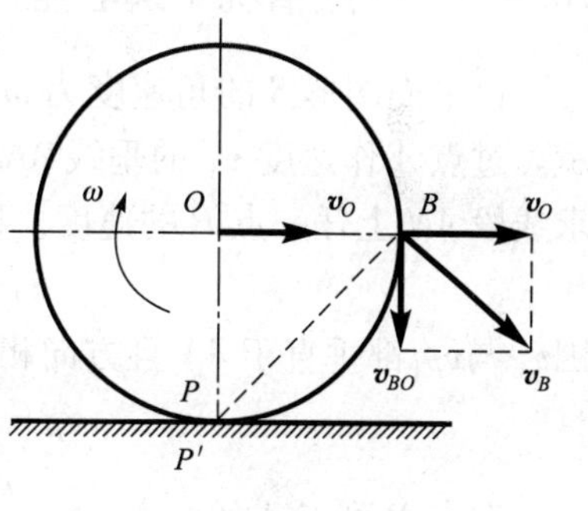

解 (1) 求车轮的角速度。

平面运动刚体的角速度包含在基点法求点的速度的公式中,需要通过求某点的速度来求角速度。

车轮无滑动地滚动,表明轮与地面相接触的相互接触点 P 和 P' 无相对速度。地面上点 P' 的速度为零,轮上的点 P 速度也为零。取点 P 为基点,轮轴 O 点的速度公式为:

$$v_O = v_P + v_{OP}$$

代入 $v_P = 0$,$v_{OP} = R\omega$,得到 $v_O = v_{OP}$,即:

$$v_O = \omega R, \quad \omega = \frac{v_O}{R}$$

图 10-9

由 v_{OP} 的方向可确定角速度 ω 的方向如图中所示。

(2) 求轮缘上点 B 的速度。

取轮轴 O 为基点,点 B 的速度公式为:

$$v_B = v_O + v_{BO}$$

其中 v_O 的大小、方向为已知;v_{BO} 的大小 $v_{BO} = \omega \cdot BO = v_O$,其方向与线段 BO 垂直。画出速度四边形如图 10-9 所示,并解得:

$$v_B = \sqrt{2} v_O$$

如取轮上与地面的接触点 P 为基点,求点 B 的速度十分方便。这时,因 $v_P = 0$,有:

$$v_B = v_P + v_{BP} = v_{BP}$$

即

$$v_B = \omega \cdot BP = \frac{v_O}{R}\sqrt{2}R = \sqrt{2}v_O$$

$v_B = v_{BP}$ 的方向垂直于 BP。

本题中在点 B 速度方位未知的情况下,不能对 O、B 两点应用速度投影定理求速度 v_B。

10.4 求平面图形上点的速度的瞬心法

平面图形上某瞬时速度为零的点称为平面图形在该瞬时的瞬时速度中心,简称瞬心。在例 10-2 中,轮 O 上与地面的接触点 P 即为轮 O 的瞬心。

从例 10-2 中可以看到,以瞬心为基点求平面图形的角速度及平面图形上点的速度是十分方便的。将这种做法称为**瞬心法**。

瞬心法能否作为求解平面运动速度问题的完美、实用的方法,需要解决两个问题:

(1) 一般情况下,平面图形的瞬心是否存在?

(2) 平面图形瞬心的位置能否简单地确定?

对此讨论如下。

10.4.1 一般情况下瞬心唯一地存在

设平面图形 S 的角速度为 ω,其上点 A 的速度为 v_A,如图 10-10 所示。过点 A 作速度 v_A 的垂线 AN(由 $\mathbf{v}_A$ 到 AN 的转向与 ω 的转向一致),求线段 AN 上任一点 P 的速度。以点 A 为基点,有:

$$v_P = v_A + v_{PA}$$

因 v_A 与 v_{PA} 都垂直于 AN 且方向相反,故 v_P 的大小为:

$$v_P = v_A - AP \cdot \omega$$

取点 P 到点 A 的距离 $AP = \dfrac{v_A}{\omega}$,则有:

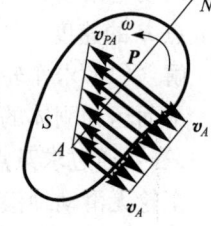

图 10-10

$$v_P = v_A - \frac{v_A}{\omega} \cdot \omega = 0$$

可见当 $\omega \neq 0$ 时,必有速度为零的瞬心存在。

用求速度的基点法公式(10-3)很容易证明,在每一瞬时,瞬心都是唯一的。

将瞬心的位置记为 P。从对瞬心存在的论述中,可总结出瞬心 P 的位置具有如下特征:

(1) 瞬心 P 在通过任一点 A 且与点 A 的速度垂直的直线上。

(2) 瞬心 P 到任一点 A 的距离 PA 正比于点 A 的速度 v_A 的大小。

10.4.2 瞬心位置的确定

在具体问题中,有以下确定瞬心位置的简易方法可供选用。

(1) 当平面图形沿固定面作无滑动的滚动时,平面图形上与固定面的接触点即为瞬心 P。如图 10-11 所示的在地面上作纯滚动的车轮,轮上与地面的接触点即为瞬心 P。当车轮运动时,轮缘上的点相继与地面接触。随时间的改变,瞬心的位置也在连续变化。

(2) 如果已知平面图形上任意两点 A 和 B 的速度的方向,瞬心应在通过点 A 所作的速度 v_A 的垂线上,也应在通过点 B 所作的速度 v_B 的垂线上,二垂线的交点即为瞬心 P,如图 10-12 所示。

图 10-11　　　　　　　　　　图 10-12

(3) 如果已知平面图形上两点 A 和 B 速度的大小,且两点的速度矢量都垂直于 A、B 两点的连线,如图 10-13(a) 和 (b) 所示。瞬心应在 A 和 B 两点的连线上,且到各点的距离与各点速度的大小成正比,即瞬心应在 AB 直线与二速度矢量端点连线的交点上。在图(a)和(b)中分别给出了两点速度同向和两点速度反向时瞬心 P 的位置。

(4) 如果已知平面图形上点 A 和点 B 的速度平行,但不垂直于两点的连线,或两点的速度垂直于两点的连线,且大小相等指向相同,分别如图 10-14(a) 和 (b) 所示。这两种情况中,因两点速度的垂线平行,瞬心位于无穷远处。在图(a)所示的情况中,由速度投影定理知两点 A 和 B 的速度必相等。这样,由基点法求速度公式 $v_B = v_A + v_{BA}$ 可知,平面图形的角速度 $\omega = 0$,这种情况称平面图形作**瞬时平动**。

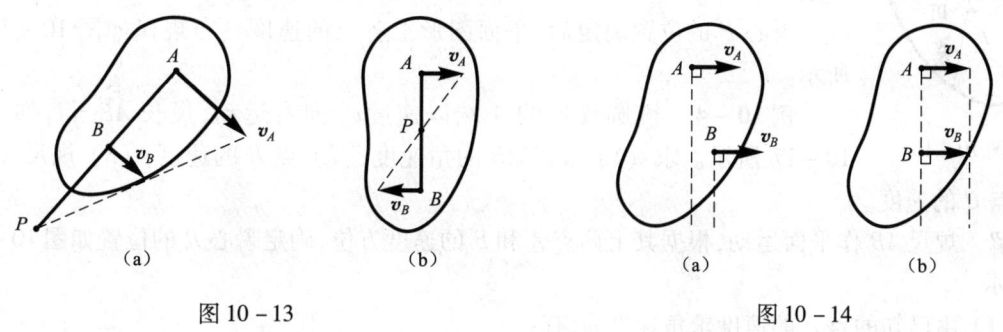

图 10-13　　　　　　　　　　图 10-14

平面图形在作瞬时平动的瞬时,其角速度为零,各点速度相等。与平动不同,平面图形作瞬时平动时其上各点的加速度一般说不相等,平面图形的角加速度 ε 一般不为零。

例 10-3　在图 10-15 中给出曲柄连杆机构 OAB 的三个特定位置,试确定作平面运动的连杆 AB 在这三个位置时的瞬心。

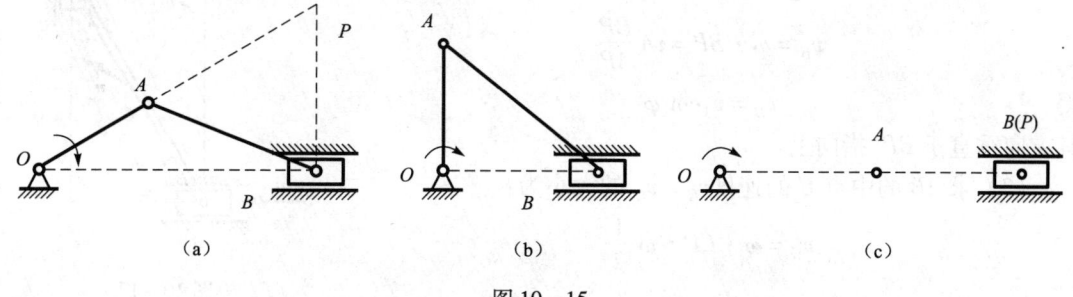

图 10-15

解 在图 10-15(a)所示位置，平面运动刚体 AB 上点 A 的速度方向与杆 OA 垂直，其速度垂线即为 OA 直线。点 B 的速度沿水平滑道，其速度的垂线即为铅垂线，OA 直线与过点 B 的铅垂线的交点即为瞬心 P。

在图 10-15(b)所示的位置，平面运动刚体 AB 上两点 A 和 B 的速度方向均为水平，且两点的连线不与速度方向垂直。杆 AB 的瞬心在无穷远处，为瞬时平动。此时杆 AB 的角速度 $\omega=0$，其上各点的速度相同。

在图 10-15(c)所示的位置，平面运动刚体 AB 上两点 A 和 B 的速度的垂线交于点 B，点 B 即为瞬心。

10.4.3 求平面图形上点的速度的瞬心法

以瞬心 P 为基点，求平面图形上任一点 M 的速度。按求速度的基点法公式(10-7)，有：

$$v_M = v_P + v_{MP} = v_{MP} \tag{10-10a}$$

即

$$v_M \begin{cases} |v_{MP}| = \omega \cdot MP \\ v_{MP} \perp MP \end{cases} \tag{10-10b}$$

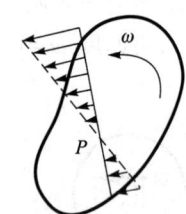

图 10-16

平面图形上任一点 M 的速度的大小等于平面图形的角速度 ω 乘以点 M 到瞬心的距离，其方位垂直于点 M 与瞬心的连线，其指向与角速度 ω 的方向一致。

瞬心 P 的位置确定后，平面图形上各点的速度分布规律如图 10-16 所示。

例 10-4 椭圆规尺的 A 端以速度 v_A 向右运动，尺长 $AB=l$，如图 10-17 所示。求：(1) 规尺 AB 的角速度；(2) 点 B 的速度；(3) 规尺 AB 的中点 C 的速度。

解 规尺 AB 作平面运动，根据其上两点 A 和 B 的速度方位，确定瞬心 P 的位置如图 10-17 所示。

(1) 由已知的点 A 的速度求角速度 ω，有：

$$v_A = \omega \cdot AP$$

$$\omega = \frac{v_A}{AP} = \frac{v_A}{l\sin\varphi}$$

角速度 ω 的方向与点 A 绕瞬心 P 运动的方向一致。

(2) 求点 B 的速度 v_B。v_B 的大小为：

$$v_B = \omega \cdot BP = v_A \frac{BP}{AP}$$

得

$$v_B = v_A \cot\varphi$$

其方向垂直于 BP，指向上。

(3) 求 AB 的中点 C 的速度 v_C。v_C 的大小为：

$$v_C = \omega \cdot CP = \omega \frac{l}{2}$$

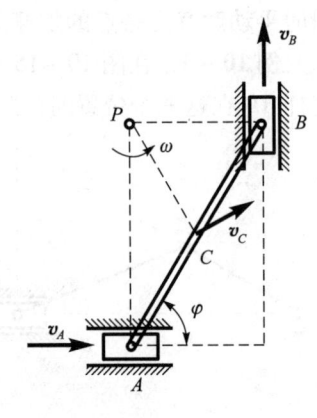

图 10-17

得
$$v_C = \frac{v_A}{2\sin\varphi}$$

其方向垂直于 CP,指向与角速度 ω 的方向一致。

应注意到在例 10-1 中用基点法求解本题时,求得的角速度:

$$\omega = \frac{v_{BA}}{AB} = \frac{v_A}{l\sin\varphi} \tag{1}$$

式中 ω 的含义是:平面图形 AB 绕基点 A 转动的角速度。在本例中所求得的角速度为:

$$\omega = \frac{v_A}{AP} = \frac{v_A}{l\sin\varphi} \tag{2}$$

这里 ω 的含义是:平面图形 AB 绕瞬心 P 转动的角速度。式(1)与式(2)相等,这是必然的,因为按式(10-2a),平面图形绕基点的转动与基点的位置无关,绕任何基点转动的角速度都相同,即为平面图形的角速度。

例 10-5 连杆机构由 OA、AB、BC 三直杆铰接组成。已知 $OA = AB = l$,$BC = \dfrac{l}{2}$,曲柄 OA 的角速度为 ω_{OA},求图示位置杆 BC 的角速度,$\varphi = 30°$。

解 机构中杆 OA 和 BC 作定轴转动,杆 AB 作平面运动。根据点 A 和点 B 速度的方向,可确定杆 AB 的瞬心 P 如图中所示。

由 ω_{OA} 求 ω_{BC} 的进行过程为:

$$\underbrace{\omega_{OA} \longrightarrow v_A}_{OA} \underbrace{\longrightarrow \omega_{AB} \longrightarrow v_B}_{AB} \underbrace{\longrightarrow \omega_{BC}}_{BC}$$

研究定轴转动刚体 OA,有:
$$v_A = \omega_{OA} \cdot OA = \omega_{OA} l$$

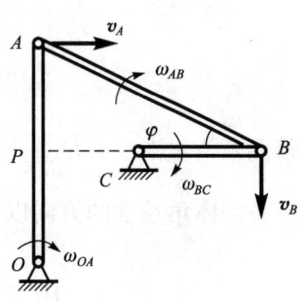

图 10-18

研究平面运动刚体 AB,有:
$$\omega_{AB} = \frac{v_A}{AP} = \frac{\omega_{OA} l}{\dfrac{l}{2}} = 2\omega_{OA}$$

$$v_B = \omega_{AB} \cdot BP = 2\omega_{OA}\frac{\sqrt{3}}{l}l = \sqrt{3}\omega_{OA} l$$

研究定轴转动刚体 BC,有:

$$\omega_{BC} = \frac{v_B}{BC} = 2\sqrt{3}\omega_{OA}$$

例 10-6 在图 10-19 所示的机构中,曲柄 OA 长为 r,以角速度 ω_O 转动。$AB = 4r$,$BC = 2r$。求图示位置滑块 C 的速度。

解 机构中杆 OA 作定轴转动,杆 AB 和 BC 作平面运动。按杆 AB 上两点 A 和 B 的速度方向,可确定杆 AB 的

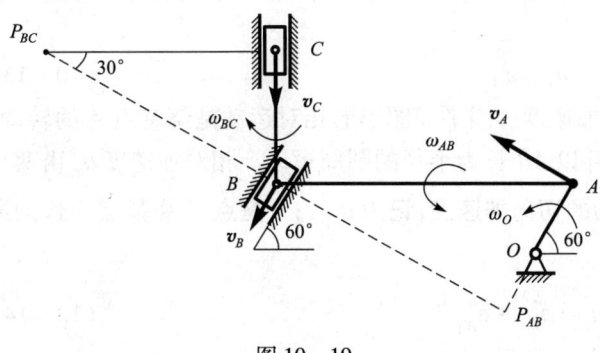

图 10-19

瞬心 P_{AB}。按杆 BC 上两点 B 和 C 的速度方向,可确定杆 BC 的瞬心 P_{BC}。瞬心 P_{AB} 和 P_{BC} 的位置如图 10-19 中所示。

由杆 OA 的角速度 ω_O 求滑块 C 速度 v_C 的进行过程为:

$$\underbrace{\omega_O \longrightarrow v_A}_{OA} \underbrace{\longrightarrow \omega_{AB} \longrightarrow v_B}_{AB} \underbrace{\longrightarrow \omega_{BC} \longrightarrow v_C}_{BC}$$

研究转动刚体 OA,有:

$$v_A = \omega_O \cdot OA = \omega_O r$$

研究平面运动刚体 AB,有:

$$\omega_{AB} = \frac{v_A}{AP_{AB}}$$

$$v_B = \omega_{AB} \cdot BP_{AB} = v_A \frac{BP_{AB}}{AP_{AB}} = \omega_O r \tan 60°$$

研究平面运动刚体 BC,有:

$$\omega_{BC} = \frac{v_B}{BP_{BC}}$$

$$v_C = \omega_{BC} \cdot CP_{BC} = v_B \frac{CP_{BC}}{BP_{BC}} = \omega_O r \tan 60° \cos 30°$$

解得图示位置滑块 C 的速度为 $v_C = \frac{3}{2}\omega_O r$。

各刚体角速度的方向以及各点速度的方向均如图 10-19 中所示。

10.5 求平面图形上点的加速度的基点法

为求平面图形上任一点 B 的加速度 $\boldsymbol{a}_B$,选平面图形上的点 A 为基点,其加速度为 $\boldsymbol{a}_A$,在基点 A 上建立平动参考系 $Ax'y'$,则可用牵连运动为平动时点的加速度合成定理:

$$\boldsymbol{a}_a = \boldsymbol{a}_e + \boldsymbol{a}_r \tag{10-11}$$

求动点 B 的加速度。

式(10-11)左端的绝对加速度即为待求的动点 B 的加速度:

$$\boldsymbol{a}_a = \boldsymbol{a}_B \tag{10-12}$$

式(10-11)右端第一项为动点 B 的牵连加速度,因动系 $Ax'y'$ 作平动,动系上各点的加速度都等于基点 A 的加速度,所以有:

$$\boldsymbol{a}_e = \boldsymbol{a}_A \tag{10-13}$$

式(10-11)右端第二项为动点 B 的相对加速度。因平面图形的相对运动是绕基点 A 的转动,所以点 B 的相对运动是以基点 A 为圆心并以 AB 长为半径的圆周运动。相对加速度 $\boldsymbol{a}_r$ 由两个分量组成:一是点 B 绕基点 A 作圆周运动的切向加速度,记为 $\boldsymbol{a}_{BA}^\tau$;一是点 B 绕基点 A 作圆周运动的法向加速度,记为 $\boldsymbol{a}_{BA}^n$。所以有:

$$\boldsymbol{a}_r = \boldsymbol{a}_{BA}^\tau + \boldsymbol{a}_{BA}^n \tag{10-14}$$

将式(10-12)~式(10-14)代入式(10-11),有:

$$\boldsymbol{a}_B = \boldsymbol{a}_A + \boldsymbol{a}_{BA}^{\tau} + \boldsymbol{a}_{BA}^{n} \qquad (10-15)$$

式中：

$$\left.\begin{array}{l}\boldsymbol{a}_{BA}^{\tau}\begin{cases}|\boldsymbol{a}_{BA}^{\tau}| = \varepsilon \cdot BA\\ \boldsymbol{a}_{BA}^{\tau} \perp BA\end{cases}\\ \boldsymbol{a}_{BA}^{n}\begin{cases}|\boldsymbol{a}_{BA}^{n}| = \omega^2 \cdot BA\\ \boldsymbol{a}_{BA}^{n} \text{方向由点} B \text{指向点} A\end{cases}\end{array}\right\} \qquad (10-16)$$

所得结论如下：平面图形上任一点的加速度等于基点的加速度与该点绕基点作圆周运动的切向加速度和法向加速度的矢量和。

应用式(10-15)和式(10-16)求解平面图形的加速度问题时，一般选加速度已知的点为基点，先用瞬心法求出平面图形的角速度(即使得 $\boldsymbol{a}_{BA}^{n}$ 为已知)，再用式(10-15)求平面图形上点的加速度或平面图形的角加速度(含于 $\boldsymbol{a}_{BA}^{\tau}$ 中)。

例 10-7 半径为 R 的车轮沿直线轨道作无滑动的滚动。轮心 C 的速度为 v_C，加速度为 a_C(图 10-20(a))。求图示瞬时轮缘上点 M 的加速度。

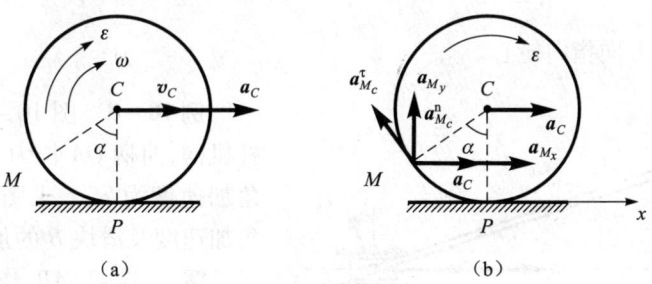

图 10-20

解 取加速度已知的点 C 为基点。

确定轮 C 的瞬心 P，轮的角速度用瞬心法求得为：

$$\omega = \frac{v_C}{R}$$

对滚动无滑动的圆轮，其角加速度可直接得到，为：

$$\varepsilon = \frac{\mathrm{d}\omega}{\mathrm{d}t} = \frac{\mathrm{d}v_C}{\mathrm{d}t}\frac{1}{R} = \frac{a_C}{R}$$

点 M 的轨迹预先未知，可将其加速度分解为两个正交分量来表示。于是本题中求点 M 加速度的公式可按式(10-10)写作：

$$\boldsymbol{a}_{M_x} + \boldsymbol{a}_{M_y} = \boldsymbol{a}_C + \boldsymbol{a}_{M_C}^{\tau} + \boldsymbol{a}_{M_C}^{n} \qquad (1)$$

对式中各加速度的大小、方向分析列于下表：

	a_{M_x}	a_{M_y}	a_C	$a_{M_C}^{\tau}$	$a_{M_C}^{n}$
大小	未知	未知	a_C	$\varepsilon R = a_C$	$\omega^2 R$
方向	水平	铅垂	水平向右	$\perp MC$	指向 C

将式(1)中各项加速度画于图 10-20(b)中,图中 a_{M_x}、a_{M_y} 的指向是假定的,$a_{M_C}^\tau$ 的指向是依轮的角加速度 ε 的方向给定的。

写式(1)在 x 轴上的投影式,有:

$$a_{M_x} = a_C - a_{M_C}^\tau \cos\alpha + a_{M_C}^n \sin\alpha$$
$$= a_C - a_C \cos\alpha + \omega^2 R \sin\alpha$$
$$= a_C(1 - \cos\alpha) + \frac{v_C^2}{R}\sin\alpha \tag{2}$$

写式(1)在 y 轴上的投影式,有:

$$a_{M_y} = a_{M_C}^\tau \sin\alpha + a_{M_C}^n \cos\alpha = a_C \sin\alpha + \frac{v_C^2}{R}\cos\alpha \tag{3}$$

讨论:瞬时速度中心的速度为零,其加速度一般不为零。

本题中轮与地面的接触点 P 为瞬心,该点的加速度不为零。瞬心 P 的加速度 a_P 可从本题的结果式(2)、(3)中求得,将 $\alpha = 0$ 代入式(2)和(3)中,得:

$$a_{P_x} = 0, \quad a_{P_y} = \frac{v_C^2}{R}$$

即 a_P 的大小为 $\frac{v_C^2}{R}$,方向指向轮心。

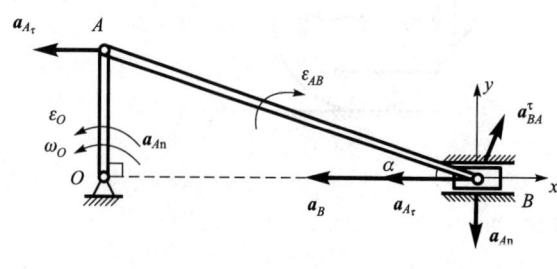

图 10-21

例 10-8 图 10-21 所示的曲柄连杆机构,曲柄 OA 长为 l,其角速度为 ω_0,角加速度为 ε_0。求图示位置连杆 AB 的角加速度及滑块 B 的加速度。

解 连杆 AB 作平面运动,在图 10-21 所示位置作瞬时平动,该瞬时的角速度 $\omega_{AB} = 0$。

取加速度已知的点 A 为基点,求点 B 的加速度的基点法公式为:

$$a_B = a_{A\tau} + a_{An} + a_{BA}^\tau + a_{BA}^n \tag{1}$$

对式中各项加速度的大小、方向分析列于下表:

	a_B	$a_{A\tau}$	a_{An}	a_{BA}^τ	a_{BA}^n
大小	未知	$\varepsilon_0 l$	$\omega_0^2 l$	未知	0
方向	水平	$\perp OA$	指向 O	$\perp AB$	

将式(1)中各项加速度画于图中,图中 a_B 和 a_{BA}^τ 的指向是假定的。

为求杆 AB 的角加速度,写式(1)在 y 轴上的投影式,有:

$$0 = -a_{An} + a_{BA}^\tau \cos\alpha$$

代入 $a_{An} = \omega_0^2 l$ 及 $a_{BA}^\tau = \varepsilon_{AB} AB = \frac{\varepsilon_{AB} l}{\sin\alpha}$,解得:

$$\varepsilon_{AB} = \omega_0^2 \tan \alpha$$

为求滑块 B 的加速度,写式(1)在 x 轴上的投影式,有:

$$-a_B = -a_{A\tau} + a_{BA}^{\tau} \sin \alpha$$

$$a_B = (\varepsilon_0 - \omega_0^2 \tan \alpha) l$$

本题的计算结果表明,平面运动刚体在某瞬时作瞬时平动,其角速度为零,但角加速度一般不为零。瞬时平动刚体上各点速度相等,但各点加速度一般不相等。

小 结

(1) 平面图形在自身平面内的运动,可完全代表刚体的平面运动。

(2) 在平面图形上选定基点,以基点为原点选定平动参考系后,平面图形的运动可用运动合成与分解的方法研究,即

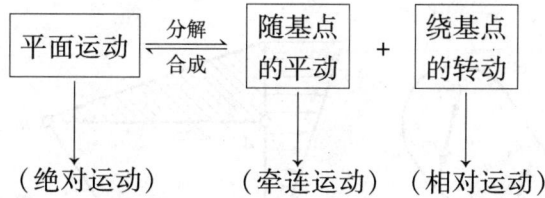

由于动系作平动,相对于动系的转动,就是相对于定系的转动,或说相对转动即是绝对转动,它与基点(动系原点)的位置无关。

(3) 求平面图形上点的速度的瞬心法与基点法,在理论上是同一种方法。瞬心法的独特之处是选取速度为零的点 P(瞬心)为基点,从而使基点法求速度的公式

$$v_B = v_A + v_{BA}$$

简化为

$$v_B = v_{BP} \begin{cases} |v_{BP}| = \omega \cdot BP \\ v_{BP} \perp BP \end{cases}$$

应用瞬心法的关键是正确地确定平面图形的瞬心位置。应注意的是:

① 瞬心的位置一般需依平面图形上两个点的速度方位来确定。

② 平面图形在不同的瞬时,其瞬心位置不同;同一机构中的不同的平面运动刚体,分别有各自的瞬心。

③ 瞬心的速度为零,其加速度一般不为零,因此瞬心是平面运动刚体的瞬时转动中心。

(4) 用基点法求平面图形上点的加速度(或平面图形的角加速度)的基本程序是:

① 选定加速度已知的点为基点。

② 求出平面图形的角速度。

③ 针对具体问题写出求加速度的基点法公式。

④ 分析公式中各项加速度的大小、方向,并画出其加速度矢量图。

⑤ 写基点法公式的投影式,求解未知量。

 **思考题**

10-1 刚体上两点 A 和 B 的速度如图 10-22(a) 和 (b) 所示，在刚体运动过程中这两种情况可能出现吗？为什么？

10-2 三角板 ABC 铰接在杆 O_1A 和 O_2B 上。在图 10-23 所示位置，O_1A 和 AC 线上各点的速度分布规律对不对？应怎样分布？

10-3 在图 10-24 中，已知平面图形的瞬心 P、角速度 ω 及角加速度 ε，则平面图形上点 M 的加速度可求得为

$$a_{M\tau} = \varepsilon \cdot MP; \quad a_{Mn} = \omega^2 \cdot MP$$

这样算可以吗？为什么？

10-4 平面图形上两点的加速度在两点连线上的投影相等，有这种可能吗？

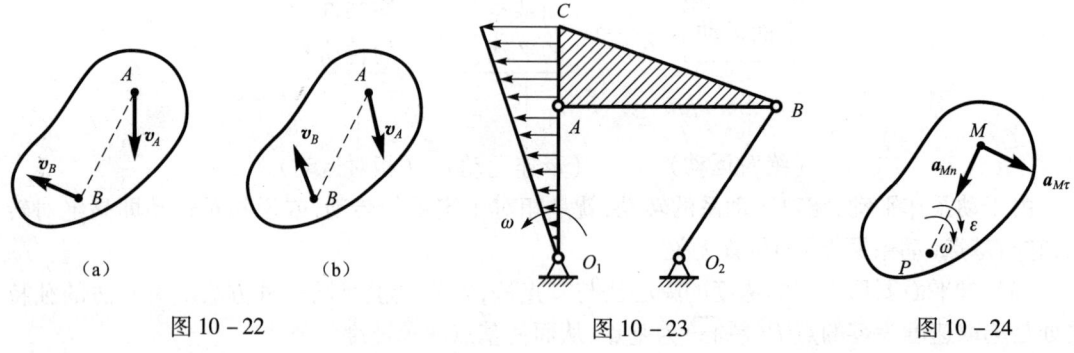

图 10-22　　　　　图 10-23　　　　　图 10-24

 **习　题**

10-1 椭圆规尺 AB 由曲柄 OC 带动，曲柄以角速度 ω_0 绕轴 O 匀速转动，如图所示。如果 $OC = BC = AC = r$，取点 C 为基点，写出椭圆规尺 AB 的平面运动方程。

10-2 杆 AB 的 A 端沿水平线以速度 v_A 运动，杆恒与一半径为 R 的圆周相切，如图所示。如杆与水平线的交角为 θ，试以角 θ 表示杆的角速度。

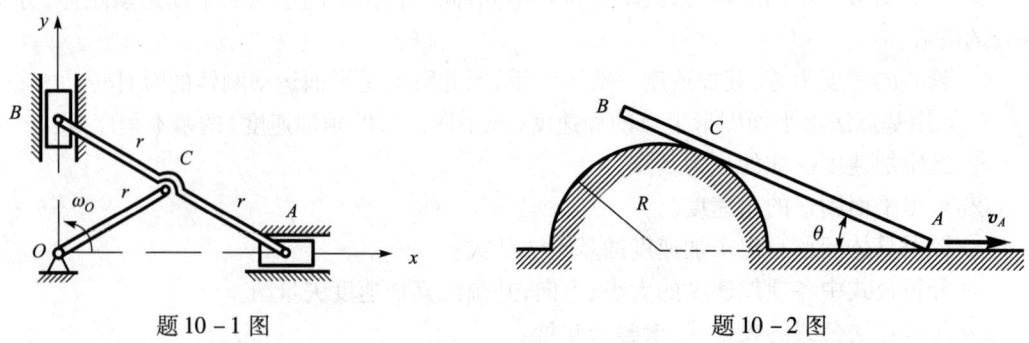

题 10-1 图　　　　　　　题 10-2 图

10-3 印刷机的墨滚 B 由曲柄 OA 带动，在通过轴 O 的水平线上无滑动地滚动，已知 $OA = 35$ cm，$AB = 50$ cm，滚子半径 $r = 10$ cm，曲柄以每秒一转的转数逆时针转动。求 OA 在右

边水平位置时,墨滚 B 的角速度大小和转向。

10-4 换向传动装置具有齿条摇杆 AB,曲柄长 $OA = R$,以匀角速度 ω_0 绕轴 O 顺时针转动,齿轮 O_1 半径 $r = \dfrac{R}{2}$。求当角 $\alpha = 60°$ 时,齿轮 O_1 的角速度大小和转向。

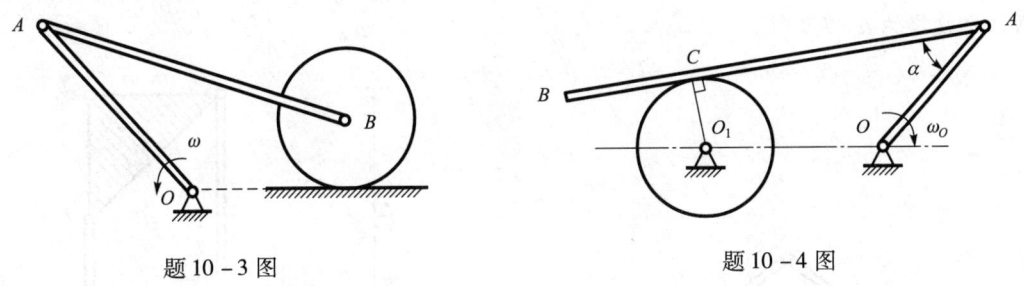

题 10-3 图　　　　　　　　　题 10-4 图

10-5 两齿条分别以速度 v_1 和 v_2 同方向运动。在两齿条中间夹一齿轮,其半径为 r,求齿轮的角速度及其中心 O 的速度。

10-6 四连杆机构中,连杆 AB 上固连一三角板 ABD,如图所示。机构由曲柄 O_1A 带动,已知曲柄的角速度 $\omega_{O_1A} = 2$ rad/s,曲柄长 $O_1A = 10$ cm,水平距离 $O_1O_2 = 5$ cm,$AD = 5$ cm。当 O_1A 铅垂时,AB 平行于 O_1O_2,且 AD 与 AO_1 在同一直线上,角 $\varphi = 30°$。求三角板 ABD 的角速度及点 D 的速度。

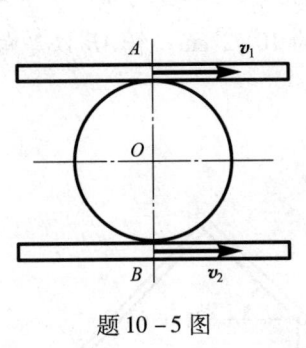 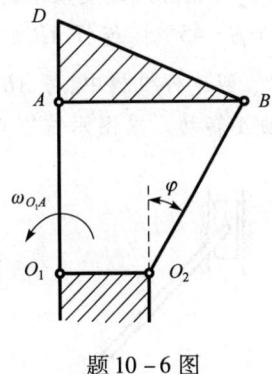

题 10-5 图　　　　　　　　　题 10-6 图

10-7 直径为 $d = 6\sqrt{3}$ cm 的滚子在水平面上作纯滚动,杆 BC 一端与滚子铰接,另一端与滑块 C 铰接。已知图示位置滚子的角速度 $\omega = 12$ rad/s,$\alpha = 30°$,$\beta = 60°$,$BC = 27$ cm。求杆 BC 的角速度和滑块 C 的速度。

10-8 在曲柄摇杆机构中,曲柄 OA 以角速度 ω_0 绕轴 O 转动,带动连杆 AC 在摇杆 BD 的套筒内滑动,摇杆 BD 则绕铰支座 B 转动。杆 BD 长 l,求图示位置摇杆 BD 的角速度及 D 点的速度。

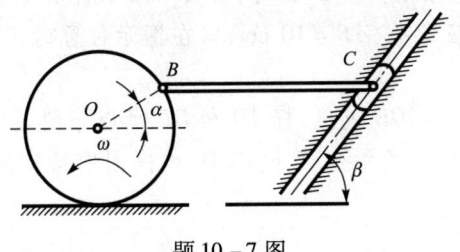 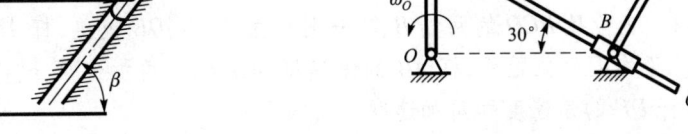

题 10-7 图　　　　　　　　　题 10-8 图

10-9 直杆 OA 和 AB 长同为 l，在点 A 铰接。杆 OA 绕轴 O 匀速转动，角速度为 ω_O，杆 AB 的 B 端沿水平地面滑动。问角 $\alpha=45°$ 和 $\alpha=30°$ 两个位置时，点 B 的速度大小为多少。

10-10 图示机构由直角形曲杆 ABC、等腰三角形板 CEF、直杆 DE 等三个刚体组成。点 A 和点 F 处为两个链杆支座。已知 DE 杆以角速度 ω_D 绕 D 轴转动。按给定尺寸，求图示位置点 A 的速度大小和方向。

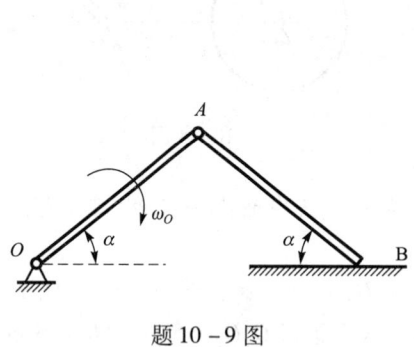

题 10-9 图

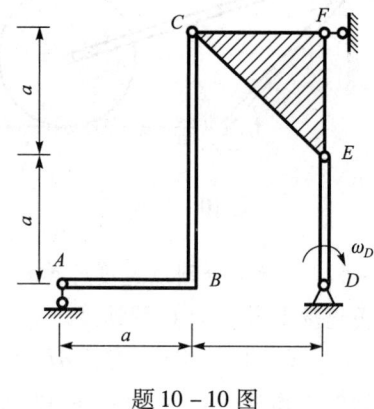

题 10-10 图

10-11 曲柄长 $OA=20$ cm，绕轴 O 以等角速度 $\omega_O=10$ rad/s 转动，带动连杆 AB，使连杆端点的滑块 B 沿铅直滑道运动。连杆长 $AB=100$ cm，求当曲柄与连杆相互垂直，并与水平线间的夹角 $\alpha=\beta=45°$ 时，连杆 AB 的角速度、角加速度和滑块 B 的加速度。

10-12 四连杆机构中，杆 AB 长为 10 cm，杆 BC 长为 $10\sqrt{2}$ cm。杆 AB 以等角速度 $\omega=1$ rad/s 绕轴 A 转动。求图示位置点 C 的加速度。

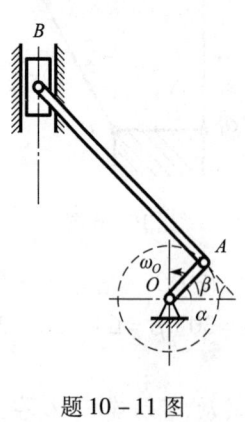

题 10-11 图

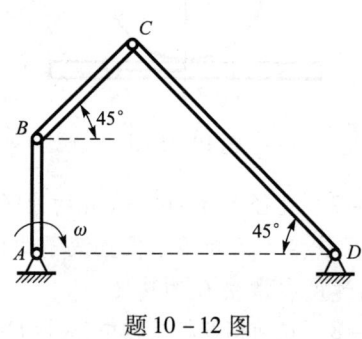

题 10-12 图

10-13 滚压机构中的滚子沿水平面无滑动地滚动。已知曲柄长 $OA=10$ cm，以匀转速 $n=30$ r/min 绕轴 O 转动，连杆 AB 长 $l=17.3$ cm，滚子半径 $R=10$ cm，求在图示位置时，滚子的角速度及角加速度。

10-14 直角尺 BCD 的两端 B、D 分别与直杆 AB、DE 铰接，杆 AB 和 DE 可以分别绕轴 A 和 E 转动。设在图示位置时，杆 AB 的角速度 $\omega_{AB}=\omega$，角加速度 $\varepsilon_{AB}=0$，试按图中给定的尺寸，求此时杆 DE 的角速度和角加速度。

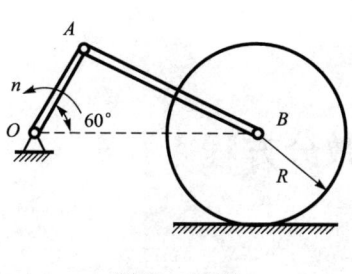

题 10 – 13 图

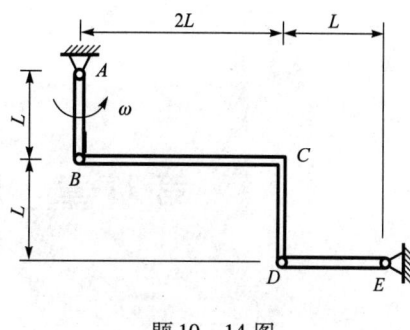

题 10 – 14 图

第 11 章 质点运动微分方程

导言

- 本章介绍动力学基本定律,建立质点运动微分方程并用于求解质点动力学的两类问题。
- 动力学的基本定律是动力学的理论基础。质点运动微分方程是求解质点动力学问题的基本方法。

11.1 动力学引言

静力学主要研究物体的受力分析、力系的简化,以及力系的平衡条件及其应用。静力学中并未涉及物体的运动。运动学中研究点和刚体运动的几何性质,并未涉及物体所受的力,在静力学与运动学中,都没有研究物体的运动与作用在物体上的力之间的关系。

动力学是研究物体机械运动与作用在物体上的力之间的关系的科学,动力学研究物体机械运动的普遍规律。

随着科学技术的发展,在工程实际问题中提出的动力学问题越来越多。例如厂房结构在冲击荷载作用下的动态响应,动力基础的隔振与减振,地震荷载对建筑物的影响等等,这些都与动力学知识密切相关。学好动力学对于土建工程技术人员提高业务素质,提高认识和解决复杂工程问题的能力是十分重要的。

动力学中将所研究的物体抽象化为**质点**和**质点系**两个力学模型。**质点是具有质量而形状和大小都可忽略不计的物体。**当在所研究的问题中物体的形状和大小与所研究的问题无关或影响甚微时,便可将该物体抽象为一质点。例如在研究地球绕太阳运行的轨道时,就可将地球视为质点。**质点系是由几个或无限个有联系的质点所组成的系统。**由若干质点和刚体所组成的机构、变形体、流体等都是具有某种特性的质点系。

在动力学问题的研究中,提出了两类重要的物理量。一类物理量是从不同的侧面来描述系统的运动的特征,称为**运动量**;另一类物理量则是从不同的侧面来描述力系的作用效果,称为**作用量**。建立运动量与作用量之间的关系,是解决动力学问题,特别是质点系动力学问题的基本方法,即通过运动量与作用量的关系来给出运动与力之间的关系。

11.2 动力学的基本定律

关于机械运动的规律,人们曾进行了长期的、大量的研究和实验。1687 年牛顿在总结前人成果的基础上，在他的名著《自然哲学的数学原理》中系统地提出了动力学的基本定律，后人称为牛顿三定律。牛顿三定律是动力学的最基本的规律。

第一定律：惯性定律

不受力作用的质点，将保持静止或作匀速直线运动。

这一定律说明物体有保持静止或匀速直线运动的属性。人们将这种属性称为**惯性**。静止和匀速直线运动也就称为**惯性运动**。

当质点受平衡力系作用时，质点将保持惯性运动状态不变；当质点受非平衡力系作用时，其运动状态将发生改变。力或不平衡的力系是改变质点运动状态的原因。

第二定律：力与加速度的关系定律

质点受力作用而产生的加速度，其方向与作用力的方向相同，其大小与力的大小成正比，与质点的质量成反比，即：

$$m\boldsymbol{a} = \boldsymbol{F} \tag{11-1}$$

当质点受力系作用的时候，式(11-1)右端的力 $\boldsymbol{F}$ 应理解为力系的合力。

从式(11-1)可以看出，将相同的力作用在质量不同的质点上，质量大的质点其加速度小，即运动状态的变化小，质量小的质点其加速度大，即运动状态的变化大。可见质量越大，运动状态越不易改变，质点的惯性越大，即**质量是质点惯性大小的度量**。

在地球表面附近，物体受重力 G 作用，产生的加速度记为 g，称为**重力加速度**。按牛顿第二定律，有：

$$mg = G \tag{11-2}$$

在经典力学中，物体的质量是常量。由于在地面各处的重力加速度略有不同，因此一个物体的重量随地域不同而有所变化。按国际计量委员会规定的标准，重力加速度的数值为 9.806 65 m/s²，我国一般取 $g = 9.80$ m/s²，这就规定了一物体的重量不因地域不同而不同。

在国际单位制(SI)中，长度、质量和时间的单位是基本单位，分别取为米(m)、千克或公斤(kg)和秒(s)。力的单位是导出单位：质量为 1 千克的质点，获得 1 米/秒² 的加速度时，作用在该质点上的力为一个国际单位，称为牛顿(N)，即：

$$1(N) = 1(kg) \times 1(m/s^2)$$
$$1(N) = 1(kg \cdot m/s^2)$$

国际单位制(SI)为我国的法定计量单位。

第三定律：作用与反作用定律

两个物体间的作用力与反作用力，总是大小相等，方向相反，沿着同一直线，分别作用在两个相互作用的物体上。

这一定律表明，静力学的公理四，对运动的物体同样适用。

近代科学的发展和实践已经证明，在**惯性参考系**中，牛顿定律对一般工程实际问题是正确的。当物体的速度接近于光速或研究微观粒子的运动时，则需应用相对论力学或量子力学等领域中所建立的科学规律。

在一般工程问题中，惯性参考系是指固结于地面或相对地面作匀速直线平动的坐标系。在研究人造卫星的轨道等问题时，需要考虑地球自转的影响，则需取地心为原点，以三个坐标轴指向三个恒星的坐标系作为惯性参考系。

11.3 质点运动微分方程

设质点 M 的质量为 m，所受力系的合力为 F，运动的加速度为 a。按式(11-1)，有：
$$m\boldsymbol{a} = \boldsymbol{F}$$

由运动学知：
$$\boldsymbol{a} = \frac{\mathrm{d}\boldsymbol{v}}{\mathrm{d}t} = \frac{\mathrm{d}^2\boldsymbol{r}}{\mathrm{d}t^2}$$

代入上式后，得：
$$m\frac{\mathrm{d}\boldsymbol{v}}{\mathrm{d}t} = \boldsymbol{F}$$

或

$$m\frac{\mathrm{d}^2\boldsymbol{r}}{\mathrm{d}t^2} = \boldsymbol{F} \tag{11-3}$$

式中：r 是质点 M 相对某固定点 O 的矢径。式(11-3)是**矢量形式的质点运动微分方程**。

以 x、y、z 表示质点 M 在直角坐标系 $Oxyz$ 中的坐标(图 11-1)，以 X、Y、Z 表示力 F 在各坐标轴上的投影，式(11-3)在直角坐标轴上的投影式为：

$$\left.\begin{array}{l} m\dfrac{\mathrm{d}^2 x}{\mathrm{d}t^2} = X \\[4pt] m\dfrac{\mathrm{d}^2 y}{\mathrm{d}t^2} = Y \\[4pt] m\dfrac{\mathrm{d}^2 z}{\mathrm{d}t^2} = Z \end{array}\right\} \tag{11-4}$$

这就是**直角坐标形式的质点运动微分方程**。

当运动轨迹已知时，可取质点 M 为原点，引出切线单位矢量 $\boldsymbol{\tau}$（指向轨迹的正向），主法线单位矢量 $\boldsymbol{n}$（指向轨迹内凹侧），以及副法线单位矢量 $\boldsymbol{b}$，$\boldsymbol{b}$ 的指向根据右手法则由下式决定：
$$\boldsymbol{b} = \boldsymbol{\tau} \times \boldsymbol{n}$$

如图 11-2 所示。用上述三个矢量的轴线构成一正交的**自然轴系**。由运动学可知，加速度在自然轴系上的投影分别为：

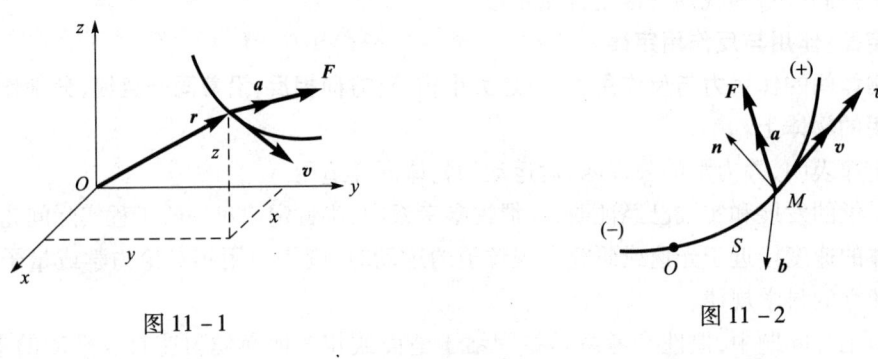

图 11-1　　　　　　　　　图 11-2

$$a_\tau = \frac{\mathrm{d}^2 s}{\mathrm{d}t^2}; \quad a_\mathrm{n} = \frac{v^2}{\rho}; \quad a_\mathrm{b} = 0$$

于是,式(11-3)在自然轴系上的投影式为:

$$\left. \begin{array}{r} m\dfrac{d^2s}{dt^2} = F_\tau \\ m\dfrac{v^2}{\rho} = F_n \\ 0 = F_b \end{array} \right\} \quad (11-5)$$

这就是**自然轴形式的质点运动微分方程**。ρ 为曲率半径。

11.4 质点动力学的两类问题

质点的动力学问题基本上可分为两类。第一类问题:已知质点的运动,求作用于质点上的力。求解时需将质点的运动方程对时间求导数,在数学上归结为微分运算问题。第二类问题:已知作用于质点上的力,求质点的运动。需要解质点运动微分方程。求质点的运动方程,在数学上归结为积分运算问题。求解第二类问题时,需要根据运动的初始条件确定积分常数。在不同的运动初始条件下,质点的运动规律将不相同。

例 11-1 两根不计质量的细杆 AM 和 BM,M 端与质量为 1 kg 的小球 M 连接,A 端和 B 端铰接在铅垂线上,可使小球 M 在水平面内作圆周运动,如图 11-3(a)所示。已知圆的半径 $r = 0.5$ m,球 M 速度 $v = 2.5$ m/s,求球 M 的切向加速度及两杆所受的力。

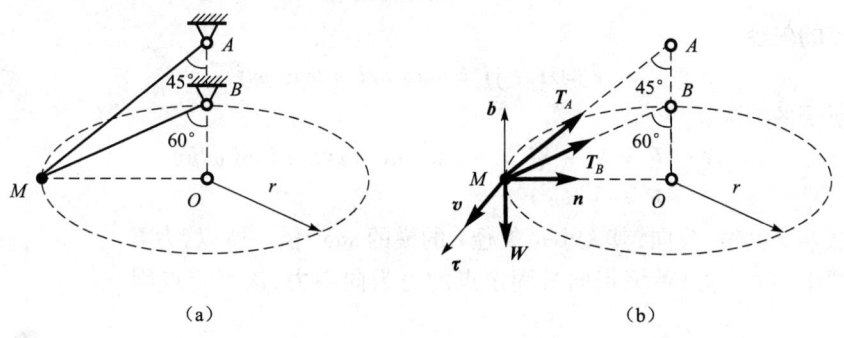

图 11-3

解 取小球 M 为研究对象。杆 AM 和 BM 不计质量,为二力杆,对小球 M 施加的约束反力 $\boldsymbol{T}_A$ 和 $\boldsymbol{T}_B$ 如图 11-3(b)所示。主动力为重力 $\boldsymbol{W}$。因小球 M 的轨迹已知,可选用图 11-3(b)中所示的自然轴系,并写自然轴形式的质点运动微分方程如下:

$$ma_\tau = \sum F_\tau: \quad a_\tau = 0$$
$$m\dfrac{v^2}{\rho} = \sum F_n: \quad m\dfrac{v^2}{r} = T_A \cos 45° + T_B \cos 30°$$
$$0 = \sum F_b: \quad 0 = T_A \sin 45° + T_B \sin 30° - W$$

代入 $v = 2.5$ m/s,$r = 0.5$ m,$W = 9.8$ N,$m = 1$ kg,解得:

$$a_\tau = 0, T_A = 8.65 \text{ N}, T_B = 7.38 \text{ N}$$

例 11-2 质量为 m 的质点 M 在水平面内运动,轨迹为一椭圆,如图 11-4 所示。已知直角坐标形式的运动方程为:

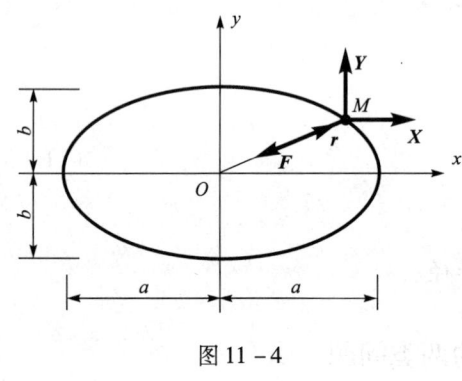

图 11-4

$$x = a\cos\omega t$$
$$y = b\sin\omega t$$

求作用在质点上的力。

解 本题属于第一类问题。

以质点 M 为研究对象。质点在水平面内所受的力 F 是未知的，设该力沿坐标轴的两个分量为 X 和 Y，则由直角坐标形式的质点运动微分方程有：

$$m\frac{d^2x}{dt^2} = X$$

$$m\frac{d^2y}{dt^2} = Y$$

代入

$$\frac{d^2x}{dt^2} = -a\omega^2\cos\omega t$$

$$\frac{d^2y}{dt^2} = -b\omega^2\sin\omega t$$

求出：

$$X = -ma\omega^2\cos\omega t$$
$$Y = -mb\omega^2\sin\omega t$$

注意到质点的矢径：

$$\boldsymbol{r} = x\boldsymbol{i} + y\boldsymbol{j} = a\cos\omega t\boldsymbol{i} + b\sin\omega t\boldsymbol{j}$$

所以质点所受的力为：

$$\boldsymbol{F} = X\boldsymbol{i} + Y\boldsymbol{j} = -m\omega^2(a\cos\omega t\boldsymbol{i} + b\sin\omega t\boldsymbol{j})$$

即

$$\boldsymbol{F} = -m\omega^2\boldsymbol{r}$$

即力 F 与矢径 r 共线、反向，其大小是矢径 r 的模的 $m\omega^2$ 倍。所以，力 F 恒指向椭圆中心 O，称这种恒指向某固定点的力为**向心力**，该固定点则称为**力心**。

例 11-3 如图 11-5，在地面以初速度 v_0 铅直发射一质量为 m 的物体，地球对物体的引力与物体到地心的距离的平方成反比，与地球和物体的质量成正比。不计空气阻力与地球自转的影响，求该物体在引力作用下的运动速度。

解 将物体视为质点，并取为研究对象。

选地心 O 为坐标原点，x 轴铅直向上。质点受地球引力 F 作用，力 F 沿 x 轴，指向地心 O，其大小为：

$$F = \frac{G_0 mM}{x^2}$$

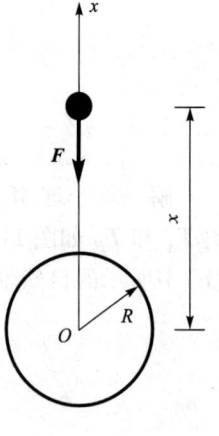

图 11-5

式中：G_0 为万有引力常数，M 为地球质量，x 为质点的坐标，即质点到地心的距离。当质点位于地面时，力 F 的值：

$$F = mg = \frac{G_0 mM}{R^2}$$

所以
$$G_O = \frac{gR^2}{M}$$

式中:R 为地球半径。引力 F 的值为:
$$F = \frac{R^2 mg}{x^2}$$

写出质点运动微分方程:
$$m\frac{d^2 x}{dt^2} = -\frac{R^2 mg}{x^2} \quad (1)$$

因 $\frac{d^2 x}{dt^2} = \frac{dv_x}{dt}$,本题中 $v_x = v_x[x(t)]$,按复合函数求导数法则,$\frac{dv_x}{dt} = \frac{dv_x}{dx}\frac{dx}{dt} = v_x \frac{dv_x}{dx}$,代入式(1),有:
$$mv_x dv_x = -R^2 mg \frac{dx}{x^2}$$

对上式作积分,有:
$$\int_{v_0}^{v} v_x dv_x = -gR^2 \int_R^x \frac{dx}{x^2}$$

得
$$\frac{1}{2}(v^2 - v_0^2) = gR^2\left(\frac{1}{x} - \frac{1}{R}\right)$$

物体在任意位置的速度为:
$$v = \sqrt{v_0^2 - 2gR + \frac{2gR^2}{x}}$$

所得结果表明,物体的速度随 x 的增大而减小。当 $v_0^2 < 2gR$ 时,物体达到一定高度,速度将减小为零,之后物体会下落。当 $v_0^2 > 2gR$ 时,无论 x 值多大甚至趋于无穷,速度 v 也不会为零,物体将不复返。使物体不复返的最小初速度应为 $v_0^2 = 2gR$。代入 $g = 9.80 \text{ m/s}, R = 6\,370 \text{ km}$,得其值:
$$v_0 = 11.2 \text{ km/s}$$

这就是使物体脱离地球引力范围所需的最小初速度,称为**第二宇宙速度**。

本题属于第二类问题,即已知力为位置的函数的情况。

例 11-4 质量为 m 的矿石 M,在水面从静止开始沉降。已知水的阻力 $R = -\mu v$,其中系数 μ 是与矿石形状、横截面尺寸及介质密度有关的常量。求矿石的运动规律。

解 将矿石视为质点,并取为研究对象。

选矿石的初始位置为坐标原点,x 轴铅垂向下。矿石受重力 G 和阻力 R 作用,如图 11-6 所示。

矿石运动的初始条件是:$t = 0$ 时,$x_O = 0, v_O = 0$。

矿石的运动微分方程为:
$$m\frac{d^2 x}{dt^2} = G - R$$
$$\frac{dv_x}{dt} = g - \frac{\mu}{m}v_x$$

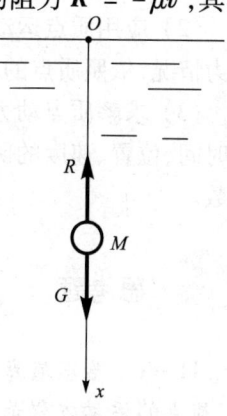

图 11-6

令 $a = \dfrac{\mu}{m}$,并作积分,有:

$$\int_0^v \frac{\mathrm{d}v_x}{g - av_x} = \int_0^t \mathrm{d}t$$

$$-\frac{1}{a}\ln(g - av_x)\Big|_0^v = t$$

得
$$v = \frac{g}{a}(1 - \mathrm{e}^{-at}) \tag{1}$$

当 $t \to \infty$ 时,$\mathrm{e}^{-at} \to 0$,得到矿石下降的最大速度:

$$v_m = \frac{g}{a} = \frac{mg}{\mu} \tag{2}$$

表明 t 足够大时,矿石将以此速度作匀速直线运动,称此速度为**极限速度**。

将式(1)

$$\frac{\mathrm{d}x}{\mathrm{d}t} = \frac{g}{a}(1 - \mathrm{e}^{-at})$$

再积分一次,有:

$$\int_0^x \mathrm{d}x = \frac{g}{a}\int_0^t (1 - \mathrm{e}^{-at})\mathrm{d}t$$

得到矿石的运动方程:

$$x = \frac{g}{a}t - \frac{g}{a^2}(1 - \mathrm{e}^{-at})$$

本题属于第二类问题,即已知力为速度的函数的情况。

小 结

(1) 牛顿第一定律和第二定律给出了质点的运动与质点所受力之间的关系。牛顿第二定律 $ma = F = \sum F_i$ 是质点动力学的基本方程。牛顿第三定律给出了两个物体相互作用力之间的关系。

牛顿三定律适用于惯性参考系。

(2) 应用质点运动微分方程求解质点动力学问题时,必须选定所研究的质点,分析质点的受力情况,依照质点的运动情况选择质点运动微分方程的形式,并建立质点的运动微分方程。

(3) 求解质点动力学的第二类问题时,要注意分析和确定力函数的形式,如恒力情况,力为时间、位置、速度的函数等情况。还应注意根据运动的初始条件,确定积分上、下限或积分常数。

11-1 给定质点的运动方程,质点所受的力系的合力是否唯一确定?给定质点所受的力,质点的运动方程是否唯一确定?

11-2 在什么条件下可使用自然轴形式的质点运动微分方程?τ、n、b 轴的正向是如何规定的?

习　题

11-1　在矿井中质量 $m=280$ kg 的吊桶自静止开始匀加速下降,在最初 10 秒内经过的距离 $s=35$ m。求吊索的拉力。

11-2　质量 $m=0.1$ kg 的质点按 $x=t^4-12t^3+60t^2$ 的规律作直线运动,其中 x 以 m 计,t 以 s 计。求作用于质点上的力。该力何时取极值?极值为多大?

11-3　质量 $m=2$ kg 的重物 M,挂在长 $l=1$ m 的绳下端。给重物一速度 $v=5$ m/s,求此瞬时绳的拉力。

11-4　小球重 W,用两绳悬挂如图所示。若将绳 AB 突然剪断,则小球开始运动。求小球刚开始运动瞬时绳 AC 的拉力,及绳 AC 在铅垂位置时的拉力。

11-5　重 $W=100$ kN 的重物随同跑车沿水平横梁作匀速运动,其速度的大小 $v=1$ m/s,重物的重心到悬挂点的距离 $l=5$ m。若跑车突然停止,重物因惯性绕悬挂点摆动,求刹车时钢绳的拉力。当摆到最高位置时,钢绳的拉力又为多少?

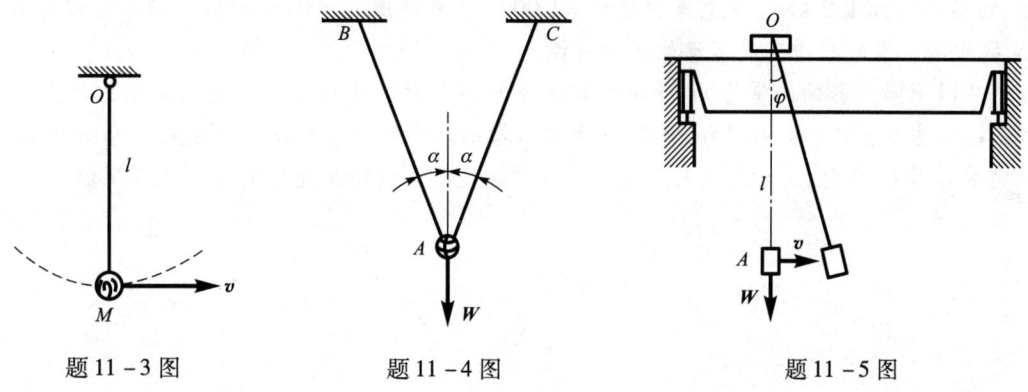

题 11-3 图　　　　题 11-4 图　　　　题 11-5 图

11-6　列车以速度 $v=12$ m/s 通过弯道。已知弯道的曲率半径为 $\rho=300$ m,轨距为 $b=1.5$ m。为使列车对钢轨的压力垂直于轨顶平面,试求外轨超过内轨的高度 h 应为多少?

11-7　重 W 的球用两根长 l 的无重杆支持,系统以匀角速度 ω 绕铅垂轴 AB 转动。如 $AB=2a$,两杆的各端均为铰接。求二杆所受的力。

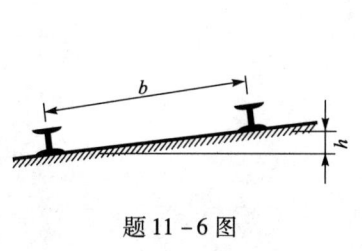

题 11-6 图

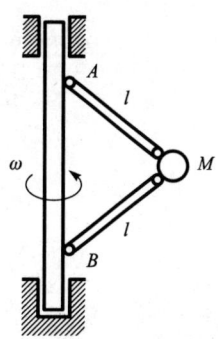

题 11-7 图

11-8 图示一质点无初速地从位于铅垂面内的圆的顶点 O 出发,在重力作用下沿通过 O 点的弦线运动。设圆的半径为 R,不计弦线与质点间的摩擦。证明质点走完任何一弦线所需要的时间相同,并求出这段时间。

11-9 小车以匀加速度 a 沿倾角为 α 的斜面向上运动,小车的平顶上放一重 P 的物块随车一同运动。问车面与物块间的静滑动摩擦系数 f 应为多大?

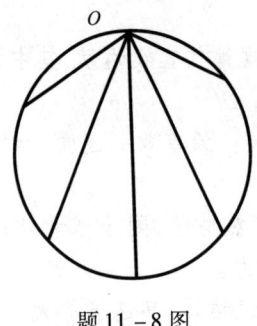

题 11-8 图

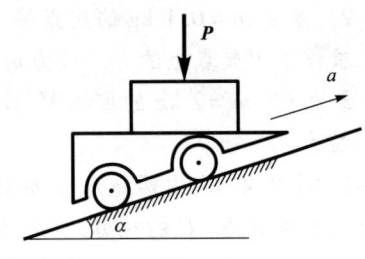

题 11-9 图

11-10 电车司机开启变阻器以增加电机的动力,使驱动力 P 从零开始与时间成正比地增加,每秒钟增加 1.2 kN。设电车质量 $m=1\ 000$ kg,初速度 $v_0=0$,运动时受到不变阻力 $R=2$ kN 的作用。求电车作直线运动的运动规律。

11-11 潜水器的质量为 m,受重力与浮力的合力 P 的作用下沉。设水的阻力的大小与速度的一次方成正比,即 $R=kSv$,式中:S 为潜水器的水平投影面积,v 为下沉的瞬时速度,k 为比例常数。若 $t=0$ 时,$v_0=0$,试求潜水器下沉的速度和下沉距离随时间而变化的规律。

第 12 章　动量定理

 导言

- 本章阐述动量、冲量、质心的概念，建立动量与力或力的冲量之间的关系，以及系统质心的运动与系统所受力之间的关系。
- 动量定理中用动量描述系统的运动，会计算动量是应用动量定理的关键。
- 动量定理的微分式、积分式以及动量守恒，这三者的表达式及其使用条件是动量定理的核心。质心运动定理是动量定理微分式的另一种表达形式。

解决质点动力学问题时，如着眼于求解各单个质点的运动规律那是很繁琐的，而且往往是不需要的。通常的做法是建立质点系的运动量与作用量之间的关系，求解质点系整体运动的特征，各质点的运动规律也就可随之确定。

动量定理、动量矩定理和动能定理分别从不同的角度建立质点系的运动量与作用量之间的关系。这三个定理称为**动力学的基本定理**。

12.1　动　量

12.1.1　质点的动量

质点的动量是质点运动强弱的一种度量。质点运动的强弱与质量和速度这两个因素有关。例如飞行的子弹，质量虽小，但速度很大，足以穿透钢板。又如南极漂浮的冰山，速度很小，但质量极大，仍具有惊人的撞击力。所以，将**质点的质量与速度的乘积**，定义为质点的**动量**。

设质点的质量为 m，速度为 v，则质点的动量为 mv。质点的动量是一矢量，它的方向与速度方向相同。动量的单位是千克·米/秒（kg·m/s）。

质点的动量在直角坐标轴上的投影是：

$$mv_x = m\frac{\mathrm{d}x}{\mathrm{d}t}, \quad mv_y = m\frac{\mathrm{d}y}{\mathrm{d}t}, \quad mv_z = m\frac{\mathrm{d}z}{\mathrm{d}t} \qquad (12-1)$$

12.1.2　质点系的动量

质点系中所有各质点的动量的矢量和为质点系的动量，并用符号 p 表示。如质点系中第 i

个质点的质量为 m_i,速度为 $\boldsymbol{v}_i$,则:

$$\boldsymbol{p} = \sum m_i \boldsymbol{v}_i \qquad (12-2)$$

质点系的动量在直角坐标轴上的投影是:

$$\left. \begin{array}{l} p_x = \sum m_i v_{ix} \\ p_y = \sum m_i v_{iy} \\ p_z = \sum m_i v_{iz} \end{array} \right\} \qquad (12-3)$$

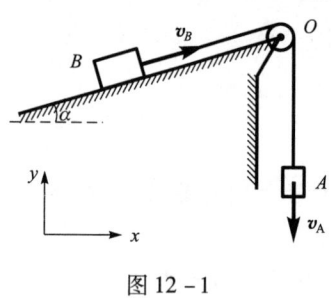

图 12-1

例 12-1 细绳绕过无重滑轮 O,一端连接质量为 m_1 的物块 A,另一端连接质量为 m_2 的物块 B。物块 A 速度为 $\boldsymbol{v}_A$,求系统的动量在 x、y 轴上的投影。

解 系统是由两个质点所组成的质点系,且两个质点速度的大小相等:$v_B = v_A$。所以,有:

$$p_x = m_2 v_B \cos\alpha = m_2 v_A \cos\alpha$$
$$p_y = -m_1 v_A + m_2 v_B \sin\alpha$$
$$= (-m_1 + m_2 \sin\alpha) v_A$$

12.1.3 质心·质点系及刚体的动量

质点系的运动不仅与作用在质点系上的力有关,而且与质点系的质量的大小及其分布情况有关。质点系的**质量中心**(简称**质心**)就是对质点系质量分布特征的一种描述。

设质点系由 n 个质点组成,其中第 i 个质点 M_i 的质量为 m_i,其矢径为 $\boldsymbol{r}_i$。将质点系中所有各质点的质量的和用 M 表示,即:

$$\sum_{i=1}^{n} m_i = M$$

称其为**质点系的质量**。由矢量和 $\dfrac{\sum m_i \boldsymbol{r}_i}{M}$ 所确定的矢量以 $\boldsymbol{r}_C$ 表示。则矢量 $\boldsymbol{r}_C$ 的端点称为质点系的质心,如图 12-2 所示。即**质心 C 是由矢径**

$$\boldsymbol{r}_C = \frac{\sum m_i \boldsymbol{r}_i}{M} \qquad (12-4)$$

所确定的几何点。

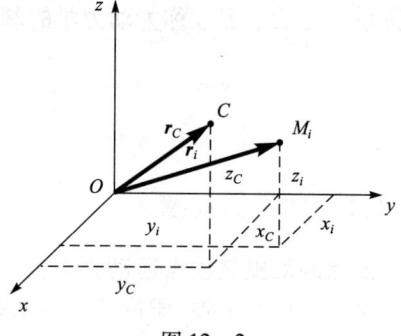

图 12-2

质心 C 的位置坐标可由式(12-4)给出为:

$$\left. \begin{array}{l} x_C = \dfrac{\sum m_i x_i}{M} \\ y_C = \dfrac{\sum m_i y_i}{M} \\ z_C = \dfrac{\sum m_i y_i}{M} \end{array} \right\} \qquad (12-5)$$

如将式(12-5)中各式等号右端的分子和分母同乘以重力加速度 g,该式就是重心坐标公式。说明在均匀重力场内,质点系的质心与重心为同一点,这时可用静力学中确定重心的方法来确定质心的位置。但是,重心和质心是两个不同的概念。重心只在重力场中受重力作用时才存在,而质心完全由质点的质量和质点的位置所确定,与质点受什么力作用无关。

可以应用质心的概念给出质点系动量的表达式。将式(12-4)两端同乘 M,并对时间求导数,有:

$$M\frac{\mathrm{d}\boldsymbol{r}_C}{\mathrm{d}t} = \sum m_i \frac{\mathrm{d}\boldsymbol{r}_i}{\mathrm{d}t}$$

式中:$\frac{\mathrm{d}\boldsymbol{r}_C}{\mathrm{d}t} = \boldsymbol{v}_C$ 为质心的速度;$\frac{\mathrm{d}\boldsymbol{r}_i}{\mathrm{d}t} = \boldsymbol{v}_i$ 为质点 M_i 的速度。所以,质点系的动量可表示为:

$$\boldsymbol{p} = \sum m_i \boldsymbol{v}_i = M\boldsymbol{v}_C \tag{12-6}$$

即**质点系的动量等于质点系的质量与其质心的速度的乘积**。

如将刚体视为由无限个质点所组成的质点系,则可按式(12-6)计算刚体的动量。即**刚体的动量等于刚体的质量与其质心的速度的乘积**。刚体动量的方向与其质心速度的方向相同。刚体的动量在直角坐标轴上的投影是:

$$p_x = Mv_{Cx},\ p_y = Mv_{Cy},\ p_z = Mv_{Cz} \tag{12-7}$$

在图 12-3(a)中,车轮质量为 M,轮心速度为 $\boldsymbol{v}_C$。按式(12-6),车轮的动量 $\boldsymbol{p} = M\boldsymbol{v}_C$。在图 12-3(b)中,转动刚体绕通过质心的轴 O 转动,角速度为 ω,质量为 M。因质心速度为零,该转动刚体的动量 $\boldsymbol{p} = 0$。

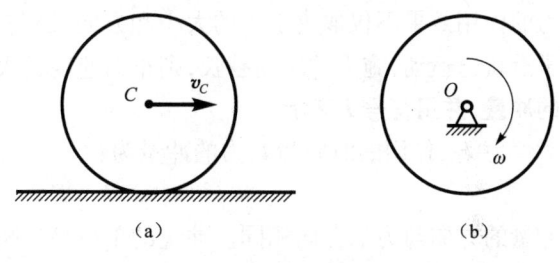

图 12-3

12.1.4 系统的动量

设系统由若干质点和若干刚体组成,系统中各质点及各刚体的动量的矢量和即为系统的动量。系统动量在某轴上的投影等于各质点及各刚体的动量在同轴上投影的代数和。

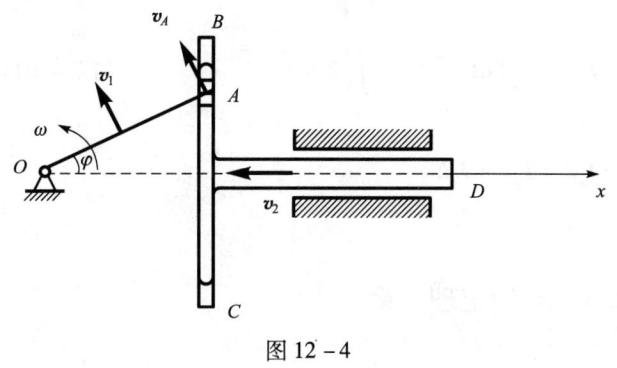

图 12-4

例 12-2 图 12-4 所示机构中,均质曲柄 OA 长为 r,质量为 m,滑块 A 质量也为 m,滑道 BCD 质量为 $3m$。设曲柄 OA 以角速度 ω 转动,求图示瞬时系统动量在 x 轴上的投影 p_x。

解 系统由两个刚体(曲柄 OA、滑道 BCD)和一个质点(滑块 A)组成。该系统的动量在 x 轴上的投影等于这两个刚体和一个质点各自的动量在 x 轴上的投影的代数和,即:

$$p_x = p_{OAx} + p_{Ax} + p_{BCDx} \tag{1}$$

刚体 OA 的动量等于其质量与质心速度 $\boldsymbol{v}_1$ 之积,所以:

$$p_{OAx} = -mv_1\sin\varphi = -0.5mr\omega\sin\varphi \qquad (2)$$

质点 A 的动量的投影:

$$p_{Ax} = -mv_A\sin\varphi = -mr\omega\sin\varphi \qquad (3)$$

刚体 BCD 的动量等于其质量与质心速度 v_2 之积,因该刚体作平动,质心速度 v_2 等于滑块 A 的牵连速度。应用点的速度合成定理可求得 $v_2 = v_{Ax} = v_A\sin\varphi = r\omega\sin\varphi$。所以:

$$p_{BCDx} = -3mv_2 = -3mr\omega\sin\varphi \qquad (4)$$

将式(2)、(3)、(4)代入式(1),可得:

$$p_x = -4.5mr\omega\sin\varphi$$

用同样的方法可求系统的动量在 y 轴上的投影 p_y。

本题也可写出系统的质心坐标 x_C,按式(12-6), $p_x = Mv_{Cx} = M\dfrac{\mathrm{d}x_C}{\mathrm{d}t}$,同样可得到解答。

12.2 力的冲量

力的作用效果不仅取决于力的大小和方向,还与力作用的时间有关。例如用给定的力推动车子沿轨道运动,施力的时间越长,则车的速度越大。将**力在一段时间间隔内的累积效应称为力的冲量**,并用符号 I 表示。

对恒力 F,作用的时间为 t,力的冲量为:

$$I = Ft \qquad (12-8)$$

这时冲量的方向与力的方向相同。冲量的单位是牛顿·秒(N·s)。

对变力 F,在无穷小的时间间隔 $\mathrm{d}t$ 内,力 F 可视为恒力。将时间间隔 $\mathrm{d}t$ 内的力的冲量称为**元冲量**,记为 $\mathrm{d}I$,则:

$$\mathrm{d}I = F\mathrm{d}t$$

在时间间隔 t 内变力的冲量为:

$$I = \int_0^t F\mathrm{d}t \qquad (12-9)$$

冲量在直角坐标轴上的投影为:

$$I_x = \int_0^t X\mathrm{d}t, \quad I_y = \int_0^t Y\mathrm{d}t, \quad I_z = \int_0^t Z\mathrm{d}t \qquad (12-10)$$

变力冲量的大小和方向可由式

$$I = I_x\boldsymbol{i} + I_y\boldsymbol{j} + I_z\boldsymbol{k}$$

确定。

12.3 动量定理

动量定理建立了动量的变化与力或力的冲量之间的关系。

12.3.1 质点的动量定理

设质点的质量为 m,作用力的合力为 F,由牛顿第二定律:

$$ma = m\frac{dv}{dt} = F$$

在质量 m 为常量的情况下,有:

$$\frac{d}{dt}(mv) = F \qquad (12-11)$$

上式表明,**质点的动量对时间的导数,等于作用在该质点上的力**,称为质点动量定理的微分形式。

将式(12-11)两端同乘 dt,并设在 t_1 和 t_2 瞬时,质点的速度分别为 v_1 和 v_2,积分后得到:

$$mv_2 - mv_1 = \int_{t_1}^{t_2} F\,dt = I \qquad (12-12)$$

上式表明,**质点的动量在某一时间间隔内的改变量,等于作用在质点上的力在该时间间隔内的冲量**,称为质点动量定理的积分形式。

将式(12-12)投影到直角坐标轴上,有:

$$\left.\begin{aligned} mv_{2x} - mv_{1x} &= \int_{t_1}^{t_2} X\,dt = I_x \\ mv_{2y} - mv_{1y} &= \int_{t_1}^{t_2} Y\,dt = I_y \\ mv_{2z} - mv_{1z} &= \int_{t_1}^{t_2} Z\,dt = I_z \end{aligned}\right\} \qquad (12-13)$$

关于质点动量守恒的两种情况:

(1) 当在所研究的时间间隔中,恒有力 $F = 0$,按式(12-12),有:

$$mv_1 = mv_2 = 常矢量$$

表明当作用在质点上的力恒为零时,该质点的动量保持不变。

(2) 当在所研究的时间间隔中,恒有力 F 的投影 $X = 0$,按式(12-13),有:

$$mv_{2x} = mv_{1x} = 常量$$

表明当作用在质点上的力在某轴上的投影恒为零时,该质点的动量在同一轴上的投影保持不变。

以上两种情况都称为**质点的动量守恒定律**。

例 12-3 如图 12-5 所示,桩锤的锤头 A 的质量 $m = 300$ kg,从高 1.5 m 处自由下落,击桩后与桩一起运动,经过时间 $\tau = 0.02$ s 停止。求锤头对桩的平均打击力。

解 取锤头为研究对象。

研究从开始下落到击桩停止这一时间过程,其时间长度为:

$$T = t + \tau$$

t 为锤头自由下落的时间,由运动学知:$t = \sqrt{\dfrac{2h}{g}}$。

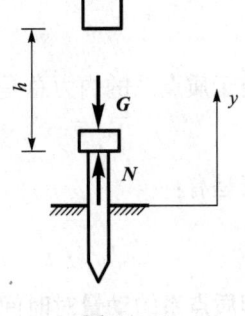

图 12-5

锤头所受的主动力为重力 G,其作用时间为全过程 T。约束反力为桩的反力 N,其作用时间为击桩时间 τ,且力 N 为变力。

应用质点动量定理积分形式的投影式:

$$mv_{2y} - mv_{1y} = I_y \qquad (1)$$

式中:v_{2y} 为锤头击桩停止时的速度:$v_{2y}=0$;v_{1y} 为锤头开始下落时的速度:$v_{1y}=0$。I_y 为重力的冲量与桩反力的冲量在 y 轴上投影的代数和:

$$I_y = -mg(t+\tau) + \int_0^\tau N\mathrm{d}t$$

于是,式(1)为:

$$0 - 0 = -mg(t+\tau) + \int_0^\tau N\mathrm{d}t \tag{2}$$

反力 $N=N(t)$ 的值在极短的时间内骤变,规律难以确定。根据定积分中值定理,有:

$$\int_0^\tau N(t)\mathrm{d}t = N^*\tau \tag{3}$$

N^* 即为平均反力。将式(3)代入式(2),可得:

$$N^* = mg\left(1 + \frac{t}{\tau}\right) = mg\left(1 + \frac{1}{\tau}\sqrt{\frac{2h}{g}}\right)$$

代入给定数据,解得 $N^* = 84.27$ kN。

锤对桩的平均打击力是 N^* 的反作用力,其大小等于 N^*。在本题中打击力的值约为锤头自重的 28 倍。

12.3.2 质点系的动量定理

设质点系由 n 个质点组成,其中第 i 个质点 M_i 的质量为 m_i,速度为 v_i。质点系以外的物体对该质点 M_i 的作用力为 $\boldsymbol{F}_i^{(\mathrm{e})}$,称为外力;质点系内的其他质点对该质点的作用力为 $\boldsymbol{F}_i^{(\mathrm{i})}$,称为内力。根据质点的动量定理式(12-11),有:

$$\frac{\mathrm{d}}{\mathrm{d}t}(m_i \boldsymbol{v}_i) = \boldsymbol{F}_i^{(\mathrm{e})} + \boldsymbol{F}_i^{(\mathrm{i})} \quad (i=1,2,\cdots,n)$$

将 n 个这样的方程相加,得到:

$$\sum \frac{\mathrm{d}}{\mathrm{d}t}(m_i \boldsymbol{v}_i) = \sum \boldsymbol{F}_i^{(\mathrm{e})} + \sum \boldsymbol{F}_i^{(\mathrm{i})}$$

上式左端:

$$\sum \frac{\mathrm{d}}{\mathrm{d}t}(m_i \boldsymbol{v}_i) = \frac{\mathrm{d}}{\mathrm{d}t}\left(\sum m_i \boldsymbol{v}_i\right) = \frac{\mathrm{d}\boldsymbol{p}}{\mathrm{d}t}$$

由于质点系的内力总是共线、反向、等值地成对出现,所以上式右端的第二项:

$$\sum \boldsymbol{F}_i^{(\mathrm{i})} = \boldsymbol{0}$$

于是有:

$$\frac{\mathrm{d}\boldsymbol{p}}{\mathrm{d}t} = \sum \boldsymbol{F}_i^{(\mathrm{e})} \tag{12-14}$$

即质点系的动量对时间的一阶导数,等于质点系所受外力的矢量和(外力系的主矢)。这就是**质点系动量定理的微分形式**。

设 $t=0$ 瞬时,质点系的动量为 $\boldsymbol{p}_0$,在 t 瞬时,质点系的动量为 $\boldsymbol{p}$,将式(12-14)积分:

$$\int_{\boldsymbol{p}_0}^{\boldsymbol{p}} \mathrm{d}\boldsymbol{p} = \int_0^t \sum \boldsymbol{F}_i^{(\mathrm{e})} \mathrm{d}t$$

有

$$p - p_0 = \sum I_i^{(e)} \qquad (12-15)$$

即在某一时间间隔内质点系动量的改变量等于质点系所有外力在该时间间隔内的冲量的矢量和。这就是**质点系动量定理的积分形式**。

质点系的动量定理式(12-14)和式(12-15)在直角坐标轴上的投影式分别为：

$$\left. \begin{array}{l} \dfrac{\mathrm{d}p_x}{\mathrm{d}t} = \sum X_i^{(e)} \\ \dfrac{\mathrm{d}p_y}{\mathrm{d}t} = \sum Y_i^{(e)} \\ \dfrac{\mathrm{d}p_z}{\mathrm{d}t} = \sum Z_i^{(e)} \end{array} \right\} \qquad (12-16)$$

和

$$\left. \begin{array}{l} p_x - p_{0x} = \sum I_x^{(e)} \\ p_y - p_{0y} = \sum I_y^{(e)} \\ p_z - p_{0z} = \sum I_z^{(e)} \end{array} \right\} \qquad (12-17)$$

由式(12-14)~式(12-17)可以看出，只有质点系的外力才能改变质点系的动量。质点系的内力只能改变质点系内的质点的动量，而不能改变整个质点系的动量。

例 12-4 不可压缩流体在变截面弯管内稳定流动，即流体速度在管内的分布不随时间改变。流体的密度为 ρ，体积流量即单位时间内流经管道某截面的流体体积为 Q。求管壁对流体产生的动约束反力。

解 取弯管内的流体柱 $ABCD$ 为研究对象，并视为一质点系。

研究对象上的主动力为重力 $\boldsymbol{W}$，约束反力有管壁反力的合力 $\boldsymbol{R}$，还有入口截面 AB 和出口截面 CD 上的流体压力的合力 $\boldsymbol{P}_1$ 和 $\boldsymbol{P}_2$，如图 12-6(a)所示。

考察在时间间隔 $\mathrm{d}t$ 内研究对象动量的变化。在初瞬时 t，质点系的动量记为 $\boldsymbol{p}_{ABCD}$。在瞬时 $t + \mathrm{d}t$，质点系运动到图 12-6(b)中虚线所示的位置 $abcd$，此时的动量记为 $\boldsymbol{p}_{abcd}$。在时间间隔 $\mathrm{d}t$ 中质点系动量的增量为

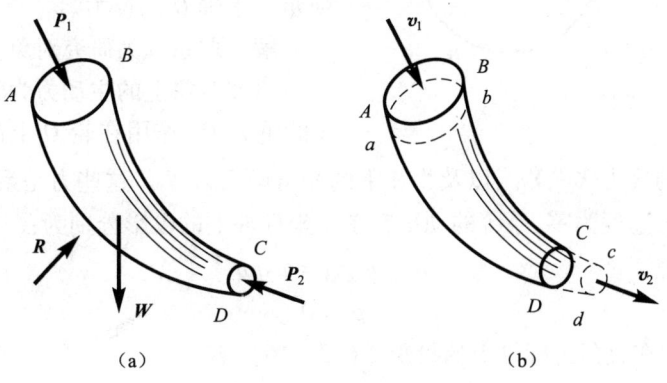

图 12-6

$$\begin{aligned} \mathrm{d}\boldsymbol{p} &= \boldsymbol{p}_{abcd} - \boldsymbol{p}_{ABCD} \\ &= (\boldsymbol{p}_{abCD} + \boldsymbol{p}_{CDdc}) - (\boldsymbol{p}_{ABba} + \boldsymbol{p}_{abCD}) \end{aligned}$$

由于管内流体稳定流动,公共部分 $abCD$ 中流速分布不变,这部分流体的动量不随时间改变,所以有:

$$d\boldsymbol{p} = \boldsymbol{p}_{CDdc} - \boldsymbol{P}_{ABba} \tag{1}$$

由于流体是不可压缩的,$CDdc$ 和 $ABba$ 这两部分流体的质量相同,都等于 $\rho Q dt$。在时间间隔 dt 为无穷小的情况下,可认为在 $CDdc$ 部分中各质点的速度相同,等于流体流出弯管的速度 v_2。同样可认为在 $ABba$ 部分中各质点的速度相同,等于流体流入弯管的速度 v_1。这样,式(1)可写作:

$$d\boldsymbol{p} = \rho Q dt\, \boldsymbol{v}_2 - \rho Q dt\, \boldsymbol{v}_1$$

即

$$\frac{d\boldsymbol{p}}{dt} = \rho Q(\boldsymbol{v}_2 - \boldsymbol{v}_1) \tag{2}$$

将式(2)代入动量定理的微分式(12-14),得到:

$$\rho Q(\boldsymbol{v}_2 - \boldsymbol{v}_1) = \boldsymbol{W} + \boldsymbol{R} + \boldsymbol{P}_1 + \boldsymbol{P}_2$$

管壁反力的合力为:

$$\boldsymbol{R} = \rho Q(\boldsymbol{v}_2 - \boldsymbol{v}_1) - (\boldsymbol{P}_1 + \boldsymbol{P}_2 + \boldsymbol{W})$$

当管内流体静止时,管壁的反力 $\boldsymbol{R} = -(\boldsymbol{P}_1 + \boldsymbol{P}_2 + \boldsymbol{W})$ 称为静反力。由流体运动所引起的管壁的反力称为动反力,记为 $\boldsymbol{N}$,则有:

$$\boldsymbol{N} = \rho Q(\boldsymbol{v}_2 - \boldsymbol{v}_1)$$

动反力 $\boldsymbol{N}$ 的反作用力称为管内流体对管壁的动压力。

动反力 $\boldsymbol{N}$ 的投影式为:

$$N_x = \rho Q(v_{2x} - v_{1x})$$
$$N_y = \rho Q(v_{2y} - v_{1y})$$
$$N_z = \rho Q(v_{2z} - v_{1z})$$

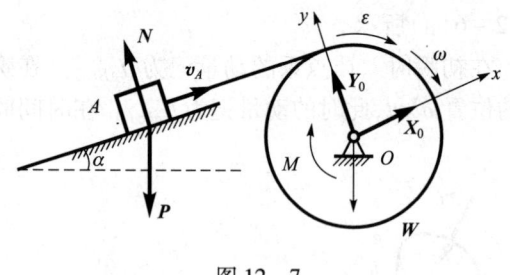

图 12-7

例 12-5 已知定滑轮 O 质量为 m_1,半径为 r,受矩为 M 的力偶的作用,以角加速度 ε 绕通过质心的轴 O 转动,并带动质量为 m_2 的物块 A 沿倾角为 α 的光滑斜面上升,如图 12-7 所示。求轴 O 的反力。

解 取系统为研究对象。

研究对象上的主动力为轮 O 的重力 $\boldsymbol{W}$、物 A 的重力 $\boldsymbol{P}$,作用在轮 O 上的矩为 M 的力偶。约束反力有轴 O 的反力 X_O、Y_O,以及物 A 上的光滑面反力 $\boldsymbol{N}$。这些力是系统所受的外力。

因轮 O 的轮心速度为零,系统的动量在图示坐标轴上的投影分别为:

$$p_x = m_2 v_A = m_2 r\omega$$
$$p_y = 0$$

应用动量定理在直角坐标轴上的投影式(12-16),有:

$$\frac{d}{dt}(m_2 r\omega) = X_O - W\sin\alpha - P\sin\alpha \tag{1}$$

$$0 = Y_O - W\cos\alpha \tag{2}$$

写 y 轴上的投影式时,因质点 A 在 y 方向平衡,重力 $\boldsymbol{P}$ 和反力 $\boldsymbol{N}$ 的投影之和为零。

由式(1)、(2)分别解得:
$$X_O = (m_1 + m_2)g\sin\alpha + m_2 r\omega$$
$$Y_O = m_1 g\cos\alpha$$

12.3.3 质点系动量守恒定律

当作用在质点系上外力系的主矢恒为零时,按式(12-14)或(12-15),质点系的动量保持不变,即:
$$\boldsymbol{p} = \boldsymbol{p}_0 = 常矢量$$

当作用在质点系上外力系的主矢在某坐标轴上的投影恒为零时,按式(12-16)或(12-17),质点系的动量在该坐标轴上的投影保持不变,例如,当 $\sum X^{(e)} = 0$ 或 $\sum I_x^{(e)} = 0$ 时,有:
$$p_x = p_{0x} = 常量$$

以上结论称为**质点系动量守恒定律**。

例 12-6 小车的质量 $m_1 = 100$ kg,在光滑水平轨道上以匀速 $v_1 = 1$ m/s 运动。一质量为 $m_2 = 50$ kg 的人从高处向车上跳,其速度的大小 $v_2 = 2$ m/s,方向与水平线成 60°角,如图 12-8(a)所示。落到车上后,又从车后面跳下。跳下时相对车的速度 $v_r = 1$ m/s,方向与水平线成 30°角(图 12-8(b))。求人跳离车子后车的速度。

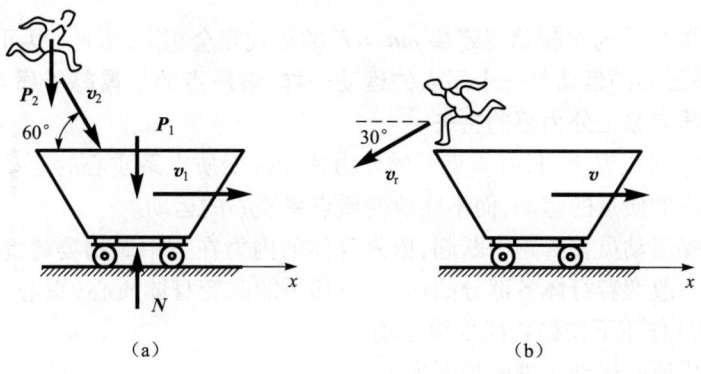

图 12-8

解 取人和车组成的系统为研究对象。

研究对象上所受的外力系包含人、车的重力及轨道的法向反力,如图 12-8(a)所示。该外力系在所研究的过程中满足条件 $\sum X^{(e)} = 0$,所以,该系统的动量在 x 轴上的投影保持不变。

人跳上车之前,系统动量在 x 轴上的投影为:
$$p_{0x} = m_1 v_1 + m_2 v_2 \cos 60°$$

人落到车上后,又从车后面跳下,设此时车的速度为 v,人的绝对速度在 x 轴上的投影则为 $(v - v_r \cos 30°)$。人从车上跳下的瞬时,系统动量在 x 轴上的投影为:
$$p_x = m_1 v + m_2(v - v_r \cos 30°)$$

由动量守恒定律:$p_x = p_{0x}$,有

$$m_1 v + m_2(v - v_r \cos 30°) = m_1 v_1 + m_2 v_2 \cos 60°$$

解得

$$v = \frac{m_1 v_1 + m_2(v_r \cos 30° + v_2 \cos 60°)}{m_1 + m_2}$$
$$= 1.29 \text{ m/s}$$

12.4 质心运动定理

12.4.1 质心运动定理

质点系的动量可用质点系的质量 M 与质心的速度 v_C 表示，即 $p = M v_C$。由此质点系动量定理的微分形式可写成：

$$\frac{\mathrm{d}}{\mathrm{d}t}(M v_C) = \sum F^{(e)}$$

当质点系的质量不变时，上式为：

$$M a_C = \sum F^{(e)} \tag{12-18}$$

即**质点系的质量与质心加速度的乘积等于外力系的主矢**。动量定理的这种形式称为**质心运动定理**。

式(12-18)的形式与牛顿第二定律 $ma = F$ 的形式完全相同，因此，也可以这样理解质心运动定理：质点系质心的运动与一个质点的运动一样，该质点的质量等于质点系的质量，该质点所受的力等于质点系上外力系的主矢。

由式(12-18)可以看出，只有质点系的外力才能改变质点系质心的运动。质点系的内力只能改变质点系内的质点的运动，而不能改变质点系质心的运动。

例如自由体操运动员在奔跑中跃起，依靠身体的内力在空中做出姿势优美的翻转。在此过程中身体的内力改变着身体各部分的运动，但却不能改变身体质心(重心)的运动。其质心只能在重力(外力)作用下按抛物线规律运动。

应用中常采用质心运动定理的投影形式。

质心运动定理在直角坐标轴上的投影式为：

$$\left. \begin{array}{l} M a_{Cx} = \sum X^{(e)} \\ M a_{Cy} = \sum Y^{(e)} \\ M a_{Cz} = \sum Z^{(e)} \end{array} \right\} \tag{12-19}$$

质心运动定理在自然轴上的投影式为：

$$\left. \begin{array}{l} M \dfrac{\mathrm{d} v_C}{\mathrm{d} t} = \sum F_\tau^{(e)} \\ M \dfrac{v_C^2}{\rho} = \sum F_n^{(e)} \\ 0 = \sum F_b^{(e)} \end{array} \right\} \tag{12-20}$$

例 12-7 电动机的外壳固定在水平基础上。电机定子质量为 M，转子质量为 m。转子

的质心 O_2 到定子质心 O_1 的距离（偏心）为 e。当转子以匀角速度 ω 转动时，求基础和螺栓对电机的约束反力。

解 取电动机整体为研究对象。

作用在研究对象上的主动力有定子的重力 P 和转子的重力 G。基础和螺栓的约束反力用正交二分力 N_x 和 N_y 表示。这些力是系统的外力。

应用质心运动定理需写出系统质心的坐标，为此选直角坐标轴如图 12-9 所示。以 x_1 和 y_1 表示定子质心 O_1 的坐标，则有：

$$x_1 = 0, \quad y_1 = 0$$

以 x_2、y_2 表示转子质心 O_2 的坐标，则有：

$$x_2 = e\cos \omega t, \quad y_2 = e\sin \omega t$$

电动机的质心 C 的坐标应为：

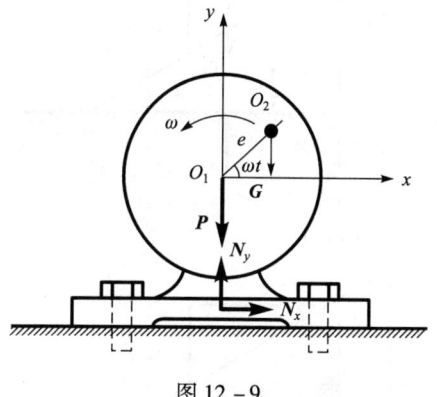

图 12-9

$$x_C = \frac{Mx_1 + mx_2}{M + m} = \frac{me\cos \omega t}{M + m}$$

$$y_C = \frac{My_1 + my_2}{M + m} = \frac{me\sin \omega t}{M + m}$$

应用质心运动定理在直角坐标轴上的投影式（12-19），对本题，有：

$$\left.\begin{array}{l}(M+m)a_{Cx} = N_x \\ (M+m)a_{Cy} = N_y - P - G\end{array}\right\} \quad (1)$$

式中：

$$a_{Cx} = \frac{\mathrm{d}^2 x}{\mathrm{d}t^2} = -\frac{me\omega^2}{M+m}\cos \omega t$$

$$a_{Cy} = \frac{\mathrm{d}^2 y}{\mathrm{d}t^2} = -\frac{me\omega^2}{M+m}\sin \omega t$$

代入式（1），得到

$$N_x = -me\omega^2 \cos \omega t$$

$$N_y = (M+m)g - me\omega^2 \sin \omega t$$

可以看出，动反力与角速度 ω 的平方成正比，当电机的转子高速旋转时，极大的动反力会影响机器的正常工作，甚至导致机件的损坏。在机器的设计、制造和安装中，尽量减小偏心距 e 的值，是减小动反力的主要方法。

12.4.2 质心运动守恒定律

当作用在质点系上外力系的主矢恒为零时，按式（12-18），则质点系的质心作惯性运动。如初始瞬时质心静止，则质心将始终保持不动；如初始瞬时质心的速度为 v_{0C}，则质心将以此速度作匀速直线运动。

当作用在质点系上外力系的主矢在某坐标轴上的投影为零时，则质点系的质心的速度在该轴上的投影保持不变。例如当 $\sum X^{(e)} = 0$ 时，有

$$v_{Cx} = 常量$$

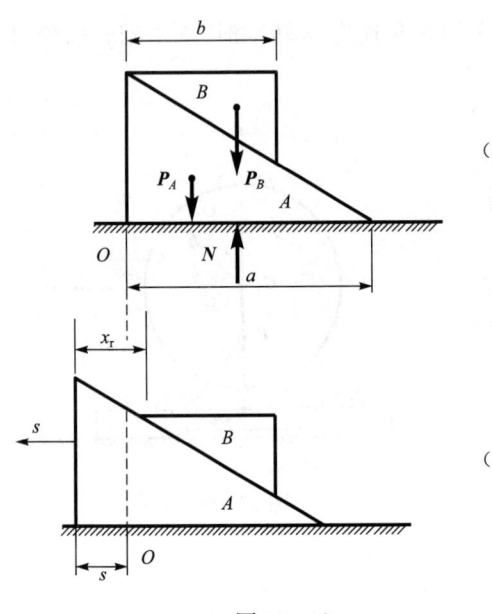

图 12 - 10

如果初始瞬时 $v_{Cx}=0$,则质心坐标 $x_C=$ 常量,即质点系的质心在 x 轴方向静止不动。

以上结论称为**质心运动守恒定律**。

例 12 - 8 三棱柱 A 质量为 M,其斜面上放另一个三棱柱 B,其质量为 m。两三棱柱都是均质的,且横截面均为直角三角形。初瞬时静止地放置,如图 12 - 10(a)所示。不计摩擦,试按图示尺寸求三棱柱 B 沿三棱柱 A 的斜面滑下,并接触地面时,三棱柱 A 移动的距离。

解 取两个三棱柱组成的系统为研究对象。

系统所受的外力 P_A、P_B、N 等满足条件 $\sum X^{(e)}=0$,系统质心运动守恒,即

$$v_{Cx}=\text{常量}$$

又因在图 12 - 10(a)所示的初始位置系统静止,所以 $v_{Cx}=$ 常量 $=0$,即质心坐标 $x_C=$ 常量。

将静参考系的原点选定在质点系的质心处,则有 $x_C=0$。

以三棱柱 B 的质心为动点,动坐标固连在三棱柱 A 上。当动点相对于动坐标系发生了 x_r 位移,三棱柱 A 在水平方向就产生了牵连位移 x_e。

于是质点系质心坐标为:

$$x_C=\frac{Mx_e+m(x_e+x_r)}{M+m}=0$$

求得

$$x_e=-\frac{mx_r}{M+m} \qquad (12-21)$$

如果有 i 个动点在动坐标系上运动,其相对运动为 x_{ir},如以第 i 个质点的相对运动方向为正,同理可得

$$x_e=-\frac{\sum m_i x_{ir}}{M+\sum m_i} \qquad (12-22)$$

式(12 - 21)、(12 - 22)中的负号表示 x_e 的方向与 x_{ir} 的方向相反。

本例中,令 $x_r=a-b$,方向向右,则三棱柱 A 发生的水平位移 $x_e=\dfrac{m(a-b)}{M+m}$,方向向左。

读者可以用以上两个公式对习题 12 - 10 及 12 - 11 进行计算,从中找出规律性的东西。

在求解动力学问题时,如需求解约束反力,离开动量定理是不行的。

 小 结

1. 关于动量

质点的动量为 mv,它是质点运动强弱的一种度量。

质点系的动量 $\boldsymbol{p} = \sum m_i \boldsymbol{v}_i = M\boldsymbol{v}_C$。

刚体的动量 $\boldsymbol{p} = M\boldsymbol{v}_C$。

由于质点系的动量只由质点系的质量和其质心速度决定,因此,动量只反映质点系随质心平动运动的强弱,不能反映相对质心运动的情况。

对由若干质点和刚体组成的系统,计算其动量的投影 p_x 和 p_y 时,可用两种方法:

(1) 计算每一质量的动量的投影 p_{ix},然后求其代数和:$p_x = \sum p_{ix}$(见例 12-2)。

(2) 按质心坐标公式(12-5),写出质心坐标 $x_C(t)$,则 $p_x = Mv_{Cx} = M\dfrac{\mathrm{d}x_C}{\mathrm{d}t}$(见例 12-7)。

2. 关于力的冲量

冲量是力在一段时间内的作用效果的度量。

恒力 $\boldsymbol{F}$ 的冲量 $\boldsymbol{I} = \boldsymbol{F}t$。恒力冲量的方向与力的方向相同。

变力 $\boldsymbol{F}$ 的冲量 $\boldsymbol{I} = \int_0^t \boldsymbol{F}\mathrm{d}t$。变力的冲量在 x 轴上的投影 $I_x = \int_0^t X\mathrm{d}t$。

3. 关于动量定理

动量定理的微分形式 $\dfrac{\mathrm{d}\boldsymbol{p}}{\mathrm{d}t} = \sum \boldsymbol{F}_i$ 建立了动量的变化率与外力系主矢的关系。

动量定理的积分形式 $\boldsymbol{p} - \boldsymbol{p}_0 = \sum \boldsymbol{I}_i^{(e)}$ 建立了一段时间过程中动量的改变量与外力的冲量的关系。

应用动量定理可求解动力学两类基本问题:已知系统的运动,求外力;已知外力,求系统的运动。

应用动量定理的关键是:正确地计算系统的动量;正确地分析系统的外力。

4. 关于质心运动定理

质心运动定理 $M\boldsymbol{a}_C = \sum \boldsymbol{F}^{(e)}$ 是动量定理的另一种形式,它给出了质点系的质心的运动规律。

应用质心运动定理的关键是:正确地写出质心坐标的表达式(12-5)。当系统的质心坐标很容易写出时,用质心运动定理求解是很方便的。

应用质心运动定理研究单个刚体的动力学问题是十分有效的。

思考题

12-1 均质曲柄 OA 质量为 m,长为 r,滑块 A 质量也为 m,T 形滑槽质量为 $3m$,其质心在 E 点,且 $BE = r$,如图 12-11 所示。曲柄 OA 从水平向右的位置开始运动,角速度 ω 为常量。试写出该系统的质心坐标 x_C,并求系统动量的投影 p_x。

12-2 匀质杆 AB 长为 l,质量为 m,A 端速度为 v_A(图 12-12)。求图示位置杆的动量的投

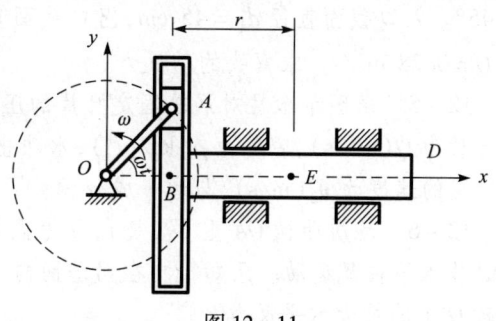

图 12-11

影 p_x。

12-3 质量为 m 的小球沿水平面运动，碰到铅垂的墙后弹回，如图 12-13 所示。碰墙前后的速度大小同为 v，求碰墙过程中墙的反力的冲量。

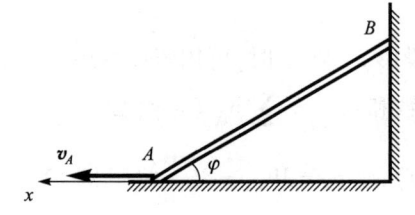

图 12-12

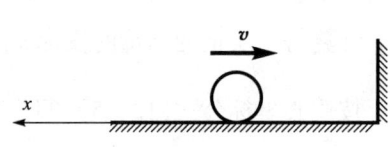

图 12-13

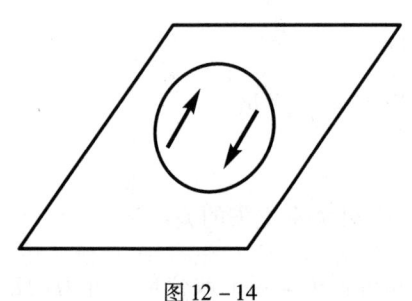

图 12-14

12-4 在光滑水平面上放一静止的圆盘，如图 12-14 所示。当圆盘受一力偶作用时，盘心如何运动？为什么？

12-5 人站在初始静止的车上，由一端慢慢走向另一端，或快速奔跑到另一端，问这两种情况下小车后退的距离是否相同？为什么？设车的轨道为水平直线且不计摩擦。

 习 题

12-1 跳伞者重 600 N，从停在高空中的直升机中跳下，下落 100 m 后将降落伞打开。设开伞前空气阻力不计，开伞后阻力为常力。经 5 s 后跳伞者的速度为 4.3 m/s，求阻力的大小。设伞重不计。

12-2 在落压成型的落锤设备中，上模 A 的质量 $m = 2\ 000$ kg，提升高 $h = 1.1$ m 后自由落下。假设碰撞后上模（即锤头）不再回跳。(1) 求上模和零件 B 碰撞期间内，零件作用在上模上的碰撞力的冲量。(2) 设碰撞时间 $\tau = 0.04$ s，求上模对零件 B 的平均压力。

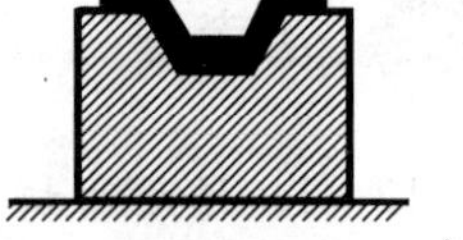

12-3 重力 $P_1 = 1\ 000$ N 的小车停在光滑轨道上，重为 $P_2 = 600$ N 的人站立在车上。某瞬时人在车上以相对速度 $u = 0.5$ m/s 行走，求此时小车的速度 v 的大小。

12-4 流水管道的变截面弯头一端水平，另一端与水平线夹角为 45°。入口截面直径 $d_1 = 45$ cm，出口截面直径 $d_2 = 25$ cm，水的流量 $Q = 0.28$ m³/s。求弯头的动反力。

12-5 求图示水柱对涡轮固定叶片的压力的水平分力。已知水的流量为 Q(m³/s)，密度为 ρ(kg/m³)；水冲击叶片的速度为 v_1(m/s)，方向沿水平向左，水流出叶片的速度为 v_2(m/s)，与水平成 α 角。

12-6 均质曲柄 OA 重 G_1，长 r，受力偶作用以匀角速度 ω 转动，并带动重为 G_2 的滑槽 ADB 作水平往复运动。已知机构在铅垂面内，滑块 A 的质量及摩擦都忽略不计。求作用在曲柄轴 O 上的最大水平反力。

题 12-2 图

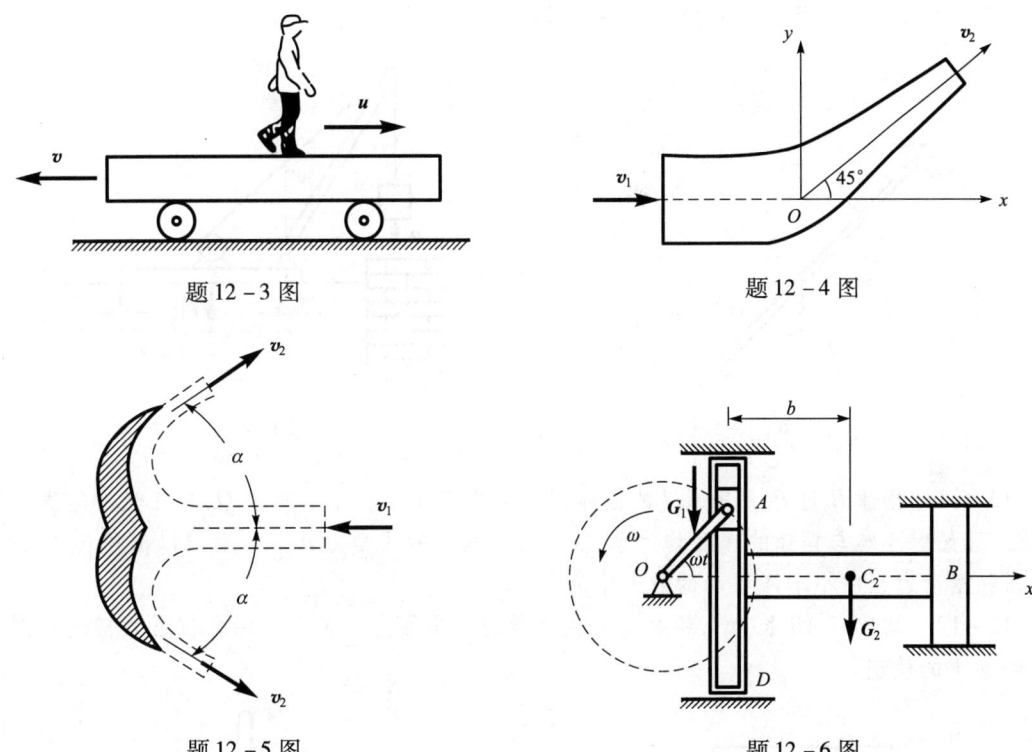

题 12-3 图 题 12-4 图

题 12-5 图 题 12-6 图

12-7 水泵的固定外壳 D 和基础 E 共重 G_1,均质曲柄 OA 长 r,重 G_2,以匀角速度 ω 绕轴 O 转动。连杆 B 和滑塞 C 共重 G_3。求水泵吸水时给地面的铅垂压力。水和滑块 A 质量不计。

12-8 重为 P 的电机固定在水平基础上。长为 $2l$,重为 W 的均质杆的一端与电机的轴垂直地固结,另一端则焊上一重为 Q 的小球。如电机转动的角速度 ω 为常数,求基础作用在电机上的最大水平反力。

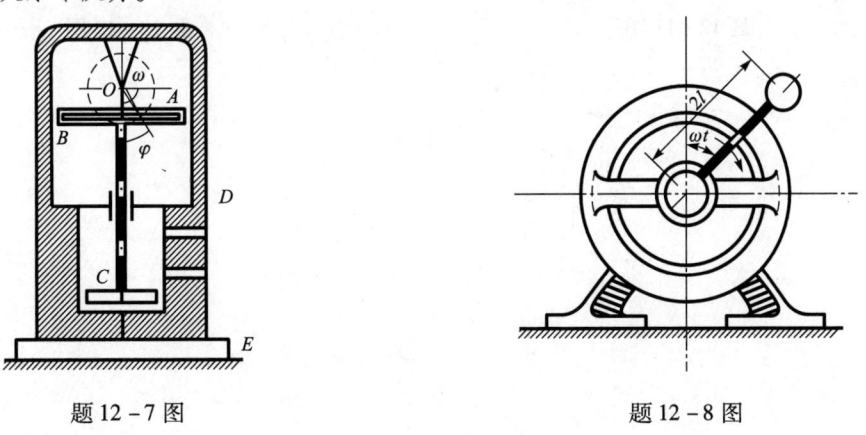

题 12-7 图 题 12-8 图

12-9 均质杆 OA,长 $2l$,重为 P,绕 O 轴在铅垂面内转动。杆与水平线成 φ 角时,其角速度和角加速度分别为 ω 和 ε,求该瞬时轴 O 的约束反力。

12-10 浮动起重机举起重 $P_1 = 20$ kN 的重物。当起重杆 OA 转到与铅垂位置成 30°角时,求起重机的位移。设起重机重 $P_2 = 200$ kN,杆长 $OA = 8$ m;当开始时杆与铅垂位置成 60°

角,且系统静止。水的阻力和杆重均略去不计。

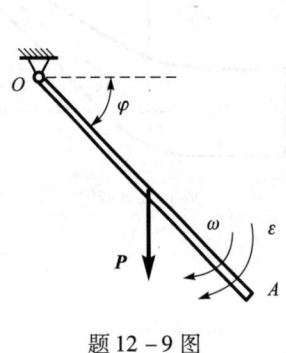

题 12-9 图

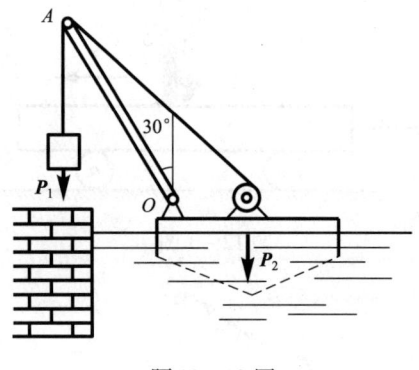

题 12-10 图

12-11 摆锤 B 重 P,用长为 l 的摆线固定在小车 A 上。小车重为 Q,放在光滑的直线轨道上。开始时小车与摆锤的速度均为零,摆线与铅垂线的夹角为 θ_0。以后摆以幅角 θ_0 左右摆动,求在摆动过程中小车 A 移动的最大距离。

12-12 均质杆 AB 长为 l,铅垂地立在光滑的水平面上。求它从铅垂位置无初速地倒下时,端点 A 的轨迹。

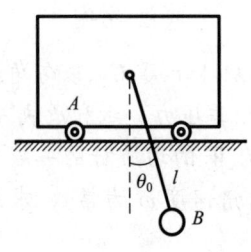

题 12-11 图

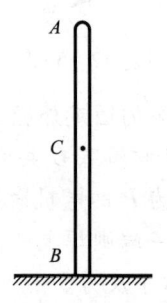

题 12-12 图

第 13 章 动量矩定理

 导言

- 本章阐述动量矩、转动惯量的概念,建立动量矩与力矩之间的关系,以及定轴转动刚体的转动规律。
- 本章中仅局限于研究相对固定点和固定轴的动量矩,仅局限于计算质点和转动刚体的动量矩。
- 要通过动量与动量矩的对比,动量定理与动量矩定理的对比,来理解和应用这两个定理。动量定理与动量矩定理在解决动力学两类基本问题中,有着相辅相成的关系。

13.1 动 量 矩

当刚体绕通过质心的固定轴转动时,无论角速度有多大,刚体的动量 Mv_C 总为零。这表明动量不能描述转动状态。为度量质点或质点系绕某点或某轴运动的强弱,引入动量矩的概念。

13.1.1 质点的动量矩

质点的动量矩是质点绕某固定点(或轴)的运动强弱的一种度量。质点对某固定点 O 的动量矩是质点的动量对点 O 的矩。所以,质点对点 O 的动量矩的计算方法,与力对点 O 的矩的计算方法相同。

在图 13-1 中,从固定点 O 向质点 M 引一矢径 r。则按式(6-16),作用在质点 M 上的力 F 对点 O 的矩为:

$$M_O(F) = r \times F$$

同样,如质点 M 的动量为 mv,则质点对点 O 的动量矩则为:

$$M_O(mv) = r \times mv \quad (13-1)$$

即**质点对固定点 O 的动量矩等于质点相对点 O 的矢径与质点动量的矢量积。**

动量矩 $M_O(mv)$ 的方位垂直于矢径 r 和动量

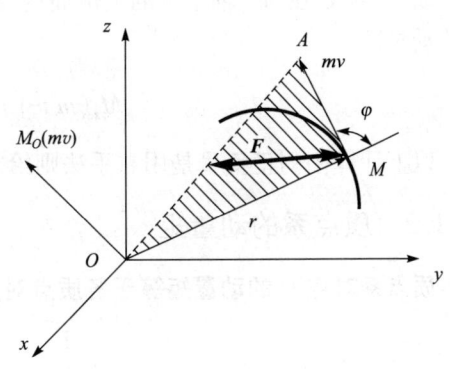

图 13-1

mv 所确定的平面,指向按右手法则给定,如图 13-1 所示。动量矩的大小为:

$$|M_O(mv)| = mv \cdot r\sin\varphi = 2\triangle OMA \text{ 面积}$$

质点对固定轴的动量矩是质点的动量对固定轴的矩。所以,质点对轴的动量矩的计算方法,与力对轴的矩的计算方法相同。即**质点对 z 轴的动量矩等于质点的动量在 z 轴的垂面上的投影** mv_{xy} **对该垂面与 z 轴的交点 O 的矩**:

$$M_z(mv) = M_O(mv_{xy}) \tag{13-2}$$

其正负号与力对轴的矩一样,按右手法则确定。

对点的动量矩和对轴的动量矩二者间的关系,与力对点的矩和力对轴的矩二者间的关系相同,即:

$$[M_O(mv)]_z = M_z(mv) \tag{13-3}$$

动量矩的单位是千克·米²/秒(kg·m²/s)。

例 13-1 在边长为 a 的正六面体上,质量为 m 的质点 M 沿上侧面的对角线以速度 v 运动,如图 13-2 所示,求质点对 x、y、z 三轴的动量矩。

解 (1) 求对 x 轴的动量矩。

将动量 mv 投影到与 x 轴垂直的前侧面上,其投影为 mv_{yz},将此投影对前侧面与 x 轴的交点 a 取矩,即为质点对 x 轴的动量矩:

$$M_x(mv) = M_a(mv_{yz}) = -mva\cos 45°$$

$$M_x(mv) = -\frac{\sqrt{2}}{2}mva$$

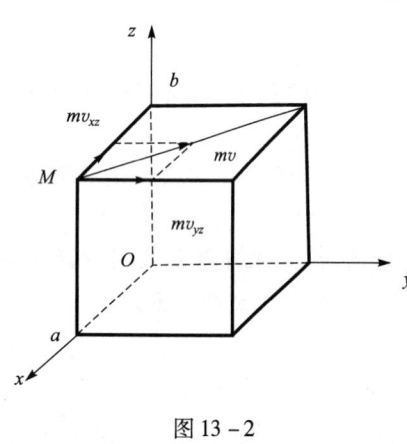

图 13-2

(2) 求对 y 轴的动量矩。

将动量 mv 投影到与 y 轴垂直的左侧面上,其投影为 mv_{xz},将此投影对左侧面与 y 轴的交点 O 取矩,即为质点对 y 轴的动量矩:

$$M_y(mv) = M_O(mv_{xz}) = -mva\cos 45°$$

$$M_y(mv) = -\frac{\sqrt{2}}{2}mva$$

(3) 求对 z 轴的动量矩。

动量 mv 处在与 z 轴垂直的上侧面内,将 mv 对上侧面与 z 轴的交点 b 取矩,即为质点对 z 轴的动量矩:

$$M_z(mv) = M_b(mv) = \frac{\sqrt{2}}{2}mva$$

以上计算中的正负号是用右手法则给定的。

13.1.2 质点系的动量矩

质点系对点 O 的动量矩等于各质点对点 O 的动量矩的矢量和,以符号 L_O 表示,即:

$$L_O = \sum M_O(m_i v_i) \tag{13-4}$$

质点系对某轴的动量矩等于各质点对该轴的动量矩的代数和。质点系对 z 轴的动量矩以符号 L_z 表示,则:

$$L_z = \sum M_z(m_i \boldsymbol{v}_i) \qquad (13-5)$$

由式(13-3)~式(13-5)可知：

$$[\boldsymbol{L}_O]_z = L_z \qquad (13-6)$$

即质点系相对点 O 的动量矩在通过点 O 的 z 轴上的投影等于质点系对 z 轴的动量矩。

例 13-2 在铅垂轴 z 的 C 点上固结一无重直杆 AB。杆与 z 轴的夹角为 α，杆 A 端和 B 端分别固结质量为 m_1 和 m_2 的小球。已知角速度 ω，$AC=a$，$BC=b$，求质点系相对 z 轴的动量矩。

解 研究由 A、B 两个质点所组成的质点系。两质点均在与 z 轴垂直的平面内作圆周运动，轨迹如图 13-3 所示。

质点 A、B 动量的大小分别为：

$$m_1 v_A = m_1 \omega a \sin \alpha$$
$$m_2 v_B = m_2 \omega b \sin \alpha$$

两质点到 z 轴的距离分别为：

$$AO_1 = a\sin \alpha, \quad BO_2 = b\sin \alpha$$

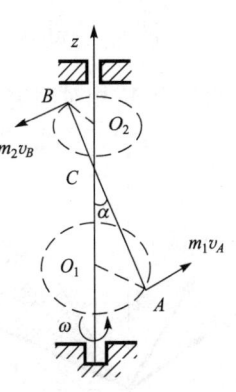

图 13-3

得到该质点系对 z 轴的动量矩为：

$$\begin{aligned} L_z &= M_z(m_1 \boldsymbol{v}_A) + M_z(m_2 \boldsymbol{v}_B) \\ &= m_1 v_A \cdot AO_1 + m_2 v_B \cdot BO_2 \\ &= (m_1 a^2 + m_2 b^2)\omega \sin^2 \alpha \end{aligned}$$

13.1.3 转动刚体相对转轴的动量矩

刚体绕固定轴 z 转动，角速度为 ω。将刚体看成一质点系，其上质点 M_i 的质量为 m_i，到转轴的距离为 r_i，该质点动量的大小为：

$$m_i v_i = m_i r_i \omega$$

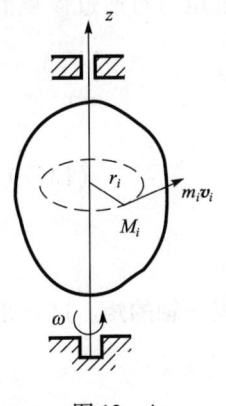

图 13-4

如图 13-4 所示。该质点对 z 轴的动量矩的大小为

$$M_z(m_i \boldsymbol{v}_i) = m_i r_i^2 \omega$$

于是得到转动刚体相对转轴 z 的动量矩：

$$L_z = \sum M_z(m_i \boldsymbol{v}_i) = \sum m_i r_i^2 \omega$$

即

$$L_z = \left(\sum m_i r_i^2\right)\omega$$

式中：$\sum m_i r_i^2$ 是刚体内每一质点的质量与该点到转轴的距离平方的乘积的总和，对于确定的刚体和确定的转轴它是一常量。称此量为**刚体相对转轴 z 的转动惯量**，记为 J_z。得到：

$$L_z = J_z \omega \qquad (13-7)$$

上式表明，**定轴转动刚体相对转轴的动量矩等于刚体相对转轴的转动惯量与角速度的乘积。它的正负号与角速度的正负号相同。**

若干均质物体的转动惯量列于表 13-1 中，供查用。

13.2 动量矩定理

动量矩定理建立了动量矩的变化与力矩的关系。

13.2.1 质点的动量矩定理

设质点 M 相对固定点 O 的矢径为 r，所受力为 F，其动量为 mv，如图 13-5 所示。

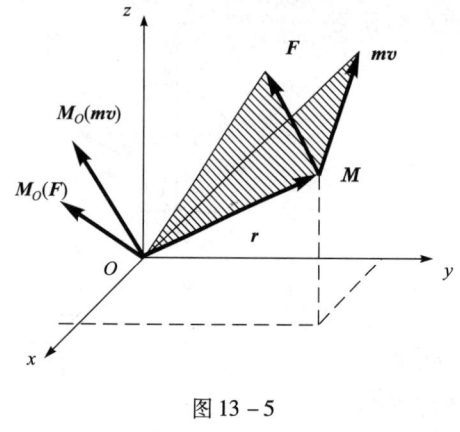

图 13-5

将质点 M 的动量矩 $M_O(mv)$ 对时间求一次导数，有：

$$\frac{d}{dt}M_O(mv) = \frac{d}{dt}(r \times mv)$$
$$= \frac{dr}{dt} \times mv + r \times \frac{d}{dt}(mv)$$

其中 $\frac{dr}{dt} = v$，按质点的动量定理 $\frac{d}{dt}(mv) = F$，上式可写成为：

$$\frac{d}{dt}M_O(mv) = v \times mv + r \times F$$

因为 $v \times mv = 0$，$r \times F = M_O(F)$，得到：

$$\frac{d}{dt}M_O(mv) = M_O(F) \tag{13-8}$$

上式表明，**质点对任一固定点 O 的动量矩对时间的导数等于作用在该质点的力对同一点的矩**。这就是**质点对固定点的动量矩定理**。

将式(13-8)投影到以点 O 为原点的直角坐标轴上，根据对点的动量矩与对通过该点的轴的动量矩的关系式(13-6)，可得：

$$\left. \begin{array}{l} \dfrac{d}{dt}M_x(mv) = M_x(F) \\[4pt] \dfrac{d}{dt}M_y(mv) = M_y(F) \\[4pt] \dfrac{d}{dt}M_z(mv) = M_z(F) \end{array} \right\} \tag{13-9}$$

即**质点对任一固定轴的动量矩对时间的导数等于作用在该质点上的力对同一轴的矩**。这就是**质点对固定轴的动量矩定理**。

关于质点的动量矩守恒的两种情况：

(1) 当在所研究的时间间隔中，恒有 $M_O(F) = 0$，按式(13-8)，有：

$$M_O(mv) = 常矢量$$

表明当作用在质点上的力对某固定点的矩恒为零时，质点对该固定点的动量矩保持不变。

(2) 当在所研究的时间间隔中，恒有 $M_z(F) = 0$，按式(13-9)，有：

$$M_z(mv) = 常量$$

表明当作用在质点上的力对某固定轴的矩恒为零时，质点对该固定轴的动量矩保持不变。

以上两种情况都称为**质点的动量矩守恒定律**。

例 13 – 3 单摆如图 13 – 6 所示，质点 M 的质量为 m，摆线长为 l。求单摆的运动规律。

解 取质点 M 为研究对象。质点绕通过 O 点与图面垂直的 Oz 轴作圆周运动。

质点受重力 G 及摆线拉力 T 作用。因为 T 通过 Oz 轴，对 Oz 的矩为零，质点所受的力对 Oz 轴的矩为已知，所以可用质点的动量矩定理求解质点的运动。

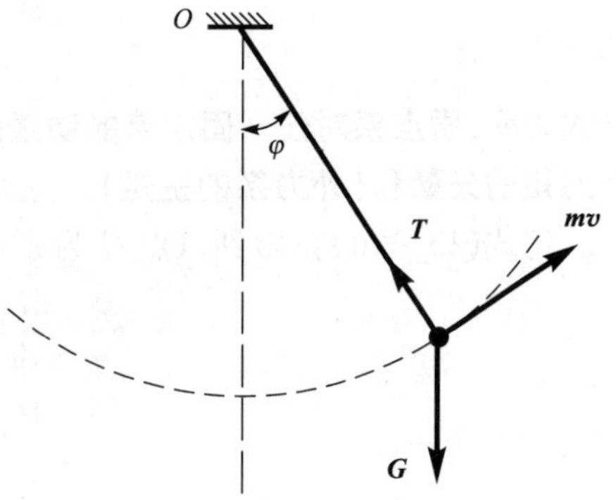

对 Oz 轴写质点的动量矩定理：

$$\frac{\mathrm{d}}{\mathrm{d}t} M_z(m\boldsymbol{v}) = M_z(\boldsymbol{F}) \qquad (1)$$

本题中：

$$M_z(m\boldsymbol{v}) = mvl = ml^2 \frac{\mathrm{d}\varphi}{\mathrm{d}t} \qquad (2)$$

$$M_z(\boldsymbol{F}) = -mgl\sin\varphi \qquad (3)$$

图 13 – 6

在力对轴的矩的计算式中，负号的含义是力矩的正向与角 φ 的正向相反，如当转角 φ 为正时，为矩 $m_z(\boldsymbol{F})$ 为负。

将式(2)、(3)代入式(1)，得：

$$\frac{\mathrm{d}^2\varphi}{\mathrm{d}t^2} + \frac{g}{l}\sin\varphi = 0$$

求解该微分方程，可得单摆的运动规律 $\varphi(t)$。在微幅摆动的情况下，$\sin\varphi \approx \varphi$，上式成为：

$$\frac{\mathrm{d}^2\varphi}{\mathrm{d}t^2} + \left[\sqrt{\frac{g}{l}}\right]^2 \varphi = 0$$

可解得：

$$\varphi = \varphi_0 \sin\left(\sqrt{\frac{g}{l}}t + \alpha\right)$$

即单摆按简谐规律运动。角振幅 φ_0 和初相角 α 都可由运动的初始条件确定。

13.2.2 质点系的动量矩定理

设质点系由 n 个质点组成，其中第 i 个质点 M_i 的质量为 m_i，速度为 v_i。该质点所受的力可分为内力 $\boldsymbol{F}_i^{(\mathrm{i})}$ 和外力 $\boldsymbol{F}_i^{(\mathrm{e})}$。按质点的动量矩定理式(13 – 8)，有：

$$\frac{\mathrm{d}}{\mathrm{d}t}\boldsymbol{M}_O(m_i\boldsymbol{v}_i) = \boldsymbol{M}_O(\boldsymbol{F}_i^{(\mathrm{i})}) + \boldsymbol{M}_O(\boldsymbol{F}_i^{(\mathrm{e})})$$

对质点系有 n 个这样的方程，相加后得：

$$\sum \frac{\mathrm{d}}{\mathrm{d}t}\boldsymbol{M}_O(m_O\boldsymbol{v}_i) = \sum \boldsymbol{M}_O(\boldsymbol{F}_i^{(\mathrm{i})}) + \sum \boldsymbol{M}_O(\boldsymbol{F}_i^{(\mathrm{e})})$$

由于内力总是共线、反向、等值地成对出现，所以上式中有：

$$\sum \boldsymbol{M}_O(\boldsymbol{F}_i^{(\mathrm{i})}) = \boldsymbol{0}$$

上式中的左端项：

$$\sum \frac{\mathrm{d}}{\mathrm{d}t}\boldsymbol{M}_O(m_i\boldsymbol{v}_i) = \frac{\mathrm{d}}{\mathrm{d}t}\sum \boldsymbol{M}_O(m_i\boldsymbol{v}_i) = \frac{\mathrm{d}\boldsymbol{L}_O}{\mathrm{d}t}$$

于是得到:

$$\frac{dL_O}{dt} = \sum M_O(F_i^{(e)}) \tag{13-10}$$

上式表明,**质点系对任一固定点的动量矩对时间的导数,等于作用在质点系上的所有外力对该点的矩的矢量和(外力系的主矩)**。这就是**质点系对固定点的动量矩定理**。

将式(13-10)投影到以点 O 为原点的直角坐标轴上,得:

$$\left.\begin{aligned} \frac{dL_x}{dt} &= \sum M_x(F_i^{(e)}) \\ \frac{dL_y}{dt} &= \sum M_y(F_i^{(e)}) \\ \frac{dL_z}{dt} &= \sum M_z(F_i^{(e)}) \end{aligned}\right\} \tag{13-11}$$

上式表明,**质点系对任一固定轴的动量矩对时间的导数,等于作用在质点系上的所有外力对该轴的矩的代数和**。这就是**质点系对固定轴的动量矩定理**。

由式(13-10)和式(13-11)可以看出,只有质点系的外力——力矩不为零的外力——才能改变质点系的动量矩。质点系的内力只能改变质点系内的质点的动量矩,而不能改变整个质点系的动量矩。

例 13-4 均质定滑轮质量为 M,半径为 r,可绕通过中心的轴 O 转动。细绳绕过滑轮 O,两端各连接质量同为 m 的重物 A 和 B,物 B 放在倾角为 α 的光滑斜面上,求物 A 的加速度。已知轮 O 相对转轴的转动惯量 $J_O = \frac{1}{2}Mr^2$。

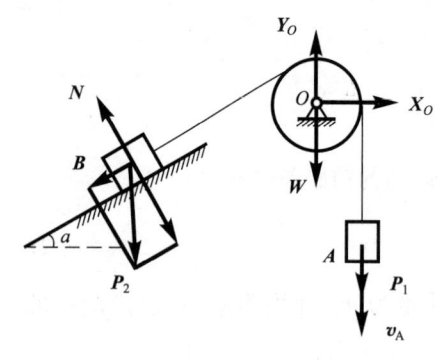

图 13-7

解 取滑轮 O,重物 A 和 B 以及细绳所组成的系统为研究对象。

系统的主动力为滑轮的重力 W,物 A 和 B 的重力 P_1 和 P_2。约束反力为光滑面反力 N 及轴 O 的反力 X_O、Y_O。这些力组成了系统的外力系,如图 13-7 所示。

由于未知力 X_O、Y_O 通过轴 O,所以系统的外力对轴 O 的矩已知,可用动量矩定理求解系统的运动。

取固定轴 Oz 通过点 O 且与图面垂直,写出系统对 Oz 轴的动量矩定理。

设物 A 的速度为 v_A,指向下,则系统的动量矩:

$$\begin{aligned} L_O &= -\left(mv_A r + mv_B r + \frac{1}{2}Mr^2\omega\right) \\ &= -\left(2m + \frac{M}{2}\right)rv_A \end{aligned} \tag{1}$$

计算外力系对轴 Oz 的矩时,将物 B 的重力 P_2 分解为沿斜面和垂直于斜面的两个分量,其中垂直于斜面的分量与反力 N 等值、反向。所以,外力系对 Oz 轴的矩为:

$$\begin{aligned} \sum M_O(F_i^{(e)}) &= P_2 \sin\alpha \cdot r - P_1 r \\ &= -(1-\sin\alpha)mgr \end{aligned} \tag{2}$$

以上计算动量矩和力矩时,均取逆时针转向为正。
将式(1)、(2)代入动量矩定理:

$$-\frac{\mathrm{d}}{\mathrm{d}t}\left[\left(2m+\frac{M}{2}\right)rv_A\right] = -(1-\sin\alpha)rmg$$

解得

$$a_A = \frac{2(1-\sin\alpha)}{4m+M}mg$$

讨论:求得物 A 的加速度后,可用动量定理求轴 O 的反力 $\boldsymbol{X}_O$ 和 $\boldsymbol{Y}_O$。

例如,可用动量定理的投影式 $\dfrac{\mathrm{d}p_x}{\mathrm{d}t} = \sum X^{(e)}$,求轴 O 的反力 $\boldsymbol{X}_O$。本题中系统动量的投影:

$$p_x = mv_B\cos\alpha = mv_A\cos\alpha \tag{3}$$

这一结果是由滑轮 O 的质心速度为零(即动量为零)以及物 A 的动量在 x 轴上的投影为零而得到的。本题中外力在 x 轴上的投影为:

$$\sum X^{(e)} = X_O - P_2\sin\alpha\cos\alpha = X_O - mg\sin\alpha\cos\alpha \tag{4}$$

这一结果是由力 P_2 的垂直于斜面的分量与反力 N 相互抵消而得到的。

将式(3)、(4) 代入 $\dfrac{\mathrm{d}p_x}{\mathrm{d}t} = \sum X^{(e)}$,有:

$$ma_A\cos\alpha = X_O - mg\sin\alpha\cos\alpha$$

将加速度 a_A 的值代入,即可求出反力 X_O。

应用动量定理的投影式 $\dfrac{\mathrm{d}p_y}{\mathrm{d}t} = \sum Y^{(e)}$,可求反力 Y_O。

例 13-5 齿轮 A 质量为 m_A,半径为 r,相对轴 A 的转动惯量为 J_A,受矩为 M 的力偶作用带动齿轮 B 提升重物 C。齿轮 B 质量为 m_B,半径为 $R=2r$,相对轴 B 的转动惯量为 J_B。固结在齿轮 B 上的卷筒半径为 r,用细绳提升质量为 m_C 的重物,如图 13-8(a)所示。求重物 C 的加速度。

解 分别取轮 A 和轮 B(含重物 C)为研究对象,受力图分别如图 13-8(b)和(c)中所示。受力图中两个齿轮啮合点的相互作用力分解为切向力 $\boldsymbol{F}(\boldsymbol{F}')$ 和径向力 $\boldsymbol{N}(\boldsymbol{N}')$。

研究轮 A。取轴 A,它通过点 A 且与图面垂直。写出轮 A 相对轴 A 的动量矩定理:

$$\frac{\mathrm{d}}{\mathrm{d}t}(J_A\omega_A) = M - Fr \tag{1}$$

式中:动量矩和力矩均取逆时针转向为正。

研究轮 B(含重物 C),对该系统相对 B 轴应用动量矩定理。系统的动量矩:

$$L_B = J_B\omega_B + m_Cv_Cr = J_B\omega_B + m_Cr^2\omega_B$$

系统的外力矩:

$$\sum M_B(\boldsymbol{F}^{(e)}) = F'\cdot 2r - m_Cgr$$

在以上动量矩和力矩的计算中,均取顺时针转向为正。代入动量矩定理,有:

$$\frac{\mathrm{d}}{\mathrm{d}t}(J_B\omega_B + m_Cr^2\omega_B) = 2Fr - m_Cgr \tag{2}$$

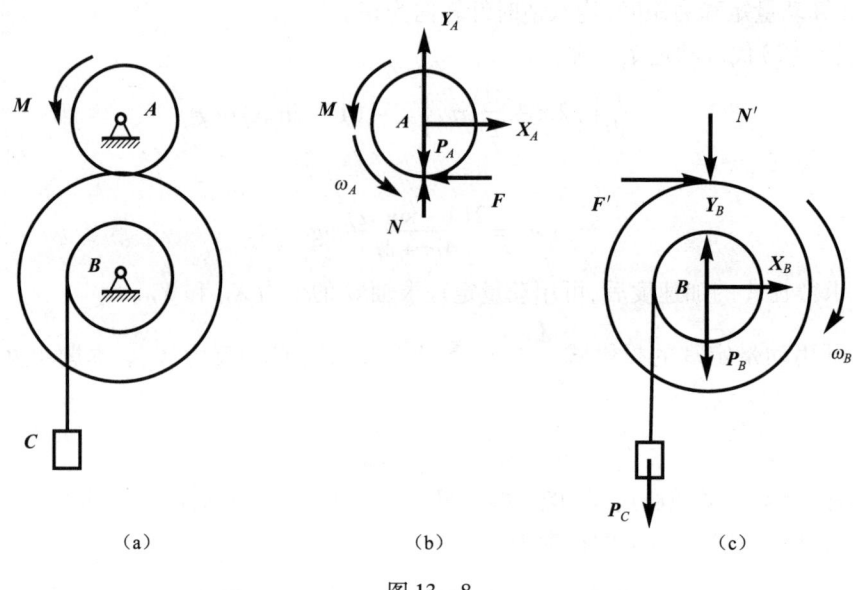

图 13-8

由式(1)、(2)分别得：

$$J_A \varepsilon_A = M - Fr \tag{3}$$

$$(J_B + m_C r^2)\varepsilon_B = 2Fr - m_C g r \tag{4}$$

轮 A 和 B 的啮合点的切向加速度相等：

$$r\varepsilon_A = 2r\varepsilon_B$$

即

$$\varepsilon_A = 2\varepsilon_B \tag{5}$$

将式(5)代入式(3)，并与式(4)联立求解，得

$$\varepsilon_B = \frac{2M - M_C g r}{4J_A + J_B + m_C r^2}$$

重物上升的加速度 $a_C = \varepsilon_B r = \dfrac{(2M - m_C g r)r}{4J_A + J_B + m_C r^2}$

求解本题时，不能对图 13-8(a)所示的系统应用动量矩定理，因为在系统外力对轴的矩的表达式（$\sum M_A(\boldsymbol{F}^{(e)})$ 或 $\sum M_B(\boldsymbol{F}^{(e)})$）中都包含有未知力。

13.2.3 动量矩守恒定律

当作用在质点系上的所有外力对某一固定点 O 的矩的矢量和恒为零时，按式(13-10)，质点系对该点的动量矩保持不变，即：

$$\boldsymbol{L}_O = 常矢量$$

当作用在质点系上的所有外力对某一固定轴的矩的代数和恒为零时，按式(13-11)，质点系对该轴的动量矩保持不变，例如当 $\sum M_z(\boldsymbol{F}^{(e)}) = 0$ 时，有：

$$L_z = 常量$$

以上结论为**质点系动量矩守恒定律**。

例 13-6 圆盘半径为 R，可绕通过中心 O 的铅垂轴 z 在水平面内转动，相对转轴的转动

惯量为 J_z。圆盘边缘有一小车 M，其质量为 m。初瞬时系统静止，求当小车沿圆盘边缘以相对圆盘的速度 u 开动时，圆盘的角速度为多大。

解 取圆盘和小车组成的系统为研究对象。

圆盘和小车的重力平行于 z 轴，轴 z 的约束反力通过 z 轴，即系统所受外力满足条件：

$$\sum M_z(\boldsymbol{F}^{(e)}) = 0$$

系统相对 z 轴的动量矩保持不变，因初瞬时系统静止，所以：

$$L_z = 常量 = 0$$

当小车以相对速度 u 沿圆盘边缘运动时，圆盘则以角速度 ω 转动，如图 13-9 所示。如以 v 表示小车绝对速度的大小，则系统的动量矩为：

$$L_z = -J_z\omega + mvR$$

由点的合成运动知识，$v = v_r - v_e$，所以：

$$L_z = -J_z\omega + m(v_r - v_e)R$$
$$= -J_z\omega + m(u - \omega R)R$$

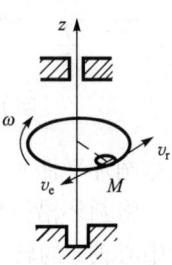

图 13-9

令 $L_z = 0$，解得：

$$\omega = \frac{mR}{J_z + mR^2}u$$

小车的绝对速度则为：

$$v = v_r - v_e = u - \omega R$$

将其代入角速度 ω 的表达式，有：

$$v = \frac{J_z}{J_z + mR^2}u$$

当小车相对圆盘运动时，小车和圆盘之间产生了一对相互作用的力。这对力是小车和圆盘这一系统的内力，它虽然不能改变系统的动量矩，但计算结果表明，这对内力使系统中的两部分——小车和圆盘——的动量矩都发生了变化。

❋ 13.3 转动惯量·平行轴定理 ❋

13.3.1 转动惯量的概念和计算

转动刚体相对转轴 z 的转动惯量 $J_z = \sum m_i r_i^2$，显然，对质量相同的转动刚体，其质量分布得离转轴越远，转动惯量越大。反之，转动惯量则小。因此，**转动惯量是刚体质量分布特征的一种描述**。

转动惯量的单位是千克·米^2（$kg \cdot m^2$）。

下面举例说明均质刚体的转动惯量的计算方法。

（1）均质直杆长为 l，质量为 M，相对通过质心且与杆的轴线垂直的 z 轴的转动惯量。

取微段 dx，如图 13-10 所示。微段的质量 $dm = \dfrac{M}{l}dx$，杆对 z 轴的转动惯量为：

$$J_z = \int_{-\frac{l}{2}}^{\frac{l}{2}} x^2 dm = \int_{-\frac{l}{2}}^{\frac{l}{2}} \frac{M}{l} x^2 dx$$

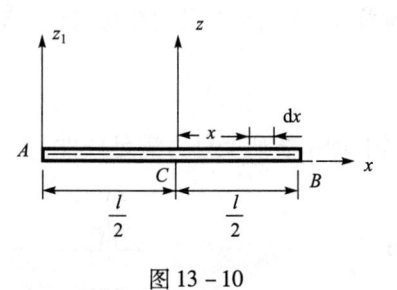

图 13-10

得到：

$$J_z = \frac{1}{12}Ml^2$$

同样，可求得相对杆端 A 且与 z 轴平行的 z_1 轴的转动惯量为：

$$J_{z_1} = \frac{1}{3}Ml^2$$

（2）均质细圆环半径为 R，质量为 M，相对通过中心 O 且与圆环平面垂直的 z 轴的转动惯量。

将圆环沿圆周分割成微段，如图 13-11 所示。微段的质量为 m_i，到 z 轴的距离为 R，圆环对中心轴 z 的转动惯量为：

$$J_z = \sum m_i R^2 = MR^2$$

（3）均质薄圆板半径为 R，质量为 M，相对通过中心 O 且与板面垂直的 z 轴的转动惯量。

将薄圆板分割成同心细圆环，如图 13-12 所示。细圆环的半径为 r，宽度为 $\mathrm{d}r$，其质量为：

$$\mathrm{d}m = \frac{M}{\pi R^2} 2\pi r \mathrm{d}r = \frac{2M}{R^2} r \mathrm{d}r$$

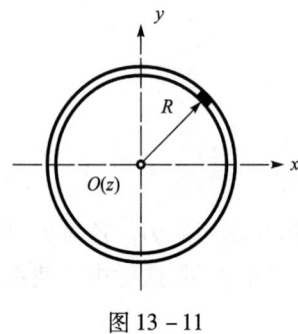

图 13-11

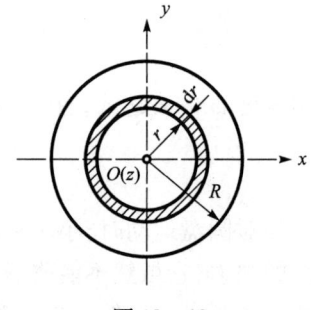

图 13-12

圆板对中心轴 z 的转动惯量为：

$$J_z = \int_0^R r^2 \mathrm{d}m = \int_0^R \frac{2M}{R^2} r^3 \mathrm{d}r = \frac{1}{2}MR^2$$

对一般简单形状的均质物体，相对质心轴的转动惯量，可从工程手册中查到。后面的表 13-1 中给出了常见均质物体的转动惯量的表达式，可供查用。

13.3.2 回转半径（惯性半径）

工程中常将转动惯量统一地表达为

$$J_z = M\rho_z^2 \tag{13-12}$$

的形式，并称 ρ_z 为刚体对 z 轴的**回转半径（惯性半径）**。即刚体的转动惯量等于该刚体的质量与回转半径平方的乘积。

对图 13-10 中的直杆　　$\rho_z = \frac{\sqrt{3}}{6}l$；

对图 13-11 中的圆环　　$\rho_z = R$；

对图 13-12 中的圆板　$\rho_z = \frac{\sqrt{2}}{2}R$。

在表 13-1 中给出了与转动惯量 J_z 相应的回转半径 ρ_z 的值。

表 13-1　若干均质物体的转动惯量及回转半径

物体形状	简图	转动惯量	回转半径
细杆		$J_y = \frac{1}{12}ml^2$	$\frac{1}{\sqrt{12}}l$
矩形薄板		$J_x = \frac{1}{12}mb^2$ $J_y = \frac{1}{12}ma^2$ $J_z = \frac{1}{12}m(a^2+b^2)$	$\frac{1}{\sqrt{12}}b$ $\frac{1}{\sqrt{12}}a$ $\sqrt{\frac{a^2+b^2}{12}}$
细圆环		$J_x = J_y = \frac{1}{2}mr^2$ $J_z = mr^2$	$\frac{1}{\sqrt{2}}r$ r
薄圆板		$J_x = J_y = \frac{1}{4}mr^2$ $J_z = \frac{1}{2}mr^2$	$\frac{1}{2}r$ $\frac{1}{\sqrt{2}}r$
圆柱		$J_x = J_y = m\left(\frac{r^2}{4}+\frac{l^2}{12}\right)$ $J_z = \frac{1}{2}mr^2$	$\sqrt{\frac{3r^2+l^2}{12}}$ $\frac{1}{\sqrt{2}}r$
厚度很小的球形薄壳		$J_x = J_y = J_z = \frac{2}{3}mr^2$	$\sqrt{\frac{2}{3}}r$

续表

物体形状	简 图	转动惯量	回转半径
球体		$J_x = J_y = J_z = \dfrac{2}{5}mr^2$	$\sqrt{\dfrac{2}{5}}\,r$
平行六面体		$J_x = \dfrac{1}{12}m(b^2+c^2)$ $J_y = \dfrac{1}{12}m(a^2+c^2)$ $J_z = \dfrac{1}{12}m(a^2+b^2)$	$\sqrt{\dfrac{b^2+c^2}{12}}$ $\sqrt{\dfrac{a^2+c^2}{12}}$ $\sqrt{\dfrac{a^2+b^2}{12}}$
正圆锥体		$J_z = \dfrac{3}{10}mr^2$ $J_x = J_y$ $\quad = \dfrac{3}{80}m(4r^2+h^2)$	$\sqrt{\dfrac{3}{10}}\,r$ $\sqrt{\dfrac{3(4r^2+h^2)}{80}}$

13.3.3 转动惯量的平行轴定理

这里研究的课题是:已知刚体对通过质心 C 的 z 轴的转动惯量为 J_z,另有 z_1 轴与 z 轴平行,且两轴距离为 d,求刚体相对 z_1 轴的转动惯量 J_{z_1}。

以质心 C 为坐标原点,建立直角坐标系 C_{xyz},其中 y 轴通过 z_1 轴。再以 y 轴与 z_1 轴的交点 O 为原点,建立直角坐标系 $Ox_1y_1z_1$,如图 13 – 13 所示。

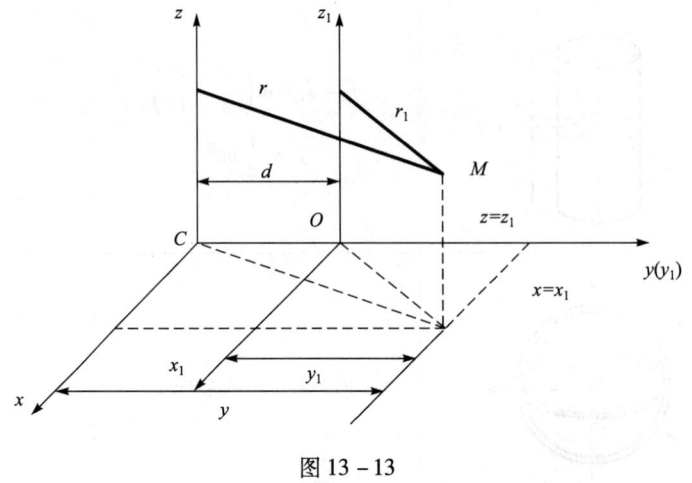

图 13 – 13

下面求刚体相对 z_1 轴的转动惯量。

在刚体上取一质点 M，其质量为 m，到 z_1 轴的距离为 r_1，在坐标系 $Ox_1y_1z_1$ 中的坐标为 x_1、y_1、z_1。则刚体对 z_1 轴的转动惯量为

$$J_{z_1} = \sum m r_1^2 = \sum m(x_1^2 + y_1^2)$$

质点 M 在坐标系 $Cxyz$ 中的坐标为 x、y、z，且有关系

$$x_1 = x; \quad y_1 = y - d$$

于是有

$$J_{z_1} = \sum m[x^2 + (y-d)^2]$$
$$= \sum m(x^2 + y^2) - 2d\sum my + d^2\sum m$$

式中：

$$\sum m(x^2 + y^2) = \sum mr^2 = J_z$$
$$\sum my = My_C = 0$$
$$\sum m = M$$

得到

$$J_{z_1} = J_z + Md^2 \tag{13-13}$$

即刚体对任一轴的转动惯量，等于刚体对通过质心且与该轴平行的轴的转动惯量，加上刚体质量与两轴距离平方的乘积。这就是**转动惯量的平行轴定理**。

由转动惯量的平行轴定理式(13-13)可知，在各平行轴中，刚体对通过质心的轴的转动惯量为最小。在各平行轴中，刚体对与质心轴等距离的轴的转动惯量相等。

例 13-7 在 xy 面内的 T 形杆由 AB 和 CD 两段组成，两段的长度同为 a，质量同为 m，如图 13-14 所示。求 T 形杆对通过点 A 的 z 轴的转动惯量。

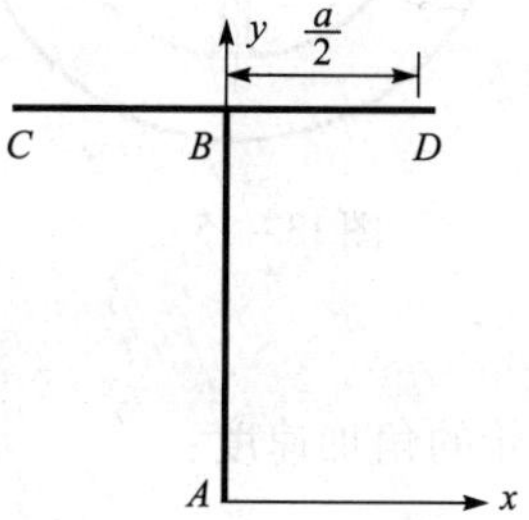

解 将 T 形杆分成 AB、CD 两个直杆，分别计算二直杆相对通过点 A 的 z 轴的转动惯量：

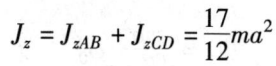

图 13-14

$$J_{zAB} = \frac{1}{12}ma^2 + m\left(\frac{a}{2}\right)^2 = \frac{1}{3}ma^2$$

$$J_{zCD} = \frac{1}{12}ma^2 + ma^2 = \frac{13}{12}ma^2$$

以上计算中均应用了转动惯量的平行轴定理。

T 形杆的转动惯量为其两部分的转动惯量之和：

$$J_z = J_{zAB} + J_{zCD} = \frac{17}{12}ma^2$$

13.4 刚体的定轴转动微分方程

将质点系对固定轴的动量矩定理式(13-11)

$$\frac{dL_z}{dt} = \sum M_z(\boldsymbol{F}^{(e)})$$

应用于绕固定轴 z 转动的刚体，这时有：

$$L_z = J_z \omega$$

得到：

$$J_z \varepsilon = \sum M_z(\boldsymbol{F}^{(e)})$$

或

$$J_z \frac{d^2 \varphi}{dt^2} = \sum M_z(\boldsymbol{F}^{(e)}) \tag{13-14}$$

上式表明，**转动刚体对转轴的转动惯量与角加速度的乘积，等于所有作用在刚体上的外力对转轴的矩的代数和**。这就是**刚体的定轴转动微分方程**。

式(13-14)进一步揭示了刚体转动惯量的物理意义。在外力矩确定的情况下，转动惯量越大，角加速度越小，即转动状态改变小；转动惯量越小，角加速度越大，即转动状态改变大。可见转动惯量越大，转动状态越不易改变，转动的惯性越大。说明**转动惯量是转动刚体的转动惯性大小的度量**。

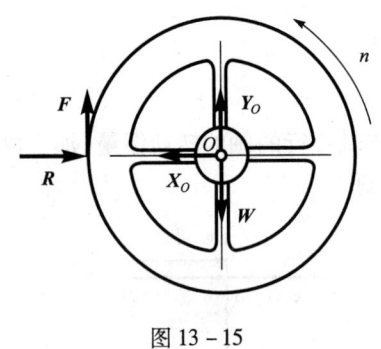

图 13-15

例 13-8 飞轮半径 $r = 25$ cm，质量 $m = 100$ kg，回转半径 $\rho = 0.15$ m，转数 $n = 2\,000$ r/min。用闸块制动时，对飞轮施加的正压力 $R = 490$ N（图 13-15）。闸块与轮缘的动滑动摩擦系数 $f' = 0.8$，不计轴承的摩擦和空气阻力，求飞轮从制动到静止所需的时间。

解 取飞轮为研究对象。所受主动力为重力 $\boldsymbol{W}$，约束反力有轴的反力 $\boldsymbol{X}_O$、$\boldsymbol{Y}_O$，还有闸块施加的正压力 $\boldsymbol{R}$ 和动滑动摩擦力 $\boldsymbol{F}$，如图中所示。动滑动摩擦力的值 $F = f'R$。

对飞轮写刚体的定轴转动微分方程：

$$m\rho^2 \varepsilon = -f'R \cdot r$$

解得飞轮的角加速度：

$$\varepsilon = \frac{d\omega}{dt} = -\frac{f'R \cdot r}{m\rho^2}$$

为求得使角速度 ω 变为零时所需的时间，对上式作积分。取开始制动的瞬时为初瞬时，则有 $t = 0$ 时，$\omega = \omega_0 = \frac{n\pi}{30}$，取飞轮停止的瞬时为 t_1，则有 $t = t_1$ 时，$\omega = 0$。作积分：

$$\int_{\omega_0}^{0} d\omega = \int_{0}^{t_1} -\frac{f'Rr}{m\rho^2} dt$$

解得：

$$t_1 = \frac{m\rho^2}{f'R \cdot r} \omega_0$$

代入题中给定数据，得 $t_1 = 4.81$ s。

例 13-9 均质细杆质量为 $m_1 = 2$ kg，杆长 $l = 1$ m。杆端焊接一均质圆盘，半径 $R = 0.2$ m，质量 $m_2 = 8$ kg，如图 13-16 所示。当杆的轴线在水平位置时无初速度地转下，求图示位置的角加速度和角速度。

解 取杆和圆盘组成的刚体为研究对象。

主动力为杆和圆盘的重力 P_1 和 P_2。约束反力为转轴 O 的反力 N_1 和 N_2。

刚体相对转轴 O 的转动惯量由两部分组成:

$$J_O = J_{O杆} + J_{O盘}$$

式中:

$$J_{O杆} = \frac{1}{3}m_1 l^2$$

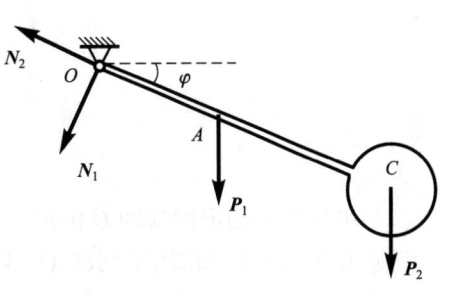

图 13 – 16

按平行轴定理,有:

$$J_{O盘} = \frac{1}{2}m_2 R^2 + m_2(l+R)^2$$

刚体上外力对转轴 O 的矩为:

$$\sum M_O(F^{(e)}) = m_1 g \frac{l}{2}\cos\varphi + m_2 g(l+R)\cos\varphi$$

将以上各式代入刚体的定轴转动微分方程 $J_O \varepsilon = \sum M_O(F^{(e)})$ 中,得到:

$$\left[\frac{1}{3}m_1 l^2 + \frac{1}{2}m_2 R^2 + m_2(l+R)^2\right]\varepsilon = \frac{1}{2}m_1 gl\cos\varphi + m_2 g(l+R)\cos\varphi$$

代入有关数据后,解得:

$$\varepsilon = 8.4\cos\varphi$$

注意到本题中 $\omega = \omega[\varphi(t)]$,所以:

$$\varepsilon = \frac{d\omega}{dt} = \frac{d\omega}{d\varphi} \cdot \frac{d\varphi}{dt} = \omega\frac{d\omega}{d\varphi}$$

即

$$\omega\frac{d\omega}{d\varphi} = 8.4\cos\varphi$$

将上式积分

$$\int_0^\omega \omega d\omega = \int_0^\varphi 8.4\cos\varphi d\varphi$$

得

$$\omega^2 = 16.8\sin\varphi$$

例 13 – 10 杆 OA 长为 l,质量为 m,用绳索悬挂于图 13 – 17 中所示的位置。求将绳索剪断瞬时,杆的角加速度及轴 O 的反力。

解 取杆 OA 为研究对象。

剪断绳索瞬时,受重力 P 及轴 O 反力作用。将轴 O 反力沿质心 C 的轨迹的切线和法线方向分解为两个正交力 N_τ 和 N_n。

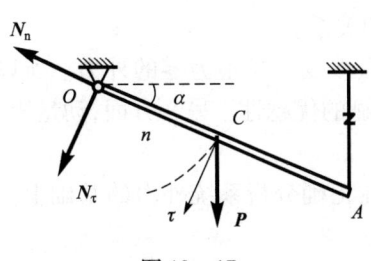

图 13 – 17

(1) 用刚体的定轴转动微分方程求角加速度。

转动惯量 $J_O = \frac{1}{3}ml^2$,外力矩 $\sum M_O(F^{(e)}) = \frac{1}{2}mgl\cos\alpha$,由刚体的定轴转动微分方

程,有:

$$\frac{1}{3}ml^2\varepsilon = \frac{1}{2}mgl\cos\alpha$$

$$\varepsilon = \frac{3g}{2l}\cos\alpha$$

(2) 用质心运动定理求轴 O 的反力。

质心 C 的自然轴如图中所示。已知质心的加速度:

$$a_{C\tau} = \frac{l}{2} \cdot \varepsilon = \frac{3}{4}g\cos\alpha$$

$$a_{Cn} = \frac{l}{2}\omega^2 = 0$$

由质心运动定理在自然轴上的投影式:

$$ma_{C\tau} = \sum F_\tau$$
$$ma_{Cn} = \sum F_n$$

有

$$\frac{3}{4}mg\cos\alpha = N_\tau + mg\cos\alpha$$

$$0 = N_n - mg\sin\alpha$$

解得 $N_\tau = -\frac{1}{4}mg\cos\alpha, N_n = mg\sin\alpha$。

小 结

1. 关于动量矩

质点的动量矩是质点绕某点(或轴)的运动强弱的一种度量。质点的动量对某点(或轴)的矩称为质点对该点(或轴)的动量矩。

质点系对某轴的动量矩等于各质点的动量对该轴的矩的代数和,即 $L_z = \sum M_z(m_i v_i)$。

转动刚体对转轴的动量矩等于刚体对转轴的转动惯量与角速度的乘积,即 $L_z = J_z\omega$。

2. 关于动量矩定理

质点系的动量矩定理建立了动量矩的变化率与外力矩的关系。

与动量定理不同,动量矩定理中并不涉及全部外力,而只涉及力矩不为零的外力。所以,用动量矩定理求解质点系的运动问题,有时较动量定理有明显的优越性。另一方面,动量矩定理则不能用于求解力矩为零的外力。

应用动量矩定理的关键是:正确地计算系统的动量矩;在正确分析系统外力的基础上,正确地计算系统的外力矩。

3. 关于转动惯量

刚体相对转轴 z 的转动惯量为 $J_z = \sum m_i r_i^2 = M\rho_z^2$。转动惯量是对刚体质量分布特征的一种描述,也是刚体转动惯性大小的度量。

常见的规则形状的物体,其对质心轴的转动惯量可从有关工程手册中查到。对非质心轴

的转动惯量,可由平行轴定理

$$J_{z_1} = J_z + Md^2$$

求出。式中:J_z 是对质心轴的转动惯量。

4. 关于刚体的定轴转动微分方程

刚体的定轴转动微分方程:$J_z\varepsilon = \sum M_z(F)$ 适用于研究定轴转动刚体,将它与质心运动定理在自然轴上的投影式联合应用,可以求解转动刚体动力学的两类问题。

思考题

13-1 已知转动刚体的动量为 mv_C,该刚体对转轴 O 的动量矩可否如下计算:

$$L_O = M_O(mv_C)$$

13-2 两个均质轮的质量和半径相同,都可绕质心轴转动。在一轮的绳端加拉力 G,另一轮的绳端挂重量为 G 的重物,如图 13-18(a)和(b)所示。两轮角加速度是否相同?为什么?

13-3 均质圆盘质量为 m,半径为 R,静止地放在光滑水平面上。在盘上同时加力 F_1 和 F_2,且此两力大小相等,方向相反,如图 13-19 所示。说明圆盘将如何运动。

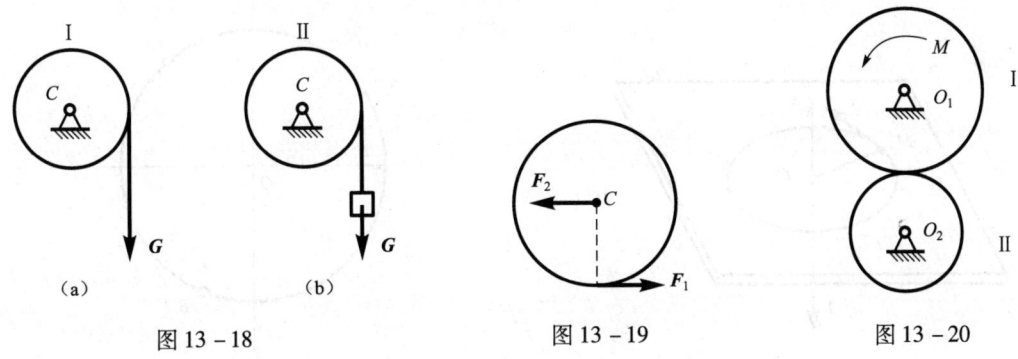

图 13-18　　　　　图 13-19　　　　　图 13-20

13-4 对图 13-20 所示系统应用动量矩定理,则得到

$$J_1\varepsilon_1 + J_2\varepsilon_2 = M \tag{1}$$

或者

$$J_1\varepsilon_1 - J_2\varepsilon_2 = M \tag{2}$$

式(1)与式(2)哪个对,还是都不对?为什么?

习 题

13-1 计算下列情况下物体对转轴 O 的动量矩:(1)均质圆盘半径为 r,重量为 P,偏心距为 e,以角速度 ω 绕轴 O 转动;(2)均质杆长为 l,重量为 P,以角速度 ω 绕轴 O 转动。

13-2 计算下列各质点系对 O 轴的

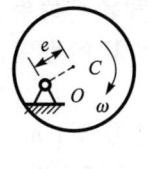
(a)

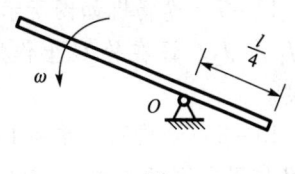
(b)

题 13-1 图

动量矩。物块 A 和 B 的质量均为 m，均质滑轮 O 质量为 M，半径为 R。不计细绳质量。

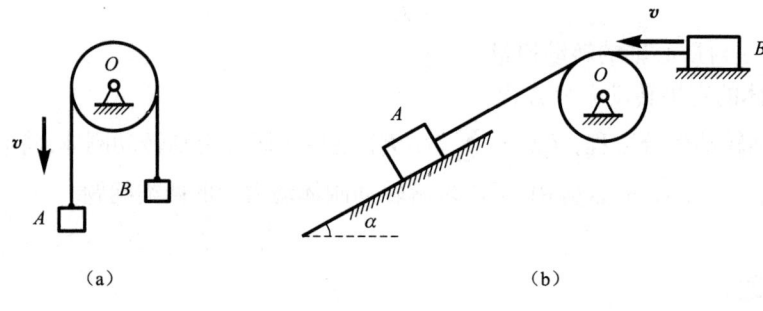

题 13-2 图

13-3　重为 P 的小球系于细绳的一端，绳的另一端穿过光滑水平面上的小孔 O，如图中所示。令小球在水平面上以半径 r 作匀速圆周运动，其速度为 v_0。然后将绳向下拉，使圆周的半径缩小为 $r/2$，问此时小球的速度 v_1 和绳的拉力各为多少。

13-4　均质水平圆盘重为 P，半径为 r，可绕通过中心 O 的铅垂轴转动。一重为 Q 的人按 $\widehat{AB} = s = \dfrac{1}{2}at^2$ 的规律沿圆盘边缘行走。设开始时静止，求圆盘的角速度。

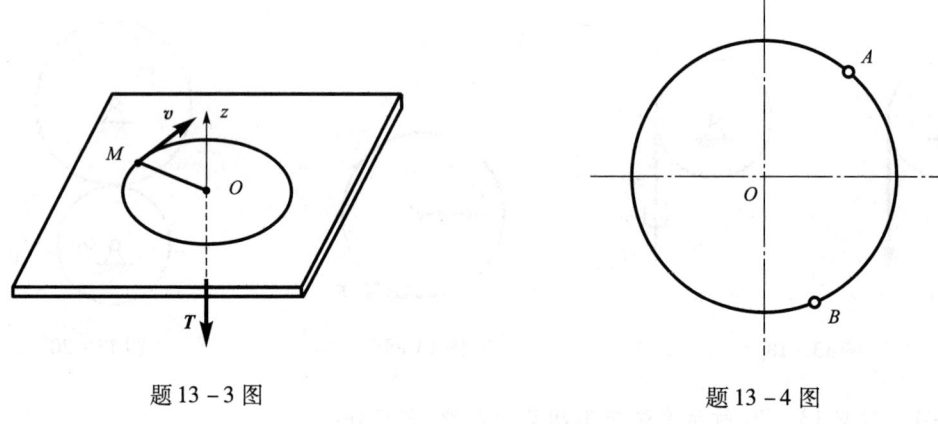

题 13-3 图　　　　　　　　　　　题 13-4 图

13-5　两个重物 M_1 和 M_2 各重 P_1 和 P_2，分别系在两条绳上，此两绳又分别缠绕在半径为 r_1 和 r_2 的塔轮上。系统受重力作用而运动，求塔轮的角加速度 ε。已知 $P_1 r_1 > P_2 r_2$，塔轮和绳的质量均不计。

13-6　为使质量 $m = 8$ kg 的重物 B 产生 40 cm/s^2 向上的加速度，求应作用于绳索 A 端的力 T_A 为多大。假设均质圆盘的质量 $M = 20$ kg，半径 $R = 15$ cm，绳索与圆盘无相对滑动。并求重物 B 上所受绳的拉力。

13-7　卷扬机如图所示。轮 B 和轮 C 的半径分别为 R 和 r，对水平转轴的转动惯量分别为 J_1 和 J_2。设在轮 C 上作用一矩为 M 的力偶，提升重为 P 的物体 A。求物体 A 上升的加速度。

13-8　均质圆轮重为 1 000 N，半径为 1 m，以转速 $n = 120$ r/min 绕轴 O 转动。设有一常力 P 作用于闸杆 A 端，使圆轮经 10 s 后停止转动。已知动滑动摩擦系数 $f' = 0.1$，求力 P 的大小。

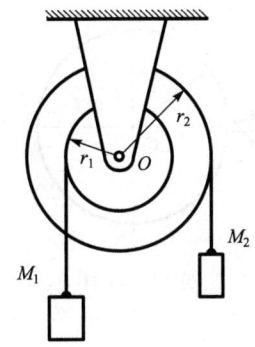

题 13-5 图

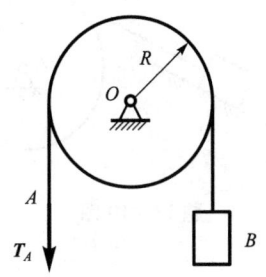

题 13-6 图

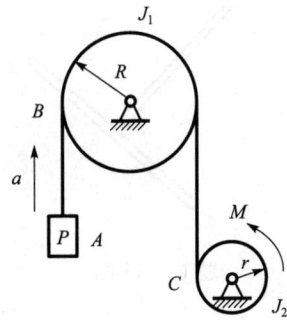

题 13-7 图

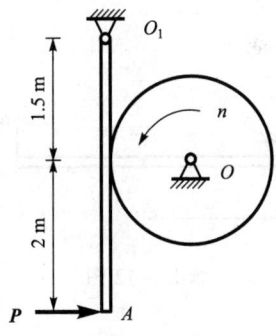

题 13-8 图

13-9 两皮带轮的半径各为 R_1 和 R_2，其重量各为 P_1 和 P_2。两轮以皮带相连接，分别绕两个平行的固定轴转动。在轮 O_1 上作用一主动力矩 M，轮 O_2 上作用有阻力矩 M'，两轮都视为均质圆盘，轮与皮带间无滑动，不计皮带质量，求轮 O_1 的角加速度。

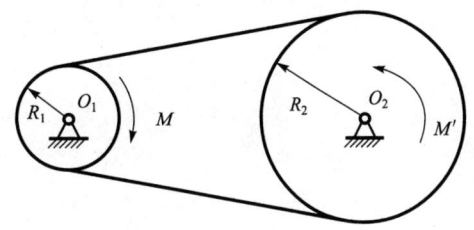

题 13-9 图

13-10 送料卷扬机如图所示，半径为 R 的卷筒可以看作是均质圆柱，其重量为 P，可绕水平轴转动。小车 A 与矿料共重为 Q，沿倾角为 α 的光滑轨道被提升。作用在卷筒上的主动力偶矩为 M，求小车的加速度。

13-11 均质圆盘质量为 m，半径为 r，可在铅垂面内绕水平轴 O 转动。当 OC 为水平时，由静止释放，求此瞬时的角加速度及轴 O 的反力。

13-12 杆 OA 的质量为 m，对质心的回转半径为 ρ_C，O 端为光滑铰链，A 端用绳索将杆悬挂于水平位置，如图所示。求将绳索突然剪断的瞬时杆 OA 的角加速度及轴 O 的约束反力。

13-13 均质 T 形杆的 OA 和 BC 两部分，长度同为 l，质量同为 m，A 为 BC 的中点。当 OA 段处于水平时，T 形杆无初速度地开始转动，求图示位置的角加速度、角速度以及轴 O 的反力。

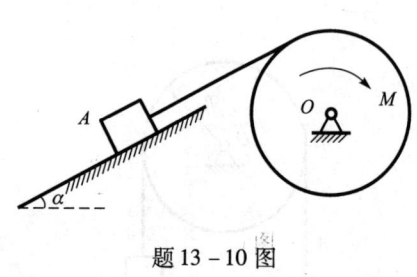

题 13–10 图

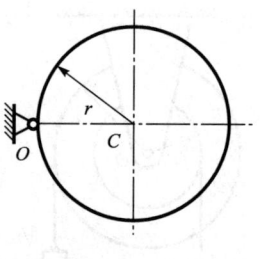

题 13–11 图

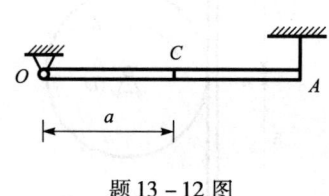

题 13–12 图

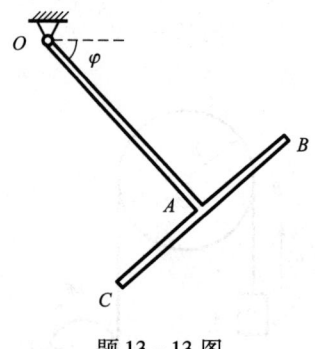

题 13–13 图

第14章 动能定理

导言

- 本章阐述功和动能的概念及其计算方法,建立动能和力的功之间的关系,并应用动力学的基本定理求解动力学综合问题。
- 动能定理中用动能描述系统的运动,用力的功描述力的作用效果。会计算刚体的动能及常见力的功是应用动能定理的关键。功和元功的计算在课程的后继内容中仍将应用。
- 正确地分析研究对象的外力、外力矩、力的功,正确地计算研究对象的动量、动量矩、动能,这是求解动力学综合问题的基本依据和前提条件。

物质的运动形式是多种多样的,如机械运动、电磁运动、分子的热运动等。物质的各种运动形式都可用能量来度量,动能就是机械运动的一种能量度量,动能属于机械能。

各种运动形式的能量可以相互转化,例如,由于摩擦力做功,机械能转化为热能;由于电磁力做功,电能转化为机械能等。各种能量的转化要用功的大小来度量。动能定理建立了动能和功的关系,昭示了机械运动的能量与其他运动形式的能量之间的相互转化的规律。

在本书的第二篇中,将研究杆件在外力作用下产生的变形。杆件的变形能也是机械能中的一种,同样可建立变形能和外力功的关系。

14.1 力的功·元功·功率

14.1.1 常力的功

将力在一段路程上的累积效应称为力的功,并用符号 W 表示。

设质点 M 在常力 F 的作用下沿直线运动,如图 14-1 所示。质点从 M_1 运动到 M_2 的路程为 s,在这段路程上常力 F 的功为:

$$W = Fs\cos\varphi \quad (14-1)$$

功是代数量,在式(14-1)中,$\varphi < 90°$,功为正,$\varphi > 90°$,功为负。

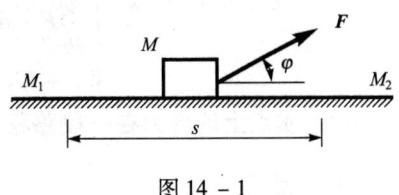

图 14-1

功的单位用焦耳(J)表示：

$$1\ 焦[耳](J) = 1\ 牛[顿] \cdot 米(N \cdot m)$$

14.1.2 元功·变力的功

设质点 M 在变力 F 的作用下沿曲线运动，如图 14-2 所示。

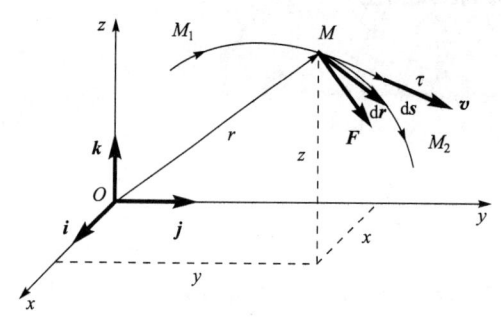

图 14-2

将力在无限小路程 ds 上所做的功称为**力的元功**。微段弧长 ds 可看成直线段，在这段路程上力 F 可看作常力，按式(14-1)，力的元功为：

$$\delta W = F ds \cos(F, \tau) = F_\tau ds \quad (14-2)$$

质点 M 的无限小位移 dr 的大小与 ds 相等，方向与 ds 相同，都沿轨迹的切线，力 F 的元功又可写作：

$$\delta W = F \cdot dr \quad (14-3)$$

注意到力 F 和位移 dr 可分别地解析表达为：

$$F = Xi + Yj + Zk$$
$$dr = dxi + dyj + dzk$$

代入式(14-3)，又有元功的表达式：

$$\delta W = Xdx + Ydy + Zdz \quad (14-4)$$

当质点由 M_1 运动到 M_2 时，力 F 所做的功可由元功的三个表达式的积分得到，即：

$$W = \int_{M_1}^{M_2} F\cos(F, \tau) ds \quad (14-5)$$

或

$$W = \int_{M_1}^{M_2} F \cdot dr \quad (14-6)$$

或

$$W = \int_{M_1}^{M_2} (Xdx + Ydy + Zdz) \quad (14-7)$$

变力在曲线运动中的功，可按以上三个公式计算，在数学上属于线积分运算。

14.1.3 合力的功

设质点 M 受 n 个力 $F_1, F_2, \cdots, F_n$ 的作用，其合力为 $R = F_1 + F_2 + \cdots + F_n$，则合力 R 在质点的运动曲线 $\stackrel{\frown}{M_1 M_2}$ 上所做的功为：

$$\begin{aligned} W &= \int_{M_1}^{M_2} R \cdot dr = \int_{M_1}^{M_2} (F_1 + F_2 + \cdots + F_n) \cdot dr \\ &= \int_{M_1}^{M_2} F_1 \cdot dr + \int_{M_1}^{M_2} F_2 \cdot dr + \cdots + \int_{M_1}^{M_2} F_n \cdot dr \\ &= W_1 + W_2 + \cdots + W_n \end{aligned} \quad (14-8)$$

上式表明，**质点上的合力在一段路程上所做的功等于各分力在同一路程上的功的代数和**。

14.1.4 功率

工程中不但要知道力做功的大小，还需要知道力做功的快慢程度。**力在单位时间内所做**

的功称为该力的功率,用符号 P 表示,即:

$$P = \frac{\delta W}{dt} \quad (14-9)$$

功率的单位是焦/秒(J/s),1 焦/秒称为 1 瓦(W),因此:

$$1 \text{ W} = 1 \text{ J/s} = 1 \text{ N}\cdot\text{m/s}$$

工程中常用马力(PS)和千瓦(kW)作为功率的单位,其换算关系是:

$$1 \text{ PS} = 735 \text{ J/s} = 735 \text{ W}$$

$$1 \text{ kW} = 1\ 000 \text{ J/s} = 1.36 \text{ PS}$$

功率是衡量机械的性能的一项重要指标。机械能够输出的最大功率是一定的,功率大的机械可提供较大的力和较大的速度。因为 $\delta W = \boldsymbol{F}\cdot d\boldsymbol{r}$,所以功率的表达式(14-9)可写成:

$$P = \frac{\boldsymbol{F}\cdot d\boldsymbol{r}}{dt} = \boldsymbol{F}\cdot \boldsymbol{v} = F_\tau v \quad (14-10)$$

以车床为例,功率 P 越大,切削力 F_τ 越大,切削速度越快。但需注意,由于力 F_τ 与速度 v 的乘积是一常量,故若要求有更大的力 F_τ,则必须减小工作速度 v。

14.2 几种常见力的功

14.2.1 重力的功

设物体的重力为 $\boldsymbol{Q}$,重心的轨迹如图 14-3 所示。求重心 M 由 $M_1(x_1,y_1,z_1)$ 到 $M_2(x_2,y_2,z_2)$ 时,重力做的功。

取坐标轴 z 与重力平行。将重力的投影 $X = Y = 0, Z = -Q$ 代入功的计算式(14-7),得重力的功为:

$$W_{1,2} = \int_{z_1}^{z_2} -Q dt = Q(z_1 - z_2)$$

或

$$W_{1,2} = \pm Qh \quad (14-11)$$

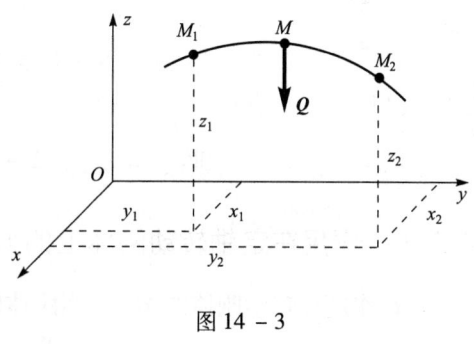

图 14-3

上式表明,**重力的功等于重力的大小与重力作用点起、止位置的高差的乘积,从高处走向低处时重力做正功,反之做负功。**

14.2.2 弹性力的功

质点 M 连接在弹簧上,如图 14-4 所示。求质点由 M_1 运动到 M_2 时弹性力所做的功。

设弹簧原长为 l_0,规定弹簧无变形状态下质点 M 的位置为坐标原点 O,并选 x 轴如图中所示。在此条件下,质点 M 的坐标 x 也就是弹簧的变形量。于是,作用在质点 M 上的弹性力为:

$$\boldsymbol{F} = -kx\boldsymbol{i}$$

式中:k 是弹簧的刚度系数,是使弹簧发生单位变形所需的力,单位为牛顿/米(N/m)。

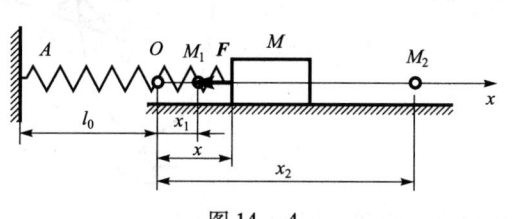

图 14-4

负号表示坐标 x 为正(弹簧伸长)时,弹性力 F 与 x 轴反向;坐标 x 为负(弹簧缩短)时,弹性力 F 与 x 轴同向。弹性力在 x 轴上的投影 $F_x = -kx$,按式(14-7)由点 M_1 到点 M_2 弹性力所做的功为:

$$W_{1,2} = \int_{x_1}^{x_2} -kx \mathrm{d}x = \frac{k}{2}(x_1^2 - x_2^2) \qquad (14-12)$$

可以证明,当质点 M 作曲线运动时,以 δ_1 表示弹簧在初位置的变形,以 δ_2 表示弹簧在末位置的变形,弹性力的功为:

$$W_{1,2} = \frac{k}{2}(\delta_1^2 - \delta_2^2) \qquad (14-12')$$

即弹性力的功等于弹簧初变形的平方与末变形平方之差乘以刚度系数的一半。

初变形大于末变形,即 $\delta_1 > \delta_2$ 时,弹性力做正功。反之,弹性力做负功。

例 14-1 弹簧刚度系数为 k,一端固定在圆环 O 的 A 点,另一端连接小环 M,且小环 M 套在圆环 O 上,如图 14-5 所示。已知弹簧原长和圆环 O 的半径同为 R,求小环 M 从点 M_1 运动到 M_2 时,弹性力的功。

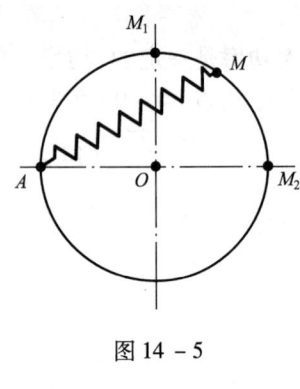

图 14-5

解 弹簧的初变形:

$$\delta_1 = (\sqrt{2} - 1)R$$

末变形:

$$\delta_2 = (2 - 1)R = R$$

代入式(14-12'),有:

$$W_{1,2} = \frac{k}{2}[(\sqrt{2} - 1)^2 R^2 - R^2] = -0.41kR^2$$

14.2.3 作用在定轴转动刚体上的力的功·力偶的功

力 F 作用在转动刚体的 M 点,当刚体转过无限小角度 $\mathrm{d}\theta$(图 14-6)时,力 F 的元功为:

$$\delta W = F\cos(F, \tau)\mathrm{d}s$$

以 r 表示点 M 到转轴 z 的距离,则由上式有:

$$\delta W = F_\tau r \mathrm{d}\theta$$
$$= M_z(F)\mathrm{d}\theta \qquad (14-13)$$

即作用在转动刚体上的力的元功等于力对转轴的矩与刚体无限小转角的乘积。

刚体转过角 θ,力 F 的功可由式(14-13)的积分得到:

$$W = \int_0^\theta M_z(F)\mathrm{d}\theta \qquad (14-14)$$

当 $m_z(F) = $ 常数时,有:

$$W = m_z(F)\theta \qquad (14-15)$$

且当 $M_z(F)$ 与 θ 同向时,功 W 为正,反之为负。

式(14-13)~式(14-15)适用于计算力偶的元功和力偶的

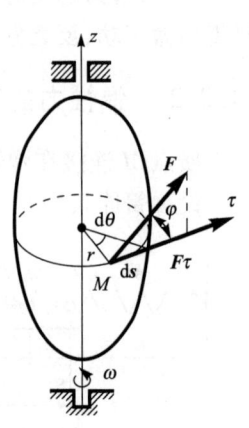

图 14-6

功,只要将式中的力矩 $M_z(\boldsymbol{F})$ 用力偶矩 m 代替即可。

工程中往往需要确定作用在转动刚体上的力 $\boldsymbol{F}$ 的功率。按式(14 – 9)和式(14 – 13),该功率为:

$$P = \frac{\delta W}{\mathrm{d}t} = \frac{M_z(\boldsymbol{F})\mathrm{d}\theta}{\mathrm{d}t} = M_z(\boldsymbol{F})\omega$$

由此可知,作用于转动刚体上的力的功率等于该力对转轴的矩与角速度的乘积。

14.2.4 质点系内力的功

质点系的内力是成对出现的,且每对内力是共线、反向、等值的,所以,内力的和以及内力对点(轴)的矩的和恒等于零。但是,内力的功的和一般不为零,说明如下。

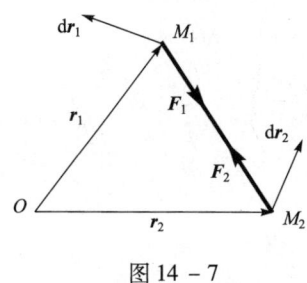

图 14 – 7

取质点系内的两个质点 M_1 和 M_2,其矢径分别为 $\boldsymbol{r}_1$ 和 $\boldsymbol{r}_2$,相互作用力分别为 $\boldsymbol{F}_1$ 和 $\boldsymbol{F}_2$,如图 14 – 7 所示。用 $\mathrm{d}\boldsymbol{r}_1$ 和 $\mathrm{d}\boldsymbol{r}_2$ 分别表示两个质点的无限小位移,可求得两质点的内力的元功的和为:

$$\sum \delta W = \boldsymbol{F}_1 \cdot \mathrm{d}\boldsymbol{r}_1 + \boldsymbol{F}_2 \cdot \mathrm{d}\boldsymbol{r}_2$$
$$= \boldsymbol{F}_1 \cdot (\mathrm{d}\boldsymbol{r}_1 - \mathrm{d}\boldsymbol{r}_2)$$

从点 M_2 向点 M_1 引一矢量 $\overline{M_2 M_1}$,从图中可知 $\boldsymbol{r}_1 - \boldsymbol{r}_2 = \overline{M_2 M_1}$,于是有:

$$\sum \delta W = \boldsymbol{F}_1 \cdot \mathrm{d}(\boldsymbol{r}_1 - \boldsymbol{r}_2) = \boldsymbol{F}_1 \cdot \mathrm{d}(\overline{M_2 M_1}) \tag{14 – 16}$$

因矢量 $\boldsymbol{F}_1$ 和矢量 $\overline{M_2 M_1}$ 共线,由式(14 – 16)可知,受内力作用的两质点,如距离不改变,其内力的元功之和为零,如距离改变,则内力的元功之和不为零。

以上分析表明,**刚体的内力的元功和为零,即刚体的内力不做功。变形体的内力的元功和一般不为零,即变形体的内力一般做功。**

14.2.5 理想约束的约束反力的功

光滑接触面、光滑铰链、光滑轴承以及不可伸长的无重绳索等约束,均属**理想约束**。**理想约束的约束反力的功的和等于零**。对此在第 16 章中将作详细分析。

例 14 – 2 均质滑轮 O 质量为 M_1,半径为 R,其上绕过无重细绳,绳一端连在刚度系数为 k 的弹簧上,另一端连接质量为 m_2 的重物 A。初始系统处于静止平衡状态,在轮 O 上加一矩为 M(常量)的力偶使系统运动。求物 A 下降距离 h 时,系统上所有力做功的和。

解 取轮 O、物 A、绳所组成的系统为研究对象。轴 O 和绳为理想约束,轮 O 的重力 $\boldsymbol{P}_O$ 作用在转轴上,所以做功的力只有重力 $\boldsymbol{P}_A$、弹性力 $\boldsymbol{F}$ 及矩为 M 的力偶,如图 14 – 8 所示。

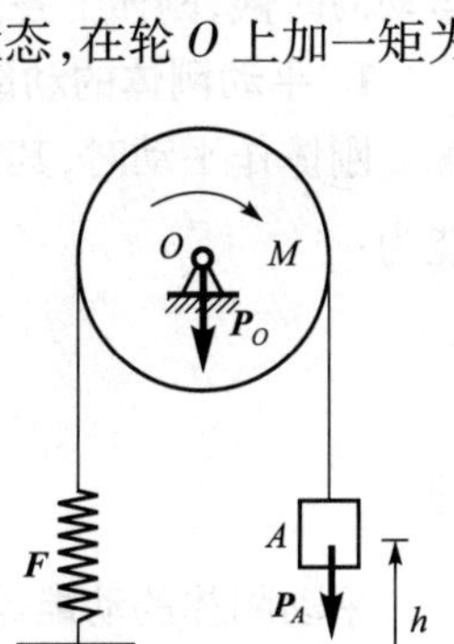

重力 $\boldsymbol{P}_A$ 的功为 $m_2 gh$。力偶的功为 $M\theta = M\dfrac{h}{R}$。为计算弹性力 $\boldsymbol{F}$ 的功,对初始平衡状态写平衡方程:

$$\sum M_O(\boldsymbol{F}) = 0: \quad FR - P_A R = 0$$

图 14 – 8

以 δ_1 表示平衡状态时弹簧的变形,在上式中代入 $F = k\delta_1$,解得初变形 $\delta_1 = \dfrac{m_2 g}{k}$。显然物 A 下降 h 时弹簧的末变形 $\delta_2 = \delta_1 + h$。弹性力 F 的功为:

$$\frac{k}{2}(\delta_1^2 - \delta_2^2) = \frac{k}{2}[\delta_1^2 - (\delta_1 + h)^2]$$

$$= -\frac{k}{2}(h^2 + 2\delta_1 h)$$

系统上所有力做功的和为:

$$\sum W_{1,2} = m_2 g h + M\frac{h}{R} - \frac{k}{2}(h^2 + 2\delta_1 h)$$

代入 $\delta_1 = \dfrac{m_2 g}{k}$,求得:

$$\sum W_{1,2} = \frac{h}{2R}(2M - kRh)$$

学完本节后,请做思考题 14-1 和 14-2。

✳ 14.3 动 能 ✳

14.3.1 质点和质点系的动能

设质点的质量为 m,速度为 v,**质点的动能等于质量与速度平方的乘积的一半**,即为 $\dfrac{1}{2}mv^2$。动能的单位与功的单位相同。

质点系中所有各质点动能的算术和为质点系的动能,用符号 T 表示,即:

$$T = \sum \frac{1}{2} m_i v_i^2 \tag{14-17}$$

14.3.2 刚体的动能

将刚体看作无数质点组成的质点系,可按式(14-17)求刚体的动能。当刚体以不同形式运动的时候,刚体上各点的速度分布规律不同,就会得到不同的动能表达式。

1. 平动刚体的动能

刚体作平动时,其上各点的速度相同,都等于刚体质心 C 的速度 v_C。于是平动刚体的动能为:

$$T = \sum \frac{1}{2} m_i v_i^2 = \frac{1}{2}(\sum m_i) v_C^2$$

即

$$T = \frac{1}{2} M v_C^2 \tag{14-18}$$

平动刚体的动能等于刚体质量与质心速度平方的乘积的一半。

2. 定轴转动刚体的动能

刚体以角速度 ω 绕 z 轴转动,相对转轴 z 的转动惯量为 J_z,刚体上质点 M_i 到转轴的距离为

r_i。于是定轴转动刚体的动能为:

$$T = \sum \frac{1}{2}m_i v_i^2 = \sum \frac{1}{2}m_i r_i^2 \omega^2 = \frac{1}{2}(\sum m_i r_i^2)\omega^2$$

即
$$T = \frac{1}{2}J_z \omega^2 \qquad (14-19)$$

转动刚体的动能等于刚体对转轴的转动惯量与角速度平方的乘积的一半。

3. 平面运动刚体的动能

刚体作平面运动时,每一瞬时都绕通过瞬心 P 且与运动平面垂直的轴转动。以 J_P 表示相对瞬心轴的转动惯量,平面运动刚体的动能则为:

$$T = \frac{1}{2}J_P \omega^2 \qquad (14-20)$$

根据转动惯量的平行轴定理,有:

$$J_P = J_C + M r_C^2$$

式中,r_C 是质心到瞬心的距离,如图 14-9 所示。代入动能算式(14-20),得:

$$T = \frac{1}{2}(J_C + M r_C^2)\omega^2$$

$$= \frac{1}{2}J_C \omega^2 + \frac{1}{2}M(r_C \omega)^2$$

其中 $r_C \omega = v_C$(图 14-9),得到:

$$T = \frac{1}{2}J_C \omega^2 + \frac{1}{2}M v_C^2 \qquad (14-21)$$

将式(14-21)与式(14-18)、式(14-19)对照可知,**平面运动刚体的动能等于随同质心平动的动能与绕质心轴转动的动能的和。**

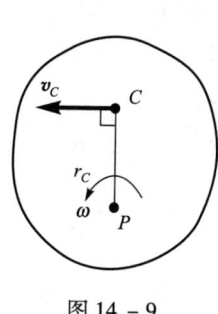

图 14-9

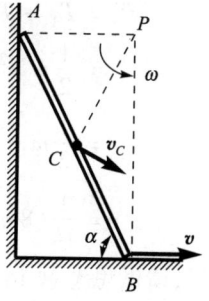

图 14-10

应用式(14-21)求平面运动刚体的动能时,需先确定瞬心的位置,再由平面图形上给定的某点的速度确定平面图形的角速度 ω 及质心速度 v_C,代入公式(14-21)即可。例如图 14-10 中作平面运动的直杆,长为 l,质量为 m,点 B 的速度为 v。求图示位置杆的动能时,首先确定瞬心 P(如图 14-10),然后求角速度:

$$\omega = \frac{v}{BP} = \frac{v}{l\sin\alpha}$$

质心 C 的速度:

$$v_C = \omega \frac{1}{2} = \frac{v}{2\sin\alpha}$$

按式(14 - 21),杆 AB 的动能为

$$T = \frac{1}{2}\left(\frac{1}{12}ml^2\right)\left(\frac{v}{l\sin\alpha}\right)^2 + \frac{1}{2}m\left(\frac{v}{2\sin\alpha}\right)^2$$

$$= \frac{mv^2}{6\sin^2\alpha}$$

14.3.3 系统的动能

设系统由若干质点和若干刚体组成,系统中各质点及各刚体的动能的算术和即为系统的动能。计算系统的动能时,需应用运动学知识正确地写出动能的计算公式(14 - 17) ~ 式(14 - 21)。

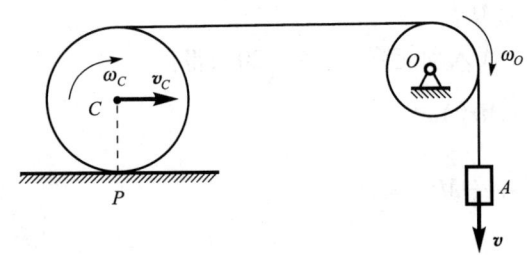

图 14 - 11

例 14 - 3 图 14 - 11 所示系统中,物 A 质量为 m_1,速度为 v,均质轮 O 质量为 m_2,半径为 r,均质纯滚动轮 C 质量为 m_3,半径为 R。求系统的动能。

解 系统由质点 A、定轴转动刚体轮 O、平面运动刚体轮 C 组成。

轮 O 的角速度 $\omega_O = \dfrac{v}{r}$。

确定轮 C 的瞬心 P 后,得知轮 C 的角速度 $\omega_C = \dfrac{v}{2R}$,质心 C 的速度 $v_C = \omega_C R = \dfrac{v}{2}$。

系统的动能为

$$T = T_A + T_O + T_C$$

$$= \frac{1}{2}m_1v^2 + \frac{1}{2}J_O\omega_O^2 + \frac{1}{2}J_C\omega_C^2 + \frac{1}{2}m_3v_C^2$$

$$= \frac{1}{2}m_1v^2 + \frac{1}{2}\left(\frac{1}{2}m_2r^2\right)\left(\frac{v}{r}\right)^2 + \frac{1}{2}\left(\frac{1}{2}m_3R^2\right)\left(\frac{v}{2R}\right)^2 + \frac{1}{2}m_3\left(\frac{v}{2}\right)^2$$

$$= \frac{1}{16}(8m_1 + 4m_2 + 3m_3)v^2$$

学完本节后,请做思考题 14 - 4,习题 14 - 1 和 14 - 2。

14.4 动能定理

动能定理建立了动能的变化与力的功之间的关系。

14.4.1 质点的动能定理

质点在合力 $\boldsymbol{F}$ 的作用下,其运动规律可由质点运动微分方程的矢量形式给出:

$$m\frac{\mathrm{d}\boldsymbol{v}}{\mathrm{d}t} = \boldsymbol{F}$$

为考察力的功对质点运动的影响,将上式两端分别点乘质点的无限小位移 $\mathrm{d}\boldsymbol{r}$,得:

$$m\frac{\mathrm{d}\boldsymbol{v}}{\mathrm{d}t}\cdot\mathrm{d}\boldsymbol{r} = \boldsymbol{F}\cdot\mathrm{d}\boldsymbol{r}$$

因 $\mathrm{d}\boldsymbol{r} = \boldsymbol{v}\mathrm{d}t$，上式可写成：

$$m\boldsymbol{v}\cdot\mathrm{d}\boldsymbol{v} = \boldsymbol{F}\cdot\mathrm{d}\boldsymbol{r}$$

在质量为常量的情况下，有：

$$\mathrm{d}\left(\frac{1}{2}mv^2\right) = \delta W \tag{14-22}$$

即**质点动能的微分等于作用在质点上的力的元功**。这就是质点动能定理的微分形式。

将式(14-22)沿一段路程 $\overset{\frown}{M_1 M_2}$ 作积分，并设在初位置和末位置质点的速度分别为 v_1 和 v_2，则有：

$$\frac{1}{2}mv_2^2 - \frac{1}{2}mv_1^2 = W_{1,2} \tag{14-23}$$

上式表明，**质点的动能在一段路程上的改变量，等于作用在质点上的力在这段路程上所做的功**。这就是质点动能定理的积分形式。

例 14-4 自动卸料车连同料共重为 G，无初速度地沿倾角 $\alpha = 30°$ 的斜面滑下。料车滑至底端时与一弹簧相撞，并与弹簧一起运动，如图 14-12 所示。通过控制机构使料车在弹簧压缩至最大变形时自动卸料，然后依靠被压缩弹簧的弹性力的作用又沿斜面回到原来的位置。设空车重力 P，摩擦力为车重的 0.2 倍，求 G 与 P 的比值为多大？

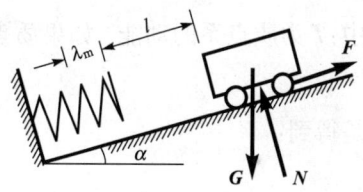

图 14-12

解 取料车为研究对象。

料车的主动力为重力：送料时为 G，返回时为 P。约束反力有：法向反力 N，该力不做功；动滑动摩擦力 F，该力的方向总与运动的方向相反；弹性力 F，该力只在料车与弹簧接触时才出现。

研究料车开始下滑到返回原位置这一全过程。设车的初位置到弹簧的距离为 l，弹簧的最大压缩量为 λ_m。应用质点动能定理的积分式(14-23)，由于 $v_2 = v_1 = 0$，所以质点所受合力的功：

$$W_{1,2} = 0 \tag{1}$$

计算质点上各分力在所研究过程中的功如下：

重力所做功为：

$$G(l + \lambda_m)\sin 30° - P(l + \lambda_m)\sin 30° \tag{2}$$

弹性力所做功为：

$$\frac{k}{2}(0 - \lambda_m^2) + \frac{k}{2}(\lambda_m^2 - 0) \tag{3}$$

摩擦力所做功为：

$$-0.2G(l + \lambda_m) - 0.2P(l + \lambda_m) \tag{4}$$

由合力的功等于各分力的功的代数和，将式(2)、(3)、(4)代入式(1)，有：

$$(G - P)(l + \lambda_m)\sin 30° - 0.2(G + P)(l + \lambda_m) = 0$$

即

$$0.5(G - P) - 0.2(G + P) = 0$$

解得 $G = \dfrac{7}{3}P$。

14.4.2 质点系的动能定理

设质点系由 n 个质点组成，第 i 个质点 M_i 的质量为 m_i，速度为 v_i。该质点上主动力的合力为 F_i，约束反力的合力为 N_i。按质点动能定理的微分形式，有：

$$d\left(\frac{1}{2}m_i v_i^2\right) = \delta W_{iF} + \delta W_{iN}$$

式中：δW_{iF} 和 δW_{iN} 分别为力 F_i 和 N_i 所做的元功。对每一质点都可写出一个这样的方程，将 n 个方程相加，得到：

$$\sum d\left(\frac{1}{2}m_i v_i^2\right) = \sum \delta W_{iF} + \sum \delta W_{iN}$$

上式左端为：

$$\sum d\left(\frac{1}{2}m_i v_i^2\right) = d\left(\sum \frac{1}{2}m_i v_i^2\right) = dT$$

式中：T 为质点系的动能。如果质点系的约束均为理想约束，上式中右端的第二项，

$$\sum \delta W_{iN} = 0$$

于是得到：

$$dT = \sum \delta W_{iF} \tag{14-24}$$

上式表明，**在理想约束的条件下，质点系动能的微分等于质点系所受主动力的元功之和**。这就是**质点系动能定理的微分形式**。

设质点系由位置 Ⅰ 运动到位置 Ⅱ，对式(14-24)积分，则得到：

$$T_2 - T_1 = \sum W_F \tag{14-25}$$

上式表明，**在理想约束条件下，质点系的动能在一段路程中的改变量，等于质点系所受主动力在这段路程上所做功的代数和**。这就是**质点系动能定理的积分形式**。

如果质点系中的某个约束不是理想约束，应用式(14-25)时，在公式右端计入该约束反力的功即可。

下面举例说明质点系动能定理的应用。

例 14-5 均质圆轮 O 质量为 m，半径为 R，在矩为 M（常量）的力偶的作用下，沿水平直线轨道作纯滚动，如图 14-13 所示。初始轮 O 静止，求轮中心 O 走过路程 s 时，点 O 的速度和加速度。

解 取轮 O 为研究对象。所受主动力为重力 P 和矩为 M 的力偶，约束反力为轮与地面接触点的法向反力 N 和摩擦力 F，如图中所示。

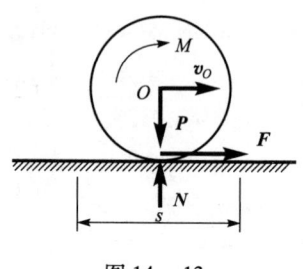

图 14-13

反力 N 和摩擦力 F 都作用在轮的瞬心上。因瞬心的速度 $v = 0$，所以该点的无限小位移 $dr = v\,dt = 0$，即作用在瞬心上的力的元功为零。重力 P 的作用点 O 沿水平线运动，重力的功为零。轮心 O 走过路程 s 时，轮的转角 $\varphi = \dfrac{s}{R}$，力偶所做的功为 $M\varphi = M\dfrac{s}{R}$。

初始位置轮的动能 $T_1 = 0$。以 v_O 表示轮心 O 的速度，按平面运动刚体的动能公式(14 - 21)，有：

$$T_2 = \frac{1}{2}J_O\omega^2 + \frac{1}{2}mv_O^2$$

式中：$J_O = \frac{1}{2}mR^2, \omega = \frac{v_O}{R}$，得到：

$$T_2 = \frac{3}{4}mv_O^2$$

将以上分析结果代入动能定理式(14 - 25)：

$$\frac{3}{4}mv_O^2 = M\frac{s}{R}$$

解得：

$$v_O^2 = \frac{4M}{3mR}s$$

为求轮心 O 的加速度，可将上式两端对时间求导数：

$$2v_O a_O = \frac{4M}{3mR}\frac{\mathrm{d}s}{\mathrm{d}t}$$

因为 $\frac{\mathrm{d}s}{\mathrm{d}t} = v_O$，所以有：

$$a_O = \frac{2M}{3mR}$$

例 14 - 6 均质直杆 AB 长为 l，质量为 m，两端分别支撑在光滑的铅垂面和水平面上。当与铅垂面夹角为 φ_0 时，无初速地开始运动，求夹角为 φ（图 14 - 14）时，杆的角速度和角加速度。

解 研究杆 AB。受力图如图 14 - 14 所示。

从初位置到末位置重力 Q 的功为：

$$W_F = \frac{l}{2}(\cos\varphi_0 - \cos\varphi)mg$$

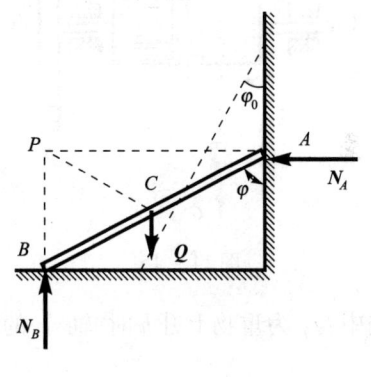

图 14 - 14

法向反力 N_A 和 N_B 总与作用点的位移垂直，所以做功为零。

初位置杆的动能 $T_1 = 0$

设杆在末位置的角速度为 ω，确定瞬心 P 后，可求得质心 C 的速度 $v_C = \frac{1}{2}l\omega$。由平面运动刚体的动能算式可求得：

$$T_2 = \frac{1}{2}J_C\omega^2 + \frac{1}{2}Mv_C^2$$

$$= \frac{1}{2}\left(\frac{1}{12}ml^2\right)\omega^2 + \frac{1}{2}m\left(\frac{l\omega}{2}\right)^2$$

$$= \frac{1}{6}ml^2\omega^2$$

将以上分析结果代入动能定理式(14 - 25)：

$$\frac{1}{6}ml^2\omega^2 = \frac{l}{2}(\cos\varphi_0 - \cos\varphi)mg$$

解得:

$$\omega^2 = \frac{3g}{l}(\cos\varphi_0 - \cos\varphi)$$

为求杆 AB 的角加速度,可将上式两端对时间求导数:

$$2\omega\varepsilon = \frac{3g}{l}\sin\varphi\frac{d\varphi}{dt}$$

因为 $\frac{d\varphi}{dt} = \omega$,所以有:

$$\varepsilon = \frac{3g}{2l}\sin\varphi$$

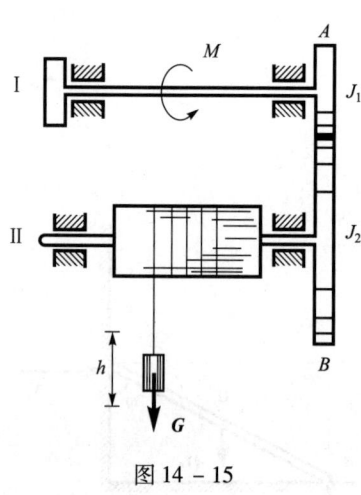

图 14-15

例 14-7 卷扬机的减速系统如图 14-15 所示。轴 I 和轴 II 的转动惯量分别为 J_1 和 J_2。轴 I 上的轮 A 与轴 II 上的轮 B 二轮的传动比为 $i = \frac{\omega_1}{\omega_2} = \frac{r_2}{r_1}$,其中 ω_1 和 ω_2 分别为轴 I 和轴 II 的角速度,r_1 和 r_2 分别为轮 A 和轮 B 的半径。矩为 M(常量)的力偶作用在轴 I 上,使系统运动,卷筒半径为 R,被提升物体的重量为 G,求重物上升的加速度。

解 设重物 G 无初速地上升距离 h,由于所研究的系统的各约束均为理想约束,只有主动力 G 和矩为 M 的力偶做功。主动力的功的和为:

$$\sum W_F = -Gh + M\varphi_1 \tag{1}$$

式中:φ_1 为重物上升 h 时,轴 I 的转角。以 φ_2 表示重物上升 h 时轴 II 的转角,则有如下关系:

$$\varphi_1 r_1 = \varphi_2 r_2, \varphi_2 R = h$$

从中求得:

$$\varphi_1 = \varphi_2 \frac{r_2}{r_1} = \varphi_2 i = \frac{i}{R}h$$

代入式(1),有:

$$\sum W_F = \left(\frac{Mi}{R} - G\right)h$$

系统初位置的动能 $T_1 = 0$

设末位置重物的速度为 v,则有:

$$T_2 = T_\text{I} + T_\text{II} + T_G$$
$$= \frac{1}{2}J_1\omega_1^2 + \frac{1}{2}J_2\omega_2^2 + \frac{1}{2}\frac{G}{g}v^2 \tag{2}$$

式中:$\omega_2 = \frac{v}{R}, \omega_1 = i\omega_2 = \frac{i}{R}v$,代入式(2),有:

$$T_2 = \frac{1}{2R^2}\left(J_1 i^2 + J_2 + \frac{GR^2}{g}\right)v^2$$

将以上分析结果代入动能定理式(14 - 25)：

$$\frac{1}{2R^2}\Big(J_1 i^2 + J_2 + \frac{GR^2}{g}\Big) v^2 = \Big(\frac{Mi}{R} - G\Big) h$$

解得

$$v^2 = \frac{2(Mi - GR)R}{J_1 i^2 + J_2 + \dfrac{GR^2}{g}} h$$

将上式两端对时间求导数，因 $\dfrac{\mathrm{d}h}{\mathrm{d}t} = v$，得到：

$$a = \frac{(Mi - GR)R}{J_1 i^2 + J_2 + \dfrac{GR^2}{g}}$$

学完本节后，请做思考题 14 - 3、14 - 5，习题 14 - 3 ~ 14 - 14。

14.5 基本定理的综合应用

动力学基本定理包括动量定理(含质心运动定理)、动量矩定理和动能定理。三个定理从不同的角度建立了质点系的运动和质点系所受的力之间的关系：

动量定理建立了质点系的运动和质点系所受外力之间的关系。

动量矩定理建立了质点系的运动和质点系的外力矩之间的关系。

动能定理建立了质点系的运动和质点系的力的功之间的关系。

应用动量定理时，不必考虑内力，但需要考虑全部外力。

应用动量矩定理时，不必考虑内力，不需计入力矩为零的外力，只需计入力矩不为零的外力。

应用动能定理时，只需计入做功的力，包括做功的内力。在理想约束的条件下，只需计入做功的主动力。

动力学基本定理提供了解决动力学问题的一般方法。对于比较复杂的问题，需要针对具体情况，综合应用各定理进行求解。通常在较复杂的动力学问题中，研究对象上的一部分力是已知的，另一部分力是未知的，运动情况也是未知的。求解时一般应先用已知的力(或力的某些已知条件)求解运动，再由已知的运动求未知力。这一过程的关键是：要在正确的受力分析的基础上，依据各定理的特点选择所需用的定理。

下面举例说明基本定理综合应用的方法。

例 14 - 8 定滑轮 O 质量为 m_1，半径为 r，用细绳连接质量为 m_2 的物块 A。当物块 A 沿倾角为 α 的光滑斜面向下运动时，求轴 O 的反力。

解 取系统为研究对象。

作用在系统上的已知力有：轮 O 的重力 W、物 A 的重力 P 和光滑面的法向反力 N。

作用在系统上的未知力为轴 O 的反力 X_O 和 Y_O。受力图如图 14 - 16 所示。

为求轴 O 的反力，需先求系统的运动。从受力

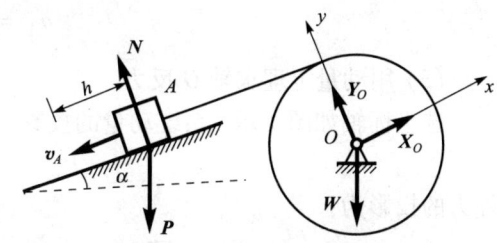

图 14 - 16

分析可知,外力对轴 O 的矩是已知的,可用动量矩定理求解系统的运动。系统所受力的功是已知的,也可用动能定理求解系统的运动。由于轴 O 的反力 $\boldsymbol{X}_O$ 和 $\boldsymbol{Y}_O$ 对轴 O 的矩为零,所做功也为零,所以只能用动量定理求此二力。

(1) 如用动能定理求解系统的运动,设物块 A 由静止开始沿斜面运动,走过路程 h,速度为 v_A,则有:

$$T_1 = 0$$

$$T_2 = \frac{1}{2}m_2 v_A^2 + \frac{1}{2}\left(\frac{1}{2}m_1 r^2\right)\left(\frac{v_A}{r}\right)^2$$

$$= \frac{1}{4}(m_1 + 2m_2)v_A^2$$

$$\sum W_F = m_2 g \sin \alpha h$$

代入动能定理式(14 - 25),有:

$$\frac{1}{4}(m_1 + 2m_2)v_A^2 = m_2 g \sin \alpha h$$

解得:

$$v_A^2 = \frac{4m_2 g \sin \alpha}{m_1 + 2m_2}h$$

两端求导数后,求得物 A 的加速度为:

$$a_A = \frac{2m_2 g \sin \alpha}{m_1 + 2m_2}$$

(2) 如用动量矩定理求解系统的运动,系统对轴 O 的动量矩为:

$$L_O = m_2 v_A r + \left(\frac{1}{2}m_1 r^2\right)\frac{v_A}{r}$$

$$= \frac{1}{2}(m_1 + 2m_2)r v_A$$

系统的外力对轴 O 的矩的和为:

$$\sum M_O(\boldsymbol{F}^{(e)}) = m_2 g \sin \alpha \cdot r$$

代入动量矩定理: $\dfrac{\mathrm{d}L_O}{\mathrm{d}t} = \sum M_O(\boldsymbol{F}^{(e)})$,有:

$$\frac{1}{2}(m_1 + 2m_2)r a_A = m_2 g \sin \alpha \cdot r$$

再次得到

$$a_A = \frac{2m_2 g \sin \alpha}{m_1 + 2m_2}$$

(3) 用动量定理求轴 O 反力。

选坐标轴如图所示。系统动量的投影为:

$$P_x = -m_2 v_A, P_y = 0$$

外力的投影为:

$$\sum X^{(e)} = X_O - m_1 g \sin \alpha - m_2 g \sin \alpha$$

$$\sum Y^{(e)} = Y_O - m_1 g\cos\alpha$$

代入动量定理：$\dfrac{\mathrm{d}p_x}{\mathrm{d}t} = \sum X^{(e)}, \dfrac{\mathrm{d}p_y}{\mathrm{d}t} = \sum Y^{(e)}$，有：

$$-m_2 a_A = X_O - (m_1 + m_2)g\sin\alpha$$
$$0 = Y_O - m_1 g\cos\alpha$$

将加速度 a_A 的值代入，解得：

$$X_O = \left(m_1 + \dfrac{m_1 m_2}{m_1 + 2m_2}\right)g\sin\alpha$$
$$Y_O = m_1 g\cos\alpha$$

例 14-9 均质圆轮 C 质量为 m，半径为 r，在半径为 R 的圆弧轨道上，受自重作用无初速地从最高点滚下（图 14-17）。求图示位置接触点处的约束反力。

解 取轮 C 为研究对象。受主动力 Q 及作用在接触点的约束反力 N、F 作用。

因只有重力 Q 做功，可用动能定理求解系统的运动。取轮心最高位置为初位置，则有：

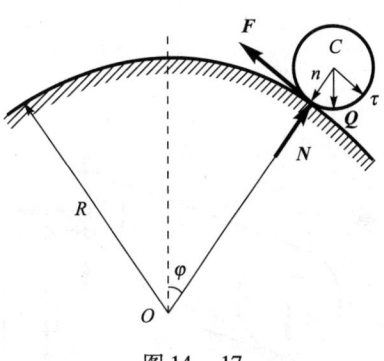

图 14-17

$$T_1 = 0$$

轮 C 作平面运动，与轨道的接触点为瞬心。轮心的速度用 v_C 表示，图示位置轮的动能为：

$$T_2 = \dfrac{1}{2}mv_C^2 + \dfrac{1}{2}\left(\dfrac{1}{2}mr^2\right)\left(\dfrac{v_C}{r}\right)^2$$
$$= \dfrac{3}{4}mv_C^2$$

重力 Q 所做功为：

$$W_F = (R+r)(1-\cos\varphi)mg$$

代入动能定理，有：

$$\dfrac{3}{4}mv_C^2 = (R+r)(1-\cos\varphi)mg$$

解得：

$$v_C^2 = \dfrac{4}{3}(R+r)(1-\cos\varphi)g$$

对上式两端求导数：

$$2v_C\dfrac{\mathrm{d}v_C}{\mathrm{d}t} = \dfrac{4}{3}(R+r)\sin\varphi\dfrac{\mathrm{d}\varphi}{\mathrm{d}t}\cdot g$$

式中：$\dfrac{\mathrm{d}v_C}{\mathrm{d}t} = a_{C\tau}, \dfrac{\mathrm{d}\varphi}{\mathrm{d}t} = \dfrac{v_C}{R+r}$，得到：

$$a_{C\tau} = \dfrac{2}{3}g\sin\varphi$$

轮心 C 作圆周运动，在已知质心加速度 $a_{C\tau}$ 和 a_{Cn} 的情况下，可用质心运动定理的自然轴投影式（12-20）求解接触点处的约束反力：

$$ma_{C\tau} = \sum F_\tau: \quad m\frac{2}{3}g\sin\varphi = -F + mg\sin\varphi$$

$$ma_{Cn} = \sum F_n: \quad m\frac{\frac{4}{3}(R+r)(1-\cos\varphi)g}{R+r} = -N + mg\cos\varphi$$

解得：

$$F = \frac{1}{3}mg\sin\varphi$$

$$N = \frac{1}{3}(7\cos\varphi - 4)mg$$

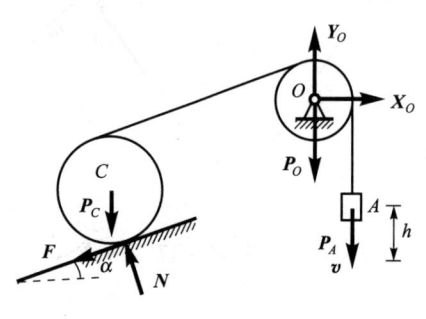

图 14 – 18

例 14 – 10　设图 14 – 18 所示系统中重物 A、均质定滑轮 O 以及均质滚动圆轮 C 的质量同为 m，轮 O 半径为 r，轮 C 半径为 R。求重物 A 运动的加速度和轮 O 与轮 C 之间绳的拉力。

解　取系统为研究对象。

受力分析如图所示。系统运动时各约束反力所做功均为零，只有物 A 的重力 P_A 和轮 C 的重力 P_C 做功。所以可用动能定理求解物 A 的速度和加速度。

设物 A 的在初位置的速度为零。下降路程 h 时的速度为 v。在末位置物 A、轮 O 和轮 C 的动能分别为：

$$T_A = \frac{1}{2}mv^2$$

$$T_O = \frac{1}{2}J_O\omega_O^2 = \frac{1}{2}\left(\frac{1}{2}mr^2\right)\left(\frac{v}{r}\right)^2 = \frac{1}{4}mv^2$$

$$T_C = \frac{1}{2}J_C\omega_C^2 + \frac{1}{2}mv_C^2$$

$$= \frac{1}{2}\left(\frac{1}{2}mR^2\right)\left(\frac{v}{2R}\right)^2 + \frac{1}{2}m\left(\frac{v}{2}\right)^2$$

$$= \frac{3}{16}mv^2$$

系统在末位置的动能为：

$$T_2 = T_A + T_O + T_C$$

$$= \frac{1}{2}mv^2 + \frac{1}{4}mv^2 + \frac{3}{16}mv^2$$

$$= \frac{15}{16}mv^2$$

主动力的功的和为：

$$\sum W_F = P_A h - P_C \sin\alpha \frac{h}{2}$$

$$= \frac{1}{2}(2 - \sin\alpha)mgh$$

代入动能定理，有：

$$\frac{15}{16}mv^2 = \frac{1}{2}(2 - \sin\alpha)mgh$$

解得:
$$v^2 = \frac{8}{15}(2 - \sin\alpha)gh$$

两端对时间求导数:
$$2va = \frac{8}{15}(2 - \sin\alpha)g\frac{\mathrm{d}h}{\mathrm{d}t}$$

式中:$\frac{\mathrm{d}h}{\mathrm{d}t} = v$,解得:
$$a = \frac{4}{15}(2 - \sin\alpha)g$$

求两轮之间绳的拉力时,不能以系统整体为研究对象,因为该力是系统的内力,且是做功之和为零的内力,必须将系统分离开来研究。将系统分离成图 14 - 19(a)、(b)所示的两部分,暴露出待求的绳的拉力 T。

图 14 - 19(a) 上的未知力 N、F 以及图 14 - 19(b) 上的未知力 X_O、Y_O 在系统运动时所做功均为零。因此,可研究图 14 - 19(a) 或 (b),应用动能定理求绳拉力 T' 或 T。

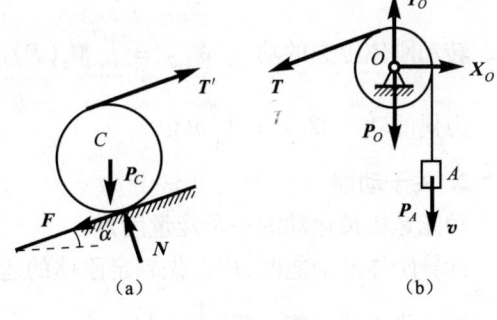

图 14 - 19

从图 14 - 19(b) 上还可看出,未知力 X_O、Y_O 对轴 O 的矩为零。因此,也可研究图 14 - 19(b),应用动量矩定理求绳拉力 T。

采用后一种方法求解如下:研究图 14 - 19(b),求得:
$$L_O = mvr + \left(\frac{1}{2}mr^2\right)\frac{v}{r} = \frac{3}{2}mrv$$
$$\sum M_O(\boldsymbol{F}^{(e)}) = mgr - Tr$$

代入动量矩定理 $\frac{\mathrm{d}L_O}{\mathrm{d}t} = \sum M_O(\boldsymbol{F}^{(e)})$,有:
$$\frac{3}{2}mra = mgr - Tr$$

解得:
$$T = mg - \frac{3}{2}ma$$
$$= mg - \frac{3}{2}m\frac{4}{15}(2 - \sin\alpha)g$$
$$= \frac{1}{5}(1 + 2\sin\alpha)mg$$

读者可对图 14 - 19(a) 或 (b) 应用动能定理求绳的拉力 T。

小　结

1. 关于力的功

力的功是力在一段路程上的累积效应的度量。

力在无限小路程上所做的功称为力的元功。元功有式(14-2)、(14-3)、(14-4)三种表达形式。力的功是元功的积分,也有相应的三种表达式。

常用的功的计算式有:

直线路程上恒力的功　　$W_{1,2} = Fs\cos\varphi$

重力的功　　$W_{1,2} = \pm Ph$

弹性力的功　　$W_{1,2} = \dfrac{k}{2}(\delta_1^2 - \delta_2^2)$

转动刚体上力的功　　$W_{1,2} = \int_0^\theta M_z(\boldsymbol{F})\mathrm{d}\theta$

力偶的功　　$W_{1,2} = \int_0^\theta m\mathrm{d}\theta$

2. 关于动能

动能是机械运动的一种能量度量。

计算刚体的动能时,应首先判定刚体的运动形式,再选用相应的动能计算公式:

平动刚体的动能　　$T = \dfrac{1}{2}mv_C^2$

定轴转动刚体的动能　　$T = \dfrac{1}{2}J_z\omega^2$

平面运动刚体的动能　　$T = \dfrac{1}{2}J_C\omega^2 + \dfrac{1}{2}mv_C^2$

计算平面运动刚体的动能时,要事先确定刚体瞬心的位置。

3. 关于动能定理

当研究对象上的未知力(含外力和内力)的功为零时,用动能定理求解研究对象的运动是很方便的。

应用积分形式的动能定理,需要确定研究对象的初位置和末位置。求解加速度问题时,因初速度对加速度没有影响,可以假定初始动能 $T_1 = 0$。

4. 关于动力学基本定理的综合应用

动力学综合问题中,研究对象的运动情况是未知的,所受力中一部分力是已知的,另一部分力是未知的。求解时需针对具体问题,选择某定理求解运动情况,已知运动情况后,再选择某定理求解待求力。

(1) 当外力系在某轴上的投影已知时,可用动量定理求解系统的运动。

当外力系对某轴的矩已知时,可用动量矩定理求解系统的运动。

当系统上力的功已知时,可用动能定理求解系统的运动。

(2) 如果已知研究对象的运动情况,可用动量定理求解待求的外力,还可用动量矩定理求解力矩不为零的外力。

正确分析研究对象的受力情况,是综合应用基本定理的前提条件;了解各定理所反映的力学规律和适用条件是综合应用基本定理的核心问题。

思考题

14-1 为什么法向约束反力不做功?为什么作用在瞬心上的力不做功?

14-2 在图14-20中,弹簧原长 $l_0 = 20$ cm,刚度系数 $k = 20$ N/cm,$l_1 = 26$ cm。连在弹簧上的质点从位置1到2和从位置2到3,弹性力所做之功是否相等?其值为多少?

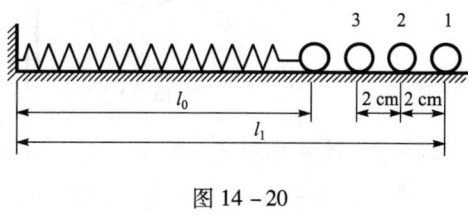

图14-20

14-3 试举例说明内力的功可以改变质点系的动能。

14-4 试计算图14-21中各均质刚体的动能。各刚体的质量均为 M,杆长为 l,各圆轮半径均为 r。

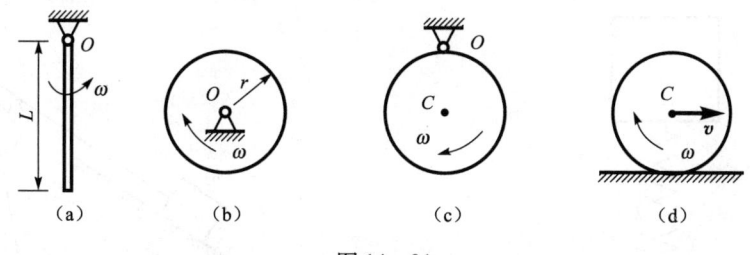

图14-21

14-5 在图14-22中,三次抛出质点 A 时的速度的方向不同,但大小相等,即 $v_1 = v_2 = v_3$。问质点落地时速度的大小是否相等,方向是否相同,为什么?

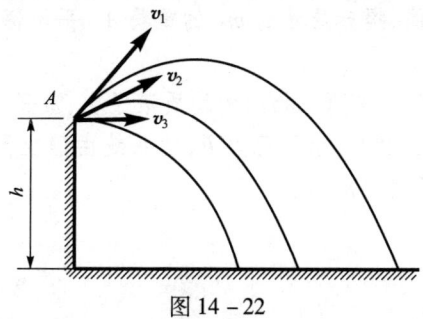

图14-22

习 题

14-1 均质曲柄 OC 长 $l = 2r$,重为 Q,以角速度 ω 转动,带动齿轮Ⅱ在固定内齿轮Ⅰ上运动。齿轮Ⅱ重为 P,半径为 r,并视为均质圆盘。求此机构的动能。

14-2 滑块 A 重为 W,可在滑道内滑动。均质杆 AB 长为 l,重为 P,铰接在滑块 A 上。已知滑块 A 的速度 v 和杆的角速度 ω,求该系统动能。(提示:需确定平面运动刚体 AB 的质心 C 的速度。)

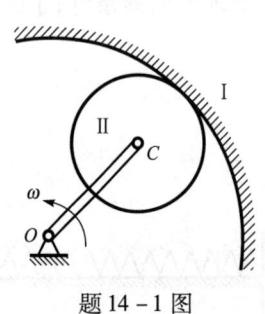
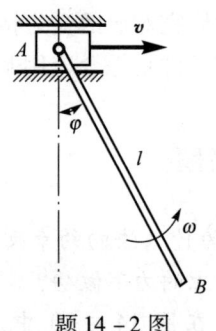

题 14-1 图　　　　　　　题 14-2 图

14-3　弹簧的刚度系数 k 为 400 N/m，其上端连接一质量为 2 kg 的物块 A，并处于静止状态。将质量为 4 kg 的物块 B 无初速地放置在物块 A 上，与物块 A 一起运动，求：(1) 弹簧对物块 A 的最大作用力；(2) 两物块的最大速度。

14-4　绞车的鼓轮质量为 m_1，半径为 r，受矩为 M（常量）的力偶作用，沿倾角为 α 的斜面提升质量为 m_2 的重物。重物与斜面的动滑动摩擦系数为 f'，将鼓轮视为均质圆盘，且初始系统静止。求鼓轮转过 φ 角时的角速度和角加速度。

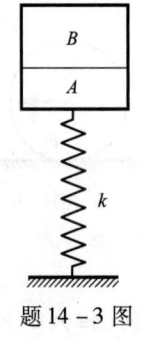
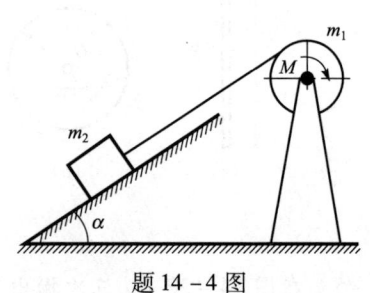

题 14-3 图　　　　　　　题 14-4 图

14-5　升降机的两个胶带轮 C 和 D 是相同的均质圆轮，半径同为 r，质量同为 m。在轮 C 上作用一恒力偶矩为 M 的力偶，提升质量为 m_1 的重物 A。平衡锤 B 的质量为 m_2，不计胶带质量，求重物 A 的加速度。

14-6　质量为 m_1 的平板放在两个相同的均质滚子上，滚子的质量均为 m_2，半径均为 R，可在水平面上作纯滚动。在板上加一水平恒力 F，使系统由静止开始运动，求板移动距离 s 时的速度和加速度。设板与滚子间无滑动。

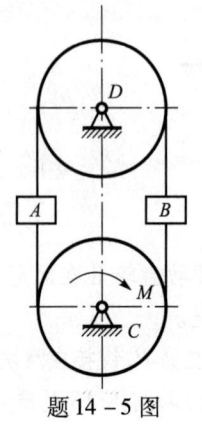
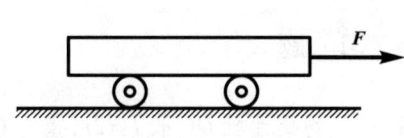

题 14-5 图　　　　　　　题 14-6 图

14-7　图示机构置于水平面内。动齿轮 A 半径为 r,重为 P,可视为均质圆盘。曲柄 OA 重为 Q,可看成均质杆,定齿轮 O 半径为 R。在曲柄 OA 上加一恒力偶矩为 M 的力偶,使机构由静止开始运动,求曲柄转过 φ 角时的角速度和角加速度。

14-8　椭圆规位于水平面内,由曲柄 OC 带动规尺 AB 运动。曲柄和规尺都是均质杆,重量分别为 P 和 $2P$,且 $OC=AC=BC=l$,滑块 A 和 B 不计自重。设 $\varphi=0$ 时系统静止,受曲柄上矩为 M(常数)的力偶作用开始运动,求图示位置曲柄的角速度和角加速度。

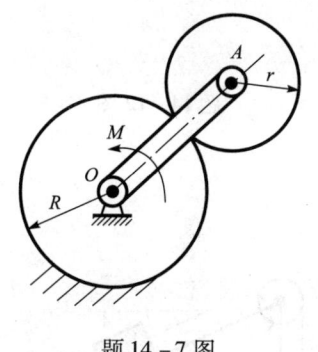

题 14-7 图

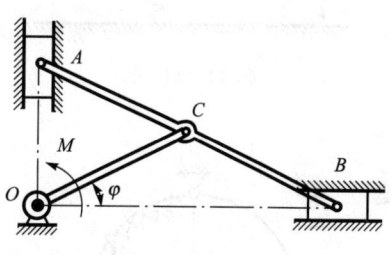

题 14-8 图

14-9　均质圆盘 A 质量为 m,其上绕以细绳,绳铅垂悬挂于 B 端。圆盘由初始位置 A_0 无初速下落,求下落高度为 h 时质心的速度和绳的拉力。

14-10　半径为 R 质量为 m 的均质圆柱,沿倾角为 α 的斜面作纯滚动。初始时中心 C 的速度为 v_0,求:(1) 圆柱中心 C 能上升的最大高度 h;(2) 沿斜面上滚过程中中心 C 的加速度。

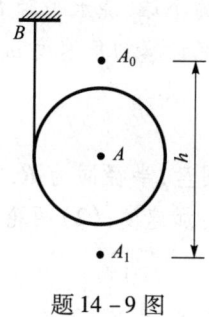

题 14-9 图

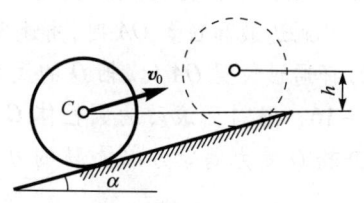

题 14-10 图

14-11　当重物 M 离地面 h 时,图示系统处于平衡。现给 M 以向下的初速度 v_0,使其恰能达到地面处,问 v_0 应为多大?已知物体 M 和滑轮 A、B 的重量均为 P,两滑轮是半径相同的均质圆盘。弹簧的刚度系数为 k,绳与轮间无相对滑动,且不计绳重。

14-12　图示连杆机构在水平面内运动。已知 $O_1A=O_2B=l$,均质杆 O_1A、O_2B、AB 的质量同为 m,当 $\alpha=0$ 时,系统静止,在杆 O_1A 上加常力偶矩为 M 的力偶,求图示位置杆 O_1A 的角速度和角加速度。

14-13　小环 M 套在铅直面内的光滑大圆环上,并与固定于点 A 的弹簧连接,如图中所示。欲使小环到达最低点时对大环的压力等于零,弹簧的刚度系数应为多大?大环半径 $r=20$ cm,小环 M 重 $P=5$ N,初瞬时 $AM=20$ cm,等于弹簧的原长,且小环的初速度为零。

14-14　重为 P_1 的物体 A 沿棱柱 D 的光滑斜面下降,借绕过滑轮 C 的细绳使重为 P_2 的物 B 上升。斜面倾角为 α,不计滑轮 C 的质量,求棱柱 D 作用在地面凸出部分 E 的水平压力。

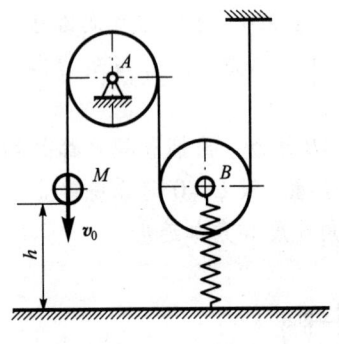
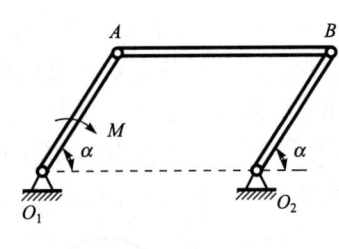

题 14-11 图　　　　　　　　题 14-12 图

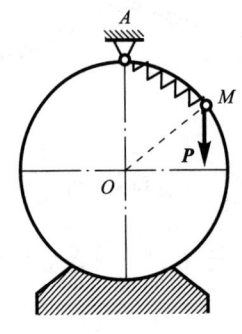
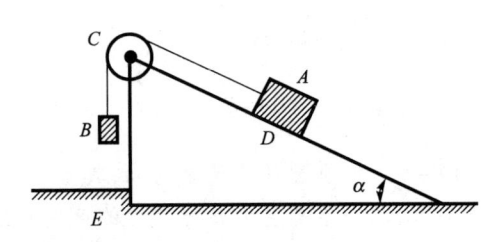

题 14-13 图　　　　　　　　题 14-14 图

14-15　细杆长为 l，质量为 m，其一端固结一质量为 $2m$ 的小球，绕水平轴 O 在铅垂面内转动。初始时杆处于最低位置，角速度为 ω_0，试就以下两种情况计算初角速度 ω_0 应有的值：

(1) 杆到达最高位置 OA 时，角速度为零。

(2) 杆通过位置 OA 时，轴 O 的反力为零。

14-16　沿斜面滚动的圆柱体 C 和鼓轮 O 均视为均质圆盘，半径同为 R，重量分别为 P 和 Q。鼓轮 O 受力偶矩为常量 M 的力偶作用，求：(1) 鼓轮的角加速度；(2) 两轮间绳的拉力。

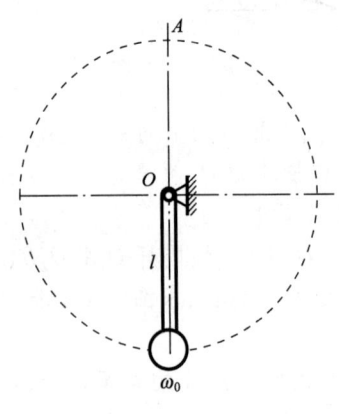
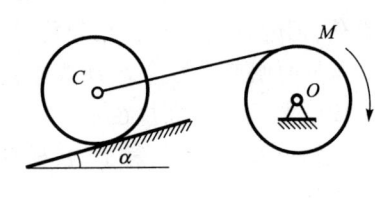

题 14-15 图　　　　　　　　题 14-16 图

第 15 章 达朗伯原理

 导言

- 本章阐述惯性力的概念及刚体惯性力系的简化,用解决静力学平衡问题的方法解决动力学问题。
- 针对刚体的运动形式正确地施加刚体惯性力系的主矢和主矩,并正确地写出其表达式,这是应用动静法的关键。
- 施加惯性力后,求解动力学问题的方法和过程,与求解静力学平衡问题时完全相同。

15.1 惯性力·达朗伯原理

本节中要将质点运动微分方程表达为平衡方程的形式,并通过建立惯性力的概念来实现这一目的。

15.1.1 惯性力·质点的达朗伯原理

设质点的质量为 m,受主动力的合力 F 和约束反力的合力 N 的作用,以加速度 a 运动。按牛顿第二定律,有:

$$ma = F + N$$

为以平衡方程的形式表达,可将它写作:

$$F + N + (-ma) = 0$$

将 $-ma$ 称作质点的**惯性力**,并以符号 F^I 表示,即质点的惯性力:

$$F^I = -ma \tag{15-1}$$

于是得到以平衡方程形式表达的质点运动微分方程:

$$F + N + F^I = 0 \tag{15-2}$$

上式表明,**在质点运动的每一瞬时,作用在质点上的主动力、约束反力和假想施加在质点上的惯性力在形式上组成一平衡力系**。这就是**质点的达朗伯原理**。

式(15-2)在直角坐标轴上的投影式为:

$$\left.\begin{array}{l} \sum X = F_x + N_x + F_x^I = 0 \\ \sum Y = F_y + N_y + F_y^I = 0 \\ \sum Z = F_z + N_z + F_z^I = 0 \end{array}\right\} \tag{15-3}$$

式中:

$$F_x^I = -ma_x = -m\frac{d^2x}{dt^2}$$

$$F_y^I = -ma_y = -m\frac{d^2y}{dt^2}$$

$$F_z^I = -ma_z = -m\frac{d^2z}{dt^2}$$

式(15-2)在自然轴上的投影式为:

$$\left.\begin{array}{l}\sum F_\tau = F_\tau + N_\tau + F_\tau^I = 0 \\ \sum F_n = F_n + N_n + F_n^I = 0 \\ \sum F_b = F_b + N_b = 0\end{array}\right\} \quad (15-4)$$

式中:

$$F_\tau^I = -ma_\tau = -m\frac{dv}{dt}$$

$$F_n^I = -ma_n = -m\frac{v^2}{\rho}$$

在质点上施加惯性力后,可用静力学平衡方程式(15-3)和式(15-4)求解质点的动力学问题。因此,达朗伯原理又称**动静法**。

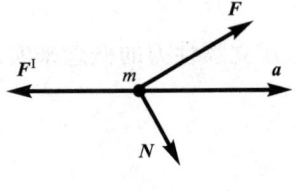

图 15-1

理解和应用质点的达朗伯原理时应注意:

(1) 质点实际上不受惯性力作用。只是将惯性力看作为质点所受的力,并加在质点上,如图 15-1 所示。

(2) 质点实际上并不平衡,只是力系(F,N,F^I)满足汇交力系的平衡条件式(15-2),对该力系可以写汇交力系的平衡方程。

(3) 质点的惯性力是质点对使它产生加速度的施力物体的反作用力。实际上,质点是惯性力的施力物体,而不是惯性力的受力物体。通过两个实例说明如下。

绳 OA 在水平面内,一端固定,另一端系一质量为 m 的小球 A,小球 A 在水平面内作匀速圆周运动,如图 15-2(a) 所示。球 A 在绳拉力 T 作用下,具有法向加速度 a_n(图 15-2(b)),按牛顿第二定律

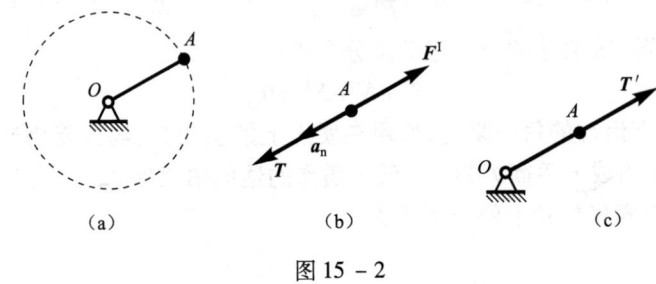

图 15-2

$$ma = ma_n = T$$

球 A 的惯性力是:

$$F^I = -ma_n = -T$$

由作用与反作用定律可知,球 A 对绳施加的反作用力 T'(图 15-2(c))为:

$$T' = -T = -ma_n$$

即球 A 的惯性力:

$$F^I = T'$$

是球 A 对绳的反作用力。

又如,在图 15-3(a)所示的曲柄连杆机构中,连杆 AB 的自重不计,滑块 B 的质量为 m,曲柄 OA 上施加一矩为 M 的力偶驱动机构运动。滑块 B 受到连杆及滑道的约束反力 F 和 N 的作用,产生加速度 a(图 15-3(b)),按牛顿第二定律

$$ma = F + N$$

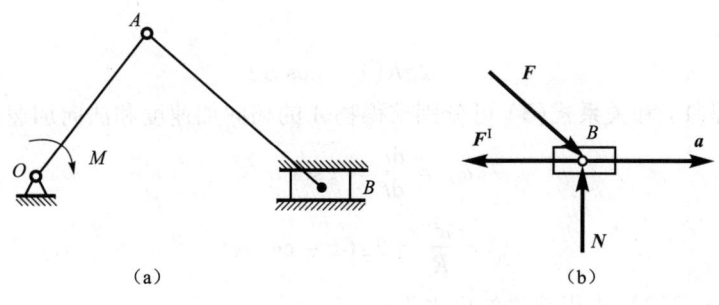

图 15-3

滑块的惯性力是

$$F^I = -ma = -F - N$$

滑块对连杆和滑道的反作用力分别为 F' 和 N',且 $F' = -F$,$N' = -N$,显然,滑块的惯性力

$$F^I = F' + N'$$

即滑块的惯性力是滑块施加给连杆和滑道的反作用力的合力。

例 15-1 质量为 m 的物块 A,沿半径为 R 的光滑圆弧轨道从最高点无初速地滑下。求图示位置物块 A 的加速度及轨道的约束反力。

解 取物块 A 为研究对象。其上受主动力 P 和法向反力 N 的作用。

在物块 A 上加惯性力。视物块 A 为作圆周运动的质点,其加速度有 a_n 和 a_τ 两部分,质点 A 的惯性力相应地分解为切向惯性力 F_τ^I 和法向惯性力 F_n^I 两部分,如图 15-4 中所示,且其大小的表达式分别为:

$$F_\tau^I = ma_\tau = m\frac{dv}{dt}$$

$$F_n^I = ma_n = m\frac{v^2}{R}$$

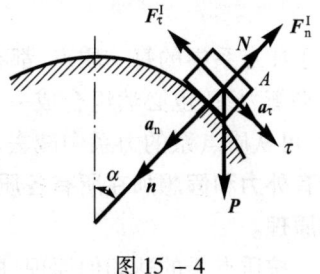

图 15-4

按质点的达朗伯原理,力系 (P, N, F_τ^I, F_n^I) 在形式上组成一平衡力系。写平衡方程:

$$\sum F_\tau = 0: \quad mg\sin\alpha - F_\tau^I = 0$$

$$mg\sin\alpha - m\frac{dv}{dt} = 0 \tag{1}$$

$$\sum F_n = 0: \quad mg\cos\alpha - N - F_n^{\mathrm{I}} = 0$$

$$mg\cos\alpha - N - m\frac{v^2}{R} = 0 \tag{2}$$

上面两个平衡方程中的未知量有 $N, v, a_\tau = \dfrac{\mathrm{d}v}{\mathrm{d}t}$ 三个。可由运动学知识建立后两个未知量的关系。注意到：

$$\frac{\mathrm{d}v}{\mathrm{d}t} = \frac{\mathrm{d}v}{\mathrm{d}\alpha}\frac{\mathrm{d}\alpha}{\mathrm{d}t} = \frac{v}{R}\frac{\mathrm{d}v}{\mathrm{d}\alpha} \tag{3}$$

将式(3)代入式(1)，并作积分，有：

$$\int_0^\alpha gR\sin\alpha\, \mathrm{d}\alpha = \int_0^v v\,\mathrm{d}v$$

积分后得到：

$$v^2 = 2gR(1 - \cos\alpha) \tag{4}$$

这样，由平衡方程(1)和关系式(3)可分别求得物 A 的切向加速度和法向加速度：

$$a_\tau = \frac{\mathrm{d}v}{\mathrm{d}t} = g\sin\alpha$$

$$a_n = \frac{v^2}{R} = 2g(1 - \cos\alpha)$$

将式(4)代入式(2)，求得轨道的反力为：

$$N = (3\cos\alpha - 2)mg$$

应用质点的达朗伯原理时，**受力图上惯性力的方向要与质点加速度的方向相反，并按受力图中惯性力的方向计算惯性力的投影。解平衡方程时，则只需代入惯性力大小的表达式，不能再附带负号。**

15.1.2　质点系的达朗伯原理

设质点系由 n 个质点组成，第 i 个质点的质量为 m_i，作用在该质点上的外力合力为 $\boldsymbol{F}_i^{(e)}$，内力合力为 $\boldsymbol{F}_i^{(i)}$。质点的加速度为 $\boldsymbol{a}_i$，惯性力为 $\boldsymbol{F}_i^{\mathrm{I}} = -m_i\boldsymbol{a}_i$。按质点的达朗伯原理，力 $\boldsymbol{F}_i^{(e)}$、$\boldsymbol{F}_i^{(i)}$、$\boldsymbol{F}_i^{\mathrm{I}}$ 在形式上组成一平衡力系，满足条件：

$$\boldsymbol{F}_i^{(e)} + \boldsymbol{F}_i^{(i)} + \boldsymbol{F}_i^{\mathrm{I}} = \boldsymbol{0}$$

对于质点系中的每一质点，都有这样一个形式上平衡的力系。对整个质点系来说，有 n 个这样的平衡力系，也必然组合成一个平衡力系。因为质点系的内力总是共线、等值、反向地成对出现，可从质点系的力系中减去。于是得到结论：**在质点系运动的每一瞬时，作用在质点系上的所有外力和假想加在所有各质点上的惯性力在形式上组成一平衡力系。这就是质点系的达朗伯原理。**

按质点系的达朗伯原理，质点系的所有外力和所有质点的惯性力所组成的力系，其主矢和相对任意点 O 的主矩分别为零：

$$\left.\begin{array}{l} \sum \boldsymbol{F}_i^{(e)} + \sum \boldsymbol{F}_i^{\mathrm{I}} = \boldsymbol{0} \\ \sum M_O(\boldsymbol{F}_i^{(e)}) + \sum M_O(\boldsymbol{F}_i^{\mathrm{I}}) = \boldsymbol{0} \end{array}\right\} \tag{15-5}$$

当外力和惯性力组成平面任意力系时，则有平衡方程：

$$\left. \begin{array}{l} \sum X^{(e)} + \sum X^{I} = 0 \\ \sum Y^{(e)} + \sum Y^{I} = 0 \\ \sum M_O(\boldsymbol{F}^{(e)}) + \sum M_O(\boldsymbol{F}^{I}) = 0 \end{array} \right\} \qquad (15-6)$$

例 15 – 2 细绳绕在半径为 R 的无重滑轮上，绳两端系重物 A 和 B，其重量 $P_A = P_B = P$，如图 15 – 5 所示。已知光滑斜面的倾角为 α，求物 A 下降的加速度及轴 O 的反力。

解 取重物 A、B 及滑轮 O 和绳组成的系统为研究对象。

质点系的外力有两个物块的重力 P_A 和 P_B，轴 O 的反力 X_O、Y_O，光滑斜面的反力 N。

在物块 A 和 B 上分别施加惯性力 F_A^I 和 F_B^I，它们分别与两个物块的加速度方向相反，其值为

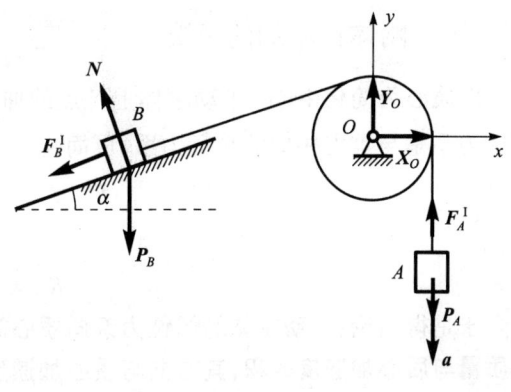

图 15 – 5

$$F_A^I = F_B^I = ma$$

受力图上的外力和惯性力组成一平面任意力系，未知量为 X_O、Y_O 及加速度 a，可用平面任意力系的三个平衡方程求解如下：

$$\sum M_O(\boldsymbol{F}) = 0: \quad P_B R\sin\alpha - P_A R + F_A^I R + F_B^I R = 0 \qquad (1)$$

$$P(\sin\alpha - 1) + \frac{2P}{g}a = 0$$

解得：

$$a = \frac{g}{2}(1 - \sin\alpha)$$

$$\sum X = 0: \quad X_O - P_B\sin\alpha\cos\alpha - F_B^I\cos\alpha = 0 \qquad (2)$$

$$\sum Y = 0: \quad Y_O - P_A - P_B\sin^2\alpha + F_A^I - F_B^I\sin\alpha = 0 \qquad (3)$$

代入 $F_A^I = F_B^I = \frac{1}{2}mg(1 - \sin\alpha)$，解得：

$$X_O = \frac{P}{2}(1 + \sin\alpha)\cos\alpha$$

$$Y_O = \frac{P}{2}(1 + \sin\alpha)^2$$

从本例中可以看出，达朗伯原理应用施加惯性力并写静力学平衡方程的方法求解动力学问题，这是简单易行的，既可求解质点系的运动，又可求解质点系所受的未知力。

15.2 刚体惯性力系的简化

刚体可看成由无数个质点组成，对刚体应用达朗伯原理时，需将刚体的惯性力系进行简化。下面应用静力学中力系简化的方法研究刚体惯性力系的简化。

由于刚体的运动形式不同,刚体上各点的加速度的分布规律不同,致使惯性力系的分布和简化结果也因刚体的运动形式不同而异。所以必须针对刚体的不同运动形式,分别研究。

由于力系向一点简化的主矢与简化中心位置无关,而主矩与简化中心位置有关,所以,为了使用方便,并得到统一的结果,在研究刚体惯性力系的简化时,简化中心的位置是指定的。

15.2.1 刚体作平动的情况

取质心为简化中心。平动刚体上各点的加速度相同,与质心 C 的加速度相等,即 $a_i = a_C$。惯性力系是与重力相似的平行力系,可简化为一合力 R^I,且

$$R^I = \sum F_i^I = -\sum m_i a_i = -\sum m_i a_C$$

即

$$R^I = -Ma_C \quad (15-7)$$

于是得结论:**平动刚体的惯性力系向质心简化结果为通过质心的一合力,其大小等于刚体的质量与质心加速度的积,其方向与质心加速度的方向相反**,如图 15-6 所示。

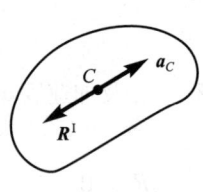

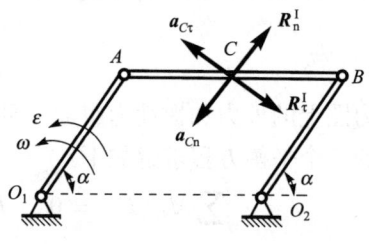

图 15-6   图 15-7

在图 15-7 所示的平行连杆机构中,两曲柄长 $O_1A = O_2B = l$,其角速度和角加速度分别为 ω 和 ε。刚体 AB 作曲线平动,质心加速度由切向加速度和法向加速度两部分组成,刚体惯性力系的合力也相应地分解为两部分,如图中所示,且其值为

$$R_\tau^I = Ma_{C\tau} = Ml\varepsilon$$
$$R_n^I = Ma_{Cn} = Ml\omega^2$$

15.2.2 刚体作定轴转动的情况

研究具有与转轴垂直的质量对称面的定轴转动刚体。可将质量对称面两侧对称质点的惯性力合成为质量对称面内的合力,定轴转动刚体的惯性力系就简化成为质量对称面内的平面力系。下面研究该平面惯性力系的简化。

取质量对称面与转轴的交点 O 为简化中心,惯性力系的主矢为:

$$R^I = \sum F_i^I = -\sum m_i a_i = -\frac{d}{dt}(Mv_C)$$

即

$$R^I = -Ma_C \quad (15-8)$$

按图 15-8(a) 计算惯性力系的主矩为:

$$M_O^I = \sum M_O(F_i^I)$$

$$= \sum M_O(F^I_{i\tau}) + \sum M_O(F^I_{in})$$
$$= \sum F^I_{i\tau} r_i$$
$$= -\sum m_i r_i^2 \varepsilon$$

即
$$M^I_O = -J_O \varepsilon \qquad (15-9)$$

于是得结论：具有与转轴垂直的质量对称面的定轴转动刚体，惯性力系向转轴与质量对称面的交点 O 简化，得一力和一力偶。此力通过 O 点，大小等于刚体质量与质心加速度的积，方向与质心加速度的方向相反；此力偶的矩等于刚体相对转轴的转动惯量与角加速度的积，方向与角加速度相反，如图 15-8(b) 所示。

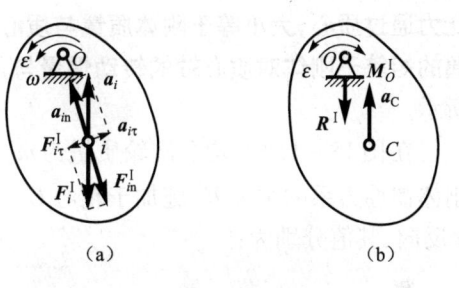

图 15-8

在图 15-9(a) 中所示杆 OA 长为 l，质量为 m，以角速度 ω 和角加速度 ε 绕杆端 O 转动。该刚体惯性力系的主矢的两个分量 R^I_τ 和 R^I_n 施加于转轴 O 点，其方向分别与质心加速度 $a_{C\tau}$ 和 a_{Cn} 的方向相反，惯性力系主矩 M^I_O 与角加速度方向相反。其值分别为：

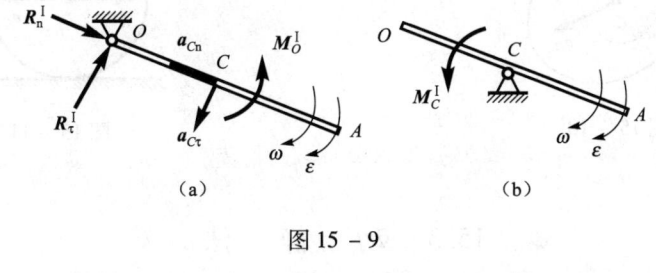

图 15-9

$$R^I_\tau = Ma_{C\tau} = \frac{1}{2}ml\varepsilon$$
$$R^I_n = Ma_{Cn} = \frac{1}{2}ml\omega^2$$
$$M^I_O = J_O \varepsilon = \frac{1}{3}ml^2 \varepsilon$$

当角加速度 $\varepsilon = 0$ 时，则有 $M^I_O = R^I_\tau = 0$。

若该杆绕质心轴转动，如图 15-9(b) 所示，则因 $a_C = 0$，有 $R^I = 0$。惯性力系的主矩的值为：

$$M^I_C = J_C \varepsilon = \frac{1}{12}Ml^2 \varepsilon$$

15.2.3 刚体作平面运动的情况

研究**具有质量对称面，且刚体平行于此平面运动**的情况。讨论对称面内惯性力系的简化。

取质心作为简化中心。将刚体的平面运动分解为随质心的平动和绕质心的转动，惯性力系也分解为相应的两部分。随质心平动的惯性力系向质心简化为一力：

$$R^{\mathrm{I}} = -m\boldsymbol{a}_C \qquad (15-10)$$

绕质心转动的惯性力系向质心简化为一力偶,其矩为:

$$M_C^{\mathrm{I}} = -J_C \varepsilon \qquad (15-11)$$

式中:J_C 是刚体对通过质心且与质量对称面垂直的轴的转动惯量。

于是得出结论:具有质量对称的平面运动刚体,**惯性力系向质心简化,得一力和一力偶。此力通过质心,大小等于刚体质量与质心加速度的积,其方向与质心加速度的方向相反;此力偶的矩等于刚体对质心轴的转动惯量与角加速度的积,其方向与角加速度相反**,如图 15 - 10 所示。

在图 15 - 11 中,均质圆轮质量为 m,半径为 R,沿直线轨道滚动,轮心 C 的加速度为 $\boldsymbol{a}_C$。该刚体惯性力系的主矢 $\boldsymbol{R}^{\mathrm{I}}$ 施加于轮心 C,与质心加速度 $\boldsymbol{a}_C$ 反向。惯性力系主矩 M_C^{I} 与角加速度 ε 反向,其值分别为:

$$R^{\mathrm{I}} = ma_C$$
$$M_C^{\mathrm{I}} = J_C \varepsilon = \frac{1}{2} m R a_C$$

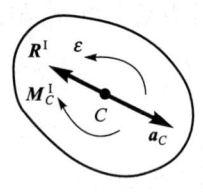

图 15 - 10

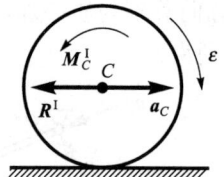

图 15 - 11

15.3 动 静 法

用达朗伯原理求解动力学问题的方法,称为动静法。动静法的关键是在受力分析中正确地施加质点的惯性力、刚体惯性力系的主矢和主矩,并给出其值的表达式。之后的求解过程与求解静力学平衡问题完全相同。

例 15 - 3 提升机构如图 15 - 12 所示。鼓轮 O 为均质圆轮,半径为 R,重为 Q,轮上受矩为 M 的力偶作用,提升重为 P 的物块 A。求物 A 上升的加速度及轴 O 的反力。

解 取轮 O、绳、物 A 组成的系统为研究对象。所受外力有矩为 M 的力偶,重力 Q 和 P,以及轴 O 的反力 X_O、Y_O。

物块 A 的惯性力 F^{I} 与其加速度 $\boldsymbol{a}$ 的方向相反。转动刚体轮 O 的质心加速度为零,惯性力系主矢 $\boldsymbol{R}^{\mathrm{I}} = \boldsymbol{0}$,惯性力系主矩 M_O^{I} 与轮 O 的角加速度 ε 方向相反。F^{I} 和 M_O^{I} 的表达式分别为:

$$F^{\mathrm{I}} = \frac{P}{g} a$$
$$M_O^{\mathrm{I}} = J_O \cdot \varepsilon = \frac{1}{2} \frac{Q}{g} R a$$

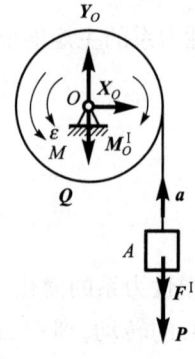

图 15 - 12

受力图中的未知量为反力 X_O、Y_O 以及物 A 上升的加速度。对外力和惯性力所组成的力系写平面任意力系的平衡方程:

$$\sum M_O(\boldsymbol{F}) = 0: \quad M - PR - M_O^{\mathrm{I}} - F^{\mathrm{I}}R = 0$$

即：
$$M - PR - \frac{1}{2}\frac{Q}{g}Ra - \frac{P}{g}Ra = 0 \tag{1}$$

$$\sum Y = 0: \quad Y_O - Q - P - F^{\mathrm{I}} = 0$$

即：
$$Y_O - Q - P - \frac{P}{g}a = 0 \tag{2}$$

$$\sum X = 0: \quad X_O = 0 \tag{3}$$

由式(1)解得：
$$a = \frac{2g(M - PR)}{R(Q + 2P)}$$

将加速度 a 值代入式(2)，得：
$$Y_O = Q + P + \frac{2(M - PR)}{R(Q + 2P)}P$$

例15-4 均质杆 OA 长为 l，质量为 m，从水平位置无初速地绕 O 轴转动，如图 15-13 所示，求图示位置轴 O 的反力。

解 取杆 OA 为研究对象。所受外力为重力 P 和轴 O 的反力 N_τ、N_n。

按质心加速度 $\boldsymbol{a}_{C\tau}$ 和 $\boldsymbol{a}_{Cn}$ 相反的方向在转轴 O 处加惯性力系的主矢 $\boldsymbol{R}_\tau^{\mathrm{I}}$ 和 $\boldsymbol{R}_n^{\mathrm{I}}$，主矩 M_O^{I} 则与角加速度方向相反。其大小的表达式分别为：

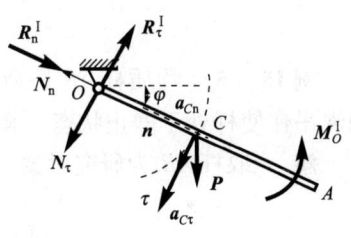

图 15-13

$$R_\tau^{\mathrm{I}} = Ma_{C\tau} = \frac{1}{2}ml\varepsilon$$

$$R_n^{\mathrm{I}} = Ma_{Cn} = \frac{1}{2}ml\omega^2$$

$$M_O^{\mathrm{I}} = J_O\varepsilon = \frac{1}{3}ml^2\varepsilon$$

对受力图上的外力、惯性力写平面任意力系的平衡方程：

$$\sum M_O(\boldsymbol{F}) = 0: M_O^{\mathrm{I}} - \frac{1}{2}mgl\cos\varphi = 0$$

即：
$$\frac{1}{3}ml^2\varepsilon - \frac{1}{2}mgl\cos\varphi = 0 \tag{1}$$

解得：
$$\varepsilon = \frac{3g}{2l}\cos\varphi$$

由关系：
$$\varepsilon = \frac{\mathrm{d}\omega}{\mathrm{d}t} = \frac{\mathrm{d}\omega}{\mathrm{d}\varphi}\frac{\mathrm{d}\varphi}{\mathrm{d}t} = \omega\frac{\mathrm{d}\omega}{\mathrm{d}\varphi}$$

可通过积分求角速度，有：
$$\int_0^\omega \omega\mathrm{d}\omega = \frac{3g}{2l}\int_0^\varphi \cos\varphi\mathrm{d}\varphi$$

$$\omega^2 = \frac{3g}{l}\sin\varphi \tag{2}$$

写平衡方程：

$$\sum F_\tau = 0: N_\tau + mg\cos\varphi - R_\tau^I = 0$$

即：

$$N_\tau + mg\cos\varphi - \frac{1}{2}ml\varepsilon = 0 \tag{3}$$

$$\sum F_n = 0: N_n - mg\sin\varphi - R_n^I = 0$$

即：

$$N_n - mg\sin\varphi - \frac{1}{2}ml\omega^2 = 0 \tag{4}$$

从式(3)中解得：

$$N_\tau = -\frac{1}{4}mg\cos\varphi$$

将式(2)代入式(4)，解得：

$$N_n = \frac{5}{2}mg\sin\varphi$$

例 15-5 均质杆 AB 长为 l，重为 Q，两端分别支撑在光滑铅垂面和水平面上。杆的 A 端用绳吊住使杆处于静止状态。求将绳剪断瞬时杆的角加速度。

解 取杆 AB 为研究对象。所受外力为重力 Q 和法向反力为 N_A、N_B。

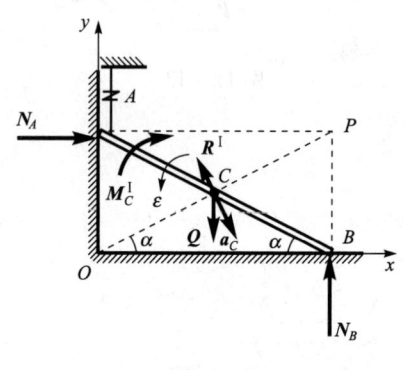

图 15-14

从图 15-14 可以看出，无论 α 角取何值，总有 $CO = CB = \frac{l}{2}$，说明质心 C 以点 O 为圆心，以 $CO = \frac{l}{2}$ 为半径作圆周运动。当杆运动时，三角形 OCB 恒为等腰三角形，说明质心 C 作圆周运动的角速度和角加速度的大小分别等于杆作平面运动的角速度和角加速度的大小。在绳剪断的瞬时，杆的角速度 $\omega = 0$。设其角加速度为 ε。与之相应，质心 C 的法向加速度为：

$$a_{Cn} = \frac{l}{2}\omega = 0$$

质心 C 的切向加速度为：

$$a_{C\tau} = \frac{l}{2}\varepsilon$$

平面运动刚体 AB 的惯性力系的主矩为

$$M_C^I = J_C\varepsilon = \frac{1}{12}ml^2\varepsilon$$

惯性力系的主矢为

$$R^I = ma_C = ma_{C\tau} = \frac{1}{2}ml\varepsilon$$

受力分析如图中所示。

为求角加速度 ε，取反力 N_A 和 N_B 的交点 P 为矩心，写平衡方程：

$$\sum M_P(F) = 0: -M_C^I - \frac{1}{2}R^I + \frac{1}{2}Ql\cos\alpha = 0$$

即
$$-\frac{1}{12}ml^2\varepsilon - \frac{1}{4}ml^2\varepsilon + \frac{1}{2}mgl\cos\alpha = 0$$

解得：
$$\varepsilon = \frac{3g}{2l}\cos\alpha$$

求得角加速度后，可用两个投影方程求出反力 N_A 和 N_B，读者可自行完成。

例 15-6 均质杆质量为 m，长为 l，水平固结在铅直轴 z 上，绕轴 z 以匀角速度 ω 转动，求轴承 A 和 B 的反力。

解 取水平杆和 z 轴为研究对象。重力 P，轴承 A 反力 X_A、Y_A、Z_A，轴承 B 反力 X_B、Y_B 如图 15-15 中所示。

转动刚体水平杆的角加速度为零，所以有：
$$M_z^I = R_\tau^I = 0$$

惯性力系的主矢为：
$$R^I = R_n^I = \frac{1}{2}ml\omega^2$$

应施加在杆与轴的交点，如图中所示。

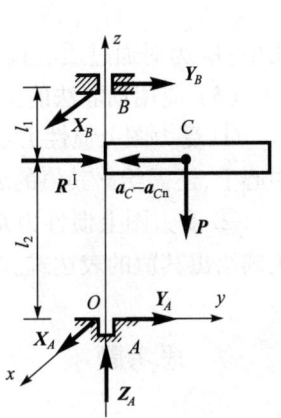

图 15-15

研究对象上的外力和惯性力组成一空间任意力系，可用空间任意力系平衡方程求解：

$$\sum M_y(F) = 0: X_B = 0$$

$$\sum M_x(F) = 0: -(l_1 + l_2)Y_B - \frac{1}{2}mgl - R^I l_2 = 0$$

解得：
$$Y_B = -\frac{ml(g + \omega^2 l_2)}{2(l_1 + l_2)}$$

$$\sum X = 0: X_A = -X_B = 0$$

$$\sum Y = 0: Y_A + Y_B + R^I = 0$$

解得：
$$Y_A = \frac{ml(g - \omega^2 l_1)}{2(l_1 + l_2)}$$

$$\sum Z = 0: Z_A = P$$

在反力 Y_A 和 Y_B 中含角速度的项是由转动所引起的动反力。

 小 结

（1）达朗伯原理的基本思想是：对质点系施加惯性力，则惯性力与外力在形式上组成平衡力系，可对惯性力和外力写平衡方程来求解动力学问题。

（2）刚体惯性力系简化的结果与刚体的运动形式有关。

① 刚体作平动时，惯性力系简化为一个通过质心的合力：
$$R^I = -Ma_C$$

② 有对称平面的定轴转动刚体，惯性力系简化为一个通过对称面与转轴交点的力。

和一个力偶,其力偶矩为:

$$R^I = -Ma_C$$

$$M_z^I = -J_z\varepsilon$$

式中:J_z 为刚体对转轴的转动惯量。

③ 有对称面的平面运动刚体,惯性力系简化为一个通过质心的力

$$R^I = -Ma_C$$

和一个力偶,其力偶矩为:

$$M_C^I = -J_C\varepsilon$$

式中:J_C 为对通过质心且与运动平面垂直的轴的转动惯量。

(3) 应用动静法的关键是:按刚体的运动形式正确施加刚体惯性力系的主矢和主矩。

① 受力图上惯性力系的主矢应与质心加速度的方向相反,并加在惯性力系的指定的简化中心上,还需给出其值的表达式。

② 受力图上惯性力系的主矩与刚体角加速度的方向相反,它是相对简化中心的主矩,需正确给出其值的表达式。

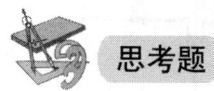

思考题

在图 15-16(a) 和(b) 中的定轴转动刚体 OA 上,所标示的惯性力系的主矢和主矩对吗?为什么?

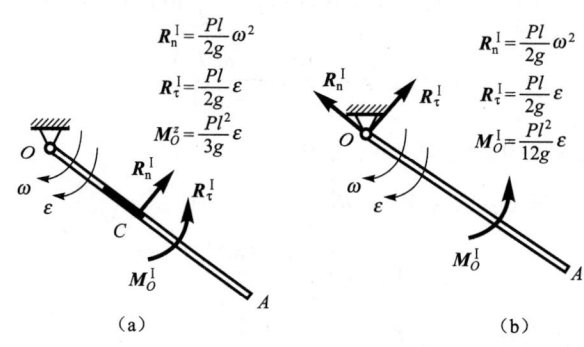

图 15-16

习 题

15-1 一重为 2.8 kN 的桶,在矿井中以匀加速度下降,在最初的 10 s 内经过了 35 m,初速度为零。求绳的拉力 T。

15-2 物块 B 重 W,在铅垂面内沿半径为 r 的半圆形光滑轨道自点 A 无初速地滑下。求图示位置轨道的约束反力。

15-3 均质滑轮半径为 r,重为 W_2,受矩为 M 的力偶作用带动重为 W_1 的重物 A 沿光滑的斜面上升。求轮的角加速度及轮轴 O 的反力。

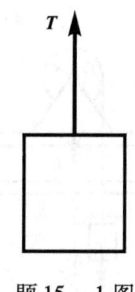

题 15 – 1 图

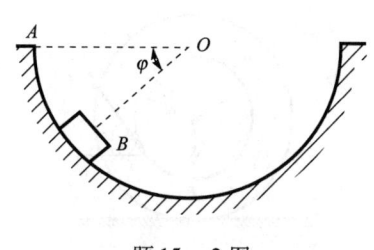

题 15 – 2 图

15 – 4 车重 W,受力 T 作用沿直线轨道行驶。车轮与轨道的摩擦力的合力 $F = \mu W$,车的重心为 C。按图示尺寸求车的加速度及两轮对轨道的压力。

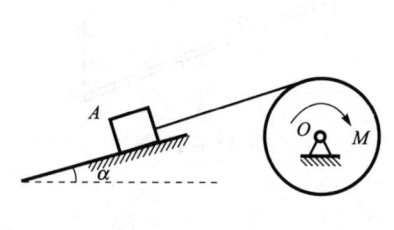

题 15 – 3 图

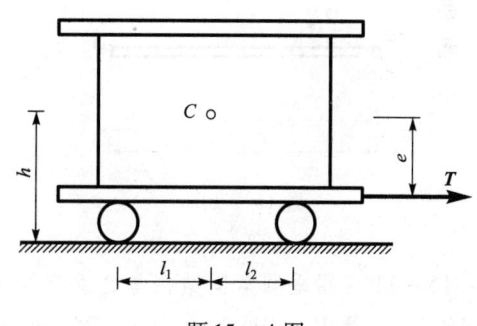

题 15 – 4 图

15 – 5 电机重 W_1,固定在基础上。转子重 W_2,偏心距为 r,以匀角速度转动。求电机对基础的作用力,并求压力的最大值和最小值。

15 – 6 均质圆轮重为 P,半径为 R,在常力 T 作用下沿直线轨道滚动。求轮心加速度及轨道的约束反力。

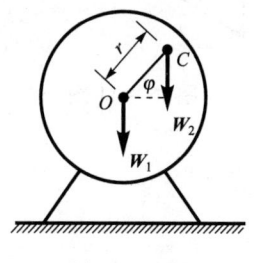

题 15 – 5 图

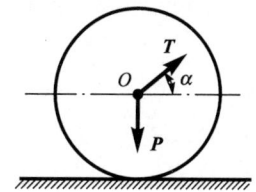

题 15 – 6 图

15 – 7 绕绳鼓轮的大、小半径分别为 R 和 r,鼓轮重为 P,相对质心的转动惯量为 J_C。受与水平线成 α 角的常力 T 作用作纯滚动,求轮心 C 的加速度。

15 – 8 电绞车装在梁 AB 上,绞盘半径 $R = 0.5$ m,转动惯量 $J_O = 19.1$ kg·m^2。梁和绞车共重 $W = 1.5$ kN。重物 C 重 $W_1 = 2$ kN,被提升的加速度 $a = 2$ m/s^2。求 AB 梁两端的光滑接触约束反力。

15 – 9 等截面均质杆长为 l,重为 P,在光滑水平面上绕铅直轴 O 以匀角速度 ω 转动。求距轴 O 为 h 处的横截面上轴向内力的大小。

15 – 10 均质杆长为 l,重为 P,用轴 O 和细绳使其平衡。求将绳剪断的瞬时轴 O 的反力。

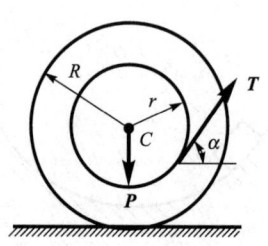

题 15 – 7 图

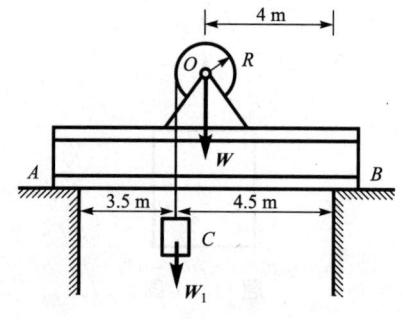

题 15 – 8 图

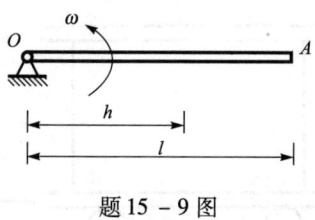

题 15 – 9 图

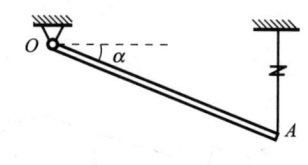

题 15 – 10 图

15 – 11 铅垂圆盘固结在与之垂直的水平轴 AB 上。盘重 $P = 196$ N，半径 $r = 25$ cm，偏心距 $OC = 12.5$ cm。在圆盘自身平面内沿圆盘的边缘加一水平力 $T = 20$ N。在图示位置，角速度 $\omega = 4$ rad/s，不计轴重及摩擦，求圆盘的角加速度 ε 及轴承 A 和 B 的约束反力。

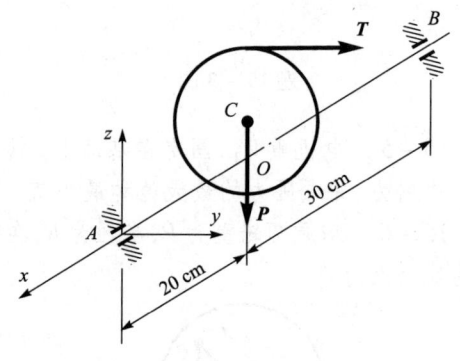

题 15 – 11 图

第 16 章 虚位移原理

导言

- 本章阐述自由度、广义坐标、虚位移、虚功等概念,以功的形式建立非自由质点系的平衡条件的表达式,用运动学和动力学知识解决静力学平衡问题。
- 正确地给出刚体和系统的虚位移,正确地计算力的虚功,这是应用虚位移原理求解平衡问题的关键。
- 虚位移原理是力学的普遍原理之一,它还为解决动力学问题提供普遍的方法,为解决变形体力学问题提供基础知识。

16.1 约束的分类·广义坐标与自由度

16.1.1 约束的分类

在第1章中,侧重于从约束的构造、约束的性质、约束反力等方面来认识约束。本章中侧重于说明**约束是对质点系(或质点)的位置和运动所施加的限制条件**,并将这些限制条件用数学方程表示,称之为约束方程。

可以从不同的角度对约束进行分类,这里仅按本章内容的需要,讨论约束的以下几种分类。

1. 几何约束与运动约束

对质点系的位置所施加的限制条件称为几何约束。图 16-1(a) 所示的单摆,摆长为 l,质点 M 在 Oxy 面内受约束,限制它以点 O 为圆心摆动。点 M 在运动中所受的限制条件可表示为:

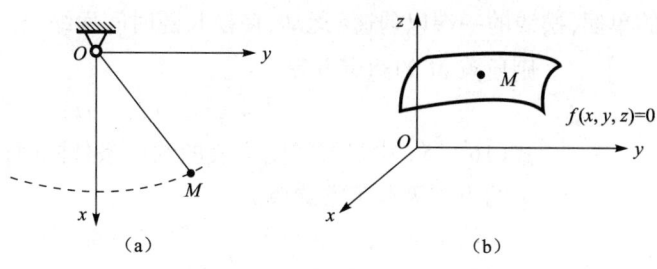

图 16-1

$$x^2 + y^2 = l^2 \tag{16-1}$$

式(16-1)为单摆上质点 M 的约束方程。

在图 16-1(b) 中,质点 M 在固定曲面 $f(x,y,z) = 0$ 上运动,其位置所受的限制条件即为:
$$f(x,y,z) = 0 \tag{16-2}$$

式(16-2)为固定曲面上的质点 M 的约束方程。

以上是两个几何约束的例子。

对质点系的运动所施加的限制条件称为运动约束。在图 16-2(a) 中的质点 A 和 B 在 Oxy 面内运动,质点 B 的速度 v_B 恒指向质点 A,组成一跟踪系统。这两个质点组成的质点系在运动中的速度受到限制,其限制条件可表示为:

$$\frac{y_A - y_B}{x_A - x_B} = \frac{v_{By}}{v_{Bx}}$$

或
$$(y_A - y_B)\frac{\mathrm{d}x_B}{\mathrm{d}t} = (x_A - x_B)\frac{\mathrm{d}y_B}{\mathrm{d}t} \tag{16-3}$$

式(16-3)为跟踪系统的约束方程。

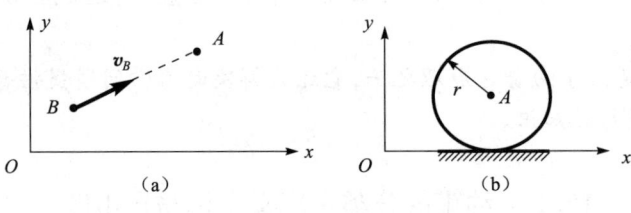

图 16-2

在图 16-2(b) 中,车轮在直线轨道上作纯滚动,轮心 A 的速度 v_A 和轮的角速度 ω 之间的限制条件为:
$$v_A - \omega r = 0$$

或
$$\frac{\mathrm{d}x_A}{\mathrm{d}t} - \frac{\mathrm{d}\varphi}{\mathrm{d}t} \cdot r = 0 \tag{16-4}$$

式(16-4)为车轮的约束方程。

以上是两个运动约束的例子。

几何约束的约束方程式(16-1)和式(16-2)建立了质点坐标之间的联系,方程中不含坐标对时间的导数项。运动约束的约束方程式(16-3)和式(16-4)中含质点坐标的导数项,并建立了它们之间的联系。

2. 定常约束与非定常约束

图 16-3 所示的单摆,摆线的一端以匀速 v 运动,使摆长随时间而缩短。设初始摆长为 l_0,则质点 M 的约束方程为:
$$x^2 + y^2 = (l_0 - vt)^2 \tag{16-5}$$

式(16-5)中显含时间 t,表明约束条件随时间而发生变化。这类约束称为**非定常约束**。

约束方程式(16-1)~式(16-4)中不显含时间 t,表明约束条件不随时间而变化,这类约束称为**定常约束**。

本章将局限于研究具有定常、几何约束的非自由质点系。

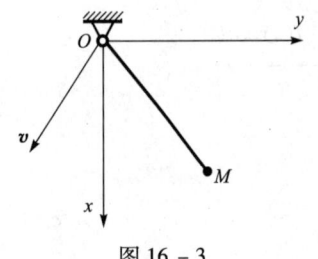

图 16-3

16.1.2 广义坐标与自由度

由 n 个质点所组成的自由质点系,需要用 $3n$ 个直角坐标确定它在空间的位置。对于有 l 个几何约束的非自由质点系,$3n$ 个坐标要满足 l 个约束方程,独立的坐标就只有 $r = 3n - l$ 个。可以选定:

$$r = 3n - l \tag{16-6}$$

个独立的参变量来确定质点系的位置。这些**用于确定质点系位置的独立参变量称为质点系的广义坐标**。具有几何约束的质点系,**广义坐标数 r 称为质点系的自由度数**。

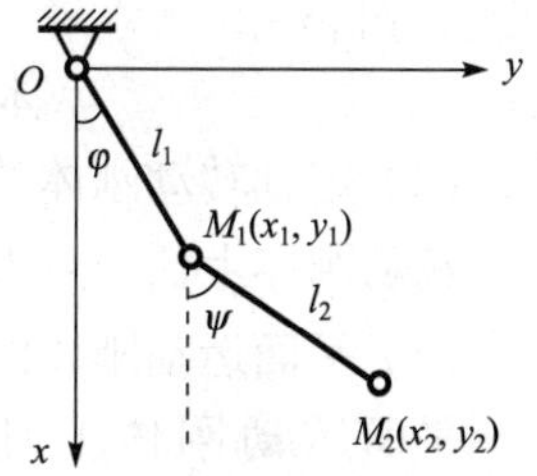

图 16-4 所示为在 Oxy 面内的一双摆。这个质点系由两个质点组成,具有两个几何约束,其约束方程分别为:

$$x_1^2 + y_1^2 = l_1^2$$
$$(x_2 - x_1)^2 + (y_2 - y_1)^2 = l_2^2$$

对在 Oxy 面内运动的双摆,自由度数的公式(16-1)可写作:

$$r = 2n - l = 2$$
$$(n = 2, l = 2)$$

图 16-4

即双摆有两个广义坐标,自由度数为 2。可以选定两个独立的参变量来确定双摆的位置。例如,可选角 φ 和 ψ 作为双摆系统的广义坐标,也可从 x_1 和 y_1 以及 x_2 和 y_2 中各选一个作为系统的广义坐标,用于确定系统的位置。

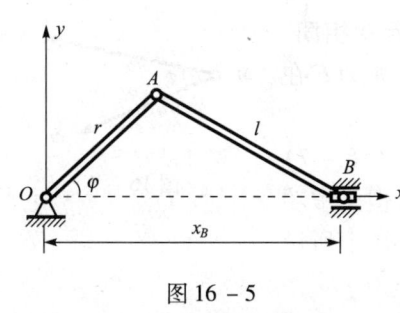

图 16-5

在简单的工程问题中,可以不写约束方程,而通过观察确定系统的广义坐标及自由度数。如图 16-5 中所示的曲柄连杆机构,不难看出,可以取曲柄的倾角 φ 作为广义坐标,确定机构的位置。也可取滑块的坐标 x_B 作为广义坐标,确定机构的位置等。曲柄连杆机构只需用一个广义坐标确定其位置,该机构的自由度数为 1。

对于一个给定的非自由质点系,其自由度数,即广义坐标的个数是确定的,但广义坐标的取法则可以不同。

16.2 虚位移·虚功·理想约束

16.2.1 虚位移

虚位移定义为:质点系在约束允许的条件下,可能实现的任何无限小的位移。

虚位移不是质点系真实发生的位移。真实位移是在主动力作用下,受约束条件的限制,伴随时间过程发生的无限小位移或有限小位移。真实位移是唯一确定的。虚位移则不同,按上述定义,它与主动力无关,与时间因素无关,不是唯一的,可能是一组或无穷多个。虚位移是为约束所允许的任何无限小位移。以图 16-6 中所示的可在平面上运动的质点 M 为例,质点 M 沿着平面的任何一个无限小位移,都是质点的虚位移。

真实位移反映质点系真实的运动过程,虚位移则反映质点系的位置可能发生的无限小变更。质点的真实无限小位移用 d*r* 表示,质点的虚位移则用 δ*r* 表示。δ 是变分符号,"变分"包含无限小的变更的意思。

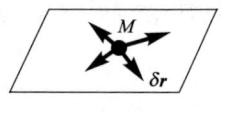

图 16 – 6

对具有定常约束的质点系,从图 16 – 6 中可看出,无限小的真实位移一定是所有虚位移中的一个。

按虚位移的定义:

(1) 平动刚体的虚位移是为约束所允许的任何无限小的平动,刚体上的各点具有相同的虚位移 δ*r*。

(2) 定轴转动刚体的虚位移是绕转轴的任何无限小转角 δ*φ*。

转动刚体上任一点 *K* 的虚位移 δr_K 垂直于该点与转轴 *O* 的连线,其大小 $|δr_K| = \overline{OK} \cdot δφ$。

(3) 平面运动刚体的虚位移是刚体绕瞬心的任何无限小转角 δ*φ*。

平面运动刚体上任一点 *K* 的虚位移 δr_K 垂直于该点与瞬心 *P* 的连线,其大小 $|δr_K| = \overline{PK} \cdot δφ$。

16.2.2 虚功

力在虚位移上所做的功称为虚功。

因为虚位移是无限小位移,所以**虚功的计算方法与元功相同**。如图 16 – 7 中质点 *M* 受力 *F* 作用,给出该质点的虚位移 δ*r*,则力 *F* 在虚位移 δ*r* 上的虚功为:

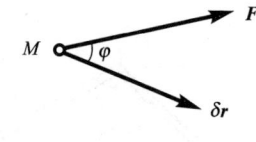

图 16 – 7

$$δW = \boldsymbol{F} \cdot δ\boldsymbol{r} = F\cos(\boldsymbol{F}, δ\boldsymbol{r})δr \quad (16 – 7)$$

虚功与元功采用相同的表示符号"δW",计算方法亦相同。但是虚功在概念上有别于力的元功,因为力的元功是力在真实位移 d*r* 上所做的功。

根据上述虚功的概念并参照元功的计算方法可知:

(1) 平动刚体上力 *F* 的虚功为:

$$δW = F\cos(\boldsymbol{F}, δ\boldsymbol{r})δr$$

式中:δ*r* 为力 *F* 作用点的虚位移。

平动刚体上力偶的虚功为:

$$δW = 0$$

(2) 定轴转动刚体上力 *F* 的虚功为:

$$δW = M_z(\boldsymbol{F})δφ \quad (16 – 8)$$

式中:$M_z(\boldsymbol{F})$ 为力 *F* 对转轴 *z* 的矩。

矩为 *m* 的力偶的虚功为:

$$δW = mδφ \quad (16 – 9)$$

当 $M_z(\boldsymbol{F})$ 或 *m* 与虚位移 δ*φ* 同向时,虚功取正,反之为负。

(3) 平面运动刚体上力 *F* 的虚功为:

$$δW = M_P(\boldsymbol{F})δφ \quad (16 – 10)$$

式中:$M_P(\boldsymbol{F})$ 为力 *F* 对瞬心 *P* 的矩。

矩为 *m* 的力偶的虚功为:

$$\delta W = m\delta\varphi \tag{16-11}$$

虚功的正负号与定轴转动刚体情况相同。

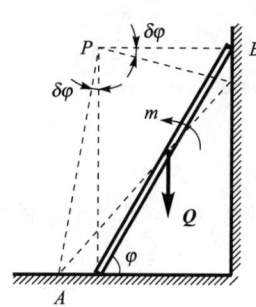

图 16-8

例 16-1 均质直杆长为 l，重为 Q，两端分别支撑在水平和铅直面上。受矩为 m 的力偶和重力作用，在图示位置静止。求主动力的虚功。

解 给出平面运动刚体 AB 绕瞬心 P 转动的虚位移 $\delta\varphi$，并设 $\delta\varphi$ 为顺时针转向。则重力 Q 在此虚位移上的虚功为：

$$\delta W = M_P(\boldsymbol{Q})\delta\varphi$$
$$= Q\frac{l}{2}\cos\varphi \cdot \delta\varphi$$

矩为 m 的力偶在此虚位移上的虚功为：

$$\delta W = -m\delta\varphi$$

如果给出的虚位移 $\delta\varphi$ 为逆时针转向，上面两项虚功的正负号相应改变。

16.2.3 理想约束

如果在质点系的虚位移上，约束反力的虚功之和等于零，则这种约束称为理想约束。以 N_i 表示质点系中质点 M_i 的约束反力的合力，以 δr_i 表示该质点的虚位移，理想约束的条件可表示为：

$$\sum \delta W_N = \sum \boldsymbol{N}_i \cdot \delta\boldsymbol{r}_i = 0 \tag{16-12}$$

常见的理想约束有以下几种。

1. 光滑固定面

约束反力沿约束面的法线方向，而虚位移在约束面的切平面内，所以，约束反力的虚功等于零。

2. 光滑铰链

两个物体用光滑铰链连接，它们在连接处的相互作用力如图 16-9 所示。按作用与反作用定律：

$$\boldsymbol{N} = -\boldsymbol{N}' \text{ 或 } \boldsymbol{N} + \boldsymbol{N}' = 0$$

约束反力在虚位移 $\delta \boldsymbol{r}$ 上的虚功之和：

$$\sum \delta W_N = \boldsymbol{N} \cdot \delta\boldsymbol{r} + \boldsymbol{N}' \cdot \delta\boldsymbol{r} = (\boldsymbol{N} + \boldsymbol{N}') \cdot \delta\boldsymbol{r} = 0$$

3. 链杆（二力杆）

连接两个物体的链杆，其两端的约束反力是共线、反向、等值的，即 $\boldsymbol{N}_1 = -\boldsymbol{N}_2$，如图 16-10 所示。链杆作为刚体，不能伸长和缩短，所以，杆端的虚位移在两铰连线上的投影相等：

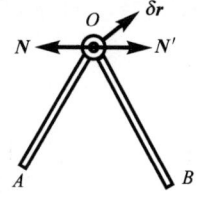

图 16-9

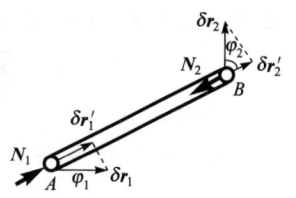

图 16-10

$$|\delta r_1|\cos \varphi_1 = |\delta r_2|\cos \varphi_2$$

链杆的约束反力 N_1 和 N_2 在虚位移 δr_1 和 δr_2 上的虚功之和:

$$\begin{aligned}\sum \delta W_N &= N_1 \cdot \delta r_1 + N_2 \cdot \delta r_2 \\ &= N_1|\delta r_1|\cos \varphi_1 - N_2|\delta r_2|\cos \varphi_2 \\ &= 0\end{aligned}$$

4. 不可伸长的柔索

两端分别与物体相连的柔索如图 16 – 11 所示,索端的拉力大小相等: $T_1 = T_2$。柔索两端的虚位移在柔索中心线上的投影也相等(索受拉且不能伸长),即:

$$|\delta r_1|\cos \varphi_1 = |\delta r_2|\cos \varphi_2$$

约束反力的虚功之和为:

$$\begin{aligned}\sum \delta W_N &= T_1 \cdot \delta r_1 + T_2 \cdot \delta r_2 \\ &= - T_1|\delta r_1|\cos \varphi_1 + T_2|\delta r_2|\cos \varphi_2 \\ &= 0\end{aligned}$$

5. 纯滚动情况

刚体在粗糙面上滚动无滑动,接触点为刚体的瞬心,如图 16 – 12 所示。刚体的虚位移是绕瞬心的无限小转动,接触点的虚位移 $\delta r_P = 0$。作用在接触点上的法向反力和切向摩擦力的虚功之和:

图 16 – 11　　　　　　　　　　图 16 – 12

$$\sum \delta W_N = (N + F) \cdot \delta r_P = 0$$

16.3　虚位移原理

虚位移原理可叙述如下:

具有理想约束的质点系,在某位置保持静止平衡的必要与充分条件是:所有作用在质点系上的主动力,在该位置的任何虚位移中所做的虚功之和等于零。 将作用在质点 M_i 上的主动力用 F_i 表示,质点的虚位移用 δr_i 表示,则虚位移原理的表达式为:

$$\sum \delta W_F = \sum F_i \cdot \delta r_i = 0 \qquad (16 - 13)$$

下面给出原理的证明。

必要性的证明　设质点系处于静止平衡状态,求证质点系所受的主动力满足式 (16 –13)。

当质点系处于静止平衡状态时,质点系中每一质点都处于静止平衡状态。任意质点 M_i 所

受的主动力合力 F_i 及约束反力合力 N_i 组成一平衡力系,应用

$$F_i + N_i = 0$$

在质点系的虚位移中,质点 M_i 所获得的虚位移为 δr_i,力 F_i 和 N_i 的虚功之和为:

$$\delta W_{Fi} + \delta W_{Ni} = (F_i + N_i) \cdot \delta r_i = 0$$

对质点系中每一质点都有上式成立,将这些等式相加,则得到:

$$\sum \delta W_F + \sum \delta W_N = \sum F_i \cdot \delta r_i + \sum N_i \cdot \delta r_i = 0$$

在理想约束条件下,由式(16 - 12)有:

$$\sum \delta W_N = \sum N_i \cdot \delta r_i = 0$$

所以,主动力系满足式(16 - 13),即:

$$\sum \delta W_F = \sum F_i \cdot \delta r_i = 0$$

充分性的证明 设作用在质点系上的主动力系满足式(16 - 13),求证质点系保持静止平衡状态不变。

采用反证法证明。设静止的质点系上受到满足式(16 - 13)的主动力系作用。如果质点系不能保持静止状态,则至少有一个质点 M_i 由静止进入运动。在从静止到运动的一段无限小时间间隔 dt 中,质点 M_i 获得无限小的真实位移 dr_i。随之其动能也由初始的零值而获得一增量:

$$d\left(\frac{1}{2}m_i v_i^2\right) > 0$$

由质点动能定理的微分式,有:

$$d\left(\frac{1}{2}m_i v_i^2\right) = (F_i + N_i) \cdot dr_i > 0$$

在定常约束的情况下,无限小真实位移 dr_i 是虚位移 δr_i 中的一个,所以,可取 dr_i 作为质点 M_i 的虚位移 δr_i,则有:

$$(F_i + N_i) \cdot dr_i = (F_i + N_i) \cdot \delta r_i > 0$$

对所有不能保持静止的质点,都有上式成立。对所有能保持静止的质点,则有:

$$(F_i + N_i) \cdot \delta r_i = 0$$

将质点系内所有各质点的上述表达式相加,得到:

$$\sum \delta W_F + \sum \delta W_N > 0$$

在理想约束条件下,由式(16 - 12)有:

$$\sum \delta W_N = 0$$

于是得到主动力系满足不等式:

$$\sum \delta W_F > 0$$

这与假设条件矛盾。由此断定在满足式(16 - 13)的主动力系作用下,质点系不可能由静止进入运动。虚位移原理的充分性得证。

在理想约束条件下建立的虚位移原理,用于求解平衡问题时,只需考虑主动力,不必考虑约束反力。如果质点系具有非理想约束(如粗糙接触面等),可将非理想约束的约束反力视为主动力,在虚位移原理表达式(16 - 13)中计入它的虚功即可。

16.4 虚位移原理应用举例

16.4.1 求平衡位置或平衡时的主动力

例 16-2 图 16-13 所示的椭圆规机构置于水平面内,连杆 AB 长为 l,受主动力 **W** 和 **Q** 作用,在图示位置静止平衡。不计摩擦,求平衡时角 φ 的值。

解 (1) 取椭圆规机构为研究对象,所受主动力为 **W** 和 **Q**。

(2) 杆 AB 为平面运动刚体,瞬心为 P,如图中所示。杆 AB 的虚位移为绕瞬心 P 的无限小转角 $\delta\varphi$,并假设 $\delta\varphi$ 为顺时针方向。

(3) 为本题写虚位移原理表达式。按平面运动刚体上力的虚功计算式(16-10),有:

$$\sum \delta W_F = M_P(\boldsymbol{W})\delta\varphi + M_P(\boldsymbol{Q})\delta\varphi = 0$$

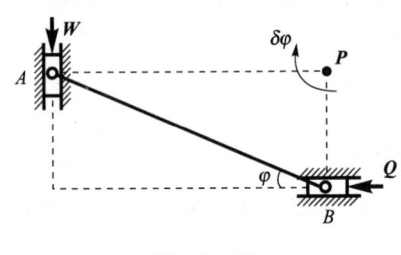

图 16-13

即:

$$-Wl\cos\varphi\delta\varphi + Ql\sin\varphi\delta\varphi = 0$$

解得:

$$\tan\varphi = \frac{W}{Q}$$

例 16-3 图 16-14 所示曲柄连杆机构中,$OA = AB = l$,弹簧的刚度系数为 k。该机构受力 **Q** 作用在图示位置平衡,求弹簧的变形 δ。

解 (1) 取曲柄连杆机构为研究对象,所受主动力为水平力 **Q** 和水平弹性力 **F**。

(2) 给出转动刚体 OA 的虚位移为绕转轴 O 的无限小转角 $\delta\varphi$,并假设 $\delta\varphi$ 为逆时针方向。这时平面运动刚体 AB 获得一绕瞬心的转角虚位移 $\delta\alpha$,且 $\delta\alpha$ 为顺时针方向,如图中所示。

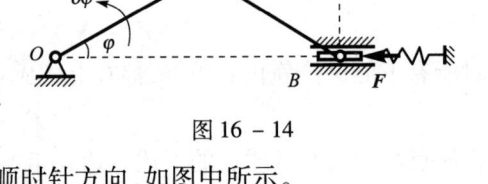

图 16-14

(3) 按式(16-8)计算转动刚体 OA 上力 **Q** 的虚功,按式(16-10)计算平面运动刚体 AB 上弹性力 **F** 的虚功,得到本题的虚位移原理表达式:

$$\sum \delta W_F = M_O(\boldsymbol{Q})\delta\varphi + M_P(\boldsymbol{F})\delta\alpha = 0$$

式中:弹性力的大小 $F = k\delta$,则上式可写作:

$$-Ql\sin\varphi\delta\varphi + k\delta BP\delta\alpha = 0 \tag{1}$$

式中:$BP = 2l\sin\varphi$。刚体 OA 的虚位移 $\delta\varphi$ 与刚体 AB 的虚位移 $\delta\alpha$ 两者的关系可如下确定:分别从刚体 OA 和 AB 上计算两者的公共点 A 的虚位移为:

$$\delta r_A = OA\delta\varphi = AP\delta\alpha$$

由此可得:

$$\delta\alpha = \frac{OA}{AP}\delta\varphi = \delta\varphi$$

代入虚位移原理表达式(1),解得:

$$\delta = \frac{Q}{2k}$$

例 16 – 4 在图 16 – 15 所示的机构中,曲柄长 $OA = r$,其上施加一矩为 m 的力偶。不计摩擦,要使机构在图示位置处于平衡状态,在滑道 BCD 上施加的水平力 Q 应为多大?

解 (1) 取机构为研究对象。主动力矩为 m 的力偶和水平力 Q。

(2) 给曲柄 OA 一逆时针方向的虚位移 $\delta\alpha$,其端点滑块 A 获得虚位移 δr_A,且有:

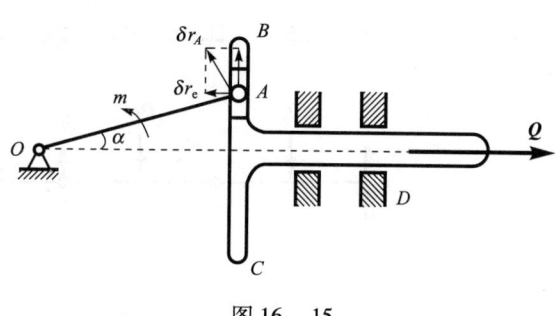

图 16 – 15

$$\delta r_A \perp OA$$
$$|\delta r_A| = OA\delta\alpha$$

滑道 BCD 获得水平虚位移 δs。从图中可知 δs 是滑块 A 的牵连虚位移,即 $\delta s = \delta r_e$。

(3) 按式(16 – 9)计算转动刚体 OA 上力偶的虚功,并计算平动刚体 BCD 上力 Q 的虚功,可得本题的虚位移原理表达式:

$$\sum \delta W_F = m\delta\alpha - Q\delta s = 0$$

代入 $\delta s = \delta r_e = \delta r_A \sin\alpha = r\sin\alpha\delta\alpha$,有:

$$m\delta\alpha - Qr\sin\alpha\delta\alpha = 0$$

解得

$$Q = \frac{m}{r\sin\alpha}$$

16.4.2 用虚位移原理求约束反力

在理想约束条件下,虚位移原理表达式中不含约束反力。如果需要求解某约束的约束反力,可以解除该约束,代之以相应的约束反力,并将它看作为主动力,在虚位移原理表达式(16 – 13)中计入它的虚功即可。

例 16 – 5 按图 16 – 16(a) 所示尺寸和荷载,(1) 求链杆支座 E 的约束反力;(2) 求固定端 A 的约束反力偶。

解 (1) 求支座 E 的约束反力。

将支座 E 解除,以反力 N_E 代替支座的作 F 用,并将反力 N_E 看作为主动力,如图 16 – 16(b) 所示。

杆件 AB 在 A 端有固定端约束,不允许有任何位移;杆件 BC 可以点 B 为轴作定轴转动;杆件 CDE 可作平面运动,因点 C 的无限小位移为铅垂方向,点 D 的无限小位移为水平方向,所以,其瞬心与点 D 重合。给杆 BC 一逆时针转向的虚位移 $\delta\alpha$,杆 CDE 随之获得一顺时针转向的虚位移 $\delta\beta$,如图 16 – 16(b) 中所示。

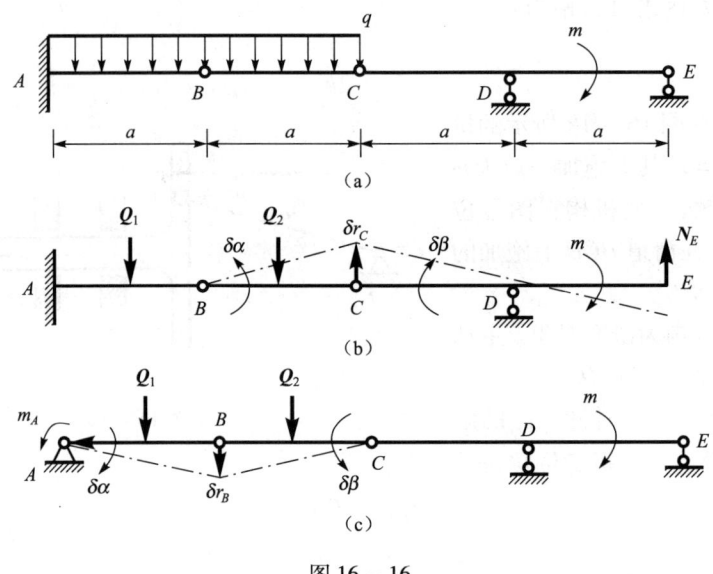

图 16 – 16

写虚位移原理表达式：

$$\sum \delta W_F = M_B(\boldsymbol{Q}_2)\delta\alpha + m\delta\beta + M_D(\boldsymbol{N}_E)\delta\beta = 0$$

即
$$-\frac{1}{2}qa^2\,\delta\alpha + m\delta\beta - N_E a\delta\beta = 0 \tag{1}$$

虚位移 $\delta\alpha$ 与 $\delta\beta$ 的关系可由公共点 C 的虚位移 $\delta\boldsymbol{r}_C$ 给出：

$$\delta\boldsymbol{r}_C = a\delta\alpha = a\delta\beta$$
$$\delta\alpha = \delta\beta$$

代入式(1)，解得：

$$N_E = \frac{m}{a} - \frac{1}{2}qa$$

(2) 求固定端 A 的约束反力偶。

解除 A 端限制转动的约束，换成固定铰支座约束，原固定端约束限制转动的功能，用约束反力偶 m_A 代替，并将 m_A 看作主动力，如图 16 – 16(c) 中所示。

给杆 AB 一顺时针方向的虚位移 $\delta\alpha$，杆 BC 获得一逆时针方向的虚位移 $\delta\beta$。杆 CDE 上的 C 点是杆 BC 的瞬心，所以杆 CDE 的水平平动虚位移为零。

按图 16 – 16(c) 写虚位移原理表达式：

$$\sum \delta W_F = -m_A\delta\alpha + M_A(\boldsymbol{Q}_1)\delta\alpha + M_C(\boldsymbol{Q}_2)\delta\beta = 0$$

即
$$-m_A\delta\alpha + \frac{1}{2}qa^2\,\delta\alpha + \frac{1}{2}qa^2\,\delta\beta = 0 \tag{2}$$

显然 $\delta\alpha = \delta\beta$，由式(2) 解得：

$$m_A = qa^2$$

(3) 如需求 A 端的竖向反力 Y_A，可保留 A 端限制转动和限制水平移动的约束，解除限制竖向移动的约束，将固定端约束改换成定向支座约束。有兴趣的读者可自行求解反力 Y_A。

例 16 – 6 求图 16 – 17(a) 所示刚架中支座 B 的水平反力。

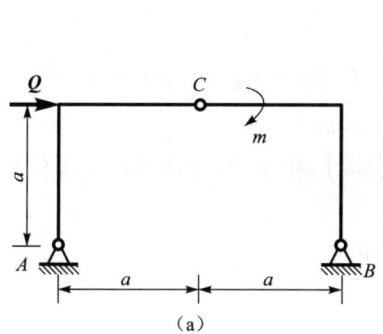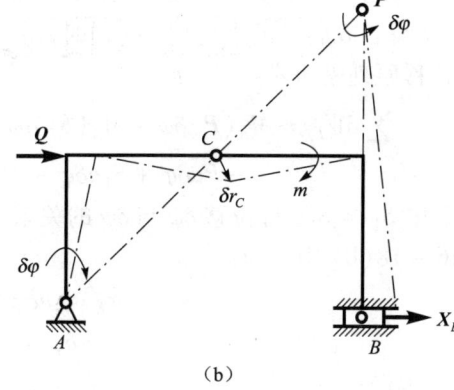

图 16 – 17

解 为求支座 B 的水平反力,解除支座的水平约束,将固定铰支座 B 换成水平滑块 B,并用水平反力 X_B 代替水平约束的作用,如图 16 – 17(b) 所示。

图 16 – 17(b) 中杆 AC 为定轴转动刚体,杆 BC 为平面运动刚体,且瞬心为点 P。给杆 AC 绕轴 A 转动的虚位移 $\delta\varphi$,并设为顺时针转向,杆 BC 则获得一绕瞬心 P 转动的虚位移 $\delta\psi$,且 $\delta\psi$ 为逆时针转向。解除约束后所得机构的虚位移图如图 16 – 17(b) 中虚线所示。

写虚位移原理表达式:

$$\sum \delta W_F = M_A(Q)\delta\varphi - m\delta\psi + M_P(X_B)\delta\psi = 0$$

即
$$Qa\delta\varphi - m\delta\psi + 2X_B a\delta\psi = 0 \tag{1}$$

虚位移 $\delta\varphi$ 与 $\delta\psi$ 之间的关系可由公共点 C 的虚位移 δr_C 给出:

$$\delta r_C = \sqrt{2}a\delta\varphi = CP\delta\psi$$

因为 $CP = \sqrt{2}a$,所以有 $\delta\varphi = \delta\psi$,代入式(1),解得:

$$X_B = \frac{m - Qa}{2a}$$

有兴趣的读者可自行求解反力 Y_B。

例 16 – 7 图 16 – 18(a) 中所示桁架结构由无重直杆铰接组成,按图示尺寸和荷载求杆 1 的内力。

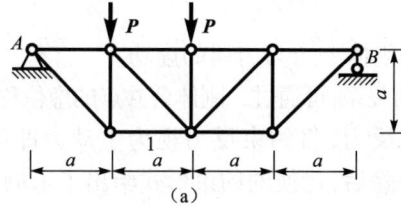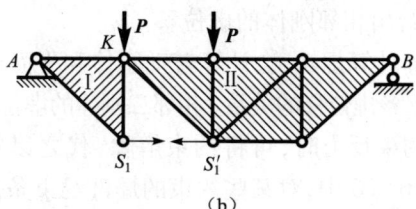

图 16 – 18

解 将杆 1 看作桁架结构的约束,拆除杆 1,用约束反力 S_1 和 S_1' 代替杆 1 的作用,如图 16 – 18(b) 所示。

拆除杆 1 后的桁架可视为由刚体 Ⅰ 和刚体 Ⅱ 组成(图 16 – 18(b))。刚体 Ⅰ 为绕轴 A 转动的刚体,刚体Ⅱ为平面运动的刚体,其瞬心位于点B。给刚体Ⅰ转动虚位移$\delta\varphi$(顺时针),刚体Ⅱ获得绕瞬心B转动的虚位移$\delta\psi$(逆时针)。

写虚位移原理表达式:
$$\sum \delta W_F = M_A(\boldsymbol{P})\delta\varphi + M_A(\boldsymbol{S}_1)\delta\varphi + M_B(\boldsymbol{P})\delta\psi + M_B(\boldsymbol{S}_1')\delta\psi = 0$$

即
$$-Pa\delta\varphi + S_1 a\delta\varphi - 2Pa\delta\psi + S_1' a\delta\psi = 0 \qquad (1)$$

式(1)中$S_1 = S_1'$。虚位移$\delta\varphi$与$\delta\psi$的关系可由刚体Ⅰ和Ⅱ的公共点K的虚位移$\delta\boldsymbol{r}_K$给出,从图16-18(b)中可知:
$$\delta\boldsymbol{r}_K = a\delta\varphi = 3a\delta\psi$$
$$\delta\varphi = 3\delta\psi$$

代入式(1),解得:
$$S_1 = S_1' = \frac{5}{4}P$$

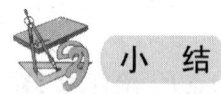
小 结

(1)用于确定质点系位置的独立参变量称为质点系的广义坐标。质点系的广义坐标的个数为质点系的自由度数。

(2)质点系的虚位移是为约束允许的任何无限小的位移。虚位移反映了质点系的位置可能发生的无限小变更。

按虚位移定义:平动刚体的虚位移是为约束允许的任何无限小平动;转动刚体的虚位移是绕转轴的任何无限小转角;平面运动刚体的虚位移是绕瞬心的任何无限小转角。

(3)力在虚位移上所做的功称为虚功。因为虚位移是无限小位移,所以虚功的计算方法与元功相同。

转动刚体和平面运动刚体上力及力偶的虚功,按式(16-8)~式(16-11)计算。

(4)虚位移原理给出了质点系静止平衡的充分与必要条件,其表达式为
$$\sum \delta W_F = \sum \boldsymbol{F}_i \cdot \delta\boldsymbol{r}_i = 0$$

应用虚位移原理时,要注意:

① 正确给出虚位移。根据系统中各刚体可能发生的运动形式,先给出某一个刚体的虚位移,再依次给出相邻刚体的虚位移。

② 正确计算虚功,会计算转动刚体和平面运动刚体上力与力偶的虚功。

③ 建立各虚位移的关系。相邻二刚体的虚位移的关系,可通过二刚体公共点的虚位移来得到。

④ 求约束反力时,可将约束解除,代之以约束反力,将约束反力视为主动力即可。在例16-5、例16-6中,对某些约束的局部约束条件解除后,代换的约束形式给出了示例。

⑤ 当质点系有非理想约束时,将非理想约束的约束反力(如摩擦力)视为主动力即可。

思考题

16-1 说明简单工程问题中确定平面机构自由度数的方法,并分析以下两个平面机构

的自由度数。

16-2 图 16-20 所示机构中，$O_1A = O_2B = BC = l$，受两个矩为 m 的力偶和两个相同的力 F 作用，在图示位置平衡。(1) 给出机构的虚位移；(2) 求两个力的虚功和；(3) 求两个力偶的虚功和。

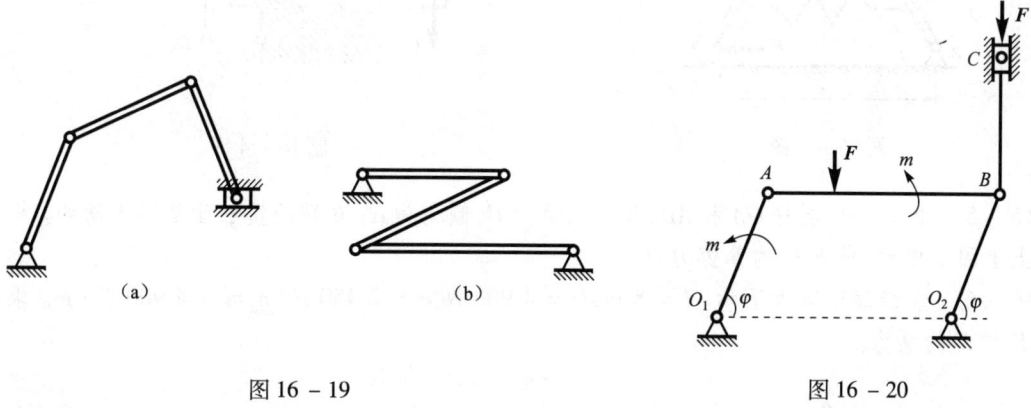

图 16-19　　　　　　　　　　图 16-20

16-1 曲柄式压榨机的铰 B 上作用一水平力 P，该力作用在 ABC 平面内，且平分 $\angle ABC$。设 $AB = BC$，$\angle ABC = 2\alpha$，各处摩擦及杆重不计，求对物体的压力 Q。

16-2 曲柄 OC 可借助滑块 A 带动杆 AB 在铅垂滑槽 K 内移动。已知力 Q，求机构平衡时力 P 的值。

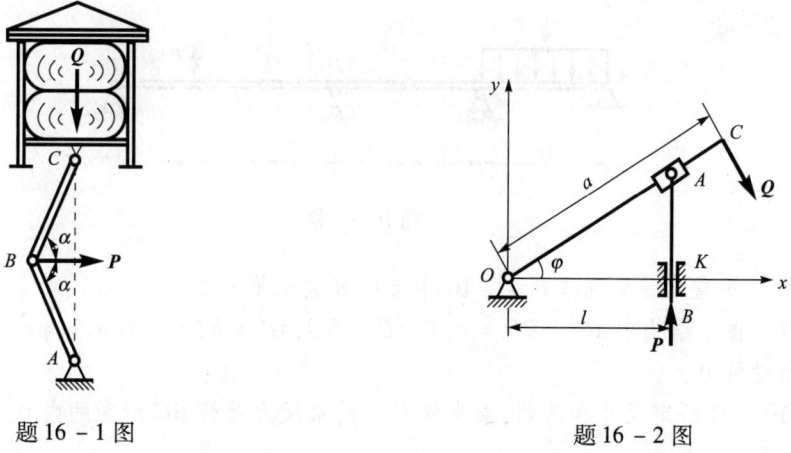

题 16-1 图　　　　　　　　　题 16-2 图

16-3 机构如图所示。弹簧的刚度系数为 k，两杆长 $AB = BC$，当 $AC = a$ 时弹簧的拉力为零。求在力 F 作用下处于平衡时，距离 AC 的值。

16-4 台秤如图示。已知 $BC = OD$，且二者平行，$AB = 10BC$，$Q = 1$ kN。求平衡时力 P 的值。

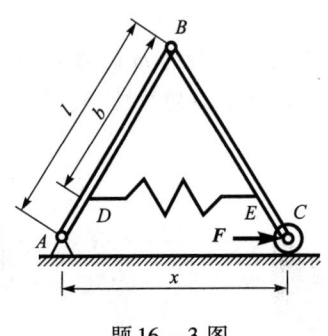
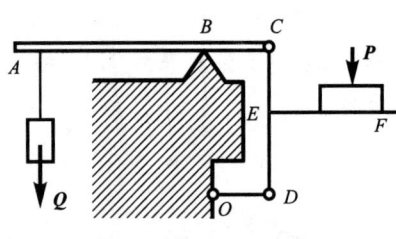

题 16 – 3 图   题 16 – 4 图

16 – 5 相同的均质杆 OA 和 AB,长为 l,重为 P,倾角为 α。B 端的接触面是不光滑的。机构静止于图示位置,求 B 处的摩擦力。

16 – 6 多跨静定梁如图示。$l = 8$ m,$P = 4\ 900$ N,$q = 2\ 450$ N/m,$m = 4\ 900$ N·m。求支座 B 和 E 的反力。

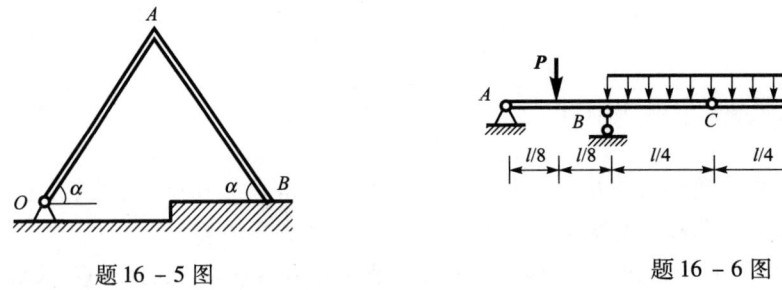

题 16 – 5 图   题 16 – 6 图

16 – 7 多跨静定梁如图示。求支座 A 和 D 的反力。

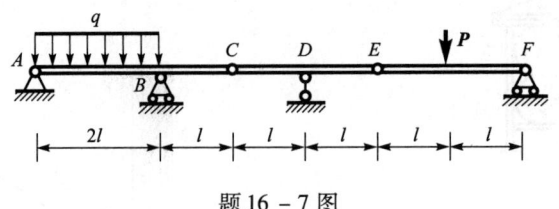

题 16 – 7 图

16 – 8 用虚位移原理求题 4 – 16 中支座 B 的水平反力。

16 – 9 图示结构中 $AC = BD = b$,且 $AC \parallel BD$,$AB = a$,力偶矩 $m = qa^2$。各杆不计自重,求杆 BE 所受的力。

16 – 10 按给定尺寸和荷载,求支座 C 的约束反力及杆 BC 所受的内力。

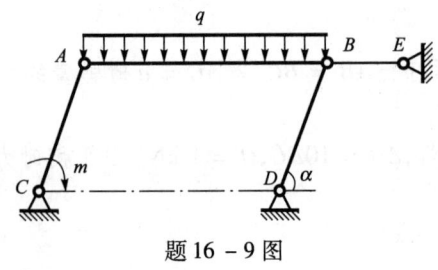
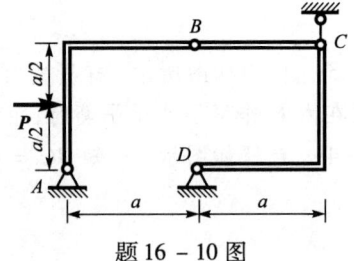

题 16 – 9 图   题 16 – 10 图

16 – 11 组合结构如图示。$P_1 = 4$ kN,$P_2 = 5$ kN,求杆 1 的内力。

16 – 12 求图示桁架中杆 1 的内力。

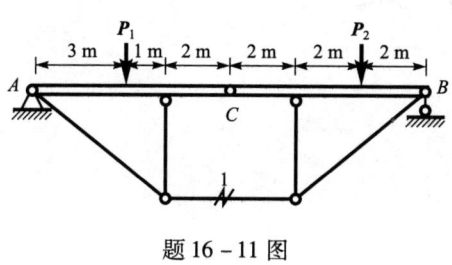

题 16 – 11 图

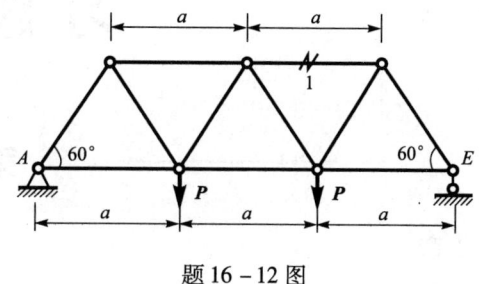

题 16 – 12 图

习题答案

第一篇

第2章

2-1　$R = 5 \text{ kN}, \alpha = 38.2°$

2-2　$R = 795 \text{ N}, \alpha = 66.9°$

2-3　$S_{BC} = 5 \text{ kN}, S_{AC} = 10 \text{ kN}$

2-4　$S_{AC} = 34.6 \text{ kN}, S_{BC} = 0$

2-5　$F = 15 \text{ kN}, F_{\min} = 12 \text{ kN}$，方向与 OB 垂直。

2-6　$R_A = \dfrac{\sqrt{5}}{2}P, R_B = \dfrac{P}{2}$

2-7　$S = 2.5 \text{ kN}, R_B = 1.8 \text{ kN}$

2-8　$S = P, N_A = P$

2-9　$N_A = \dfrac{5}{4}P, N_B = \dfrac{3}{4}P$

2-10　$N_C = \dfrac{\sqrt{10}}{4}F, N_A = \dfrac{\sqrt{2}}{4}F$

2-11　$N_B = P$

2-12　$R = \dfrac{Pl}{2h}$

2-13　$\dfrac{Q}{R} = 0.61$

第3章

3-1　(a) $m_A(\boldsymbol{F}) = \dfrac{l_1 l_2}{\sqrt{l_1^2 + l_2^2}} F$

　　(b) $m_A(\boldsymbol{F}) = -\dfrac{3}{2} Fa \sin \alpha$

　　(c) $m_A(\boldsymbol{F}) = -2 Fa \sin \alpha$

　　(d) $m_A(\boldsymbol{F}) = \dfrac{\sqrt{2}}{2} Fa$

3-2　$M = 14 \text{ N} \cdot \text{m}$

3-3　$N_A = \dfrac{m}{a}$

3 – 4 $N_A = \dfrac{\sqrt{2}m}{2a}$

3 – 5 $N = \dfrac{2m_1}{r}, OA = \dfrac{rm_2}{2m_1}$

3 – 6 $N_A = \dfrac{\sqrt{2}m}{a}$

3 – 7 $N_A = \dfrac{m}{l}, N_C = \sqrt{\dfrac{7}{3}}\dfrac{m}{l}$

第 4 章

4 – 1 $R = 608$ kN, $\angle(\boldsymbol{R},\boldsymbol{x}) = 96.3°$
   $x = 0.49$ m(在 O 点左侧)
   $M_O = 296.7$ kN·m

4 – 2 $R = 8\,030$ kN, $\angle(\boldsymbol{R},\boldsymbol{x}) = 92.2°$
   $x = 0.76$ m(在 O 点左侧)

4 – 3 (a) $X_A = -1.41$ kN, $Y_A = -1.21$ kN
        $R_B = 2.62$ kN
   (b) $X_A = 0, Y_A = 0.5$ kN
        $R_B = 1.5$ kN

4 – 4 $X_A = 14.1$ kN, $Y_A = 7.07$ kN
   $R_B = 7.07$ kN

4 – 5 $X_A = 0, Y_A = ql, M_A = \dfrac{1}{2}ql^2$

4 – 6 (a) $X_A = 3$ kN, $Y_A = 5$ kN, $R_B = -1$ kN
   (b) $X_A = -5$ kN, $Y_A = -1.75$ kN
        $R_B = 5.75$ kN

4 – 7 $X_A = 0, Y_A = -\dfrac{1}{2}\left(\dfrac{m}{a} + F - 2.5qa\right)$
   $R_B = \dfrac{1}{2}\left(\dfrac{m}{a} + 3F - 0.5Fa\right)$

4 – 8 $N_A = 3\,375$ N, $N_B = 125$ N

4 – 9 (a) $X_A = -\dfrac{\sqrt{3}}{2}P, Y_A = \dfrac{P}{2}, S_B = -P$
   (b) $S_A = \dfrac{\sqrt{3}}{2}P, X_B = \dfrac{\sqrt{3}}{2}P, Y_B = P$

4 – 10 $N_A = -\dfrac{Pa + Qb}{c}, X_B = \dfrac{Pa + Qb}{c}, Y_B = P + Q$

4 – 11 $N_A = 2\,100$ N, $N_B = 2\,000$ N, $M_B = 210$ N·m

4 – 12 $X_A = 2\,400$ N, $Y_A = 1\,200$ N

4 – 13 $X_A = -7.5$ kN, $Y_A = 10$ kN

4 – 14　$x = \dfrac{Q}{W}a$

4 – 15　$P = 343 \text{ N}$

4 – 16　$X_A = X_B = 120 \text{ kN}, Y_A = Y_B = 300 \text{ kN}$

4 – 17　$X_A = 1 \text{ kN}, Y_A = 0.5 \text{ kN}, M_A = 0.35 \text{ kN} \cdot \text{m}$

4 – 18　$X_A = 0, Y_A = -48.3 \text{ kN}, N_D = 8.33 \text{ kN}$

4 – 19　$X_A = 0, Y_A = 15 \text{ kN}$

4 – 20　$N_A = -\dfrac{b^2}{2a}q, M_A = \dfrac{1}{2}qb^2$

4 – 21　$S_2 = -\dfrac{P}{2}$

4 – 22　$X_B = -5\,500 \text{ N}, Y_B = 2\,500 \text{ N}$

4 – 23　$X_O = -\dfrac{b}{a}P, Y_O = 2P$

第 5 章

5 – 1　上升趋势时 $T = 26 \text{ kN}$
　　　下降趋势时 $T = 20.9 \text{ kN}$

5 – 2　$Q = \dfrac{\sin(\alpha + \varphi)}{\cos(\theta - \varphi)}P$
　　　当 $Q = \varphi$ 时，$Q = \sin(\alpha + \varphi)P$

5 – 3　$S = 0.45l$

5 – 4　$\tan\alpha \geqslant \dfrac{P + 2Q}{2f(P + Q)}$

5 – 5　$f = 0.224$

5 – 6　$P = 500 \text{ N}$

5 – 7　$P_{\min} = \dfrac{Wr}{Rl}\left(\dfrac{a}{f} - b\right)$

5 – 8　$P_{\min} = 1.86 \text{ kN}$

5 – 9　人可在梯子的 ab 段内活动。
　　　a 到 A 的距离 $aA = l\cos^2(\varphi + 30°)$
　　　b 到 B 的距离 $bB = l\cos^2(\varphi + 60°)$

第 6 章

6 – 1　$S_A = S_B = -26.4 \text{ kN}, S_C = 33.5 \text{ kN}$

6 – 2　$S_1 = -5 \text{ kN}, S_2 = -5 \text{ kN}$
　　　$S_3 = -7.07 \text{ kN}, S_4 = -5 \text{ kN}$
　　　$S_5 = 5 \text{ kN}, S_6 = -10 \text{ kN}$

6 – 3　$a = 35 \text{ cm}$

6 – 4　$N_A = 8\dfrac{1}{3} \text{ kN}, N_B = 78\dfrac{1}{3} \text{ kN}, N_C = 43\dfrac{1}{3} \text{ kN}$

6-5 $T_2 = 4 \text{ kN}, t_2 = 2 \text{ kN}, X_A = -6.38 \text{ kN}$
$Z_A = 1.30 \text{ kN}, X_B = -4.13 \text{ kN}, Z_B = 3.90 \text{ kN}$

6-6 $P = 150 \text{ N}, Y_A = -1\,250 \text{ N}, Z_A = 1\,000 \text{ N}$
$Y_B = -3\,570 \text{ N}, X_A = X_B = 0$

6-7 $Q = 360 \text{ N}, X_A = -69.3 \text{ N}$
$Z_A = 160 \text{ N}, X_B = 17.3 \text{ N}$
$Z_B = 230 \text{ N}$

6-8 $X_A = 16.6 \text{ N}, Y_A = 150 \text{ N}$
$Z_A = 100 \text{ N}, Z_B = X_B = 0$
$T = 200 \text{ N}$

6-9 $S_1 = S_5 = -P, S_3 = P$
$S_2 = S_4 = S_6 = 0$

6-10 $S_1 = S_2 = S_3 = \dfrac{2M}{3a}, S_4 = S_5 = S_6 = -\dfrac{4M}{3a}$

6-11 (a) $y_C = 24$ cm, (b) $x_C = 11$ cm
(c) $y_C = 11$ cm, (d) $y_C = 2.22$ cm

6-12 $x_C = 2.31$ cm, $y_C = 3.85$ cm
$z_C = -2.81$ cm

第7章

7-2 $v = 5$ m/s

7-3 $x = 20\cos\dfrac{\pi}{5}t, y = 10\sin\dfrac{\pi}{5}t$

轨迹：$\dfrac{x^2}{400} + \dfrac{y^2}{100} = 1$

7-4 $y = L\tan kt, v = Lk\sec^2 kt$
$a = 2Lk^2 \tan kt \sec^2 kt$
$Q = \dfrac{\pi}{6}$ 时, $V = \dfrac{4}{3}Lk, a = \dfrac{8\sqrt{3}}{9}Lk^2$
$\theta = \dfrac{\pi}{3}$ 时, $V = 4Lk, a = 8\sqrt{3}Lk^2$

7-5 $x_C = \dfrac{al}{\sqrt{l^2 + u^2 t^2}}, y_C = \dfrac{aut}{\sqrt{l^2 + u^2 t^2}}$

$v_C = \dfrac{au}{2l}$

7-6 $v_{\max} = \dfrac{a_0 t_1}{2}$

$H = \dfrac{1}{3}a_0 t_1^2 = \dfrac{4}{3}\dfrac{V_{amx}}{a_0}$

7-7 $t = 0.5$ s 时, $v = 60$ cm/s

$a_t = 240 \text{ cm/s}^2, a_n = 180 \text{ cm/s}^2$

7 - 8 $v = \dfrac{h\omega}{\cos^2\omega t}, a = \dfrac{2h\omega^2 \sin\omega t}{\cos^3\omega t}$

7 - 9 $t = \sqrt{\dfrac{R}{a_\tau}}$

第 8 章

8 - 1 $v = 6.7 \text{ m/s}, Q = 224.6 \text{ m/s}^2$

8 - 2 $\omega = 1 \text{ rad/s}, q = 0.6 \text{ rad/s}$

8 - 3 $v = 150 \text{ m/s}, a_\tau = 10 \text{ m/s}^2$

8 - 4 $\omega = 2 \text{ rad/s}, d = 50 \text{ cm}$

8 - 5 $q_2 = \dfrac{50\pi}{d^2} \text{ rad/s}^2, a = 30\pi\sqrt{1 + 40\,000\pi^2} \text{ cm/s}^2$

8 - 6 $v_M = 168 \text{ cm/s}, a_{AB} = a_{CD} = 0$
        $a_{AD} = 33 \text{ m/s}^2, a_{BC} = 13.2 \text{ m/s}^2$

8 - 7 $\omega = \dfrac{u}{2l}, q = -\dfrac{u^2}{2l^2}$

8 - 8 $\omega = \dfrac{v_0}{2R}, q = 0$
        $v_B = \dfrac{v_0 l}{2R}, a_B = \dfrac{v_0^2 l}{4R^2}$

第 9 章

9 - 1 $v_r = 0.544 \text{ m/s}, \beta = 12.9°$

9 - 2 $v_r = 3.98 \text{ m/s}, v_2 = 1.04 \text{ m/s}$

9 - 3 $\varphi = 0°$时,$v_e = \dfrac{\sqrt{3}}{3}r\omega$(向左)

        $\varphi = 30°$时,$v_e = 0$

        $\varphi = 60°$时,$v_e = \dfrac{\sqrt{3}}{3}r\omega$(向右)

9 - 4 $v_C = \dfrac{au}{4l}$

9 - 5 $v_M = 17.3 \text{ cm/s}$

9 - 6 $v_{DE} = 46.2 \text{ cm/s}, v_{cr} = 23.1 \text{ cm/s}$

9 - 7 $v_M = r\omega$

9 - 8 $v = e\omega$

9 - 9 $v_a = 89.5 \text{ cm/s}$

9 - 10 $v = 1.26 \text{ cm/s}, a = 27.4 \text{ m/s}^2$

9 - 11 $a_M = 2.24 \text{ cm/s}^2$

9 – 12　$v_a = 9.1$ cm/s, $a_a = 9$ cm/s^2
　　　　$v_r = 15.7$ cm/s, $a_r = 17.3$ cm/s^2

9 – 13　$v = 10$ cm/s, $a = 34.6$ cm/s^2

第 10 章

10 – 1　$x_C = r\cos\omega_0 t, y_C = r\sin\omega_0 t$
　　　　$\varphi = \omega_0 t$

10 – 2　$\omega = \dfrac{r\sin^2\theta}{R\cos\theta}$

10 – 3　$\omega = 4.5$ rad/s, 顺时针方向

10 – 4　$\omega = \sqrt{3}\omega_0$, 顺时针方向

10 – 5　$\omega = \dfrac{v_1 - v_2}{2r}, v_0 = \dfrac{v_1 + v_2}{2}$

10 – 6　$\omega_{AB} = 1.07$ rad/s, $v_D = 25.4$ cm/s

10 – 7　$\omega_{BC} = 8$ rad/s, $v_C = 187$ cm/s

10 – 8　$\omega_B = \dfrac{\omega_0}{4}, v_D = \dfrac{l\omega_0}{4}$

10 – 9　当 $\alpha = 30°$ 时, $v_B = l\omega_0$
　　　　当 $\alpha = 45°$ 时, $v_B = \sqrt{2}l\omega_0$

10 – 10　$V_A = 2a\omega_D$

10 – 11　$\omega_{AB} = 2$ rad/s, $\varepsilon_{AB} = 16$ rad/s^2
　　　　　$a_B = 565$ cm/s^2

10 – 12　$a_C = 10.8$ cm/s^2

10 – 13　$\omega_B = 3.62$ rad/s, $\varepsilon_B = 2.2$ rad/s^2

第 11 章

11 – 1　$T = 2\,548$ N

11 – 2　$F = 1.2(t^2 - 6t + 10)$ N
　　　　当 $t = 3$ s 时, $F = F_{\min} = 1.2$ N

11 – 3　$T = 69.6$ N

11 – 4　(1) $T = W\cos\alpha$
　　　　(2) $T = W(3 - 2\cos\alpha)$

11 – 5　(1) $T_{\max} = 102$ kN
　　　　(2) $T = 99$ kN

11 – 6　$h = 7.35$ cm

11 – 7　$s_1 = \dfrac{wl}{2ga}(a\omega^2 + g)$
　　　　$s_2 = \dfrac{wl}{2ga}(a\omega^2 - g)$

11-8 $t = 2\sqrt{\dfrac{R}{g}}$

11-9 $f \geqslant \dfrac{a\cos\alpha}{a\sin\alpha + g}$

11-10 当 $t \leqslant \dfrac{5}{3}$ s, $s = 0$

当 $t > \dfrac{5}{3}$ s, $s = 2 \cdot 10^{-5}\left(t - \dfrac{5}{3}\right)^3$ m

11-11 $v = \dfrac{P}{kS}(1 - e^{-\frac{ks}{m}t})$ $x = \dfrac{P}{kS}\left[t - \dfrac{m}{kS}(1 - e^{-\frac{ks}{m}t})\right]$

第 12 章

12-1 $R = 1\,090$ N

12-2 (1) $S = 9.28$ kN·s, 方向铅垂向上。
(2) $F = 232$ kN

12-3 $v_{车} = 0.19$ m/s

12-4 $N_x = 638$ N, $N_y = 1\,130$ N

12-5 $N_x = \rho Q(v_1 - v_2\cos\alpha)$ N

12-6 $N_{max} = \dfrac{r\omega^2}{2g}(G_1 + 2G_2)$

12-7 $N_y = G_1 + G_2 + G_3 + \dfrac{r\omega^2}{2g}(G_2 + 2G_3)\cos\omega t$

12-8 $N_x = -\dfrac{W + 2Q}{g}l\omega^2\sin\omega t$, $N_{x,max} = \dfrac{W + 2Q}{g}l\omega^2$

12-9 $R_\tau = -\rho\cos\varphi + \dfrac{P}{g}\varepsilon l$

$R_n = P\sin\varphi + \dfrac{P}{g}\omega^2 l$

12-10 向左移 26.6 cm

12-11 $s = \dfrac{2pl\sin\theta_0}{P + Q}$

12-12 $4x^2 + y^2 = l^2$

第 13 章

13-2 (a) $H_0 = \dfrac{1}{2}(4m + M)Rv$

(b) $H_0 = \dfrac{1}{2}(4m + M)Rv$

13-3 $v_1 = 2v_0$, $T = \dfrac{8P}{gr}v_0^2$

13-4 $\omega = \dfrac{2Qat}{(P + 2Q)r}$

13-5 $\varepsilon = \dfrac{P_1 r_1 - P_2 r_2}{P_1 r_1^2 + P_2 r_2^2} g$

13-6 $T_A = 85.6 \text{ N}, T_B = 81.6 \text{ N}$

13-7 $a = \dfrac{(M - Pr)R^2 rg}{(J_1 r^2 + J_2 R^2)g + PR^2 r^2}$

13-8 $P = 274 \text{ N}$

13-9 $\varepsilon = \dfrac{2(R_2 M - R_1 M')}{(P_1 + P_2)R_2 R_1^2} g$

13-10 $a = \dfrac{2(M - QR\sin\alpha)}{(2Q + P)R} g$

13-11 $\varepsilon = \dfrac{2g}{3r}, R_n = 0, R_\tau = -\dfrac{1}{3} mg$

13-12 $\varepsilon = \dfrac{a}{a^2 + P_C^2} g, R_n = 0, R_\tau = \dfrac{-P_C^2}{a^2 + P_C^2} mg$

13-13 $\varepsilon = \dfrac{18g}{17l}\cos\varphi, \omega^2 = \dfrac{36g}{17l}\sin\varphi$

$R_\tau = \dfrac{-7}{17} mg\cos\varphi, R_n = \dfrac{88}{17} mg\sin\varphi$

第 14 章

14-1 $T = \dfrac{9P + 2Q}{3g} l^2 \omega^2$

14-2 $T = \dfrac{W}{2g} v^2 + \dfrac{P}{2g}\left(v^2 + \dfrac{l^2\omega^2}{4} + vl\omega\cos\varphi\right) + \dfrac{P}{24g} l^2 \omega^2$

14-3 $R = 98 \text{ N}, v_{\max} = 0.8 \text{ m/s}$

14-4 $\omega = \dfrac{2}{r}\sqrt{\dfrac{M - m_2 gr(\sin\alpha + f'\cos\alpha)}{m_1 + 2m_2}\varphi} \qquad \varepsilon = \dfrac{2[M - m_2 gr(\sin\alpha + f'\cos\alpha)]}{r^2(m_1 + 2m_2)}$

14-5 $a = \dfrac{M + (m_2 - m_1)gr}{(m_1 + m_2 + m)r}$

14-6 $v = \sqrt{\dfrac{8FS}{4m_1 + 3m_2}}, a = \dfrac{4F}{4m_1 + 3m_2}$

14-7 $\omega = \dfrac{2}{R + r}\sqrt{\dfrac{3gM}{9P + 2Q}\varphi}$

$\varepsilon = \dfrac{6gM}{(R + r)^2 (9P + 2Q)}$

14-8 $\omega = \sqrt{\dfrac{2gM}{3Pl^2}\varphi}, \varepsilon = \dfrac{gM}{3Pl^2}$

14-9 $v_C = \sqrt{\dfrac{4gh}{3}}, T = \dfrac{mg}{3}$

14-10 $h = \dfrac{3v_0^2}{4g}, a_C = \dfrac{2g}{3}\sin\alpha$

14 – 11　$v_0 = \sqrt{\dfrac{2kg}{15p}h}$

14 – 12　$\omega^2 = \dfrac{6}{5}\dfrac{M}{ml^2}\alpha, \varepsilon = \dfrac{3}{5}\dfrac{M}{ml^2}$

14 – 13　$k = 0.5 \text{ N/cm}$

14 – 14　$N_x = \dfrac{P_1 \sin\alpha - P_2}{P_1 + P_2}P_1 \cos\alpha$

14 – 15　(1) $\omega_0 = 2.19\sqrt{\dfrac{g}{l}}$,

　　　　(2) $\omega_0 = 2.51\sqrt{\dfrac{g}{l}}$

14 – 16　$\varepsilon = \dfrac{2g}{R^2}\dfrac{M - PR\sin\alpha}{3P + Q}$

　　　　$T = \dfrac{(3M + QR\sin\alpha)}{(3P + Q)R}P$

第15章

15 – 1　$T = 2.6 \text{ kN}$

15 – 2　$N = 3W\sin\alpha$

15 – 3　$\varepsilon = \dfrac{2g(M - W_1 r\sin\alpha)}{r^2(2W_1 + W_2)}$

15 – 4　$a = \left(\dfrac{T}{W} - \mu\right)g$

　　　　$N_A = \dfrac{(l_2 - \mu h)W + Te}{l_1 + l_2}, N_B = \dfrac{(l_1 + \mu h)W - Te}{l_1 - l_2}$

15 – 5　$N_{\min}^{\max} = W_1 + W_2 \pm \dfrac{W_2}{g}r\omega^2$

15 – 6　$a = \dfrac{2T\cos\alpha}{3P}g$

　　　　$N = P - T\sin\alpha, F = \dfrac{T}{3}\cos\alpha$

15 – 7　$a_C = \dfrac{TR(R\cos\alpha - r)}{J_C + \dfrac{P}{g}R^2}$

15 – 8　$N_A = 239N, N_B = 169N$

15 – 9　$S = \dfrac{l^2 - h^2}{2l}\dfrac{P}{g}\omega^2$

15 – 10　$N_\tau = -\dfrac{1}{4}mg\cos\alpha, N_n = mg\sin\alpha$

15 – 11　$\varepsilon = 8 \text{ rad/s}^2, Y_A = 0, Z_A = 93.6 \text{ N}$
　　　　$Y_B = 0, Z_B = 62.4 \text{ N}$

第 16 章

16 – 1 $Q = \dfrac{1}{2}P\tan\alpha$

16 – 2 $Q = \dfrac{Pl}{a\cot^2\varphi}$

16 – 3 $AC = x = a + \dfrac{F}{k}\left(\dfrac{l}{b}\right)^2$

16 – 4 $P = 10$ kN

16 – 5 $F = \dfrac{P}{2}\cot\alpha$

16 – 6 $N_B = 14.7$ kN, $N_E = 2.45$ kN

16 – 7 $Y_A = ql + \dfrac{P}{4}$, $N_D = P$

16 – 9 $S_{BE} = qa\cot\alpha + \dfrac{qa^2}{b\sin\alpha}$

16 – 10 $N_C = \dfrac{P}{2}$, $S_{BC} = \dfrac{P}{2}$

16 – 11 $S_1 = 3.67$ kN

16 – 12 $S_1 = -\dfrac{2\sqrt{3}}{3}P$

全国高等院校"十二五"特色精品课程建设成果

工程力学

（第2版）

〔下 册〕

Gongcheng Lixue

⊙邱小林 冯 薇 冯新红 包忠有 编著

北京理工大学出版社
BEIJING INSTITUTE OF TECHNOLOGY PRESS

内容简介

本教材是按 90~96 课时编写的,适用于高等教育应用型院校对《工程力学》课程安排为中等学时的各专业,亦适用于自学使用。内容包含静力学基本理论,构件的强度、刚度和稳定性计算,以及运动学和动力学基本概念。

本教材中除例题和习题以外,还有一定数量的思考题及题后分析,以帮助使用本教材的读者进一步提高分析问题和解决问题的能力,实现我们抛砖引玉的目标。

版权专有　侵权必究

图书在版编目(CIP)数据

工程力学:全 2 册/邱小林等编著. —2 版. —北京:北京理工大学出版社,2012.7 (2020.8重印)
ISBN 978-7-5640-6335-1

Ⅰ. ①工… Ⅱ. ①邱… Ⅲ. ①工程力学-高等学校-教材 Ⅳ. ①TB12

中国版本图书馆 CIP 数据核字(2012)第 165860 号

出版发行 / 北京理工大学出版社
社　　址 / 北京市海淀区中关村南大街 5 号
邮　　编 / 100081
电　　话 / (010)68914775(办公室)　68944990(批销中心)　68911084(读者服务部)
网　　址 / http://www.bitpress.com.cn
经　　销 / 全国各地新华书店
印　　刷 / 唐山富达印务有限公司
开　　本 / 787 毫米×1092 毫米　1/16
印　　张 / 33.25
字　　数 / 754 千字
版　　次 / 2012 年 7 月第 2 版　2020 年 8 月第 7 次印刷　　责任校对 / 陈玉梅
总 定 价 / 76.00 元　　　　　　　　　　　　　　　　　　　责任印制 / 王美丽

图书出现印装质量问题,本社负责调换

出版说明 >>>>>>

北京理工大学出版社为了顺应国家对机电专业技术人才的培养要求，满足企业对毕业生的技能需求，以服务教学、立足岗位、面向就业为方向，经过多年的大力发展，开发了近30多个系列500多个品种的高等教育机电类产品，覆盖了机械设计与制造、材料成型与控制技术、数控技术、模具设计与制造、机电一体化技术、焊接技术及自动化等30多个制造类专业。

为了进一步服务全国机电类高等教育的发展，北京理工大学出版社特邀请一批国内知名行业专业、高等院校骨干教师、企业专家和相关作者，根据高等教育教材改革的发展趋势，从业已出版的机电类教材中，精心挑选一批质量高、销量好、院校覆盖面广的作品，集中研讨、分别针对每本书提出修改意见，修订出版了该高等院校"十二五"特色精品课程建设成果系列教材。

本系列教材立足于完整的专业课程体系，结构严整，同时又不失灵活性，配有大量的插图、表格和案例资料。作者结合已出版教材在各个院校的实际使用情况，本着"实用、适用、先进"的修订原则和"通俗、精炼、可操作"的编写风格，力求提高学生的实际操作能力，使学生更好地适应社会需求。

本系列教材在开发过程中，为了更适宜于教学，特开发配套立体资源包，包括如下内容：

➢ 教材使用说明；

➢ 电子教案，并附有课程说明、教学大纲、教学重难点及课时安排等；

➢ 教学课件，包括：PPT课件及教学实训演示视频等；

➢ 教学拓展资源，包括：教学素材、教学案例及网络资源等；

- 教学题库及答案,包括:同步测试题及答案、阶段测试题及答案等;
- 教材交流支持平台。

北京理工大学出版社

前 言 >>>>>>

本教材系按 90~96 课时编写的，适用于高等教育应用型院校对《工程力学》课程安排为中等学时的各专业，亦可供自学之用。

在内容的安排上，先讲授静力学基本理论，然后讲述构件的强度、刚度和稳定性计算，最后讲授运动学和动力学基本理论。

本教材吸收了众多学者的教学经验，在例题和习题的选择上，紧紧围绕相应的基本理论，并配以合适的题后分析及相应的思考题，以启发读者能深入思考，从中找出规律性的东西，提高读书质量。这其中包括了读者易于误解之处以及需要灵活掌握的方法，力求在分析问题和解决问题时避免呆板，防止死记硬背。建议读者在做完每一道习题之后，亦应进行题后分析，把书读活读好，扎扎实实地掌握其基本理论、基本概念及解题技巧，并在生产实践中加以灵活应用。

本教材由南昌理工学院邱小林教授、江西农业大学冯薇副教授、江西渝州科技职业学院冯新红老师、华东交通大学包忠有教授编著，华东交通大学余学文副教授也参加了编写。

欢迎使用本教材的教师和读者对本教材提出宝贵意见，以帮助我们不断提高学术水平。

编 者

目 录

第二篇 材料力学

第 17 章 轴向拉伸和压缩 …………… 5
17.1 轴向拉伸和压缩及
    工程实例 …………………… 5
17.2 轴向拉压杆的内力·
    截面法 ……………………… 5
17.3 轴向拉压杆的应力 ………… 8
17.4 轴向拉压杆的强度条件 …… 12
17.5 轴向拉压杆的变形·
    胡克定律 …………………… 15
17.6 轴向拉压杆的变形能 ……… 19
17.7 材料拉伸、压缩时的
    力学性质 …………………… 20
17.8 应力集中的概念 …………… 24
17.9 拉压超静定问题 …………… 25
小结 ……………………………… 29
思考题 …………………………… 30
习题 ……………………………… 31

第 18 章 剪切和扭转 ………………… 36
18.1 剪切及剪切的实用计算 …… 36
18.2 拉（压）杆连接部分的
    强度计算 …………………… 37
18.3 剪切胡克定律和剪应力
    互等定理 …………………… 41
18.4 扭转·扭矩和扭矩图 ……… 42
18.5 圆杆扭转时的应力·

强度条件 ………………………… 44
18.6 圆杆扭转时的变形·
    刚度条件 …………………… 48
18.7 圆杆扭转时的变形能 ……… 49
18.8 矩形截面杆的扭转 ………… 50
小结 ……………………………… 51
思考题 …………………………… 51
习题 ……………………………… 52

第 19 章 梁的内力 …………………… 55
19.1 工程中的弯曲问题 ………… 55
19.2 梁的荷载和支反力 ………… 56
19.3 梁的内力 …………………… 58
19.4 剪力图和弯矩图 …………… 64
19.5 弯矩·剪力·荷载集度
    间的关系 …………………… 67
19.6 剪力·弯矩分析的边界
    荷载法 ……………………… 68
小结 ……………………………… 73
习题 ……………………………… 73

第 20 章 截面的几何性质 …………… 77
20.1 静矩 ………………………… 77
20.2 惯性矩和惯性积 …………… 79
20.3 惯性矩的平行移轴公式 …… 81
20.4 主轴与主惯性矩·形心主轴

与形心主惯性矩 ……………… 82
20.5　组合截面惯性矩的计算 …… 83
小结 ……………………………… 84
习题 ……………………………… 85

第21章　梁的应力 …………………… 87
21.1　梁的正应力 ………………… 87
21.2　梁的正应力强度条件 ……… 92
21.3　矩形截面梁的剪应力 ……… 96
21.4　其他形状截面梁的
　　　剪应力 ………………………… 99
21.5　梁的剪应力强度条件 ……… 102
21.6　梁的合理截面形状及
　　　变截面梁 …………………… 104
21.7　弯曲中心的概念 …………… 106
小结 ……………………………… 108
思考题 …………………………… 109
习题 ……………………………… 110

第22章　梁的变形 …………………… 113
22.1　挠度和转角 ………………… 113
22.2　挠曲线的近似微分
　　　方程 ………………………… 114
22.3　积分法计算梁的位移 ……… 115
22.4　叠加法计算梁的位移 ……… 122
22.5　梁的刚度条件 ……………… 127
22.6　超静定梁 …………………… 128
22.7　梁弯曲时的变形能 ………… 132
小结 ……………………………… 133
思考题 …………………………… 134
习题 ……………………………… 135

第23章　应力状态和强度理论 ……… 138
23.1　应力状态的概念 …………… 138
23.2　平面应力状态下任意斜
　　　截面上的应力 ……………… 140
23.3　主应力和极值剪应力 ……… 143
23.4　平面应力状态的几种

特殊情况 ……………………… 145
23.5　应力圆 ……………………… 150
23.6　主应力迹线的概念 ………… 155
23.7　空间应力状态下任一点的
　　　主应力和最大剪应力 ……… 157
23.8　广义胡克定律 ……………… 159
23.9　强度理论 …………………… 163
小结 ……………………………… 169
思考题 …………………………… 171
习题 ……………………………… 172

第24章　组合变形 …………………… 176
24.1　组合变形的概念 …………… 176
24.2　斜弯曲 ……………………… 176
24.3　拉伸（压缩）与弯曲
　　　的组合变形 ………………… 180
24.4　偏心拉伸（压缩） ………… 183
24.5　截面核心的概念 …………… 186
24.6　弯曲与扭转的组合
　　　变形 ………………………… 187
小结 ……………………………… 189
习题 ……………………………… 190

第25章　压杆稳定 …………………… 193
25.1　压杆稳定的概念 …………… 193
25.2　两端铰支细长压杆的
　　　临界力 ……………………… 194
25.3　杆端约束对临界力
　　　的影响 ……………………… 196
25.4　临界应力·欧拉公式的
　　　适用范围 …………………… 198
25.5　压杆的稳定条件 …………… 203
25.6　提高压杆稳定性的
　　　措施 ………………………… 206
小结 ……………………………… 207
思考题 …………………………… 207
习题 ……………………………… 208

第26章 动应力 ················ 211
26.1 概述 ················ 211
26.2 杆件作匀加速直线运动时的应力 ········ 211
26.3 杆件作匀速转动时的应力 ············ 214
26.4 杆件受冲击时的应力 ········ 215
26.5 交变应力与疲劳破坏的概念 ············ 220
小结 ···················· 221
习题 ···················· 221

附表 型钢表 ············ 223
习题答案 ·············· 232

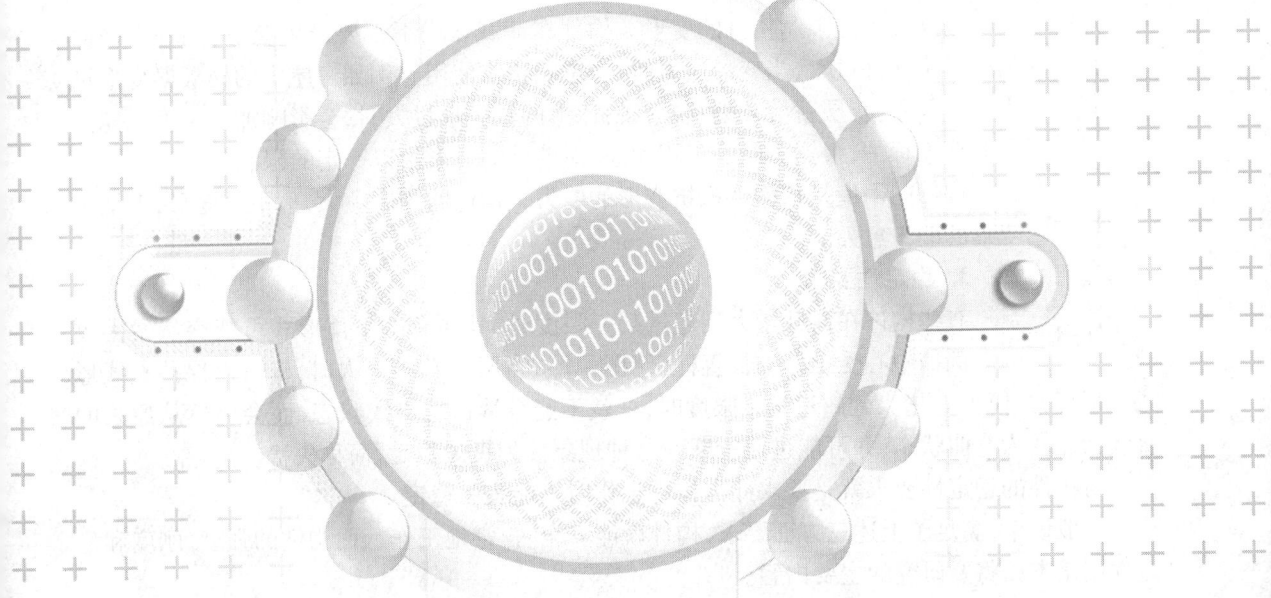

第二篇　材料力学

一、本篇研究的主要内容

本篇主要研究构件的强度、刚度和稳定性。

构件是组成结构物或机械的基本部件。例如房屋结构中的梁和柱子、机械中的轴等均为构件。构件一般都承受一定的外力或重物的重量,这些力和重量称为**荷载**。

工程中为保证构件能安全、正常地工作,对构件有下列要求:

1. 强度要求

强度要求是不允许构件在荷载作用下发生破坏。构件的**强度**是指**构件抵抗破坏的能力**。如果构件的强度不足,它在荷载作用下就可能被破坏。例如房屋中的楼板梁,当其强度不足时,在楼板荷载作用下,就可能断裂。

2. 刚度要求

刚度要求是限制构件的变形。构件在荷载作用下都要产生变形，工程中构件的变形不允许过大，当变形过大时，会影响正常使用。例如房屋中的楼板梁变形过大时，下面的灰层就会开裂、脱落；机床上的轴变形过大时，会影响加工精度，等等。因此在工程中，根据不同的工程用途，对构件的变形给以一定的限制。

构件的**刚度**是指**构件抵抗变形的能力**。构件的刚度愈大，愈不易变形，即抵抗变形的能力愈强。

3. 稳定性要求

绪图-1

有些构件在荷载增大到超过某一限度时，其原有的平衡形式可能突然发生改变。例如中心受压的细长直杆（绪图-1），当压力 P 不太大时，杆可以保持直线形式的平衡，当压力 P 增大到超过某一限度时，杆就不能继续保持直线状态，而会突然从原来的直线状态变为弯曲状态，并可能进而折断。这种现象称为**丧失稳定**，简称**失稳**。

对构件的稳定性要求就是要求此类构件工作时不能丧失稳定。

一般说来，满足了上述三方面要求，构件就能安全、正常地工作。而构件的强度、刚度和稳定性则是本篇将要研究的主要内容。

二、变形体及其基本假设

在前面第一篇中，讨论力系作用下物体的运动规律时，是将物体看成刚体，即不考虑物体形状和尺寸的改变。实际上，自然界中的任何物体在外力作用下，都要或大或小地产生变形，也就是它的形状和尺寸都会有些改变。由于本篇将要研究的内容都与受力体的变形相联系，因而物体的可变形性质就成为其重要的基本性质而不容忽略。因此，在本篇中，须将所研究的物体看作可变形的物体即变形体。

变形体在外力作用下产生的变形分为**弹性变形**与**塑性变形**。弹性变形是指作用在变形体上的外力去掉后可完全消失的变形（相应的物体称为**弹性体**）。如果外力去掉后，变形不能全部消失而留有残余变形，此残余变形称为塑性变形。

工程中大多数的构件在荷载作用下，其几何尺寸的改变量与构件本身的尺寸相比通常是很微小的，这类变形称为"小变形"。与此相反，有些构件在荷载作用下，其几何尺寸的改变量比较大，这类变形称为"大变形"。

本篇中主要研究弹性变形且限于小变形范围。

变形体有多方面的性质。在研究构件的强度、刚度和稳定性时，为了使问题得到简化以便建立理想化模型，对变形体作如下的基本假设：

1. 连续、均匀性假设

连续是指材料内部没有空隙，均匀是指材料的力学性质各处都一样。连续、均匀性假设即认为构件在其整个体积内毫无空隙地充满了物质，且材料的力学性质各处都相同。

2. 各向同性假设

此假设认为材料沿不同方向具有相同的力学性质。常用的工程材料如钢、玻璃以及浇注得很好的混凝土等都可认为是各向同性材料。

综上所述，本篇在研究构件的强度、刚度和稳定性时，是将构件视为连续、均匀、各向同性的弹性体且限于小变形范围。

三、杆件变形的基本形式

工程中构件的种类很多,有杆件、板、壳和块体之分。本篇所研究的只是其中的杆件。所谓杆件是指其长度相对其横向尺寸大得多的构件。

杆件在不同的外力作用下,其产生的变形形式也各不相同,但变形的基本形式总不外下列几种:

1. 轴向拉伸或压缩[绪图-2(a)、(b)]

在一对大小相等、方向相反、作用线与杆件轴线重合的外力作用下,杆件的长度发生改变,即伸长或缩短。

2. 剪切[绪图-2(c)]

在一对相距很近、方向相反的横向力作用下,杆件的横截面沿外力方向发生错动。

3. 扭转[绪图-2(d)]

在一对大小相等、方向相反、位于垂直杆件轴线的两平面内的力偶作用下,杆件的任意二横截面发生绕轴线的相对转动。

4. 弯曲[绪图-2(e)]

在一对大小相等、转向相反、位于杆件纵向平面内的力偶作用下,杆件的任意二横截面发生相对转动,此时杆件的轴线变为曲线。

工程中的杆件可能同时承受不同形式的外力,变形情况可能比较复杂,但不论怎样复杂,其变形均是由基本变形所组成。

下面各章将对杆件的各种基本变形以及同时发生两种或两种以上基本变形的组合变形分别加以讨论。

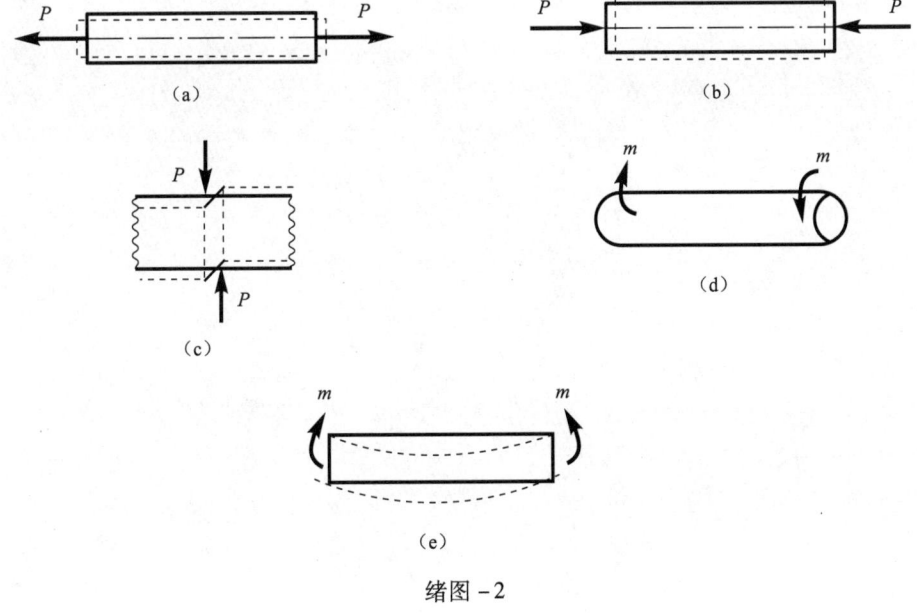

绪图-2

第17章 轴向拉伸和压缩

导言

- 本章主要研究杆件在轴向拉伸和压缩时的内力、应力、变形和强度计算以及材料的力学性质和拉压超静定问题。
- 本章在第二篇中属重点章之一。本章涉及的一些基本概念、研究方法和有关定律,在第二篇中具有普遍意义。
- 在本篇的研究中,将经常应用第一篇中静力学的有关知识。

17.1 轴向拉伸和压缩及工程实例

轴向拉伸或压缩变形是杆件的基本变形形式之一。当作用在杆件上的外力的作用线与杆件的轴线重合时,杆即发生轴向拉伸或压缩变形,外力为拉力时,即为轴向拉伸[图17-1(a)],外力为压力时即为轴向压缩[图17-1(b)]。轴向拉伸、压缩又简称为拉伸、压缩。这类杆件称为轴向拉、压杆或拉、压杆。

轴向拉伸、压缩的杆件在工程中是常见的。如图17-2所示的桁架(屋架),在结点荷载作用下,组成桁架的各杆件均为轴向拉伸或轴向压缩杆件。其他如起重设备中的吊索、房屋建筑中的某些柱子等也都是拉伸、压缩杆件。

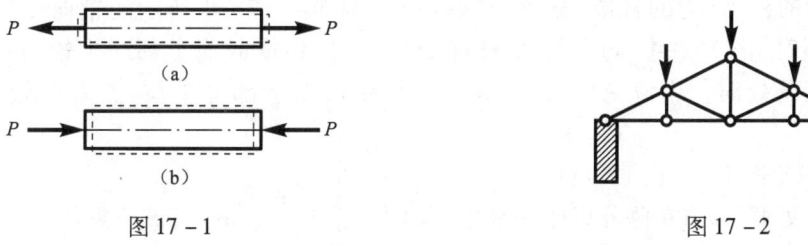

图17-1　　　　　　　　　　图17-2

17.2 轴向拉压杆的内力·截面法

17.2.1 内力及其求法

杆件在外力作用下将发生变形,与此同时,杆件内部各部分间将产生相互作用力,此相互作用力称为**内力**。内力随外力的变化而变化,外力增大,内力也增大,外力去掉后,内力将随之消失。

杆件的强度、刚度等问题均与内力这个因素有关,在分析这些问题时,经常需要知道杆件在外力作用下某一横截面上的内力值。求杆件任一横截面上的内力,通常采用下述的**截面法**。

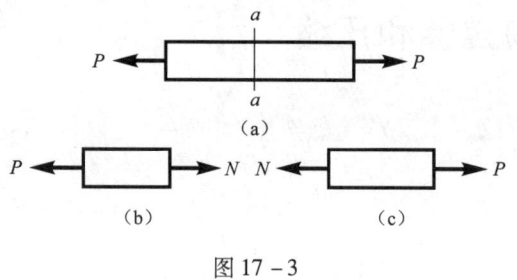

图 17-3

现用截面法求图 17-3(a)所示轴向受拉杆 a—a 横截面上的内力。在 a—a 处用一假想的平面将杆件截开并任取其中一分离体,例如取左侧分离体[图 17-3(b)],将右侧分离体对左侧分离体的作用以力的形式表示之。由于杆件是连续体(根据连续性假设),内力在横截面上是连续分布的,通常是将截面上的分布内力用位于截面形心处的合力 N 来代替,N 即为 a—a 截面上的内力。杆件原来处于平衡状态,截开后的分离体也应保持平衡,由平衡方程

$$\sum X = 0; \quad N - P = 0$$

得

$$N = P$$

N 的作用线与杆件的轴线重合,此种内力称为**轴力**。为了区分拉伸与压缩,对轴力的正负号作如下规定:拉力(N 指向其所在截面的外法线方向)为正;压力(N 指向其所在截面)为负。

用截面法求内力的步骤可归纳为:

(1) 在求内力的截面处,用假想平面将杆件截开。

(2) 任取其中一分离体,将弃掉部分对保留部分的作用以内力来代替(即暴露出内力)。

(3) 考虑分离体平衡,由平衡方程确定内力值。

在进行第二步时,取哪部分分离体都可以,杆件截开后内力总是成对出现,二分离体上的内力总是等值反向,二者为作用与反作用关系。

这里应指明一点:在求杆件的内力时,不能任意应用静力等效原理(如力和力偶沿其作用线和作用面的移动,力的合成、分解、平移等)。例如图 17-4 所示的轴向受拉杆件,当 P 作用在杆端时[图 17-4(a)],整个杆都受拉,杆的各横截面上都产生轴力;当将 P 沿其作用线移至 B 处时[图 17-4(b)],只有力作用点以上部分受拉,二者的效果明显不同。

例 17-1 试求图 17-5(a)所示杆 1—1 截面上的轴力。

解 在 1—1 处截开,取左侧分离体并暴露出内力[图 17-5(b)],该分离体处于平衡状态,由平衡方程

$$\sum X = 0; \quad N_1 + 4P - 6P = 0$$

得

$$N_1 = 2P$$

求得的 N_1 为正值,表明图 17-5(b)中 N_1 的方向与实际相一致,即为拉力(做题时,未知内力 N 的方向均按拉力方向标出,求得 N 为负值时,则表明其方向与实际相反,即为压力)。

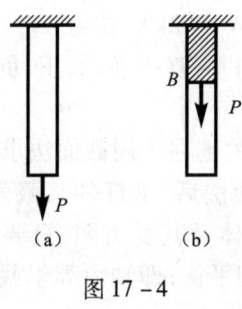

图 17-4

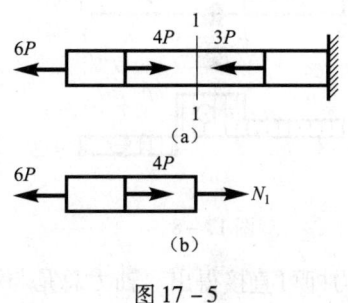

图 17-5

1—1 截面上的轴力也可通过右侧分离体来求,但应注意:画右侧分离体的受力图时,不能漏掉右端的约束反力。

17.2.2 轴力图

轴力图是用图形来表示杆件各横截面上轴力沿轴线的变化规律,例如图 17-6(a)所示的轴向受拉杆,其轴力图如图 17-6(b)所示。图中垂直于杆轴线方向的坐标(按一定比例画出)代表杆的相应截面上的轴力,因各截面上的轴力相同,故轴力图为平行于基线的直线(基线平行于杆件的轴线)。图中 ⊕ 号表示轴力为拉力,压力则标以 ⊖ 号。

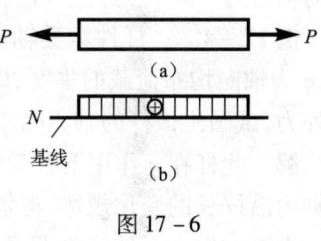

图 17-6

当杆件上作用有多个轴向外力时,不同段中横截面上的轴力也各不相同,画出轴力图后,可更直观地看到杆件各段轴力的变化规律。

例 17-2　试画出图 17-7(a)所示杆件的轴力图。

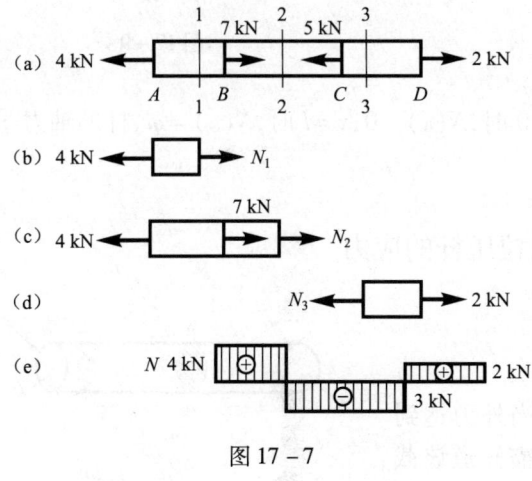

图 17-7

解　此杆 AB、BC、CD 各段的轴力不同,需分三段画轴力图。每段内各截面的轴力均为常量,故轴力图为三条水平线。

AB 段:在 AB 段内从 1—1 处将杆截开,取左侧分离体[图 17-7(b)],由平衡方程

$$\sum X = 0: \quad N_1 - 4 = 0$$

得

$$N_1 = 4 \text{ kN} \quad (拉力)$$

BC 段:在 BC 段内从 2—2 处将杆截开,取左侧分离体[图 17-7(c)],由平衡方程

$$\sum X = 0: \quad N_2 + 7 - 4 = 0$$

得

$$N_2 = -3 \text{ kN} \quad (压力)$$

CD 段:在 CD 段内从 3—3 处将杆截开,取右侧分离体[图 17-7(d)],由平衡方程

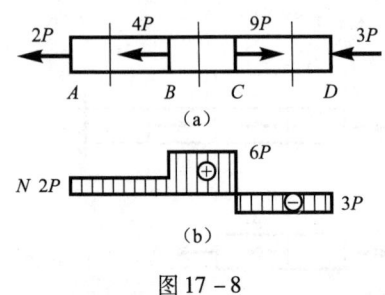

图 17-8

$\sum X = 0$： $2 - N_3 = 0$

得 $N_3 = 2\mathrm{kN}$(拉力)

杆的轴力图如图 17-7(e)所示,正、负轴力分别画在基线的两侧。

画杆件的轴力图关键在于用截面法求杆件各段的轴力,当熟练掌握截面法后,求杆件某截面的轴力时,可不必一一画出分离体及其受力图,只要根据杆上的轴向外力即可直接得出。轴力总是与分离体上的轴向外力相平衡,即轴力等于截面一侧轴向外力的代数和。

例 17-3 试画图 17-8(a)所示杆件的轴力图。

解 画此杆件的轴力图仍需分三段,每段内各截面的轴力均为常量。从杆件上的轴向外力可得:AB 段各截面上的轴力为 2P(拉力);BC 段各截面上的轴力为 6P(拉力);CD 段各截面上的轴力为 -3P(压力)。杆件的轴力图如图 17-8(b)所示。

例 17-4 一杆件承受轴向均布荷载如图 17-9(a)所示,q 为轴向均布荷载的集度,即作用在杆件单位长度上的轴向外力,试画出该杆的轴力图。

解 此杆在 q 作用下各截面上的轴力值均不同,需先找出轴力沿杆长的变化规律,再依规律画出轴力图。

在距左端为 x 处将杆截开,取左侧分离体,截面上的内力用 $N(x)$ 表示[图 17-9(b)]。考虑该分离体平衡,由平衡方程

$$\sum X = 0： N(x) - qx = 0$$

得

$$N(x) = qx$$

由此可知,$N(x)$ 为 x 的线性函数。当 $x = 0$ 时,$N(x) = 0$；$x = l$ 时,$N(x) = ql$,杆的轴力图如图 17-9(c)所示。

17.3 轴向拉压杆的应力

17.3.1 应力的概念

为了解决杆件的强度问题,不仅要知道当外力达到一定值时杆件可能沿哪个截面破坏,而且还需知道该截面上哪个点首先开始破坏。因而仅知道杆件截面上内力的合力是不够的,还需进一步研究截面上内力的分布情况,从而引入应力的概念。

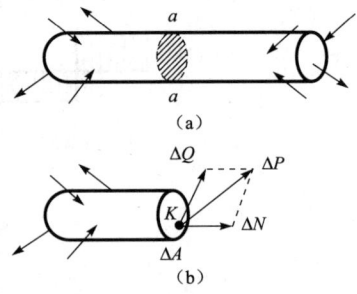

图 17-10

图 17-10(a)所示为任意受力杆件,现研究 a—a 截面上 K 点附近的内力[图 17-10(b)]。围绕 K 点在截面上取小面积 ΔA,若 ΔA 上分布内力的

合力为 ΔP，则 $\dfrac{\Delta P}{\Delta A}$ 为 ΔA 范围内单位面积上的内力，将 $\dfrac{\Delta P}{\Delta A}$ 称为小面积 ΔA 上的平均应力并用 p_m 表示，即

$$p_m = \dfrac{\Delta P}{\Delta A}$$

将 ΔP 沿截面的法向与切向分解为 ΔN 与 ΔQ，同理有

$$\sigma_m = \dfrac{\Delta N}{\Delta A} \quad \tau_m = \dfrac{\Delta Q}{\Delta A}$$

σ_m 与 τ_m 分别称为小面积 ΔA 上的平均正应力与平均剪应力。

截面上内力的分布一般是不均匀的，所以平均应力 p_m、σ_m 和 τ_m 都与所取的 ΔA 的大小有关，ΔA 越小，平均应力就越接近 K 点的实际。为了消除 ΔA 大小的影响，取下列极限

$$\left. \begin{aligned} p &= \lim_{\Delta A \to 0} \dfrac{\Delta P}{\Delta A} \\ \sigma &= \lim_{\Delta A \to 0} \dfrac{\Delta N}{\Delta A} \\ \tau &= \lim_{\Delta A \to 0} \dfrac{\Delta Q}{\Delta A} \end{aligned} \right\} \tag{1}$$

p 称为 K 点的**总应力**，σ 称为 K 点的**正应力**（因 σ 的方向垂直于其所在截面，故又称为垂直应力），τ 称为 K 点的**剪应力**。由（1）式可知，应力就是一点处分布内力的集度。

式（1）定义的应力是指 a—a 截面上 K 点的应力，也就是说，应力是与"截面"和"点"这两个因素分不开的。一般地说，杆件在外力作用下，任一截面上不同点的应力值是不同的；同一点位于不同截面上的应力值也不相同。因此，在谈应力时，应指明点的位置和应力所在的截面。

有了应力的概念，就可进一步分析杆件的强度。当知道截面上各点的应力后，就可比较不同点的危险程度，应力越大的点就越危险，杆件的破坏往往是从应力最大处开始的。

应力的量纲为 $\left[\dfrac{力}{长度^2}\right]$，其单位在国际单位制中为"帕斯卡"，1 帕斯卡 = 1 牛顿/米^2，帕斯卡又简称为"帕"，通常用 Pa 表示。由于 Pa 的单位很小，力学中还常用 kPa（千帕）和 MPa（兆帕），1 kPa = 10^3 Pa，1 MPa = 10^6 Pa。

17.3.2 拉压杆横截面上的应力

拉压杆横截面上的内力为轴力 N，与轴力 N 对应的应力为正应力 σ。

前面已经知道应力是分布内力的集度，欲求拉压杆横截面上的应力，需首先知道横截面上内力的分布规律。为此可通过实验来观察杆的变形规律，再根据变形规律进一步分析内力的分布规律。

图 17-11(a) 为一圆形截面杆，未受力前在 a—a、b—b 处画出该二横截面的周边轮廓线，然后加轴向拉力 P[图 17-11(b)]，杆件变形后可观察到下列现象：二圆周线相对平移了 Δl 仍为平面曲线，且其所在平面仍与杆件的轴线垂直。根据此现象可作如下假设：变形前的横截面变形后仍为平面，且仍与杆件的轴线垂直，此假设称为**平面假设**。根据平面假设可作如下推断：(1) a—a、b—b 二横截面间所有的平行杆件轴线的纵向线，其伸长量均相同（即均伸长了

Δl);(2)杆件的材料是均匀的(根据均匀性假设),变形相同时,受力也应相同,从而可推知,横截面上的内力是均匀分布的[图 17 – 11(c)],即横截面上内力的集度 σ 为常量。

图 17 – 11

在横截面上内力为均匀分布的情况下,轴力 N 与正应力 σ 的关系则为

$$N = A \cdot \sigma$$

从而得

$$\sigma = \frac{N}{A} \qquad (17 - 1)$$

式(17 – 1)就是轴向拉压杆横截面上正应力的计算公式,式中 A 为杆的横截面面积。当 N 为拉力时,σ 为拉应力,N 为压力时,σ 为压应力。σ 的正负号与 N 的正负号一致。

应该指出:拉压杆横截面上正应力为均匀分布的规律,对外力作用点附近的截面不完全正确。外力作用点附近应力的分布规律还与外力的形式有关(此问题的详细研究已超出本篇的研究范围)。

例 17 – 5 在图 17 – 12 中,已知 $P_1 = 20$ kN,$P_2 = 40$ kN,$A_1 = 2 \times 10^3$ mm^2,$A_2 = 4 \times 10^3$ mm^2,试求 1—1 和 2—2 截面上的应力。

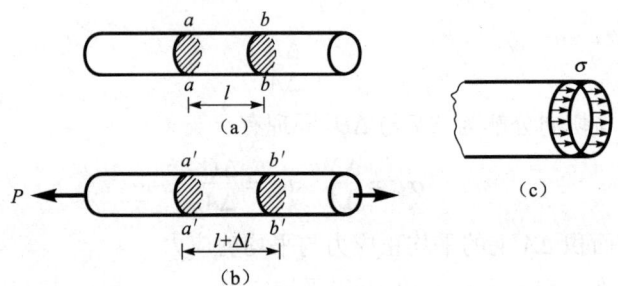

图 17 – 12

解 1—1、2—2 截面上的轴力分别为

$N_1 = P_1 = 20$ kN $N_2 = P_1 + P_2 = 60$ kN

1 – 1、2 – 2 截面上的正应力分别为

$$\sigma_{1-1} = \frac{N_1}{A_1} = \frac{20 \times 10^3}{2 \times 10^3 \times 10^{-6}} = 10 \times 10^6 \text{ Pa}$$

$$\sigma_{2-2} = \frac{N_2}{A_2} = \frac{60 \times 10^3}{4 \times 10^3 \times 10^{-6}} = 15 \times 10^6 \text{ Pa}$$

计算时应注意单位,内力 N 用牛顿,面积 A 用米^2,算得的应力为"帕"。

例 17 – 6 在图 17 – 13(a)所示的三角架中,AB 为圆形截面杆,BC 为正方形截面杆,已知 $P = 15$ kN,$d = 26$ mm,$a = 50$ mm,试求二杆横截面上的正应力。

解 首先求出 AB 杆和 BC 杆的轴力。P 作用下,AB 杆受拉,BC 杆受压,取结点 B 为平

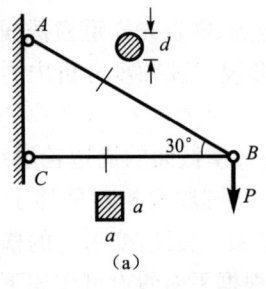
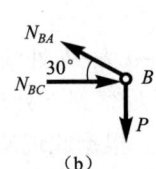

图 17 – 13

衡对象,其受力图如图 17-13(b)所示。由平衡方程

$$\sum X = 0: \quad N_{BC} - N_{BA} \cdot \cos 30° = 0$$

$$\sum Y = 0: \quad N_{BA} \cdot \sin 30° - P = 0$$

解得

$$N_{BA} = 2P = 30 \text{ kN}(拉) \qquad N_{BC} = \sqrt{3}P = 26 \text{ kN}(压)$$

AB 杆和 BC 杆横截面上的正应力分别为

$$\sigma_{AB} = \frac{N_{BA}}{\frac{\pi}{4}d^2} = \frac{30 \times 10^3}{\frac{\pi}{4} \times (26 \times 10^{-3})^2} = 56.5 \times 10^6 \text{ Pa}(拉)$$

$$\sigma_{BC} = \frac{N_{BC}}{a^2} = \frac{26 \times 10^3}{(50 \times 10^{-3})^2} = 10.4 \times 10^6 \text{ Pa}(压)$$

17.3.3 斜截面上的应力

轴向拉压杆不仅横截面上存在应力,其斜截面上也存在应力。

图 17-14(a)为轴向受拉杆,现研究与横截面成 α 角的任意斜截面 n—n 上的应力。用假想平面将杆沿 n—n 截面截开,取左侧分离体如图 17-14(b)所示。n—n 面上存在水平方向应力 p_α,p_α 在 n—n 面上是均匀分布的,其合力为 $N_\alpha (N_\alpha = P)$,即

$$p_\alpha \cdot A_\alpha = N_\alpha$$

A_α 为 n—n 截面的面积。A_α 与杆件横截面积 A 的关系为 $A_\alpha = A/\cos \alpha$,将其代入上式,并考虑到 $N_\alpha = N$ 得

$$p_\alpha = \frac{N}{A} \cdot \cos \alpha = \sigma \cdot \cos \alpha$$

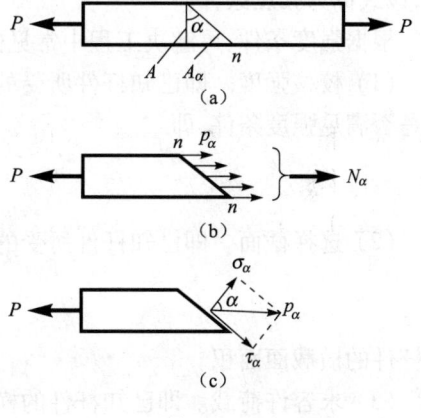

图 17-14

式中 $N/A = \sigma$ 为杆件横截面上的正应力。

通常是将 p_α 沿斜截面的法向和切向分解为正应力 σ_α 和剪应力 τ_α[图 17-14(c)]。σ_α 和 τ_α 分别为

$$\sigma_\alpha = p_\alpha \cdot \cos \alpha = \sigma \cos \alpha \cdot \cos \alpha = \sigma \cdot \cos^2 \alpha \qquad (17-2)$$

$$\tau_\alpha = p_\alpha \cdot \sin \alpha = \sigma \cos \alpha \cdot \sin \alpha = \frac{1}{2}\sigma \cdot \sin 2\alpha \qquad (17-3)$$

式(17-2)和式(17-3)表达了不同斜截面上正应力和剪应力的变化规律,σ_α 和 τ_α 均随 α 的不同而不同。

由式(17-2)和式(17-3)可知:当 $\alpha = 0$ 时,$\sigma_{\alpha=0} = \sigma_{\max} = \sigma$;当 $\alpha = 45°$ 时,$\tau_{\alpha=45°} = \tau_{\max} = \frac{1}{2}\sigma$。这表明:杆件在轴向拉压时,最大正应力发生在横截面上;而最大剪应力发生在与横截面成 $45°$ 的斜截面上,且其值等于横截面上正应力值的一半。

17.4 轴向拉压杆的强度条件

分析了拉压杆的内力和应力后,就可进一步研究工程中拉压杆的强度计算问题。

当轴向拉压杆其横截面上的正应力达到一定值时,杆件将发生破坏,破坏时的正应力称为**极限应力**,并用 σ^0 表示。显然,轴向拉压杆件在工作时,其横截面上的正应力绝不允许达到材料的极限应力。不仅如此,工程中还必须考虑一定的安全储备,因而将材料的极限应力 σ^0 除以大于 1 的安全系数 K,即

$$[\sigma] = \frac{\sigma^0}{K} \quad (17-4)$$

作为材料允许承受的最大应力值。这样,就可建立杆件在轴向拉压时如下的强度标准

$$\sigma = \frac{N}{A} \leq [\sigma] \quad (17-5)$$

式中 σ 为杆件横截面上的正应力;N 为杆件横截面上的轴力;A 为杆件的横截面面积;$[\sigma]$ 为杆件材料的**容许应力**,其值随材料的不同而不同。工程中设计轴向拉压杆件时,必须满足该式,该式称为**强度条件**。

根据强度条件,可解决工程中常见的下列三类强度计算问题:

(1) 校核强度。即已知杆件所受的轴向荷载、杆件的截面尺寸和材料的容许应力,验算杆件是否满足强度条件,即

$$\sigma = \frac{N}{A} \leq [\sigma]$$

(2) 选择截面。即已知杆件所受的轴向荷载和材料的容许应力,由

$$A \geq \frac{N}{[\sigma]}$$

求杆件的横截面面积。

(3) 求容许荷载。即已知杆件的横截面尺寸和材料的容许应力,由

$$N \leq A \cdot [\sigma]$$

求杆件容许承受的最大轴力,再根据轴力与外力的关系求出杆件容许承受的最大荷载。该荷载称为**容许荷载**,通常用 $[P]$ 来表示。

例 17 - 7 图 17 - 15(a)所示杆中,已知 $P = 8$ kN,$A = 400$ mm^2,材料的容许应力 $[\sigma] = 160$ MPa,试校核该杆的强度。

解 首先画出杆的轴力图如图 17 - 15(b)所示。因是等截面杆,最大正应力发生在轴力最大的截面上,其值为

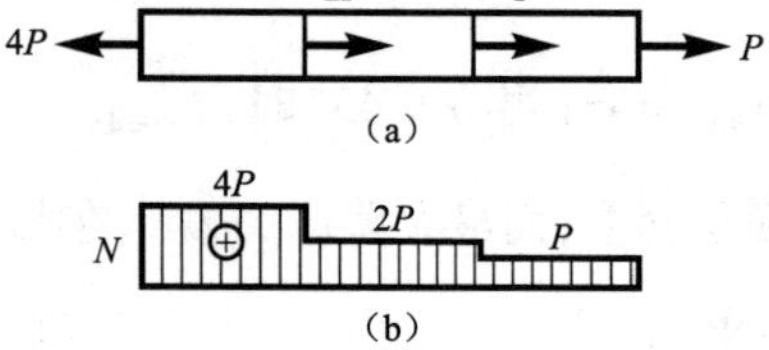

$$\sigma_{max} = \frac{N_{max}}{A} = \frac{4P}{A} = \frac{4 \times 8 \times 10^3}{400 \times 10^{-6}} = 80 \times 10^6 \text{ Pa} = 80 \text{ MPa} < [\sigma]$$

该杆满足强度条件。

例 17 - 8 图 17 - 16(a)所示结构中,AB 为圆形截面钢杆,已知 $P = 18$ kN,钢材的容许应力 $[\sigma] = 160$ MPa,试求 AB 杆所需的直径 d。

图 17 - 15

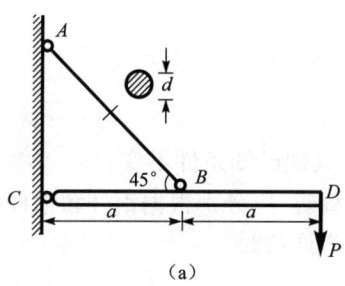
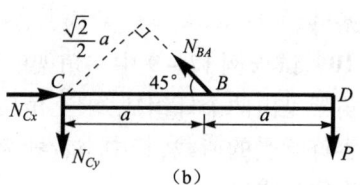

图 17-16

解 首先求出 AB 杆的轴力。P 作用下 AB 杆受拉,取水平杆 CD 为平衡对象,其受力图如图 17-16(b)所示。由平衡方程

$$\sum M_C = 0: \quad N_{BA} \cdot \frac{\sqrt{2}}{2}a - P \cdot 2a = 0$$

$$N_{BA} = 2\sqrt{2}P = 2\sqrt{2} \times 18 = 50.9 \text{ kN}$$

由 AB 杆的强度条件

$$\sigma_{AB} = \frac{N_{AB}}{A_{AB}} \leqslant [\sigma] \quad \text{即} \quad \frac{N_{AB}}{\pi d^2/4} \leqslant [\sigma]$$

得

$$d \geqslant \sqrt{\frac{4N_{AB}}{\pi[\sigma]}} = \sqrt{\frac{4 \times 50.9 \times 10^3}{\pi \times 160 \times 10^6}} = 0.020 \text{ 1 m}$$

计算时应注意单位,N 用牛顿,$[\sigma]$ 用帕,算得的 d 为米。

例 17-9 图 17-17(a)所示结构中,AB 为圆形截面钢杆,BC 为正方形截面木杆,已知 $d = 20$ mm,$a = 100$ mm,$P = 20$ kN,钢材的容许应力 $[\sigma]_{钢} = 160$ MPa,木材的容许应力 $[\sigma]_{木} = 10$ MPa,试分别校核钢杆和木杆的强度。

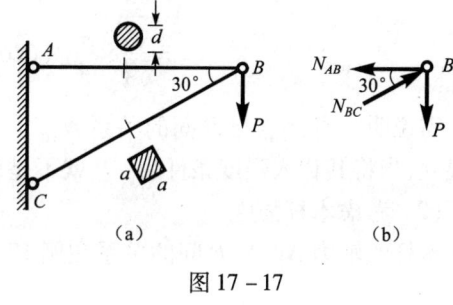

图 17-17

解 首先求 AB 杆和 BC 杆的内力。取结点 B 为平衡对象,其受力图如图 17-17(b)所示。由平衡方程

$$\sum X = 0: \quad N_{BC} \cdot \cos 30° - N_{AB} = 0$$

$$\sum Y = 0: \quad N_{BC} \cdot \sin 30° - P = 0$$

解得

$$N_{AB} = \sqrt{3}P \qquad N_{BC} = 2P$$

校核钢杆:钢杆横截面上的正应力为

$$\sigma_{AB} = \frac{N_{AB}}{A_{AB}} = \frac{\sqrt{3}P}{\pi d^2/4} = \frac{\sqrt{3} \times 20 \times 10^3}{\pi (20 \times 10^{-3})^2/4} = 110.3 \times 10^6 \text{ Pa} < [\sigma]_{钢}$$

满足强度条件。

校核木杆:木杆横截面上的正应力为

$$\sigma_{BC} = \frac{N_{BC}}{A_{BC}} = \frac{2P}{a^2} = \frac{2 \times 20 \times 10^3}{(100 \times 10^{-3})^2} = 4 \times 10^6 \text{ Pa} < [\sigma]_\text{木}$$

也满足强度条件。

例 17 – 10 试求例 17 – 9 中三角架的容许荷载(其他已知条件不变)。

解 三角架是由两个杆组成,求三角架的容许荷载时,应分别根据钢杆和木杆的强度条件求出每个杆容许承受的荷载,其中小者即为三角架的容许荷载。

(1) 考虑钢杆强度。

先求出钢杆的轴力 N_{AB} 与荷载 P 间的关系。在例 17 – 9 中,已求得 N_{AB} 与 P 间的关系为

$$N_{AB} = \sqrt{3}P$$

将其代入钢杆的强度条件

$$\frac{N_{AB}}{A_{AB}} \leq [\sigma]_\text{钢}$$

得

$$\frac{\sqrt{3}[P]'}{\pi d^2/4} \leq [\sigma]_\text{钢}$$

由此得

$$[P]' \leq \frac{1}{\sqrt{3}} \cdot \frac{\pi d^2}{4} \cdot [\sigma]_\text{钢}$$

$$= \frac{1}{\sqrt{3}} \times \frac{\pi}{4} \times (20 \times 10^{-3})^2 \times 160 \times 10^6 = 29 \times 10^3 \text{ N}$$

需说明一点:N_{AB} 与 P 间的关系 $N_{AB} = \sqrt{3}P$ 是由平衡条件求得的,不论 P 为何值,该关系都成立,当将其代入强度条件后,P 就不是任意值了,因而用 $[P]'$ 来表示。

(2) 考虑木杆强度。

木杆的轴力 N_{BC} 与 P 间的关系在例 17 – 9 中已求得为

$$N_{BC} = 2P$$

将其代入木杆的强度条件

$$\frac{N_{BC}}{A_{BC}} \leq [\sigma]_\text{木}$$

得

$$\frac{2[P]''}{a^2} \leq [\sigma]_\text{木}$$

由此得

$$[P]'' \leq \frac{1}{2} a^2 [\sigma]_\text{木}$$

$$= \frac{1}{2} \times (100 \times 10^{-3})^2 \times 10 \times 10^6 = 50 \times 10^3 \text{ N}$$

$[P]'$ 与 $[P]''$ 中的小者即 $[P]' = 29$ kN 为三角架的容许荷载。

17.5 轴向拉压杆的变形·胡克定律

杆件在轴向拉压时,其轴向和横向尺寸都发生变化,即同时产生轴向变形和横向变形。拉伸时,轴向长度增大,横向尺寸减小;压缩时,轴向长度减小,横向尺寸增大。

17.5.1 轴向变形·胡克定律

图 17-18 所示的轴向拉、压杆,其变形前的长度为 l,变形后为 l_1,长度的改变量为

$$\Delta l = l_1 - l$$

Δl 即为轴向变形(拉伸时 Δl 为正值,压缩时 Δl 为负值)。

由实验得知,当轴向外力 P 不超过某一限度(变形在弹性范围)时,Δl 与外力 P 及杆长 l 成正比,与杆件的横截面面积 A 成反比,即

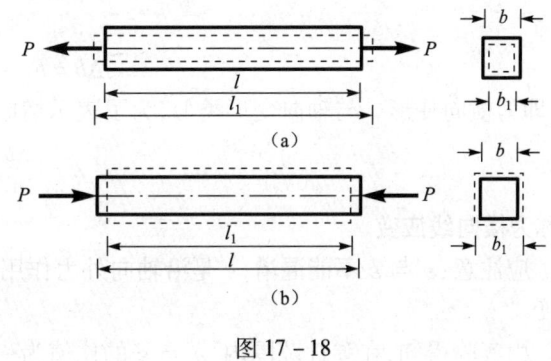

图 17-18

$$\Delta l \propto \frac{Pl}{A}$$

由于 $P = N$,此式可改写为

$$\Delta l \propto \frac{Nl}{A}$$

引入与杆件的材料有关的比例常数 E,则有

$$\Delta l = \frac{Nl}{EA} \tag{17-6}$$

式(17-6)就是轴向伸长(缩短)量的计算公式。该关系式称为**胡克定律**。式中 E 称为**弹性模量**,其值随材料而异通过实验来测定。由式(17-6)看到,E 值越大,Δl 值越小,表明材料越不易变形,E 表示**材料抵抗拉伸(压缩)变形的能力**。由式(17-6)还可看到,Δl 与 EA 成反比,EA 称为杆件的**抗拉(压)刚度**,它表示杆件抵抗拉伸(压缩)变形的能力。

为了表示杆件轴向伸长(或缩短)的程度,将 Δl 除以杆的原长 l,得

$$\varepsilon = \frac{\Delta l}{l}$$

ε 是单位长度杆件的伸长(或缩短)量(相对变形),称为**线应变**。

式(17-6)表达的胡克定律可改写为另一种表达形式。将式(17-6)作如下变动

$$\frac{\Delta l}{l} = \frac{N}{A} \cdot \frac{1}{E}$$

式中 $\frac{\Delta l}{l} = \varepsilon$,$\frac{N}{A} = \sigma$,将其代入上式,则得

$$\sigma = E\varepsilon \tag{17-7}$$

式(17-7)即为胡克定律的另一种表达形式。该式表明：在弹性范围内，正应力与线应变成正比。由该式还可知，E 的单位与 σ 的单位相同（ε 为无量纲量）。

胡克定律是变形体力学中的重要定律，第二篇中许多公式的推导，都是建立在此定律的基础上的。

17.5.2 横向变形·泊松比

图 17-18 所示的轴向拉、压杆，其变形前的横向尺寸为 b，变形后为 b_1，横向尺寸的改变量为

$$\Delta b = b_1 - b$$

Δb 即为横向变形。与轴向变形类似，为了表示横向变形的程度，引入相对变形，即

$$\varepsilon' = \frac{\Delta b}{b}$$

ε' 称为横向线应变。

应注意：ε' 与 ε 不能混淆，ε 是沿轴向外力作用方向的线应变，ε' 是沿与外力垂直方向的线应变。

由实验得知，在弹性范围内，ε' 与 ε 的比值为一常量，即

$$\left|\frac{\varepsilon'}{\varepsilon}\right| = \mu \tag{17-8}$$

μ 称为**泊松比**，又称为**横向变形系数**。μ 值随材料而异，也是通过实验来测定。

由于 ε' 与 ε 的正负号总是相反的，拉伸时 ε 为正，ε' 为负；压缩时 ε 为负，ε' 为正，故由式(17-8)可得 $\varepsilon' = -\mu\varepsilon$。

常用材料的 E 值和 μ 值如表 17-1 中所列。

表 17-1 弹性模量及横向变形系数的约值

材料名称	牌号	$E(10^5$ MPa$)$	μ
低碳钢		2.0 ~ 2.1	0.24 ~ 0.28
中碳钢	45	2.09	
低合金钢	16 Mn	2.0	0.25 ~ 0.30
合金钢	40 CrNiMoA	2.1	
灰口铸铁		0.6 ~ 1.62	0.23 ~ 0.27
球墨铸铁		1.5 ~ 1.8	
铝合金	LY12	0.72	0.33
硬质合金		3.8	
混凝土		0.15 ~ 0.36	0.16 ~ 0.18
木材（顺纹）		0.09 ~ 0.12	

例 17-11 承受轴向荷载的等截面杆如图 17-19(a)所示,已知杆的横截面面积 $A=400\ \text{mm}^2$,材料的弹性模量 $E=2\times10^5$ MPa,试求杆长的改变量。

图 17-19

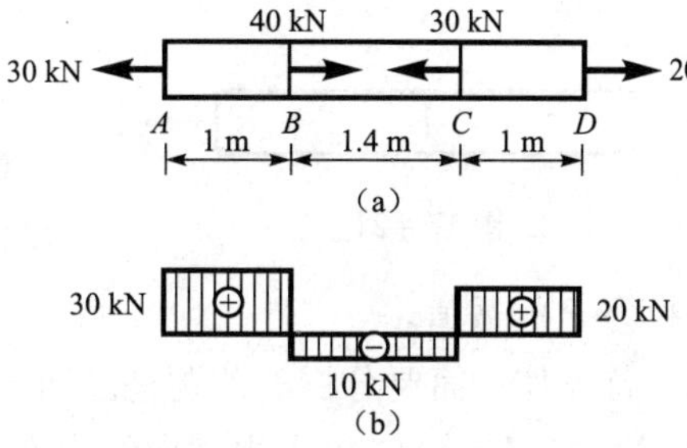

解 先画出杆件的轴力图如图 17-19(b)所示。AB 段和 CD 段的轴力为拉力,该二段杆伸长,BC 段的轴力为压力,该段缩短,杆长的改变量为三段杆轴向变形的代数和,即

$$\begin{aligned}\Delta l &= \Delta l_{AB}+\Delta l_{BC}+\Delta l_{CD}\\&=\frac{N_{AB}l_{AB}}{EA}+\frac{N_{BC}l_{BC}}{EA}+\frac{N_{CD}l_{CD}}{EA}\\&=\frac{1}{EA}(N_{AB}l_{AB}+N_{BC}l_{BC}+N_{CD}l_{CD})\\&=\frac{1}{2\times10^5\times10^6\times400\times10^{-6}}\times(30\times1-10\times1.4+20\times1)\times10^3\\&=0.45\times10^{-3}\ \text{m}\end{aligned}$$

算得 Δl 为正值,表明杆的长度增长了。

计算时应注意单位:N 用牛顿,l 用米,A 用米^2,E 用帕,算得的 Δl 为米。

例 17-12 等截面杆承受轴向均布荷载如图 17-20(a)所示,q、l、EA 均为已知,试求该杆的伸长量。

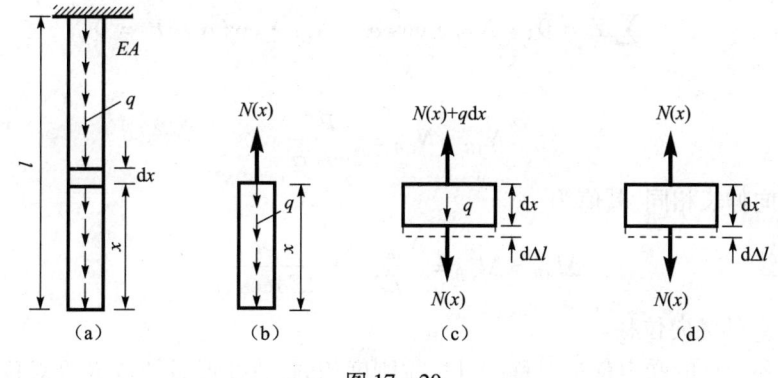

图 17-20

解 该杆各截面上的轴力均不同,在计算杆的轴向变形时,需计算各微段杆的轴向变形再相加,即进行积分。

在距下端为 x 处,截取长为 $\mathrm{d}x$ 的微段杆,其受力图如图 17-20(c)所示,因 $\mathrm{d}x$ 为微量,$q\mathrm{d}x$ 与 $N(x)$ 相比也是微量,故将 $q\mathrm{d}x$ 忽略不计,这样,微段杆的受力图将如图 17-20(d)所示。由图 17-20(b)可知,$N(x)=qx$,微段杆的轴向变形为

$$\mathrm{d}\Delta l=\frac{N(x)\,\mathrm{d}x}{EA}=\frac{qx\cdot\mathrm{d}x}{EA}$$

整个杆的轴向变形则为

$$\Delta l=\int_l \mathrm{d}\Delta l=\int_0^l\frac{qx}{EA}\mathrm{d}x=\frac{ql^2}{2EA}$$

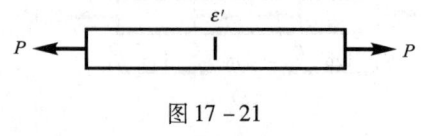

图 17-21

例 17-13 一等截面杆在轴向拉力 P 作用下，测得杆件某处的横向线应变 $\varepsilon' = -0.00003$（图 17-21），已知杆的横截面面积 $A = 300 \text{ mm}^2$，材料的弹性模量 $E = 2 \times 10^5$ MPa，泊松比 $\mu = 0.28$，试求轴向拉力 P 的数值。

解 首先作一简要分析。此题是已知 ε'、A、E、μ 求 P，应设法使 P 与已知量联系起来。由已知的 ε' 通过 $\varepsilon' = -\mu\varepsilon$ 可求出轴向线应变 ε，当 ε 已知后，通过胡克定律 $\sigma = E\varepsilon$ 可求出杆件横截面上的正应力 σ，再由 $P = N = A \cdot \sigma$ 求出 P 值。故轴向拉力 P 值为

$$P = N = A\sigma = AE\varepsilon = -AE\frac{\varepsilon'}{\mu}$$

$$= -300 \times 10^{-6} \times 2 \times 10^5 \times 10^6 \times \frac{-0.3 \times 10^{-4}}{0.28} = 6.43 \times 10^3 \text{ N}$$

此题的计算并不复杂，但却涉及胡克定律、内力与应力关系、轴向线应变与横向线应变关系等，故该题具有一定的综合性。

例 17-14 在图 17-22(a) 中，AB 杆和 CB 杆的抗拉刚度相同均为 EA，试求竖向力 P 作用下 B 点的竖向位移。

解 (1) 求二杆的轴力和轴向变形。

考虑结点 B 平衡[图 17-22(b)]，由平衡方程

$$\sum X = 0: \quad N_{CB} \cdot \sin\alpha - N_{AB} \cdot \sin\alpha = 0$$

$$\sum Y = 0: \quad N_{AB} \cdot \cos\alpha + N_{CB} \cdot \cos\alpha - P = 0$$

解得二杆轴力

$$N_{AB} = N_{CB} = \frac{P}{2\cos\alpha}$$

二杆的轴向伸长相同，其值为

$$\Delta l_{AB} = \Delta l_{CB} = \frac{N_{AB} \cdot l}{EA} = \frac{Pl}{2EA\cos\alpha}$$

(2) 求 B 点的竖向位移。

由于二杆和二杆的受力都是对称的且抗拉刚度相同，故变形后结点 B 沿对称轴移到 B' 点处，BB' 即为结点 B 的竖向位移[图 17-22(c)]。为了找出竖向位移 BB' 与二杆伸长量间的几何关系，需在图中标出 Δl_{AB} 和 Δl_{CB}。二杆的伸长量本应如图 17-22(c) 中所示，但在小变形的情况下可作如下处理：由 B' 点分别向 AB 杆和 CB 杆的延长线引垂线，得 D、E 二点[图 17-22(d)]，视 BD 和 BE 分别为 AB 杆和 CB 杆的伸长量，这样，由三角形 BDB'（或 BEB'）便可找到竖向位移 BB' 与 Δl_{AB}（或 Δl_{CB}）间的下列关系

$$BB' = \frac{\Delta l_{AB}}{\cos\alpha}$$

将求得的 Δl_{AB} 值代入该式，则得

$$BB' = \frac{Pl}{2EA \cdot \cos\alpha} \cdot \frac{1}{\cos\alpha} = \frac{Pl}{2EA \cdot \cos^2\alpha}$$

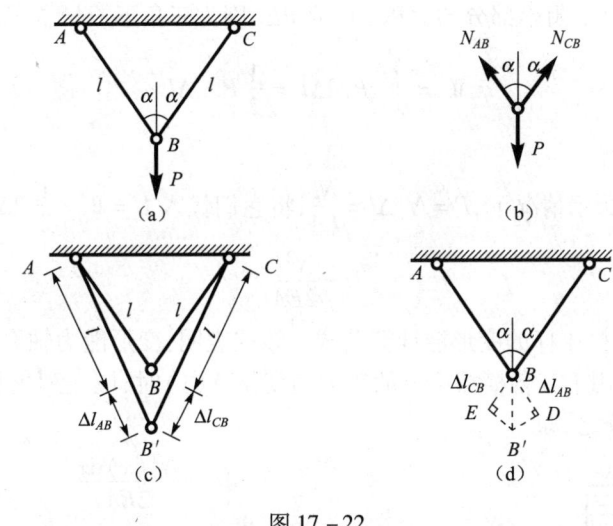

图 17-22

17.6 轴向拉压杆的变形能

弹性体在外力作用下将发生变形,与此同时弹性体内将积蓄能量,此能量称为**变形能**。弹性体于变形后之所以积蓄能量,是因为在加力过程中,力在其相应位移上做了功。若不考虑加力过程中其他形式的能量损耗,根据功能转换原理,则积蓄弹性体内的变形能 U 在数值上应等于外力所做的功 W,即

$$U = W$$

变形能可通过外力做功来计算。

外力做功分为常力做功和变力做功。本篇中的**静荷载**均为变力,所谓静荷载是指从零开始逐渐缓慢增加的荷载。例如图 17-23(a)所示的轴向受拉杆,作用在杆上的轴向外力 P,不是一开始就为 P 值,而是从零开始逐渐缓慢增加的,其最终值为 P。这样,便可认为在加载过程中杆始终处于平衡状态。下面结合图 17-23 说明轴向外力 P 在其相应位移上做的功。

在弹性范围内,外力 P 与位移 Δl 呈线性关系[图 17-23(b)]。外力在 $0 \sim P$ 的加载过程中,每一外力值均对应一定的位移值。当外力为 P_1 时,相应位移为 Δl_1,此时使外力增加一微量 dP,则位移也增加一微量 $d\Delta l$,在这一过程中,外力做的元功为

$$dW = P_1 \cdot d\Delta l$$

这里略去了 dP 在 $d\Delta l$ 上做的功,因该部分属二阶微量。外力从零到 P 整个过程所做的功为

$$W = \int_0^P P_1 \cdot d\Delta l$$

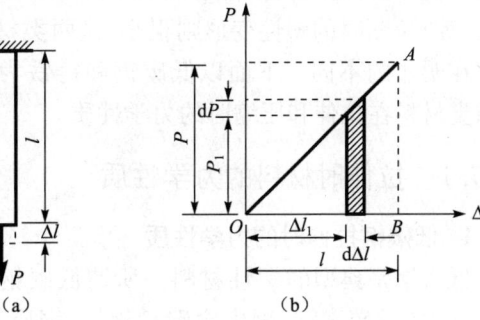

图 17-23

$P_1 \mathrm{d}\Delta l$ 为图 17-23(b) 中阴影部分的面积，$\int_0^P P_1 \mathrm{d}\Delta l$ 则为三角形 OAB 的面积，所以

$$W = \int_0^P P_1 \mathrm{d}\Delta l = \frac{1}{2} P \cdot \Delta l \tag{17-9}$$

式中 Δl 为最终位移。

在图 17-23(a) 所示情况下，$P = N$，$\Delta l = \dfrac{Nl}{EA}$，将它们代入 $U = W = \dfrac{1}{2} P \Delta l$，则得

$$U = \frac{N^2 l}{2EA} \tag{17-10}$$

式 (17-10) 就是轴向拉压杆的变形能计算公式。该式表明：变形能为轴力 N 的二次函数。

当杆件在外力作用下其各横截面上的轴力为变量 $N(x)$ 时，应先列出长为 $\mathrm{d}x$ 的微段杆内变形能的算式，再积分之，即

$$\mathrm{d}U = \frac{N^2(x) \mathrm{d}x}{2EA}$$

$$U = \int_l \frac{N^2(x)}{2EA} \mathrm{d}x \tag{17-11}$$

例 17-15 等截面轴向受拉杆如图 17-24(a) 所示，杆的抗拉刚度为 EA，试求杆内的变形能。

解 杆的轴力图如图 17-24(b) 所示。两段杆的轴力不同，计算变形能时，应分段计算再相加，即

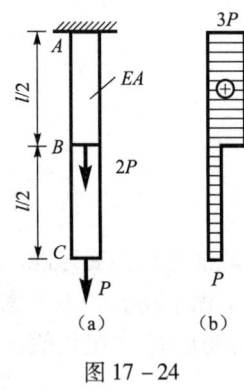

图 17-24

$$U = \frac{N_{AB}^2 \cdot l_{AB}}{2EA} + \frac{N_{BC}^2 l_{BC}}{2EA} = \frac{(3P)^2 \cdot \dfrac{l}{2}}{2EA} + \frac{P^2 \cdot \dfrac{l}{2}}{2EA} = \frac{5P^2 l}{2EA}$$

17.7 材料拉伸、压缩时的力学性质

对拉压杆进行强度和变形计算时，除与杆件的几何尺寸和受力情况有关外，还与材料的力学性质有关，因而应对材料的力学性质有所了解。材料的力学性质是通过实验来测定的。

工程中材料的种类很多，通常根据其断裂时发生塑性变形的大小分为**塑性材料**和**脆性材料**两大类。塑性材料（如低碳钢、铝等）在拉断时产生较大的塑性变形，而脆性材料（如铸铁、砖、石等）拉断时的塑性变形则很小，这两类材料的力学性质存在明显的不同。下面以低碳钢和铸铁为代表分别介绍两类材料在拉伸和压缩时的力学性质。

17.7.1 拉伸时材料的力学性质

1. 低碳钢拉伸时的力学性质

低碳钢是典型的塑性材料。所谓低碳钢是指含碳量低于 0.3% 的碳素钢，钢中含碳量越低，钢质越软，故低碳钢又称软钢。低碳钢是建筑工程中常用的钢材。

用低碳钢制成一定尺寸的标准试件 [如图 17-25

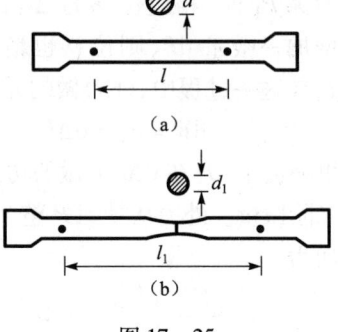

图 17-25

(a)],将试件放在试验机上加轴向拉力 P,P 从零开始逐渐增大,直至试件被拉断[图 17-25(b)]。试件在 P 作用下产生轴向变形 Δl,Δl 是与 P 对应的,每一 P 值均对应一定的 Δl 值,P 与 Δl 间的关系曲线如图 17-26(a)所示,该曲线称为**拉伸图**。

P 与 Δl 的对应关系还与试件的尺寸有关,在同一拉力 P 作用下,试件尺寸 (l,A) 不同时,Δl 也不同,为了消除试件尺寸的影响,可用应力 $\sigma = \dfrac{P}{A}$ 作为纵坐标,用应变 $\varepsilon = \dfrac{\Delta l}{l}$ 作为横坐标,这样,就将拉伸图改造成图 17-26(b)所示的 σ—ε 曲线,该曲线称为应力-应变图。下面根据应力-应变图说明低碳钢拉伸时的一些力学性质。

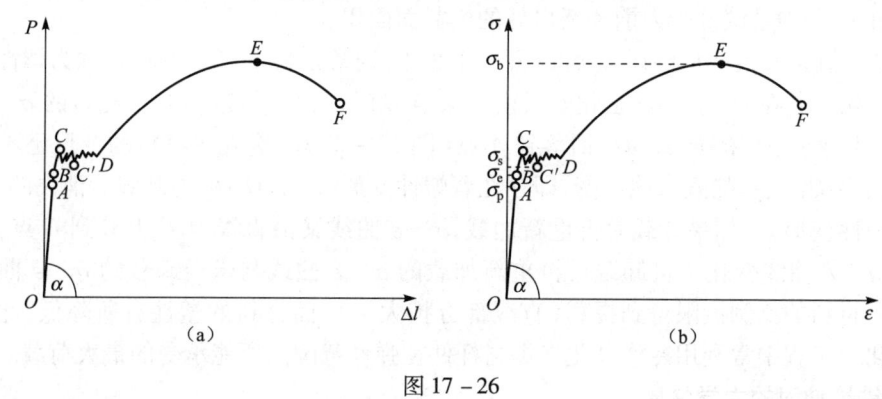

图 17-26

σ—ε 曲线可分为下列四个特征阶段:

(1) 弹性阶段[图 17-26(b)中的 OB 段]。在此阶段内,材料的变形是弹性的,若卸去荷载 P,试件的变形将全部消失。B 点对应的应力称为材料的**弹性极限**并用 σ_e 表示。

在弹性阶段内,OA 段为直线,A 点对应的应力称为**比例极限**并用 σ_p 表示。比例极限是反映材料力学性质的一个重要指标,它涉及胡克定律的适用范围。胡克定律 $\sigma = E\varepsilon$ 是反映 σ 与 ε 成正比关系,在图上为直线。而在 σ—ε 图线上只在 $\sigma \leqslant \sigma_p$ 时为直线,因而胡克定律 $\sigma = E\varepsilon$ 只在 $\sigma \leqslant \sigma_p$ 时才成立。

A、B 两点非常接近,在应用中,对比例极限与弹性极限常不加严格区分。

(2) 屈服阶段[图 17-26(b)中的 CD 段]。当应力超过弹性极限 σ_e 后,应变增加很快,而应力则在一较小范围内波动,在 σ—ε 曲线上出现一段近于水平的线段(CD 段)。这种应力基本不增加而应变继续增大的现象称为**屈服现象**,CD 段称为屈服阶段(或流动阶段),C' 点对应的应力称为材料的**屈服极限**。屈服极限是衡量材料强度的重要指标。

当应力超过弹性极限以后,材料的变形既有弹性变形,又有塑性变形。在屈服阶段,弹性变形基本不再增加,而塑性变形迅速增加,即屈服阶段出现了明显的塑性变形。

(3) 强化阶段[图 17-26(b)中的 DE 段]。材料经过屈服阶段后,应力 σ 与应变 ε 又同时增加,σ—ε 曲线继续上升直到 E 点,DE 段称为**强化阶段**。此阶段增长的变形中,塑性变形占的比例较大。

σ—ε 曲线最高点 E 对应的应力称为材料的**强度极限**并用 σ_b 表示。

(4) 颈缩阶段[图 17-26(b)中的 EF 段]。在应力达到 σ_b 之前,试件的变形是均匀的,当应力达到 σ_b 时,试件开始出现不均匀变形,试件的某部出现了明显的局部收缩,形成"**颈缩**"现象[见图 17-25(b)],曲线开始下降,至 F 点时试件被拉断。此阶段称为**颈缩阶段**。

上述应力-应变图的四个阶段和相应的各应力特征点(比例极限、弹性极限、屈服极限、强度极限)反映出了典型塑性材料在拉伸时的力学性质。

延伸率和截面收缩率 材料的塑性性质通常是以下列两个指标来衡量

$$\text{延伸率} \quad \delta = \frac{l_1 - l}{l} \times 100\%$$

$$\text{截面收缩率} \quad \psi = \frac{A - A_1}{A} \times 100\%$$

式中 l 和 l_1 分别是试件受力前和拉断后试件上标距间的长度(见图17-25);

A 和 A_1 分别是试件受力前和断口处的横截面面积。

δ 和 ψ 值越大,表明材料的塑性越好。工程中,通常是将 $\delta > 5\%$ 的材料称为塑性材料。

冷作硬化 若在 $\sigma—\varepsilon$ 曲线强化阶段内的某点 G 时,将荷载慢慢卸掉,此时的 $\sigma—\varepsilon$ 曲线将沿着与 OA 近于平行的直线 GO_1 回落到 A 点(图17-27)。这表明材料的变形已不能全部消失,存在着 OO_1 表示的残余线应变,即存在着塑性变形(图中 O_1O_2 为卸载后消失的线应变,此部分为弹性变形)。如果卸载后再重新加载,$\sigma—\varepsilon$ 曲线又沿直线 O_1G 上升到 G 点,以后仍按原来的 $\sigma—\varepsilon$ 曲线变化。将卸载后再重新加载的 $\sigma—\varepsilon$ 曲线与未经卸载的 $\sigma—\varepsilon$ 曲线相对比,可看到,材料的比例极限得到提高(直线部分扩大了),而材料的塑性有所降低,此现象称为**冷作硬化**。工程中常利用冷作硬化来提高杆件在弹性范围内所能承受的最大荷载。

2. 铸铁拉伸时的力学性质

铸铁是典型的脆性材料,其拉伸时的 $\sigma—\varepsilon$ 曲线如图17-28所示。与低碳钢相比,其特点为:

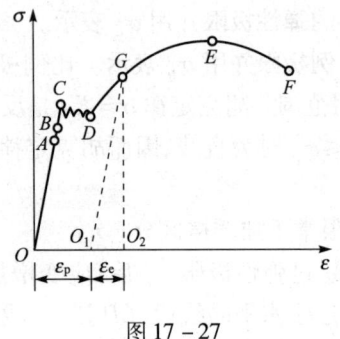

图 17-27

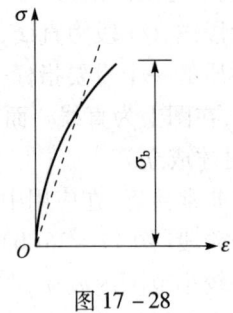

图 17-28

(1) $\sigma—\varepsilon$ 曲线为一微弯线段,且没有明显的阶段性。

(2) 拉断时的变形很小,没有明显的塑性变形。

(3) 没有比例极限、弹性极限和屈服极限,只有强度极限且其值较低。

3. 其他材料拉伸时的力学性质

图17-29中给出了几种塑性金属材料拉伸时的 $\sigma—\varepsilon$ 曲线,其中:① 为锰钢,② 为铝合金,③ 为球墨铸铁。它们的共同特点是拉断前都有较大的塑性变形,延伸率比较大,但都没有明显的屈服阶段。对这类塑性材料,常人为地规定某个应力值作为材料的**名义屈服极限**。在有关规定中,是以产生 0.2% 塑性应变时所对应的应力作为名义屈服极限并以 $\sigma_{0.2}$ 表示(见图17-30)。

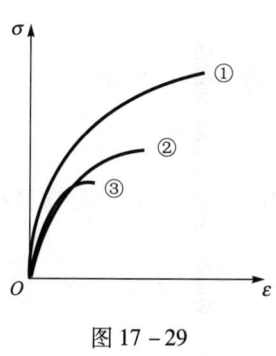

图 17-29

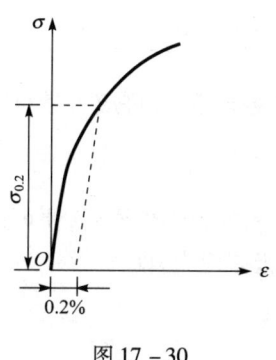

图 17-30

其他的脆性材料如砖、石、混凝土等,其拉伸时的力学性质均与铸铁类似。

17.7.2 压缩时材料的力学性质

1. 低碳钢压缩时的力学性质

低碳钢压缩时的 $\sigma-\varepsilon$ 曲线如图 17-31 所示。将其与拉伸时的 $\sigma-\varepsilon$ 曲线相对比:弹性阶段和屈服阶段与拉伸时的曲线基本重合,比例极限、弹性极限、屈服极限均与拉伸时的数值相同;在进入强化阶段后,曲线一直向上延伸,测不出明显的强度极限。这是因为低碳钢的材质较软,随着压力的增大,试件越压越扁。工程中,取拉伸时的强度极值作为压缩时的强度极限,即认为拉、压的强度指标相同。

2. 铸铁压缩时的力学性质

铸铁压缩时的 $\sigma-\varepsilon$ 曲线如图 17-32 所示,仍是与拉伸时类似的一条微弯曲线,只是其强度极限值较大,它远大于拉伸时的强度极限值。这表明铸铁这种材料是抗压而不抗拉的。

其他脆性材料如砖、石、混凝土等都与铸铁类似,它们的抗压强度都远高于抗拉强度。因此在工程中,这类材料只能用作受压构件。

上面介绍的两类材料的力学性质,都是常温、静荷载下的力学性质。材料的力学性质还受其他一些因素的影响,这些因素包括诸如温度、加载速度、荷载的长时间作用、受力状态等。另外,材料的塑性与脆性也不是绝对的,例如低碳钢在常温下为塑性材料,但在低温下也会变脆,因此,将塑性材料与脆性材料说成为材料的塑性状态与脆性状态更为确切。

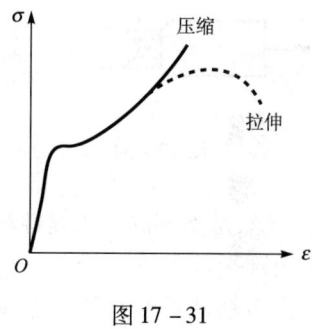

图 17-31

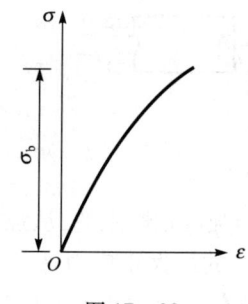

图 17-32

17.7.3 容许应力的确定

前面已经知道,容许应力是材料的极限应力除以大于 1 的安全系数,即

$$[\sigma] = \frac{\sigma^0}{K}$$

在了解了材料的力学性质后,便可进一步来确定不同材料的极限应力 σ^0。脆性材料是以强度极限 σ_b 为极限应力,即

$$[\sigma] = \frac{\sigma_b}{K_b} \qquad (17-12)$$

塑性材料则是以屈服极限 σ_s 为极限应力,即

$$[\sigma] = \frac{\sigma_s}{K_s} \qquad (17-13)$$

对塑性材料来说,当应力达到材料的屈服极限时,尽管材料并没有破坏,但由于此时将出现显著的塑性变形而影响杆件的正常工作,所以,以屈服极限作为强度指标。

式(17-12)和式(17-13)中的安全系数分别为 K_b 和 K_s,这表示两类材料安全系数的取值是不同的。安全系数值的具体确定是个十分重要而又复杂的问题,其值取得过大,会造成材料的浪费,取值过小,又影响安全,通常是由国家设置的专门机构来确定。

17.8 应力集中的概念

由前面 §17.3 知道,轴向拉压杆其横截面上的正应力是均匀分布的。由实验得知,当杆件截面尺寸有局部的突然改变时,在突变附近横截面上的正应力将不再呈均匀分布。例如图 17-33(a)所示带有小圆孔的拉杆,其 $a—a$ 截面上的应力将如图 17-33(b)所示,孔附近的应力明显增大。再如图 17-34(a)所示带有缺口的拉杆,$b—b$ 截面缺口附近的应力也明显增大(在距孔和缺口较远处,横截面上的应力仍为均匀分布)。这种由杆件截面尺寸的突然改变而使局部区域出现应力急剧增大的现象称为**应力集中**。

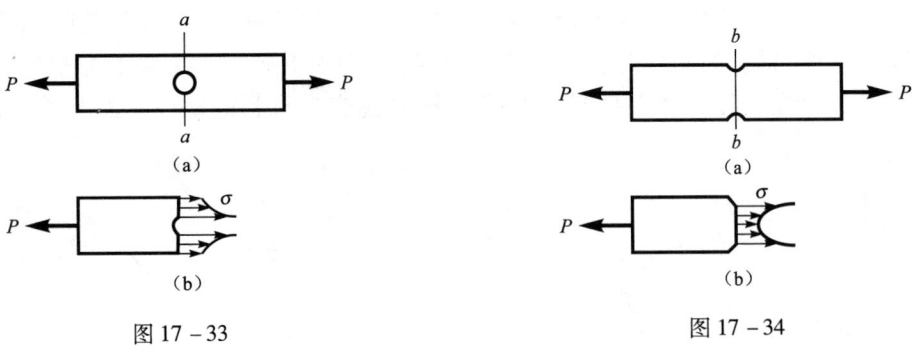

图 17-33   图 17-34

应力是与强度相联系的,从强度角度看,局部应力剧增,显然是不利的。对脆性材料杆件,当应力集中处的最大正应力达到材料的强度极限时,就会出现裂纹并进而导致杆件的断裂。而塑性材料杆件对应力集中的反映则缓和得多。这是由于许多塑性材料存在屈服阶段,当应力集中处的最大应力达到屈服极限时,这里只发生塑性变形而应力不再增大,这样,尚未达到

屈服极限处的应力可继续增大,直至使截面上的应力趋于均匀。一般在静荷载作用下的塑性材料杆件可不考虑应力集中的影响。

❀ 17.9 拉压超静定问题 ❀

17.9.1 超静定问题和超静定次数

在前面第一篇第 3 章中,曾介绍了超静定(静不定)的概念:当作用在物体上平衡力系中未知力的数目多于可列出的独立平衡方程的数目时,仅用平衡方程不能求解全部未知力,此类问题为超静定问题。例如图 17-35 所示杆,在轴向力 P 作用下,上、下端存在两个未知约束反力 R_A 和 R_B,P、R_A、R_B 为共线力系,只能列出一个独立的平衡方程,因而仅用平衡方程求不出未知力 R_A 和 R_B,此即为超静定问题。再如图 17-36 所示三杆组成的结构,在荷载 P 作用下,三杆均为轴向受拉,存在三个未知内力,考虑结点 B 平衡;作用在结点上的平衡力系为平面汇交力系,只能根据 $\sum X = 0$ 和 $\sum Y = 0$ 列出两个独立平衡方程,显然,两个方程也求不出三个未知力,它也是超静定问题。

在超静定问题中,**未知力的数目与可列出的独立平衡方程数目之差称为超静定的次数**。显然,图 17-35 所示杆和图 17-36 所示的杆系结构均为一次超静定,图 17-37(a)、(b)所示结构也都是一次超静定(分别为平面平行力系和平面任意力系),图 17-37(c)所示结构则为二次超静定。

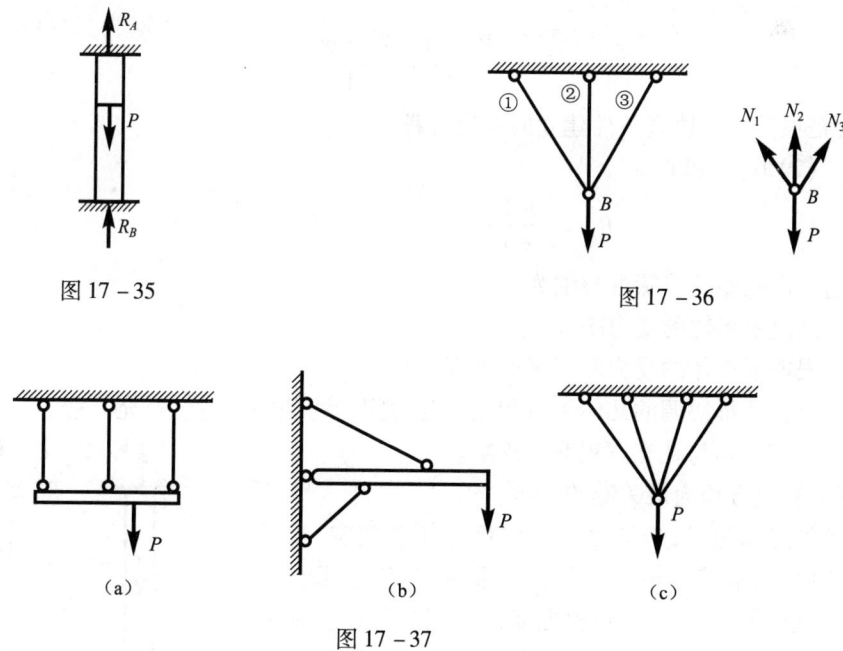

图 17-35

图 17-36

(a)　　(b)　　(c)

图 17-37

17.9.2 超静定问题的解法

解超静定问题的思路是:设法建立补充方程,几次超静定就建立几个补充方程,使补充方

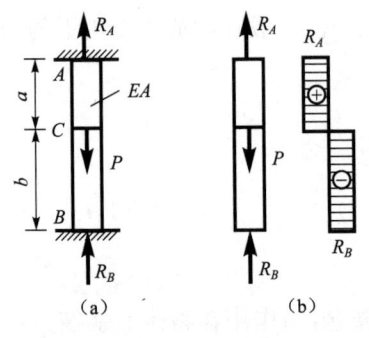

图 17-38

程与独立平衡方程数目之和正好等于未知力的数目,这样,通过平衡方程和补充方程便可求解全部未知力。

下面通过求图 17-38(a)所示杆的约束反力说明拉压超静定问题的具体解法。

前面已分析过,此为一次超静定问题,需通过一个平衡方程(共线力系)和一个补充方程来求解二未知约束反力。杆的受力图如图 17-38(b)所示,其平衡方程为

$$\sum Y = 0: \quad R_A + R_B - P = 0 \tag{1}$$

补充方程是根据**变形协调条件来建立**。所谓变形协调条件是杆件的各部分变形之间或各杆的变形之间的协调关系。图 17-38(a)所示杆在 P 作用下,其上部 AC 段伸长,下部 CB 段缩短,但杆的总长度不能改变,若 AC 段杆伸长为 Δl_1,CB 段杆缩短为 Δl_2,则有

$$\Delta l_1 - \Delta l_2 = 0 \quad \text{或} \quad \Delta l_1 = \Delta l_2 \tag{a}$$

该式就是根据此问题的变形**协调**条件所建立的几何关系。

当杆的材料在弹性范围内工作时,由胡克定律可知,变形与力之间存在下列物理关系

$$\Delta l_1 = \frac{R_A \cdot a}{EA}$$

$$\Delta l_2 = \frac{R_B \cdot b}{EA} \tag{b}$$

将式(b)代入式(a),则得

$$\frac{R_A \cdot a}{EA} - \frac{R_B \cdot b}{EA} = 0 \tag{2}$$

式(2)便是根据变形**协调**条件建立的补充方程。

(1)、(2)联立,解得

$$R_A = \frac{b}{a+b} \cdot P \qquad R_B = \frac{b}{a+b} \cdot P$$

解超静定问题的步骤可归纳为:

(1)画出平衡体的受力图。

(2)根据平衡体的受力图列平衡方程。

(3)根据变形协调的几何关系和变形与力间的物理关系建立补充方程。

(4)平衡方程与补充方程联立求解。

其中,建立补充方程为最关键的一步。

解超静定问题时,未知力的方向仍可任意假定,求得结果为正值,表示其方向与实际相一致,得负值表示与实际相反。但必须注意的是:在根据变形协调条件建立补充方程时,**未知力方向与变形应该协调一致**。例如图 17-38(a)所示杆,若将下端约束反力 R_B 的方向改为向下时(图 17-39),CB 段杆的变形则变为伸长,此时变形协调条件的几何关系则应改为

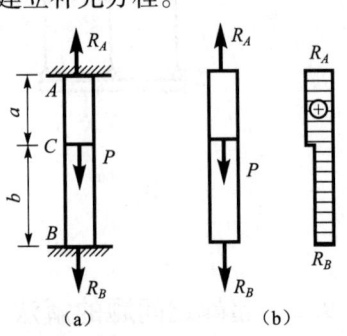

图 17-39

$$\Delta l_1 + \Delta l_2 = 0$$

此时变形与力间的物理关系仍为(b)式,补充方程则为

$$\frac{R_A \cdot a}{EA} + \frac{R_B \cdot b}{EA} = 0$$

算得结果 R_B 一定为负值。

例 17 - 16 图 17 - 40(a)所示结构中,AB 为刚性杆,杆①和杆②的抗拉刚度相同,均为 EA,试求 P 作用下杆①和杆②的轴力。

解 此题存在杆①、杆②的两个未知轴力和 A 点的两个未知约束反力,四个未知力与 P 组成平面任意力系,可列出三个独立的平衡方程,故为一次超静定问题。

P 作用下杆①、杆②均受拉,取水平刚性杆为平衡对象,其受力图如图 17 - 40(b)所示。因只求杆①和杆②的轴力(不求 A 处的反力),故只宜建立下列一个平衡方程,即

$$\sum M_A = 0: \quad N_1 \cdot a + N_2 \cdot 2a - P \cdot 3a = 0 \tag{1}$$

(对 A 点取矩,使二未知约束反力不出现。)

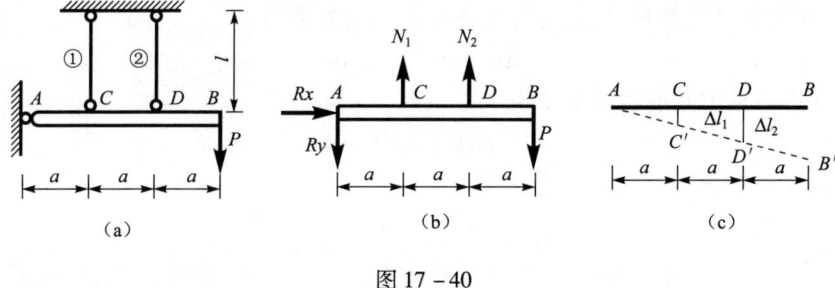

图 17 - 40

建立补充方程时,需找出杆①和杆②变形后伸长量之间的关系。杆①、杆②变形后,水平刚性杆 AB 绕 A 点转动到 AB' 位置[图 17 - 40(c)]。由于变形很微小,可认为 C、D 两点沿竖直方向移到 C' 点和 D' 点,CC' 和 DD' 则分别为杆①和杆②的伸长量。二伸长量间的关系为

$$\Delta l_2 = 2\Delta l_1 \tag{a}$$

各杆的变形与轴力间的物理关系为

$$\left. \begin{array}{l} \Delta l_1 = \dfrac{N_1 l}{EA} \\[2mm] \Delta l_2 = \dfrac{N_2 l}{EA} \end{array} \right\} \tag{b}$$

将式(b)代入式(a),则得下列补充方程

$$\frac{N_2 l}{EA} = 2 \frac{N_1 l}{EA} \tag{2}$$

(1)、(2)联立,解得

$$N_1 = 0.6P \qquad N_2 = 1.2P$$

例 17 - 17 图 17 - 41 所示结构中,各杆的抗拉刚度相同均为 EA,P、l、α 均为已知,试求 P 作用下各杆的轴力。

解 前面曾分析过,该题为一次超静定问题。

取结点 B 为平衡对象,其受力图如图 17 - 41(b)所示。其平衡方程为

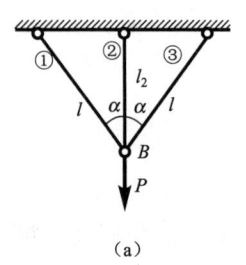 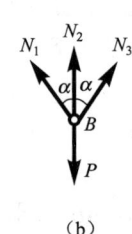 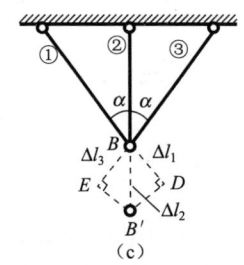

图 17-41

$$\sum X = 0: \quad N_3 \cdot \sin\alpha - N_1 \sin\alpha = 0 \tag{1}$$

$$\sum Y = 0: \quad N_1 \cdot \cos\alpha + N_2 + N_3 \cdot \cos\alpha - P = 0 \tag{2}$$

建立补充方程时,仍需找出变形后各杆伸长量间的关系。由于杆①和杆③是对称布置的且刚度相同,故各杆变形后结点 B 将沿对称轴移至 B' 点[图 17-41(c)]。在前面例 17-14 中已经知道,由 B' 点分别向①、③杆延长线引垂线得 D、E 二点,BD 和 BE 分别为杆①和杆③的伸长量。BB' 为杆②的伸长量,其与杆①伸长量间的关系为

$$\Delta l_1 = \Delta l_2 \cdot \cos\alpha \tag{a}$$

各杆的变形与轴力间的物理关系为

$$\Delta l_1 = \frac{N_1 l}{EA}$$

$$\Delta l_2 = \frac{N_2 l_2}{EA} = \frac{N_2 l}{EA} \cdot \cos\alpha \tag{b}$$

将式(b)代入式(a),则得下列补充方程

$$\frac{N_1 l}{EA} = \frac{N_2 l}{EA} \cdot \cos^2\alpha \tag{3}$$

(1)、(2)、(3)联立,解得

$$N_1 = N_3 = \frac{\cos^2\alpha}{1 + 2\cos^3\alpha} \cdot P \qquad N_2 = \frac{1}{1 + 2\cos^3\alpha} \cdot P$$

例 17-18 钢筋混凝土轴向受压如图 17-42(a)所示,其中钢筋为对称布置,已知混凝土的抗压刚度为 $E_1 A_1$,钢筋的抗压刚度为 $E_2 A_2$(A_2 为四根钢筋横截面积之和),试求 P 作用下混凝土和钢筋的内力。

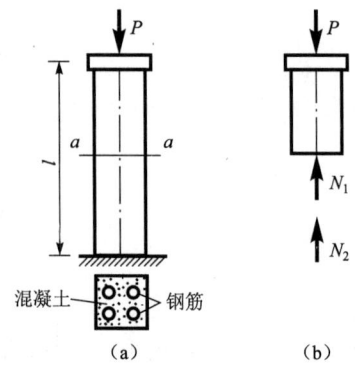

图 17-42

解 设横截面上混凝土的轴力为 N_1,四根钢筋轴力之和为 N_2,将柱在 a—a 处截开并取上部分离体,其受力图如图 17-42(b)所示。因钢筋为对称布置,故 N_2 与 P 共线,P、N_1、N_2 组成共线力系,只能列出一个独立平衡方程,而未知力为两个(N_1,N_2),此题为一次超静定问题。

依图 17-42(b)所示的受力图,其平衡方程为

$$N_1 + N_2 - P = 0 \tag{1}$$

P 作用下,混凝土与钢筋的轴向变形相同,即

$$\Delta l_1 = \Delta l_2 \tag{a}$$

变形与轴力间的物理关系为

$$\left.\begin{array}{l}\Delta l_1 = \dfrac{N_1 l}{E_1 A_1} \\[2mm] \Delta l_2 = \dfrac{N_2 l}{E_2 A_2}\end{array}\right\} \tag{b}$$

将式(b)代入式(a),得下列补充方程

$$\dfrac{N_1 l}{E_1 A_1} = \dfrac{N_2 l}{E_2 A_2} \tag{2}$$

(1)、(2)联立,解得

$$N_1 = \dfrac{E_1 A_1}{E_1 A_1 + E_2 A_2} \cdot P \qquad N_2 = \dfrac{E_2 A_2}{E_1 A_1 + E_2 A_2} \cdot P$$

小 结

1. 轴向拉伸、压缩是杆件的基本变形形式之一。本章内容并不复杂,但涉及的一些基本概念、研究方法和有关定律在第二篇中具有普遍意义。本章的重点内容为:内力及其求法、应力和强度计算、胡克定律及其应用、材料的力学性质。难点内容为:拉压超静定问题。

2. 内力是外力作用下杆件各部分之间的相互作用力,它与杆件的变形同时发生。求内力的基本方法为截面法,用截面法求内力时应注意:① 若选取的分离体存在约束,在画受力图和列平衡方程时,不要漏掉约束反力;② 不能任意应用力的等效原理。

3. 应力是一点处内力的集度。应力是与"截面"和"点"这两个因素分不开的。同一截面上不同点的应力值一般是不同的;同一点位于不同截面上的应力值一般也是不同的。杆件在外力作用下,其横截面上应力的分布规律需通过观察与分析变形才能知道,轴向拉压杆横截面上的应力是均匀分布的。

分析了拉压杆的内力和应力后,就可进一步研究工程中拉压杆的强度计算问题。拉压杆的强度条件为

$$\sigma = \dfrac{N}{A} \leqslant [\sigma]$$

应用强度条件主要解决强度计算中的三类典型问题,即校核强度、选择截面和求容许荷载。

4. 杆件在轴向拉压时,同时产生轴向与横向变形。轴向变形的计算公式为 $\Delta l = \dfrac{Nl}{EA}$,横向线应变与轴向线应变间的关系为 $\varepsilon' = -\mu\varepsilon$。在利用公式 $\Delta l = \dfrac{Nl}{EA}$ 时应注意:在杆长 l 范围内,N、EA 都必须为常量,否则需分段或通过积分来计算杆件的轴向变形。

胡克定律是变形体力学中的重要定律,其存在两种表达形式,即 $\sigma = E\varepsilon$ 和 $\Delta l = \dfrac{Nl}{EA}$。该定律只在弹性范围内成立,确切地说,只在 $\sigma \leqslant \sigma_p$ 时才成立。

5. 材料的力学性质是通过实验来测定的。工程材料根据其断裂时发生塑性变形的大小分为塑性材料和脆性材料，两类材料的力学性质存在明显的不同。材料的力学性质主要通过应力－应变图来反映，其中低碳钢的应力－应变图具有典型性，即存在四个不同阶段和相应的各应力特征点（比例极限、弹性极限、屈服极限和强度极限）。其他材料的应力－应变图可通过与低碳钢的对比，反映出其材料特点。

6. 仅用平衡方程不能求解全部未知力的这类问题称为超静定问题，体系中未知力数目与可列出的独立平衡方程数之差为超静定的次数。解超静定问题的关键在于根据变形协调条件建立补充方程，几次超静定就需建立几个补充方程。解超静定题目时应注意：① 一定要画出平衡体的受力图，因为列平衡方程和补充方程时，都与受力图有关；② 未知力的方向应与变形协调一致（见有关例题），否则得不出正确结果。

思考题

17－1 杆长和横截面面积均相同而截面形状和材料均不同的两个直杆，在相同的轴向外力作用下，二杆横截面上的正应力值是否相同？二杆的轴向变形值又是否相同？从而可得出什么结论？

17－2 等截面直杆在轴向拉力 P 作用下，测得轴向线应变 $\varepsilon = 0.0015$，已知材料的弹性模量 $E = 2 \times 10^5$ MPa、比例极限 $\sigma_p = 200$ MPa，按胡克定律

$$\sigma = E\varepsilon = 2 \times 10^5 \times 0.0015 = 300 \text{ MPa}$$

算得该杆横截面上的正应力为 300 MPa。问：此结果是否正确？为什么？

17－3 三种材料的 $\sigma\text{-}\varepsilon$ 曲线分别如图 17－43 中的①、②、③所示，试分析三种材料中哪种材料的弹性模量值最大。

17－4 低碳钢制成的轴向受拉杆，当其横截面上的正应力达到图 17－44 所示的 σ_m 时，此时杆件的变形是弹性变形还是塑性变形？还是两种变形同时存在？

17－5 图 17－45(a)所示结构为一次超静定问题。求杆①和杆②的内力时，其受力图如图 17－45(b)所示，平衡方程和补充方程分别为

$$\sum M_B = 0: \quad N_2 \cdot 2a - N_1 \cdot a - P \cdot a = 0 \tag{1}$$

$$\Delta l_2 = 2\Delta l_1 \qquad \frac{N_2 l}{EA} = 2\frac{N_1 l}{EA} \tag{2}$$

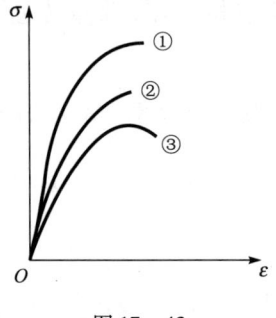

图 17－43

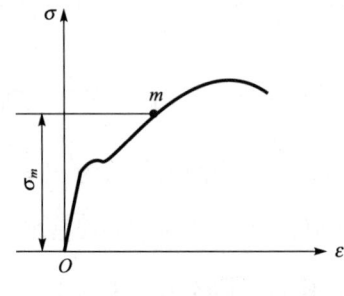

图 17－44

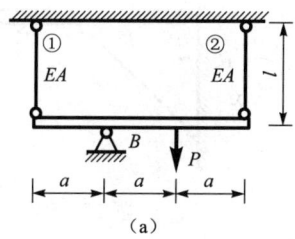
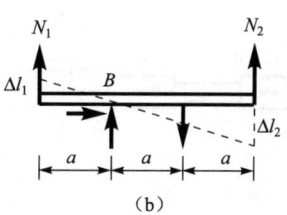

图 17-45

(1)、(2)联立,解得

$$N_1 = \frac{P}{3} \qquad N_2 = \frac{2}{3}P$$

问:上述解得结果是否正确? 如果不正确,其错在何处?

17-1 试求图示各杆 1—1 和 2—2 截面上的轴力。

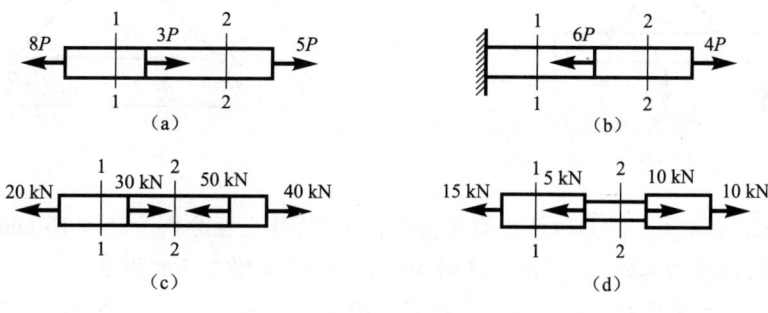

题 17-1 图

17-2 试画下列各杆的轴力图。

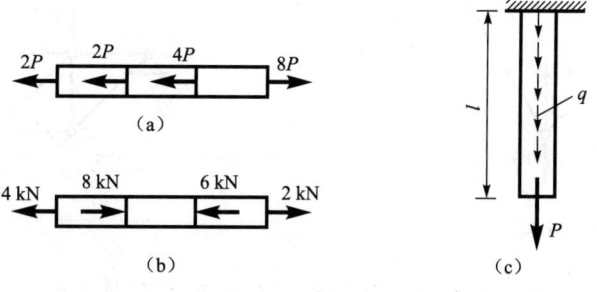

题 17-2 图

17-3 试画题 17-1 中各杆的轴力图。

17-4 图示杆中,$A_1 = 400 \text{ mm}^2$,$A_2 = 300 \text{ mm}^2$,试求 1—1 和 2—2 截面上的应力。

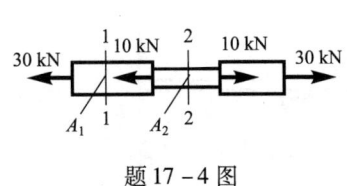

题 17-4 图

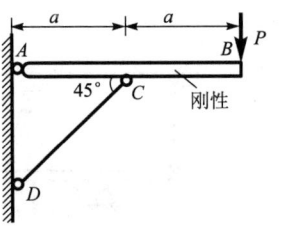

题 17-5 图

17-5 图示结构中，AB 为刚性杆，CD 为圆形截面木杆，其直径 $d = 120$ mm，已知 $P = 8$ kN，试求 CD 杆横截面上的应力。

17-6 用绳索起吊重物如图所示，已知重物的重量 $W = 10$ kN，绳索的直径 $d = 40$ mm，材料的容许应力 $[\sigma] = 10$ MPa，试校核绳索的强度。

17-7 图示结构中，AC 和 BC 均为边长 $a = 60$ mm 的正方形截面木杆，AB 为直径 $d = 10$ mm 的圆形截面钢杆，已知 $P = 8$ kN，木材的容许应力 $[\sigma]_{木} = 10$ MPa，钢材的容许应力 $[\sigma]_{钢} = 160$ MPa，试分别校核木杆和钢杆的强度。

题 17-6 图　　　　　　　　　题 17-7 图

17-8 图示结构中，杆①和杆②均为圆截面钢杆，其直径分别为 $d_1 = 16$ mm，$d_2 = 20$ mm，已知 $P = 40$ kN，钢材的容许应力 $[\sigma] = 160$ MPa，试分别校核二杆的强度。

17-9 图示为钢杆组成的桁架，已知 $P = 20$ kN，钢材的容许应力 $[\sigma] = 160$ MPa，试求 CD 杆所需的横截面面积。

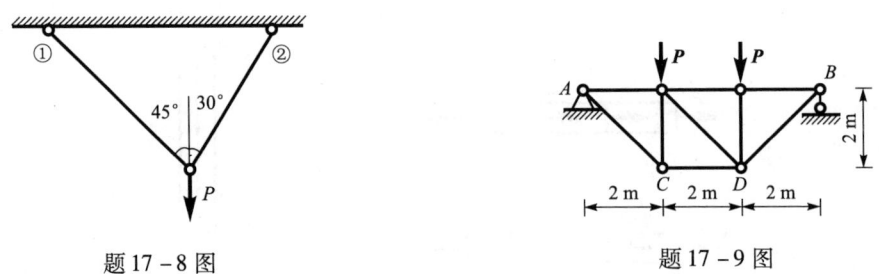

题 17-8 图　　　　　　　　　题 17-9 图

17-10 图示三角架中，AB 为圆截面钢杆，BC 为正方形截面木杆，已知 $P = 12$ kN，钢材的容许应力 $[\sigma]_{钢} = 160$ MPa，木材的容许应力 $[\sigma]_{木} = 10$ MPa，试求 AB 杆所需的直径和 BC 杆所需的截面尺寸。

17-11 图示结构中，AB 和 BC 均为直径 $d = 20$ mm 的钢杆，钢材容许应力 $[\sigma] = 160$ MPa，试求该结构的容许荷载 $[P]$。

17-12 在题 17-7 中,求容许荷载 $[P]$(其他条件均不变)。

题 17-10 图   题 17-11 图

17-13 在题 17-8 中,求容许荷载 $[P]$(其他条件均不变)。

17-14 下列各杆的抗拉刚度 EA 和轴向外力 P 均为已知,试求各杆的轴向伸长。

题 17-14 图

17-15 下列各杆的材料和横截面面积均相同,材料的弹性模量 $E = 2 \times 10^5$ MPa,横截面面积 $A = 200$ mm^2,试求各杆总长度的改变量。

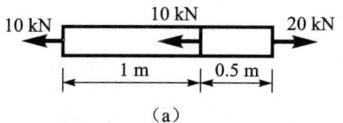 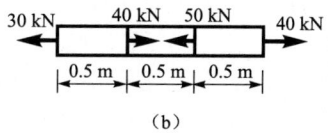

题 17-15 图

17-16 刚性横梁 AB 由两个吊杆吊成水平位置,二杆的抗拉刚度相同,问:竖向力 P 加在何处可使横梁 AB 保持水平?

17-17 二轴向受拉杆,一个为钢杆,另一为木杆,钢材和木材的弹性模量分别为 E_1 和 E_2,试求:

(1) 在横截面上正应力相同的情况下,二杆的轴向线应变的比值。

(2) 在轴向线应变相同的情况下,二杆横截面上正应力的比值。

题 17-16 图

17-18 横截面面积 $A = 100$ mm^2 的受拉杆,在轴向力 $P = 2.4$ kN 的作用下,测得其轴向线应变 $\varepsilon = 0.000\,12$、横向线应变 $\varepsilon' = -0.000\,03$,试求材料的弹性模量和泊松比。

17-19 直径 $d = 10$ mm 的圆截面杆,在轴向拉力 P 作用下,其直径 d 减小了 $0.002\,5$ mm,已知材料的弹性模量 $E = 2 \times 10^5$ MPa,泊松比 $\mu = 0.3$,试求轴向拉力 P 的数值。

17-20 图示结构中,AB 为圆截面钢杆,其直径 $d = 12$ mm,在竖向荷载 P 作用下,测得 AB 杆的轴向线应变 $\varepsilon = 0.000\,2$,已知钢材的弹性模量 $E = 2 \times 10^5$ MPa,试求 P 的数值。

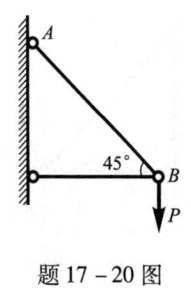
题 17-20 图

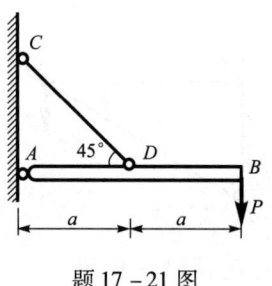
题 17-21 图

17-21 图示结构中,AB 为刚性杆,CD 杆的抗拉刚度 EA 为已知,试求 P 作用下水平刚性杆 B 端的竖向位移。

17-22 试分析下列图示各结构的超静定次数。

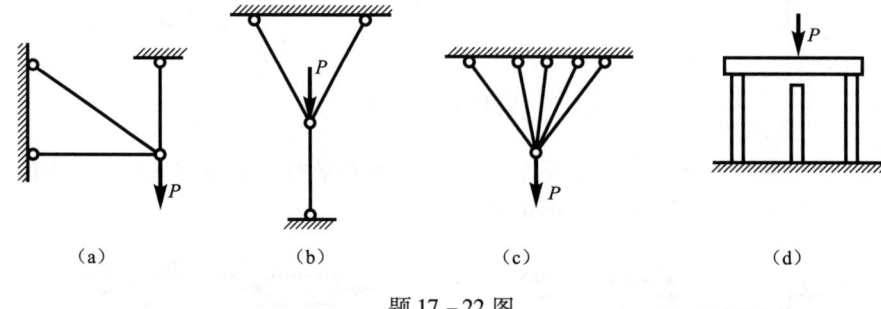
题 17-22 图

17-23 图示杆中,上段杆的抗拉(压)刚度为 E_1A_1,下段杆的抗拉(压)刚度为 E_2A_2,P 为轴向外力,试求两端的约束反力。

17-24 图示受力杆中,P 为轴向外力,杆的抗拉(压)刚度为 EA,试画出该杆的轴力图。

题 17-23 图　　　　　　　　题 17-24 图

17-25 图示结构中,杆①和杆②的抗拉刚度相同,均为 EA,试求 P 作用下杆①和杆②的轴力。

17-26 图示中,三角体 ABC 为刚性体,杆①和杆②的抗拉(压)刚度相同,试求 P 作用下杆①和杆②的轴力。

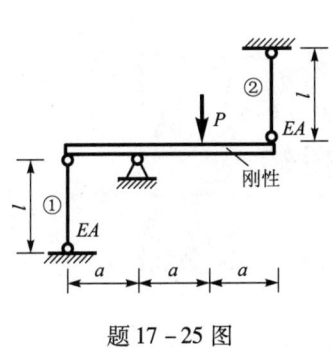
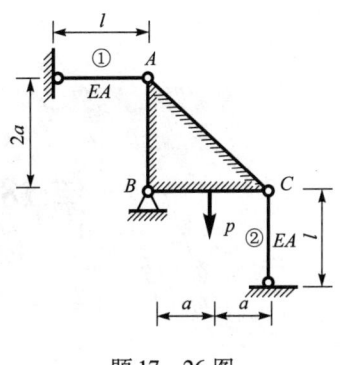

题 17-25 图　　　　　　　　　　　题 17-26 图

17-27　图示结构中，杆①和杆③的抗拉刚度相同均为 EA，杆②的抗拉刚度为 $2EA$，试求 P 作用下各杆的轴力。

17-28　图示结构中，杆①和杆③的抗拉刚度均为 EA，杆②的抗拉刚度为 $2EA$，试求各杆的轴力。

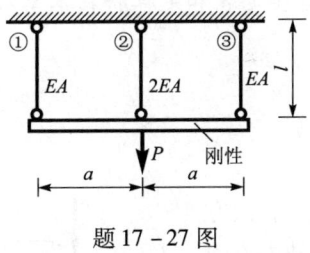
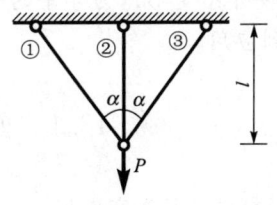

题 17-27 图　　　　　　　　　　　题 17-28 图

17-29　图示木柱在其四角处用四个 $40\,\text{mm} \times 40\,\text{mm} \times 4\,\text{mm}$ 的等边角钢加固，已知钢材和木材的弹性模量分别为 $E_\text{钢} = 2 \times 10^5\,\text{MPa}$ 和 $E_\text{木} = 10 \times 10^3\,\text{MPa}$，轴向压力 $P = 200\,\text{kN}$，试求角钢横截面上的应力。

17-30　图示结构中，三个杆的抗压刚度相同，杆②与水平刚性杆间存在微小空隙 δ，P 作用下杆①和杆③变形后，杆②也受力，试列出解此超静定问题时的平衡方程和补充方程。

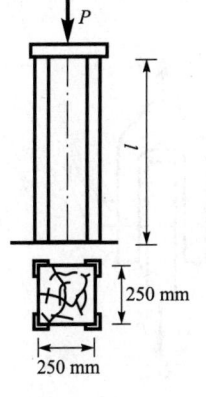
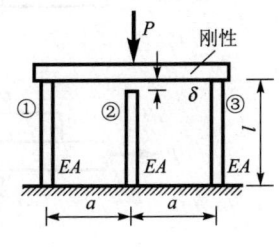

题 17-29 图　　　　　　　　　　　题 17-30 图

第18章 剪切和扭转

导言

- 本章包括剪切和扭转两部分内容。剪切部分主要研究连接件(如铆钉等)的强度计算,扭转部分主要研究圆杆扭转时的内力、应力、变形及强度和刚度计算。
- 本章还要介绍变形体力学中的一些重要定理和定律,这些定理和定律将在本章及后面有关章节中得到应用。

18.1 剪切及剪切的实用计算

剪切变形是杆件的基本变形形式之一。当杆件受一对大小相等、方向相反、作用线相距很近的横向力作用时,二力之间的截面将沿外力方向发生错动(图18-1),此种变形称为**剪切**。发生错动的截面称为**受剪面**或**剪切面**。

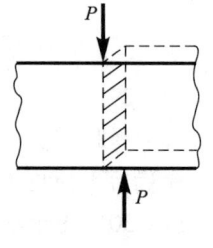

图 18-1

工程中属于这种变形的构件很多,常见的连接件如铆钉连接中的铆钉、螺栓连接中的螺栓、销钉连接中的销钉等(图18-2),它们工作时都发生剪切变形。下面以铆钉连接中的铆钉为例,讨论剪切变形时受剪面上的内力、应力和剪切强度计算。

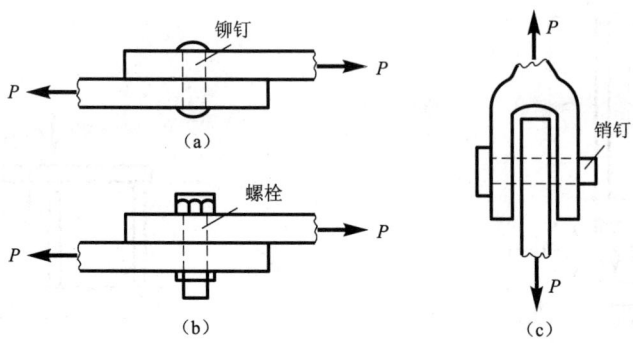

图 18-2

用铆钉连接的两钢板如图18-3(a)所示。拉力 P 通过板的孔壁作用在铆钉上,铆钉的受力图如图18-3(b)所示,a—a 为受剪面。在 a—a 处截开并取下部分离体[图18-3(c)],由

$\sum X = 0$ 可知,a—a 截面上一定存在沿截面的内力 Q,且 $Q = P$,Q 称为**剪力**。a—a 截面上与内力 Q 对应的应力为剪应力 τ[图 18-3(d)]。

当剪应力 τ 达到一定限度时,铆钉将被剪坏。a—a 截面上剪应力的分布情况非常复杂,在

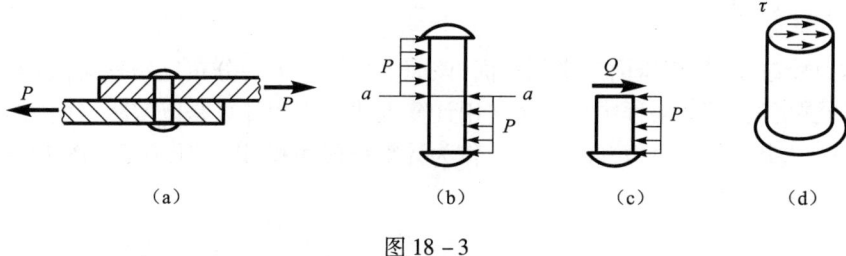

图 18-3

进行剪切强度计算时,工程中采用下述实用计算方法:假定 a—a 截面上的剪应力为均匀分布,以平均剪应力

$$\tau = \frac{Q}{A} \tag{18-1}$$

作为**计算剪应力**(A 为铆钉的横截面面积);对铆钉进行剪切破坏试验,以剪断时 a—a 面上的平均剪应力值除以安全系数作为材料的容许剪应力,剪切强度条件为

$$\tau = \frac{Q}{A} \leqslant [\tau] \tag{18-2}$$

此种实用计算方法,应用时十分简便。

18.2 拉(压)杆连接部分的强度计算

拉(压)杆通过连接件(如铆钉、螺栓、销钉等)连接在一起时,连接处的强度计算包括连接件(铆钉等)的强度计算和拉(压)杆的强度验算。下面以图 18-4(a)所示的铆接接头为例来说明。

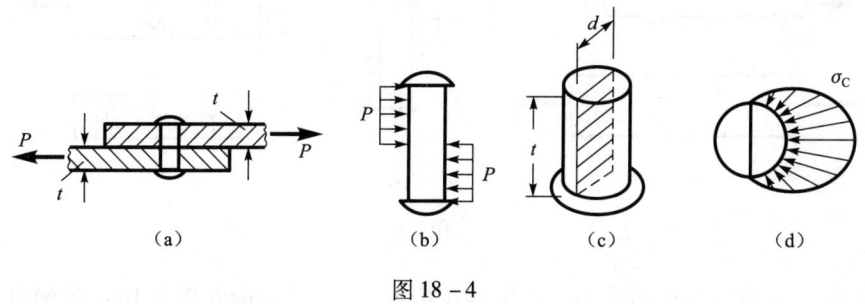

图 18-4

1. 铆钉的剪切强度计算

如前一节的分析,图 18-4(a)中的铆钉受剪,按剪切的实用计算,铆钉应满足剪切强度条件

$$\tau = \frac{Q}{A} \leqslant [\tau]$$

2. 铆钉的挤压强度计算

铆钉除可能剪切破坏外，还可能发生**挤压破坏**。挤压是指荷载 P 作用下铆钉与板孔壁间相互压紧的现象。接触面(又称**挤压面**)上传递的压力称为**挤压力**，接触面上由挤压力产生的应力称为**挤压应力**。当挤压应力达到一定限度时，铆钉将被挤压坏，因此，需对铆钉进行挤压强度计算。

由于铆钉受挤压时，挤压面为半圆柱面，该面上挤压应力的分布比较复杂，如图 18-4(d) 所示，对挤压强度的计算，工程中仍采用实用计算方法。实用计算是以实际挤面的正投影面积 A_c [图 18-4(c) 中的阴影面积，即 $A_c = td$] 作为**计算挤压面积**，以挤压力 P_c [图 18-4(a) 情况下 $P_c = P$] 除以挤压面积 A_c 得

$$\sigma_c = \frac{P_c}{A_c} \qquad (18-3)$$

作为**计算挤压应力**，挤压强度条件则为

$$\sigma_c = \frac{P_c}{A_c} \leq [\sigma_c] \qquad (18-4)$$

式中 $[\sigma_c]$ 为材料的容许挤压应力，其值是通过挤压破坏试验并考虑一定的安全储备确定的。

需指明一点：挤压是相互的，在上述铆钉连接中，钢板与铆钉同时受挤压，当钢板的容许挤压应力低于铆钉的容许挤压应力时，应按式(18-4)计算钢板的挤压强度。

3. 钢板的抗拉强度验算

由于钢板存在铆钉孔，其横截面遭到削弱，因此，还应对板的削弱截面进行抗拉(压)强度验算。

例 18-1 在图 18-5(a) 所示的铆接接头中(此种连接称为搭接)，已知 $P = 80$ kN，$b = 100$ mm，$t = 12$ mm，铆钉的直径 $d = 16$ mm，铆钉材料的容许剪应力 $[\tau] = 140$ MPa，容许挤压应力 $[\sigma_c] = 300$ MPa，杆件材料的容许拉应力 $[\sigma] = 160$ MPa，试分别校核铆钉和杆件的强度。

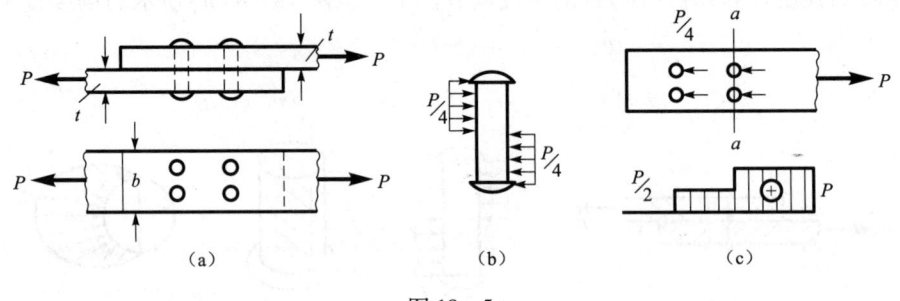

图 18-5

解 首先分析铆钉和板的受力。P 作用在板上，它通过板的孔壁作用在各铆钉上。铆钉是对称布置的，且铆钉的材料和直径又都相同，可认为各铆钉受相同的力，其值为 $\frac{P}{4}$ (共 4 个铆钉)，铆钉的受力图如图 18-5(b) 所示。将每个铆钉的反作用力作用在板的孔壁上，上板的受力图如图 18-5(c) 所示。

(1) 校核铆钉的剪切强度。

由图 18-5(b) 所示的受力图可知，铆钉受剪面上的剪力为 $P/4$，受剪面上的计算剪应

力为

$$\tau = \frac{Q}{A} = \frac{P/4}{\pi d^2/4} = \frac{80 \times 10^3}{\pi \times 0.016^2} = 99.5 \text{ MPa} < [\tau]$$

满足剪切强度条件。

（2）校核铆钉的挤压强度。

依图 18-5（b）所示的受力图，铆钉的计算挤压应力为

$$\sigma_c = \frac{P_c}{A_c} = \frac{P/4}{td} = \frac{80 \times 10^3}{4 \times 0.012 \times 0.016} = 104 \text{ MPa} < [\sigma_c]$$

满足挤压强度条件。

（3）校核板的抗拉强度。

上板的轴力图如图 18-5（c）所示，受削弱的 a—a 截面上的正应力为

$$\sigma = \frac{P}{t(b-2d)} = \frac{80 \times 10^3}{0.012 \times (0.1 - 2 \times 0.016)} = 98 \text{ MPa} < [\sigma]$$

满足抗拉强度条件。

例 18-2 二钢板（主板）用上、下两块盖板铆接在一起如图 18-6（a）所示（此种连接称为对接），已知轴向拉力 $P = 200$ kN，主板厚度 $t = 20$ mm，盖板厚度 $t_1 = 15$ mm，板的宽度 $b = 120$ mm，铆钉直径 $d = 16$ mm，铆钉材料的容许剪应力 $[\tau] = 140$ MPa，容许挤压应力 $[\sigma_c] = 300$ MPa，板的容许拉应力 $[\sigma] = 160$ MPa，试校核铆钉的剪切强度和挤压强度及主板的抗拉强度。

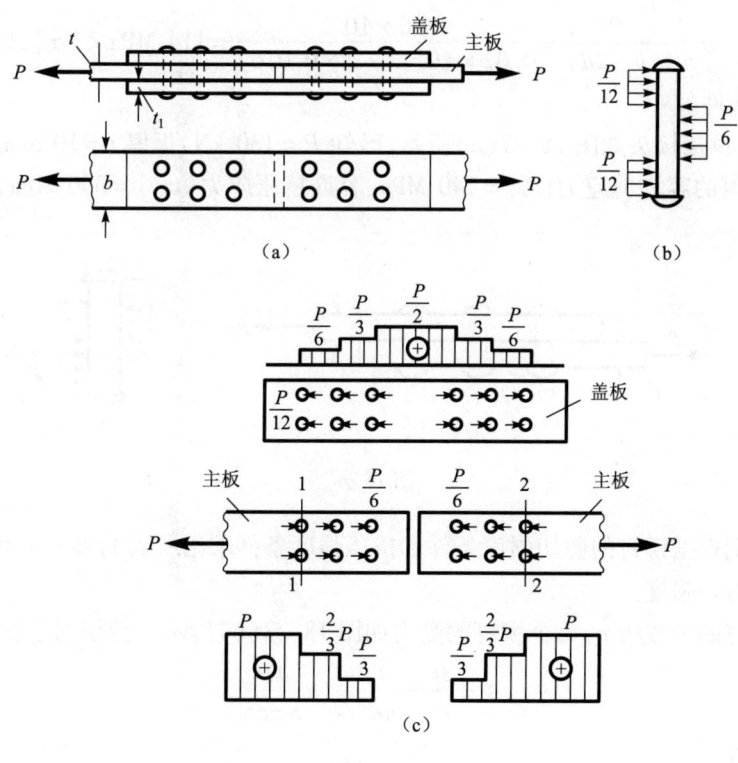

图 18-6

解 首先分析铆钉和板的受力。荷载 P 通过主板的孔壁作用在与主板相连的各铆钉的中段,每侧均为 6 个铆钉,故每个铆钉中段受的力为 $P/6$。铆钉的上、下段与盖板相连,盖板对铆钉作用力的方向与上述 $P/6$ 的方向相反,由铆钉的平衡条件可知,其值为 $P/12$。左侧铆钉的受力图如图 18-6(b)所示。将每个铆钉的反作用力作用在主板、盖板上,便得图 18-6(c)所示的主板和盖板的受力图。

(1) 校核铆钉的剪切强度。

由图 18-6(b)所示的受力图可知,每个铆钉都存在两个受剪面,每个受剪面上的剪力均为 $P/12$,计算剪应力为

$$\tau = \frac{Q}{A} = \frac{P/12}{\pi d^2/4} = \frac{P}{3\pi d^2} = \frac{200 \times 10^3}{3\pi \times 0.016^2} = 82.9 \text{ MPa} < [\tau]$$

满足剪切强度条件。

(2) 校核铆钉的挤压强度。

因主板的厚度小于上、下盖板厚度之和,即 $t < 2t_1$,故铆钉中段的计算挤压应力值大,其值为

$$\sigma_c = \frac{P_c}{A_c} = \frac{P/6}{td} = \frac{200 \times 10^3}{6 \times 0.02 \times 0.016} = 104 \text{ MPa} < [\sigma_c]$$

满足挤压强度条件。

(3) 校核主板的抗拉强度。

主板的轴力图如图 18-6(c)中所示,1—1 和 2—2 截面上的正应力值最大,其值为

$$\sigma = \frac{P}{t(b-2d)} = \frac{200 \times 10^3}{0.02 \times (0.12 - 2 \times 0.016)} = 114 \text{ MPa} < [\sigma]$$

满足拉伸强度条件。

例 18-3 铆接接头如图 18-7(a)所示,已知 $P = 130$ kN,板厚 $t = 10$ mm,铆钉直径 $d = 18$ mm,铆钉材料的容许剪应力 $[\tau] = 140$ MPa,容许挤压应力 $[\sigma_c] = 300$ MPa,试求所需铆钉的个数。

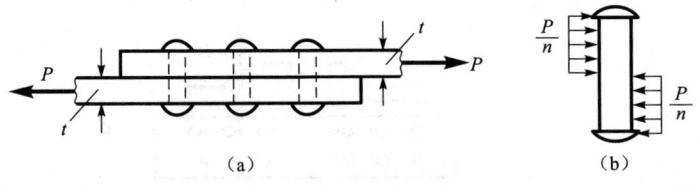

图 18-7

解 应分别根据铆钉的剪切强度条件和挤压强度条件求出所需的铆钉个数,取其中多者。

(1) 根据剪切强度。

设所需铆钉的个数为 n,每个铆钉的受力如图 18-7(b)所示。剪切面上的计算剪应力为

$$\tau = \frac{Q}{A} = \frac{P/n}{\pi d^2/4} = \frac{4P}{n\pi d^2}$$

由剪切强度条件

$$\tau = \frac{4P}{n\pi d^2} \leq [\tau]$$

得

$$n \geqslant \frac{4P}{\pi d^2 [\tau]} = \frac{4 \times 130 \times 10^3}{\pi \times 0.018^2 \times 140 \times 10^6} = 3.65$$

取整数,即需 4 个铆钉。

(2) 根据挤压强度。

设所需铆钉个数为 n,铆钉的计算挤压应力为

$$\sigma_c = \frac{P_c}{A_c} = \frac{P/n}{td} = \frac{P}{ntd}$$

由挤压强度条件

$$\sigma_c = \frac{P}{ntd} \leqslant [\sigma_c]$$

得

$$n \geqslant \frac{P}{td[\sigma_c]} = \frac{130 \times 10^3}{0.01 \times 0.018 \times 300 \times 10^6} = 2.4$$

取整数,即需 3 个铆钉。

由以上计算可知,该接头需 4 个铆钉。

18.3 剪切胡克定律和剪应力互等定理

剪切胡克定律和剪应力互等定理是变形体力学中的重要定律和定理,在后面研究圆杆扭转横截面上的剪应力和梁横截面上的剪应力时,将要用到这些定律和定理。

18.3.1 剪切胡克定律

在前一章中,介绍了胡克定律 $\sigma = E\varepsilon$,该定律是反映正应力 σ 与线应变 ε 间的关系。剪切胡克定律与此类似,它反映剪应力与剪应变间的关系。

剪应变是指角度的改变,例如在图 18 – 8(a)所示的受剪区域内,截取一微小的直角六面体 $ABCD$[图 18 – 8(b)只画出其正视图],该直角六面体于剪切变形(相对错动)后,变成图 18 – 8(c)所示的形状,直角 ABC 的改变量 γ 即为**剪应变**。

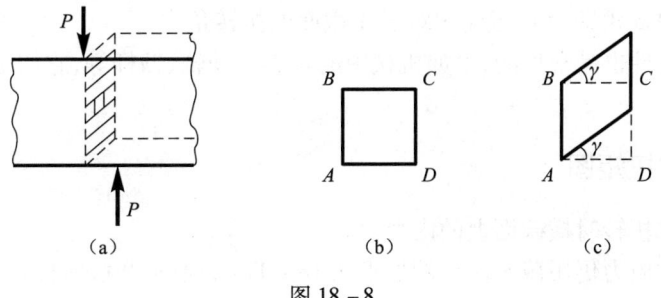

图 18 – 8

由实验得知,当剪应力不超过某一限度(该限度为材料的剪切比例极限),剪应力 τ 与剪应变 γ 存在下列关系

$$\tau = G\gamma \tag{18-5}$$

该式即为**剪切胡克定律**。式中,G 为材料的**剪切弹性模量**,其物理意义是反映材料抵抗剪切变形的能力。G 值随材料而异,其量纲与剪应力τ的量纲相同。

理论分析和实验研究均可证明:对各向同性材料来说,同一种材料的弹性模量 E、剪切弹性模量 G、泊松比 μ 三个弹性常数之间存在下列关系

$$G = \frac{E}{2(1+\mu)} \tag{18-6}$$

所以,当知道 E、G、μ 三者中的任意两个,便可由式(18-6)算出第三个弹性常数。

18.3.2 剪应力互等定理

图 18-9(a)所示是从任意受力构件中截出的分离体。其中,$ABCD$ 面与 $ABEF$ 面互相垂直,K 是位于二面交线 AB 上的一点;τ 是 K 点的且位于 $ABCD$ 面上的剪应力,其方向垂直于 AB;τ' 是 K 点的但位于 $ABEF$ 面上的剪应力,其方向也垂直于 AB。可以证明:τ 与 τ' 存在下列关系

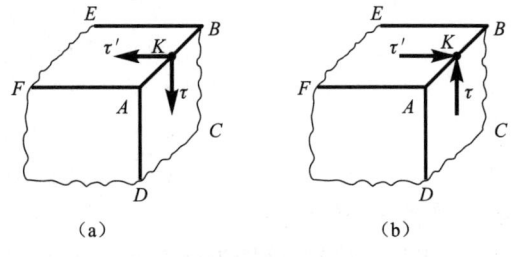

图 18-9

$$\tau = \tau' \tag{18-7}$$

且 τ 和 τ' 的方向一定都指向交线 AB[图18-9(b)]或都背离交线 AB[图 18-9(a)],此关系称为**剪应力互等定理**。该定理可如下表述:**同一点的、位于两个互相垂直面上且垂直于两面交线的两剪应力,其大小相等,其方向均指向两面的交线或均背离两面的交线。**

由 $\tau = \tau'$ 可知,τ 与 τ' 一定同时存在,故剪应力互等定理又称为**剪应力双生定理**。

18.4 扭转·扭矩和扭矩图

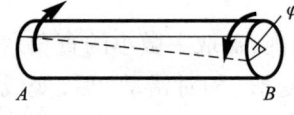

图 18-10

扭转变形也是杆件的基本变形形式之一。杆件在一对大小相等、方向相反、位于垂直杆件轴线的平面内的力偶作用时(图18-10),杆件的各横截面将绕轴线发生相对转动,此种变形称为**扭转**。扭转时,任意两横截面的相对转角称为**扭转角**。例如图18-10中的 φ 角即为 B 截面相对于 A 截面的扭转角。

工程中受扭杆件也是常见的,例如机械中的各类传动轴、钻杆等,它们工作时,都会产生扭转变形。

18.4.1 扭矩和扭矩图

下面讨论杆件扭转时横截面上的内力。

求受扭杆件的内力仍用截面法。例如求图 18-11(a)所示圆截面杆 a—a 截面上的内力,可用假想平面将杆截开,任取其中一分离体,例如取左侧分离体[图 18-11(b)]。由于分离体上的外力为力偶,故 a—a 截面上的内力也是力偶。若分别用 m 和 M_n 表示外力偶和内力偶的力偶矩,由 $\sum M_x = 0$ 得

$$M_n = m$$

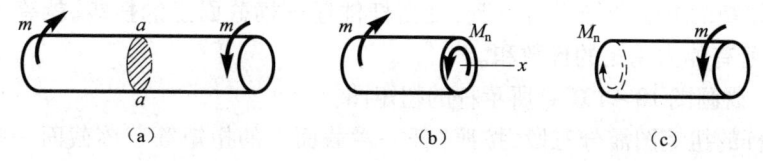

图 18-11

M_n 即为 a—a 截面上的内力,称为**扭矩**。

a—a 截面上的扭矩也可通过右侧分离体[图 18-11(c)]求得。为了使由左、右分离体求得的同一截面上扭矩的正负号一致,对扭矩的正负号作如下规定:采用右手法则,以右手四指表示扭矩的转向,拇指指向截面外法线方向时,扭矩为正;反之,拇指指向截面时为负。按此规定,图 18-11(b)、(c)中的 M_n 均为正值。

当杆件上作用有多个外力偶时,杆件不同段横截面上的扭矩也各不相同,为了直观地看到杆件各段扭矩的变化规律,可用类似画轴力图的方法画出杆件的扭矩图。扭矩图也是画在杆侧,其垂直杆轴线方向的坐标代表相应截面的扭矩,正、负扭矩分别画在基线两侧,并标以 ⊕、⊖ 号。下面举例说明。

例 18-4 试求图 18-12(a)所示杆件 1—1、2—2、3—3 截面上的扭矩,并画出杆的扭矩图。

解 1—1 截面:在 1—1 处截开,取左侧分离体。1—1 截面上的扭矩按扭矩正负号规定中的正号方向标出,其受力图如图 18-12(b)所示,由平衡方程 $\sum M_x = 0$ 得

$$M_{n1} = m$$

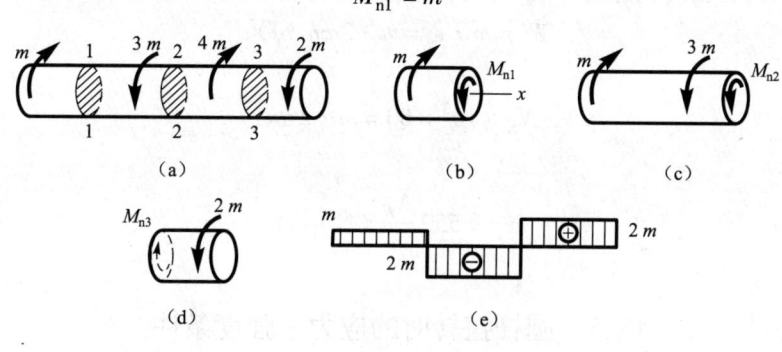

图 18-12

2—2 截面:在 2—2 处截开,仍取左侧分离体,其受力图如图 18-12(c)所示(M_{n2} 仍按正号方向标出),由平衡方程 $\sum M_x = 0$ 得

$$M_{n2} = m - 3m = -2m$$

求得的 M_{n2} 为负值,表明图 18-12(c)中 M_{n2} 的方向与实际相反,按扭矩正负号规定,M_{n2} 应为负值。

3—3 截面:在 3—3 处截开,取右侧分离体,其受力图如图 18-12(d)所示,由平衡方程 $\sum M_x = 0$ 得

$$M_{n3} = 2m$$

杆件的扭矩图如图 18-12(e)所示。

由上面求扭矩的方法和结果可看到：受扭杆件任一横截面上的扭矩，就等于该截面一侧（左侧或右侧）所有外力偶矩的代数和。

例 18-5 试画图 18-13(a)所示杆的扭矩图。

解 画此杆的扭矩图需分三段，按照"任一横截面上的扭矩等于该截面一侧所有外力偶矩的代数和"，可得：AB 段各截面上的扭矩为 -2 kN·m，BC 段各截面的扭矩为 4 kN·m，CD 段各截面的扭矩为 3 kN·m。杆件的扭矩图如图 18-13(b)所示。

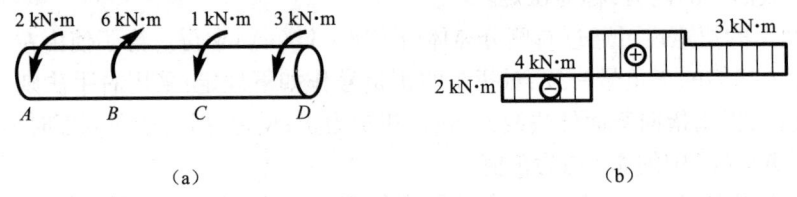

图 18-13

18.4.2 功率、转速与外力偶矩间的关系

对工程中的传动轴来说，通常不是直接给出作用在轴上的外力偶的力偶矩，而是给出轴所传递的功率和轴的转速，需通过功率、转速与力偶矩间的关系算出外力偶矩。

若轴传递的功率为 N_K 千瓦，每分钟做的功则为

$$W = N_K \times 10^3 \times 60 \text{ (J)}$$

从力偶做功来看，若轴的转速为 n 转/分，力偶矩 m 每分钟在其相应角位移上做的功应为

$$W' = m \cdot \omega = m \cdot 2\pi n \text{ (J)}$$

由 $W = W'$，即

$$N_K \times 10^3 \times 60 = m \cdot 2\pi n$$

则得

$$m = 9\,550 \frac{N_K}{n} \text{ (N·m)} \tag{18-8}$$

18.5 圆杆扭转时的应力·强度条件

18.5.1 圆杆扭转时横截面上的剪应力

圆截面杆扭转变形时，各横截面发生相对转动（错动），横截面上将产生剪应力。下面推导剪应力的计算公式。

剪应力发生在杆件的内部，其分布规律难以直接找到，需通过实验先观察与分析杆件的变形规律。对图 18-14(a)所示的圆截面杆，于受扭前在其表面上画一些圆周线和纵向线，当其受扭发生扭转变形后，可观察到下列现象：① 各圆周线的形状、大小和间距都不变，只相对转过一个角度；② 各纵向线都倾斜了一相同角度[图 18-14(b)中的 γ 角]。若将圆周线视为杆件的横截面，根据上述现象可作如下假设：变形前的横截面于变形后仍保持为平面——平面假设。由于圆周线（横截面）的间距不变，即杆件的轴向尺寸没有改变，可推知，横截面上没有正应力。

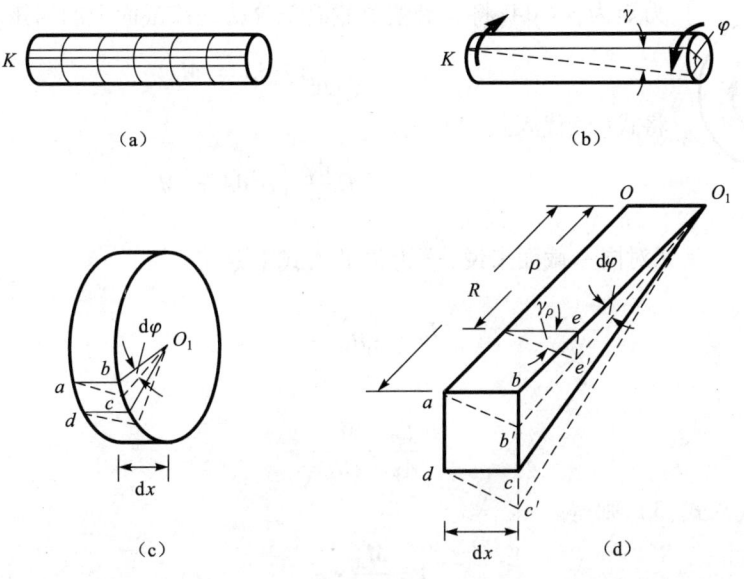

图 18-14

在上述对变形的观察与分析的基础上,具体推导剪应力公式时,综合考虑几何、物理和静力学三个方面。

1. 几何方面

从受扭圆杆中,截取长为 dx 的微段杆如图 18-14(c)所示,其两个侧面的相对扭转角为 $d\varphi$。再用两个径向平面从微段中截取一楔形体如图 18-14(d)所示(虚线为变形后的位置)。在图 18-14(d)中,距轴线 OO_1 为 ρ 处的剪应变为 γ_ρ,从图上可知

$$ee' = \gamma_\rho dx = \rho d\varphi$$

从而得

$$\gamma_\rho = \rho \cdot \frac{d\varphi}{dx} \tag{1}$$

式(1)即为剪应变沿半径方向的变化规律。

2. 物理方面

以 τ 表示横截面上距圆心为 ρ 处的剪应力。由于剪应变 γ 发生在垂直于半径的平面,故 τ 的方向与半径垂直。由胡克定律可知,剪应力 τ 与剪应变 γ_ρ 的关系为

$$\tau = G\gamma_\rho \tag{2}$$

将式(1)代入式(2),得

$$\tau = G\rho \frac{d\varphi}{dx} \tag{3}$$

式中 $\frac{d\varphi}{dx}$ 尚且不知,需通过静力学条件来确定。

3. 静力学方面

确定 $\frac{d\varphi}{dx}$,需考虑横截面上的剪应力与扭矩之间的静力学关系。

在杆的横截面上任取一微面积 dA,该微面积上的剪力为 τdA(图 18-15),其对圆心点的

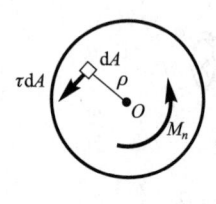

图 18-15

力矩为 $\rho\tau \mathrm{d}A$，将其沿整个截面积分就是该截面上的扭矩，即

$$\int_A \rho\tau \mathrm{d}A = M_n \tag{4}$$

将式(3)代入式(4)，得

$$G\frac{\mathrm{d}\varphi}{\mathrm{d}x}\int_A \rho^2 \mathrm{d}A = M_n$$

（对同一截面来说，$\frac{\mathrm{d}\varphi}{\mathrm{d}x}$ 为常量），式中令

$$I_P = \int_A \rho^2 \mathrm{d}A$$

则得

$$\frac{\mathrm{d}\varphi}{\mathrm{d}x} = \frac{M_n}{GI_P} \tag{18-9}$$

将式(18-9)代入式(3)，则得

$$\tau = \frac{M_n}{I_P} \cdot \rho \tag{18-10}$$

式(18-10)即为圆杆扭转时横截面上的剪应力计算公式。

式中 M_n 为横截面上的扭矩；ρ 为求应力点到圆心的距离；$I_P = \int_A \rho^2 \mathrm{d}A$，称为截面对圆心 O 点的**极惯性矩**。对圆形截面来说，其值为 $\frac{\pi d^4}{32}$（其来源将在第 20 章详细讨论）。

由式(18-10)看到 τ 与 ρ 成正比，离圆心越远，τ 值越大，圆心处 $\tau = 0$。剪应力在横截面上的分布规律如图 18-16(a)所示。

式(18-10)也适用于图 18-16(b)所示的圆形空心截面，此时 I_P 的计算公式为

$$I_P = \frac{\pi D^4}{32} - \frac{\pi d^4}{32}$$

D 和 d 分别为圆形空心截面的外直径和内直径。

例 18-6 图 18-17 所示受扭圆杆的直径 $d = 60$ mm，试求 1—1 截面上 K 点的剪应力。

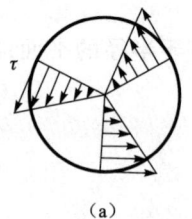

图 18-16

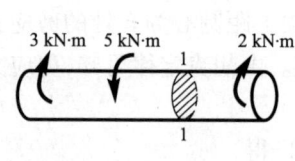

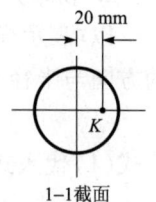

图 18-17

解 1—1 截面上的扭矩为 -2 kN·m，K 点的剪应力为

$$\tau = \frac{M_n}{I_P} \cdot \rho = \frac{M_n}{\pi d^4/32} \cdot \rho$$

$$= \frac{32 \times 2 \times 10^3}{\pi \times 0.06^4} \times 0.02 = 31.4 \text{ MPa}$$

计算τ时,扭矩 M_n 以绝对值代入,因这里的剪应力正、负无实用意义,一般只计算其绝对值。另外,应注意单位:M_n 用 N·m,d 和 ρ 用 m,算得的 τ 为 Pa。

18.5.2 圆杆扭转时的强度条件

为了保证圆杆受扭时具有足够的强度,杆内的最大剪应力不能超过材料的容许剪应力 $[\tau]$,即 $\tau_{max} \leq [\tau]$。

圆杆受扭时,杆内的最大剪应力发生在扭矩最大截面的边缘处,其值为

$$\tau_{max} = \frac{M_{n,max}}{I_P} \cdot \rho_{max} = \frac{M_{n,max}}{I_P/\rho_{max}}$$

令

$$W_P = I_P/\rho_{max}$$

则有

$$\tau_{max} = \frac{M_{n,max}}{W_P} \leq [\tau] \tag{18-11}$$

式(18-11)即为圆杆扭转时的剪应力强度条件。式中 W_P 称为**抗扭截面模量**,实心和空心圆截面的 W_P 值分别为

实心圆截面 $\quad W_P = \dfrac{I_P}{\rho_{max}} = \dfrac{\pi d^4}{32} \Big/ \dfrac{d}{2} = \dfrac{\pi d^3}{16}$

空心圆截面 $\quad W_P = \dfrac{I_P}{\rho_{max}} = \left(\dfrac{\pi D^4}{32} - \dfrac{\pi d^4}{32}\right) \Big/ \dfrac{D}{2} = \dfrac{\pi D^3}{16}(1-a^4)$

式中 $a = \dfrac{d}{D}$(d 为内直径,D 为外直径)。

与拉压杆类似,应用式(18-11)的强度条件,可解决工程中常见的校核强度、选择截面和求容许荷载三类典型问题。

例 18-7 受扭圆杆如图 18-18(a)所示,已知杆的直径 $d = 80$ mm,材料的容许剪应力 $[\tau] = 40$ MPa,试校核该杆的强度。

解 首先画出杆的扭矩图[图 18-18(b)],最大扭矩值为 4 kN·m,杆中的最大剪应力为

$$\tau_{max} = \frac{M_{n,max}}{W_P} = \frac{M_{n,max}}{\pi d^3/16} = \frac{16 \times 4 \times 10^3}{\pi \times 0.08^3} = 39.8 \text{ MPa} < [\tau]$$

满足强度条件。

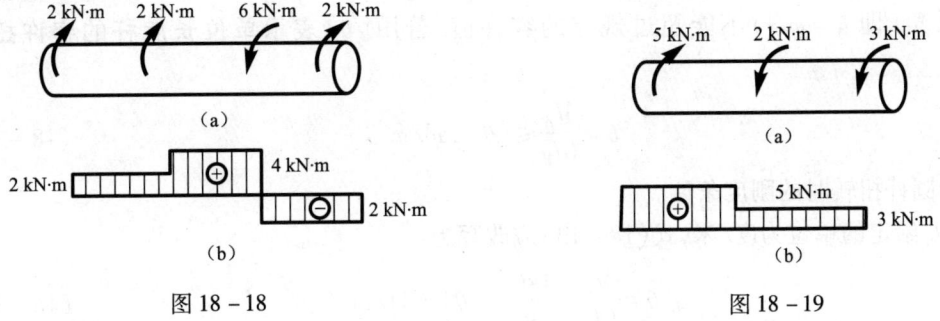

图 18-18   图 18-19

例 18-8 受扭圆杆如图 18-19(a)所示,已知材料的容许剪应力$[\tau]=40$ MPa,试选择圆杆的直径。

解 杆的扭矩图如图 18-19(b)所示,最大扭矩值为 5 kN·m,由杆的剪应力强度条件

$$\tau_{\max}=\frac{M_{n,\max}}{W_P}=\frac{M_{n,\max}}{\pi d^3/16}\leqslant[\tau]$$

得

$$d\geqslant\sqrt[3]{\frac{16M_{n,\max}}{\pi[\tau]}}=\sqrt[3]{\frac{16\times5\times10^3}{\pi\times40\times10^6}}=0.089\ \text{m}=89\ \text{mm}$$

18.6 圆杆扭转时的变形·刚度条件

18.6.1 圆杆扭转时的扭转角

圆杆扭转变形时,杆的任意二横截面间将产生相对扭转角。由式(18-9)可知,长为 dx 的微段杆的相对扭转角为

$$d\varphi=\frac{M_n}{GI_P}\cdot dx$$

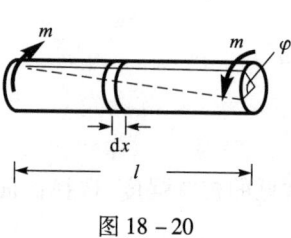

图 18-20

相距为 l 的二横截面间的相对扭转角则为

$$\varphi=\int_l d\varphi=\int_l\frac{M_n}{GI_P}\cdot dx$$

若在 l 长度内 M_n 为常量(图 18-20 所示的情况),由上式可得

$$\varphi=\frac{M_n l}{GI_P} \quad (18-12)$$

该式即为圆杆扭转时扭转角的计算公式(φ 的单位为弧度)。由式(18-12)看到,φ 与 M_n 和 l 成正比,与 GI_P 成反比。GI_P 称为杆件的**抗扭刚度**。它反映**杆件抵抗扭转变形的能力**。

18.6.2 圆杆扭转时的刚度条件

工程中的受扭杆件,除需满足强度要求外,还要限制其变形。通常是规定单位长度杆的扭转角(即 $\theta=\varphi/l$)不能超过规定的容许值,若用$[\theta]$表示**单位长度杆的容许扭转角**,则有

$$\theta=\frac{M_n}{GI_P}\leqslant[\theta]\ \text{rad/m} \quad (18-13)$$

此式即为圆杆扭转时的**刚度条件**。

若$[\theta]$给定的单位为度/米,式(18-13)应改写为

$$\theta=\frac{M_n}{GI_P}\cdot\frac{180}{\pi}\leqslant[\theta]\ (°)/\text{m} \quad (18-14)$$

(即将弧度换算成度)。

例 18 – 9 受扭圆杆如图 18 – 21(a)所示,已知杆的直径 $d = 80$ mm,材料的剪切弹性模量 $G = 8 \times 10^4$ MPa,单位长度杆的容许扭转角 $[\theta] = 0.8$ (°)/m。(1)求 A、C 二截面的相对扭转角 φ_{AC};(2)校核该杆的刚度。

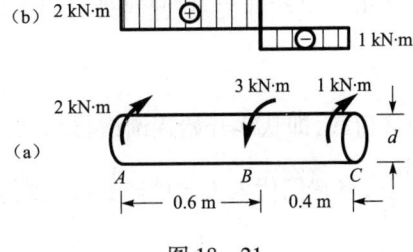

图 18 – 21

解 (1)求 φ_{AC}。

首先画出杆的扭矩图[图 18 – 21(b)]。A、C 二截面的相对扭转角等于 A、B 二截面的相对扭转角与 B、C 二截面的相对扭转角的代数和,其值为

$$\varphi_{AC} = \varphi_{AB} + \varphi_{BC} = \frac{M_{nAB} l_{AB}}{GI_P} + \frac{M_{nBC} l_{BC}}{GI_P}$$

$$= \frac{1}{GI_P}(M_{nAB} l_{AB} + M_{nBC} l_{BC})$$

$$= \frac{1}{8 \times 10^4 \times 10^6 \times \pi \times 0.08^4/32} \times (2 \times 0.6 - 1 \times 0.4) \times 10^3 = 0.249 \times 10^{-2} \text{ rad}$$

计算时应注意单位:M_n 用 N·m,l 用 m,G 用 Pa,I_P 用 m^4,算得 φ 的单位为 rad。

(2)校核刚度。

AB 段的扭矩值大,该段单位长度杆的扭转角为

$$\theta = \frac{M_{nAB}}{GI_P} = \frac{2 \times 10^3}{8 \times 10^4 \times 10^6 \times \pi \times 0.08^4/32} \times \frac{180}{\pi} = 0.356 \text{ (°)/m} < [\theta]$$

满足刚度条件。

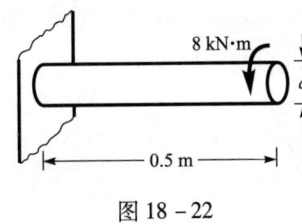

图 18 – 22

例 18 – 10 受扭圆杆如图 18 – 22 所示,已知材料的容许剪应力 $[\tau] = 40$ MPa,剪切弹性模量 $G = 8 \times 10^4$ MPa,单位长度杆的容许扭转角 $[\theta] = 1.2$ (°)/m,试求杆所需的直径。

解 先由杆的强度条件确定所需的直径,直径确定后,再按杆的刚度条件校核刚度。

由杆的强度条件

$$\tau_{\max} = \frac{M_{n,\max}}{W_P} = \frac{M_{n,\max}}{\pi d^3/16} \leqslant [\tau]$$

得

$$d \geqslant \sqrt[3]{\frac{16 M_{n,\max}}{\pi [\tau]}} = \sqrt[3]{\frac{16 \times 8 \times 10^3}{\pi \times 40 \times 10^6}} = 0.101 \text{ m}$$

校核刚度

$$\theta = \frac{M_n}{GI_P} \cdot \frac{180}{\pi} = \frac{8 \times 10^3}{8 \times 10^4 \times 10^6 \times \pi \times 0.101^4/32} \times \frac{180}{\pi} = 0.56 \text{ (°)/m} < [\theta]$$

满足刚度条件(若刚度不足,则需按刚度条件重选直径)。

18.7 圆杆扭转时的变形能

圆杆扭转时的变形能仍是通过外力做功来计算。受扭圆杆处于弹性阶段时,外力偶矩 m

与扭转角 φ 呈线性关系,此时外力偶矩做功为

$$W = \frac{1}{2}m\varphi$$

m 为静荷载,即从零开始逐渐缓慢增加,其最终值为 m。在图 18-23(a)所示情况下,$m = M_n$,$\varphi = \dfrac{M_n l}{GI_P}$,将它们代入 $U = W = \dfrac{1}{2}m\varphi$,则得下列变形能计算公式

$$U = \frac{M_n^2 l}{2GI_P} \tag{18-15}$$

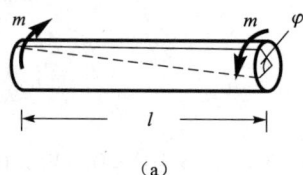
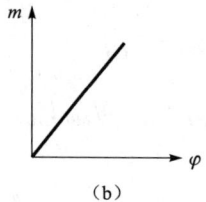

图 18-23

当圆杆在外力作用下其各横截面上的扭矩为变量 $M_n(x)$ 时,应先计算微段杆内的变形能,然后再积分,即

$$dU = \frac{M_n^2(x)\,dx}{2GI_P}$$

$$U = \int_l \frac{M_n^2(x)}{2GI_P} \cdot dx \tag{18-16}$$

式(18-15)和式(18-16)表明,变形能 U 为扭矩 M_n 的二次函数。

18.8 矩形截面杆的扭转

矩形截面杆件扭转时,其变形情况与圆形截面杆件明显不同。前面导出的圆形截面杆的剪应力和扭转角计算公式,对矩形截面杆来说,均不适用。

圆杆扭转时,其横截面仍保持为平面。矩形截面杆受扭后,其横截面将不再保持为平面,而是沿轴向发生**翘曲**。依横截面翘曲的不同,可分为自由扭转和约束扭转。若横截面的翘曲不受阻可自由翘曲时,各相邻截面的翘曲程度将完全相同,此种扭转称为**自由扭转**[如图18-24(a)]。杆件自由扭转时,横截面上只产生剪应力。当横截面的翘曲受阻时,例如图18-24(b)中,左侧固定端处限制横截面发生轴向翘曲,此时杆各横截面的轴向翘曲程度将各不相同,此种扭转则称为**约束扭转**。杆件约束扭转时,横截面上既产生剪应力,又产生正应力,

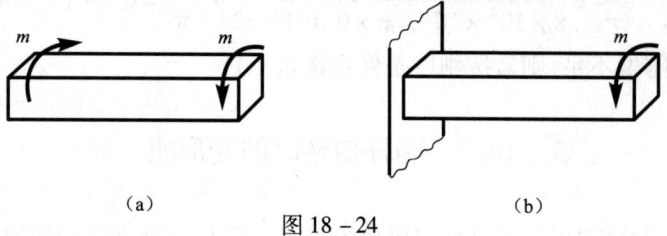

图 18-24

比自由扭转更复杂些。

自由扭转和约束扭转的进一步研究超出了本篇的研究范围。下面根据弹性力学的研究结果,介绍一下矩形截面杆自由扭转时横截面上剪应力的分布规律:

(1) 截面上周边各点剪应力的方向均与周边相切。

(2) 截面上的最大剪应力发生在长边的中点处(图18-25中的 A 点和 B 点)。

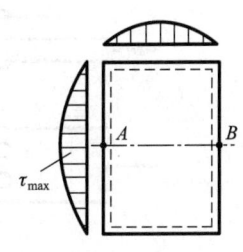

图 18-25

(3) 截面形心处和四个角点处的剪应力为零。

根据弹性力学的研究结果还可知:若杆的横截面面积相同,在相同的扭矩下,矩形截面杆自由扭转时,其横截面上的最大剪应力将大于圆形截面杆中的最大剪应力。

小　结

1. 本章包括剪切和扭转两部分内容,剪切和扭转都属杆件的基本变形形式。本章的重点内容为铆钉等连接件的强度计算,画扭矩图和圆杆扭转时的应力及强度计算。

2. 剪切的变形特征是截面间发生错动。剪切时剪切面上的内力为剪力,相应的应力为剪应力,连接件的强度计算采用实用计算方法。

3. 连接件(铆钉等)的强度包括剪切强度和挤压强度。在进行强度计算时,关键在于正确地进行受力分析,明确剪切面和挤压面及相应面上的剪力和挤压力。

4. 剪切胡克定律和剪应力互等定理都是变形体力学中的重要定律和定理,应正确理解它们的含义。对剪切胡克定律应明确其适用范围, $\tau = G\gamma$ 与 $\sigma = E\varepsilon$ 类似,只在弹性范围内才成立。

5. 扭转的变形特征是截面间发生绕轴线的相对转动。杆件扭转时,横截面上的内力为扭矩,求扭矩的基本方法仍为截面法。扭矩的正、负,按右手法则来确定。

6. 圆杆扭转时,横截面上只产生剪应力。剪应力沿半径呈直线规律分布,各点剪应力的方向均垂直于半径。推导剪应力公式时,综合运用了几何、物理和静力学三个方面,这种方法是变形体力学中研究应力的一般方法。

应用圆杆扭转时的强度条件,可解决强度计算中常见的三类典型问题,即校核强度、选择截面和求容许荷载。

7. 应用公式 $\varphi = \dfrac{M_n l}{G I_p}$ 计算扭转角时应注意:对等截面圆杆来说,在 l 范围内 M_n 为常量时,才能应用此公式,否则需分段或通过积分来计算扭转角。

刚度条件是控制杆件的变形,应用圆杆扭转的刚度条件时,应注意 $[\theta]$ 给定的单位(rad/m 或(°)/m)。

思考题

18-1　挤压应力 σ_c 与轴向压缩时的压应力 σ 有何不同?

18-2　两块钢板用相同的4个铆钉连接,铆钉的布置分别如图18-26(a)和(b)所示,问:从强度考虑哪种布置合理?

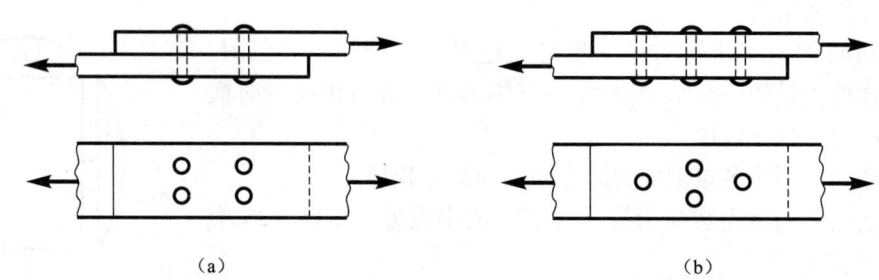

图 18-26

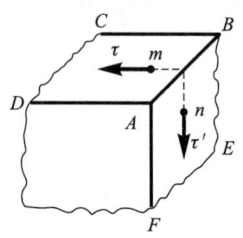

图 18-27

18-3 从某受力体中截出一分离体如图 18-27 所示,图中,ABCD 面与 ABEF 面互相垂直,τ 和 τ' 分别为 ABCD 面上 m 点和 ABEF 面上 n 点的剪应力,τ 和 τ' 的方向均垂直于 AB。问:下列分析是否正确?

分析:根据剪应力互等定理可知,$\tau = \tau'$。

18-4 图 18-28 所示的二受扭杆中,l、d、m 均相同,其中一为钢杆,另一为铜杆。问:① 二杆中的最大剪应力是否相同? ② 二杆中的扭转角 φ_{AB} 是否相同?

18-5 图 18-29 所示的二受扭杆件中,一为实心圆截面,另一为空心圆截面,m、l、杆的材料和横截面面积均相同,试从杆的强度和刚度方面分析哪种截面较合理。

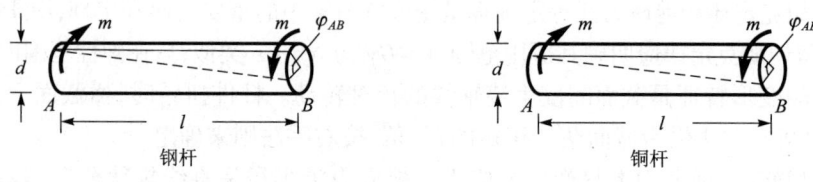

图 18-28

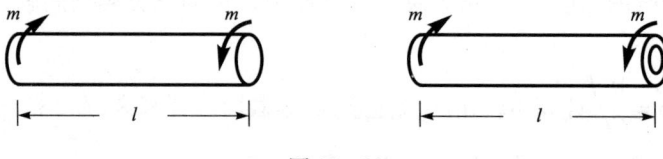

图 18-29

习 题

18-1 图示铆接接头中,已知 $P = 60$ kN,$t = 12$ mm,$b = 80$ mm,铆钉材料的容许剪应力 $[\tau] = 140$ MPa,铆钉直径 $d = 16$ mm,容许挤压应力 $[\sigma_c] = 300$ MPa,板的容许拉应力 $[\sigma] = 160$ MPa,试分别校核铆钉和板的强度。

18-2 试分析图示中钉盖的受剪面和挤压面,并写出受剪面和挤压面的面积。

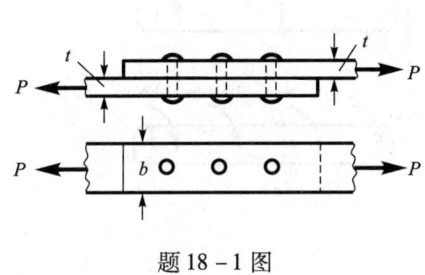
题 18-1 图

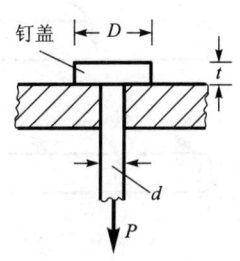
题 18-2 图

18-3　试分析图示铆接接头中铆钉和板的受力,并分别画出铆钉、主板和盖板的受力图。

18-4　图示铆接接头中,已知 $P=220$ kN,$t=22$ mm,$t_1=14$ mm,$b=140$ mm,铆钉直径 $d=16$ mm,铆钉材料的容许剪应力 $[\tau]=140$ MPa,容许挤压应力 $[\sigma_c]=300$ MPa,板的容许拉应力 $[\sigma]=160$ MPa,试校核该接头的强度。

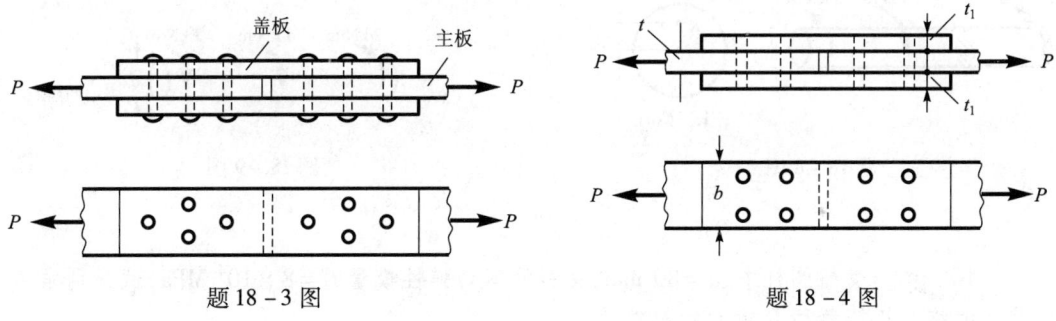

题 18-3 图　　　　　　　　　　题 18-4 图

18-5　图示销钉连接中,$P=40$ kN,$t=20$ mm,$t_1=12$ mm,销钉材料的容许剪应力 $[\tau]=60$ MPa,容许挤压应力 $[\sigma_c]=120$ MPa,试求销钉所需的直径。

18-6　图示铆钉连接中,$P=200$ kN,$t=18$ mm,铆钉直径 $d=20$ mm,铆钉材料的容许剪应力 $[\tau]=140$ MPa,容许挤压应力 $[\sigma_c]=300$ MPa,试求所需铆钉的个数。

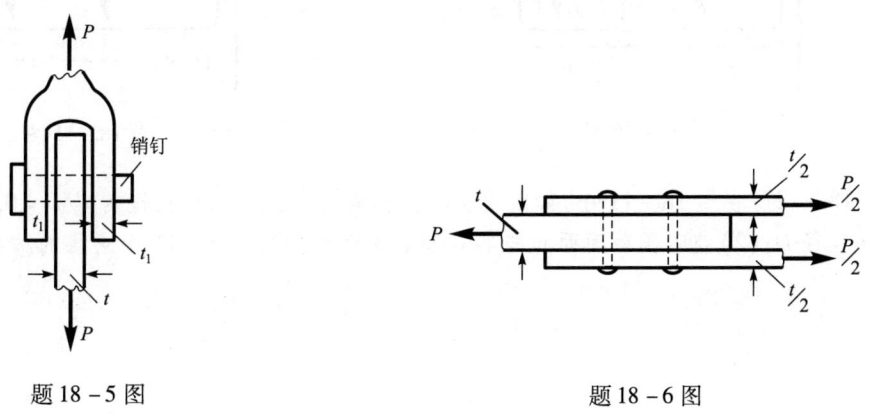

题 18-5 图　　　　　　　　　　题 18-6 图

18-7　试画出下列各杆的扭矩图。

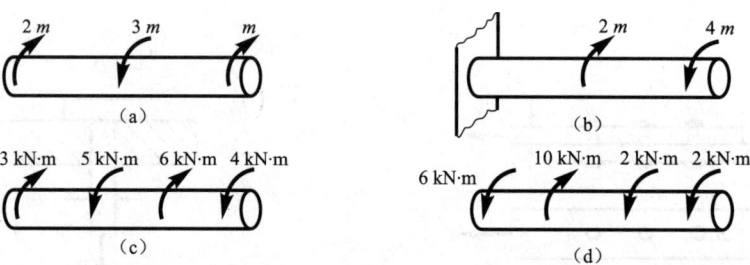

题 18-7 图

18-8 图示受扭圆杆中，$d = 80$ mm，试求 1—1 截面上 K 点的剪应力和杆中的最大剪应力。

18-9 图示受扭圆杆中，$d = 100$ mm，材料的容许剪应力 $[\tau] = 40$ MPa，试校核该杆的强度。

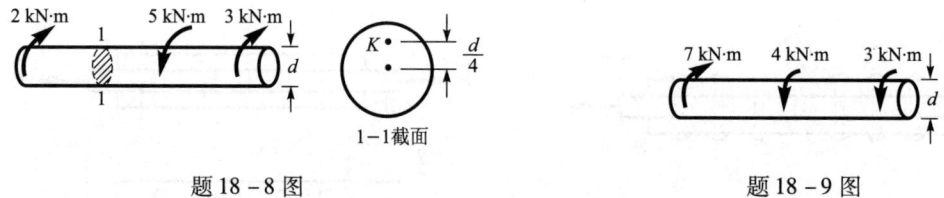

题 18-8 图　　　　　　　　　题 18-9 图

18-10 图示受扭圆杆中，$d = 80$ mm，材料的剪切弹性模量 $G = 8 \times 10^4$ MPa，试分别求 B、C 二截面的相对扭转角和 D 截面的扭转角。

18-11 圆杆受力如图所示，已知材料的容许剪应力 $[\tau] = 40$ MPa，剪切弹性模量 $G = 8 \times 10^4$ MPa，单位长度杆的容许扭转角 $[\theta] = 1.2$ (°)/m，试求杆所需的直径。

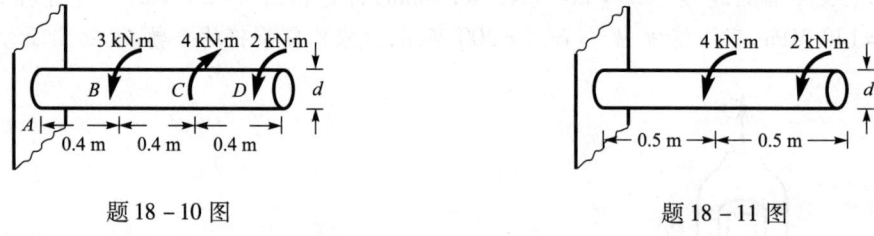

题 18-10 图　　　　　　　　　题 18-11 图

18-12 在题 18-11 中，如改用空心圆截面杆，且其内、外径比为 $d/D = 0.8$，试求：(1) 杆的外直径 D；(2) 空心圆截面面积与实心圆截面面积 (即题 18-11 中求得的结果) 的比值。

第19章 梁的内力

导言

- 梁是以弯曲变形为主的杆件，它在工程中应用最广，本章将研究梁的内力和内力图。
- 本章在第二篇中属重点章之一。本章研究的内力和内力图，将是第21章研究梁的强度计算和第22章研究梁的刚度计算的基础。

19.1 工程中的弯曲问题

工程结构中经常用梁来承受荷载，例如房屋建筑中的楼板梁要承受楼板上的荷载[图19-1(a)]，起重吊车的钢梁要承受起吊荷载[图19-1(b)]。这些荷载的方向都与梁的轴线相垂直，在这样荷载作用下，梁要变弯，其轴线由原来的直线变为曲线，此种变形称为**弯曲**。产生弯曲变形的杆件称为受弯杆件。

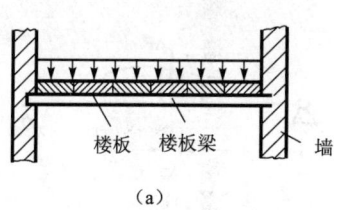
(a)

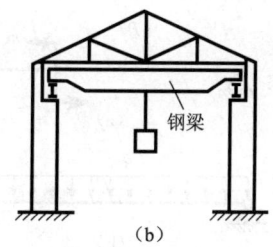
(b)

图 19-1

弯曲变形是杆件的基本变形之一，也是工程中最常见的一种变形形式，不论在建筑工程中还是在机械中，受弯杆件都是很多的。例如建筑工程中的各类梁、图19-2所示的车厢荷载作用下的火车轮轴等都是受弯杆件。

由于梁是以弯曲变形为主又是工程中应用最广的杆件，所以将结合梁来讨论受弯杆件。

工程中常用的梁其横截面通常多采用对称形状，如矩形、工字形、T形及圆形等（图19-3）；而荷载一般是作用在梁的纵向对称平面内[图19-4(a)]，在这种情况下，梁发生弯曲变形的特点是：梁的轴线仍保持在同一平面（荷载作用平面）内，即梁

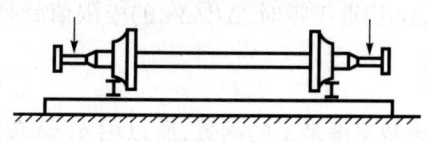

图 19-2

的轴线为一条平面曲线[图 19-4(b)],这类弯曲称为**平面弯曲**。平面弯曲是弯曲变形中最简单和最基本的情况,下面讨论的将限于直梁的平面弯曲。

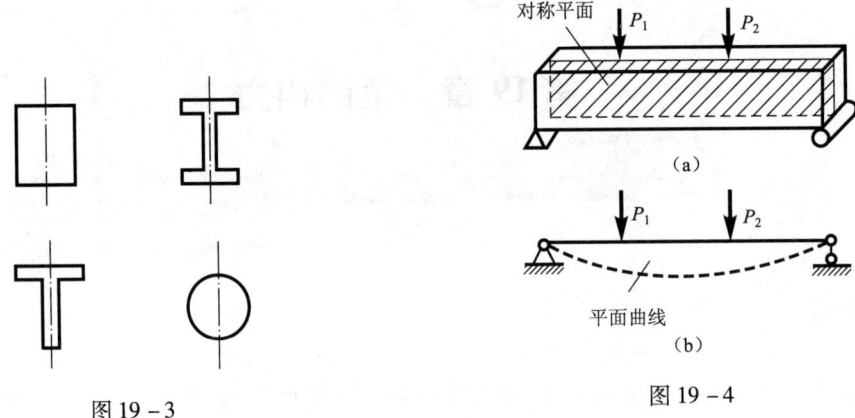

图 19-3

图 19-4

19.2 梁的荷载和支反力

梁的内力是由外力引起的,作用在梁上的外力包括梁上的荷载和支反力(约束反力)。

19.2.1 梁的荷载

作用在梁上的常见荷载有下列几种:

(1) 集中荷载。即作用在梁上的横向力[图 19-5(a)中的力 P]。

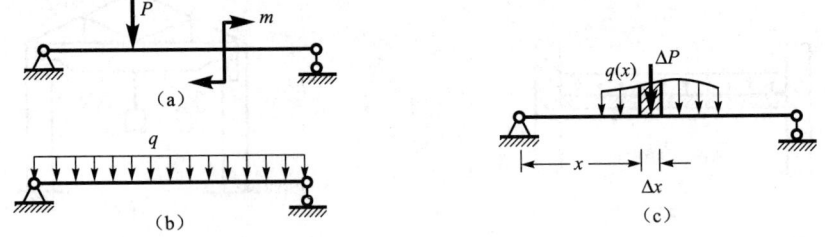

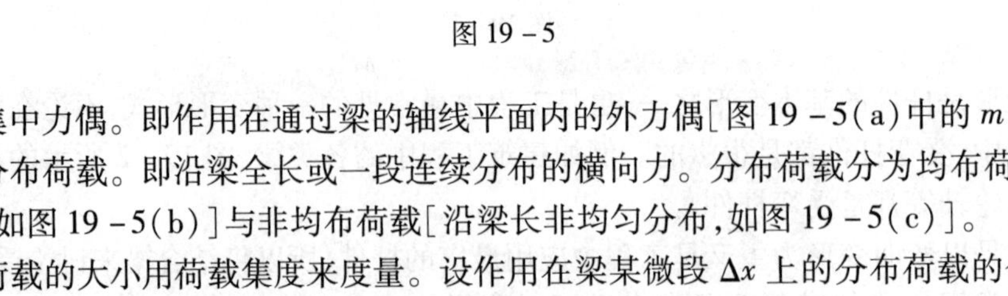

图 19-5

(2) 集中力偶。即作用在通过梁的轴线平面内的外力偶[图 19-5(a)中的 m]。

(3) 分布荷载。即沿梁全长或一段连续分布的横向力。分布荷载分为均布荷载[沿梁长均匀分布,如图 19-5(b)]与非均布荷载[沿梁长非均匀分布,如图 19-5(c)]。

分布荷载的大小用荷载集度来度量。设作用在梁某微段 Δx 上的分布荷载的合力为 ΔP,当 Δx 趋近于零时,$\Delta P/\Delta x$ 的极限值就是该处分布荷载的集度,即

$$q(x) = \lim_{\Delta x \to 0} \frac{\Delta P}{\Delta x}$$

因荷载集度是 x 的函数,所以用 $q(x)$ 来表示。对均布荷载来说,$q(x)$ = 常量。

分布荷载的常用单位为 N/m 或 kN/m。

19.2.2　梁的支座形式和支反力

根据支座对梁约束情况的不同,梁的常见支座可简化为固定铰支座、可动铰支座和固定支座三种形式。在第一篇中已经知道,上述三种支座的支反力(约束反力)如图19-6中所示。

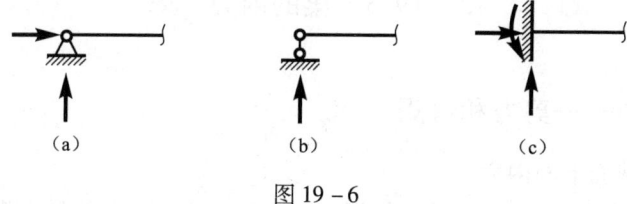

图 19-6

上述三种支座是理想的典型情况,在实际工程中特别是建筑工程中,梁的支座并不与之完全相同。当我们确定梁的支座属于哪种形式时,必须根据支座的具体情况加以分析。一般地说,当梁端被嵌固得很牢时,可视为固定支座;如果梁在支座处有可能发生微小转动时,便看成固定铰支座或可动铰支座。例如厂房中的钢筋混凝土柱[图19-7(a)],其插入基础部分较深又用混凝土与基础浇注在一起,柱下端被嵌固得很牢,不能发生移动与转动,此柱下端即为固定支座。又如本章第一节中图19-1(a)所示的楼板梁,虽然梁也嵌入墙内,但因嵌入长度 a 很小[图19-7(b)],其嵌固作用很弱,梁端可能发生微小转动,故此处应看作固定铰支座,而不能认为是固定支座。

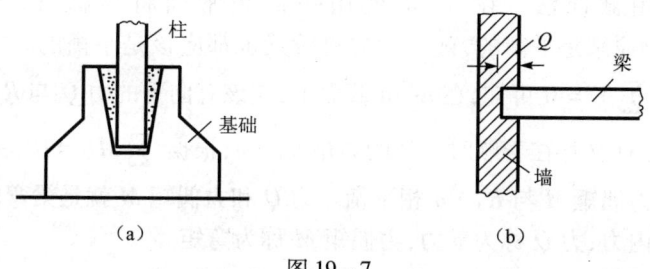

图 19-7

将梁的实际支承简化为上述理想支座,在力学上属于确定**计算简图**问题。在工程中,将一受力杆件或结构抽象为力学上的计算简图,是一项重要而又比较复杂的工作,其遵循的基本原则应该是:按计算简图计算的结果应符合实际;同时,应尽可能使计算简便。

工程中常用的简单梁依支座情况有下列几种:

简支梁:一端为固定铰支座,另一端为可动铰支座的梁[图19-8(a)]。

外伸梁:一端或两端向外伸出的简支梁[图19-8(b)]。

悬臂梁:一端为固定支座,另一端为自由的梁[图19-8(c)]。

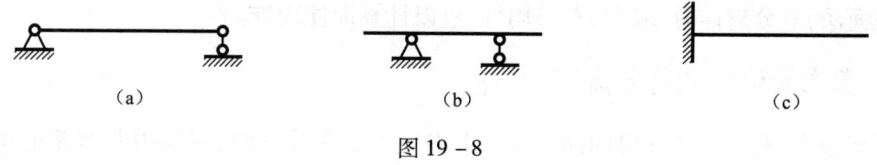

图 19-8

以上三种形式的梁其未知的支反力都是三个,在平面弯曲情况下,梁上荷载和支反力都在同一平面内,通过平面力系的三个平衡方程,便可求出各未知反力。用平衡方程可求出全部未知力的这类梁称为**静定梁**。如果仅用平衡方程求不出梁的全部未知力,这类梁则称过**超静定梁**。本章只讨论静定梁。

19.3 梁的内力

19.3.1 梁的内力——剪力和弯矩

下面讨论梁横截面上的内力。

图 19-9(a)所示为一简支梁,梁上作用有任意一组荷载,此梁在荷载和支反力共同作用下处于平衡状态,现讨论距左支座为 a 的 n—n 横截面上的内力。

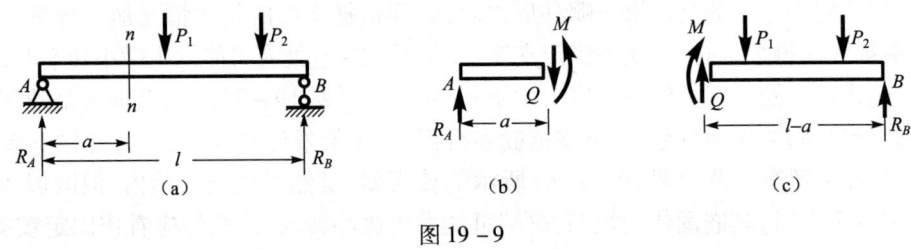

图 19-9

求内力仍采用截面法。在 n—n 处用一假想平面将梁截开,并取左段分离体[图 19-9(b)]。梁原来是平衡的,截开后的每段梁也都应该是平衡的。左段梁上作用有向上的外力 R_A,根据 $\sum Y = 0$ 可知,在 n—n 截面上,应该有向下的力 Q 与 R_A 相平衡。外力 R_A 对 n—n 截面的形心 O 又存在着顺时针转的力矩 $R_A \cdot a$,根据 $\sum M_O = 0$,在 n—n 截面上还必定有一逆时针转的力偶矩 M 与 $R_A \cdot a$ 相平衡。力 Q 和力偶矩 M 就是梁弯曲时横截面上产生的两种不同形式的内力,力 Q 称为**剪力**,力偶矩 M 称为**弯矩**。

n—n 截面上的剪力和弯矩的具体值可由平衡方程求得,即由

$$\sum Y = 0: \quad R_A - Q = 0$$

$$\sum M_O = 0: \quad M - R_A \cdot a = 0$$

分别得

$$Q = R_A \qquad M = R_A \cdot a$$

n—n 截面上的内力值也可通过右段梁来求,其结果与通过左段梁求得的完全相同,但方向与左段梁上的相反[图 19-9(c)]。

综上所述,梁横截面上一般产生两种形式的内力——剪力和弯矩,求剪力和弯矩的基本方法仍为截面法,取分离体时,取左、右段均可,应以计算简便为准。

19.3.2 剪力和弯矩的符号规定

为了使由左、右分离体求得的同一截面上内力的正负号一致,对剪力和弯矩的正、负号作如下规定。

剪力正负号:当截面上的剪力使其所在的分离体有顺时针方向转动趋势时为正[图

19-10(a)]；反之为负[图 19-10(b)]。按此规定，若考虑左段分离体时，Q 向下为正，向上为负；考虑右段分离时，Q 向上为正，向下为负。

弯矩正负号：当截面上的弯矩使其所在的微段梁凹向上弯曲（即下边纵向受拉，上边纵向受压）时为正[图 19-11(a)]，凹向下弯曲（即上边纵向受拉，下边纵向受压）时为负[图 19-11(b)]。

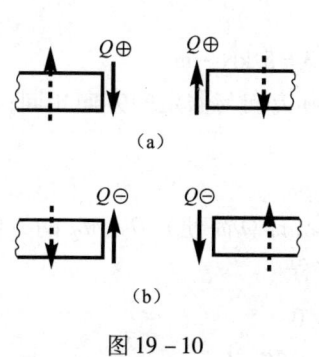

图 19-10

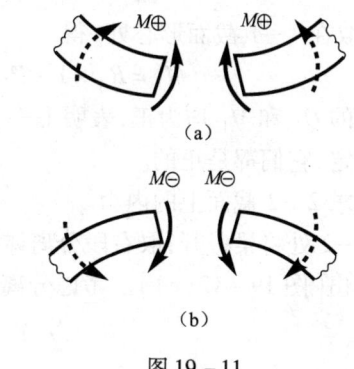

图 19-11

按上述规定，不论考虑左段分离体还是考虑右段分离体，同一截面上内力的正负号总是一致的。

按此规定，图 19-9(b)所示的 n—n 截面上的剪力和弯矩均为正值。

例 19-1   一外伸梁，梁上荷载如图 19-12(a)所示，试用截面法求 1—1、2—2 截面上的内力。

解 （1）求支反力。

梁上无水平荷载，B 处水平反力为零，A、B 处的竖向反力 R_A、R_B 的方向均假定向上。考虑梁的整体平衡，由平衡方程

$$\sum M_B = 0: \quad P_1 \times 8 + P_2 \times 3 - R_A \times 6 = 0$$

得

$$R_A = 14 \text{ kN}$$

$$\sum M_A = 0: \quad P_1 \times 2 + R_B \times 6 - P_2 \times 3 = 0$$

得

$$R_B = 9 \text{ kN}$$

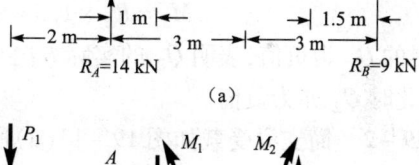

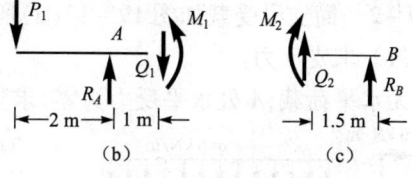

图 19-12

校核：

$$\sum Y = 0: \quad R_A + R_B - P_1 - P_2 = 14 + 9 - 3 - 20 = 0$$

反力计算无误。

（2）求 1—1 截面上的内力。

在 1—1 处将梁截开，取左段分离体，未知内力 Q_1 和 M_1 的方向均按正号方向标出[图 19-12(b)]。考虑分离体平衡，由平衡方程

$$\sum Y = 0: \quad R_A - P_1 - Q_1 = 0$$

得

$$Q_1 = R_A - P_1 = 14 - 3 = 11 \text{ kN}$$

$$\sum M_O = 0: \quad P_1 \times 3 + M_1 - R_A \times 1 = 0$$

(矩心 O 取在 1—1 截面形心处)得

$$M_1 = R_A \times 1 - P_1 \times 3 = 14 \times 1 - 3 \times 3 = 5 \text{ kN} \cdot \text{m}$$

求得的 Q_1 和 M_1 均为正,表明 1—1 截面上内力的实际方向与假定的方向相同;按内力的正负号规定,它们都是正的。

(3) 求 2—2 截面上的内力。

在 2—2 处将梁截开,取右段分离体(右段梁上外力少,计算简便),Q_2、M_2 的方向仍按正号方向标出[图 19-12(c)]。考虑分离体平衡,由平衡方程

$$\sum Y = 0: \quad Q_2 + R_B = 0$$

得

$$Q_2 = -R_B = -9 \text{ kN}$$

$$\sum M_O = 0: \quad R_B \times 1.5 - M_2 = 0$$

(矩心 O 取在 2—2 截面形心处)得

$$M_2 = R_B \times 1.5 = 9 \times 1.5 = 13.5 \text{ kN} \cdot \text{m}$$

求得的 Q_2 为负值,表明 Q_2 的实际方向与假定的方向相反,Q_2 的方向应向下;按剪力正负号规定,此时 Q_2 亦为负值。

例 19-2 简支梁受载如图 19-13(a)所示,试用截面法求 1—1 截面上的内力。

解 (1) 求支反力。

梁上无水平荷载,A 处水平反力为零,求竖向反力 R_A 和 R_B 时,将均布荷载用合力来代替,合力位于 CE 之中点处,其值为 $4q$[图 19-13(b)]。考虑梁的整体平衡,由平衡方程

$$\sum M_E = 0: \quad 4q \times 2 + m - R_A \times 6 = 0$$

得

$$R_A = 9 \text{ kN}$$

$$\sum M_A = 0: \quad R_E \times 6 + m - 4q \times 4 = 0$$

得

$$R_E = 15 \text{ kN}$$

校核:

$$\sum Y = 0: \quad R_A + R_E - 4q = 9 + 15 - 4 \times 6 = 0$$

反力计算无误。

(2) 求 1—1 截面上的内力。

在 1—1 处将梁截开,取右段分离体,Q_1、M_1 的方向均按正号方向标出,分离体上的均布荷载用合

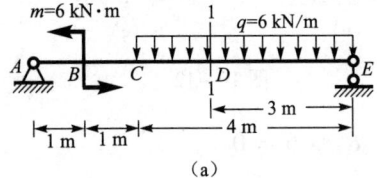

(a)

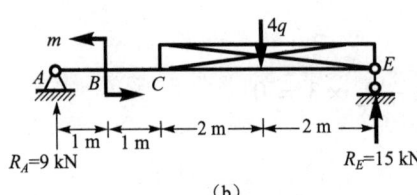

(b)

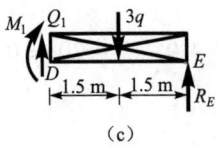

(c)

图 19-13

力代替[图 19-13(c)]。由平衡方程

$$\sum Y = 0: \quad Q_1 + R_E - 3q = 0$$

得

$$Q_1 = 3q - R_E = 3 \times 6 - 15 = 3 \text{ kN}$$

$$\sum M_O = 0: \quad R_E \times 3 - M_1 - 3q \times 1.5 = 0$$

(矩心 O 为 1—1 截面的形心)得

$$M_1 = R_E \times 3 - 3q \times 1.5 = 15 \times 3 - 3 \times 6 \times 1.5 = 18 \text{ kN} \cdot \text{m}$$

19.3.3 求剪力和弯矩的直接计算法

从上面用截面法求内力的过程看到:梁的任一横截面上的内力是考虑分离体平衡求得的,由平衡方程 $\sum Y = 0$ 求得剪力 Q;由平衡方程 $\sum M = 0$ 求得弯矩 M(参看例 19-1 和例 19-2),从而可得出下列结论:

(1) 梁的任一横截面上的剪力在数值上等于该截面一侧(左侧或右侧)所有竖向外力的代数和。

(2) 梁的任一横截面上的弯矩在数值上等于该截面一侧(左侧或右侧)所有外力(包括外力偶)**对该截面形心的力矩的代数和**。

所谓直接计算法就是按上述两个结论来求梁的任意横截面上的剪力和弯矩。用此法求某指定截面的内力时,不需画分离体的受力图,也不需列平衡方程,只要梁上的外力(包括荷载与支反力)已知,任一横截面上的剪力和弯矩均可根据梁上的外力逐项直接写出,十分简便,故称为直接计算法。下面举例说明。

例 19-3 一简支梁,梁上荷载如图 19-14(a)所示,试用直接计算法求 1—1 截面上的剪力和弯矩。

解 (1) 求支反力。

考虑梁的整体平衡,由平衡方程

$$\sum M_B = 0: \quad P_1 \times 5 + P_2 \times 2 - R_A \times 6 = 0$$

$$\sum M_A = 0: \quad R_B \times 6 - P_1 \times 1 - P_2 \times 4 = 0$$

分别得

$$R_A = 8 \text{ kN} \quad R_B = 7 \text{ kN}$$

(2) 求 1—1 截面上的内力。

1—1 截面上的剪力等于该截面左侧(或右侧)所有竖向外力的代数和,即等于 R_A 与 P_1 的代数和(若考虑右侧,则为 P_2 与 R_B 的代数和)。R_A、P_1 每项的正负,可根据剪力的正负号规定逐项定出。R_A 是向上的,它引起的 1—1 截面上的剪力向下[图 19-14(b)],该剪力使左段梁有顺时针转动趋势,所以 R_A 项为正。P_1 是向下

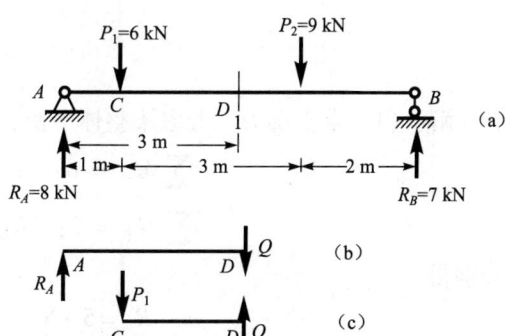

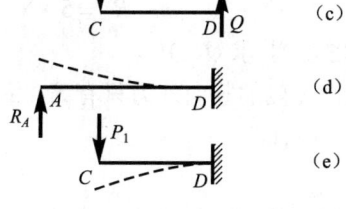

图 19-14

的,它引起的 1—1 截面上的剪力为负[图 19 - 14(e)]。1—1 截面上的剪力值为

$$Q_1 = R_A - P_1 = 8 - 6 = 2 \text{ kN}$$

1—1 截面上的弯矩等于该截面左侧(或右侧)所有外力对该截面形心的力矩的代数和,即等于 $R_A \times 3$ 与 $P_1 \times 2$ 的代数和(若考虑右侧,则为 $P_2 \times 1$ 与 $R_B \times 3$ 的代数和)。每项的正负,根据弯矩的正负号规定(即根据梁的凹向)逐项定出。**为了便于确定每项外力引起的 1 - 1 截面上弯矩的正负,即便于看清梁的凹向,可将左段看成如图 19 - 14(d)、(e)所示的 1 - 1 处为固定支座的悬臂梁**(在外力作用下,梁的 1—1 截面并非固定不动,这里将该处看成嵌固,只是为了判断梁的凹向)。显然,R_A 使梁凹向上弯曲,所以 $R_A \times 3$ 项是正的;P_1 使梁凹向下弯曲,$P_1 \times 2$ 项是负的。1—1 截面上的弯矩值为

$$M_1 = R_A \times 3 - P_1 \times 2 = 8 \times 3 - 6 \times 2 = 12 \text{ kN} \cdot \text{m}$$

例 19 - 4 试用直接计算法并分别考虑左侧和右侧求图 19 - 15(a)所示梁 1—1 截面上的内力。

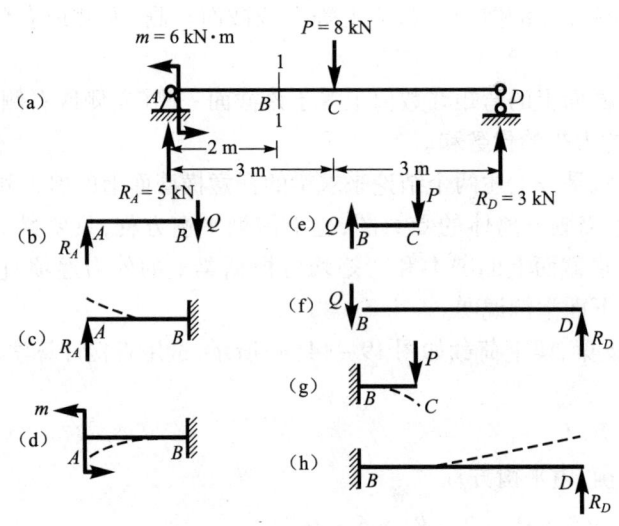

图 19 - 15

解 (1) 求支反力。考虑梁整体平衡,由平衡方程

$$\sum M_D = 0: \quad P \times 3 + m - R_A \times 6 = 0$$

$$\sum M_A = 0: \quad R_D \times 6 + m - P \times 3 = 0$$

分别得

$$R_A = 5 \text{ kN} \qquad R_D = 3 \text{ kN}$$

(2) 考虑左侧,求 Q_1、M_1。

1—1 截面左侧的竖向外力只有 R_A,依剪力正负号规定,它引起的 1—1 截面上的剪力为正[图 19 - 15(b)],即

$$Q_1 = R_A = 5 \text{ kN}$$

1—1 截面上的弯矩等于 $R_A \times 2$ 与 m 的代数和。依弯矩正负号规定,$R_A \times 2$ 项为正[图 19 - 15(c)],m 项为负[图 19 - 15(d)],1 - 1 截面的弯矩值为

$$M_1 = R_A \times 2 - m = 5 \times 2 - 6 = 4 \text{ kN} \cdot \text{m}$$

(3) 考虑右侧,求 Q_1、M_1。

右侧的竖向外力为 P 和 R_D,1—1 截面上的剪力等于 P 与 R_D 的代数和,依剪力正负号规定,P 项为正[图 19-15(e)],R_D 项为负[图 19-15(f)],1—1 截面上的剪力值为

$$Q_1 = P - R_D = 8 - 3 = 5 \text{ kN}$$

1—1 截面上的弯矩等于 $P \times 1$ 与 $R_D \times 4$ 的代数和。为了便于看清梁的凹向,将右段看成 1—1 处为固定支座的悬臂梁,依弯矩正负号规定,$P \times 1$ 项为负[图 19-15(g)],$R_D \times 4$ 项为正 [图 19-15(h)],1—1 截面上的弯矩值为

$$M_1 = R_D \times 4 - P \times 1 = 3 \times 4 - 8 \times 1 = 4 \text{ kN} \cdot \text{m}$$

由此例看到,不论考虑左侧还是右侧,求得同一截面的内力值是相同的,在具体解题时,究竟考虑哪一侧,应以简便为准。

例 19-5 试用直接计算法求图 19-16(a)所示梁 1—1、2—2、3—3 各截面上的内力。

解 (1) 求支反力。考虑梁的整体平衡,由平衡方程

$$\sum M_B = 0: \quad 6q \times 3 - R_A \times 6 - m = 0$$
$$\sum M_A = 0: \quad R_B \times 6 - 6q \times 3 - m = 0 \text{ 得}$$
$$R_A = 11 \text{ kN} \qquad R_B = 13 \text{ kN}$$

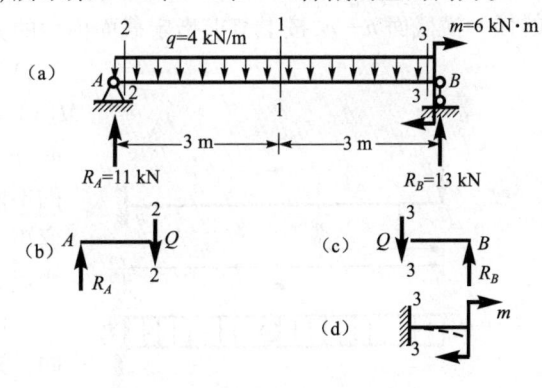

图 19-16

(2) 1—1 截面。

考虑左侧,1—1 截面左侧的竖向外力有 R_A 和分布荷载的合力 $q \times 3$,1—1 截面上剪力为

$$Q_1 = R_A - q \times 3 = 11 - 4 \times 3 = -1 \text{ kN}$$

1—1 截面上的弯矩为 $R_A \times 3$ 与 $q \times 3 \times 1.5$ 的代数和,即

$$M_1 = R_A \times 3 - q \times 3 \times 1.5 = 11 \times 3 - 4 \times 3 \times 1.5 = 15 \text{ kN} \cdot \text{m}$$

(3) 2—2 截面。

2—2 截面位于梁端的内侧,其左侧有竖向外力 R_A。为了便于判定 R_A 引起 2—2 截面剪力的正负,可将 2—2 截面与 A 之间的距离放大[图 19-16(b)],2—2 截面上的剪力值为

$$Q_2 = R_A = 11 \text{ kN}$$

2—2 截面与 A 的距离趋于零,故 R_A 对 2—2 截面的力矩为零。即

$$M_2 = 0$$

(4) 3—3 截面。

考虑右侧,3—3 截面右侧的竖向外力有 R_B,它引起 3—3 截面上的剪力为负[图 19-16(c)],即

$$Q_3 = -R_B = -13 \text{ kN}$$

R_B 对 3—3 截面的力矩为零,m 引起的 3—3 截面的弯矩为负[参看图 19-16(d),即将 3—3 与 B 之间的距离放大,并将 3—3 处视为嵌固],3—3 截面上的弯矩为

$$M_3 = -m = -6 \text{ kN} \cdot \text{m}$$

19.4 剪力图和弯矩图

一般情况下,梁的不同截面上的内力是不同的,即剪力和弯矩随截面位置而变化。由于在进行梁的强度计算时,往往需要知道各横截面上剪力和弯矩中的最大值以及它们所在截面的位置,因此就必须知道剪力和弯矩随截面而变化的情况。表示剪力和弯矩沿梁长变化规律的图形分别称为剪力图和弯矩图。

剪力图和弯矩图都是函数图形,其横坐标表示梁的截面位置,纵坐标表示相应截面的剪力和弯矩。剪力图和弯矩图的做法是:先列出剪力和弯矩随截面位置而变化的函数式,再由函数式画成函数图形。

下面讨论剪力图和弯矩图的具体画法。

一悬臂梁,自由端作用荷载 P[图19-17(a)],画此梁的剪力图和弯矩图时,取距左端为 x 的任一横截面 n—n,按上节求指定截面内力的方法,列出 n—n 截面上的剪力和弯矩的表达式

$$Q(x) = -P$$
$$M(x) = -Px$$

n—n 截面是距左端为 x 的任意截面,随截面位置 x 的不同,通过上二式便可算出相应截面上的剪力和弯矩。上列两个函数表达式又分别称为剪力方程和弯矩方程。该两个表达式适用于全梁。

剪力表达式为一常量,表明各截面的剪力都相同,剪力图为一平行于坐标轴的直线[图19-17(b)]。正的剪力画在坐标轴的上边,负的剪力画在下边,并分别标以⊕、⊖号。

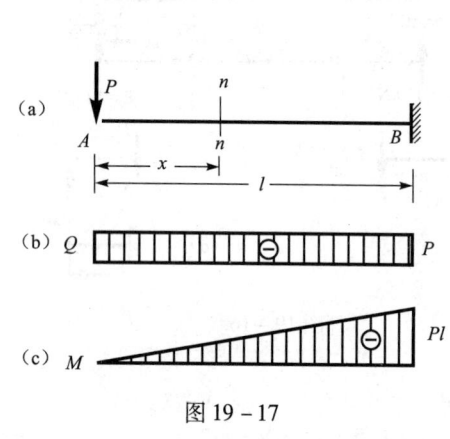

图 19-17

弯矩表达式是 x 的一次函数,弯矩图为一斜直线,只要确定直线上的两个点,便可画出此直线。

通过

$$\begin{cases} x = 0 & M(x) = 0 \\ x = l & M(x) = -Pl \end{cases}$$

画出弯矩图如图19-17(c)所示。在土建工程中,通常是将弯矩图画在梁的受拉一侧,所以,正弯矩画在坐标轴的下边,负弯矩画在上边,并分别以⊕、⊖号。

再举一例。

承受均布荷载的简支梁如图19-18(a)所示,画此梁的剪力图和弯矩图时,先求出梁的支反力,其值为

$$R_A = R_B = \frac{1}{2}ql$$

取距左端为 x 的任一横截面 n—n,此截面的剪力和弯矩的表达式分别为

$$Q(x) = R_A - qx = \frac{1}{2}ql - qx = q\left(\frac{l}{2} - x\right)$$

$$M(x) = R_A \cdot x - \frac{1}{2}qx^2 = \frac{1}{2}qlx - \frac{1}{2}qx^2 = \frac{q}{2}x(l-x)$$

该二表达式适用于全梁。

剪力表达式是 x 的一次函数，通过

$$\begin{cases} x=0 & Q(x)=\dfrac{1}{2}ql \\ x=l & Q(x)=-\dfrac{1}{2}ql \end{cases}$$

画出剪力图如图 19-18(b)所示。

弯矩表达式为 x 的二次函数，通过

$$\begin{cases} x=0 & M(x)=0 \\ x=\dfrac{l}{2} & M(x)=\dfrac{1}{8}ql^2 \\ x=l & M(x)=0 \end{cases}$$

可画出弯矩图的大致图形。弯矩图如图 19-18(c)所示，梁跨中截面的弯矩值最大，其值为 $\dfrac{ql^2}{8}$。

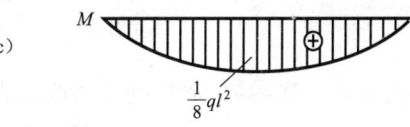

图 19-18

下面再讨论两种常见的典型情况。

一简支梁在 C 处作用一集中力 P，画此梁的剪力图和弯矩图时，不同于前二例的特点是：剪力和弯矩在全梁范围内均不能用一个统一的函数式来表达，必须以 P 的作用点 C 为界分段来列剪力和弯曲的表达式，并分段画出剪力图和弯矩图。

首先求出梁的支反力，其结果为

$$R_A=\dfrac{b}{l}P \qquad R_B=\dfrac{a}{l}P$$

下面讨论剪力图。用 x_1 表示 AC 段中任意横截面到左端的距离，用 x_2 表示 CB 段中任意横截面到左端的距离。两段的剪力表达式分别为

$$AC\ 段：\quad Q(x_1)=R_A=\dfrac{b}{l}P$$

$$CB\ 段：\quad Q(x_2)=-R_B=-\dfrac{a}{l}P$$

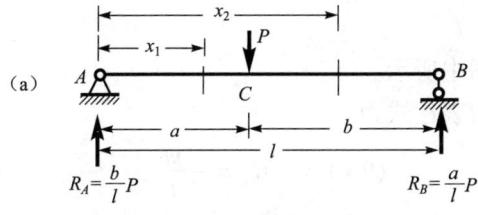

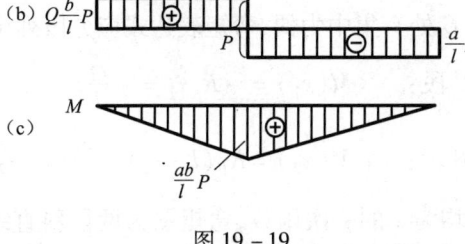

图 19-19

这里应注意内力表达式的适用范围，上式只适用于左段梁，下式只适用于右段梁。两段的剪力均为常量，剪力图为平行于坐标轴的两段直线[图 19-19(b)]。

从图 19-19(b)看到，剪力图在集中力 P 作用处(C 处)是不连续的，C 左侧截面的剪力值为 $\dfrac{b}{l}P$，C 右侧截面的剪力值为 $-\dfrac{a}{l}P$，剪力图在 C 点发生了"突变"。从图上还可看到，该突变的绝对值为 $\dfrac{b}{l}P+\dfrac{a}{l}P=P$，即等于梁上的集中力。这种现象为普遍情况，由此可得结

论:**在集中力作用处,剪力图发生突变,突变值等于该集中力的数值**。因此,当说明集中力作用处的剪力时,必须指明是集中力的左侧截面还是右侧截面,两者是不同的。

上述不连续的情况,是由于假定集中力 P 是作用在一"点"上造成的。实际中,P 不可能作用在一"点"上,而总是分布在梁的一小段长度上,若将力 P 按作用在梁的一小段长度上的均布荷载来考虑(图 19 – 20),剪力图就不会发生突变了。

下面再讨论弯矩图。两段梁的弯矩表达式分别为

$$AC \text{ 段}: \quad M(x_1) = R_A x_1 = \frac{b}{l} P x_1$$

$$CB \text{ 段}: \quad M(x_2) = R_B(l - x_2) = \frac{a}{l} P(l - x_2)$$

二式均为 x 的一次函数,弯矩图为两段斜直线,通过

$$\begin{cases} x_1 = 0, & M_A = 0 \\ x_1 = a, & M_C = \frac{ab}{l} P \end{cases} \qquad \begin{cases} x_2 = a, & M_C = \frac{ab}{l} P \\ x_2 = l, & M_B = 0 \end{cases}$$

画出梁的弯矩图如图 19 – 19(c)所示。

由此例可知,当梁上荷载有变化时,内力不能用一个统一的函数式表达,此时需分段列内力表达式。分段是以集中力、集中力偶的作用位置及分布荷载的起点和终点为界,例如图 19 – 21 所示的梁,B、C 都是分界点,该梁就应分三段来列内力表达式。

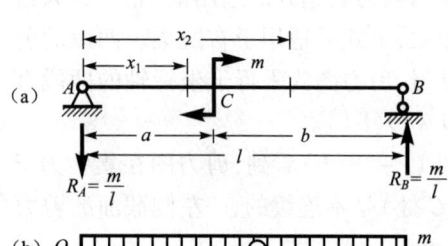

图 19 – 20

图 19 – 21

图 19 – 22(a)为承受集中力偶作用的简支梁,现画该梁的内力图并讨论弯矩图有何特点。首先求梁的支反力,其结果为

$$R_A = R_B = \frac{m}{l}$$

方向如图中所示。

剪力表达式为

$$Q(x) = -R_A = -\frac{m}{l}$$

该式适用于全梁,剪力图如图 19 – 22(b)所示。

由于 C 处有集中力偶,弯矩表达式应分段列出。

$$AC \text{ 段}: \quad M(x_1) = -R_A x_1 = -\frac{m}{l} x_1$$

$$CB \text{ 段}: \quad M(x_2) = R_B(l - x_2) = \frac{m}{l}(l - x_2)$$

二表达式均为 x 的一次函数,弯矩图为两段斜直线,通过

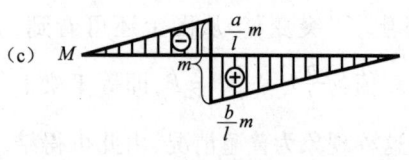

图 19 – 22

$$\begin{cases} x_1 = 0, & M_A = 0 \\ x_1 = a, & M_{C左} = -\dfrac{a}{l}m \end{cases} \qquad \begin{cases} x_2 = a, & M_{C右} = \dfrac{b}{l}m \\ x_2 = l, & M_B = 0 \end{cases}$$

画出梁的弯矩图如图 19-22(c)所示。

由图 19-22(c)看到,在集中力偶作用处(C 处),弯矩图不连续,C 左侧截面的弯矩值为 $-\dfrac{a}{l}m$,C 右侧截面的弯矩值为 $\dfrac{b}{l}m$,弯矩图在 C 点发生了"突变",且突变的绝对值为 $\dfrac{a}{l}m + \dfrac{b}{l}m = m$。此现象也是普遍情况,由此可得结论:**在集中力偶作用处,弯矩图发生突变,突变值等于该力偶的力偶矩**。因此,当说明集中力偶作用处的弯矩时,必须指明是集中力偶的左侧截面还是右侧截面,两者也是不同的。

19.5　弯矩·剪力·荷载集度间的关系

这里将要讨论梁的两种内力——弯矩 $M(x)$ 与剪力 $Q(x)$ 之间以及它们与梁上分布荷载集度 $q(x)$ 之间的关系。由于内力是由梁上的荷载引起的,而弯矩、剪力和分布荷载的集度又都是 x 的函数,因此,三者之间一定存在着某种联系,下面具体推导三者间的关系。

设在图 19-23(a)所示梁上作用有任意的分布荷载 $q(x)$,$q(x)$ 以向上为正,向下为负。我们取梁中的微段来研究。在距左端 x 处,截取长为 $\mathrm{d}x$ 的微段梁[图 19-23(b)],该微段梁左侧横截面上的剪力和弯矩分别为 $Q(x)$ 和 $M(x)$,右侧横截面上的剪力和弯矩则分别为 $Q(x) + \mathrm{d}Q(x)$ 和 $M(x) + \mathrm{d}M(x)$。此微段梁除两侧面存在剪力、弯矩外,在上面还作用有分布荷载。由于 $\mathrm{d}x$ 很微小,可不考虑 $q(x)$ 沿 $\mathrm{d}x$ 的变化而在微段上看成为均布荷载。

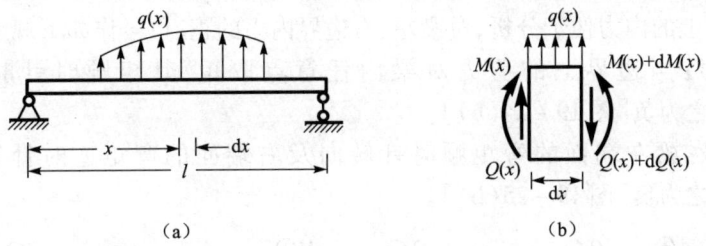

图 19-23

梁处于平衡状态,截取的微段梁也应该是平衡的。由平衡方程

$$\sum Y = 0: \quad Q(x) - [Q(x) + \mathrm{d}Q(x)] + q(x)\mathrm{d}x = 0$$

经整理得

$$\frac{\mathrm{d}Q(x)}{\mathrm{d}x} = q(x) \tag{1}$$

由 $\sum M_O = 0$(矩心 O 取在右侧截面的形心处),得

$$[M(x) + \mathrm{d}M(x)] - M(x) - Q(x)\mathrm{d}x - q(x)\mathrm{d}x \cdot \frac{\mathrm{d}x}{2} = 0$$

略去式中的二次微量项 $\dfrac{1}{2}q(x) \cdot (\mathrm{d}x)^2$,经整理得

$$\frac{dM(x)}{dx} = Q(x) \tag{2}$$

由式(2)和式(1)又可得

$$\frac{d^2M(x)}{dx^2} = q(x) \tag{3}$$

式(1)、(2)、(3)就是弯矩、剪力、荷载集度间普遍存在的关系式。

从数学分析可知,一阶导数的几何意义是代表函数图线上的切线斜率,$\frac{dQ(x)}{dx}$ 和 $\frac{dM(x)}{dx}$ 分别代表剪力图和弯矩图上的切线斜率。$\frac{dQ(x)}{dx} = q(x)$ 表明:剪力图上某点处的切线斜率等于梁上相应点处的分布荷载集度。$\frac{dM(x)}{dx} = Q(x)$ 表明:弯矩图上某点处的切线斜率等于相应点处截面上的剪力。此外,二阶导数的正、负可判定曲线的凹向,依 $\frac{d^2M(x)}{dx^2} = q(x)$ 可判定弯矩图曲线的凹向。

19.6 剪力·弯矩分析的边界荷载法

所谓边界荷载法,就是把梁两边界上的外载荷直接视为相应的内力,在分别确定其正、负号的规定之后,采用积分运算对梁进行内力分析。采用边界荷载法对梁进行内力分析,改变了传统的内力分析的思路,既可快捷地绘制梁的剪力图和弯矩图,又可快捷地列出相应的剪力方程和弯矩方程。这种方法同样适用于轴力和扭矩的分析。请读者验证。

为了使边界上的内力便于分析,对梁左、右边界内力的正、负号作如下规定。

剪力正负号:当边界上的剪力对梁内任意点取矩,其矩顺时针时剪力为正[图19-24(a)];反之为负[图19-24(b)]。

弯矩正负号:梁左端面的弯矩顺时针转向及右端面的弯矩逆时针转向时为正[图19-25(a)];反之为负[图19-25(b)]。

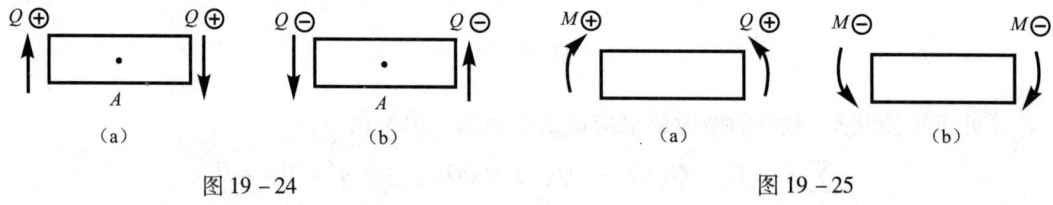

图 19-24　　　　　　　　　　图 19-25

梁内部的荷载正负号作如下规定:荷载集度 $q(x)$、集中力 P 指向向上为正,集中力偶顺时针转向为正[图19-26(a)];反之为负[图19-26(b)],在 P、M 的正负号确立之后,便于相应内力图突变关系的确定。

在上一节中,导出了弯矩、剪力、荷载集度间的下列各关系式

$$\frac{dQ(x)}{dx} = q(x) \qquad \frac{dM(x)}{dx} = Q(x) \qquad \frac{d^2M(x)}{dx^2} = q(x)$$

根据这些关系式,可进一步分析剪力图和弯矩图之间的积分关系,从而导出剪力、弯矩分

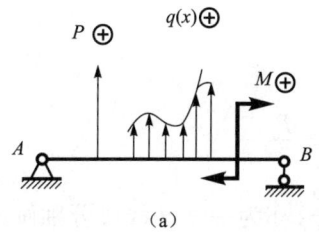 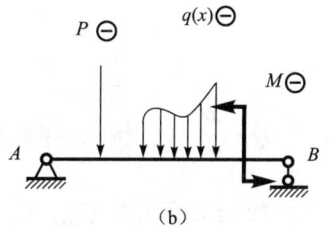

图 19-26

析的边界荷载法。

剪力 $Q(x)$ 与荷载集度 $q(x)$ 的积分关系为

$$\int_{Q_0}^{Q(x)} dQ(x) = \int_0^x q(x) dx \tag{4}$$

弯矩 $M(x)$ 与剪力 $Q(x)$ 的积分关系为

$$\int_{M_0}^{M(x)} dM(x) = \int_{Q_0}^{x} Q(x) dx \tag{5}$$

由式(4)、(5)可得

$$Q(x) = Q_0 + A_1(x) \tag{6}$$
$$M(x) = M_0 + A_2(x) \tag{7}$$

式中

$$A_1(x) = \int_0^x q(x) dx, A_2(x) = \int_{Q_0}^x Q(x) dx$$

Q_0 为梁左边界上的剪力;M_0 为梁左边界上的弯矩,即边界荷载。$A_1(x)$ 为 $0 \sim x$ 区段荷载集度 $q(x)$ 所对应的面积,为代数量,$A_2(x) = $ 为 $0 \sim x$ 区段剪力 $Q(x)dx$ 所对应的面积,亦为代数量,其正、负值由 $q(x)$、$Q(x)$ 的正负号来决定。式(6)、(7)即为边界荷载法的数学表达形式。根据边界荷载法,传统的梁的剪力、弯矩分析就变为简单的面积处理问题了。

下面结合例题进行说明。

例 19-6 简支梁如图 19-27(a)所示,试用边界荷载法画此梁的剪力图和弯矩图,并确定相应的剪力方程和弯矩方程。

解 首先求出支反力,其结果为

$$R_A = \frac{P}{2} \qquad R_B = \frac{P}{2}$$

在进行剪力、弯矩分析时,需根据梁上的受力情况分段分析,逐段画出。本题应将梁分为 AC、BC 二段。各段不受分布荷载作用,即 $q(x) = 0$,所以各段的剪力均为常量,弯矩均为线性。在 C 处,由于受集中力 P 作用,剪力发生方向向下,大小为 P

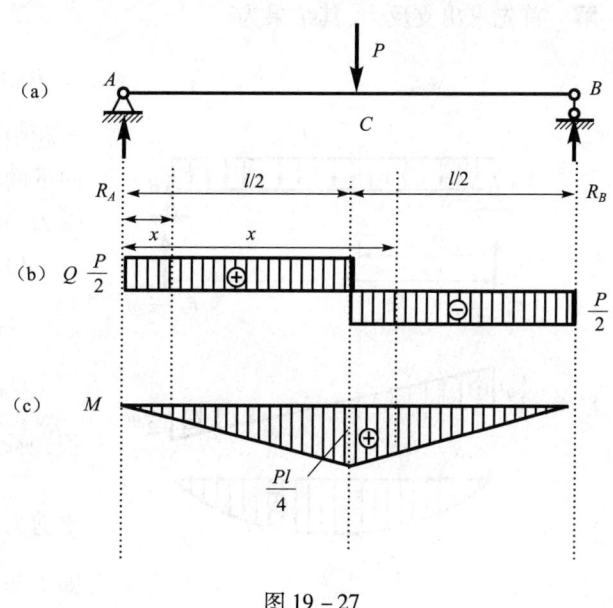

图 19-27

的突变量。

(1) 剪力图。 $Q_0 = \dfrac{P}{2}$

AC 段： $Q = \dfrac{P}{2}$ 为一水平线段，在 C 处 $Q_{C左} = \dfrac{P}{2}$

BC 段： 根据突变关系 $Q_{C右} = -\dfrac{P}{2}$， $Q_B = -\dfrac{P}{2}$，亦为一水平线段分别画出两段水平线，梁的剪力图如图 19-27(b) 所示。

(2) 弯矩图。 $M_0 = 0$

AC 段： $M_A = 0$ M_C 为 $0 \sim \dfrac{l}{2}$ 区段梁剪力图的面积，$M_C = \dfrac{Pl}{4}$ 则该段梁的弯矩图为一斜直线

BC 段： M_B 为 $0 \sim l$ 区段梁剪力图的面积，$M_B = 0$，则该段梁的弯矩图亦为一斜直线。分别画出两段梁的弯矩图如图 19-27(c) 所示。

(3) 剪力方程、弯矩方程。

AC 段： $Q(x) = Q_0 = \dfrac{P}{2}$ $\quad (0 < x < \dfrac{l}{2})$

$M(x) = \dfrac{P}{2} x$ $\quad (0 \leq x \leq \dfrac{l}{2})$

BC 段： $Q(x) = Q_0 - P = -\dfrac{P}{2}$ $\quad (\dfrac{l}{2} < x < l)$

$M(x) = \dfrac{Pl}{4} - \dfrac{P}{2}(x - \dfrac{l}{2}) = \dfrac{P}{2}(l - x)$ $\quad (\dfrac{l}{2} \leq x \leq l)$

例 19-7 简支梁如图 19-28(a) 所示，试用边界荷载法画此梁的剪力图和弯矩图，并确定相应的剪力方程和弯矩方程。

解 首先求出支反力，其结果为

$$R_A = \dfrac{ql}{2} \qquad R_B = \dfrac{ql}{2}$$

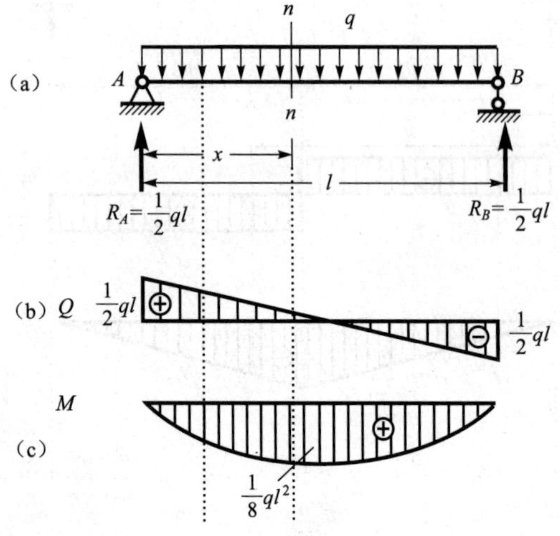

本题中只有 AB 一个区段，其上作用有方向向下的均布力，所以剪力图为一斜直线，弯矩图为一抛物线。

(1) 剪力图。

$$Q_A = Q_0 = \dfrac{ql}{2}$$

Q_B 等于 Q_0 加以 $0 \sim l$ 区段 $q(x)$ 的面积，所以 $Q_B = \dfrac{ql}{2} - ql = -\dfrac{ql}{2}$ 为一斜直线，画出剪力图如图 19-28(b) 所示，在 $x = \dfrac{l}{2}$ 处即 C 点 $Q_C = 0$

(2) 弯矩图。 $M_0 = 0$

图 19-28

$M_A = M_0 = 0$;根据 $q(x)$、$Q(x)$、$M(x)$ 的微分关系可知,在 C 处有 M_{max}, $M_C = M_{max} = \dfrac{ql^2}{8}$,为 $0 \sim \dfrac{l}{2}$ 区段梁剪力图的面积;在 B 处,$M_B = 0$,为 $0 \sim l$ 区段梁的剪力图面积。可以确定在 $0 \sim l$ 区段,梁的弯矩图为开口向上的二次曲线。从而说明,在有均布力作用的区段,弯矩图是开口方向与均布力指向相反的二次曲线,画出梁的弯矩图如图 19-28(c) 所示。

(3) 剪力方程、弯矩方程。

$$Q(x) = \dfrac{ql}{2} - qx = \dfrac{q}{2}(l - 2x) \qquad (0 < x < l)$$

$$M(x) = \left[\dfrac{ql}{2} + Q(x)\right]\dfrac{x}{2} = \dfrac{q}{2}x(l - x) \qquad (0 \leqslant x \leqslant l)$$

以上两道例题均为对称结构,其剪力图为反对称图形,弯矩图为对称图形。这一规律在以后的内力分析时是可以借鉴的。

例 19-8 简支梁如图 19-29(a) 所示,试用边界荷载法画出此梁的剪力图和弯矩图。

解 求出支反力,其结果为

$$R_A = R_B = \dfrac{M}{l}$$

在进行剪力、弯矩分析时,根据梁上的受力情况,本题对剪力图而言只有一个区段,且为一水平线。弯矩图为两根平行的斜直线,在 C 截面处,有向正方向突变的集中力偶。

(1) 剪力图。 $Q_0 = -\dfrac{M}{l}$

AB 段: $Q_A = Q_0 = -\dfrac{M}{l}$

$Q_B = Q_0 = -\dfrac{M}{l}$ 为一水平线段

画出梁的剪力图如图 19-29(b) 所示。

(2) 弯矩图。 $M_0 = 0$

AC 段: $M_A = 0$

$M_{C左} = -\dfrac{M}{l} \times \dfrac{l}{2} = -\dfrac{M}{2}$ 为一斜直线

BC 段: 在 C 处有集中力偶作用,根据突变关系 $M_{C右} = -\dfrac{M}{2} + M = \dfrac{M}{2}$

$M_B = 0$ 亦为一斜直线

画出梁的弯矩图如图 19-29(c) 所示。

从例 19-8 可以发现,反对称结构的剪力图对称,弯矩图反对称,这也是一种规律。以上三个例题,是一种基本功的训练。

例 19-9 简支梁如图 19-30(a) 所示,试用边界荷载法画该梁的剪力图和弯矩图。

解 先求支反力,其结果为

$$R_A = 6 \text{ kN} \qquad R_B = 4 \text{ kN}$$

此梁的剪力和弯矩为二个区段。根据梁上的受力情况可以确定二段的剪力图均为水平直线段,弯矩图均为斜直线段。

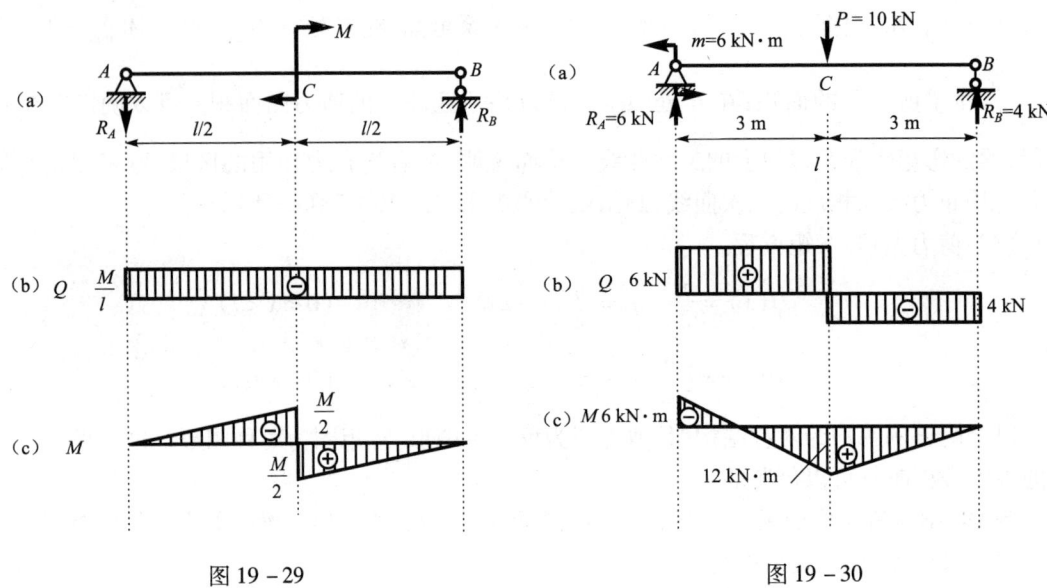

图 19-29

图 19-30

(1) 剪力图。 $Q_0 = 6$ kN

AC 段： $Q_A = Q_0 = 6$ kN

$Q_{C左} = 6$ kN 为水平直线段

BC 段： $Q_{C右} = Q_0 - P = -4$ kN $Q_C = -4$ kN 亦为水平直线段

画出梁的剪力图如图 19-30(b) 所示。

(2) 弯矩图。 $M_0 = -6$ kN·m

AC 段： $M_A = M_0 = -6$ kN·m $M_C = -6 + 6 \times 3 = 12$ kN·m 为一斜直线段

BC 段： $M_B = 0$ 亦为一斜直线段

画出梁的弯矩图如图 19-30(c) 所示。

例 19-10 外伸梁如图 19-31(a) 所示，试用边界荷载法画出此梁的剪力图和弯矩图。

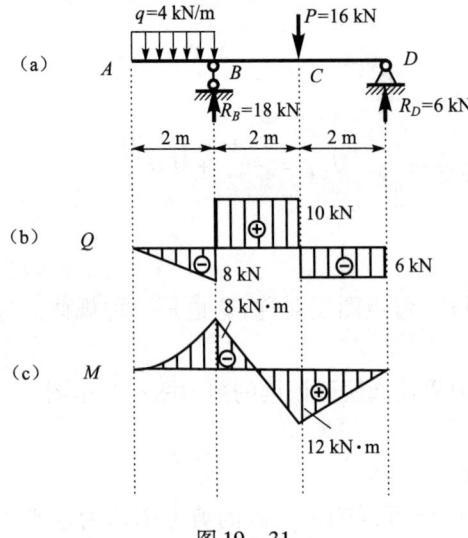

图 19-31

解 先求支反力，其结果为

$R_B = 18$ kN $R_D = 6$ kN

在进行内力分析时，根据梁上的受力情况，全梁可分三个区段，AB 上作用有均布力，则剪力图是斜直线，弯矩图是开口向上的二次曲线。BC 段剪力图是水平直线段，弯矩图是斜直线段，在 C 处有向下突变的剪力，突变量等于 P。CD 段剪力图是水平直线段，弯矩图是斜直线段。

(1) 剪力图。 $Q_0 = 0$

AB 段： $Q_A = Q_0 = 0$

$Q_{B左} = -4 \times 2 = -8$ kN

为一斜直线段

BC 段： $Q_{B右} = -8 + 18 = 10$ kN

$Q_{C左} = 10$ kN

为一水平直线段

CD 段： $Q_{C右} = 10 - 16 = -6$ kN

$Q_D = -6$ kN

为一水平直线段

画出梁的剪力图如图 19-31(b)所示。

（2）弯矩图。 $M_0 = 0$

AB 段： $M_A = M_0 = 0$ $M_B = -\frac{1}{2} \times 8 \times 2 = -8$ kN·m，为一开口向上的二次曲线，在 A 处斜率为零

BC 段： $M_B = -8$ kN·m $M_C = -8 + 10 \times 2 = 12$ kN·m，为一斜直线段

CD 段： $M_D = 0$ 亦为一斜直线段

画出此梁的弯矩图如图 19-31(c)所示。

应用边界荷载法进行内力分析，关键在于支反力的正确计算。需要计算指定位置的内力，只需进行简单的面积计算就可以了。

边界荷载法在轴力分析和扭矩分析时同样适用。

小 结

1. 弯曲变形是工程中最常见的一种基本变形形式。本章研究杆件在平面弯曲时的内力，核心内容为：求梁的任意横截面上的剪力、弯矩和画梁的剪力图、弯矩图。

2. 梁的内力是由外力引起的，外力包括梁上的荷载和支反力。支反力一般是未知的，在计算内力和画内力图前，需先求出。

3. 求梁的任意横截面上剪力和弯矩的方法有两种，即截面法和边界荷载法。截面法是基本方法，而边界荷载法则比较简便。用边界荷载法求指定截面剪力和弯矩的关键为：① 掌握剪力、弯矩的正负号规定。② 根据剪力、弯矩的正负号规定，正确地判定每项外力引起的剪力、弯矩的正负号。

4. 画剪力图和弯矩图的方法也有两种，即列剪力、弯矩方程的方法和边界荷载法。用边界荷载法画梁的剪力图和弯矩图时，其关键为：① 理解并熟记由 $M(x)$、$Q(x)$、$q(x)$ 间的关系得出的规律。② 熟练掌握求指定截面剪力和弯矩的边界荷载法。

5. 梁上有集中力和集中力偶作用时，集中力和集中力偶作用处剪力图和弯矩图发生突变，且突变值分别等于集中力的数值和集中力偶的力偶矩值。此结论有利于内力图的绘制与校核，应熟练掌握。

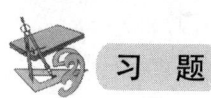

19-1 试用截面法求图示各梁中 n—n 截面上的剪力和弯矩。

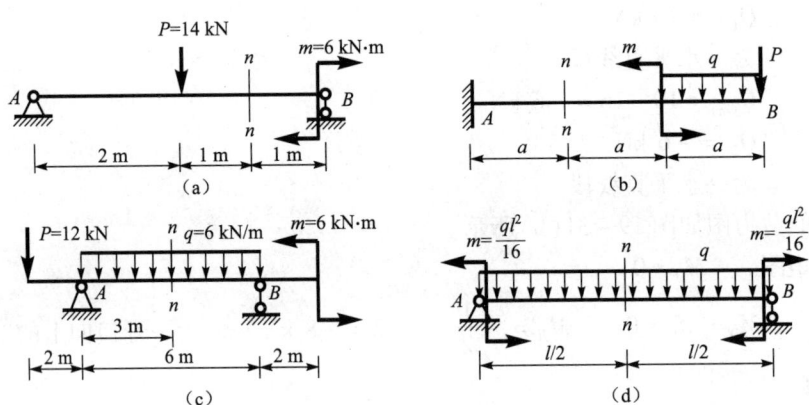

题 19-1 图

19-2 试用边界荷载法求图示各梁中 n—n 截面上的剪力和弯矩。

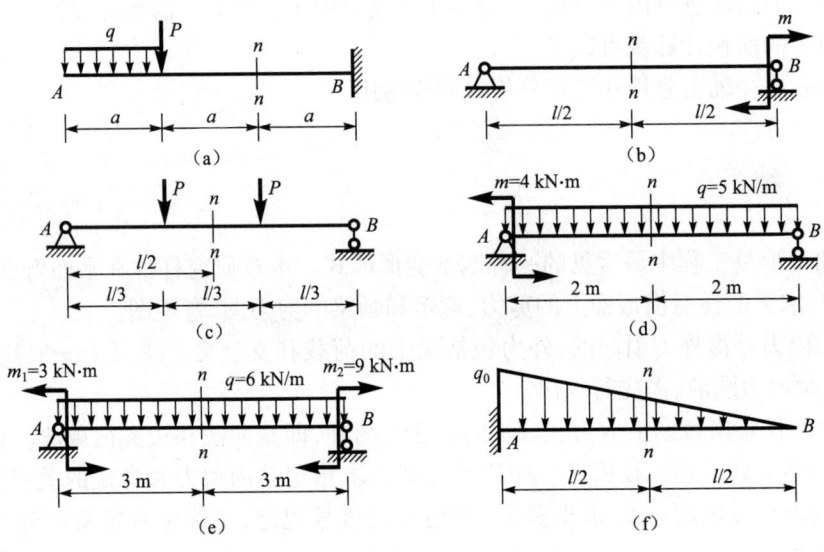

题 19-2 图

19-3 试求下列梁 1—1 和 2—2 截面上的剪力和弯矩,并比较 1—1、2—2 截面的内力值,从而可得出什么结论?

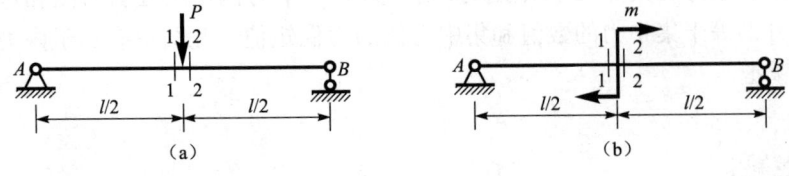

题 19-3 图

19-4 试求下列各梁 1—1、2—2 截面上的剪力和弯矩。

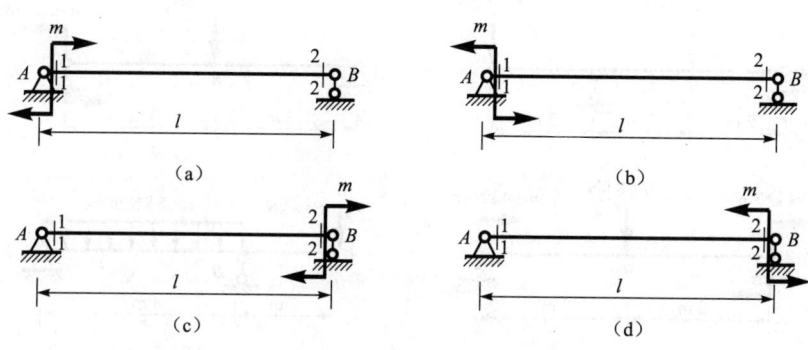

题 19-4 图

19-5 用边界荷载法求下列各梁的剪力方程和弯矩方程,并画出剪力图和弯矩图。

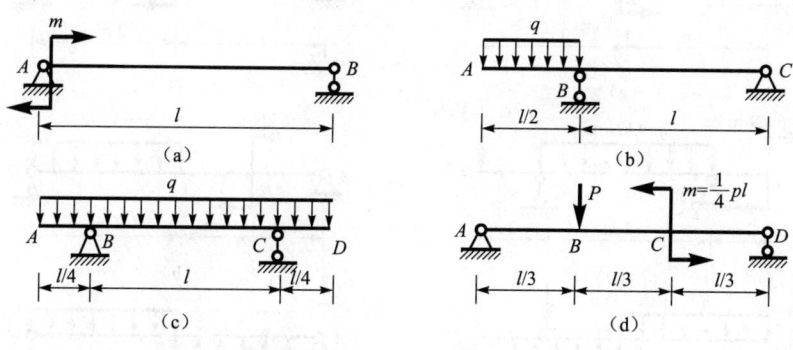

题 19-5 图

19-6 列下列各梁的剪力方程和弯矩方程时,应分为几段?

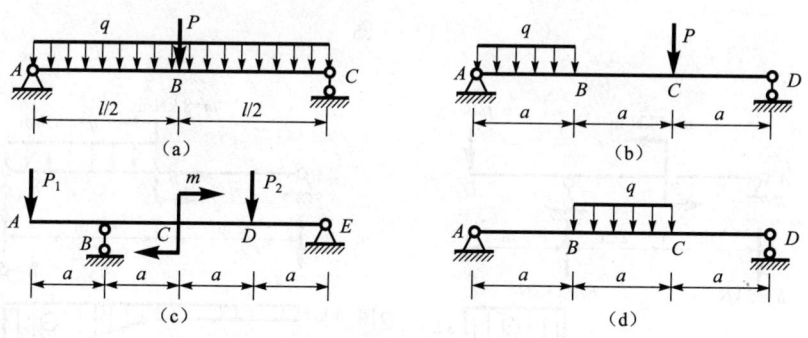

题 19-6 图

19-7 试用边界荷载法画下列各梁的剪力图和弯矩图。

19-8 试用边界荷载法画题 19-2 中各梁的剪力图和弯矩图。

19-9 试指出下列各梁的内力图中的错误。

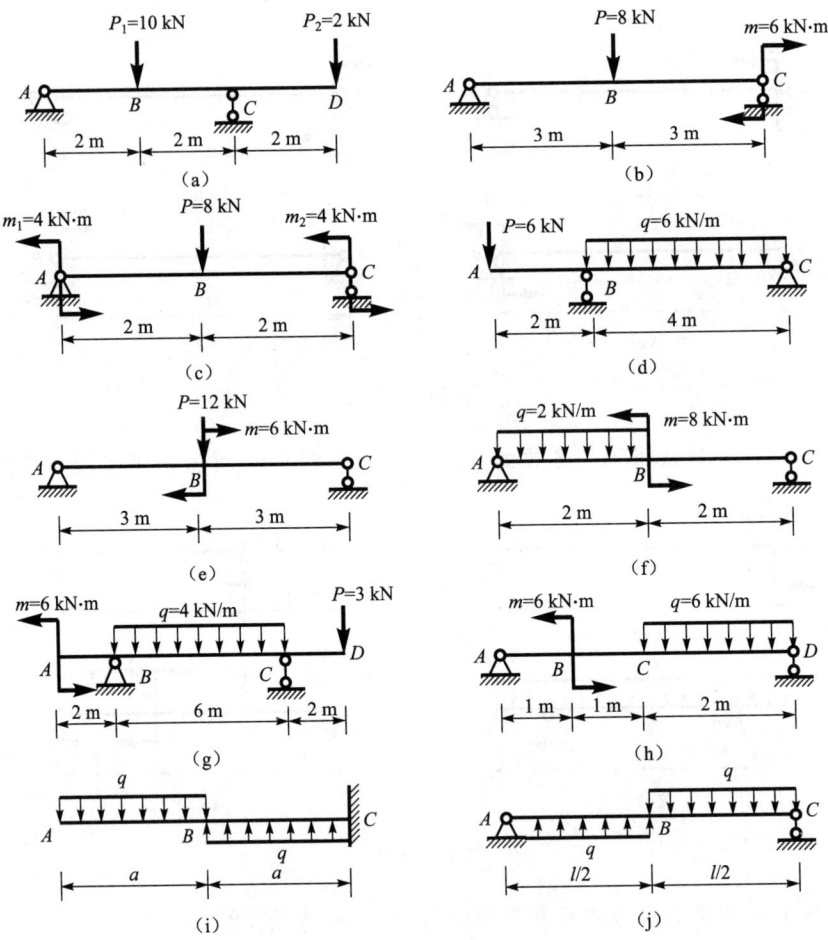

题 19-7 图

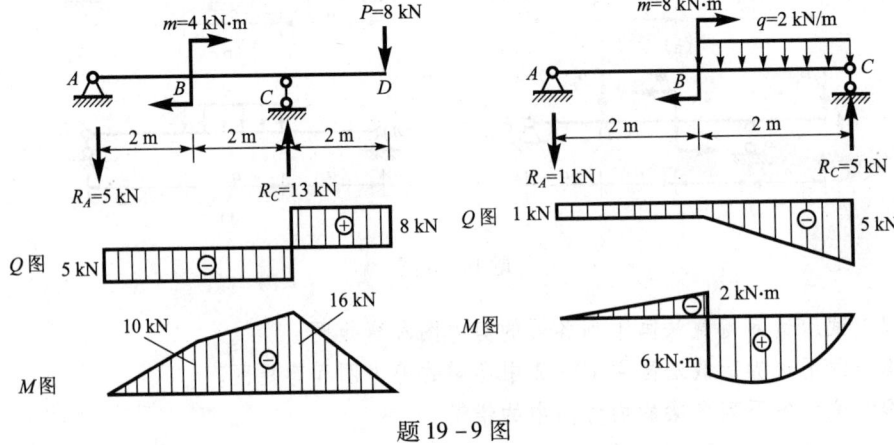

题 19-9 图

第 20 章 截面的几何性质

导言

- 本章主要研究静矩和惯性矩的计算。静矩、惯性矩都属平面图形的纯几何性质。
- 本章研究的内容是为后面研究有关内容服务的,在后面研究梁的应力、变形以及压杆稳定等问题时,将用到静矩、惯性矩的几何性质。

20.1 静 矩

图 20-1 所示的平面图形代表一任意截面,在图形平面内选取一对直角坐标轴如图中所示。在图形内任取一微面积 dA,该微面积到两坐标轴的距离分别为 y 与 z。将乘积 ydA 和 zdA 分别称为微面积 dA 对 z 轴和 y 轴的**静矩**,而将积分 $\int_A ydA$ 和 $\int_A zdA$ 分别定义为该截面对 z 轴和对 y 轴的静矩(或称为面积矩),并分别用 S_z 和 S_y 来表示,即

$$\left. \begin{array}{l} S_z = \int_A ydA \\ S_y = \int_A zdA \end{array} \right\} \quad (20-1)$$

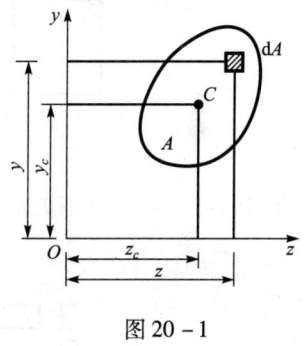

图 20-1

静矩是对一定的轴而言的,同一截面对不同轴的静矩值不同。从式(20-1)的定义可知,静矩为一代数量,其值可正、可负,也可为零。静矩的量纲为长度的三次方,其常用单位为 m^3 或 mm^3。

图 20-1 中,C 为截面的形心,y_c、z_c 为形心的坐标。在前面第一篇中已经知道,形心坐标的公式为

$$\begin{cases} y_c = \dfrac{\int_A ydA}{A} \\ z_c = \dfrac{\int_A zdA}{A} \end{cases} \quad 即 \begin{cases} y_c = \dfrac{S_z}{A} \\ z_c = \dfrac{S_y}{A} \end{cases}$$

从而有

$$\left.\begin{array}{l}S_z = A \cdot y_c \\ S_y = A \cdot z_c\end{array}\right\} \quad (20-2)$$

当截面形心的位置(y_c, z_c)已知时,可用式(20-2)来计算静矩。

如果z轴和y轴通过截面的形心,则y_c, z_c都等于零,由式(20-2)可知,此时$S_z=0$、$S_y=0$,这表明:**截面对通过其形心的轴的静矩等于零;反之,若截面对某轴的静矩等于零,则该轴也一定通过截面的形心。**

有些截面是由几个简单图形组成的,在计算这类截面对某轴的静矩时,依静矩的定义,可分别按式(20-2)计算各简单图形对该轴的静矩,然后再代数相加,即

$$\left.\begin{array}{l}S_z = \sum_{i=1}^{n} A_i y_i \\ S_y = \sum_{i=1}^{n} A_i z_i\end{array}\right\} \quad (20-3)$$

式中 A_i 和 y_i、z_i 分别代表各简单图形的面积和形心坐标。

后面在有关章节中,将涉及静矩的计算,而且常常是计算截面中的某部分面积对某轴的静矩,例如图20-2中计算阴影面积对z轴的静矩。此时均可按式(20-2)和式(20-3)计算。

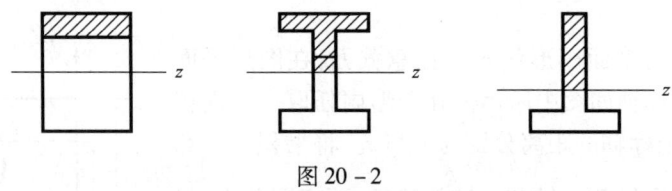

图 20-2

例 20-1 一工字形截面,其尺寸如图20-3(a)所示,试求阴影面积对z轴的静矩。

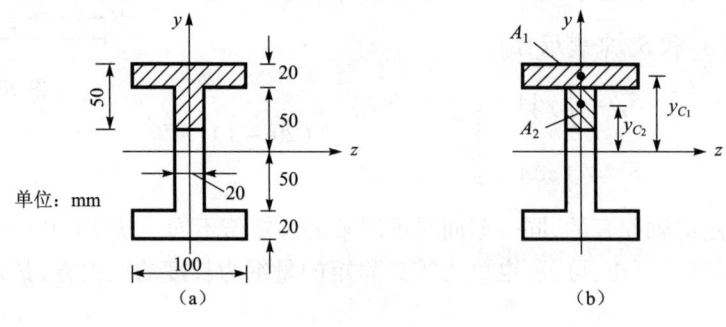

图 20-3

解 将T形阴影面积分成图20-3(b)中所示的A_1和A_2两个矩形面积,A_1与A_2对z轴的静矩之和即为T形面积对z轴的静矩,即

$$\begin{aligned}S_z &= A_1 y_{c1} + A_2 y_{c2} \\ &= (100 \times 20) \times 60 + (20 \times 30) \times 35 \\ &= 141 \times 10^3 \text{ mm}^3\end{aligned}$$

20.2 惯性矩和惯性积

20.2.1 惯性矩和惯性积的定义

图 20-4 所示的平面图形仍代表一任意截面。在图形内任取一微面积 dA，该微面积到二坐标轴的距离分别为 y 和 z。将乘积 $y^2 dA$ 和 $z^2 dA$ 分别称为微面积 dA 对 z 轴和对 y 轴的惯性矩，而将积分 $\int_A y^2 dA$ 和 $\int_A z^2 dA$ 分别定义为截面对 z 轴和对 y 轴的**惯性矩**，并分别用 I_z 和 I_y 来表示，即

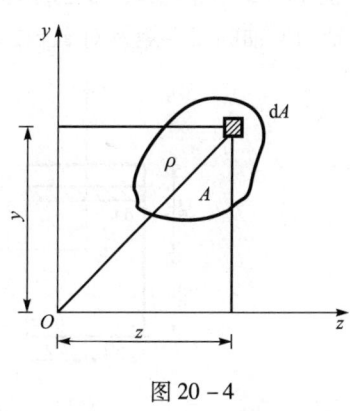

图 20-4

$$\left.\begin{array}{l} I_z = \int_A y^2 dA \\ I_y = \int_A z^2 dA \end{array}\right\} \quad (20-4)$$

在讨论扭转时曾遇到极惯性矩 I_P，图 20-4 中截面对坐标原点 O 的极惯性矩由下面积分来定义

$$I_P = \int_A \rho^2 dA \quad (20-5)$$

式中 ρ 是微面积 dA 到坐标原点的距离。

微面积与它到两轴距离的乘积 $yz dA$ 称为微面积 dA 对 z、y 二轴的惯性积，而将积分 $\int_A yz dA$ 定义为截面对 z、y 二轴的**惯性积**，并以 I_{zy} 表示，即

$$I_{zy} = \int_A yz dA \quad (20-6)$$

惯性矩 I_z、I_y 和惯性积 I_{zy} 都是对坐标轴而言的，同一截面对不同的坐标轴，其数值不同。极惯性矩是对点（称为极点）而言的，同一截面对不同点的极惯性矩值也各不相同。从式 (20-4)、(20-5)、(20-6) 的定义可知，惯性矩永为正值；而惯性积则可为正也可为负值。惯性矩和惯性积的量纲均为长度的四次方，其常用单位为 m^4 或 mm^4。

20.2.2 I_z、I_y 与 I_P 间的关系

截面对 z、y 轴的惯性矩与截面对坐标原点 O 的极惯性矩之间存在着一定的关系。在图 20-4 中有

$$\rho^2 = y^2 + z^2$$

将此关系代入式 (20-5)，得

$$I_P = \int_A \rho^2 dA = \int_A (y^2 + z^2) dA = \int_A y^2 dA + \int_A z^2 dA = I_z + I_y$$

即

$$I_P = I_z + I_y \quad (20-7)$$

式 (20-7) 就是 I_z、I_y 与 I_P 间的关系，它表明：**截面对任意一对正交轴的惯性矩之和，等于截面**

对该二轴交点的极惯性矩。

惯性矩、惯性积及上节讨论的静矩都属于平面图形的纯几何性质。

例 20-2 图 20-5(a)所示的矩形截面中，z、y 轴为截面的两个对称轴，试求该矩形截面对 z 轴和 y 轴的惯性矩及对 z、y 二轴的惯性积。

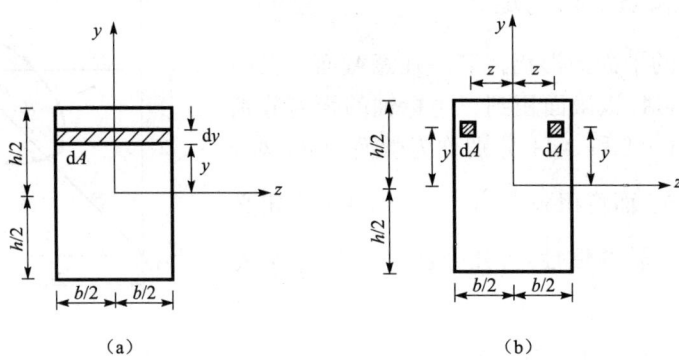

图 20-5

解 先求对 z 轴的惯性矩。取图中的阴影面积为 dA，即

$$dA = b \cdot dy$$

截面对 z 轴的惯性矩则为

$$I_z = \int_A y^2 dA = \int_{-h/2}^{h/2} by^2 dy = \frac{bh^3}{12}$$

同理，可求得截面对 y 轴的惯性矩为

$$I_y = \frac{hb^3}{12}$$

下面讨论惯性积。y 轴为对称轴，在 y 轴两侧对称位置取相同的微面积 dA[图 20-5(b)]，由于处在对称位置的 $zydA$ 值大小相等，正负号相反（y 坐标相同，z 坐标差一负号），因此，该二微面积对 z、y 轴的惯性积之和等于零。将此推广到整个截面，则有

$$I_{zy} = \int_A yz dA = 0$$

这表明：只要 z、y 轴之一为截面的对称轴，则截面对该二轴的惯性积一定等于零。

例 20-3 图 20-6 所示的圆形截面中，z、y 轴通过截面的形心，试求截面对圆心 O 点的极惯性矩和对 z 轴的惯性矩。

解 先求截面对 O 点的极惯性矩。取图示中的环形面积为 dA，即

$$dA = 2\pi\rho d\rho$$

截面对 O 点的极惯性矩则为

$$I_P = \int_A \rho^2 dA = \int_0^{d/2} \rho^2 2\pi\rho d\rho = \frac{\pi d^4}{32}$$

截面对 z 轴的惯性矩可通过 I_z 与 I_P 间的关系求得。z、y 轴均为对称轴，故 $I_z = I_y$，由式(20-7)可得

$$I_P = I_z + I_y = 2I_z$$

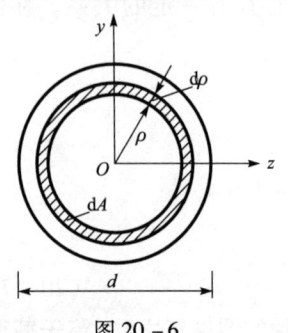

图 20-6

所以

$$I_z = \frac{I_P}{2} = \frac{\pi d^4}{64}$$

例 20-4 试求图 20-7 所示的箱形截面和空心圆截面对 z 轴的惯性矩（z 轴为截面的对称轴）。

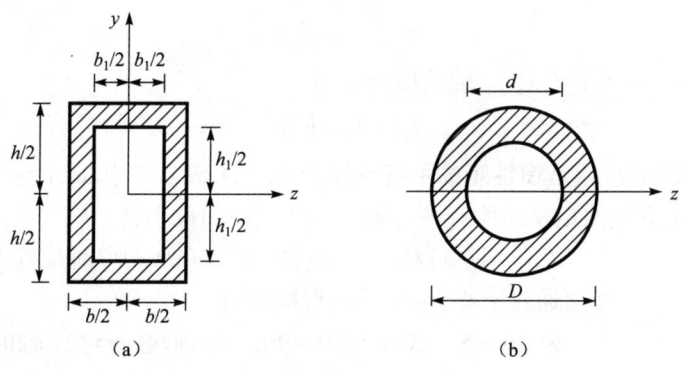

图 20-7

解 先求箱形截面。若箱形截面的面积为 A，此面积相当于整个矩形面积 $A_\text{总}(b \cdot h)$ 减掉中间部分的面积 $A_1(b_1 \cdot h_1)$。根据惯性矩的定义和例 20-2 中的结果，箱形截面对 z 轴的惯性矩为

$$I_z = \int_A y^2 \mathrm{d}A = \int_{A_\text{总}} y^2 \mathrm{d}y - \int_{A_1} y^2 \mathrm{d}A = \frac{bh^3}{12} - \frac{b_1 h_1^3}{12}$$

同理，空心圆截面对 z 轴的惯性矩为

$$I_z = \frac{\pi D^4}{64} - \frac{\pi d^4}{64}$$

20.3 惯性矩的平行移轴公式

本节将讨论截面对二平行轴的惯性矩之间的关系。

图 20-8 所示为一任意截面，z、y 为通过截面形心（C）的一对正交轴，z_1、y_1 为与 z、y 轴平行的另一对轴，平行轴间的距离分别为 a 和 b，如截面对 z、y 轴的惯性矩 I_z、I_y 均为已知，现求截面对 z_1 轴和 y_1 轴的惯性矩 I_{z_1} 和 I_{y_1}。

先求对 z_1 轴的惯性矩。根据定义，截面对 z_1 轴的惯性矩为

$$I_{z_1} = \int_A y_1^2 \mathrm{d}A$$

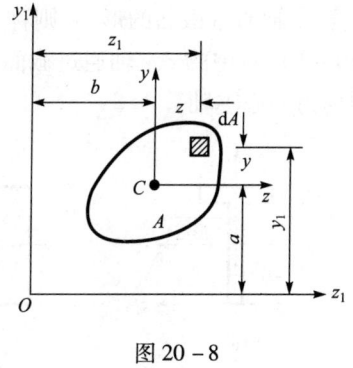

图 20-8

从图上可知

$$y_1 = y + a$$

将其代入上式，得

$$I_{z_1} = \int_A y_1^2 \mathrm{d}A = \int_A (y+a)^2 \mathrm{d}A$$

$$= \int_A y^2 dA + 2a \int_A y dA + a^2 \int_A dA$$
$$= I_z + 2aS_z + a^2 A$$

式中 $S_z = \int_A y dA$ 为截面对 z 轴的静矩,因 z 轴通过截面的形心,故 $S_z = 0$,因此可得

$$I_{z_1} = I_z + a^2 A \qquad (20-8)$$

用上述同样办法可得截面对 y_1 轴的惯性矩为

$$I_{y_1} = I_y + b^2 A \qquad (20-9)$$

式(20-8)、(20-9)就是**惯性矩的平行移轴公式**。在该二式中,$a^2 A$ 与 $b^2 A$ 均为正值,因此,截面对其形心轴的惯性矩是对所有平行轴的惯性矩中的最小者。

在应用平行移轴公式(20-8)、(20-9)时应注意,其中的 z、y 轴必须通过形心,否则不能直接应用。

例 20-5 试求图 20-9 所示矩形截面对 z_1 轴的惯性矩。

解 z_1 轴不通过截面的形心,求截面对该轴的惯性矩时,可应用惯性矩的平行移轴公式,即

$$I_{z_1} = I_z + a^2 A = \frac{bh^3}{12} + \left(\frac{h}{2}\right)^2 \cdot bh = \frac{1}{3}bh^3$$

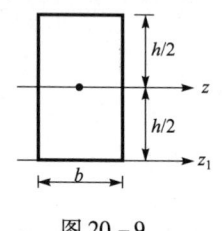

图 20-9

20.4 主轴与主惯性矩·形心主轴与形心主惯性矩

若截面对两个正交轴的惯性积等于零,则该二正交轴称为**主轴**,截面对主轴的惯性矩称为**主惯性矩**。

在本章第二节中已经知道,当截面具有对称轴时,截面对包括对称轴在内的一对正交轴的惯性积等于零。例如图 20-10(a) 中,y 轴为截面的对称轴,z_1 轴与 y 轴垂直,截面对 z_1、y 轴的惯性积等于零,z_1、y 即为主轴。同理,图 20-10(a) 中的 z_2、y 和 z、y 也都是主轴。

若主轴通过截面的形心,则称为**形心主轴**,截面对形心主轴的惯性矩称为**形心主惯性矩**。图 20-10(a) 中的 z、y 轴通过截面形心,z、y 轴即为形心主轴。图 20-10(b)、(c)、(d) 中的 z、y 轴均为形心主轴。

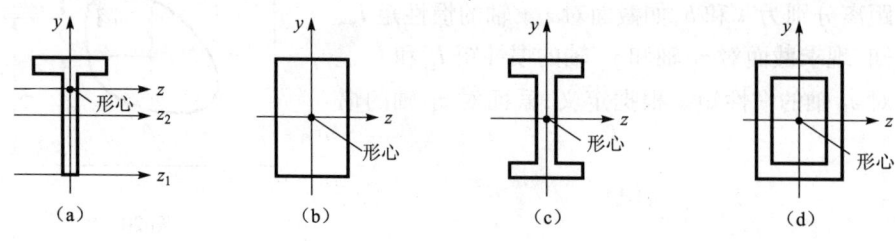

图 20-10

在后面一些章节的有关计算中,经常需要知道截面的形心主轴的位置和形心主惯性矩的数值。

20.5 组合截面惯性矩的计算

工程中经常遇到组合截面,这些组合截面有的是由几个简单图形组成[图20-11(a)、(b)],有的是由几个型钢截面组成[图20-11(c)]。在计算组合截面对某轴的惯性矩时,根据惯性矩的定义,可分别计算各组成部分对该轴的惯性矩,然后再相加。下面举例说明。

例20-6 由工字形钢和钢板组成的梁,其横截面如图20-12(a)所示,已知工字钢的型号为14号,试求该截面对 z 轴的惯性矩。

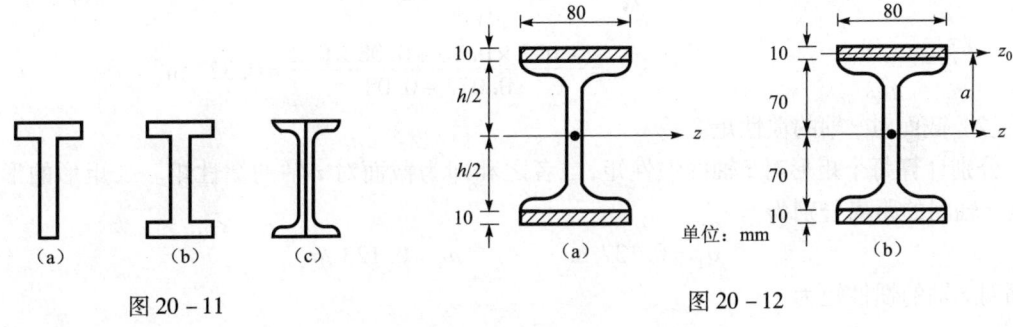

图20-11   图20-12

解 该截面是由工字形和两个矩形组成的组合截面,计算截面对 z 轴的惯性矩时,应分别计算工字形和矩形面积对 z 轴的惯性矩,再相加。

工字形为型钢截面,其对 z 轴的惯性矩可由型钢表中查得,其值为

$$I_{z_1} = 712 \text{ cm}^4 = 712 \times 10^{-8} \text{ m}^4$$

每个矩形面积对 z 轴的惯性矩可按惯性矩的平行移轴公式计算,即

$$I_{z_2} = I_{z_0} + a^2 A$$
$$= \frac{1}{12} \times 80 \times 10^3 + 75^2 \times (80 \times 10)$$
$$= 4507 \times 10^3 \text{ mm}^4 = 450.7 \times 10^{-8} \text{ m}^4$$

整个截面对 z 轴的惯性矩则为

$$I_z = I_{z_1} + 2I_{z_2} = 712 \times 10^{-8} + 2 \times 450.7 \times 10^{-8} = 1.613 \times 10^{-5} \text{ m}^4$$

例20-7 试求图20-13(a)所示截面对其水平的形心主轴的惯性矩。

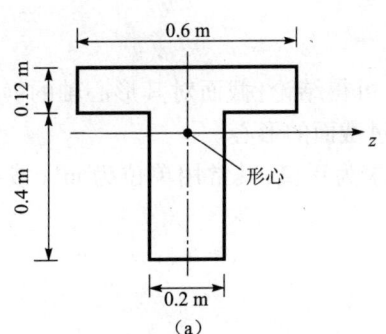 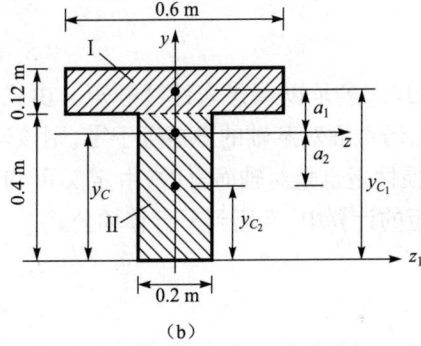

图20-13

解 (1) 确定形心位置。

取一对参考直角坐标 z_1、y，其中 y 为截面的对称轴，由于图形是对称的，故形心位于 y 轴上，即 $z_c = 0$，只需计算坐标 y_c。将截面分成图 20-13(b) 所示的两个矩形，它们的面积和形心到 z_1 轴的距离分别为

$$A_1 = 0.072 \text{ m}^2 \qquad A_2 = 0.08 \text{ m}^2$$
$$y_{c_1} = 0.46 \text{ m} \qquad y_{c_2} = 0.2 \text{ m}$$

依式(20-2)，得

$$y_c = \frac{S_z}{A} = \frac{A_1 y_{c_1} + A_2 y_{c_2}}{A_1 + A_2}$$
$$= \frac{0.072 \times 0.46 + 0.08 \times 0.2}{0.072 + 0.08} = 0.323 \text{ m}$$

(2) 截面对 z 轴的惯性矩。

分别计算每个矩形对 z 轴的惯性矩，二者之和即为截面对 z 轴的惯性矩。二矩形的形心轴与 z 轴间的距离分别为

$$a_1 = 0.137 \text{ m} \qquad a_2 = 0.123 \text{ m}$$

截面对 z 轴的惯性矩为

$$I_z = I_{z_{o1}} + a_1^2 A_1 + I_{z_{02}} + a_2^2 A_2$$
$$= \frac{1}{12} \times 0.6 \times 0.12^3 + 0.137^2 \times (0.6 \times 0.12) +$$
$$\frac{1}{12} \times 0.2 \times 0.4^3 + 0.123^2 \times (0.4 \times 0.2)$$
$$= 0.372 \times 10^{-2} \text{ m}^4$$

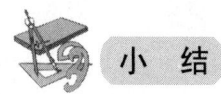

小 结

1. 本章主要研究静矩和惯性矩的计算。静矩、惯性矩等均属平面图形的纯几何性质。本章研究的内容是为后面研究其他有关内容服务的。

2. 静矩是对轴而言的，由定义可知，静矩为代数量，其常用单位为 m^3（或 mm^3）。静矩与形心坐标间的关系为式(20-2)

$$\left.\begin{array}{l} S_z = A \cdot y_c \\ S_y = A \cdot z_c \end{array}\right\}$$

具体应用时，多是以该式来计算静矩。由式(20-2)可得结论：截面对其形心轴的静矩等于零；反之，若截面对某轴的静矩等于零，则该轴一定通过截面的形心。

3. 惯性矩也是对轴而言的，由定义可知，惯性矩永为正值，其常用单位为 m^4（或 mm^4）。在惯性矩的计算中，常用到平行移轴公式

$$I_{z_1} = I_z + a^2 A$$
$$I_{y_1} = I_y + b^2 A$$

该公式的适用条件是：z、y 轴必须通过截面的形心。

4. 惯性积等于零的一对轴称为主轴，当截面具有对称轴时，包括对称轴在内的任一对正

交轴都是主轴。

通过截面形心的主轴称为形心主轴,在后面的有关章节中,主要是计算截面的形心主惯性矩,下列常见截面中的 z、y 轴均为形心轴。

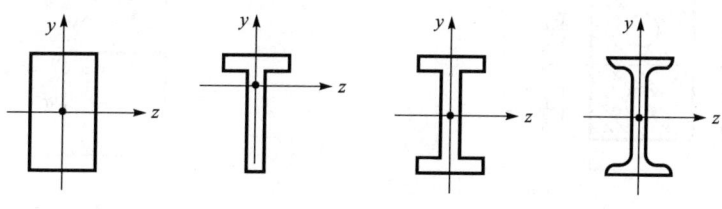

图 20 – 14

5. 矩形和圆形截面对其形心主轴的惯性矩计算公式: $I_z = \dfrac{bh^3}{12}$ 和 $I_z = \dfrac{\pi d^4}{64}$ 为常用公式,对这两个公式应熟记。

20 – 1 试求下列图形中阴影面积对 z 轴的静矩。

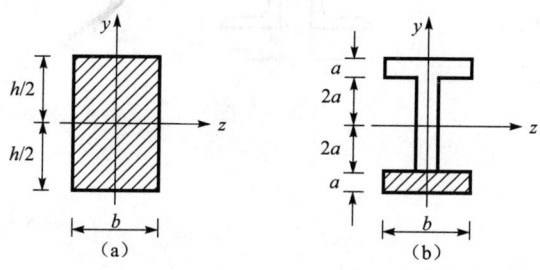

题 20 – 1 图

20 – 2 图示对称⊥形截面中,$b_1 = 0.3$ m,$b_2 = 0.6$ m,$h_1 = 0.5$ m,$h_2 = 0.14$ m。

(1)求截面形心的位置;

(2)求阴影面积对 z 轴的静矩;

(3)问:z 轴以上部分的面积对 z 轴的静矩与阴影面积对 z 轴的静矩之间存在何种关系?

20 – 3 一工字形截面,其尺寸如图所示,试求该截面对 z 轴和对 y 轴的惯性矩。

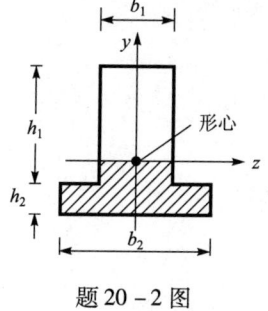

题 20 – 2 图

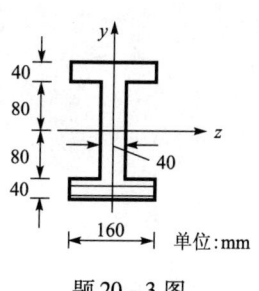

题 20 – 3 图

20-4　试求图示截面对 z 轴的惯性矩。

20-5　试求图示正方形截面对 z 轴的惯性矩和对 O 点的极惯性矩。

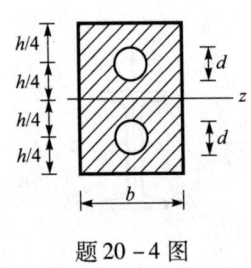

题 20-4 图

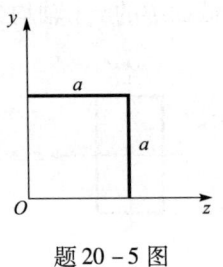

题 20-5 图

20-6　试求题 20-2 中截面对 z 轴的惯性矩。

20-7　由两个 18a 号槽钢组成的组合截面如图所示，欲使截面对两个对称轴的惯性矩值相等，试求两槽钢间的距离 a。

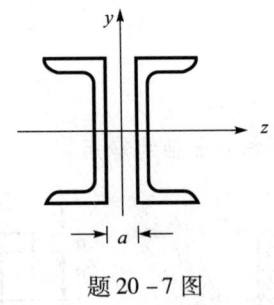

题 20-7 图

第21章 梁的应力

导言

- 本章主要研究梁弯曲时横截面上的正应力、剪应力和梁的强度计算。这些内容是第二篇中重要的基本内容。本章在第二篇中占有重要地位,属重点章。
- 本章研究的内容是以梁的内力为基础的。

21.1 梁的正应力

梁弯曲时,其横截面上一般产生两种内力——剪力和弯矩,与此相对应,横截面上存在着两种应力——剪应力和正应力。由于剪力是由沿着截面方向的分布内力组成的,因此,与剪力对应的应力为剪应力。而弯矩是位于梁的对称平面内的力偶矩,它只能是由截面上的法向分布内力组成,所以,与弯矩相对应的应力为正应力。下面首先研究正应力。

梁受力弯曲后,若其横截面上只有弯矩而无剪力,这种弯曲称为**纯弯曲**,图21-1所示的梁,其中间的 BC 段即为纯弯曲。下面从纯弯曲的情况来推导梁的正应力公式。

21.1.1 实验观察与分析

与圆杆扭转类似,梁弯曲时,正应力在横截面上的分布规律不能直接观察到,因此需要研究梁的变形情况。通过对变形的观察、分析,找出变形的分布规律,在此基础上,进一步找出应力的分布规律。

为了便于观察,用矩形截面的橡皮简支梁进行实验。先在梁的侧面画上一些水平的纵向线 pp、ss 等和与纵向线相垂直的横向线 mm、nn 等[图21-2(a)],然后在对称位置上加两个集中荷载 P[图21-2(b)]。梁弯曲后,在中间纯弯曲段可观察到下列现象:

(1) 纵向直线(pp、ss 等)均变为弧线(p'p'、s's'等),且靠上部的缩短,靠下部的伸长。

(2) 横向线(mm、nn 等)仍为直线(m'm'、n'n'等),且仍与弯曲了的纵向线(p'p'、s's'等)正交,但相对转动了一个角度。

根据上述实验现象,可作如下分析:

(1) 认为 mm、nn 等代表变形前的横截面,由于变形后 m'm'、n'n'等仍为直线,因此可推断:梁的横截面在变形后仍为一平面,此推断称为平面假设。另外,由于变形后 m'm'、n'n'等仍与纵向曲线正交,因而还可推断:横截面在变形后仍与梁的轴线正交。

(2) 将梁看成为由一层层的纵向纤维所组成,由分析(1)(平面假设及横断面于变形后仍与梁的轴线正交)可推知:梁变形后,同一层的纵向纤维的长度相同,即同层各条纤维的伸长(或缩短)相同。

(3) 由于上部各层纵向纤维缩短,下部各层纵向纤维伸长,而梁的变形又是连续的,因而中间必有一层既不缩短也不伸长,此层称为**中性层**。中性层与横截面的交线称为**中性轴**。由于荷载作用在梁的纵向对称面内,梁变形后仍对称于纵向对称面,故中性轴与横截面的竖向对称轴正交。

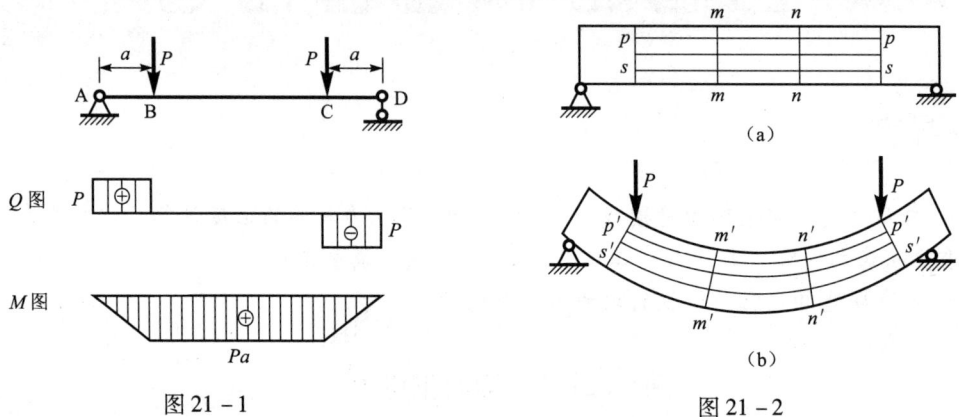

图 21 - 1   图 21 - 2

从梁的纯弯曲段内截取长为 dx 的微段[图 21 - 3(a)],此微段梁变形后如图 21 - 3(b)所示。其左、右两侧面仍为平面,但相对转动了一个角度;上部各层缩短,下部各层伸长,中间某处存在一不伸不缩的中性层。

为了研究上的方便,在横截面上选取一坐标系,取竖向对称轴为 y 轴,中性轴为 z 轴[图 21 - 3(a)]。中性轴的位置尚待确定。

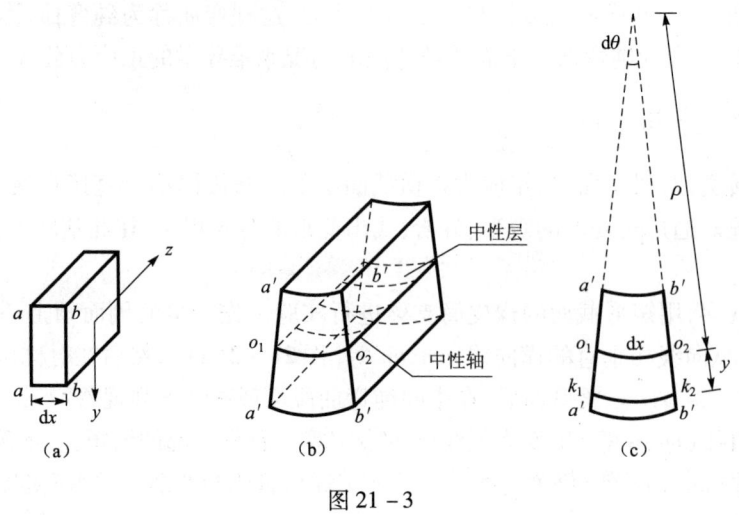

图 21 - 3

21.1.2 正应力计算公式

公式的推导思路是:先找出线应变 ε 的变化规律,通过胡克定律 $\sigma = E\varepsilon$ 将线应变与正应力联系起来得到正应力的变化规律,再通过静力学关系将正应力与弯矩联系起来,从而导出正应力的计算公式。其过程与推导圆杆扭转的剪应力公式类似,仍是综合考虑几何、物理和静力学三个方面。

1. 几何方面

为了找线应变的规律,将图 21-3(b) 改画为图 21-3(c) 所示的平面图形。图 21-3(c) 中,曲线 $o_1 o_2$ 在中性层上,其长度仍为原长 dx,现研究距中性层为 y 的任一层上纤维 $k_1 k_2$ 的长度变化。$k_1 k_2$ 位于中性层的下面,其伸长量为

$$\Delta s = \widehat{k_1 k_2} - dx = \widehat{k_1 k_2} - \widehat{o_1 o_2}$$

将曲线 $o_1 o_2$ 和 $k_1 k_2$ 视为圆弧线,则有

$$\widehat{o_1 o_2} = \rho d\theta$$

$$\widehat{k_1 k_2} = (\rho + y) d\theta$$

将其代入上式,得

$$\Delta s = \widehat{k_1 k_2} - \widehat{o_1 o_2} = (\rho + y) d\theta - \rho d\theta = y d\theta$$

纵向纤维 $k_1 k_2$ 的相对伸长则为

$$\frac{\Delta s}{dx} = \frac{y d\theta}{\rho d\theta} = \frac{y}{\rho}$$

即

$$\varepsilon = \frac{y}{\rho} \tag{21-1}$$

式(21-1)即为线应变沿截面高度的变化规律。

2. 物理方面

前已设想梁是一层层的纵向纤维所组成,若各层纤维间没有挤压作用(即假设各层纤维间互不挤压),则各条纤维均处于轴向拉伸或压缩状态,在弹性范围内正应力 σ 与线应变 ε 的关系为 $\sigma = E\varepsilon$(胡克定律)。将式(21-1)代入该式,便可得正应力沿截面高度的变化规律,即

$$\sigma = E \frac{y}{\rho} \tag{21-2}$$

此式表明,横截面上任一点处的正应力与该点到中性轴的距离成正比。

3. 静力学方面

式(21-2)虽然表明了正应力沿截面高度的分布规律,但还算不出各点的正应力值,因为中性轴的位置目前还不知道,y 值无法确定;另外,曲率 $\frac{1}{\rho}$ 也属未知。这些问题可通过研究横截面上分布内力与各内力分量间的关系来解决。

在横截面上取微面积 dA,其坐标为 z、y(图 21-4),微面积上的法向内力可认为是均匀分布的,其集度即为正应力 σ。微面积上的法向微内力为 $\sigma \cdot dA$,整个横截面上的法向微内力可组成下列三个内力分量

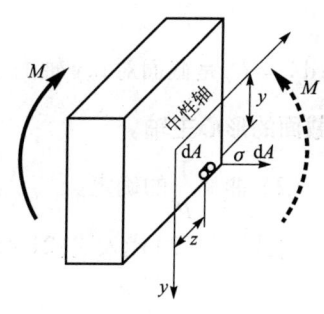

图 21-4

$$N = \int_A \sigma \cdot dA$$

$$M_y = \int_A z\sigma dA$$

$$M_z = \int_A y\sigma dA$$

纯弯曲时，横截面上的轴力和对 y 轴的力矩都等于零，而对 z 轴的力矩为横截面上的弯矩，即

$$N = \int_A \sigma dA = 0 \tag{21-3}$$

$$M_y = \int_A z\sigma dA = 0 \tag{21-4}$$

$$M_z = \int_A y\sigma dA = M \tag{21-5}$$

（1）中性轴的位置。

将式(21-2)代入式(21-3)，得

$$\int_A E\frac{y}{\rho}dA = 0$$

将常量 E、ρ 提到积分号外

$$\frac{E}{\rho}\int_A y dA = 0$$

$\frac{E}{\rho} \neq 0$，所以

$$\int_A y dA = 0$$

$\int_A y dA = S_z$ 是横截面对中性轴(z 轴)的静矩，它等于零，表明中性轴通过截面的形心。这就确定了中性轴的位置。

将式(21-2)代入式(21-4)，得

$$\frac{E}{\rho}\int_A zy dA = 0$$

所以

$$\int_A zy dA = 0$$

$\int_A zy dA = I_{zy}$ 是截面对 z、y 轴的惯性积，由于 y 轴是对称轴，故必然有 $I_{zy}=0$。由上可知，**中性轴为截面的形心主轴**。

（2）曲率 $\frac{1}{\rho}$ 的确定。

将式(21-2)代入式(21-5)，得

$$\frac{E}{\rho}\int_A y^2 dA = M$$

式中 $\int_A y^2 dA = I_z$ 为截面对中性轴的惯性矩，经整理可得

$$\frac{1}{\rho} = \frac{M}{EI_z} \tag{21-6}$$

由该式可知,曲率 $\frac{1}{\rho}$ 与 M 成正比,与 EI_z 成反比,这表明:梁在纯弯曲时,横截面上的弯矩越大,梁的弯曲程度越大;而 EI_z 值越大,梁越不易弯曲。EI_z 称为梁的**抗弯刚度**,其物理意义是表示**梁抵抗弯曲变形的能力**。

式(21-6)不仅在这里推导正应力公式时要用到,而且该式也是弯曲理论中的一个重要关系式,在下一章研究梁的变形以及后面研究压杆稳定时,都将要用到它。

(3) 正应力公式。

将式(21-6)代入式(21-2),则得

$$\sigma = \frac{M}{I_z} y \tag{21-7}$$

式中 M 为横截面上的弯矩;I_z 为截面对中性轴的惯性矩;y 为欲求应力点到中性轴的距离。式(21-7)即为梁在纯弯曲时横截面上任一点的正应力计算公式。

式(21-7)表明:正应力 σ 与 M 和 y 成正比,与 I_z 成反比;正应力沿截面高度成直线规律分布,距中性轴越远其值越大,中性轴上($y=0$ 处)等于零。横截面上正应力的分布规律如图 21-5 所示。

公式(21-7)中,M 和 y 均为代数量,在应用该式时,为了简便和不容易发生错误,可不考虑 M 和 y 的正负号,均以绝对值代入,最后由梁的变形情况来确定该点是拉应力还是压应力。当截面上的弯矩为正时,梁下边受拉,上边受压,即中性轴以下为拉应力,中性轴以上为压应力;当截面上的弯矩为负时,则相反。

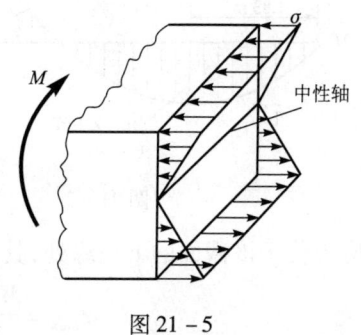

图 21-5

这里需指出:① 公式(21-7)是在纯弯曲情况下导出的,实际工程中的梁,其横截面上大多同时存在着弯矩和剪力,这种情况称为横力弯曲。根据实验和进一步的理论研究可知,剪力的存在对正应力分布规律影响很小,因此,对横力弯曲的情况,公式(21-7)仍然适用;② 公式(21-7)是从矩形截面梁导出的,但对截面为其他对称形状的梁,也都适用。

例 21-1 矩形截面悬臂梁如图 21-6 所示,已知 $P = 1.6$ kN,$l = 2$ m,$b = 120$ mm,$h = 180$ mm,试求 B 截面上 a 点和 k 点的正应力。

解 B 截面上的弯矩为

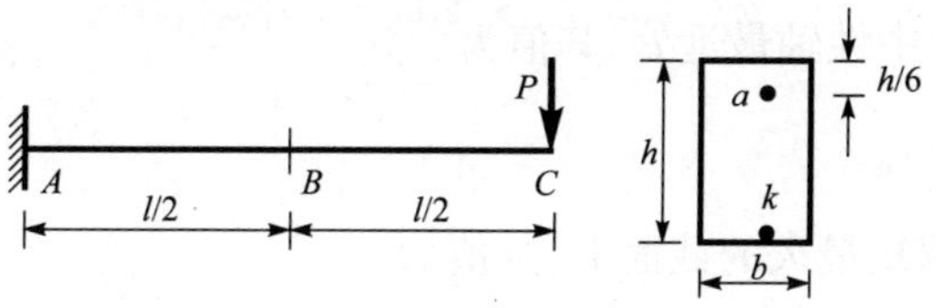

$$M_B = -P \cdot \frac{l}{2} = -1.6 \times 10^3 \times \frac{2}{2}$$
$$= -1.6 \times 10^3 \text{ N} \cdot \text{m}$$

图 21-6

截面对中性轴的惯性矩为

$$I_z = \frac{bh^3}{12} = \frac{1}{12} \times 0.12 \times 0.18^3 = 0.583 \times 10^{-4} \text{ m}^4$$

a 点和 k 点到中性轴的距离分别为

$$y_a = \frac{h}{3} = 0.06 \text{ m} \qquad y_k = \frac{h}{2} = 0.09 \text{ m}$$

a 点的正应力为

$$\sigma_a = \frac{M_B}{I_z} \cdot y_a = \frac{1.6 \times 10^3}{0.583 \times 10^{-4}} \times 0.06 = 1.65 \text{ MPa（拉应力）}$$

（M_B、y_a 均以绝对值代入）B 截面的弯矩为负值，梁在该处凹向下弯曲，a 点位于中性轴的上侧，故该点的正应力为拉应力。

k 点的正应力为

$$\sigma_k = \frac{M_B}{I_z} \cdot y_k = \frac{1.6 \times 10^3}{0.583 \times 10^{-4}} \times 0.09 = 2.47 \text{ MPa（压应力）}$$

k 点位于中性轴下侧，该点的正应力为压应力。

应用公式(21-7)时，应注意单位：M 用 N·m，y 用 m，I_z 用 m^4，算得的 σ 的单位为 Pa。

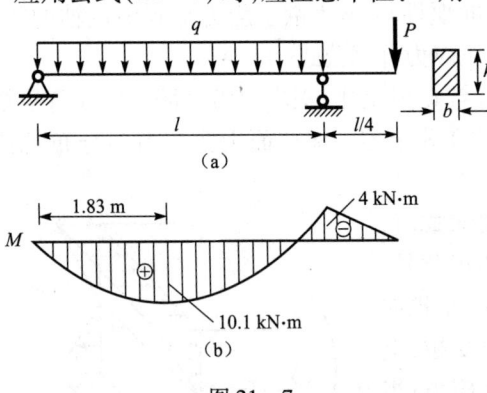

图 21-7

例 21-2 矩形截面外伸梁受力如图 21-7(a)所示，已知 $l = 4$ m，$b = 160$ mm，$h = 220$ mm，$P = 4$ kN，$q = 6$ kN/m，试求梁中的最大拉应力并指明其所在位置。

解 梁中的最大正应力发生在弯矩最大的截面上，因此，需首先画出梁的弯矩图。该梁的弯矩图如图 21-7(b)所示，最大弯矩值为

$$M_{max} = 10.1 \text{ kN·m}$$

此弯矩为正值，梁在该处凹向上弯曲，最大拉应力位于该截面的下边缘处，其值为

$$\sigma_{max} = \frac{M_{max}}{I_z} \cdot \frac{h}{2} = \frac{10.1 \times 10^3}{\frac{1}{12} \times 0.16 \times 0.22^3} \times \frac{0.22}{2}$$

$$= 7.83 \text{ MPa}$$

21.2 梁的正应力强度条件

有了正应力计算公式，便可计算梁中的最大正应力，从而建立正应力强度条件，对梁进行强度计算。

对梁的某一横截面来说，最大正应力发生在距中性轴最远处，其值为

$$\sigma_{max} = \frac{M}{I_z} \cdot y_{max}$$

对全梁（等截面梁）来说，最大正应力发生在弯矩最大的截面上，其值为

$$\sigma_{max} = \frac{M_{max}}{I_z} \cdot y_{max}$$

将此式改写为

第 21 章 梁的应力

令

$$\sigma_{\max} = \frac{M_{\max}}{I_z/y_{\max}}$$

$$W_z = I_z/y_{\max}$$

则

$$\sigma_{\max} = \frac{M_{\max}}{W_z}$$

根据强度要求并考虑留有一定的安全储备,梁内的最大正应力不能超过材料的容许应力 $[\sigma]$,即

$$\sigma_{\max} = \frac{M_{\max}}{W_z} \leq [\sigma] \qquad (21-8)$$

此式即为梁的正应力强度条件。式中 $W_z = I_z/y_{\max}$ 称为**抗弯截面模量**(或抗弯截面系数)。矩形和圆形的抗弯截面模量分别为

矩形截面
$$W_z = \frac{I_z}{y_{\max}} = \frac{bh^3/12}{h/2} = \frac{1}{6}bh^2$$

圆形截面
$$W_z = \frac{I_z}{y_{\max}} = \frac{\pi d^4/64}{d/2} = \frac{1}{32}\pi d^3$$

对于工字钢、槽钢等型钢截面,W_z 值可在型钢表中查得(见型钢表);$[\sigma]$ 为弯曲时材料的容许正应力,其值随材料而异。

利用式(21-8)的强度条件,可解决工程中常见的下列三类典型问题。

1. 校核强度

当已知等截面梁的长度、梁的截面形状和尺寸、梁所用的材料及梁上荷载时,校核梁是否满足正应力强度条件

$$\sigma_{\max} = \frac{M_{\max}}{W_z} \leq [\sigma]$$

2. 选择截面

当已知等截面梁的长度、梁所用的材料和梁上荷载时,根据正应力强度条件,算出所需的抗弯截面模量,即

$$W_z \geq \frac{M_{\max}}{[\sigma]}$$

再按所选的截面形状,由 W_z 值确定截面的尺寸。

3. 求容许荷载

当已知等截面梁的长度、梁的截面形状与尺寸及梁所用的材料时,根据正应力强度条件算出梁容许承受的最大弯矩,即

$$M_{\max} \leq W_z \cdot [\sigma]$$

再依 $M_{\max}$ 与荷载的关系,算出梁容许承受的最大荷载(即容许荷载)。

下面举例进行说明。

例 21-3 承受均布荷载作用的矩形截面木梁如图 21-8 所示,已知 $l=4$ m,$b=140$ mm,$h=210$ mm,$q=2$ kN/m,弯曲时木材的容许正应力 $[\sigma]=10$ MPa,试校核该梁的强度。

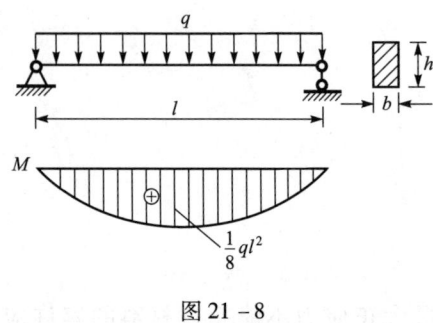

图 21-8

解 梁的弯矩图如图所示,梁中的最大正应力发生在跨中弯矩最大的截面上。最大弯矩为

$$M_{max} = \frac{1}{8}ql^2 = \frac{1}{8} \times 2 \times 10^3 \times 4^2 = 4 \times 10^3 \text{ N} \cdot \text{m}$$

抗弯截面模量为

$$W_z = \frac{1}{6}bh^2 = \frac{1}{6} \times 0.14 \times 0.21^2 = 0.103 \times 10^{-2} \text{ m}^3$$

最大正应力为

$$\sigma_{max} = \frac{M_{max}}{W_z} = \frac{4 \times 10^3}{0.103 \times 10^{-2}} = 3.88 \text{ MPa} < [\sigma]$$

满足强度条件。

例 21-4 求例 21-3 中梁能承受的容许荷载(即求 q_{max})。

解 根据强度条件,梁容许承受的最大弯矩为

$$M_{max} = W_z[\sigma]$$

将 $M_{max} = \frac{1}{8}ql^2$ 代入,即

$$\frac{1}{8}ql^2 = W_z[\sigma]$$

从而得梁容许承受的荷载为

$$q = \frac{8W_z[\sigma]}{l^2} = \frac{8 \times 0.103 \times 10^{-2} \times 10 \times 10^6}{4^2} = 5150 \text{ N/m} = 5.15 \text{ kN/m}$$

例 21-5 简支梁上作用两个集中力(图 21-9),已知 $l = 6$ m,$P_1 = 12$ kN,$P_2 = 21$ kN,梁采用工字形,钢材的容许应力 $[\sigma] = 160$ MPa,试选择工字钢的型号。

解 画出弯矩图,最大弯矩发生在 C 截面上,其值为 36 kN·m。根据强度条件,梁所需的抗弯截面模量为

$$W_z = \frac{M_{max}}{[\sigma]} = \frac{36 \times 10^3}{160 \times 10^6}$$
$$= 0.225 \times 10^{-3} \text{ m}^3 = 225 \text{ cm}^3$$

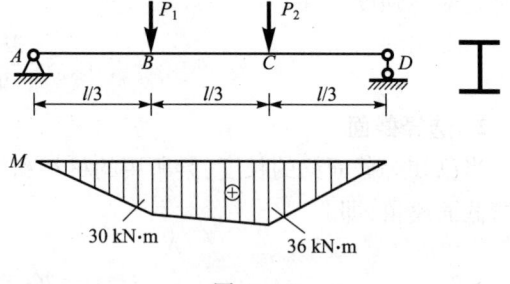

图 21-9

根据算得的 W_z 值,在型钢表中查出与该值相近的型号即为梁所需的型号。在附录的型钢表中,20a 号工字钢的 W_z 值为 237 cm³,与算得的 W_z 值接近,故选取 20a 号工字钢。因 20a 号工字钢的 W_z 值大于按强度条件算得的 W_z 值,所以一定能满足强度条件。若选取的工字钢的 W_z 值略小于按强度条件算得的 W_z 值时,则应再校核一下强度,当 σ_{max} 与 $[\sigma]$ 的差值不超过 $[\sigma]$ 的 5% 时,还是允许采用的。

例 21-6 一外伸梁其截面如图 21-10 所示,已知 $l = 600$ mm,$a = 40$ mm,$b = 30$ mm,$c = 80$ mm,$P_1 = 24$ kN,$P_2 = 6$ kN,材料的容许拉应力 $[\sigma]_+ = 30$ MPa,容许压应力 $[\sigma]_- = 90$ MPa,试校核该梁的强度。

解 先画出梁的弯矩图如图中所示,对此截面需算出形心位置和截面对形心主轴 z 的惯性矩,其结果为

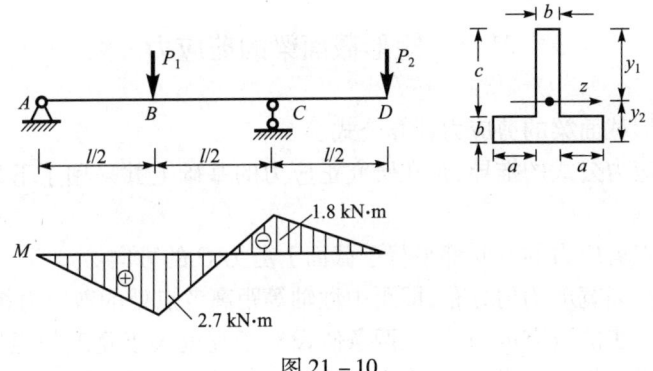

图 21 - 10

$$y_1 = 0.072 \text{ m} \qquad y_2 = 0.038 \text{ m} \qquad I_z = 0.573 \times 10^{-5} \text{ m}^4$$

因材料的抗拉与抗压性能不同,截面对中性轴又不对称,所以需对最大拉应力与最大压应力分别进行校核。

(1) 校核拉应力。

首先分析最大拉应力的所在位置。由于截面对中性轴不对称且梁中正、负弯矩均存在,因此,最大拉应力不一定发生在弯矩绝对值最大的截面上,应对最大正弯矩和最大负弯矩所在的两个截面上的拉应力进行比较。

在最大正弯矩的 B 截面上,最大拉应力发生在截面的下边缘,其值为

$$\sigma_{\max} = \frac{M_B}{I_z} y_2$$

在最大负弯矩的 C 截面上,最大拉应力发生在截面的上边缘,其值为

$$\sigma_{\max} = \frac{M_C}{I_z} y_1$$

在上二式中,$M_B > M_C$ 而 $y_2 < y_1$(均指绝对值),应比较 $M_B \cdot y_2$ 与 $M_C \cdot y_1$ 的大小

$$M_B \cdot y_2 = 2.7 \times 10^3 \times 0.038 = 102.6 \text{ N} \cdot \text{m}^2$$
$$M_C \cdot y_1 = 1.8 \times 10^3 \times 0.072 = 129.6 \text{ N} \cdot \text{m}^2$$

$M_C \cdot y_1 > M_B \cdot y_2$,故最大拉应力发生在 C 截面上,其值为

$$\sigma_{拉\max} = \frac{M_C}{I_z} \cdot y_1 = \frac{129.6}{0.573 \times 10^{-5}} = 22.6 \text{ MPa} < [\sigma]$$

满足强度条件。

(2) 校核压应力。

也要首先分析最大压应力的所在位置。与分析最大拉应力一样,B 截面上的最大压应力发生在上边缘,C 截面上的最大压应力发生在下边缘,因 M_B 与 y_1 分别大于 M_C 与 y_2,所以梁中的最大压应力一定发生 B 截面上,其值为

$$\sigma_{压\max} = \frac{M_B}{I_z} \cdot y_1 = \frac{2.7 \times 10^3}{0.573 \times 10^{-5}} \times 0.072 = 33.9 \text{ MPa} < [\sigma]$$

满足强度条件。

21.3 矩形截面梁的剪应力

本节将推导矩形截面梁的剪应力计算公式。

矩形截面梁剪应力公式的推导,是在研究正应力的基础上并采用了下列两条假设的前提下进行的。

(1) 截面上各点剪应力的方向都平行于截面上剪力 Q 的方向。

(2) 剪应力沿截面宽度均匀分布,即距中性轴等距离各点处的剪应力相等。

由弹性力学进一步的研究可知,以上两条假设对于高度大于宽度的矩形截面是足够准确的。有了这两条假设,对剪应力的研究可大为简化,只需运用静力学平衡条件,即可导出剪应力的计算公式。

图 21-11 表示一承受任意荷载的矩形截面梁,其截面高为 h、宽为 b,在梁上任取一横截面 a—a,现研究该截面上距中性轴为 y 的水平线 c—c_1 处的剪应力。根据上述假设可知,c—c_1 线上各点的剪应力大小相等、方向都平行于 y 轴。

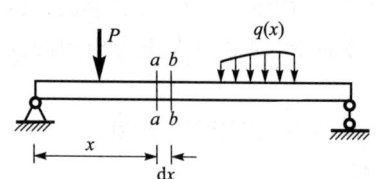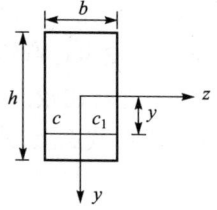

图 21-11

通过 a—a、b—b 两个横截面截取一微段梁,其长度为 $\mathrm{d}x$。该微段梁两侧面上的内力如图 21-12(a)所示:左侧 a—a 面上存在剪力 Q 和弯矩 M(假定内力均为正值),右侧 b—b 面上的剪力和弯矩则为 Q 和 $M+\mathrm{d}M$(微段梁上没有横向外力,故左、右两侧面上的剪力相同;左、右两侧面的位置相差 $\mathrm{d}x$,故二截面上的弯矩不同)。微段梁两侧面上的应力情况如图 21-12(b)所示,b—b 面上的正应力大于 a—a 截面上相应位置的正应力。

我们的目的是计算 a—a 截面 c—c_1 线上各点的剪应力 τ,但直接求 τ 有困难,因为不容易将剪应力 τ 与内力 Q 直接联系起来,所以采用如下的办法:用过 c—c_1 的水平面将微段梁截开,并保留其下部分离体[图 21-12(c)],由于分离体侧面上存在竖向剪应力 τ,根据剪应力互等定理可知,在分离体的顶面(cc_1d_1d)上也一定存在水平方向的剪应力 τ',且 $\tau'=\tau$,如果能求得 τ',也就求得了 τ。

剪应力 τ' 可通过分离体的平衡条件求得。作用在分离体上的力如图 21-12(d)所示(分离体上的竖向力未画出),N_1^* 和 N_2^* 分别代表分离体左侧面和右侧面上法向内力的总和,$\mathrm{d}T$ 代表其顶面上切向内力的总和。考虑分离体平衡,由 $\sum X=0$ 得

$$N_2^* - N_1^* - \mathrm{d}T = 0 \tag{1}$$

合力 N_1^* 可通过下列积分求得

$$N_1^* = \int_{A^*} \sigma \mathrm{d}A \tag{2}$$

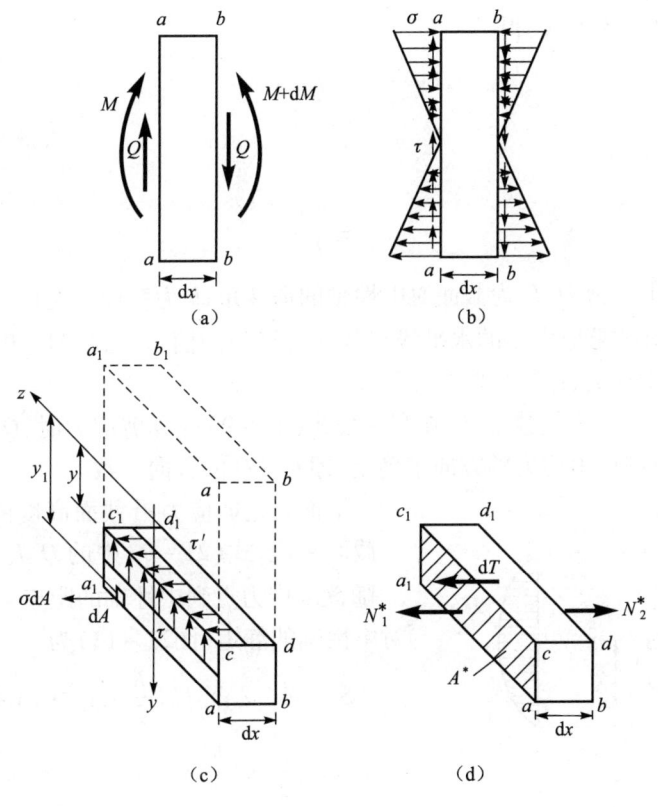

图 21-12

式中 σdA 为分离体左侧微面积 dA 上的法向内力,A^* 为分离体左侧面(aa_1c_1c)的面积。将 $\sigma = \dfrac{M}{I_z}y_1$ 代入(2)式,得

$$N_1^* = \dfrac{M}{I_z}\int_{A^*} y_1 dA = \dfrac{M}{I_z} \cdot S_z$$

式中
$$S_z = \int_{A^*} y_1 dA$$

为分离体侧面面积 A^* 对截面中性轴(z 轴)的静矩。

同理可得

$$N_2^* = \dfrac{M+dM}{I_z} \cdot S_z$$

由于微段梁的长度 dx 很小,分离体顶面上的剪应力可认为是均匀分布的,所以

$$dT = \tau' b dx$$

将 N_1^*、N_2^* 和 dT 代入式(1),得

$$\dfrac{M+dM}{I_z} \cdot S_z - \dfrac{M}{I_z} \cdot S_z - \tau' b dx = 0$$

经整理得

$$\tau' = \dfrac{dM}{dx} \cdot \dfrac{S_z}{I_z b}$$

式中 $\dfrac{dM}{dx} = Q$，将其代入上式，得

$$\tau' = \dfrac{QS_z}{I_z b}$$

因 $\tau' = \tau$，所以

$$\tau = \dfrac{QS_z}{I_z b} \qquad (21-9)$$

式中 Q 为横截面上的剪力；I_z 为截面对中性轴的惯性矩；b 为截面的宽度；S_z 为面积 A^* 对中性轴的静矩，A^* 是过欲求应力点的水平线与截面边缘间的面积。式(21-9)即为矩形截面梁横截面上任一点的剪应力计算公式。

剪力 Q 和静矩 S_z 均为代数量，但在利用公式(21-9)计算剪应力时，Q 与 S_z 均用其绝对值代入，剪应力的方向可由剪力的方向来确定，即 τ 与 Q 的方向一致。

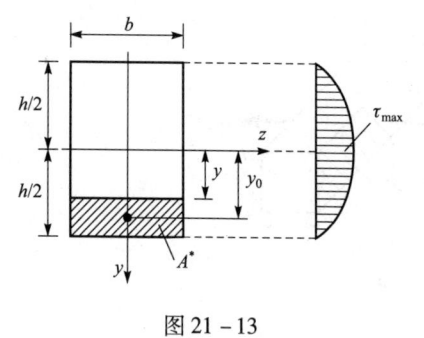

图 21-13

下面讨论剪应力沿截面高度的分布规律。对同一截面来说，式(21-9)中的 Q、I_z、b 均为常量，只有 S_z 随欲求应力点到中性轴的距离 y 而变化。面积 A^* 对中性轴的静矩（图21-13）为

$$S_z = A^* \cdot y_0 = b\left(\dfrac{h}{2} - y\right) \cdot \left[y + \left(\dfrac{h}{2} - y\right)/2\right]$$

$$= \dfrac{b}{2} \cdot \left(\dfrac{h^2}{4} - y^2\right)$$

将该式及 $I_z = bh^3/12$ 代入式(21-9)，得

$$\tau = \dfrac{6Q}{bh^3} \cdot \left(\dfrac{h^2}{4} - y^2\right)$$

此式表明，剪应力沿截面高度按二次抛物线规律变化（如图 21-13 中所示）。当 $y = \pm \dfrac{h}{2}$ 时，$\tau = 0$，即截面上下边缘处剪应力为零，当 $y = 0$ 时，$\tau = \tau_{\max}$，即**中性轴上剪应力最大**，其值为

$$\tau_{\max} = \dfrac{6Q}{bh^3} \cdot \dfrac{h^2}{4} = \dfrac{3}{2} \cdot \dfrac{Q}{bh} = \dfrac{3}{2} \cdot \dfrac{Q}{A} \qquad (21-10)$$

即矩形截面上的最大剪应力为截面上平均剪应力的 **1.5 倍**。

例 21-7 承受均布荷载的矩形截面梁如图 21-14(a)所示，已知 $l = 2$ m，$q = 3$ kN/m，试求：(1) B 截面上 a 点的剪应力；(2) B 截面上的最大剪应力；(3) 全梁中的最大剪应力。

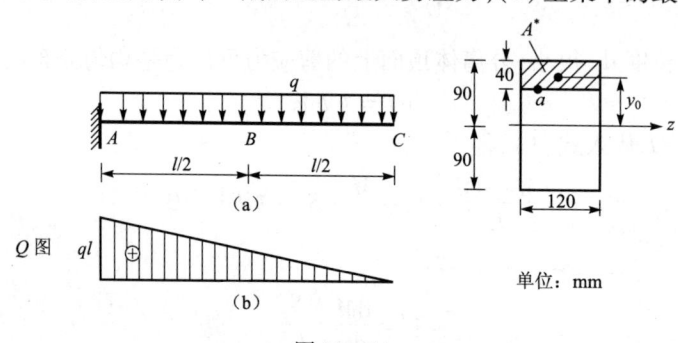

图 21-14

解 （1）B 截面上 a 点的剪应力。

B 截面上的剪力为

$$Q_B = q \cdot \frac{l}{2} = 3 \times 10^3 \times \frac{2}{2} = 3 \times 10^3 \text{ N}$$

截面对中性轴的惯性矩为

$$I_z = \frac{bh^3}{12} = \frac{0.12 \times 0.18^3}{12} = 0.583 \times 10^{-4} \text{ m}^4$$

面积 A^*（图中的阴影面积）对中性轴的静矩为

$$S_z = A^* \cdot y_0 = (0.12 \times 0.04) \times 0.07 = 0.336 \times 10^{-3} \text{ m}^3$$

B 截面上 a 点的剪应力则为

$$\tau = \frac{Q_B S_z}{I_z \cdot b} = \frac{3 \times 10^3 \times 0.336 \times 10^{-3}}{0.583 \times 10^{-4} \times 0.12} = 0.144 \text{ MPa}$$

（2）B 截面上的最大剪应力。

B 截面上的最大剪应力位于中性轴上，其值为

$$\tau_{\max} = \frac{3}{2} \cdot \frac{Q_B}{A} = \frac{3}{2} \times \frac{3 \times 10^3}{0.12 \times 0.18} = 0.208 \text{ MPa}$$

（3）全梁中的最大剪应力。

全梁中的最大剪应力发生在剪力最大截面的中性轴上，其值为

$$\tau_{\max} = \frac{3}{2} \cdot \frac{Q_{\max}}{A} = \frac{3}{2} \times \frac{6 \times 10^3}{0.12 \times 0.18} = 0.416 \text{ MPa}$$

21.4 其他形状截面梁的剪应力

21.4.1 工字形截面

工字形截面是由上下翼缘及中间腹板组成的[图 21 – 15(a)]，腹板和翼缘上都存在剪应力。

1. 腹板上的剪应力

腹板为矩形，其高度远大于宽度，上节推导矩形截面剪应力所采用的两条假设，对工字形截面的腹板来说，也是适用的。按照上节的同样办法，可导出腹板的剪应力计算公式，其形式与矩形截面的完全相同，即

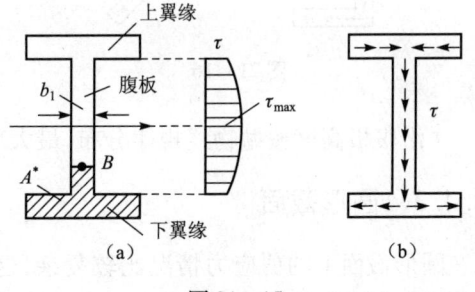

图 21 – 15

$$\tau = \frac{QS_z}{I_z b_1} \tag{21 – 11}$$

式中 Q 为横截面上的剪力；I_z 为工字形截面对中性轴的惯性矩；b_1 为腹板的厚度；S_z 为过欲求应力点的水平线与截面边缘间的面积 A^* [例如求 B 点的剪应力时，A^* 则为图 21 – 15(a)中的阴影面积]对中性轴的静矩。

剪应力沿腹板高度的分布规律如图 21 – 15(a)中所示，仍是按抛物线规律分布，最大剪应力仍发生在截面的中性轴上，但最大剪应力与最小剪应力相差不大。

2. 翼缘上的剪应力

翼缘上剪应力的情况比较复杂,既存在竖向剪应力(分量),又存在水平剪应力(分量)。其中竖向剪应力很小,分布情况又很复杂,一般均不予考虑。水平剪应力值与腹板上的剪应力值相比,也是很小的,这里只介绍水平剪应力方向的判定。

翼缘上水平剪应力的方向与腹板上竖向剪应力的方向之间存在着一定的关系,它们组成所谓"剪应力流",即截面上各点剪应力的方向像水管中的干管与支管中的水流方向一样。例如,当知道腹板(相当于干管)上的剪应力方向为向下时,上下翼缘(相当于支管)上的剪应力方向将如图 21-15(b)中所示。因而,只要知道腹板上竖向剪应力的方向,便可确定翼缘上水平剪应力的方向。

对于开口薄壁截面,其横截面上各点剪应力的方向均符合"剪应力流"规律(图 21-16)。

21.4.2 T 形截面

T 形截面可视为由两个矩形组成的截面,下面的狭长矩形也称为腹板,该部分上的剪应力仍按下式计算

$$\tau = \frac{QS_z}{I_z b_1}$$

式中 Q、I_z、b_1 与工字形截面的含义相同,S_z 为过欲求应力点的水平线与截面边缘间的面积 A^*(例如求 B 点的应力,即为图 21-17 中的阴影面积)对中性轴的静矩。

图 21-16　　　　　　　　　　图 21-17

τ 沿腹板高度按抛物线规律分布,最大剪应力仍发生在截面的中性轴上。

21.4.3 圆形截面

圆形截面上的剪应力情况比较复杂,这里不作详细讨论,只介绍最大竖向剪应力的计算公式和最大竖向剪应力的所在位置。

圆形截面的最大竖向剪应力也发生在中性轴上,并沿中性轴均匀分布(图 21-18),其值为

$$\tau_{max} = \frac{4}{3} \cdot \frac{Q}{A} \quad (21-12)$$

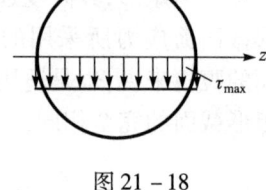

图 21-18

式中 Q 为横截面上的剪力;A 为圆形截面的面积。

例 21-8 一承受均布荷载作用的工字形截面简支梁,截面尺寸如图 21-19 中所示,已知 $l = 6$ m,$q = 5$ kN/m,试求 C 截面上 K 点的剪应力。

解 C 截面上的剪力和截面对中性轴的惯性矩分别为

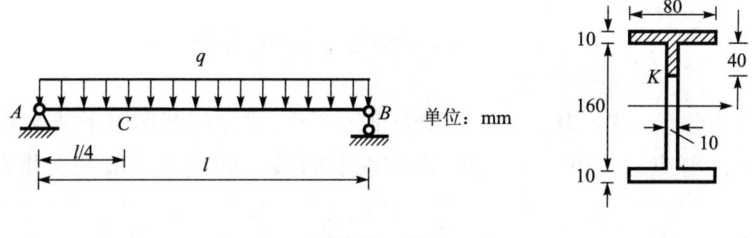

图 21 – 19

$$Q_C = \frac{ql}{4} = \frac{1}{4} \times 5 \times 10^3 \times 6 = 7.5 \times 10^3 \ N$$

$$I_z = \frac{0.08 \times 0.18^3}{12} - 2 \times \frac{0.035 \times 0.16^3}{12} = 0.15 \times 10^{-4} \ m^4$$

计算 K 点剪应力时, $\tau = \dfrac{QS_z}{I_z b_1}$ 中的 S_z 是图中阴影面积对中性轴的静矩,其值为

$$S_z = (0.01 \times 0.08) \times 0.085 + (0.01 \times 0.04) \times 0.06 = 0.92 \times 10^{-4} \ m^3$$

C 截面上 K 点的剪应力为

$$\tau_K = \frac{Q_C S_z}{I_z b_1} = \frac{7.5 \times 10^3 \times 0.92 \times 10^{-4}}{0.15 \times 10^{-4} \times 0.01} = 4.6 \ MPa$$

例 21 – 9 求例 21 – 6 中梁内的最大剪应力。

解 梁的剪力图如图 21 – 20 中所示,BC 段的剪力最大,其值为 15 kN,梁中的最大剪应力发生在 BC 段任一横截面的中性轴上。在例 21 – 6 中,已求得中性轴到截面上边缘的距离为 $y_1 = 0.072 \ m$,截面对中性轴的惯性矩 $I_z = 0.573 \times 10^{-5} \ m^4$。中性轴一侧(上侧)的面积对中性轴的静矩为

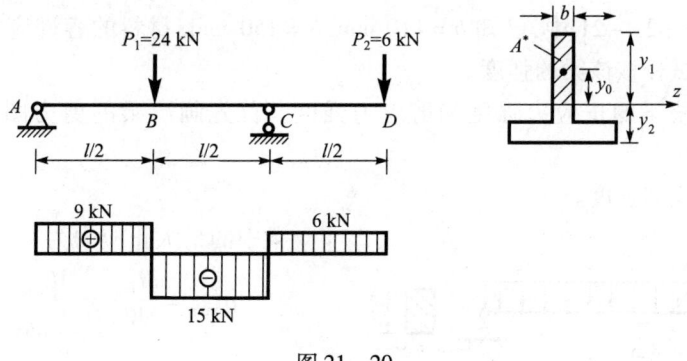

图 21 – 20

$$S_z = A \cdot y_0 = \frac{1}{2} b y_1^2 = \frac{1}{2} \times 0.03 \times 0.072^2 = 0.778 \times 10^{-4} \ m^3$$

梁中的最大剪应力为

$$\tau_{max} = \frac{Q_{max} \cdot S_z}{I_z b_1} = \frac{15 \times 10^3 \times 0.778 \times 10^{-4}}{0.573 \times 10^{-5} \times 0.03} = 6.79 \ MPa$$

21.5 梁的剪应力强度条件

与梁的正应力强度一样,为了保证梁能安全地工作,梁在荷载作用下产生的最大剪应力不能超过材料的容许剪应力。由前节已知,横截面上的最大剪应力一般是发生在中性轴上,其值为

$$\tau_{max} = \frac{QS_{z,max}}{I_z b}$$

对全梁来说,最大剪应力发生在剪力最大的截面上,即

$$\tau_{max} = \frac{Q_{max} S_{z,max}}{I_z b}$$

梁的剪应力强度条件则为

$$\tau_{max} = \frac{Q_{max} S_{z,max}}{I_z b} \leqslant [\tau] \tag{21-13}$$

$[\tau]$ 为材料的容许剪应力。

在进行梁的强度计算时,必须同时满足正应力和剪应力强度条件。在一般情况下,梁的强度多是由正应力强度来控制,因此,在选择梁的截面时,一般都是先按正应力强度来选择,然后再按剪应力强度条件来进行校核。但在少数的特殊情况下,梁的剪应力强度也可能起控制作用。例如,当梁的跨度很小或在梁的支座附近有很大的集中力作用时,此时梁中的最大弯矩值比较小而剪力值却很大,剪应力强度就可能起控制作用。又如,在组合工字钢梁中,若腹板的厚度很小,腹板上的剪应力值就比较大,如果最大弯矩值又比较小,这时剪应力强度也可能起控制作用。再如,在木梁中,由于木材的顺纹抗剪能力弱,当截面上的剪应力很大时,木梁也可能沿中性层剪坏。

例 21-10 图 21-21 中,已知 $b = 110$ mm, $h = 150$ mm, 材料的容许应力 $[\sigma] = 10$ MPa, $[\tau] = 1.1$ MPa, 试校核该梁的强度。

解 分别校核梁的正应力强度和剪应力强度。首先画出梁的剪力图和弯矩图如图中所示。

(1) 校核正应力强度。

梁中的最大正应力为

$$\sigma_{max} = \frac{M_{max}}{W_z} = \frac{M_{max}}{\frac{1}{6} bh^2}$$

$$= \frac{4 \times 10^3}{\frac{1}{6} \times 0.11 \times 0.15^2}$$

$$= 9.7 \text{ MPa} < [\sigma]$$

满足正应力强度条件。

(2) 校核剪应力强度。

该梁为矩形截面,梁中的最大剪应力为

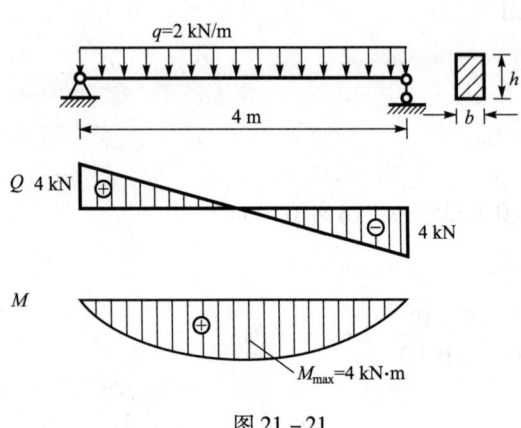

图 21-21

$$\tau_{max} = 1.5 \frac{Q_{max}}{A} = 1.5 \times \frac{4 \times 10^3}{0.11 \times 0.15} = 0.36 \text{ MPa} < [\tau]$$

满足剪应力强度条件。

由此例看到,梁中的最大正应力 σ_{max} 值接近材料的容许应力$[\sigma]$,而最大剪应力 τ_{max} 值比材料的容许应力$[\tau]$要小得多,这说明此梁的正应力对梁的强度起控制作用。

例 21-11 由工字形钢制成外伸梁如图 21-22 所示,已知材料的容许应力$[\sigma]$ = 160 MPa,$[\tau]$ = 90 MPa,试选择工字钢的型号。

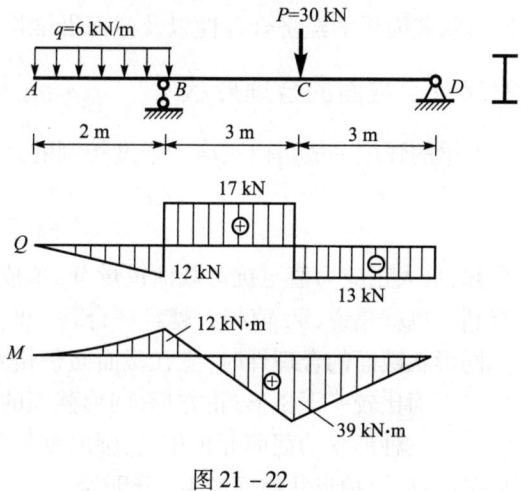

图 21-22

解 选择的工字钢必须同时满足梁的正应力和剪应力强度条件。选择梁的截面时,先按正应力强度条件选择,选定后,再按剪应力强度条件进行校核。

梁的剪力图和弯矩图如图 21-22 中所示。

(1) 按正应力强度条件选工字钢型号。

由弯矩图可知,最大弯矩发生在 C 截面,其值为 39 kN·m,依正应力强度条件梁所需的抗弯截面模量为

$$W_z = \frac{M_{max}}{[\sigma]} = \frac{39 \times 10^3}{160 \times 10^6} = 244 \times 10^{-6} \text{ m}^3 = 244 \text{ cm}^3$$

在型钢表中查得 20b 号工字钢的 W_z 值为 250 cm³,与所需之值接近,所以选用 20b 号工字钢。

(2) 校核剪应力强度。

由剪力图可知,BC 段各截面上的剪力最大,其值为 17 kN,最大剪应力发生在 BC 段各横截面的中性轴上。在

$$\tau_{max} = \frac{Q_{max} \cdot S_{z,max}}{I_z b_1}$$

中,I_z、b_1(腹板的厚度)和 $S_{z,max}$ 均可在型钢表中查得,但表中不是直接给出 $S_{z,max}$,而是给出 $\frac{I_z}{S_{z,max}}$值。依 20b 号工字钢,查得

$$b_1 = d = 9 \text{ mm} = 9 \times 10^{-3} \text{ m}$$

$$\frac{I_z}{S_{z,max}} = 16.9 \text{ cm} = 16.9 \times 10^{-2} \text{ m}$$

梁中的最大剪应力为

$$\tau_{max} = \frac{Q_{max} \cdot S_{z,max}}{I_z b_1} = \frac{Q_{max}}{I_z/S_{z,max} \cdot b_1}$$

$$= \frac{17 \times 10^3}{16.9 \times 10^{-2} \times 9 \times 10^{-3}} = 11.2 \text{ MPa} < [\tau]$$

满足剪应力强度条件。

21.6 梁的合理截面形状及变截面梁

当设计梁时,一方面要保证梁具有足够的强度,同时,应使设计的梁能较充分地发挥材料的潜力以节省材料,这就需要合理选择截面的形状和尺寸。本节将从梁的强度方面来分析不同形状截面梁的经济合理性以及截面沿梁长怎样变化才更经济合理。

21.6.1 截面的合理形状

梁的强度一般是由正应力强度控制的,由强度条件

$$\sigma_{\max} = \frac{M_{\max}}{W_z} \leqslant [\sigma]$$

可知,最大正应力值与抗弯截面模量 W_z 值成反比,W_z 值越大,$\sigma_{\max}$ 值越小,从强度方向看就越有利。也就是说,W_z 值越大越经济合理。W_z 值既与截面形状有关,又与截面面积有关,分析不同形状截面的合理性时,应在截面面积相同的条件下,比较它们的 W_z 值。

下面比较一下矩形、正方形、圆形截面的合理性。

设三种形状的截面面积相同,圆的直径为 d,正方形的边长为 a,矩形的高和宽分别为 h 和 b 且 $h > b$,三种形状截面的 W_z 分别为

矩形截面 $\qquad W_{z_1} = \frac{1}{6}bh^2$

方形截面 $\qquad W_{z_2} = \frac{1}{6}a^3$

圆形截面 $\qquad W_{z_3} = \frac{1}{32}\pi d^3$

先比较矩形与正方形。两者抗弯截面模量的比值为

$$\frac{W_{z_1}}{W_{z_2}} = \frac{\frac{1}{6}bh^2}{\frac{1}{6}a^3} = \frac{Ah}{Aa} = \frac{h}{a}$$

因 $bh = a^2$ 且 $h > b$,所以 $h > a$,即 $\frac{h}{a} > 1$。这说明,矩形截面只要 $h > b$,就比同样面积的正方形截面合理。

再比较正方形与圆形。两者抗弯截面模量的值为

$$\frac{W_{z_2}}{W_{z_3}} = \frac{\frac{1}{6}a^3}{\frac{1}{32}\pi d^3} = \frac{16a^3}{3\pi d^3}$$

由 $\frac{1}{4}\pi d^2 = a^2$ 得 $a = \frac{\sqrt{\pi}}{2}d$,将此代入上式,得

$$\frac{W_{z_2}}{W_{z_3}} = 1.19 > 1$$

这说明正方形截面比圆形截面合理。

从以上的比较看到,截面面积相同时,矩形比方形好,方形比圆形好。如果以同样面积做成工字形,将比矩形还要好,这是因为 W_z 值与截面高度及截面面积的分布情况有关。截面的高度越大,面积分布得离中性轴越远,W_z 值就越大。由于工字形截面的大部分面积分布在离中性轴较远的上、下翼缘处,所以其 W_z 值比上述其他几种形状的 W_z 值都大,因而就更合理。

梁截面形状的合理性,也可从应力分布的角度来分析。弯曲时,正应力沿截面高度成直线分布,距中性轴最远处的正应力最大,中性轴上为零。在进行强度计算时,是以截面边缘处的最大正应力达到材料的容许应力为准,此时,截面其他部分的正应力都小于材料的容许应力,特别是中性轴附近,应力很小,材料远没有充分发挥作用。因此,为了更好地发挥材料的作用,应尽量减少中性轴附近的面积,而使更多的面积分布在离中性轴较远处。例如,将矩形截面中性轴附近的面积挖出一部分,并将其移到截面的上、下边缘处[图21-23(a)],这部分材料就能较好地发挥作用。这样,截面也就从矩形变成了工字形,所以工字形截面比矩形截面更为经济合理。

工程中常用的空心楼板[图21-23(b)],其孔都布置在截面中性轴附近,就是为了减少不能充分发挥作用的材料,从而得到较好的经济效果。

上面对截面合理形状的分析,是从梁的正应力强度方面来考虑的,通常这是决定截面形状的主要因素。此外,还应考虑刚度、稳定以及制造、使用等方面的因素。

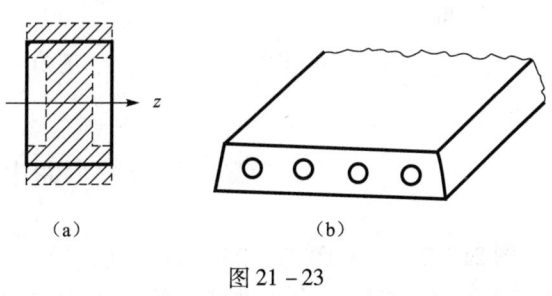

图 21-23

例如,设计矩形截面梁时,从强度方面看,可适当加大截面的高度,减小截面的宽度,这样可在截面面积相同的条件下,得到较大的抗弯截面模量。但如果片面地强调这方面,使截面的高度过大,宽度过小,梁就可能在荷载作用下发生较大的侧向变形而丧失稳定(称为梁的侧向失稳)。又如,从强度方面看,工字形截面比矩形截面好,但对木材之类的材料,将其加工成工字形截面,要花费很多人力、物力,就不一定比矩形截面更为经济。

21.6.2 变截面梁

现在再从截面沿梁长的变化方面来讨论梁的经济合理性。

在进行梁的强度计算时,是根据危险截面上的最大弯矩设计截面的,而其他截面上的弯矩一般都小于最大弯矩,如果采用等截面梁,对那些弯矩比较小的地方,材料就没有充分发挥作用。要想更好地发挥材料的作用,应该在弯矩比较大的地方采用较大的截面,在弯矩小的地方采用较小的截面,这种截面沿梁长变化的梁称为变截面梁。最理想的变截面梁,是使梁的各个截面上的最大正应力同时达到材料的容许应力。由

$$\sigma_{\max} = \frac{M(x)}{W_z(x)} = [\sigma]$$

得

$$W_z(x) = \frac{M(x)}{[\sigma]} \qquad (21-14)$$

式中 $M(x)$ 为任一横截面上的弯矩;$W_z(x)$ 为该截面的抗弯截面模量。这样,各截面的大小

将随截面上的弯矩而变化,截面按式(21-14)变化的梁称为**等强度梁**。

从强度及材料的利用方面看,等强度梁很理想,但这种梁的加工制造比较困难。当梁上荷载比较复杂时,梁的外形也随之复杂,其加工制造将更加困难。因此,工程中,特别是建筑工程中,很少采用等强度梁,而是根据不同的具体情况,采用其他形式的变截面梁。

图 21-24 所示的梁是建筑工程中常见的几个变截面梁的例子。对于阳台,雨篷之类的悬臂梁,常采用图 21-24(a)所示的形式;对于跨中弯矩大、两边弯矩逐渐减小的简支梁,常采用图 21-24(b)或(c)所示的形式。图 21-24(b)为上、下加盖板的工字形截面钢梁,图 21-24(c)为屋盖上的薄腹梁。

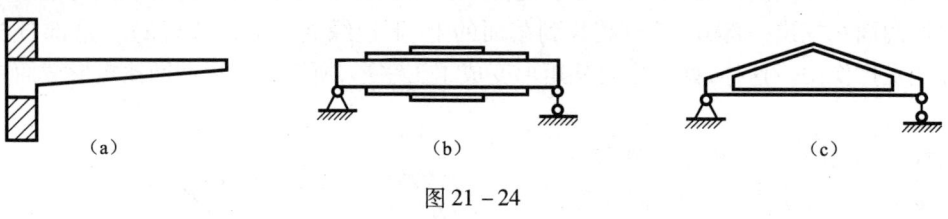

图 21-24

21.7 弯曲中心的概念

图 21-25(a)和图 21-26(a)所示的二梁,一为矩形截面,一为槽形截面,二梁承受相同的荷载 P,P 的作用线均通过截面的形心主轴,现比较二者 m—m 截面上的剪力 Q 各有何特点。

对矩形截面梁来说,梁发生平面弯曲,m—m 截面上的剪力 Q 位于荷载 P 作用的对称平面内,故 Q 通过截面的形心[图 21-25(b)]。

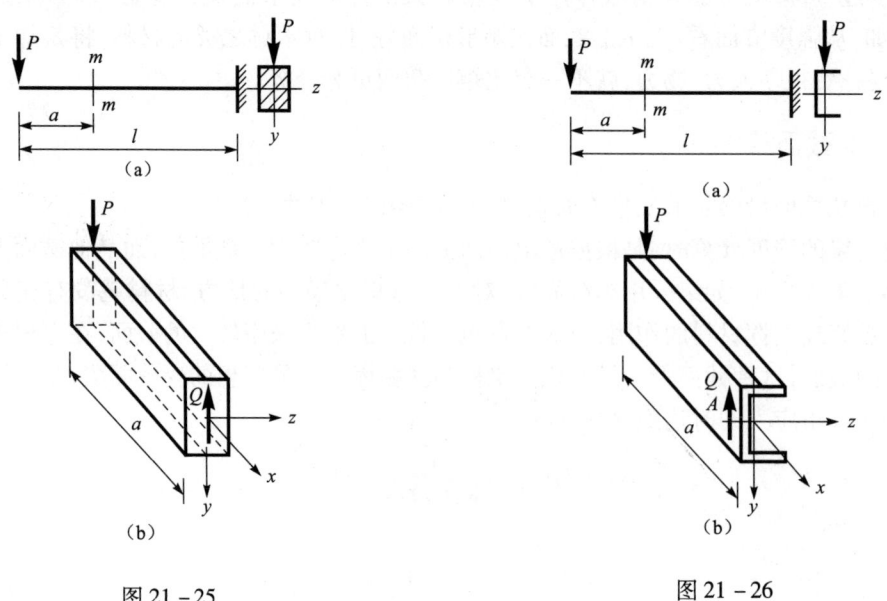

图 21-25   图 21-26

对于槽形截面梁,由本章第四节中知道,截面的腹板上存在竖向剪应力,上下翼缘上存在水平剪应力,且剪应力的方向遵循"剪应力流"规律,m—m 截面上剪应力的方向如图 21-27(a)所示。将腹板及上下翼缘上的切向内力分别用合力 Q 和 T 来表示[图 21-27(b)]。由于上下翼缘的 T 大小相等,方向相反,因而形成一个矩为 $T \cdot h_1$ 的力偶。这样,截面上就同时存在着力 Q 和矩为 $T \cdot h_1$ 的力偶[图 21-27(c)],该二者可用作用于横截面平面内另一位置的力 Q(等效力系)来代替[图 21-27(d)],Q 就是横截面上剪力的合力。这说明,对槽形截面梁来说,横截面上剪力的合力将不像矩形截面那样通过截面的形心,而是通过另一点 A。从图 21-26(b)可看到,此时剪力 Q 与荷载 P 不在同一纵向平面内,由分离体的平衡条件可知,在 m—m 截面上存在着扭矩以满足平衡方程 $\sum M_x = 0$,因而槽形截面梁除产生弯曲外,还产生扭转。欲使梁不产生扭转,就必须使荷载 P 作用在过 A 点的纵向平面内,A 点通常称为**弯曲中心**。也就是说,只有当横向外力 P 作用在通过弯曲中心的纵向平面内时,梁才只产生弯曲而不产生扭转。

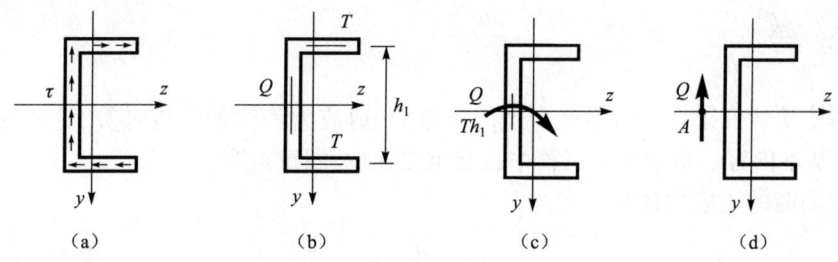

图 21-27

由于像槽形截面这样一类开口薄壁截面梁的抗扭能力较弱,当受扭时,其横截面上将产生较大的扭转剪应力,这是很不利的。因此,在工程中,应尽量避免使薄壁截面梁受扭。

上面结合槽形截面梁介绍了弯曲中心的概念。但应指出:任何形状的截面,不论是薄壁的还是实心的,均存在弯曲中心,而弯曲中心的位置只决定于截面的几何特征(截面的形状与尺寸)。

确定弯曲中心的位置,比较复杂,但存在下列规律:

(1)具有两个对称轴的截面,二对称轴的交点就是弯曲中心[如图 21-28(a)]。

(2)具有一个对称轴的截面,弯曲中心一定位于对称轴上[如图 21-28(b)]。

(3)开口薄壁截面各部分的中线相交于一点时,该交点即为弯曲中心[如图 21-28(c)]。

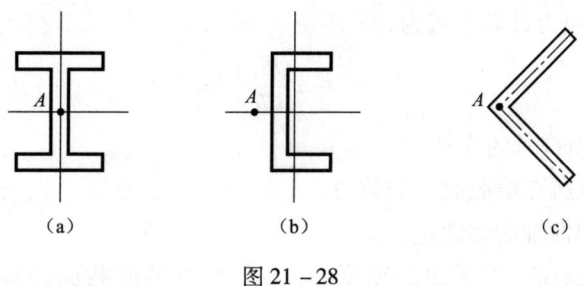

图 21-28

表 21-1 中给出了几种常见截面弯曲中心的位置。

表 21-1 常见截面弯曲中心位置

截面形状	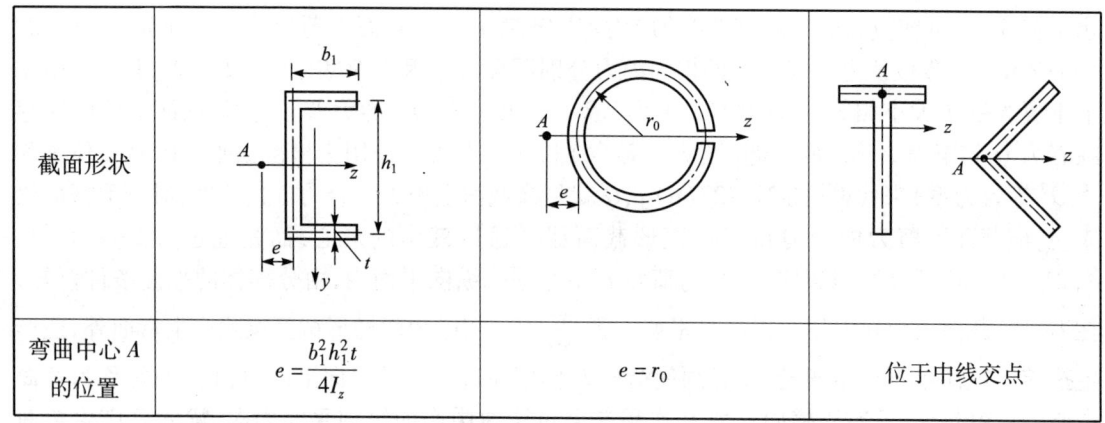		
弯曲中心 A 的位置	$e = \dfrac{b_1^2 h_1^2 t}{4 I_z}$	$e = r_0$	位于中线交点

小 结

1. 本章主要研究梁弯曲时横截面上的正应力、剪应力和梁的强度计算,这些内容是第二篇中重要的基本内容。本章在第二篇中占有重要地位,属重点章。

2. 梁弯曲时的正应力计算公式为

$$\sigma = \frac{M}{I_z} \cdot y$$

对该公式应正确理解与应用。

(1) 明确式中各项符号的含义:

M——欲求应力点所在横截面上的弯矩;

I_z——横截面对中性轴的惯性矩;

y——欲求应力点到中性轴的距离。

(2) 明确中性轴的位置和正应力沿截面的分布规律。中性轴为截面的形心主轴,正应力沿截面高度按直线规律分布,以中性轴为界,一侧为拉应力,另一侧为压应力。

(3) 式中 M 和 y 为代数量,具体应用时,均以绝对值代入,应力的正、负可由梁的变形情况来确定。当截面上的弯矩为正时,梁凹向上弯曲,中性轴以下为拉应力,中性轴以上为压应力。弯矩为负时,则相反。

3. 梁弯曲时的剪应力计算公式为

$$\tau = \frac{Q S_z}{I_z b}$$

(1) 明确式中各项符号的含义:

Q——欲求应力点所在横截面上的剪力;

I_z——横截面对中性轴的惯性矩;

b——对矩形截面来说,为截面的宽度,对工字形和 T 形截面的腹板来说,则是腹板的厚度;

S_z——过欲求应力点的水平线与截面边缘间的面积对中性轴的静矩。

（2）矩形截面上和工字形、T形截面腹板上的剪应力沿高度均按抛物线规律分布，最大剪应力发生在中性轴上。

（3）式中 Q 和 S_z 为代数量，应用时均以绝对值代入，剪应力的方向可由截面上剪力的方向来确定，即 τ 和 Q 的方向平行。

4. 梁的正应力和剪应力计算公式是根据材料在弹性范围内工作时导出的，只有当梁中的应力不超过材料的比例极限时，公式才适用。

5. 梁的强度计算

（1）梁必须同时满足正应力强度条件和剪应力强度条件

$$\sigma_{max} = \frac{M_{max}}{W_z} \leqslant [\sigma]$$

$$\tau_{max} = \frac{Q_{max} S_{z,max}}{I_z b} \leqslant [\tau]$$

（2）一般情况下，梁的强度是由正应力强度控制，选择梁的截面时，先按正应力强度条件进行选择，然后再按剪应力强度条件进行校核。工程中，按正应力强度条件设计的梁，大多数都能满足剪应力强度条件。

（3）对梁进行强度计算的步骤为：

① 画出梁的剪力图和弯矩图；

② 确定最大正应力和最大剪应力的所在位置；

③ 分别按正应力和剪应力强度条件进行强度计算（包括校核强度、选择截面、确定容许荷载等）；

④ 对T形截面梁进行强度计算时应注意：由于中性轴不是截面的对称轴，当梁中同时存在正、负弯矩时，最大正应力（拉应力或压应力）不一定发生在弯矩绝对值最大的截面上，应对具有最大正弯矩和最大负弯矩两个截面上的正应力进行分析比较。

思考题

21-1 推导梁的弯曲正应力公式时，作了哪些假设？为何要综合考虑几何、物理和静力学三个方面？

21-2 何谓中性轴？如何确定中性轴的位置？

21-3 截面形状和尺寸完全相同的二简支梁，一为钢梁，另一为木梁，当梁上荷载相同时，二梁中的最大正应力是否相同？二梁中的最大剪应力是否相同？

21-4 两个截面都为矩形的简支木梁（图21-29），其跨度、荷载、截面面积及所用材料均相同，一个是整体的，另一个是由两根方木叠合而成（二方木间不加任何联系且不考虑二方木间的摩擦）。问此二梁横截面上正应力沿截面高度的分布规律有何不同？

21-5 箱形截面如图21-30所示，按下式计算其抗弯截面模量是否正确？

$$W_z = \frac{b_1 h_1^2}{6} - \frac{b_2 h_2^2}{6}$$

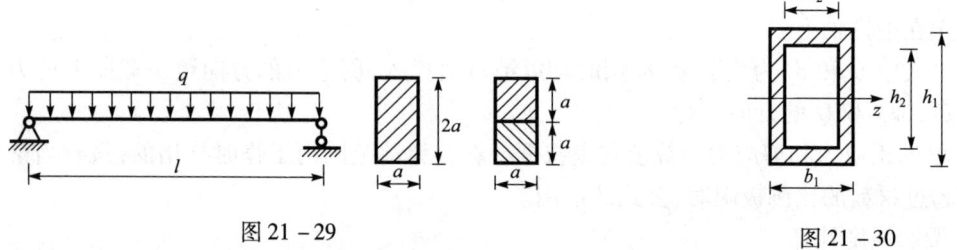

图 21-29　　　　　　　　　　　　　　图 21-30

习　题

21-1　图示梁中,已知 $l=4$ m, $b=120$ mm, $h=160$ mm, $P=5$ kN,试求 B 截面上 a、k 两点的正应力。

21-2　图示梁中,已知 $l=3$ m,圆截面的直径 $d=150$ mm, $P_1=4$ kN, $P_2=2$ kN,试求梁横截面上的最大正应力。

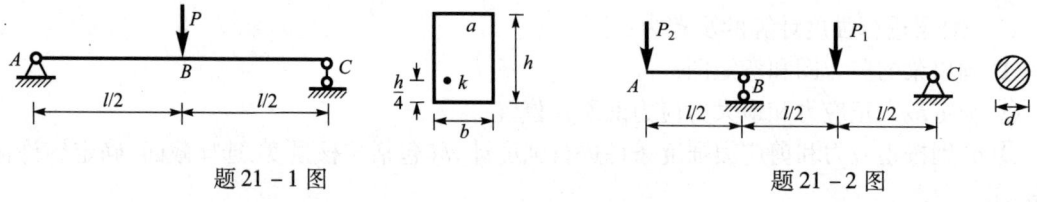

题 21-1 图　　　　　　　　　　　　　题 21-2 图

21-3　T 形截面外伸梁如图所示,已知 $l=1.6$ m, $q=8$ kN/m,试求梁横截面上的最大拉应力和最大压应力,并指明其所在位置。

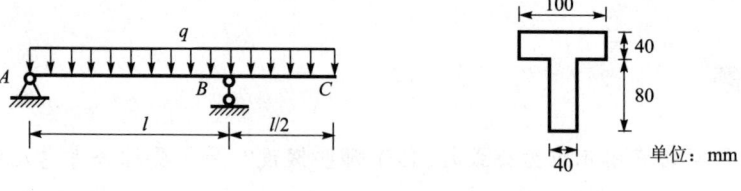

题 21-3 图

21-4　若梁在荷载作用下为平面弯曲,当截面为下列图示形状时,试分别画出正应力沿截面高度的分布规律。

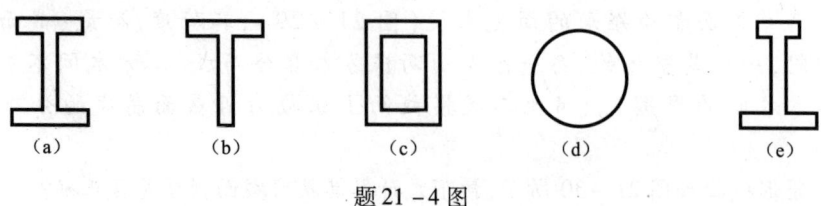

题 21-4 图

21-5　圆截面外伸梁如图所示,已知 $l=3$ m, $d=200$ mm, $P=3$ kN, $q=3$ kN/m,材料的容许应力 $[\sigma]=10$ MPa,试校核该梁的强度。

21-6 图示简支梁由18号工字形钢制成,已知 $l=4$ m,材料的容许应力 $[\sigma]=160$ MPa,试求容许荷载 $[P]$。

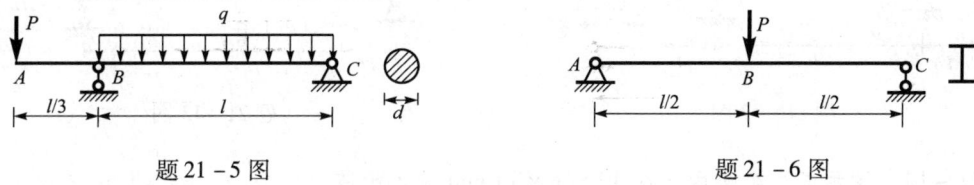

题 21-5 图   题 21-6 图

21-7 矩形截面外伸梁如图所示,已知 $q=4$ kN/m,$l=2.4$ m,截面的高度比 $\dfrac{h}{b}=\dfrac{3}{2}$,材料的容许应力 $[\sigma]=10$ MPa,试确定矩形截面的宽度尺寸。

21-8 由两个16a号槽钢组成的外伸梁如图所示,已知 $l=6$ m,钢材的容许应力 $[\sigma]=106$ MPa,试求梁容许承受的最大荷载 $P_{\max}$。

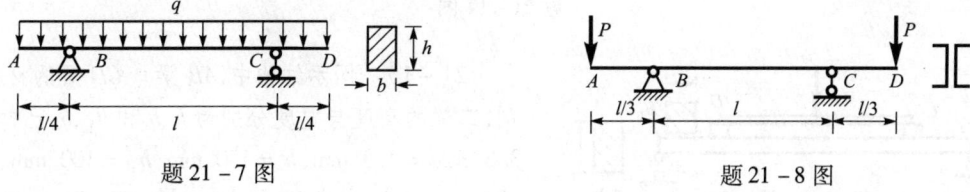

题 21-7 图   题 21-8 图

21-9 矩形截面梁如图所示,已知 $l=3$ m,$b=100$ mm,$h=160$ mm,$P=3.2$ kN,试求 $n-n$ 截面上 a 点和 c 点的剪应力。

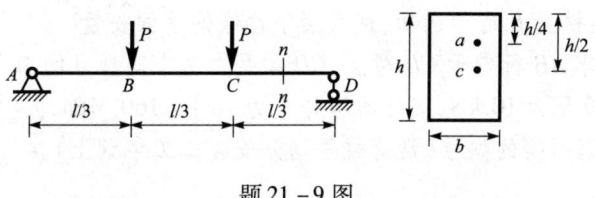

题 21-9 图

21-10 一工字形截面外伸梁,其尺寸及梁上荷载如图所示,已知 $l=6$ m,$P=20$ kN,$m=12$ kN·m,试求 $n-n$ 截面上 a 点和 c 点的剪应力。

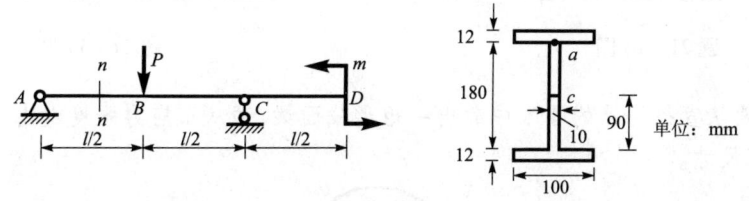

题 21-10 图

21-11 试求习题 21-3 中梁横截面上的最大剪应力。

21-12 图示外伸梁中,已知 $l=3$ m,$b=80$ mm,$h=120$ mm,$q=2$ kN/m,材料的容许应力 $[\sigma]=10$ MPa,$[\tau]=1.2$ MPa,试校核该梁的强度。

21-13 工字形钢制成的简支梁如图所示,已知 $l=6$ m,$P=60$ kN,$q=8$ kN/m,材料的容许应力 $[\sigma]=160$ MPa,$[\tau]=90$ MPa,试选择工字钢的型号。

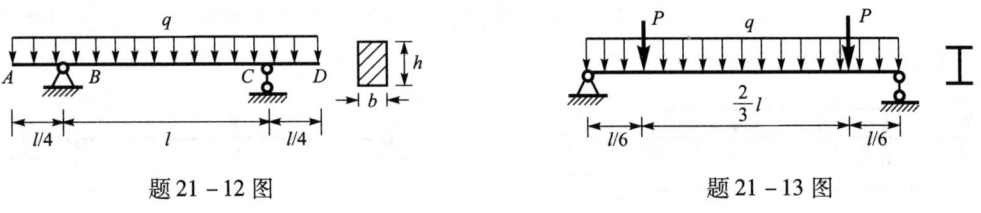

题 21-12 图　　　　　　　　　题 21-13 图

21-14　图示简支梁是由三块 40 mm×90 mm 的木板胶合而成,已知 $l=3$ m,胶缝的容许剪应力 $[\tau]=0.5$ MPa,试按胶缝的剪应力强度确定梁容许承受的最大荷载 P_{max}。

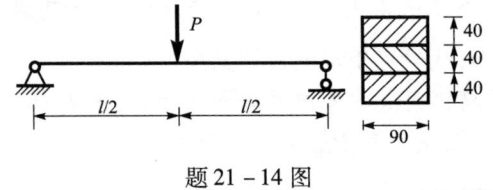

题 21-14 图

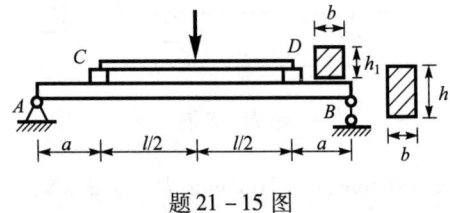

题 21-15 图

21-15　图示结构中,AB 梁与 CD 梁的材料相同,二梁的高度与宽度分别为 h、b 和 h_1、b,已知 $l=3.6$ m,$a=1.3$ mm,$h=150$ mm,$h_1=100$ mm,$b=100$ mm,材料的容许应力 $[\sigma]=10$ MPa,$[\tau]=2.2$ MPa,试求该结构容许承受的最大荷载 P_{max}。

21-16　一矩形截面简支梁,受力如图所示,P、l、b、h、材料弹性模量 E 均为已知,试求梁下边缘的总伸长量。

21-17　起重吊车 AB 行走于 CD 梁上,CD 梁是由两个同型号的工字钢组成,已知吊车的自重为 5 kN,最大起重量为 10 kN,钢材的容许应力 $[\sigma]=160$ MPa,$[\tau]=100$ MPa,CD 梁长 $l=12$ m,试选择工字钢所需的型号(设荷载平均分配在二工字钢上)。

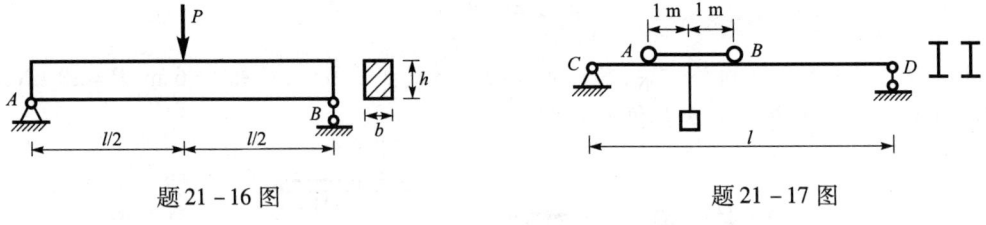

题 21-16 图　　　　　　　　　题 21-17 图

21-18　欲从直径为 d 的圆木中截出一矩形截面梁,试从正应力强度考虑,求出矩形截面最合理的高、宽尺寸。

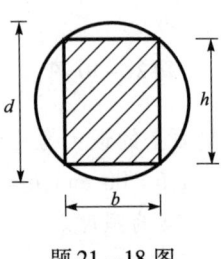

题 21-18 图

第 22 章 梁的变形

导言

- 本章包括两部分主要内容,即梁弯曲时的位移计算和解简单的超静定梁。在梁的位移计算部分,将介绍两种计算位移的方法,即积分法和叠加法。
- 本章为第二篇的重点章之一。

22.1 挠度和转角

22.1.1 挠度和转角

梁的变形通常是用挠度和转角这两个位移量来度量的。

图 22-1(a)为一矩形截面的悬臂梁,力 P 作用在梁的纵向对称平面内,梁在荷载 P 作用下将发生平面弯曲。梁弯曲后,其轴线由直线变为一条连续光滑的平面曲线,此曲线称为梁的**挠曲线**或梁的**弹性曲线**。

梁轴线上任一点 C 在梁变形后移到 C' 点,CC' 为 C 点的线位移。因所研究的都属"小变形",梁变形后的挠曲线为一条很平缓的曲线,所以,可认为 CC' 是 C 点沿竖直方向的位移。竖向位移 CC' 称为 C 截面的**挠度**。取图 22-1 中所示的坐标系,用 y 来表示挠度,显然,不同截面的挠度值是不同的,各截面的挠度值为 x 的函数。

梁的任意横截面于变形后绕中性轴转过一角度 θ [见图 22-1(b)],θ 角称为该截面的**转角**。不同截面的转角值也是不同的,各截面的转角值也是横坐标 x 的函数。

在图 22-1(b)所示坐标系中,挠度向下为正,反之为负;转角顺时转为正,反之为负。挠度的常用单位为 m 或 mm,转角的单位为弧度(rad)。

22.1.2 挠度与转角间的关系

挠度 y 与转角 θ 之间存在着一定的关系。由图 22-1(b)看到,因横截面仍与变形后的轴

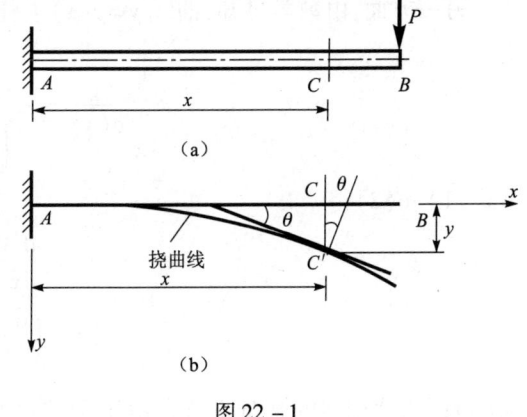

图 22-1

线正交,故 θ 角又是挠曲线上 C' 点的切线与 x 轴的夹角,而 $\tan \theta$ 则是挠曲线上 C' 点切线的斜率,所以

$$\tan \theta = \frac{dy}{dx} = y'$$

在小变形情况下,梁的挠曲线为一条很平缓的曲线,θ 角很小,因之

$$\tan \theta \approx \theta$$

从而得

$$\theta = \frac{dy}{dx} = y' \tag{22-1}$$

该式就是挠度 y 与转角 θ 间的关系式。

如果能找到挠曲线的方程 $y = f(x)$,不仅可求出任意横截面的挠度,依式(22-1)通过求导还可求出任意横截面的转角。

22.2 挠曲线的近似微分方程

梁的挠曲线是一条平面曲线,它的曲率 $\frac{1}{\rho}$ 与横截面上的弯矩 M 及梁的抗弯刚度 EI 有关,它们之间的具体关系如第 21 章中的式(21-6),即

$$\frac{1}{\rho} = \frac{M}{EI}$$

此式是在纯弯曲的情况下求得的,即梁的弯曲是由弯矩 M 引起的。在横力弯曲情况下,横截面上同时存在弯矩和剪力,此时剪力 Q 对梁的变形也有影响,但根据更精确的理论研究得知,当梁的长度 l 与截面高度 h 的比值比较大时,剪力 Q 对梁变形的影响很小,可忽略不计。所以,式(21-6)也适用于横力弯曲,但这时弯矩 M 和曲率 $\frac{1}{\rho}$ 都不是常量,它们都随截面的位置而改变,都是 x 的函数,即弯矩为 $M(x)$,曲率为 $\frac{1}{\rho(x)}$。这样,横力弯曲时,式(21-6)可改写为

$$\frac{1}{\rho(x)} = \frac{M(x)}{EI} \tag{1}$$

另一方面,由数学可知,曲线 $y = f(x)$ 上任意点的曲率公式为

$$\frac{1}{\rho(x)} = \pm \frac{\dfrac{d^2 y}{dx^2}}{\left[1 + \left(\dfrac{dy}{dx}\right)^2\right]^{3/2}} \tag{2}$$

由式(1)和(2)得

$$\pm \frac{\dfrac{d^2 y}{dx^2}}{\left[1 + \left(\dfrac{dy}{dx}\right)^2\right]^{3/2}} = \frac{M(x)}{EI} \tag{3}$$

式(3)即为挠曲线的微分方程。由于梁的挠曲线是一条很平缓的曲线,所以 $\frac{dy}{dx}$ 远小于 1,而

$(\frac{dy}{dx})^2$ 与 1 相比就更小,因此,(3)式左端分母中的 $(\frac{dy}{dx})^2$ 项可忽略不计,这样,式(3)变为

$$\pm \frac{d^2 y}{dx^2} = \frac{M(x)}{EI} \qquad (22-2)$$

式(22-2)称为挠曲线的近似微分方程,这是由于:① 忽略了剪力 Q 对梁变形的影响;② 在式(3)中忽略了 $(\frac{dy}{dx})^2$ 项。

式(22-2)中的正负号的选取,取决于坐标系的选取和弯矩的正负号规则。

在选取 y 轴向下为正的情况下:当弯矩 $M(x)$ 为正($M(x) > 0$)时,梁的挠曲线为凹向上的曲线[图 22-2(a)],这时二阶导数 $\frac{d^2 y}{dx^2}$ 为负 $\left(\frac{d^2 y}{dx^2} < 0\right)$,所以式(22-2)等号两边的正负号相

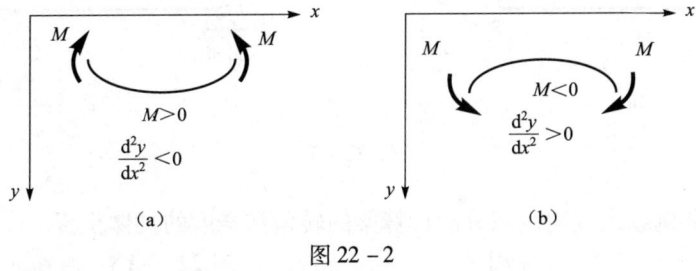

图 22-2

反;当 $M(x)$ 为负($M(x) < 0$)时,梁的挠曲线为凹向下的曲线,此时二阶导数为正 $\left(\frac{d^2 y}{dx^2} > 0\right)$,式(22-2)等号两边的正负号仍然相反。这样,在选取 y 轴向下为正的情况下,式(22-2)等号两边的正负号总是相反的,故应在式(22-2)中取负号,即

$$-\frac{d^2 y}{dx^2} = \frac{M(x)}{EI}$$

或

$$\frac{d^2 y}{dx^2} = -\frac{M(x)}{EI} \qquad (22-3)$$

有了挠曲线的近似微分方程(22-3),通过积分便可求出转角方程和挠曲线方程。

22.3 积分法计算梁的位移

上节已建立了挠曲线的近似微分方程式(22-3)

$$\frac{d^2 y}{dx^2} = -\frac{M(x)}{EI}$$

式中 $y = f(x)$ 是挠曲线方程。另外,已经得到了挠度与转角间的关系为

$$\theta = \frac{dy}{dx}$$

因此,转角 θ 和挠度 y 可通过对式(22-3)进行积分来求得。

对式(22-3)积分,得转角方程

$$\frac{dy}{dx} = \theta = \int -\frac{M(x)}{EI} dx + C$$

再积分一次,得挠曲线方程

$$y = \iint -\frac{M(x)}{EI}\mathrm{d}x^2 + Cx + D$$

式中 C、D 为积分过程中出现的积分常数。当确定 C、D 的具体值后,通过上面二式便可求出梁的任一横截面的转角和挠度。这种求转角与挠度的方法称为积分法。

积分常数需通过梁的**边界条件**来确定。所谓边界条件就是梁的某些截面处的已知位移条件。例如,图 22-3(a) 所示的悬臂梁,在固定端 A 截面处,截面既不能转动也不能移动,故其转角和挠度都等于零,即 $\theta_A = 0$,$y_A = 0$。再如,图 22-3(b) 所示的简支梁,支座 A 和 B 处,均不能发生竖向位移,A 截面和 B 截面的挠度都等于零,即 $y_A = 0$,$y_B = 0$。

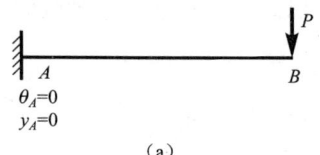 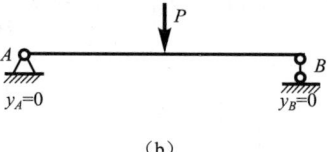

(a)　　　　　　　　　　　　　(b)

图 22-3

下面通过一些例题来说明用积分法计算梁的转角和挠度的具体步骤。

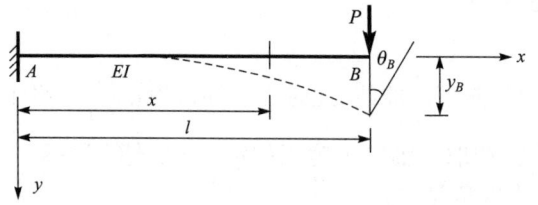

图 22-4

例 22-1　等截面悬臂梁受力如图 22-4 所示,已知梁的抗弯刚度为 EI,试求自由端截面的转角 θ_B 和挠度 y_B。

解　用积分法计算位移的步骤如下:

(1) 标明坐标系。

取图示之坐标系。坐标原点一般多选在左端。

(2) 列梁的弯矩方程和挠曲线的近似微分方程。

梁的弯矩方程和挠曲线的近似微分方程分别为

$$M(x) = -P(l-x) = -Pl + Px$$
$$\frac{\mathrm{d}^2 y}{\mathrm{d}x^2} = -\frac{M(x)}{EI} = \frac{1}{EI}(Pl - Px) \tag{a}$$

(3) 对挠曲线近似微分方程积分。

对式(a)积分一次和两次,分别得

$$\frac{\mathrm{d}y}{\mathrm{d}x} = \theta = \frac{1}{EI}\left(Plx - \frac{1}{2}Px^2\right) + C \tag{b}$$

$$y = \frac{1}{EI}\left(\frac{1}{2}Plx^2 - \frac{1}{6}Px^3\right) + Cx + D \tag{c}$$

(4) 确定积分常数。

积分常数 C、D 通过边界条件来确定。此题的边界条件是左端 A 截面的转角和挠度都等于零,即

$$x = 0, \quad \theta_A = 0 \qquad ①$$
$$x = 0, \quad y_A = 0 \qquad ②$$

将边界条件①代入式(b)得

$$C = 0$$

将边界条件②代入式(c)得

$$D = 0$$

梁的转角方程和挠曲线方程则分别为

$$\theta = \frac{1}{EI}(Plx - \frac{1}{2}Px^2) \tag{d}$$

$$y = \frac{1}{EI}(\frac{1}{2}Plx^2 - \frac{1}{6}Px^3) \tag{e}$$

(5) 求指定截面的位移。

将 B 截面的位置坐标 $x = l$ 分别代入式(d)和式(e),则得

$$\theta_B = \frac{1}{EI}(Pl^2 - \frac{1}{2}Pl^2) = \frac{Pl^2}{2EI}$$

$$y_B = \frac{1}{EI}(\frac{1}{2}Pl^3 - \frac{1}{6}Pl^3) = \frac{Pl^3}{3EI}$$

θ_B 得正值,表示 B 截面的转角是顺时针转动的;y_B 得正值,表示 B 截面的挠度是向下的。

例 22-2 承受集中力偶作用的等截面悬臂梁如图 22-5 所示,已知梁的抗弯刚度为 EI,试求 A 截面的转角和挠度。

解 解题步骤与例 22-1 相同。

(1) 选取如图中所示的坐标系,坐标原点仍取在左端。

(2) 梁的弯矩方程和挠曲线近似微分方程分别为

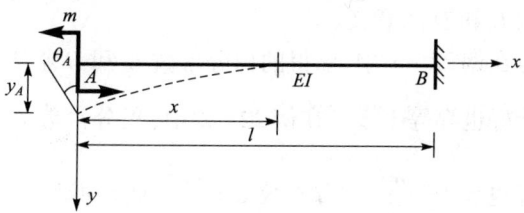

图 22-5

$$M(x) = -m$$

$$\frac{d^2 y}{dx^2} = -\frac{M(x)}{EI} = \frac{m}{EI} \tag{a}$$

(3) 对式(a)积分一次和两次,分别得

$$\frac{dy}{dx} = \theta = \frac{1}{EI}mx + C \tag{b}$$

$$y = \frac{1}{2EI}mx^2 + Cx + D \tag{c}$$

(4) 此梁的边界条件为 B 截面的转角和挠度等于零,即

$$x = l, \quad \theta_B = 0 \qquad ①$$
$$x = l, \quad y_B = 0 \qquad ②$$

将边界条件①代入式(b)

$$\theta_B = \frac{1}{EI}ml + C = 0$$

由此得

$$C = -\frac{ml}{EI}$$

将边界条件②和求得的 C 值代入式(c)

$$y_B = \frac{1}{2EI}ml^2 - \frac{ml}{EI} \cdot l + D = 0$$

由此得

$$D = \frac{ml^2}{2EI}$$

将求得的 C、D 值代入式(b)和式(c),则得下列转角方程和挠曲线方程

$$\theta = \frac{m}{EI}x - \frac{ml}{EI} = \frac{m}{EI}(x - l) \tag{d}$$

$$y = \frac{m}{2EI}x^2 - \frac{ml}{EI}x + \frac{ml^2}{2EI} = \frac{m}{2EI}(x^2 - 2lx + l^2) \tag{e}$$

(5) 将 $x = 0$ 分别代入式(d)和式(e),则得 A 截面的转角和挠度

$$\theta_A = -\frac{ml}{EI} \qquad y_A = \frac{ml^2}{2EI}$$

求得的 θ_A 为负值,表示 A 截面的转角是逆时针转动的。

上面两个例题说明了用积分计算位移的一般步骤。下面通过这两个例题再讨论一下积分常数 C 和 D 的意义。

在例 22 – 1 中,求得的积分常数 C 和 D 都等于零,而左端坐标原点处梁截面的转角和挠度恰好也都等于零。在例 22 – 2 中,积分常数 $C = -\frac{ml}{EI}$,而左端坐标原点处梁截面的转角 θ_A 恰好也等于 $-\frac{ml}{EI}$;积分常数 $D = \frac{ml^2}{2EI}$,而坐标原点处的挠度 y_A 恰好也等于 $\frac{ml^2}{2EI}$。这种情况不是偶然的,而是反映了一个普遍的规律,即对挠曲线近似微分方程积分一次后,出现的**积分常数 C 就是坐标原点处梁截面的转角**;积分两次后,出现的**积分常数 D 就是坐标原点处梁截面的挠度**。

明确 C、D 的意义,将有助于对计算结果正确性的检查。

例 22 – 3 等截面简支梁如图 22 – 6 所示,q、l、EI 均为已知,试求 B 截面的转角和梁的最大挠度。

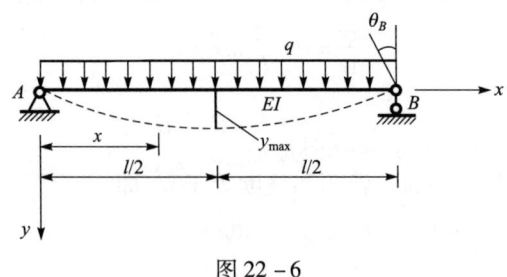

图 22 – 6

解 (1) 取图示之坐标系。

(2) 梁的弯矩方程和挠曲线近似微分方程分别为

$$M(x) = \frac{1}{2}qlx - \frac{1}{2}qx^2$$

$$\frac{d^2y}{dx^2} = -\frac{M(x)}{EI} = \frac{1}{EI}\left(\frac{1}{2}qx^2 - \frac{1}{2}qlx\right) \tag{a}$$

(3) 对式(a)积分一次和两次,分别得

$$\frac{dy}{dx} = \theta = \frac{1}{EI}\left(\frac{1}{6}qx^3 - \frac{1}{4}qlx^2\right) + C \tag{b}$$

$$y = \frac{1}{EI}\left(\frac{1}{24}qx^4 - \frac{1}{12}qlx^3\right) + Cx + D \tag{c}$$

(4) 梁的边界条件为

$$x = 0, \quad y_A = 0 \qquad ①$$
$$x = l, \quad y_B = 0 \qquad ②$$

将 $x = 0, y_A = 0$ 代入式(c),得

$$D = 0$$

将 $x = l, y_B = 0$ 代入(c)式(已知 $D = 0$),得

$$y_B = \frac{1}{EI}\left(\frac{1}{24}ql^4 - \frac{1}{12}ql^4\right) + Cl = 0$$

由此,得

$$C = \frac{ql^3}{24EI}$$

将求得的 C、D 值代入式(b)和式(c),经整理得下列转角方程和挠曲线方程

$$\theta = \frac{q}{24EI}(4x^3 - 6lx^2 + l^3) \tag{d}$$

$$y = \frac{q}{24EI}(x^4 - 2lx^3 + l^3 x) \tag{e}$$

(5) 将 $x = l$ 代入式(d),得 B 截面的转角

$$\theta_B = \frac{q}{24EI}(4l^3 - 6l^3 + l^3) = -\frac{ql^3}{24EI}$$

图 22-6 所示梁是对称的,梁的挠曲线为对称曲线,最大挠度发生在梁的跨中,将 $x = \frac{l}{2}$ 代入式(e),则得

$$y_{max} = \frac{q}{24EI}\left[\left(\frac{l}{2}\right)^4 - 2l\left(\frac{l}{2}\right)^3 + l^3 \cdot \frac{l}{2}\right] = \frac{5ql^4}{384EI}$$

例 22-4 承受集中力作用的等截面简支梁如图 22-7 所示,已知梁的抗弯刚度为 EI,试求 A 截面和 B 截面的转角及 C 截面的挠度。

解 此题不同于前面各例题的特点是:梁的弯矩方程需分两段(AC 段与 CB 段)列出,因而梁的挠曲线近似微分方程也需分两段列出并分段积分。这样,在积分过程中,将出现四个积分常数。确定这些积分常数时,除利用边界条件外,还需利用梁分段处的变形连续条件。

此题的解题主要步骤仍与上面各例相同。

(1) 选取如图所示的坐标系。

(2) 两段梁的弯矩方程和挠曲线近似微分方程分别为

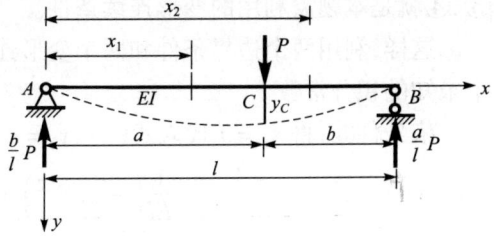

图 22-7

AC 段
$$\begin{cases} M(x_1) = \dfrac{b}{l}Px_1 \\ \dfrac{\mathrm{d}^2 y_1}{\mathrm{d}x_1^2} = -\dfrac{M(x_1)}{EI} = \dfrac{1}{EI}\left(-\dfrac{b}{l}Px_1\right) \end{cases} \qquad (a)$$

CB 段
$$\begin{cases} M(x_2) = \dfrac{b}{l}Px_2 - P(x_2 - a) \\ \dfrac{\mathrm{d}^2 y_2}{\mathrm{d}x_2^2} = -\dfrac{M(x_2)}{EI} = \dfrac{1}{EI}\left[-\dfrac{b}{l}Px_2 + P(x_2 - a)\right] \end{cases} \qquad (b)$$

（3）对式（a）和式（b）分别进行积分。

$$\begin{cases} \dfrac{\mathrm{d}y_1}{\mathrm{d}x_1} = \theta_1 = \dfrac{1}{EI}\left(-\dfrac{b}{2l}Px_1^2\right) + C_1 & (c) \\ y_1 = \dfrac{1}{EI}\left(-\dfrac{b}{6l}Px_1^3\right) + C_1 x_1 + D_1 & (d) \end{cases}$$

$$\begin{cases} \dfrac{\mathrm{d}y_2}{\mathrm{d}x_2} = \theta_2 = \dfrac{1}{EI}\left[-\dfrac{b}{2l}Px_2^2 + \dfrac{P}{2}(x_2 - a)^2\right] + C_2 & (e) \\ y_2 = \dfrac{1}{EI}\left[-\dfrac{b}{6l}Px_2^3 + \dfrac{P}{6}(x_2 - a)^3\right] + C_2 x_2 + D_2 & (f) \end{cases}$$

在对式（b）进行积分时，式中 $P(x_2 - a)$ 项不要展开，而以 $(x_2 - a)$ 作为自变量，这样将可使计算简化（将导致 $C_1 = C_2$、$D_1 = D_2$，参看下面）。

（4）确定积分常数。

在上面分段积分过程中，共出现四个未知的积分常数（C_1、D_1、C_2、D_2），对此题来说，梁的边界条件只有两个，即

$$x_1 = 0, \qquad y_1 = 0 \qquad ①$$
$$x_2 = l, \qquad y_2 = 0 \qquad ②$$

根据这两个条件只能列出两个方程，显然，两个方程不能确定四个未知量。因此，还要根据梁的变形连续条件再建立两个方程。

梁变形前是一连续的整体，梁变形后仍为一连续的整体，梁的任一截面只能有一个转角值和一个挠度值。两段分界处的 C 截面既属于 AC 段又属于 CB 段，从 AC 段算得的 C 截面的转角和挠度应该与从 CB 段算得的相等，即

$$x_1 = x_2 = a, \qquad \theta_1 = \theta_2 \qquad ③$$
$$x_1 = x_2 = a, \qquad y_1 = y_2 \qquad ④$$

③、④就是本题需利用的变形连续条件。

这样，利用两个边界条件和两个变形连续条件便可建立四个方程，通过这些方程就可求四个未知的积分常数。

依条件③，将 $x_1 = a$ 代入式（c）、$x_2 = a$ 代入式（e）并使之相等，得

$$\dfrac{1}{EI}\left(-\dfrac{b}{2l}Pa^2\right) + C_1 = \dfrac{1}{EI}\left(-\dfrac{b}{2l}Pa^2\right) + C_2$$

由此得

$$C_1 = C_2$$

依条件④,将 $x_1 = a$ 代入式(d)、$x_2 = a$ 代入式(f)并使之相等,得

$$\frac{1}{EI}\left(-\frac{b}{6l}Pa^3\right) + C_1 a + D_1 = \frac{1}{EI}\left(-\frac{b}{6l}Pa^3\right) + C_2 a + D_2$$

因已知 $C_1 = C_2$,由上式得

$$D_1 = D_2$$

依条件①,将 $x_1 = 0$、$y_1 = 0$ 代入式(d),得

$$D_1 = 0$$

依条件②,将 $x_2 = l$,$y_2 = 0$ 及 $D_1 = D_2 = 0$ 代入式(f),得

$$\frac{1}{EI}\left[-\frac{b}{6l}Pl^3 + \frac{P}{6}(l-a)^3\right] + C_2 l = 0$$

式中 $l - a = b$,经整理得

$$C_2 = \frac{Pb}{6EIl}(l^2 - b^2)$$

将求得的 $D_1 = D_2 = 0$ 和 $C_1 = C_2 = \frac{Pb}{6EIl}(l^2 - b^2)$ 代入(c)、(d)、(e)、(f)各式并经整理,则得下列两段梁的转角方程和挠曲线方程

AC 段:

$$\theta_1 = \frac{Pb}{6EIl}(l^2 - b^2 - 3x_1^2) \tag{g}$$

$$y_1 = \frac{Pb}{6EIl}(l^2 - b^2 - x_1^2)x_1 \tag{h}$$

CB 段:

$$\theta_2 = \frac{Pb}{6EIl}\left[l^2 - b^2 - 3x_2^2 + \frac{3l}{b}(x_2 - a)^2\right] \tag{i}$$

$$y_2 = \frac{Pb}{6EIl}\left[(l^2 - b^2)x_2 + \frac{l}{b}(x_2 - a)^3 - x_2^3\right] \tag{j}$$

(5) 将 $x_1 = 0$ 和 $x_2 = l$ 分别代入式(g)和式(i)并经整理,得 A、B 截面的转角分别为

$$\theta_A = \frac{Pab}{6EIl}(l + b)$$

$$\theta_B = -\frac{Pab}{6EIl}(l + a)$$

将 $x_1 = a$ 代入式(h),得 C 截面的挠度

$$y_C = \frac{Pab}{6EIl}(l^2 - a^2 - b^2)$$

(6) 讨论。

下面就此例题讨论一下如何求梁的最大挠度 $y_{\max}$ 和最大挠度所在位置的特点。

求 $y_{\max}$ 即数学上的求极值问题。本题当 $a > b$ 时,$y_{\max}$ 位于 AC 段,由

$$\frac{\mathrm{d}y_1}{\mathrm{d}x_1} = \theta_1 = 0$$

得

$$x_0 = \sqrt{\frac{l^2 - b^2}{3}} \tag{k}$$

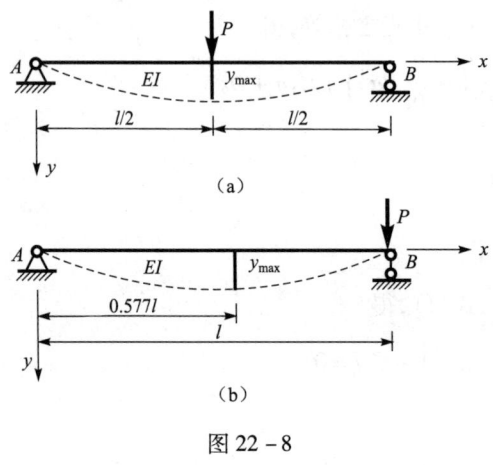

图 22-8

[见图 22-8(b)]。由此可见,集中力 P 的作用位置对最大挠度 y_{max} 位置的影响不大,不论 P 作用在哪里,最大挠度总是位于梁的跨中附近。因此,工程中,对一个集中力作用的简支梁,常以梁的跨中挠度代替梁的最大挠度。

将 x_0 值代入式(h),便可求得 y_{max} 值。

式(k)表示的 x_0 就是 y_{max} 所在的位置,由该式看到,随外力 P 作用位置的不同(即 b 不同),x_0 值也不同。当 $b = \dfrac{l}{2}$ 时(P 作用在梁的跨中时),由(k)式得 $x_0 = \dfrac{l}{2}$,此时 y_{max} 位于梁的跨中;当 b 减小(即 P 向右移动)时,x_0 值增大,即 y_{max} 所在位置向右移,当 P 无限靠近 B 支座时($b \to 0$),可得

$$x_0 = \sqrt{\dfrac{l^2}{3}} = 0.577\, l$$

22.4　叠加法计算梁的位移

用积分法求梁某一截面的位移,其计算过程较繁,特别是当梁上荷载较多需分段列梁的挠曲线近似微分方程时,确定积分常数的工作量很大,实用上不便。下面介绍一种求梁指定截面位移的较简便的方法——叠加法。

所谓叠加法,就是先分别计算梁在每项荷载单独作用下某截面产生的位移,然后再将这些位移代数相加,即得各项荷载共同作用下该截面的位移。由于梁在各种简单荷载作用下计算位移的公式均有表可查,因而用叠加法计算梁的位移就比较简便。例如,求图 22-9(a)所示的 q、P 共同作用下梁的 C 截面的挠度 y_C 时,可先分别计算 q 与 P 单独作用下[图 22-9(b)、(c)]C 截面的挠度 y_{C_1} 和 y_{C_2},然后再代数相加。由表 22-1 查得均布荷载 q 作用下梁的跨中挠度为

$$y_{C_1} = \dfrac{5ql^4}{384EI}$$

集中力 P 作用下梁的跨中挠度为

$$y_{C_2} = \dfrac{Pl^3}{48EI}$$

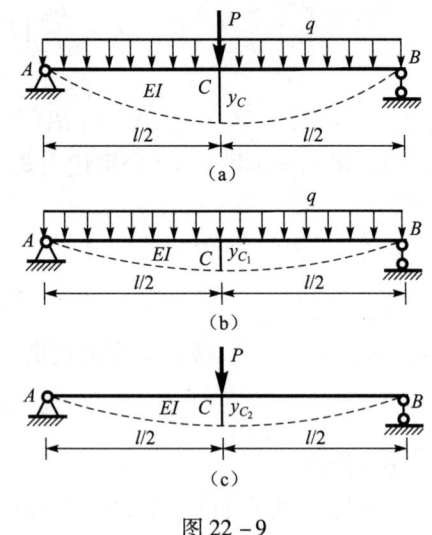

图 22-9

q、P 共同作用下 C 截面的挠度则为

$$y_C = y_{C_1} + y_{C_2} = \dfrac{5ql^4}{384EI} + \dfrac{Pl^3}{48EI}$$

用同样的办法,可求得 q、P 共同作用下 A 截面的转角,即

$$\theta_A = \theta_{A_1} + \theta_{A_2} = \frac{ql^3}{24EI} + \frac{Pl^2}{16EI}$$

用叠加法求位移是有一定条件的,这些条件是:梁在荷载作用下产生的变形是微小的;材料在线弹性范围内工作。此时梁的位移(转角和挠度)与荷载呈线性关系,梁上每个荷载引起的位移将不受其他荷载的影响。

用叠加法计算位移时,需利用图表中的公式。有时会出现欲求的位移从形式上看图表中没有可直接利用的公式,但一些情况下,经过分析和作某些处理后,仍可利用图表中的有关公式。下面举例说明。

例 22 – 5 一悬臂梁,梁的 AB 段上作用均布荷载[图 22 – 10(a)],梁的抗弯刚度为 EI,试用叠加法求自由端 C 截面的转角和挠度。

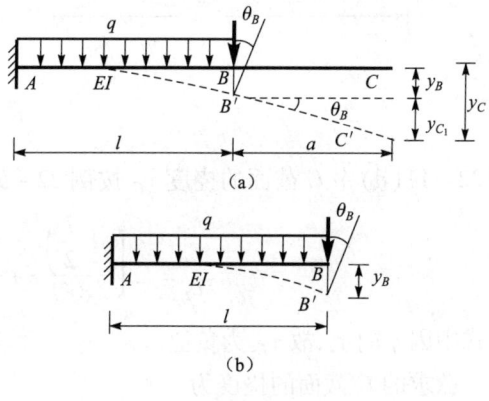

图 22 – 10

解 梁在荷载作用下的挠曲线如图 22 – 10 (a)中的虚线所示。由于 BC 段各截面上的弯矩都等于零,所以 BC 段不发生弯曲变形,即 BC 段变形后(B'C')仍为直线,因而 C、B 二截面的转角相同。B 截面的转角按图 22 – 10(b)所示简图来求,由表 22 – 1 查得为

$$\theta_B = \theta_C = \frac{ql^3}{6EI}$$

C 截面的挠度可视为由两部分组成:一部分为 B 截面的挠度 y_B[按图 22 – 10(b)求得];另一部分为 B 截面转动 θ_B 角而引起的 C 截面的位移 y_{C_1}(B'C'的所在位置,相当于 BC 段梁刚体般地向下平移 y_B,再绕 B 点转过 θ_B 角),由于 C 截面的位置处于固定端 A 及均布载荷的外边,分析 C 截面位移时可以采用叠加法进行,这种方法可称之为外叠加。当结构上承受多种载荷作用时,可以将单种载荷所引起结构的变形计算后进行叠加,使计算过程更简化。即

$$y_C = y_B + y_{C_1}$$

因梁的变形很微小, y_{C_1} 可用 $a \cdot \theta_B$ 来表示。由表 22 – 1 查得 $y_B = \frac{ql^4}{8EI}$,故 C 截面的挠度为

$$y_C = y_B + y_{C_1} = y_B + a \cdot \theta_B$$
$$= \frac{ql^4}{8EI} + a \cdot \frac{ql^3}{6EI} = \frac{ql^3}{24EI}(3l + 4a)$$

例 22 – 6 试用叠加法求图 22 – 11(a)所示梁 C 截面的挠度,已知梁的抗弯刚度为 EI。

解 表 22 – 1 中没有与图 22 – 11(a)情况对应的计算公式,但此题经过处理后,仍可利用表 22 – 1 中的有关公式通过叠加的办法来计算 C 截面的挠度。

将梁上的均布荷载延长到梁的左端,并在延长段上加等值反向的均布荷载[图 22 – 11(b)],这样处理并不改变原梁的受力和变形情况,也就是说,通过图 22 – 11(b)求得 C 截面的挠度与图 22 – 11(a)所示的相同。

图 22 – 11(b)的情况相当于图 22 – 11(c)和(d)两种情况的叠加。图 22 – 11(c)中 C 截面的挠度 y_{C_1} 由表 22 – 1 查得为

$$y_{C_1} = \frac{ql^4}{8EI}$$

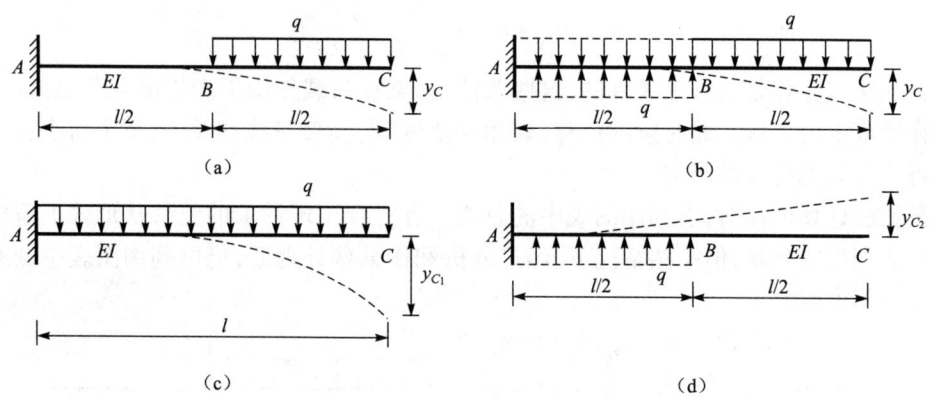

图 22-11

图 22-11(d)中 C 截面的挠度 y_{C_2} 按例 22-5 的方法来求,即

$$y_{C_2} = -\left[\frac{q\left(\frac{l}{2}\right)^4}{8EI} + \frac{l}{2} \cdot \frac{q\left(\frac{l}{2}\right)^3}{6EI}\right] = -\frac{7ql^4}{384EI}$$

上式中因 q 向上,故 y_{C_2} 为负值。

欲求的 C 截面的挠度为

$$y_C = y_{C_1} + y_{C_2} = \frac{ql^4}{8EI} - \frac{7ql^4}{384EI} = \frac{41ql^4}{384EI}$$

例 22-7 一外伸梁,受力如图 22-12(a)所示,已知梁的抗弯刚度为 EI,试用叠加法求 C 截面的挠度。如果需要计算 B 截面的挠度,考虑到 B 截面位于固定端 A 与均布载荷之间,属于内,则可以将外部的载荷根据力的平移定理,将力或力系平移至 B 处,然后再利用叠加原理进行 B 截面的位移计算。综合上述两种情况,这就是变形分析时的"外叠加、内平移"。

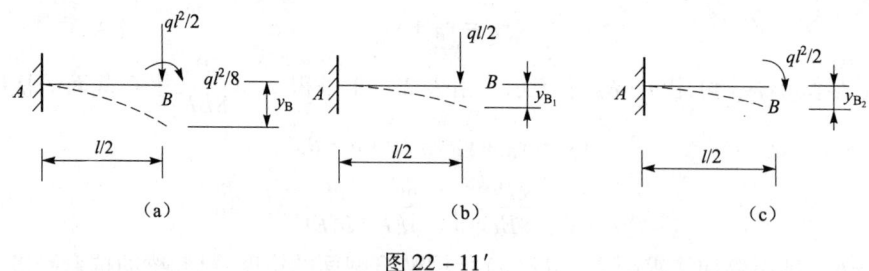

图 22-11′

图 22-11′(a)的情况相当于图 22-11′(b)和图 22-11′(c)两种情况的叠加,图 22-11′(b)中 B 截面的挠度 y_{B_1},由表 22-1 查得为:

$$y_{B_1} = \frac{ql^4}{48EI}$$

图 22-11′(c)中 B 截面的挠度 y_{B_2},由表 22-1 查得为:

$$y_{B_2} = \frac{ql^4}{64EI}$$

欲求的 B 截面的挠度为:

$$y_B = y_{B_1} + y_{B_2} = \frac{ql^4}{48EI} + \frac{ql^4}{64EI} = \frac{7ql^4}{192EI}$$

当然,如果求 B 截面的转角,方法也相同。当计算截面位移时该截面的位置在内部,采用内平移再叠加的方法,可以使计算过程简化。例 22-7 就是一个典型的例子。

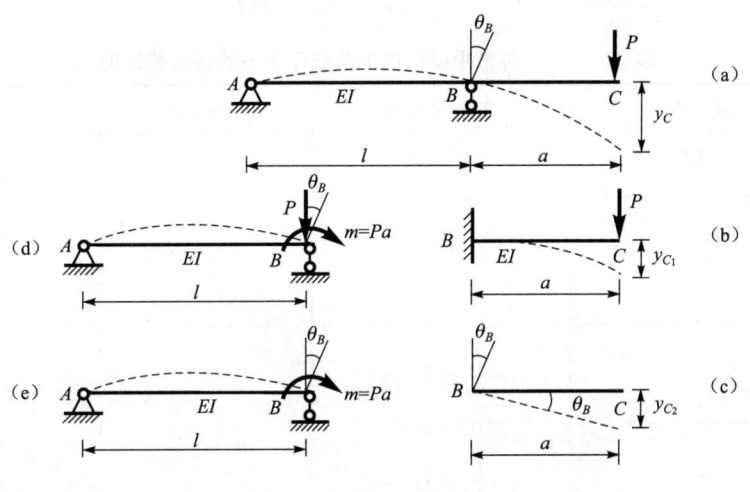

图 22-12

解 表 22-1 中虽然没有外伸梁的位移计算公式,但经过分析和处理后,此题仍可利用表 22-1 中的有关公式用叠加法求之。

外伸梁在 P 作用下的挠曲线如图 22-12(a)中的虚线所示,B 截面处的挠度等于零,但转角不等于零。在计算 C 截面的挠度时,可先将梁的 BC 段看成 B 端为固定端的悬臂梁[图 22-12(b)],此悬臂梁在 P 作用下 C 截面的挠度为 y_{C_1}。但外伸梁的 B 截面处并非固定不动,而要产生转角 θ_B,B 截面的转动对 BC 段梁的影响,相当于使 BC 段绕 B 点刚性转动,此时 C 截面的竖向位移用 y_{C_2} 表示[图 22-12(c)]。因 θ_B 很小,y_{C_2} 可用 $a\theta_B$ 表示。将图 22-12(b)中的 y_{C_1} 与图 22-12(c)中的 y_{C_2} 相叠加就是外伸梁 C 截面的挠度 y_C,得

$$y_C = y_{C_1} + y_{C_2} = y_{C_1} + a\theta_B$$

由表 22-1 查得

$$y_{C_1} = \frac{Pa^3}{3EI}$$

这样,如能求出 θ_B,便可求得 y_{C_2},从而进一步求得 y_C。

θ_B 是图 22-12(a)所示外伸梁在 P 作用下 B 截面的转角。求 θ_B 时,可用图 22-12(d)所示的等效力系,即将外力 P 平移到 B 点并附加一力矩 $m = Pa$,通过图 22-12(d)所示简图求出的 B 截面的转角,就是图 22-12(a)所示外伸梁 B 截面的转角。在图 22-12(d)中,集中力 P 作用在梁的支座上,它不引起梁的变形,仅 m 使梁变形。简支梁在 m 作用下 B 截面的转角[图 22-12(e)]从表 22-1 中查得为

$$\theta_B = \frac{ml}{3EI} = \frac{Pal}{3EI}$$

所以

$$y_{C_2} = a\theta_B = \frac{Pa^2 l}{3EI}$$

外伸梁 C 截面的挠度为

$$y_C = y_{C_1} + y_{C_2} = \frac{Pa^3}{3EI} + \frac{Pa^2 l}{3EI} = \frac{Pa^2}{3EI}(l+a)$$

表 22-1 几种常用梁在简单荷载作用下的转角和挠度

支承及荷载情况	挠曲线方程	梁端转角	最大挠度
悬臂梁,端部集中力 P,长 l	$y = \dfrac{Px^2}{6EI}(3l - x)$	$\theta_B = \dfrac{Pl^2}{2EI}$	$y_B = \dfrac{Pl^3}{3EI}$
悬臂梁,距固定端 a 处集中力 P	$y = \dfrac{Px^2}{6EI}(3a - x)$ $(0 \leq x \leq a)$ $y = \dfrac{Pa^2}{6EI}(3x - a)$ $(a \leq x \leq l)$	$\theta_B = \dfrac{Pa^2}{2EI}$	$y_B = \dfrac{Pa^2}{6EI}(3l - a)$
悬臂梁,均布荷载 q	$y = \dfrac{qx^2}{24EI}(x^2 + 6l^2 - 4lx)$	$\theta_B = \dfrac{ql^3}{6EI}$	$y_B = \dfrac{ql^4}{8EI}$
悬臂梁,端部力偶 m	$y = \dfrac{mx^2}{2EI}$	$\theta_B = \dfrac{ml}{EI}$	$y_B = \dfrac{ml^2}{2EI}$
简支梁,跨中集中力 P	$y = \dfrac{Px}{48EI}(3l^2 - 4x^2)$ $\left(0 \leq x \leq \dfrac{l}{2}\right)$	$\theta_A = -\theta_B = \dfrac{Pl^2}{16EI}$	$y_C = \dfrac{Pl^3}{48EI}$
简支梁,距端 a 处集中力 P	$y = \dfrac{Pbx}{6EIl}(l^2 - b^2 - x^2)$ $(0 \leq x \leq a)$ $y = \dfrac{Pb}{6EIl}\left[\dfrac{l}{b}(x-a)^3 + (l^2 - b^2)x - x^3\right]$ $(a \leq x \leq l)$	$\theta_A = \dfrac{Pab(l+b)}{6EIl}$ $\theta_B = -\dfrac{Pab(l+a)}{6EIl}$	在 $x = \sqrt{(l^2 - b^2)/3}$ 处, $y_{\max} = \dfrac{\sqrt{3}Pb}{27EIl}(l^2 - b^2)^{3/2}$

续表

支承及荷载情况	挠曲线方程	梁端转角	最大挠度
(简支梁受均布荷载 q，跨长 l)	$y = \dfrac{qx}{24EI}(l^3 - 2lx^2 + x^3)$	$\theta_A = -\theta_B = \dfrac{ql^3}{24EI}$	$y_{max} = \dfrac{5ql^4}{384EI}$
(简支梁 B 端受力偶 m)	$y = \dfrac{mx}{6EIl}(l^2 - x^2)$	$\theta_A = \dfrac{ml}{6EI}$ $\theta_B = -\dfrac{ml}{3EI}$	在 $x = l/\sqrt{3}$ 处， $y_{max} = \dfrac{ml^2}{9\sqrt{3}EI}$

22.5 梁的刚度条件

工程中的梁除满足强度要求外，还应满足刚度要求。所谓刚度要求就是控制梁的变形，使梁在荷载作用下产生的变形不致太大，否则将会影响工程的正常使用。例如，民用建筑中承受楼板荷载的楼板梁，当它变形过大时，下面的灰层就会开裂、脱落。尽管这时梁没有破坏但由于灰层的开裂、脱落，却影响了正常使用，显然，这是工程中所不允许的。因此在工程中，还需要对梁进行刚度校核。刚度校核是检查梁在荷载作用下产生的位移是否超过规定的允许值。在土建工程中，通常是以允许的挠度与梁跨长的比值 $\left[\dfrac{f}{l}\right]$ 作为校核的标准，即梁在荷载作用下产生的最大挠度 y_{max} 与跨长 l 的比值不能超过 $\left[\dfrac{f}{l}\right]$

$$\dfrac{y_{max}}{l} \leqslant \left[\dfrac{f}{l}\right] \tag{22-4}$$

该式即为梁的刚度条件。

$\left[\dfrac{f}{l}\right]$ 值随梁的工程用途而不同，在有关规范中均有具体规定。

强度条件和刚度条件都是梁必须满足的。在建筑工程中，强度条件一般起控制作用，在设计梁时，通常是由梁的强度条件选择梁的截面，然后再进行刚度校核。

在对梁进行刚度校核后，若梁的挠度过大不能满足刚度要求时，就要设法减小梁的挠度。以承受均布荷载的简支梁为例，梁跨中的最大挠度为

$$y_{max} = \dfrac{5ql^4}{384EI}$$

从式中看到，当荷载 q 和弹性模量 E 一定时，梁的最大挠度 y_{max} 决定于截面的惯性矩 I 和跨长 l。挠度与截面的惯性矩 I 成反比，I 值越大，梁产生的挠度越小，因此，采用惯性矩值比较大的工字形、槽形等形状的截面，不仅从强度角度看是合理的，从刚度角度看也是合理的。从上式

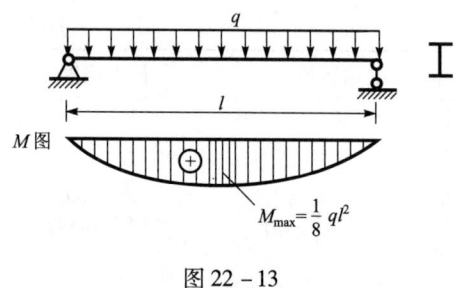

图 22-13

例 22-8 承受均布荷载的工字形钢梁如图 22-13 所示,已知 $l=5$ m, $q=8$ kN/m、钢材的容许应力 $[\sigma]=160$ MPa,弹性模量 $E=2\times10^5$ MPa, $\left[\dfrac{f}{l}\right]=\dfrac{1}{250}$,试选择工字钢的型号。

解 先由梁的正应力强度条件选择工字钢型号,然后,再按刚度条件校核梁的刚度。

依正应力强度条件,梁所需的抗弯截面模量为

$$W_z \geqslant \frac{M_{\max}}{[\sigma]} = \frac{\frac{1}{8}ql^2}{[\sigma]} = \frac{\frac{1}{8}\times 8\times 10^3\times 5^2}{160\times 10^6} = 0.156\times 10^{-3}\ \text{m}^3 = 156\ \text{cm}^3$$

可选 18 号工字钢,其 $W_z=185$ cm³, $I_z=1\,660$ cm⁴。

校核刚度。梁跨中最大挠度为

$$y_{\max} = \frac{5ql^4}{384EI} = \frac{5\times 8\times 10^3\times 5^4}{384\times 2\times 10^{11}\times 1\,660\times 10^{-8}} = 0.019\,6\ \text{m}$$

$$\frac{y_{\max}}{l} = \frac{0.019\,6}{5} = \frac{1}{255} < \left[\frac{f}{l}\right]$$

满足刚度条件。

22.6 超静定梁

22.6.1 超静定梁的概念

在第 19 章已经指出,仅用平衡方程求不出全部未知力的这类梁称为**超静定梁**。例如,在悬臂梁的自由端增加一个可动铰支座[图 22-14(a)],这时梁的约束反力共有四个,而对该梁只能列出三个独立的平衡方程。显然,三个方程求不出四个未知量,该梁即为超静定梁。又如,在简支梁的跨中再增加一个可动铰支座[图 22-14(b)],它也成为超静定梁。

图 22-14(a)中的支座 B 和图 22-14(b)中的支座 C,习惯上称为**多余约束**,相应的反力称为**多余约束反力**。多余约束的存在,是超静定梁在构造上区别于静定梁的特点。将超静定梁的多余约束去掉后,就成为静定梁。由于多余约束对梁的变形起阻止作用,所以在相同荷载作用下,超静定梁的变形和内力一般都比静定梁的小。

与拉压超静定问题一样,超静定梁也存在超静定的次数问题。在超静定梁中,未知约束反力的数目与可列出的独立平衡方程数目之差,即为梁的超静定次数。图 22-14(a)和(b)所示梁均为一次超静定,图 22-14(c)所示梁则为二次超静定。超静定的次数与多余约束反力的数目相同,有几个多余约束反力即为几次超静定。

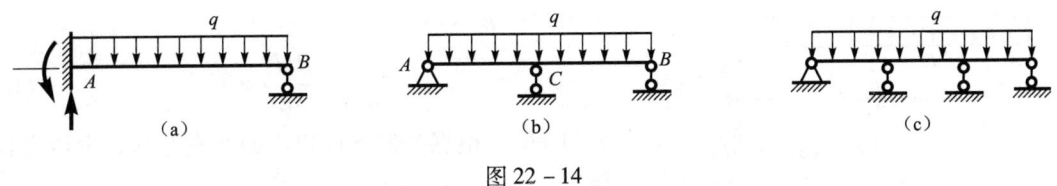

图 22 – 14

22.6.2 超静定梁的解法

求解超静定梁,首先设法将超静定梁变为静定梁,当超静定梁变为静定梁后,其内力、应力、位移等便均可按前面各章的方法进行计算。下面结合图 22 – 15(a)所示的超静定梁来说明其具体解法。

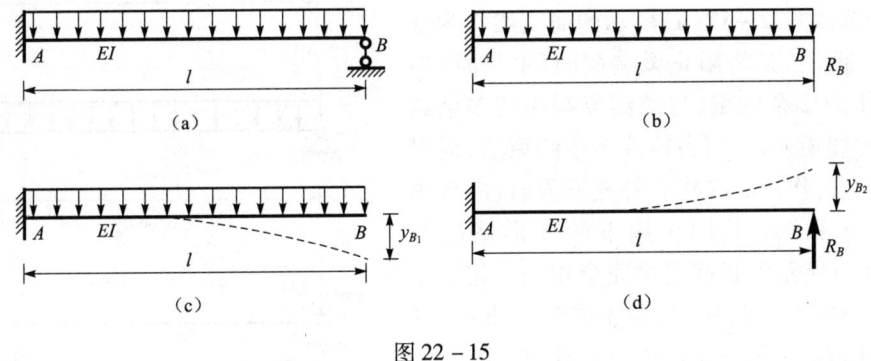

图 22 – 15

解超静定梁按下列步骤进行:

(1)确定超静定的次数。图 22 – 15(a)所示梁为一次超静定。

(2)选择基本静定梁。将有关的多余约束去掉,其作用由约束反力来代替,这样,超静定梁就转变成了静定梁,如此得到的静定梁称为**基本静定梁**。

这里,以图 22 – 15(b)所示的悬臂梁作为基本静定梁,即视支座 B 为多余约束并将其去掉,其作用以多余约束反力 R_B 来代替。这样,图 22 – 15(a)所示的超静定梁就变成了在 q 和 R_B 共同作用下的悬臂梁[图 22 – 15(b)]。

(3)建立补充方程求解多余约束反力。补充方程是根据梁的变形情况来建立。基本静定梁在荷载和多余约束反力的共同作用下,其变形情况应与原超静定梁的变形情况完全相同。图 22 – 15(a)所示的超静定梁在荷载作用下 B 处的挠度为零,所以,基本静定梁在 q 和 R_B 的共同作用下,B 截面的挠度也应为零,即

$$y_B = y_{B_1} + y_{B_2} = 0 \tag{a}$$

式(a)中,y_{B_1} 为悬臂梁在 q 作用下 B 截面的挠度[图 22 – 15(c)],其值为

$$y_{B_1} = \frac{ql^4}{8EI}$$

y_{B_2} 为悬梁臂在 R_B 作用下 B 截面的挠度[图 22 – 15(d)],其值为

$$y_{B_2} = -\frac{R_B l^3}{3EI}$$

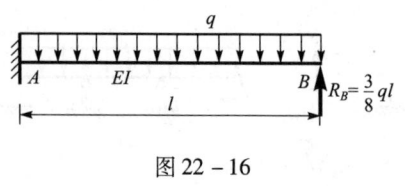

图 22 – 16

将 y_{B_1} 和 y_{B_2} 代入式(a),得

$$\frac{ql^4}{8EI} - \frac{R_B l^3}{3EI} = 0 \quad (b)$$

式(b)即为根据变形条件建立的补充方程。由该方程解得

$$R_B = \frac{3}{8}ql$$

求出 R_B 后,图 22 – 15(a)所示的超静定梁就变为图 22 – 16 所示的静定梁。

这里需要指出:与超静定梁对应的基本静定梁不是唯一的,在选取基本静定梁时,可选取不同形式的静定梁。例如,对图 22 – 15(a)所示的超静定梁,也可选取图 22 – 17(a)所示的简支梁作为基本静定梁。此时,是将阻止梁端截面(A 截面)转动的约束作为多余约束,与该约束对应的多余约束反力为力偶矩 m_A。当去掉该多余约束后,应以 m_A 来代替它的作用。在建立补充方程时,应考虑简支梁在 q 和 m_A 共同作用下的变形情况与图 22 – 15(a)所示的超静定梁完全相同。超静定梁 A 截面的转角为零,所以,简支梁在 q 和 m_A 共同作用下 A 截面的转角也应该等于零,即

$$\theta_A = \theta_{A_1} + \theta_{A_2} = 0 \quad (c)$$

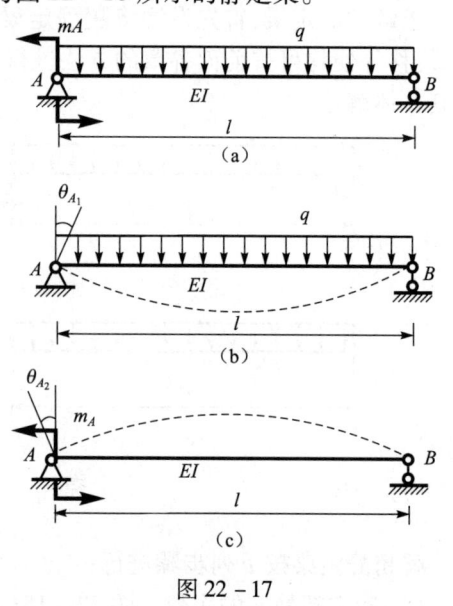

图 22 – 17

θ_{A_1} 和 θ_{A_2} 分别为 q 和 m_A 单独作用下简支梁 A 截面的转角[图 22 – 17(b)和(c)],其值分别为

$$\theta_{A_1} = \frac{ql^3}{24EI}$$

$$\theta_{A_2} = -\frac{m_A l}{3EI}$$

将 θ_{A_1} 和 θ_{A_2} 值代入式(c),得补充方程

$$\frac{ql^3}{24EI} - \frac{m_A l}{3EI} = 0$$

从而解得

$$m_A = \frac{1}{8}ql^2$$

例 22 – 9 图 22 – 18(a)所示为水平放置的两个悬臂梁,二梁在自由端叠落在一起,梁的长度及荷载如图中所示,已知两梁的抗弯刚度均为 EI,试分别画出二梁的弯矩图。

解 画两梁的弯矩图需首先求出每个梁承受的荷载。两梁在自由端相搭,对 AB 梁来说,下边的 CD 梁在 C 点处起承托作用,即有向上的作用力 R。AB 梁和 CD 梁的受力如图 22 – 18(b)和(c)所示,当求出 R 后,便可画出两梁的弯矩图。

(1) 从图 22 – 18(b)和(c)的受力情况可知,此问题为一次超静定。

(2) 图 22 – 18(b)和(c)所示的就是选取的基本静定梁。

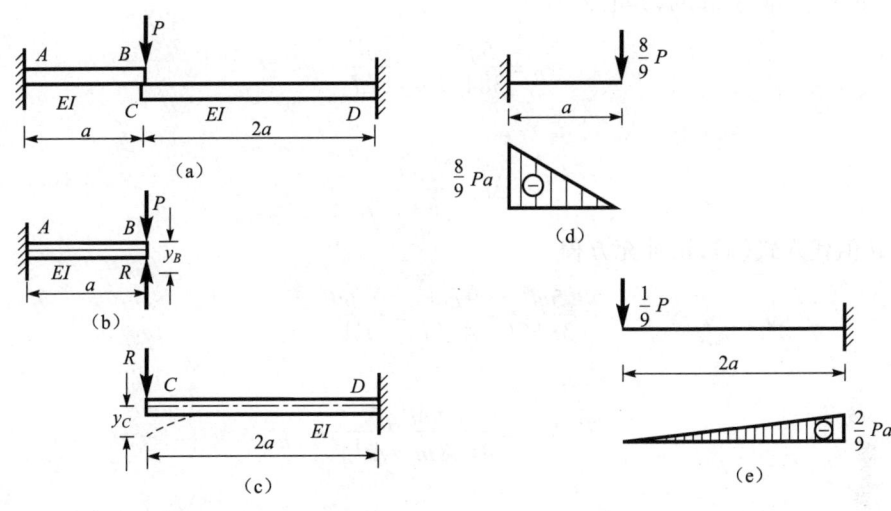

图 22-18

(3) 二梁在自由端处的挠度相等,即

$$y_B = y_C \qquad (a)$$

y_B 为 AB 梁在 P 和 R 共同作用下 B 截面的挠度,其值为

$$y_B = \frac{(P-R)a^3}{3EI}$$

y_C 为 CD 梁在 R 作用下 C 截面的挠度,其值为

$$y_C = \frac{R(2a)^3}{3EI}$$

将 y_B 和 y_C 值代入式(a),得下列补充方程

$$\frac{(P-R)a^3}{3EI} = \frac{R(2a)^3}{3EI}$$

从而解得

$$R = \frac{1}{9}P$$

二梁的受力图和弯矩图分别如图 22-18(d) 和 (e)所示。

例 22-10 在图 22-19(a)所示的受力结构中,AB 梁的抗弯刚度为 EI,CD 杆的抗拉刚度为 EA,试求 CD 杆的轴力。

解 (1) 在 q 作用下,CD 杆受拉,AB 梁受弯,此结构为一次超静定。

(2) 去掉 CD 杆,以简支梁 AB 作为基本静定梁。CD 杆对 AB 梁的作用以内力 N_{CD} 来代替,AB 梁的受力如图 22-19(b)所示。

(3) AB 梁跨中的挠度应等于 CD 杆的伸长,即

$$y_D = \Delta l \qquad (a)$$

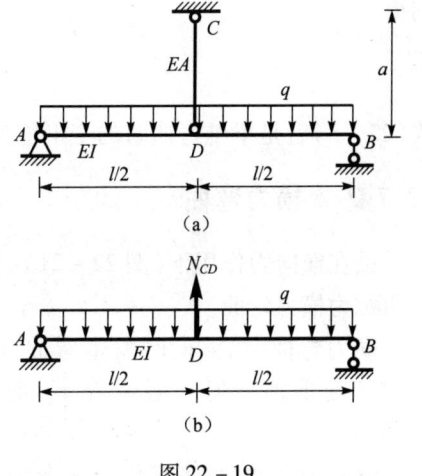

图 22-19

y_D 是由 q 和 N_{CD} 共同引起的,其值为

$$y_D = \frac{5ql^4}{384EI} - \frac{N_{CD}l^3}{48EI}$$

Δl 值为

$$\Delta l = \frac{N_{CD}a}{EA}$$

将 y_D 和 Δl 值代入式(a),得补充方程

$$\frac{5ql^4}{384EI} - \frac{N_{CD}l^3}{48EI} = \frac{N_{CD}a}{EA}$$

从而解得

$$N_{CD} = \frac{5Al^4q}{8(48Ia + Al^3)}$$

22.7　梁弯曲时的变形能

梁弯曲时的变形能仍可通过外力做功来计算。

22.7.1　纯弯曲

图 22-20 所示梁为纯弯曲。在弹性阶段,外力偶与相应的角位移呈线性关系。图 22-20 中,m 在角位移 $\frac{\theta}{2}$ 上做的功为

$$W = 2\left(\frac{1}{2}m \cdot \frac{\theta}{2}\right) = \frac{1}{2}m\theta$$

在纯弯曲情况下,$m = M$,$\theta = \frac{1}{\rho} = \frac{M}{EI} \cdot l$,将它们代入

$$U = W = \frac{1}{2}m\theta$$

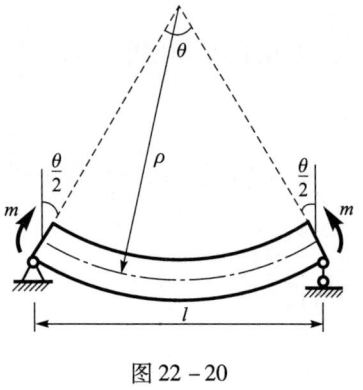

图 22-20

则得

$$U = \frac{M^2 l}{2EI} \tag{22-5}$$

式(22-5)就是梁纯弯曲时的变形能计算公式。

22.7.2　横力弯曲

梁在横向力作用下(图 22-21),其横截面上一般都同时存在弯矩和剪力,前面已知,此类弯曲称为横力弯曲。

横力弯曲时,梁同时发生弯曲变形与剪切变形,因而梁内的变形能包括弯曲变形能与剪切变形能。但一般情况下,剪切变形能值很小,通常多忽略不计,只计算弯曲变形能。

梁横力弯曲时,各截面上的弯矩为变量 $M(x)$,应先列出微段梁内的弯曲变形能表达式

（相当于长为 dx 的纯弯曲梁），然后再积分，即

$$dU = \frac{M^2(x)dx}{2EI}$$

$$U = \int_l \frac{M^2(x)}{2EI}dx \quad (22-6)$$

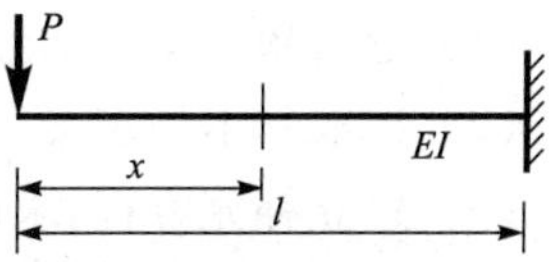

图 22-21

式(22-6)即为梁横力弯曲时的变形能计算公式。

从式(22-5)和式(22-6)看到，弯曲变形能仍是内力(M)的二次函数。

例 22-11 试求图 22-21 所示梁内的弯曲变形能。

解 该梁为横力弯曲，依式(22-6)梁内的弯曲变形能为

$$U = \int_l \frac{M^2(x)}{2EI}dx = \int_0^l \frac{(-Px)^2}{2EI}dx = \frac{P^2 l^3}{6EI}$$

由此例看到，梁内的弯曲变形能与外力 P 的平方成正比，当 P 增加 1 倍为 $2P$ 时，梁内的变形能将为原来的 4 倍。

小 结

1. 本章为第二篇中重点章之一。本章包括两部分主要内容，即梁弯曲时的位移计算和解简单的超静定梁。位移计算部分介绍了两种计算位移的方法——积分法和叠加法。

2. 积分法是计算位移的基本方法，该方法可求出梁的挠曲线方程和转角方程，因而可求出梁的任一横截面的位移。用该法求位移的步骤为：

（1）选取坐标系。

（2）列梁的弯矩方程和挠曲线近似微分方程。

（3）对近似微分方程积分。

（4）利用梁的边界条件和变形连续条件确定积分常数。

（5）计算有关截面位移。

用积分法计算位移应注意：

① 在 y 坐标的正方向取向下时，挠曲线近似微分方程为

$$\frac{d^2 y}{dx^2} = -\frac{M(x)}{EI}$$

解题时，不要漏掉式中的负号。

② 正确运用边界条件和变形连续条件。应正确理解：列弯矩方程和挠曲线近似微分方程不需分段时，积分常数只有两个，利用边界条件就可确定这些常数；需分段时，必须同时利用边界条件和变形连续条件。

3. 叠加法是利用图表中的位移公式通过叠加的办法来计算位移。由于是利用表中的现成公式，因而用该方法计算梁某些特定截面的位移时，远比积分法简便。

叠加法的适用条件是：梁在荷载作用下的变形是微小的；材料在线弹性范围内工作。

用叠加法计算位移时，常需对梁进行某些力的等效分析和某些处理后，才能使用表中的公式，对这类问题应理解和掌握。

4. 仅用平衡方程求不出全部未知力的这类梁称为超静定梁。求解超静定梁时，首先将超静定梁转换为静定梁，其具体步骤为：

（1）分析超静定的次数。
（2）选取基本静定梁。
（3）建立补充方程,求解多余约束反力。

在选取基本静定梁时应注意:与超静定梁对应的基本静定梁不是唯一的,选取时,应以简便为准。

思考题

22-1 用积分法求图22-22所示梁某截面的位移时,可否用下列条件来确定积分过程中出现的积分常数?

$$x = 0, \quad y_A = 0 \qquad ①$$
$$x = \frac{l}{2}, \quad \theta_C = 0 \qquad ②$$

22-2 用积分法求图22-23所示梁某截面的位移,在列梁的弯矩方程和挠曲线近似微分方程时,是否需要分段?

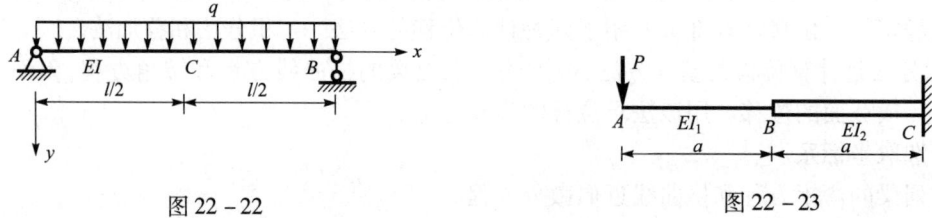

图 22-22　　　　　　　　　图 22-23

22-3 用叠加法求图22-24(a)和图22-25(a)中B截面的位移时,可否分别按图22-24(b)和图22-25(b)的简图来求?

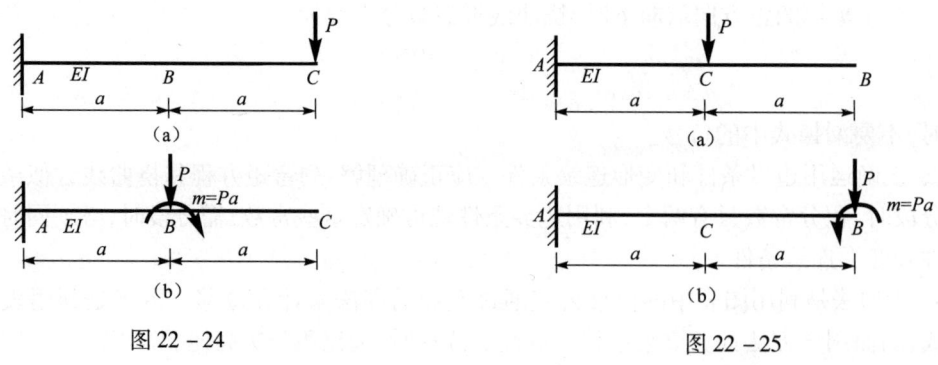

图 22-24　　　　　　　　　图 22-25

22-4 求图22-26(a)所示超静定结构中BC杆的内力N_{BC}时,按下列方法算得的结果是否正确? 若不正确,其错在何处?

依 $y_B = \Delta l_{BC}$,即

$$\frac{ql^4}{8EI} = \frac{N_{BC} \cdot a}{EA}$$

解得

$$N_{BC} = \frac{ql^4 A}{8aI}$$

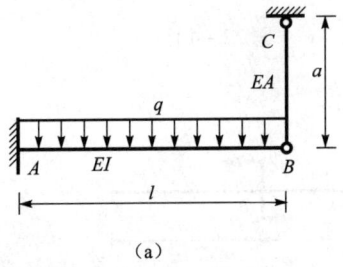
(a)

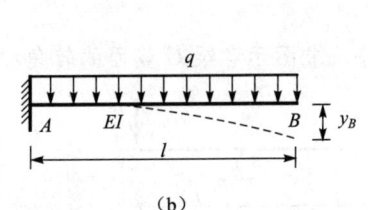
(b)

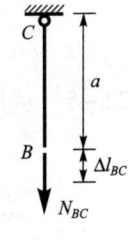
(c)

图 22-26

22-5 计算图 22-27(a)所示梁中的变形能 U 时,按如下计算:分别算出 P 和 q 单独作用下梁内的变形能 U_1[图 22-27(b)]和 U_2[图 22-27(c)],P、q 共同作用下的变形能为

$$U = U_1 + U_2$$

问:此种算法是否正确?为什么?

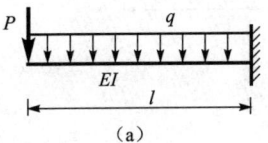
(a)

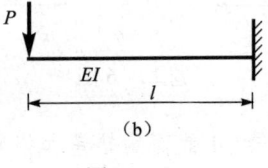
(b)

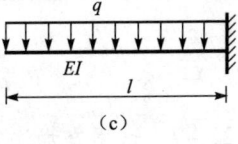
(c)

图 22-27

习 题

22-1 试用积分法求图示悬臂梁自由端截面的转角和挠度。

22-2 试用积分法求图示简支梁 B 截面的转角和 C 截面的挠度。

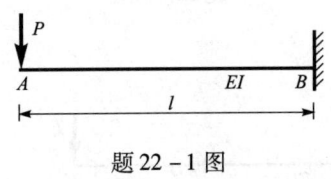

题 22-1 图

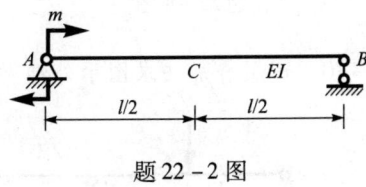

题 22-2 图

22-3 图示中,$P = ql$,试用积分法求 A 截面的转角和挠度。

22-4 图示结构中,横梁 AB 的抗弯刚度为 EI,竖杆 BC 的抗拉刚度为 EA,当用积分法计算横梁的位移时,试写出梁的边界条件。

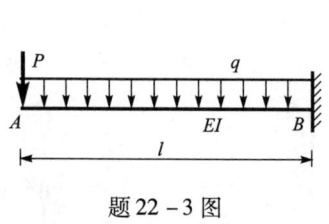
题 22-3 图

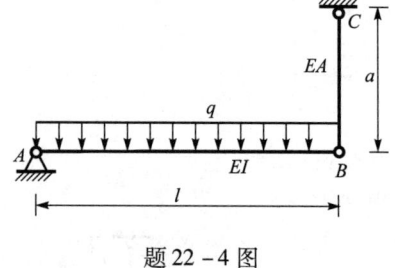
题 22-4 图

22-5 试用积分法求图示各梁 C 截面的转角和挠度。

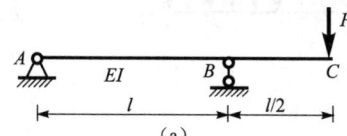
(a)

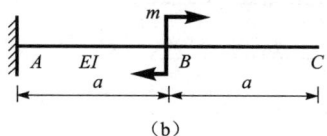
(b)

题 22-5 图

22-6 试写出下列各梁的边界条件和变形连续条件。

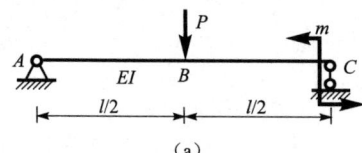
(a)

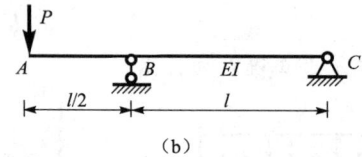
(b)

题 22-6 图

22-7 试用叠加法求题 22-3 中 A 截面的转角和挠度。

22-8 试用叠加法求图示梁 C 截面的转角和挠度。

22-9 试用叠加法求图示梁 B 截面的转角和挠度。

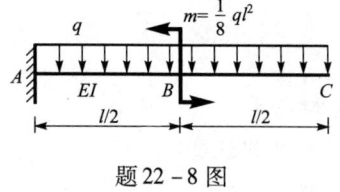
题 22-8 图

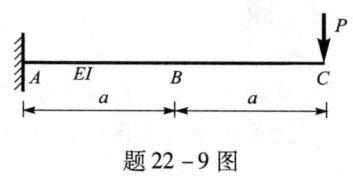
题 22-9 图

22-10 试用叠加法求图示外伸梁 C 截面的挠度。

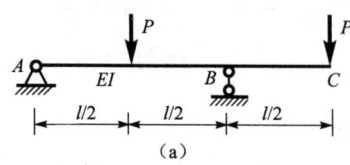
(a)

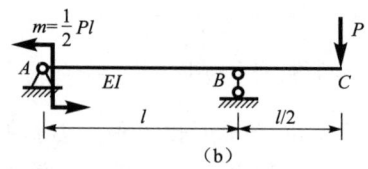
(b)

题 22-10 图

22-11 试用叠加法求图示简支梁 B 截面的挠度。

22-12 工字形钢梁受力如图所示,已知 $l = 4$ m,$P = 14$ kN,钢材容许应力 $[\sigma] =$

160 MPa，弹性模量 $E = 2 \times 10^5$ MPa，$\left[\dfrac{f}{l}\right] = \dfrac{1}{250}$，试选择工字钢的型号。

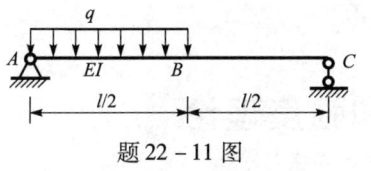
题 22-11 图

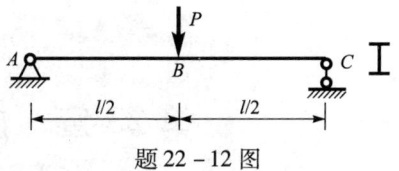
题 22-12 图

22-13 指出下列梁中哪些为超静定梁，并指出超静定的次数。

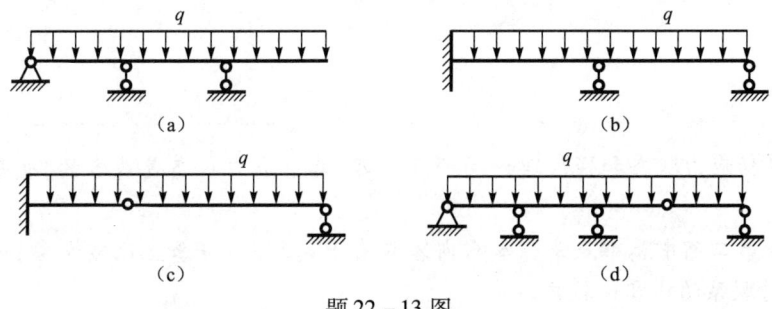
题 22-13 图

22-14 试画出图示超静定梁的剪力图和弯矩图。

22-15 图示结构中，横梁的抗弯刚度为 EI，竖杆的抗拉刚度为 EA，试求竖杆 AD 的轴力。

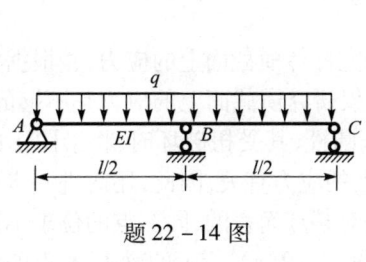
题 22-14 图

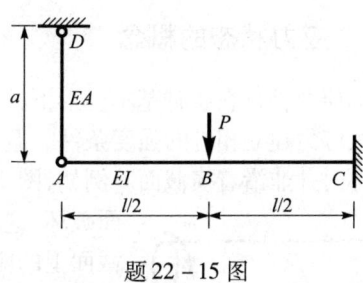
题 22-15 图

22-16 三个水平放置的悬臂梁如图所示，其自由端自由叠落在一起。(1) 分析各梁的受力并画出各梁的受力图；(2) 分析该结构的超静定次数。

22-17 试求图示超静定梁 B 截面的挠度。

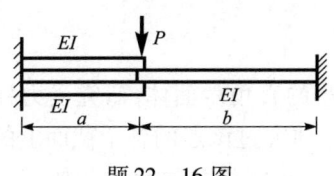
题 22-16 图

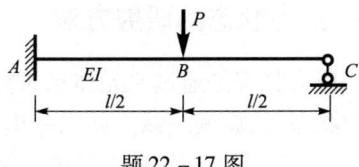
题 22-17 图

第 23 章　应力状态和强度理论

导言

- 本章包括应力状态和强度理论两部分内容,其中应力状态是基本的,也是学习强度理论的基础。
- 本章在第二篇中属难点章。本章内容具有下列特点:概念上比较抽象;理论上概括性比较强;应用时联系的内容比较广。
- 本章所研究的内容与前面研究过的杆件基本变形的内容有着密切的联系。

23.1　应力状态的概念

23.1.1　应力状态的概念

前面研究杆件在各种基本变形下的应力时,主要是研究杆件横截面上的应力,并根据横截面上的最大应力建立相应的强度条件。但对某些杆件来说,仅研究横截面上的应力是不够的,有些杆件破坏时并非沿着横截面。例如,图 23-1 所示的铸铁圆杆,其受扭破坏时,将沿图示的斜截面破坏,这就必然与斜截面上的应力有关,因此,还需进一步研究斜截面上的应力。应力通常是对某点而言的,同一点的位于不同截面上的应力是不同的。例如,图 23-2(a) 所示的梁中,K 点的应力随截面 a—a、b—b、c—c 等的不同,正应力(σ'_K、σ''_K、σ'''_K 等)和剪应力(τ'_K、τ''_K、τ'''_K 等)的大小和方向都是不同的[见图 23-2(b)、(c)、(d)]。本章研究的应力状态就是研究一点处的位于各个截面上的应力情况及其变化规律。

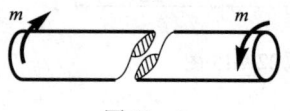

图 23-1

23.1.2　应力状态的研究方法

点的应力状态是通过单元体来研究的。单元体是微小的直角六面体,研究受力杆件中某点的应力状态时,就围绕该点截取一单元体,通过单元体来研究过该点的各个截面上的应力及其规律。下面结合轴向拉伸、扭转、弯曲等基本变形,说明如何截取单元体及如何表述单元体各面上的应力情况。

1. 轴向拉伸

截取单元体时,令其左、右侧面位于杆件的横截面上。杆件轴向受拉时,横截面上只产生拉应力,故任一点处单元体上的应力情况如图 23-3(b)所示。

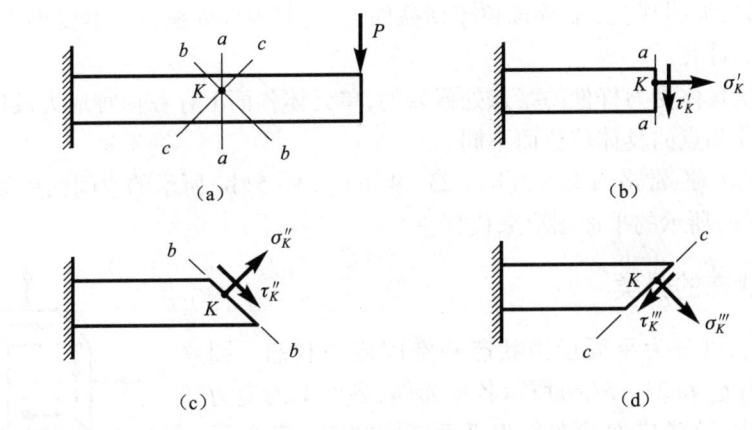

图 23-2

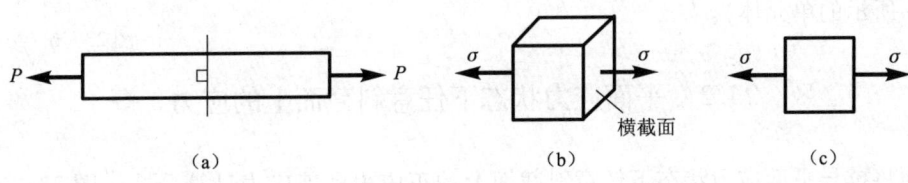

图 23-3

2. 扭转

截取单元体时,仍令其左、右侧面位于杆件的横截面上。圆杆受扭时,横截面上只产生剪应力,根据剪应力互等定理可知,单元体除左、右侧面上存在剪应力外,上、下面上也存在剪应力,故任一点处单元体上的应力情况如图 23-4(b)所示。

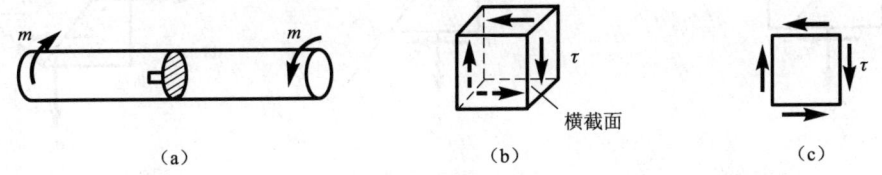

图 23-4

3. 弯曲

受弯杆件的横截面上,既存在正应力又存在剪应力。例如,图 23-5(a)所示梁 n—n 截面 K 点处,同时存在拉应力和剪应力,该点处单元体上的应力情况则如图 23-5(b)所示。因单元体很微小,其左、右侧面上的正应力 σ 认为相等。

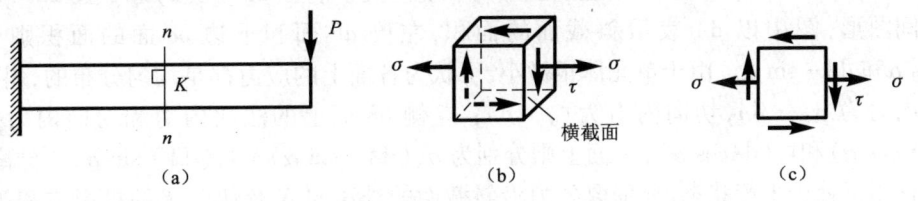

图 23-5

截取单元体时,强调其左、右侧面位于横截面上,是因为杆件在各基本变形下横截面上的应力可用已知公式计算。

单元体都是从具体受力杆件的某点处截取的,单元体各面上存在何种应力及应力方向,将随杆件的受力情况和点的具体位置而不同。

为了研究上的方便,常将图23-3(b)、23-4(b)、23-5(b)所示的空间图用图23-3(c)、23-4(c)、23-5(c)所示的平面图形来代替。

23.1.3 应力状态的分类

点的应力状态可分为**平面应力状态**和**空间应力状态**。图23-3(c)、23-4(c)和23-5(c)所示各单元体,各面上的应力均位于同一平面内,这类应力状态称为平面应力状态。若单元体各面上的应力不位于同一平面内,则称为空间应力状态(例如图23-6所示的单元体)。

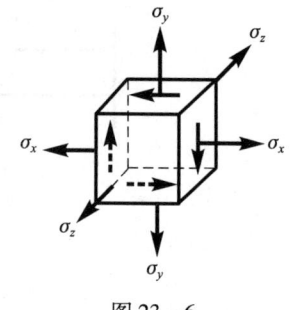

图23-6

23.2 平面应力状态下任意斜截面上的应力

下面将推导平面应力状态下任意斜截面上的正应力和剪应力计算公式。图23-7(a)所示单元体代表平面应力状态的一般情况,下面从这种一般情况来推导公式。

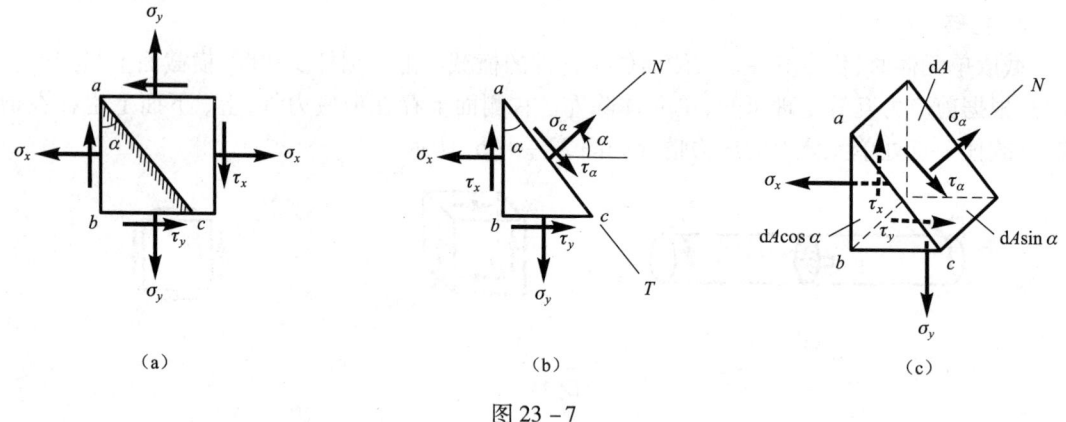

图23-7

推导公式的思路是:将单元体沿垂直于纸面的任意斜截面截开,暴露出斜截面上的应力,考虑保留部分平衡,通过平衡方程求出斜截面上的应力。

将图23-7(a)所示单元体沿任意斜截面 ac 截开,保留 abc 部分。abc 各面上的应力如图23-7(b)中所示,σ_α 和 τ_α 为 ac 面上的正应力和剪应力。将图23-7(b)画成图23-7(c)所示的空间图形,图中以 dA 表示斜截面的面积,左侧 ab 面和下边 bc 面的面积则分别为 $dA \cdot \cos\alpha$ 和 $dA \cdot \sin\alpha$。由于单元体很微小,可认为各面上的应力都是均匀分布的,斜截面上的法向内力为 $\sigma_\alpha \cdot dA$,切向内力为 $\tau_\alpha \cdot dA$;左侧 ab 面上的法向内力和切向内力分别为 $\sigma_x(dA \cdot \cos\alpha)$ 和 $\tau_x(dA\cos\alpha)$;bc 面上则分别为 $\sigma_y(dA \cdot \sin\alpha)$ 和 $\tau_y(dA \cdot \sin\alpha)$。分离体 abc 在各力作用下处于平衡状态,分别取各力沿斜截面的外法向 N 及切向 T 的投影之和等于零,可写出下列的平衡方程

$\sum N = 0$：

$$\sigma_\alpha dA - \sigma_x(dA \cdot \cos\alpha) \cdot \cos\alpha - \sigma_y(dA \cdot \sin\alpha) \cdot \sin\alpha +$$
$$\tau_x(dA \cdot \cos\alpha) \cdot \sin\alpha + \tau_y(dA \cdot \sin\alpha) \cdot \cos\alpha = 0 \qquad (a)$$

$\sum T = 0$：

$$\tau_\alpha dA - \sigma_x(dA \cdot \cos\alpha) \cdot \sin\alpha + \sigma_y(dA \cdot \sin\alpha) \cdot \cos\alpha -$$
$$\tau_x(dA \cdot \cos\alpha) \cdot \cos\alpha + \tau_y(dA \cdot \sin\alpha) \cdot \sin\alpha = 0 \qquad (b)$$

式中：$\tau_y = \tau_x$（依剪应力互等定理），由此得

$$\sigma_\alpha = \sigma_x \cdot \cos^2\alpha + \sigma_y \cdot \sin^2\alpha - 2\tau_y \cdot \sin\alpha \cdot \cos\alpha \qquad (c)$$

$$\tau_\alpha = (\sigma_x - \sigma_y)\sin\alpha \cdot \cos\alpha + \tau_x(\cos^2\alpha - \sin^2\alpha) \qquad (d)$$

将三角关系式

$$\cos^2\alpha = \frac{1+\cos 2\alpha}{2} \qquad \sin^2\alpha = \frac{1-\cos 2\alpha}{2}$$

$$2\sin\alpha \cdot \cos\alpha = \sin 2\alpha$$

代入式(c)和式(d)，经整理后则得

$$\sigma_\alpha = \frac{\sigma_x + \sigma_y}{2} + \frac{\sigma_x - \sigma_y}{2} \cdot \cos 2\alpha - \tau_x \sin 2\alpha \qquad (23-1)$$

$$\tau_\alpha = \frac{\sigma_x - \sigma_y}{2} \cdot \sin 2\alpha + \tau_x \cdot \cos 2\alpha \qquad (23-2)$$

式(23-1)和式(23-2)就是平面应力状态下任意斜截面上的正应力和剪应力计算公式。

由公式(23-1)和(23-2)看到，当 σ_x、σ_y 和 τ_x 已知时，σ_α 和 τ_α 将随 α 的不同而不同，即随斜截面方位的不同，截面上的应力也不同。这里需强调的是：不同 α 的各斜截面都是与纸面相垂直的截面。

公式(23-1)和(23-2)是从图 23-7(a)所示的平面应力状态的一般情况导出的，它适用于所有平面应力状态。

公式中的 σ_x、σ_y、τ_x 及 α 均为代数量，凡与推导公式时[图 23-7(a)]的方向一致者为正，反之为负，即

(1) σ_x、σ_y：拉应力为正，压应力为负。

(2) τ_x：单元体左、右两侧面上的剪应力对单元体内任一点的矩按顺时针转者为正，反之为负。

(3) α：以斜截面的外法线 N 与 x 轴的夹角为准，当由 x 轴转向外法线 N 为逆时针时为正，反之为负。

按上述正负号规则算得 σ_α 为正时，表示该截面上的正应力为拉应力，得负为压应力。算得 τ_α 为正时，表示 τ_α 对所在的分离体内任一点按顺时针方向转，得负则为逆时针方向转。

例 23-1 某单元体上的应力情况如图 23-8(a)所示，试求 ab 面上的正应力和剪应力。

解 此例中，$\sigma_x = 80 \text{ MPa}$，$\sigma_y = -40 \text{ MPa}$，$\tau_x = -20 \text{ MPa}$，$\alpha = 30°$，$ab$ 面上的正应力和剪应力分别为

$$\sigma_\alpha = \frac{\sigma_x + \sigma_y}{2} + \frac{\sigma_x - \sigma_y}{2}\cos 2\alpha - \tau_x \sin 2\alpha$$

$$= \frac{80-40}{2} + \frac{80+40}{2}\cos 60° + 20\sin 60° = 67.3 \text{ MPa}$$

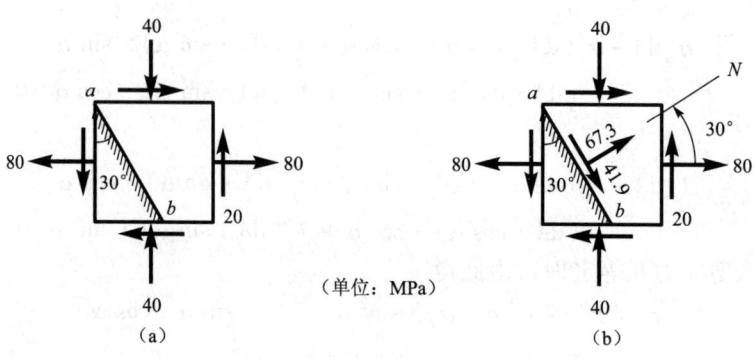

（单位：MPa）

图 23-8

$$\tau_\alpha = \frac{\sigma_x - \sigma_y}{2}\sin 2\alpha + \tau_x \cos 2\alpha$$

$$= \frac{80+40}{2}\sin 60° - 20\cos 60° = 41.9 \text{ MPa}$$

求得 ab 面上的正应力和剪应力均为正值，其方向如图 23-8(b) 中所示。

例 23-2 某单元体上的应力情况如图 23-9(a) 所示，试求 bc 截面上的正应力和剪应力（单位：MPa）。

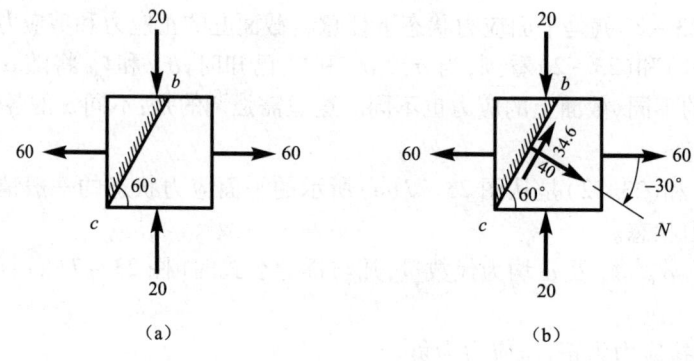

图 23-9

解 此题中，$\sigma_x = 60$ MPa，$\sigma_y = -20$ MPa，$\tau_x = 0$，$\alpha = -30°$，bc 面上的正应力和剪应力分别为

$$\sigma_\alpha = \frac{\sigma_x + \sigma_y}{2} + \frac{\sigma_x - \sigma_y}{2}\cos 2\alpha - \tau_x \sin 2\alpha$$

$$= \frac{60-20}{2} + \frac{60+20}{2}\cos(-60°) = 40 \text{ MPa}$$

$$\tau_\alpha = \frac{\sigma_x - \sigma_y}{2}\sin 2\alpha + \tau_x \cos 2\alpha$$

$$= \frac{60+20}{2}\sin(-60°) = -34.6 \text{ MPa}$$

bc 面上的正应力和剪应力的方向如图 23-9(b) 所示。

23.3 主应力和极值剪应力

23.3.1 主应力

1. 主应力的概念

前一节已导出了同一点的任意斜截面上的正应力和剪应力计算公式(23-1)和(23-2)：

$$\sigma_\alpha = \frac{\sigma_x + \sigma_y}{2} + \frac{\sigma_x - \sigma_y}{2}\cos 2\alpha - \tau_x \sin 2\alpha$$

$$\tau_\alpha = \frac{\sigma_x - \sigma_y}{2}\sin 2\alpha + \tau_x \cos 2\alpha$$

由公式可知，σ_α 和 τ_α 都随 α 而改变。对剪应力 τ_α 来说，随 α 的不同(即截面方位的不同)，由式(23-2)算得的 τ_α 值可能为正，也可能为负，还可能等于零。当某截面上的剪应力等于零时，将该截面称为主平面，即剪应力等于零的截面称为**主平面**。主平面上的正应力则称为**主应力**。

主应力是应力状态分析中的重要概念，后面在研究强度理论时经常用到，下面对主应力作进一步研究，这包括主平面的方位、主应力数值及主应力值的特点等。

2. 主平面的位置

为了求出主应力值，首先需知道主应力所在截面(即主平面)的方位。设主平面的方位角为 α_0，根据主应力的定义，令式(23-2)表达的剪应力等于零，即

$$\frac{\sigma_x - \sigma_y}{2}\sin 2\alpha_0 + \tau_x \cos 2\alpha_0 = 0$$

由此得

$$\tan 2\alpha_0 = -\frac{2\tau_x}{\sigma_x - \sigma_y} \tag{23-3}$$

式(23-3)就是确定主平面方位的公式。当知道单元体上的 σ_x、σ_y 和 τ_x，由该式便可求出 α_0，从而确定主平面的位置。

式(23-3)为两倍角的正切，由三角函数知

$$\tan 2(\alpha_0 + 90°) = \tan 2\alpha_0$$

故除 α_0 外，$\alpha_0 + 90°$ 也满足式(23-3)，即由式(23-3)求出的角度为两个，一个为 α_0，另一个为 $\alpha_0 + 90°$。这说明，存在两个主平面，它们相互垂直。主平面上的正应力为主应力，所以主应力也有两个，二者方向也相互垂直，也就是说，**平面应力状态下，任一点处一般均存在两个不为零的主应力**。

3. 主应力的计算公式

当由式(23-3)求出 α_0 与 $\alpha_0 + 90°$ 后，将它们代入式(23-1)便可求出两个主应力。但为了得到计算主应力的一般公式，可采用下面的办法：通过式(23-3)求出 $\sin 2\alpha_0$ 和 $\cos 2\alpha_0$，再代入式(23-1)，这样可得出主应力的一般公式。按此办法求得的两个主应力计算公式为

$$\left.\begin{array}{l}\sigma'_{\text{主}} = \dfrac{\sigma_x + \sigma_y}{2} + \sqrt{\left(\dfrac{\sigma_x - \sigma_y}{2}\right)^2 + \tau_x^2} \\ \sigma''_{\text{主}} = \dfrac{\sigma_x + \sigma_y}{2} - \sqrt{\left(\dfrac{\sigma_x - \sigma_y}{2}\right)^2 + \tau_x^2}\end{array}\right\} \tag{23-4}$$

4. 主应力值的特点

由式(23-1)计算正应力时,随 α 不同 σ_α 值也不同,现求 σ_α 的极值。令 $\dfrac{d\sigma_\alpha}{d\alpha}=0$,即

$$\frac{d\sigma_\alpha}{d\alpha} = -2\,\frac{\sigma_x - \sigma_y}{2}\sin 2\alpha' - 2\,\tau_x\cos 2\alpha' = 0$$

由此得

$$\tan 2\alpha' = -\frac{2\,\tau_x}{\sigma_x - \sigma_y} \tag{a}$$

比较式(a)与式(23-3),可见

$$\alpha' = \alpha_0$$

α' 为 σ_α 取得极值所在截面的方位角,α_0 为主应力所在截面的方位角,二者相同,这说明主应力所在截面与 σ_α 的极值所在截面相一致,因而主应力值就是 σ_α 的极值。也就是说,**任一点的主应力值是过该点的各截面(垂直于纸面)上正应力中的极值**,二主应力中,一个为极大值,另一为极小值。

当 $\sigma_x \geqslant \sigma_y$ 时,将 x 轴旋转 α_0,即得到 $\sigma'_{主}$ 的方位线,$\sigma''_{主}$ 的方位线与其垂直。当 $\sigma_x < \sigma_y$ 时,将 y 轴旋转 α_0,即得到 $\sigma'_{主}$ 的方位线,$\sigma''_{主}$ 的方位线与其垂直。从而可确定主平面的位置。

23.3.2 极值剪应力

求极值剪应力仍用数学上求极值的方法。设极值剪应力所在面的方位角为 α_1,由

$$\frac{d\tau_\alpha}{d\alpha} = 2\,\frac{\sigma_x - \sigma_y}{2}\cos 2\alpha_1 - 2\,\tau_x\sin 2\alpha_1 = 0$$

得

$$\tan 2\alpha_1 = \frac{\sigma_x - \sigma_y}{2\,\tau_x} \tag{23-5}$$

由式(23-5)求出的角度也是两个,即 α_1 与 $\alpha_1 + 90°$,因而剪应力的极值也有两个。通过式(23-5)求出 $\sin 2\alpha_1$ 与 $\cos 2\alpha_1$,再代入式(23-2),最后得

$$\tau_{\substack{\max\\\min}} = \pm\sqrt{\left(\frac{\sigma_x - \sigma_y}{2}\right)^2 + \tau_x^2} \tag{23-6}$$

此式即为剪应力极值的计算公式。$\tau_{\max}$ 与 $\tau_{\min}$ 所在截面相差 $90°$,$\tau_{\max}$ 与 $\tau_{\min}$ 的绝对值相等,这与剪应力互等定理是一致的。

应该指出,由式(23-6)表达的 $\tau_{\max}$,也是指同一点垂直于纸面的各截面上剪应力中的最大者。

现将上面讨论过的有关主应力的概念和重要结论,再归纳重述于下:

(1) 剪应力等于零的截面称为主平面,主平面上的正应力称为主应力。

(2) 平面应力状态下,任一点处一般均存在一对不为零的主应力,二主应力的所在截面相差 $90°$。

(3) 任一点的主应力值是过该点的垂直于纸面各截面上正应力中的极值。

例 23-3 由受力杆件中围绕某点截取的单元体如图 23-10 所示,试求该点的主

应力。

解 此题中，$\sigma_x = 40 \text{ MPa}, \sigma_y = -60 \text{ MPa}, \tau_x = 20 \text{ MPa}$，该点的两个主应力分别为

$$\sigma'_{\text{主}} = \frac{\sigma_x + \sigma_y}{2} + \sqrt{\left(\frac{\sigma_x - \sigma_y}{2}\right)^2 + \tau_x^2}$$

$$= \frac{40 - 60}{2} + \sqrt{\left(\frac{40 + 60}{2}\right)^2 + 20^2} = 43.8 \text{ MPa}$$

$$\sigma''_{\text{主}} = \frac{\sigma_x + \sigma_y}{2} - \sqrt{\left(\frac{\sigma_x - \sigma_y}{2}\right)^2 + \tau_x^2}$$

$$= \frac{40 - 60}{2} - \sqrt{\left(\frac{40 + 60}{2}\right)^2 + 20^2} = -63.8 \text{ MPa}$$

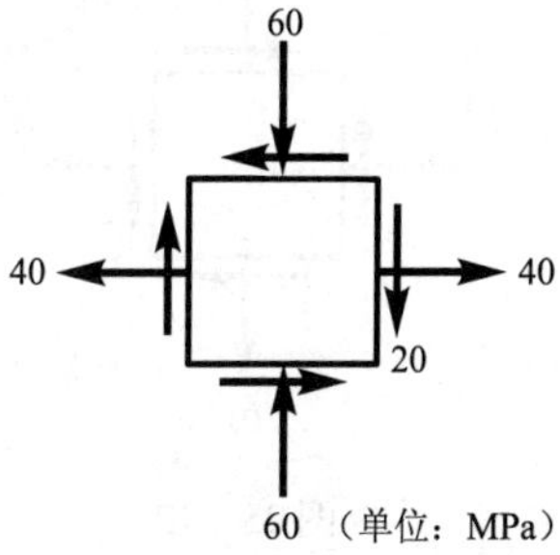

图 23 - 10

例 23 - 4 某点处于如图 23 - 11 所示的纯剪应力状态，试求该点的主应力和极值剪应力。

解 此题中，$\sigma_x = 0, \sigma_y = 0, \tau_x = 40 \text{ MPa}$，该点的两个主应力分别为

$$\sigma'_{\text{主}} = \frac{\sigma_x + \sigma_y}{2} + \sqrt{\left(\frac{\sigma_x - \sigma_y}{2}\right)^2 + \tau_x^2} = \sqrt{\tau_x^2} = \sqrt{40^2} = 40 \text{ MPa}$$

$$\sigma''_{\text{主}} = \frac{\sigma_x + \sigma_y}{2} - \sqrt{\left(\frac{\sigma_x - \sigma_y}{2}\right)^2 + \tau_x^2} = -\sqrt{\tau_x^2} = -\sqrt{40^2} = -40 \text{ MPa}$$

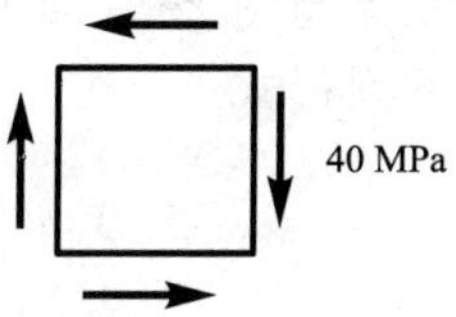

该点的极值剪应力为

$$\tau_{\max} = \sqrt{\left(\frac{\sigma_x - \sigma_y}{2}\right)^2 + \tau_x^2} = \sqrt{\tau_x^2} = \sqrt{40^2} = 40 \text{ MPa}$$

图 23 - 11

这表明，单元体左、右两侧面上的剪应力就是极值剪应力。

23.4 平面应力状态的几种特殊情况

在前两节中，讨论了平面应力状态下过一点的任意斜截面上的应力、主应力和极值剪应力，并得出了下列一组公式

$$\left.\begin{array}{l} \sigma_\alpha = \dfrac{\sigma_x + \sigma_y}{2} + \dfrac{\sigma_x - \sigma_y}{2} \cos 2\alpha - \tau_x \sin 2\alpha \\[2mm] \tau_\alpha = \dfrac{\sigma_x - \sigma_y}{2} \sin 2\alpha + \tau_x \cos 2\alpha \\[2mm] \sigma'_{\text{主}} = \dfrac{\sigma_x + \sigma_y}{2} + \sqrt{\left(\dfrac{\sigma_x - \sigma_y}{2}\right)^2 + \tau_x^2} \\[3mm] \sigma''_{\text{主}} = \dfrac{\sigma_x + \sigma_y}{2} - \sqrt{\left(\dfrac{\sigma_x - \sigma_y}{2}\right)^2 + \tau_x^2} \\[3mm] \tau_{\substack{\max \\ \min}} = \pm \sqrt{\left(\dfrac{\sigma_x - \sigma_y}{2}\right)^2 + \tau_x^2} \end{array}\right\} \quad (\text{I})$$

这些公式是就图 23 - 12 所示的平面应力状态的一般情况导出的，不论受力杆件的变形形式如

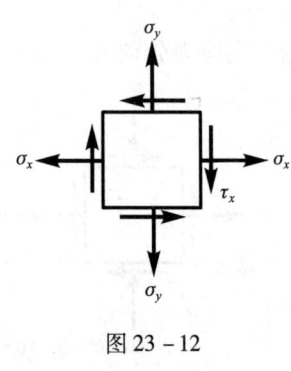

图 23-12

何,只要点的应力状态为平面应力状态,该组公式均适用。为了更好地理解与掌握这些公式,本节将结合各基本变形(拉压、扭转、弯曲)讨论如何具体应用。

应用上列各公式时,需首先从具体受力杆中围绕某点截取单元体并分析单元体上的应力情况,通过单元体上的 σ_x、σ_y、τ_x 再计算各有关量。

截取单元体时,使单元体的左、右侧面位于横截面,这里强调"横截面",是因为各基本变形下杆件横截面上的应力都可用已知公式计算。

23.4.1 轴向拉伸

杆件轴向拉伸时(图 23-3),从任一点处截出的单元体如图 23-13 所示。将此单元体与图 23-12 所示的相对比,此时 $\sigma_y = 0$,$\tau_x = 0$,因而轴向拉伸时,公式(Ⅰ)变为下列形式

$$\sigma_\alpha = \frac{\sigma_x}{2}(1 + \cos 2\alpha)$$

$$\tau_\alpha = \frac{\sigma_x}{2} \sin 2\alpha$$

$$\sigma'_{主} = \sigma_x$$

$$\sigma''_{主} = 0$$

$$\tau_{\min}^{\max} = \pm \frac{\sigma_x}{2}$$

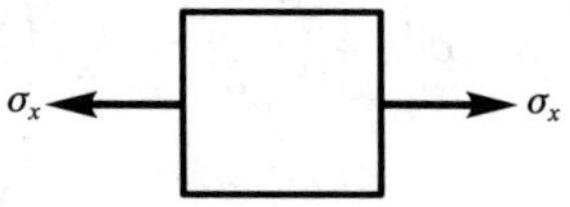

图 23-13

从该组公式看到,σ_α 和 τ_α 公式就是第 17 章中轴向拉伸时斜截面上的应力计算公式,而 $\tau_{\max} = \frac{\sigma_x}{2}$ 也与前面完全一致。

23.4.2 扭转

圆杆受扭时(图 23-4),从任一点处截出的单元体如图 23-14 所示。将其与图 23-12 相对比,相当于 $\sigma_x = 0$,$\sigma_y = 0$ 的情况,因而圆杆扭转时,公式(Ⅰ)变为下列形式

$$\sigma_\alpha = -\tau_x \sin 2\alpha$$

$$\tau_\alpha = \tau_x \cos 2\alpha$$

$$\sigma'_{主} = \tau_x$$

$$\sigma''_{主} = -\tau_x$$

$$\tau_{\min}^{\max} = \pm \tau_x$$

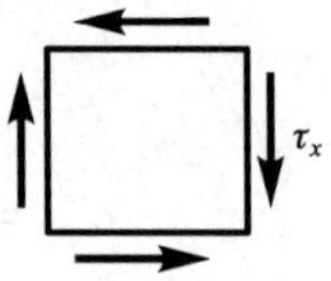

图 23-14

式中:τ_x 是圆杆扭转时横截面上剪应力,按公式 $\tau_x = \frac{M_n}{I_p} \cdot \rho$ 计算。τ_x 随点的位置而不同。

图 23-14 所示单元体只有剪应力,该应力状态称为**纯剪应力状态**。

23.4.3 弯曲

梁横力弯曲时(图23-5),横截面上一般同时存在正应力和剪应力,从任一点处截出的单元体如图23-15所示。将其与图23-12所示的相对比,相当于 $\sigma_y = 0$ 的情况,此时,公式(Ⅰ)变为下列形式

$$\sigma_\alpha = \frac{\sigma_x}{2} + \frac{\sigma_x}{2}\cos 2\alpha - \tau_x \sin 2\alpha$$

$$\tau_\alpha = \frac{\sigma_x}{2}\sin 2\alpha + \tau_x \cos 2\alpha$$

$$\sigma'_{主} = \frac{\sigma_x}{2} + \sqrt{\left(\frac{\sigma_x}{2}\right)^2 + \tau_x^2}$$

$$\sigma''_{主} = \frac{\sigma_x}{2} - \sqrt{\left(\frac{\sigma_x}{2}\right)^2 + \tau_x^2}$$

$$\tau_{\max \atop \min} = \pm \sqrt{\left(\frac{\sigma_x}{2}\right)^2 + \tau_x^2}$$

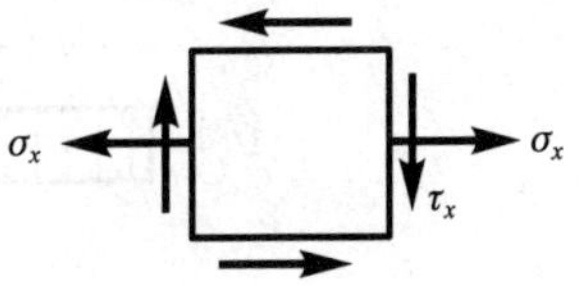

图23-15

式中:σ_x 为梁横截面上的正应力,按 $\sigma_x = \frac{M}{I_z}y$ 计算;σ_x 是拉应力还是压应力,决定于点的所在位置;τ_x 为横截面上的剪应力,按 $\tau_x = \frac{QS_z}{I_z b}$ 计算,τ_x 的方向与剪力 Q 的方向一致。

应注意,梁弯曲时,横截面上不同点的正应力和剪应力一般都是不同的,因而由不同点截出的单元体,其各面上的应力情况也是不同的。例如,中性轴上各点,正应力为零只存在剪应力,此处单元体上的应力情况将与图23-14所示的相同(纯剪应力状态)。

例 23-5 受扭圆杆如图23-16(a)所示,已知杆的直径 $d = 50$ mm,$m = 400$ N·m,试求 1—1 截面边缘处 A 点的主应力。

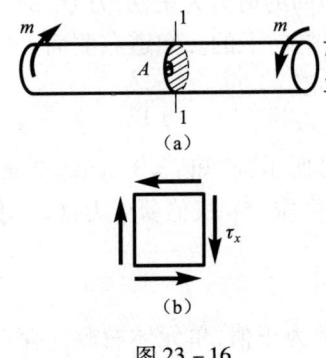

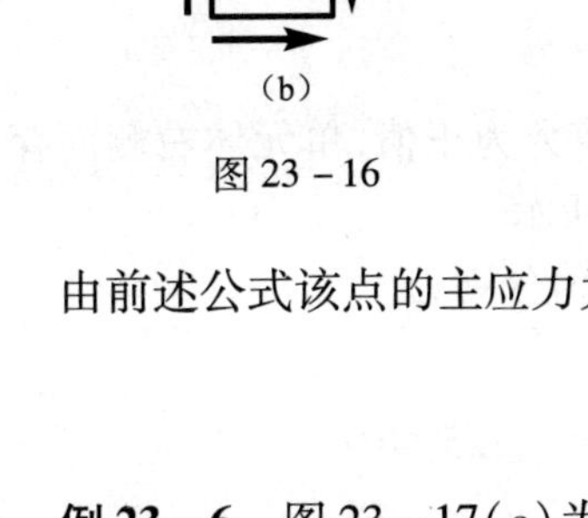

图23-16

解 计算 A 点的主应力按下列步骤进行:

(1) 首先围绕 A 点截取一单元体并标明单元体各面上的应力情况。

从 A 点截出的单元体如图23-16(b)所示。

(2) 计算单元体上的应力。

τ_x 是 1—1 截面(横截面)上 A 点的剪应力,其值为

$$\tau_x = \frac{M_n}{W_P} = \frac{m}{\frac{\pi}{16}d^3} = \frac{400}{\frac{\pi}{16} \times 0.05^3} = 16.3 \text{ MPa}$$

(3) 按主应力公式计算主应力。

由前述公式该点的主应力为

$$\sigma'_{主} = \tau_x = 16.3 \text{ MPa}$$

$$\sigma''_{主} = -\tau_x = -16.3 \text{ MPa}$$

例 23-6 图23-17(a)为承受集中力作用的矩形截面简支梁。在梁的 1—1 横截面处,从 1、2、3、4、5 各点截取五个单元体,其点 1 和点 5 位于上、下边缘处,点 3 位于 $h/2$ 处。试

画出每个单元体上的应力情况,标明各应力的方向。

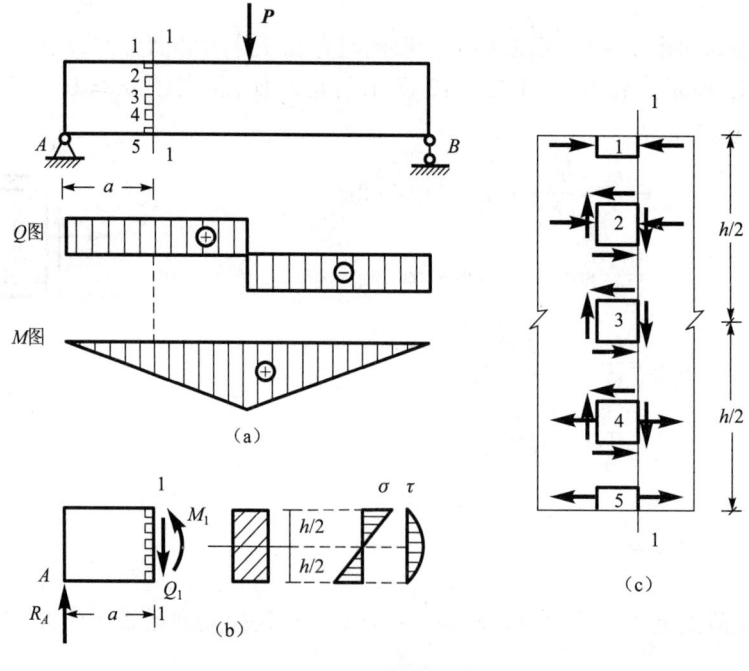

图 23-17

解 因 1—1 截面存在弯矩 M_1 和剪力 Q_1,所以该截面上相应存在着正应力 σ 和剪应力 τ。

正应力沿横截面高度成直线分布,中性轴处等于零。从弯矩图看到,1—1 截面的弯矩为正值,此处梁凹向上弯曲,中性轴以上为压应力,以下为拉应力。所以,1、2 点处左右侧面为压应力,4、5 点处则为拉应力,3 点位于中性轴上,正应力等于零。

剪应力沿截面高度按抛物线分布,上、下边缘处为零,因而 1、5 点处只有正应力而无剪应力。剪应力的方向平行于剪力 Q 的方向。从剪力图看到,1—1 截面的剪力为正,剪力 Q_1 的方向如图 23-17(b)中所示,故 2、3、4 各单元体右侧面上 τ 的方向是向下的。知道右侧面上剪应力的方向后,其他各面上剪应力的方向可按剪应力互等定理确定。

各单元体上的应力情况如图 23-17(c)所示。

例 23-7 承受均布荷载的矩形截面悬臂梁如图 23-18(a)所示,已知 $l = 3$ m,$a = 2$ m,$b = 120$ mm,$h = 200$ mm,$q = 2$ kN/m。(1) 求 1—1 截面上 A 点的主应力和极值剪应力;(2) 求 A 点处位于图示 45°斜截面上的正应力和剪应力。

解 (1) 主应力和极值剪应力。

首先从 A 点截出一单元体。1—1 截面上的弯矩为负值,剪力为正值,单元体右侧面存在拉应力和向下的剪应力,单元体上的应力情况如图 23-18(c)所示。

σ_x 和 τ_x 分别为 1—1 横截面上 A 点的正应力和剪应力,其值分别为

$$\sigma_x = \frac{M}{I_z} y = \frac{\frac{1}{2}qa^2}{\frac{1}{12}bh^3} \cdot y = \frac{\frac{1}{2} \times 2 \times 10^3 \times 2^2}{\frac{1}{12} \times 0.12 \times 0.2^3} \times 0.05 = 2.5 \text{ MPa}$$

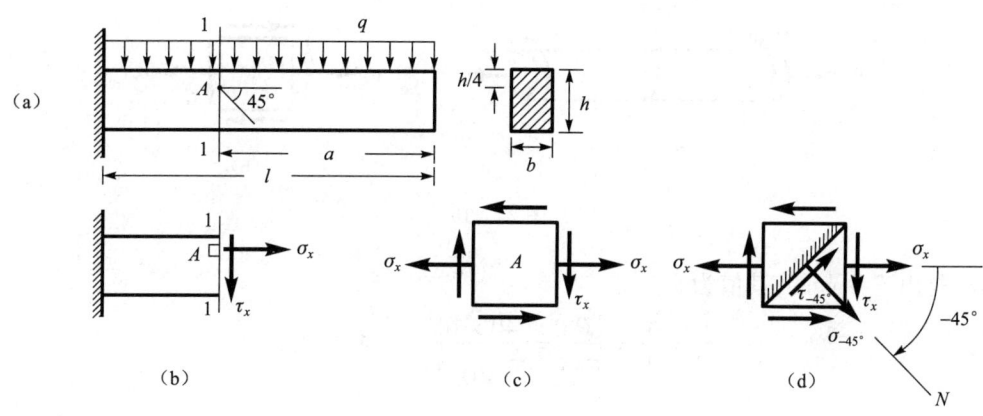

图 23 - 18

$$\tau_x = \frac{QS_z}{I_z b} = \frac{(2 \times 10^3 \times 2) \times (0.12 \times 0.05 \times 0.075)}{\frac{1}{12} \times 0.12 \times 0.2^3 \times 0.12} = 0.19 \text{ MPa}$$

A 点的两个主应力分别为

$$\sigma'_{主} = \frac{\sigma_x}{2} + \sqrt{\left(\frac{\sigma_x}{2}\right)^2 + \tau_x^2} = \frac{2.5}{2} + \sqrt{\left(\frac{2.5}{2}\right)^2 + 0.19^2} = 2.52 \text{ MPa}$$

$$\sigma''_{主} = \frac{\sigma_x}{2} - \sqrt{\left(\frac{\sigma_x}{2}\right)^2 + \tau_x^2} = \frac{2.5}{2} - \sqrt{\left(\frac{2.5}{2}\right)^2 + 0.19^2} = -0.014 \text{ MPa}$$

A 点的极值剪应力为

$$\tau_{max} = \sqrt{\left(\frac{\sigma_x}{2}\right)^2 + \tau_x^2} = \sqrt{\left(\frac{2.5}{2}\right)^2 + 0.19^2} = 1.26 \text{ MPa}$$

(2) 斜截面上的应力。

将求得的 $\sigma_x = 2.5$ MPa, $\tau_x = 0.19$ MPa 和 $\alpha = -45°$, 代入斜截面应力公式, 得

$$\sigma_\alpha = \sigma_{-45°} = \frac{\sigma_x}{2} + \frac{\sigma_x}{2}\cos(-90°) - \tau_x \sin(-90°)$$

$$= \frac{2.5}{2} + 0.19 = 1.44 \text{ MPa}$$

$$\tau_\alpha = \tau_{-45°} = \frac{\sigma_x}{2}\sin(-90°) + \tau_x \cos(-90°)$$

$$= -\frac{2.5}{2} = -1.25 \text{ MPa}$$

$\sigma_{-45°}$ 和 $\tau_{-45°}$ 的方向如图 23 - 18(d) 中所示。

例 23 - 8 圆截面杆受力如图 23 - 19(a) 所示, 已知直径 $d = 60$ mm, $P = 40$ kN, $m = 2$ kN·m, 试求位于 1—1 截面边缘处 K 点的主应力。

解 轴力 P 使杆件受拉, m 使杆件受扭, P 和 m 共同作用下, 圆杆同时发生拉伸变形和扭转变形。在计算应力时, 两种变形互不影响, 可以分别计算。P 作用下横截面上产生拉应力, m 作用下横截面上产生剪应力, 从 K 点截出的单元体上的应力情况如图 23 - 19(b) 所示。

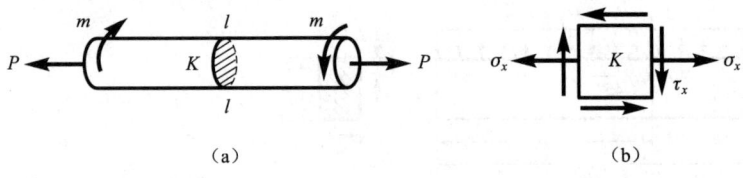

图 23-19

σ_x 是由 P 引起的,其值为

$$\sigma_x = \frac{N}{A} = \frac{P}{\frac{\pi}{4}d^2} = \frac{40 \times 10^3}{\frac{\pi}{4} \times 0.06^2} = 14.1 \text{ MPa}$$

τ_x 是由 m 引起的,其值为

$$\tau_x = \frac{M_n}{W_P} = \frac{m}{\frac{\pi}{16} \times d^3} = \frac{2 \times 10^3}{\frac{\pi}{16} \times 0.06^3} = 47.2 \text{ MPa}$$

K 点的两个主应力分别为

$$\sigma'_{主} = \frac{\sigma_x}{2} + \sqrt{\left(\frac{\sigma_x}{2}\right)^2 + \tau_x^2}$$

$$= \frac{14.1}{2} + \sqrt{\left(\frac{14.1}{2}\right)^2 + 47.2^2} = 54.8 \text{ MPa}$$

$$\sigma''_{主} = \frac{\sigma_x}{2} - \sqrt{\left(\frac{\sigma_x}{2}\right)^2 + \tau_x^2} = -40.7 \text{ MPa}$$

这里计算 K 点主应力的公式与例 23-7 中计算 A 点主应力的公式形式相同,但两者式中的 σ_x 与 τ_x 是不同的。例 23-7 中的 σ_x 和 τ_x 是分别由弯矩 M 和剪力 Q 引起的,而此例中的 σ_x 和 τ_x 则是由轴力 N 和扭矩 M_n 引起的。

23.5 应力圆

前面通过公式来计算斜截面上应力、主应力和极值剪应力的方法称为解析法。下面将介绍另一种方法,即通过作图的办法来求 σ_α、τ_α 及主应力和极值剪应力。本节讨论的应力圆就是一种图解法。

23.5.1 应力圆的方程

将斜截面应力公式

$$\sigma_\alpha = \frac{\sigma_x + \sigma_y}{2} + \frac{\sigma_x - \sigma_y}{2}\cos 2\alpha - \tau_x \sin 2\alpha$$

$$\tau_\alpha = \frac{\sigma_x - \sigma_y}{2}\sin 2\alpha + \tau_x \cos 2\alpha$$

经过处理消去 α 后,则可得到一个以 σ_α 和 τ_α 为变量的圆的方程。

将式(23-1)中的 $\frac{\sigma_x + \sigma_y}{2}$ 项移到等号左侧,等号两侧再平方,得

$$\left(\sigma_\alpha - \frac{\sigma_x + \sigma_y}{2}\right)^2 = \left(\frac{\sigma_x - \sigma_y}{2}\cos 2\alpha - \tau_x \sin 2\alpha\right)^2 \tag{a}$$

将式(23-2)的两侧平方,得

$$\tau_\alpha^2 = \left(\frac{\sigma_x - \sigma_y}{2}\sin 2\alpha + \tau_x \cos 2\alpha\right)^2 \tag{b}$$

式(a)和式(b)等号的两侧分别相加,则得

$$\left(\sigma_\alpha - \frac{\sigma_x + \sigma_y}{2}\right)^2 + \tau_\alpha^2 = \left(\frac{\sigma_x - \sigma_y}{2}\right)^2 + \tau_x^2 \tag{c}$$

式(c)就是以 σ_α、τ_α 为变量的圆的方程。

以 σ_α 为横坐标、τ_α 为纵坐标,与图 23-20 所示圆的方程相对比,式(c)显然是圆心位于横坐标轴上的圆的方程。该圆的圆心到坐标原点的距离为 $\dfrac{\sigma_x + \sigma_y}{2}$,圆的半径为 $\sqrt{\left(\dfrac{\sigma_x - \sigma_y}{2}\right)^2 + \tau_x^2}$(图 23-21)。由式(c)画出的圆称为**应力圆**。

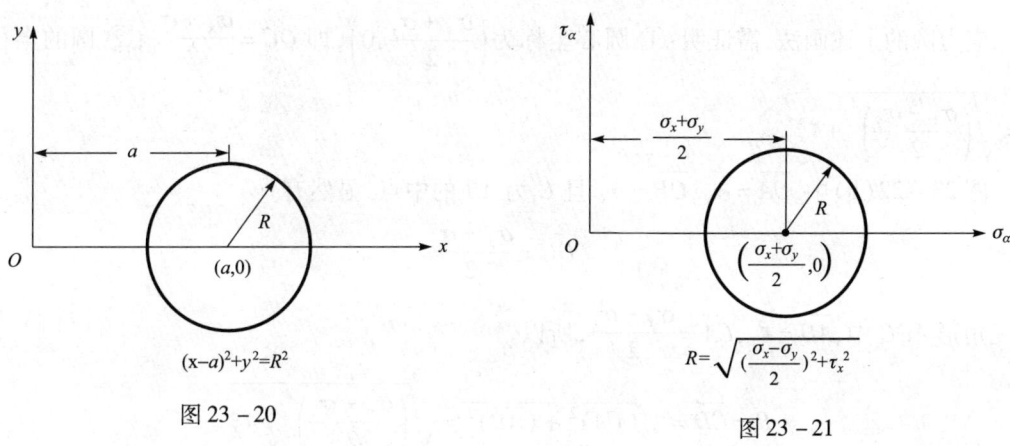

图 23-20

图 23-21

23.5.2　应力圆的一般画法

1. 一般画法

应力圆是通过单元体上的 σ_x、σ_y 和 τ_x 来画出的。下面结合图 23-22(a)所示单元体的应力情况,说明应力圆的一般画法。其步骤为:

(1) 在 σ_α、τ_α 直角坐标系中,按一定的比例尺在横坐标轴上量取 $OA = \sigma_x$(σ_x 为正时向右量取,为负时向左量取),由 A 点引垂线并在垂线上量取 $AD = \tau_x$(τ_x 为正时向上量取,为负时向下量取),得 D 点。D 点的坐标为 $D(\sigma_x、\tau_x)$。

(2) 在横坐标轴上量取 $OB = \sigma_y$,由 B 点引垂线并在垂线上量取 $BD' = -\tau_x$,得 D' 点。D' 点的坐标为 $D'(\sigma_y、-\tau_x)$。

(3) D 点与 D' 点连线交横坐标轴于 C 点。

(4) 以 C 点为圆心,CD 为半径画圆即为此单元体对应的应力圆[图 23-22(b)]。

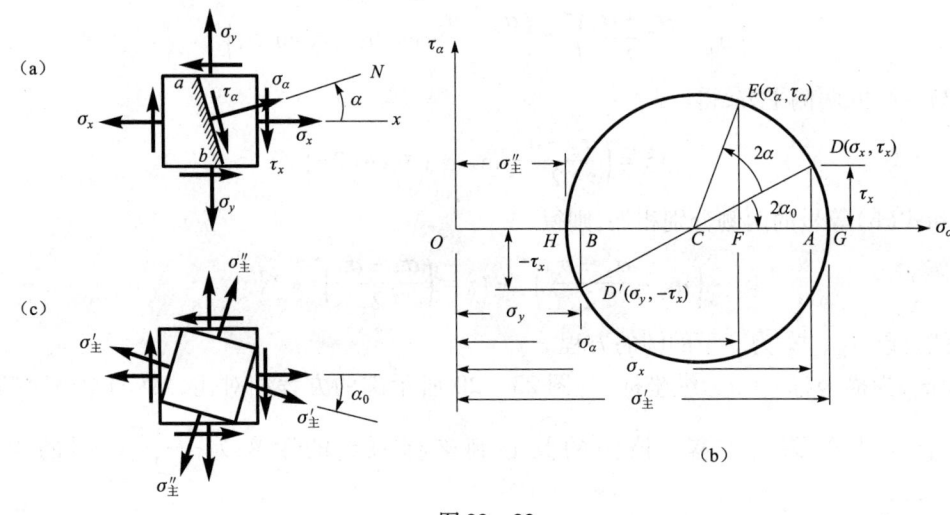

图 23-22

2. 证明

应力圆的上述画法,需证明:① 圆心坐标为 $\left(\dfrac{\sigma_x+\sigma_y}{2},0\right)$,即 $\overline{OC}=\dfrac{\sigma_x+\sigma_y}{2}$;② 圆的半径为 $R=\sqrt{\left(\dfrac{\sigma_x-\sigma_y}{2}\right)^2+\tau_x^2}$。

图 23-22(b)中, $\overline{OA}=\sigma_x$, $\overline{OB}=\sigma_y$ 且 C 为 AB 的中点,显然有

$$\overline{OC}=\dfrac{\sigma_x+\sigma_y}{2}$$

在三角形 ADC 中, $\overline{AD}=\tau_x$, $\overline{CA}=\dfrac{\sigma_x-\sigma_y}{2}$,所以

$$R=\overline{CD}=\sqrt{(\overline{CA})^2+(\overline{AD})^2}=\sqrt{\left(\dfrac{\sigma_x-\sigma_y}{2}\right)^2+\tau_x^2}$$

23.5.3 通过应力圆求斜截面上的应力

1. σ_α、τ_α 的求法

图 23-22(a)所示单元体的任意斜截面上的正应力 σ_α 和剪应力 τ_α,均可通过应力圆求得。应力圆上任一点的两个坐标值均代表某一截面的应力,横坐标代表正应力 σ_α,纵坐标代表剪应力 τ_α。下面以 ab 截面为例,说明具体求法。

图 23-22(a)中,ab 截面的外法线 N 与 x 轴的夹角为 α。求 ab 截面上的应力时,是以 CD 为基线使半径 CD 沿着与 α 相同的转向转过 2α 角,得 E 点[图 23-22(b)]。E 点的横坐标 $\overline{OF}$ 就是 ab 截面上的正应力 σ_α,E 点的纵坐标 $\overline{EF}$ 就是 ab 截面上的剪应力 τ_α。

2. 证明

E 点的横坐标为

$$\overline{OF}=\overline{OC}+\overline{CF}=\overline{OC}+\overline{CE}\cdot\cos(2\alpha_0+2\alpha)$$
$$=\overline{OC}+\overline{CD}\cdot\cos(2\alpha_0+2\alpha)$$

$$= \overline{OC} + \overline{OC} \cdot \cos 2\alpha_0 \cdot \cos 2\alpha - \overline{CD} \cdot \sin 2\alpha_0 \cdot \sin 2\alpha$$

式中

$$\overline{OC} = \frac{\sigma_x + \sigma_y}{2}$$

$$\overline{CD} \cdot \cos 2\alpha_0 = \overline{CA} = \frac{\sigma_x - \sigma_y}{2}$$

$$\overline{CD} \cdot \sin 2\alpha_0 = \tau_x$$

将它们代入上式,则得

$$\overline{OF} = \frac{\sigma_x + \sigma_y}{2} + \frac{\sigma_x - \sigma_y}{2}\cos 2\alpha - \tau_x \sin 2\alpha = \sigma_\alpha$$

这证明 E 点的横坐标 $\overline{OF}$ 与按公式(23-1)计算相同。

E 点的纵坐标为

$$\overline{EF} = \overline{CE} \cdot \sin(2\alpha_0 + 2\alpha) = \overline{CD} \cdot \sin(2\alpha_0 + 2\alpha)$$
$$= \overline{CD} \cdot \sin 2\alpha_0 \cdot \cos 2\alpha + \overline{CD}\cos 2\alpha_0 \cdot \sin 2\alpha$$

式中

$$\overline{CD}\sin 2\alpha_0 = \tau_x \qquad \overline{CD}\cos 2\alpha_0 = \frac{\sigma_x - \sigma_y}{2}$$

将它们代入上式,则得

$$\overline{EF} = \frac{\sigma_x - \sigma_y}{2}\sin 2\alpha + \tau_x \cos 2\alpha = \tau_\alpha$$

E 点的纵坐标也与按公式(23-2)计算相同。

23.5.4 通过应力圆求主应力

通过应力圆也可求出主应力。从上面 σ_α、τ_α 的求法看到,应力圆上的各点是与单元体上各截面相对应的,应力圆上的一个点对应着单元体上的一个面,反之同样,单元体上的一个面对应着应力圆上的一个点。主应力是主平面上的正应力,主平面也是单元体上的截面之一,因而它也对应着应力圆上的一个点。因主平面上的剪应力等于零,所以图23-22(b)中,应力圆与横坐标轴的交点 G 和 H 就是与主平面对应的点(该两点的纵坐标为零,即剪应力等于零)。故 G、H 两点的横坐标 $\overline{OG}$ 和 $\overline{OH}$ 就代表两个主应力。由前面解析法中知道,两个主应力值为正应中的极值,所以 $\overline{OG} = \sigma'_主$(极大)、$\overline{OH} = \sigma''_主$(极小)。

主应力的方向(或主平面的方位)也很容易确定,半径 CG 与 CD 之间的夹角为 $2\alpha_0$,即 G 点相当于以 CD 为基线顺时针转 $2\alpha_0$ 角所得,因而从单元体上看,从 x 轴沿顺时针转过 α_0 角的方向就是 $\sigma'_主$ 所在的主平面的法线方向。主应力 $\sigma'_主$、$\sigma''_主$ 的方向如图23-22(c)中所示。

显然,通过应力圆也可求出极值剪应力。这点请读者思考。

由上面分析可知,应力圆是与单元体相对应的,故应力圆也代表一点的应力状态。

例23-9 某单元体上的应力情况如图23-23(a)所示,已知 $\sigma_x = 30$ MPa,$\sigma_y = -10$ MPa,$\tau_x = 14$ MPa,$\alpha = -30°$。(1)画出应力圆;(2)求 bc 截面上的正应力和剪应力;(3)求主应力。

解 (1)画应力圆。

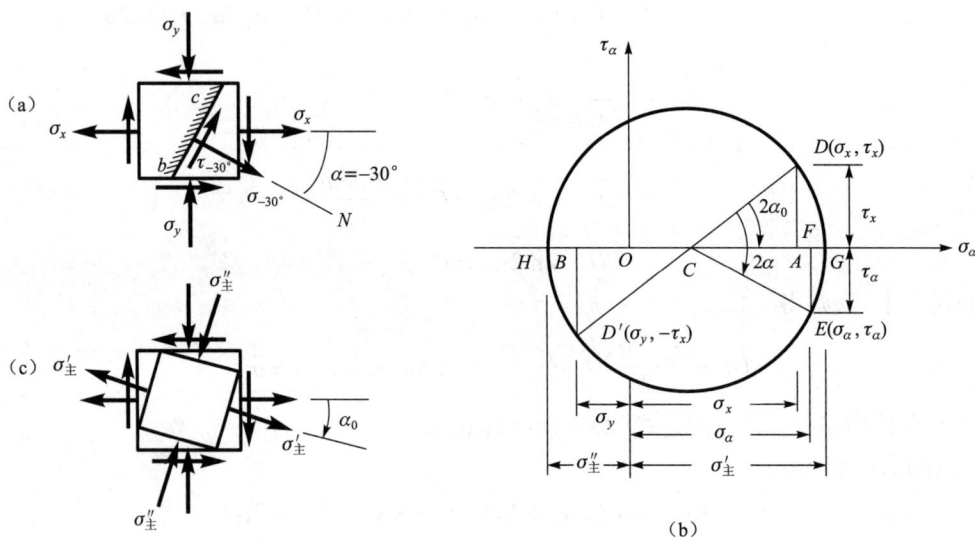

图 23 – 23

根据已知条件 $\sigma_x = 30$ MPa, $\sigma_y = -10$ MPa, $\tau_x = 14$ MPa, 以一定的比例尺在 σ_α、τ_α 坐标系中确定点 $D(30,14)$ 和点 $D'(-10,-14)$, D、D' 点连线交 σ_α 轴于 C 点, 以 C 为圆心、CD 为半径画得的应力圆如图 23 – 23(b) 所示。

(2) 求 bc 面上的应力。

以 CD 为基线, 沿顺时针方向量取圆心角 $2\alpha = 60°$ 得 E 点。E 点的横坐标 $\overline{OF}$ 和纵坐标 $\overline{EF}$ 分别为 bc 截面上的正应力和剪应力, 按作图时的比例尺量得 $\sigma_{-30°} = 32.2$ MPa, $\tau_{-30°} = -10.3$ MPa, 它们的方向如图 23 – 23(a) 中所示。

(3) 求主应力。

应力圆与横坐标轴相交于 G、H 两点, OG 与 OH 分别代表主应力 $\sigma'_主$ 与 $\sigma''_主$, 按作图之比例尺量得 $\sigma'_主 = 34.4$ MPa, $\sigma''_主 = -14.4$ MPa, 它们的方向如图 23 – 23(c) 中所示。

例 23 – 10 某单元体上的应力情况如图 23 – 24(a) 所示, 已知 $\tau_x = -40$ MPa, $\alpha = 45°$。(1) 画应力圆; (2) 求 ab 面上的正应力和剪应力。

解 (1) 画应力圆。

本题中, $\sigma_x = 0$, $\sigma_y = 0$, $\tau_x = -40$ MPa。在 σ_α、τ_α 坐标系中, 以图示的比例尺定出 $D(0, -40)$ 和 $D'(0,40)$ 点, 二点连线交横坐标轴于 O 点 (C 点)。以 O 为圆心, OD 为半径画出应力圆如图 23 – 24(b) 所示。

(2) 求 ab 面上的应力。

以 OD 为基线, 沿逆时针方向量取 $2\alpha = 90°$ 的圆心角得 E 点, E 点的横坐标和纵坐标分别为 ab 面上的正应力和剪应力。E 点位于横坐标轴上, ab 截面上的正应力为 $\sigma_{45°} = 40$ MPa, 剪应力 $\tau_{45°} = 0$。显然, ab 面上的正应力就是该点的主应力 $\sigma'_主$。

例 23 – 11 在图 23 – 25(a) 所示单元体中, $\sigma_x = -50$ MPa, $\tau_x = -30$ MPa, 试通过应力圆求该点的主应力, 并在单元体上标出主应力的方向。

解 本题中, 点 $D(\sigma_x, \tau_x)$ 和点 $D'(\sigma_y、-\tau_x)$ 的具体坐标为 $D(-50, -30)$ 和 $D'(0,30)$, 按图示的比例尺确定出 D 点和 D' 点, 二点连线交横坐标轴于 C 点。以 C 为圆心、CD 为半径

第 23 章 应力状态和强度理论

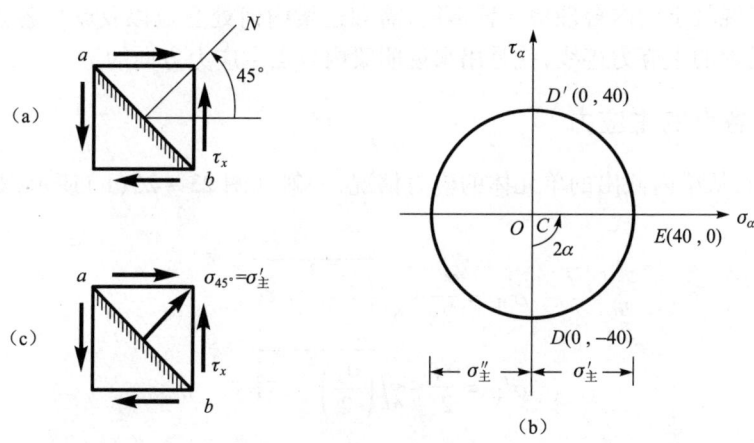

图 23-24

画圆如图 23-25(b)所示。应力圆与横坐标轴相交于 G、H 两点，按图示之比例量得 $OG = \sigma'_{\pm} = 14$ MPa，$OH = \sigma''_{\pm} = -64$ MPa。在图 23-25(b)中还量得 $2\alpha_0 = 130°$，故 $\alpha_0 = 65°$，主应力 $\sigma'_{\pm}$ 和 $\sigma''_{\pm}$ 的方向如图 23-25(c)中所示。

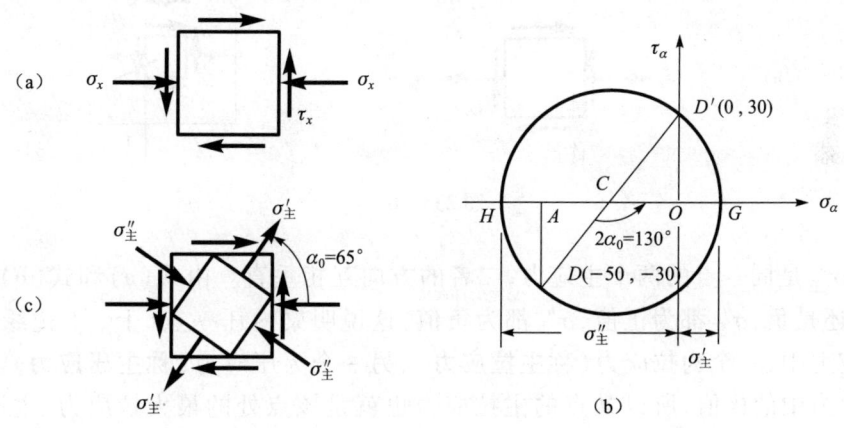

图 23-25

画应力圆及通过应力圆求任一截面上的应力时，应注意：① D 点和 D' 点的坐标分别为 $D(\sigma_x, \tau_x)$ 和 $D'(\sigma_y, -\tau_x)$，其中 σ_x、σ_y、τ_x 均为代数量，应考虑正负号；② 求某截面上的应力时，总是以 CD 为基线量取 2α 角，其转向与单元体上 α 角的转向相同。

23.6 主应力迹线的概念

在工程中，为了更好地发挥材料的作用，常采用两种材料制成的梁。例如钢筋混凝土梁，就是由混凝土与钢筋共同组成的。混凝土与钢材的性能不同，混凝土的抗压性能很好，而抗拉性能差，要想充分发挥混凝土的作用，就应使之承压而不用于承拉，钢材的抗拉性能好，抗拉强度很高，适于承拉。由混凝土与钢筋组成的钢筋混凝土梁，则可体现对两种材料的充分利用，即混凝土主要用于承压,钢筋主要用于承拉。

为了在钢筋混凝土梁内合理地布置钢筋,需知道梁内何处受拉以及梁内各点最大拉应力的方向。本节讨论的主应力迹线,就是用来说明梁内各点主应力方向的。

23.6.1 梁内各点的主应力

前面已知道,从梁内截出的单元体的应力情况,一般如图23－26(b)所示,此时主应力按下式计算

$$\sigma'_{主} = \frac{\sigma_x}{2} + \sqrt{\left(\frac{\sigma_x}{2}\right)^2 + \tau_x^2} \tag{a}$$

$$\sigma''_{主} = \frac{\sigma_x}{2} - \sqrt{\left(\frac{\sigma_x}{2}\right)^2 + \tau_x^2} \tag{b}$$

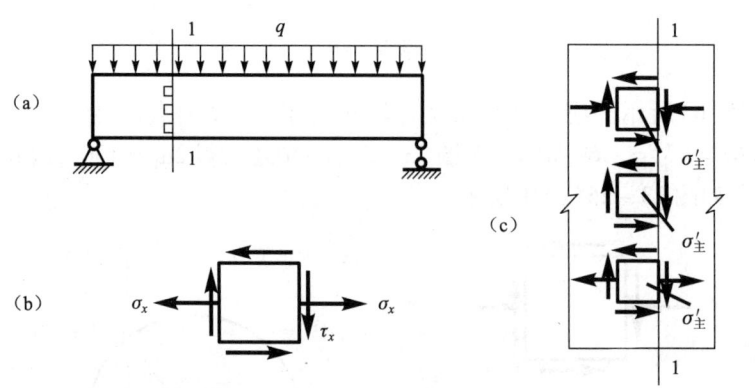

图 23－26

$\sigma'_{主}$ 和 $\sigma''_{主}$ 是同一点的两个主应力,二者的方向互相垂直。由式(a)和式(b)可知,不论 σ_x 是正还是负,$\sigma'_{主}$ 都为正值,$\sigma''_{主}$ 都为负值,这说明梁内任一点(上、下边缘处除外)的两个主应力中,一个为拉应力(称**主拉应力**),另一个为压应力(称**主压应力**)。由于主应力是正应力中的极值,所以某点的主拉应力也就是该点处的最大拉应力,主压应力则为最大压应力。

主应力的方向可通过主平面的方位来确定,即通过

$$\tan 2\alpha_0 = -\frac{2\tau_x}{\sigma_x} \tag{c}$$

来确定。式(c)中,α_0 是随 σ_x 和 τ_x 的不同而不同,梁内各点的 σ_x 和 τ_x 值一般都是不同的,所以梁内不同点的主应力方向也各不相同。例如图23－26(a)所示梁,位于1—1截面上的2、3、4各点的主应力 $\sigma'_{主}$,其方向将如图23－26(c)中所示。

23.6.2 主应力迹线

主应力迹线是用来描述主应力方向的,所谓**主应力迹线**是两组正交曲线,用它来表示梁内各点主应力的方向,其中一组曲线表示主拉应力的方向,另一组曲线表示主压应力的方向,曲线上各点主应力的方向均与曲线相切。

图23-27(a)所示为简支梁在均布荷载作用下的主应力迹线示意图,其中凹向上的一组曲线为主拉应力迹线,凹向下的一组曲线为主压应力迹线。两组曲线是正交的,即两组曲线相交处的切线互相垂直。曲线上任一点的切线方向,就是该点处的主应力方向。

有了梁的主应力迹线后,对于钢筋混凝土梁来说,便可根据主应力迹线布置钢筋。例如图23-27(a)所示的梁,其下部主拉应力迹线基本是水平的,靠近两端是向上倾斜的,梁内的钢筋将如图23-27(b)那样布置,即钢筋在下边水平放置,靠近两端按一定的角度倾斜布置。这样,钢筋以承拉为主,发挥了其抗拉性能好的作用。

梁的主应力迹线与梁的支座形式及梁上的荷载有关,随着梁的支承及荷载情况的不同,梁的主应力迹线的形式也不同。例如,受集中力作用的悬臂梁,其主应力迹线则如图23-28所示。

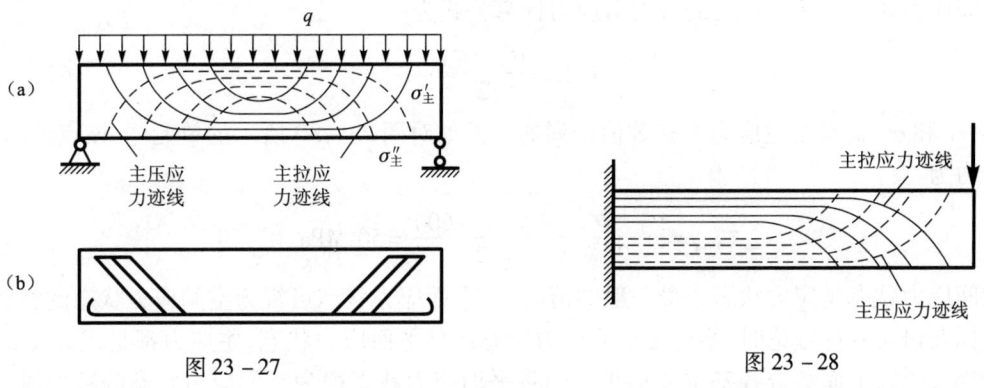

图23-27   图23-28

23.7　空间应力状态下任一点的主应力和最大剪应力

由本章第一节知道,图23-29所示的单元体为空间应力状态。

对于空间应力状态,与前面讨论过的平面应力状态类似,也可导出过该点的任意斜截面上的应力计算公式以及主应力和极值剪应力公式。但空间应力状态远比平面应力状态复杂,这里不作详细研究和推导,只介绍一下有关概念和结论。

空间应力状态下,同样存在主平面与主应力,其概念与前面讨论的平面应力状态完全相同,即剪应力等于零的平面为主平面,主平面上的正应力为主应力。**空间应力状态下,任一点处均存在三个主应力且三个主应力的所在平面(主平面)相互垂直。**

空间应力状态下的三个主应力分别用 σ_1、σ_2、σ_3 来表示。三个主应力的脚标1、2、3按主应力的代数值来排列。其中代数值最大者为 σ_1,次之为 σ_2,代数值最小者为 σ_3,即

$$\sigma_1 > \sigma_2 > \sigma_3$$

例如,图23-30中的三个主应力,其中一个为拉应力(正值),两个为压应力(负值),用 σ_1、σ_2、σ_3 来排列,应该是

$$\sigma_1 = 40 \text{ MPa} \qquad \sigma_2 = -50 \text{ MPa} \qquad \sigma_3 = -60 \text{ MPa}$$

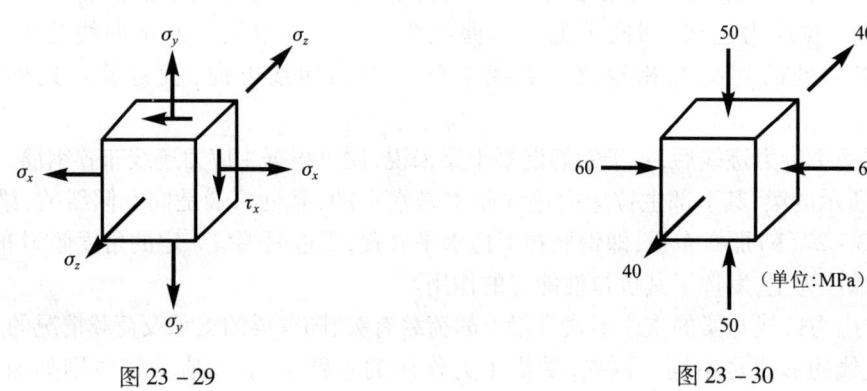

图 23-29　　　　　　　　　图 23-30

空间应力状态下任一点处的最大剪应力计算公式为

$$\tau_{max} = \frac{\sigma_1 - \sigma_3}{2} \tag{23-7}$$

式中的 σ_1 和 σ_3 仍是按主应力的代数值排列的。例如对图 23-30 所示的单元体,该点处的最大剪应力为

$$\tau_{max} = \frac{\sigma_1 - \sigma_3}{2} = \frac{40 - (-60)}{2} = 50 \text{ MPa}$$

空间应力状态是应力状态中最一般的情况,而平面应力状态可视为空间应力状态的特例。由于后面在讨论强度理论时,不论是空间应力状态还是平面应力状态,主应力都是用 σ_1、σ_2、σ_3 来表示,所以下面结合各基本变形来说明将平面应力状态视为空间应力状态的特例时,其主应力的表示方法。

1. 轴向拉伸(压缩)

从受拉杆件中截出的单元体如图 23-31 所示,横截面上的 σ_x 就是主应力。σ_x 为拉应力(正值),按 σ_1、σ_2、σ_3 的代数值排列,因为

$$\sigma_1 = \sigma_x \qquad \sigma_2 = 0 \qquad \sigma_3 = 0$$

(轴向压缩时则为 $\sigma_1 = 0$、$\sigma_2 = 0$、$\sigma_3 = \sigma_x$,此时 σ_x 为负值)。

2. 扭转

从受扭杆件中截出的单元体如图 23-32 所示。单元体上的剪应力 τ_x 为正值,两个主应力中,$\sigma'_主 = \tau_x > 0$,$\sigma''_主 = -\tau_x < 0$,将 $\sigma'_主$、$\sigma''_主$ 和 0 按代数值排列,则有

$$\sigma_1 = \sigma'_主 = \tau_x \qquad \sigma_2 = 0 \qquad \sigma_3 = \sigma''_主 = -\tau_x$$

3. 弯曲

从受弯杆件中截出的单元体如图 23-33 所示。该点的两个主应力为

$$\sigma'_主 = \frac{\sigma_x}{2} + \sqrt{\left(\frac{\sigma_x}{2}\right)^2 + \tau_x^2}$$

$$\sigma''_主 = \frac{\sigma_x}{2} - \sqrt{\left(\frac{\sigma_x}{2}\right)^2 + \tau_x^2}$$

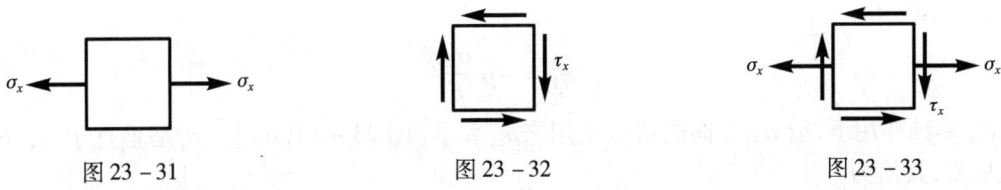

图 23 – 31　　　　　　　图 23 – 32　　　　　　　图 23 – 33

前面已经分析过，$\sigma'_\text{主}$ 为正值，$\sigma''_\text{主}$ 为负值，将 $\sigma'_\text{主}$、$\sigma''_\text{主}$ 和 0 按代数值排列，则有

$$\sigma_1 = \sigma'_\text{主} = \frac{\sigma_x}{2} + \sqrt{\left(\frac{\sigma_x}{2}\right)^2 + \tau_x^2} \quad (>0)$$

$$\sigma_2 = 0$$

$$\sigma_3 = \sigma''_\text{主} = \frac{\sigma_x}{2} - \sqrt{\left(\frac{\sigma_x}{2}\right)^2 + \tau_x^2} \quad (<0)$$

总之，平面应力状态都可看作空间应力状态的特例，即平面应力状态相当于 σ_1、σ_2、σ_3 中的一个或两个等于零的情况。三个主应力 σ_1、σ_2、σ_3 中只有一个不等于零的应力状态，通常称为**单向应力状态**或**简单应力状态**；有两个不等于零的应力状态称为**二向应力状态**。空间应力状态又称**三向应力状态**。

23.8　广义胡克定律

在第 17 章中已经知道，杆件轴向拉伸（压缩）时，在横截面上产生正应力的同时，沿纵向与横向分别产生纵向线应变 ε 与横向线应变 ε'。当正应力不超过材料的比例极限时，正应力 σ 与纵向线应变 ε 之间存在下列关系

$$\sigma = E\varepsilon \tag{1}$$

此式为轴向拉伸（压缩）时的胡克定律，即单向应力状态时的胡克定律。同时横向线应变 ε' 与纵向线应变 ε 及正应力 σ 之间存在下列关系

$$\varepsilon' = -\mu\varepsilon = -\mu\frac{\sigma}{E} \tag{2}$$

本节将要讨论的广义胡克定律，是在上述单向应力状态的胡克定律的基础上，进一步研究空间应力状态下应力与应变间的关系。

空间应力状态下某点的三个主应力如图 23 – 34(a)所示，现研究三个主应力 σ_1、σ_2、σ_3 与沿三个主应力方向的线应变 ε_1、ε_2、ε_3 之间的关系。

首先来研究 ε_1 与 σ_1、σ_2、σ_3 间的关系，ε_1 为沿 σ_1 方向的线应变。其思路是：将图 23 – 34(a)所示的空间应力状态分解为图 23 – 34(b)、(c)、(d)所示的三个单向应力状态，根据单向应力状态的胡克定律以及与相应的横向应变间关系，分别求出 σ_1、σ_2、σ_3 单独作用下沿 σ_1 方向的线应变，然后再进行叠加。

σ_1 单独作用下，沿 σ_1 方向的线应变用 ε'_1 来表示[图 23 – 34(b)]。ε'_1 与 σ_1 的方向一致，其值为

$$\varepsilon'_1 = \frac{\sigma_1}{E}$$

σ_2 单独作用下,沿 σ_1 方向的线应变用 ε_1'' 来表示[图23-34(c)]。ε_1'' 是垂直于 σ_2 方向的线应变,其值为

$$\varepsilon_1'' = -\mu \frac{\sigma_2}{E}$$

σ_3 单独作用下,沿 σ_1 方向的线应变用来 ε_1''' 表示[图23-34(d)]。ε_1''' 是垂直于 σ_3 方向的线应变,其值为

$$\varepsilon_1''' = -\mu \frac{\sigma_3}{E}$$

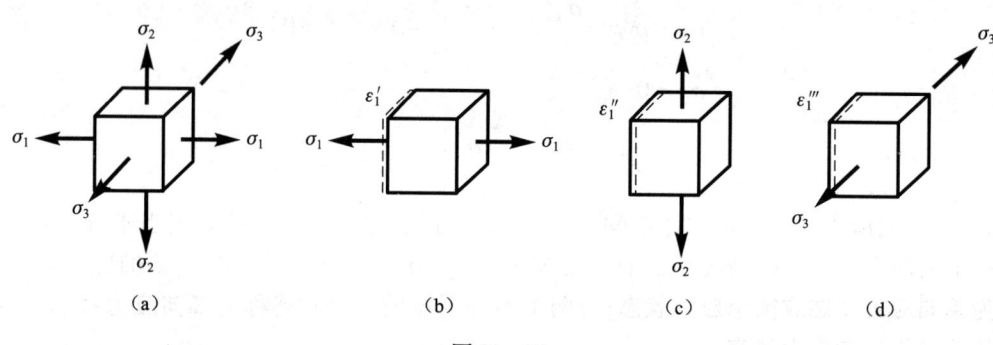

图 23-34

σ_1、σ_2、σ_3 共同作用下,沿 σ_1 方向的线应变则为

$$\varepsilon_1 = \varepsilon_1' + \varepsilon_1'' + \varepsilon_1''' = \frac{\sigma_1}{E} - \mu \frac{\sigma_2}{E} - \mu \frac{\sigma_3}{E}$$
$$= \frac{1}{E}[\sigma_1 - \mu(\sigma_2 + \sigma_3)]$$

用同样的办法,可得沿 σ_2 方向的线应变 ε_2 和沿 σ_3 方向的线应变 ε_3 与三个主应力间的类似关系,最后得到

$$\left.\begin{array}{l} \varepsilon_1 = \frac{1}{E}[\sigma_1 - \mu(\sigma_2 + \sigma_3)] \\ \varepsilon_2 = \frac{1}{E}[\sigma_2 - \mu(\sigma_1 + \sigma_3)] \\ \varepsilon_3 = \frac{1}{E}[\sigma_3 - \mu(\sigma_1 + \sigma_2)] \end{array}\right\} \tag{23-8}$$

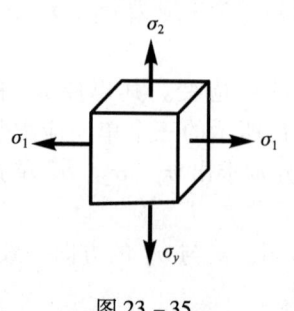

图 23-35

式(23-8)就是空间应力状态下广义胡克定律的表达式。式中的正应力和线应变均为代数量,其正负号规则与以前规定的相同,即拉应力为正,压应力为负;伸长线应变为正,缩短线应变为负。ε_1、ε_2、ε_3 是沿三个主应力方向的线应变,它们又称为**主应变**。

图 23-35 所示的二向应力状态,它相当于空间应力状态 $\sigma_3 = 0$ 的特殊情况,令式(23-8)中 $\sigma_3 = 0$,便可得到二向应力状态下广义胡克定律的表达式,即

$$\left.\begin{array}{l}\varepsilon_1 = \dfrac{1}{E}(\sigma_1 - \mu\sigma_2)\\[4pt]\varepsilon_2 = \dfrac{1}{E}(\sigma_2 - \mu\sigma_1)\\[4pt]\varepsilon_3 = -\dfrac{\mu}{E}(\sigma_1 + \sigma_2)\end{array}\right\} \qquad (23-9)$$

需指明一点：式(23-8)和式(23-9)是就图 23-34(a)和图 23-35 所示的主应力与主应变建立的,当单元体各面上还存在剪应力(例如图 23-36)时,由进一步的理论研究可知,对各向同性材料来说,只要应力不超过比例极限且变形是微小的,上述关系仍然成立。例如对图 23-36 所示的单元体,根据胡克定律仍然有

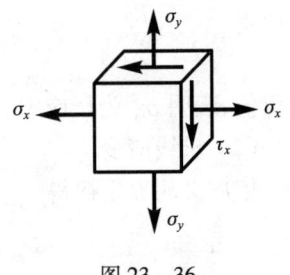

图 23-36

$$\varepsilon_x = \dfrac{1}{E}(\sigma_x - \mu\sigma_y)$$

$$\varepsilon_y = \dfrac{1}{E}(\sigma_y - \mu\sigma_x)$$

$$\varepsilon_z = -\dfrac{\mu}{E}(\sigma_x + \sigma_y)$$

例 23-12 某点的应力状态如图 23-37 所示,已知 $\sigma_x = 30$ MPa,$\sigma_y = -40$ MPa,$\tau_x = 20$ MPa,弹性模量 $E = 2 \times 10^5$ MPa,泊松比 $\mu = 0.3$,试求该点沿 σ_x 方向的线应变 ε_x。

解 该点为平面应力状态,依广义胡克定律有

$$\varepsilon_x = \dfrac{1}{E}(\sigma_x - \mu\sigma_y) = \dfrac{1}{2\times 10^5} \times (30 + 0.3 \times 40) = 0.000\,21$$

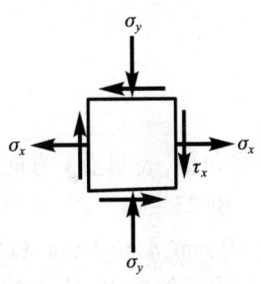

图 23-37

例 23-13 边长为 10 mm 的正立方体钢块放置在图 23-38(a)所示的刚性槽内,刚性槽的高、宽均为 10 mm。钢块的顶面上作用有 $q = 120 \times 10^6$ N/m² = 120 MPa 的均布压力,已知钢材的弹性模量 $E = 2 \times 10^5$ MPa,泊松比 $\mu = 0.3$,试求：(1) 钢块中沿 x、y、z 三方向的正应力 σ_x、σ_y、σ_z；(2) 沿 x、y、z 方向的线应变(不计钢块与刚性槽间的摩擦)。

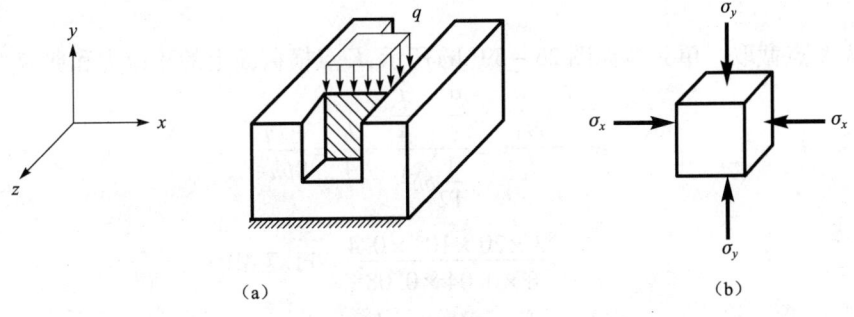

图 23-38

解 首先作一简要分析。钢块在 q 作用下要发生变形,由于槽是刚性的,钢块沿 x 方向的变形受阻,所以沿 x 方向无线应变而存在正应力(即 $\varepsilon_x = 0, \sigma_x \neq 0$)；沿 z 方向无任何阻碍,可自由变形,该方向只发生变形而无正应力(即 $\varepsilon_z \neq 0, \sigma_z = 0$)；沿 y 方向有 q 作用,该方向上既

产生正应力又发生变形,计算正应力 σ_y 时,相当于轴向压缩,故可知 $\sigma_y = q = -120$ MPa。

钢块内各点的应力状态如图 23-38(b)所示。

(1) 求正应力。

由上述分析,已知 $\sigma_z = 0$, $\sigma_y = -120$ MPa,只需求 σ_x。依 $\varepsilon_x = 0$,根据广义胡克定律,则有

$$\varepsilon_x = \frac{1}{E}(\sigma_x - \mu\sigma_y) = 0$$

由此得

$$\sigma_x = \mu\sigma_y = -0.3 \times 120 = -36 \text{ MPa}$$

得负值,表明 σ_x 为压应力。

(2) 求线应变。

依广义胡克定律得

$$\varepsilon_y = \frac{1}{E}(\sigma_y - \mu\sigma_x)$$

$$= \frac{1}{2 \times 10^5} \times (-120 + 0.3 \times 36) = -0.546 \times 10^{-3}$$

$$\varepsilon_z = -\frac{\mu}{E}(\sigma_x + \sigma_y)$$

$$= -\frac{0.3}{2 \times 10^5} \times (-36 - 120) = 0.234 \times 10^{-3}$$

ε_y 得负值,表明沿 y 方向缩短,ε_z 得正值,表明沿 z 方向伸长(已知 $\varepsilon_x = 0$)。

例 23-14 图 23-39(a)为承受集中力的矩形截面简支梁,已知 $P = 20$ kN, $l = 400$ mm, $b = 40$ mm, $h = 80$ mm,材料的弹性模量 $E = 2 \times 10^5$ MPa,泊松比 $\mu = 0.3$,试求 1—1 截面 K 点处沿与水平线成 45°方向的线应变。

解 此题具有一定的综合性质,需将梁的应力与广义胡克定律两部分内容结合起来求解。

首先说明一下解题思路。欲求 K 点沿 45°方向的线应变 $\varepsilon_{45°}$,需先求出该点沿 45°方向的正应力 $\sigma_{45°}$ 和与它相垂直的另一正应力 $\sigma_{-45°}$ [图 23-39(c)],这样,便可进一步通过广义胡克定律求线应变 $\varepsilon_{45°}$。$\sigma_{45°}$ 和 $\sigma_{-45°}$ 则是通过 K 点横截面上的应力 σ_x 和 τ_x 来求。该题的具体解题步骤为:(1) 求 K 点横截面上的应力 σ_x 和 τ_x;(2) 求 $\sigma_{45°}$ 和 $\sigma_{-45°}$;(3) 通过广义胡克定律求 $\varepsilon_{45°}$。

(1) 从 K 点截取一单元体如图 23-39(b)所示,K 点横截面上的正应力和剪应力分别为

$$\sigma_x = \frac{M_1}{I_z}y = \frac{\frac{P}{2} \cdot \frac{l}{4}}{\frac{1}{12}bh^3} \cdot \frac{h}{4} = \frac{3Pl}{8bh^2}$$

$$= \frac{3 \times 20 \times 10^3 \times 0.4}{8 \times 0.04 \times 0.08^2} = 11.7 \text{ MPa}$$

$$\tau_x = \frac{Q_1 S_z}{I_z b} = \frac{\frac{P}{2}\left(b \cdot \frac{h}{4}\right) \cdot \frac{3}{8}h}{\frac{1}{12}bh^3 \cdot b} = \frac{9P}{16bh}$$

$$= \frac{9 \times 20 \times 10^3}{16 \times 0.04 \times 0.08} = 3.52 \text{ MPa}$$

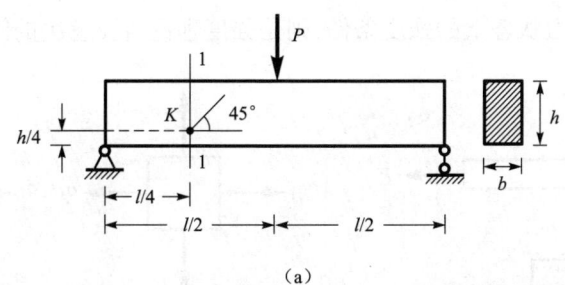

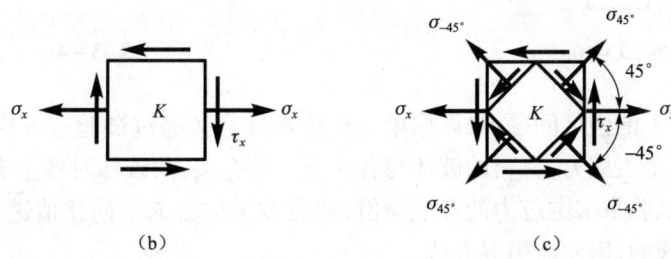

图23-39

(2) 依斜截面应力计算公式(23-1)，$\sigma_{45°}$ 和 $\sigma_{-45°}$ 分别为

$$\sigma_{45°} = \frac{\sigma_x}{2} + \frac{\sigma_x}{2}\cos 90° - \tau_x \sin 90° = \frac{11.7}{2} - 3.52 = 2.33 \text{ MPa}$$

$$\sigma_{-45°} = \frac{\sigma_x}{2} + \frac{\sigma_x}{2}\cos(-90°) - \tau_x \sin(-90°) = \frac{11.7}{2} + 3.52 = 9.37 \text{ MPa}$$

算得的 $\sigma_{45°}$ 和 $\sigma_{-45°}$ 均为正值，其方向如图23-39(c)所示。

(3) $\sigma_{45°}$ 与 $\sigma_{-45°}$ 相互垂直，依广义胡克定律得

$$\varepsilon_{45°} = \frac{1}{E}(\sigma_{45°} - \mu\sigma_{-45°}) = \frac{1}{2\times 10^5} \times (2.33 - 0.3 \times 9.37) = -0.241 \times 10^{-5}$$

❈ 23.9 强度理论 ❈

23.9.1 强度理论的概念

在讨论强度理论之前，先回顾一下轴向拉压时的强度条件。

杆件轴向拉伸(压缩)时，横截面上只存在正应力 σ，各点的应力状态为单向应力状态(图 23-40)，此时，强度条件为

$$\sigma = \frac{N}{A} \leq [\sigma]$$

这里，材料的容许应力是建立在直接试验基础上的，它等于受拉试件达到危险状态时横截面上的极限应力(脆性材料为强度极限 σ_b，塑性材料为屈服极限 σ_s)除以大于1的安全系数。这表明，轴向拉压(单向应力状态)时的强度条件是直接通过实验建立的。

工程中，有些受力杆件的危险点，不是像拉伸那样处于单向应力状态，而是处于二向或三向应力状态(图23-41)，即处于复杂应力状态。这时，材料的强度问题远比单向应力状态时

复杂,如何建立复杂应力状态下的强度条件,则是强度理论所要解决的问题。

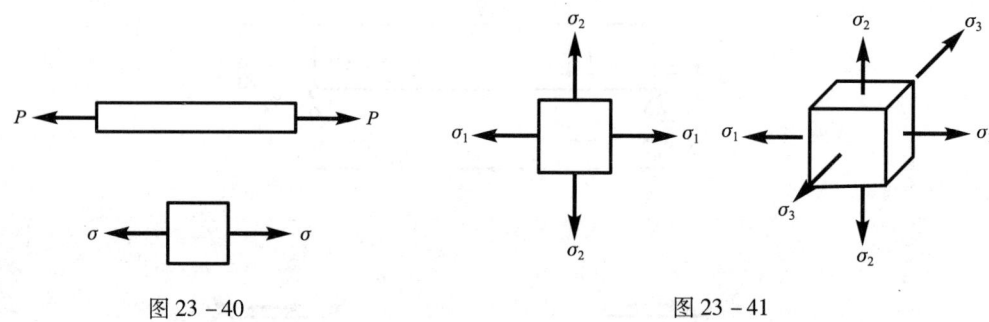

图 23-40　　　　　　　　图 23-41

复杂应力状态下的强度问题,难以像单向拉伸那样直接通过试验来解决。因为复杂应力状态存在两个或三个主应力,材料的破坏与各主应力都有关,而破坏时各主应力间可以有无穷多组合,如果通过试验来求主应力的各危险值,就需按主应力的不同比值进行无穷多次试验,显然,这是无法实现的,因而需另寻办法。

长期以来,人们对复杂应力状态下材料的强度问题,进行了大量的试验和理论研究,力图找出复杂应力状态下导致材料破坏的主要原因。然而,可能影响材料破坏的因素很多,于是,一些学者根据大量的试验和理论分析,提出各种假说,假定某个因素(或某些因素)是导致材料破坏的主要原因,在此基础上,进一步建立了相应的强度条件。这些假说通常称为强度理论。强度理论的任务就是研究和分析复杂应力状态下材料破坏的原因,从而建立复杂应力状态下的强度条件。

这里需指出一点:各种强度理论虽然是建立在假说的基础上,但都有一定的试验为依据,而不是主观臆想的;同时,每种强度理论的正确性,也必须经过实践来验证。

23.9.2　常用的四种强度理论

1. 材料的破坏形式

实践表明,尽管各类材料的破坏现象是比较复杂的,但就其破坏形式来说,大体可分为两大类。一类为**塑性流动**,另一类为**脆性断裂**。

塑性流动一般是指塑性材料来说的。例如,低碳钢拉伸时,当应力达到材料的屈服极限,材料要发生明显的屈服现象,这时材料发生较大的塑性变形,尽管这时材料没有完全破坏,但由于塑性变形比较大,工程中则认为已经不能正常工作,所以将塑性流动看成为一种破坏形式。

脆性断裂一般是指脆性材料来说的。例如,铸铁拉伸时,不出现屈服现象,也不发生明显的塑性变形,当应力达到一定值时,材料发生断裂,这种破坏形式称为脆性断裂。

进一步地研究表明,材料的破坏形式不是绝对的,它还与材料所处的应力状态有关。破坏形式与应力状态间的关系比较复杂,这里不详细讨论。下面就上述两种破坏形式介绍四种强度理论。

2. 常用的四种强度理论

(1)最大拉应力理论(又称为第一强度理论)。

该理论认为,材料发生脆性断裂是由最大拉应力引起的,当复杂应力状态下的最大拉应力

σ_1 达到某一数值时,材料就要发生脆性断裂,该值就是同类材料轴向拉伸(单向应力状态)断裂时的极限应力 σ^0。

按此理论,材料发生断裂的条件为

$$\sigma_1 = \sigma^0$$

考虑一定的安全储备,强度条件则为

$$\sigma_1 \leqslant \frac{\sigma^0}{K}$$

即

$$\sigma_1 \leqslant [\sigma] \tag{23-10}$$

式(23-10)即为最大拉应力理论的强度条件。$[\sigma]$ 为材料拉伸时的容许应力。

(2) 最大伸长线应变理论(又称为第二强度理论)。

该理论认为,材料发生脆性断裂是由最大伸长线应变引起的,当复杂应力状态下的最大伸长线应变 ε_1 达到某一数值时,材料就要发生断裂,该值就是同类材料轴向拉伸(单向应力状态)断裂时的最大伸长线应变 ε^0。

由广义胡克定律可知,与 σ_1 对应的最大伸长线应变为

$$\varepsilon_1 = \frac{1}{E}[\sigma_1 - \mu(\sigma_2 + \sigma_3)]$$

轴向拉伸材料断裂时的最大伸长线应变为

$$\varepsilon^0 = \frac{\sigma^0}{K}$$

按此理论,材料发生脆性断裂的条件为

$$\frac{1}{E}[\sigma_1 - \mu(\sigma_2 + \sigma_3)] = \frac{\sigma^0}{K}$$

即

$$\sigma_1 - \mu(\sigma_2 + \sigma_3) = \sigma^0$$

考虑一定的安全储备,强度条件则为

$$\sigma_1 - \mu(\sigma_2 + \sigma_3) \leqslant [\sigma] \tag{23-11}$$

式(23-11)即为最大伸长线应变理论的强度条件。

(3) 最大剪应力理论(又称为第三强度理论)。

该理论认为,材料发生塑性流动(屈服)是由最大剪应力引起的,当复杂应力状态下的最大剪应力达到某一数值时,材料就要发生塑性流动,该值就是同类材料轴向拉伸(单向应力状态)发生塑性流动(屈服)时的最大剪应力。

复杂应力状态下的最大剪应力为

$$\tau_{max} = \frac{\sigma_1 - \sigma_3}{2}$$

轴向拉伸材料发生塑性流动时的最大剪应力为

$$\tau_{max} = \frac{\sigma^0}{2}$$

(对塑性材料来说,σ^0 就是屈服极限 σ_s)。按此理论,材料发生塑性流动的条件为

$$\frac{\sigma_1 - \sigma_3}{2} = \frac{\sigma^0}{2}$$

即

$$\sigma_1 - \sigma_3 = \sigma^0$$

考虑一定的安全储备,强度条件则为

$$\sigma_1 - \sigma_3 \leqslant [\sigma] \tag{23-12}$$

式(23-12)即为最大剪应力理论的强度条件。

(4)形状改变比能理论(又称为第四强度理论)。

前面曾讨论过杆件在各基本变形下的弹性变形能。杆件变形后,其各局部的形状和体积都要发生改变,故变形能也可分解为两部分,一部分为形状改变能,另一部分为体积改变能。积蓄在单位体积内的形状改变能称为**形状改变比能**并用 u 表示,复杂应力状态下形状改变比能的公式为(不作推导)

$$u = \frac{1+\mu}{6E}[(\sigma_1 - \sigma_2)^2 + (\sigma_2 - \sigma_3)^2 + (\sigma_3 - \sigma_1)^2] \tag{23-13}$$

式中:E 为材料的弹性模量;μ 为泊松比;σ_1、σ_2、σ_3 为三个主应力。

形状改变比能理论认为,材料发生塑性流动(屈服)是由形状改变比能引起的,当复杂应力状态下的形状改变比能达到某一数值时,材料就要发生塑性流动,该值就是同类材料轴向拉伸(单向应力状态)发生塑性流动(屈服)时的形状改变比能。

轴向拉伸时各点只存在一个主应力 σ_1,相当于式(23-13)中 $\sigma_2 = \sigma_3 = 0$ 的情况,因而,轴向拉伸发生塑性流动时的形状改变比能 u^0 为

$$u^0 = \frac{1+\mu}{3E}\sigma_1^2 = \frac{1+\mu}{3E}(\sigma^0)^2 \tag{a}$$

(发生塑性流动时,$\sigma_1 = \sigma^0 = \sigma^s$)。

按形状改变比能理论,材料发生塑性流动的条件为

$$u = u^0 \tag{b}$$

将式(23-13)和式(a)代入式(b),经整理得

$$(\sigma_1 - \sigma_2) + (\sigma_2 - \sigma_3)^2 + (\sigma_3 - \sigma_1)^2 = 2(\sigma^0)^2$$

或写成

$$\sqrt{\frac{1}{2}[(\sigma_1 - \sigma_2)^2 + (\sigma_2 - \sigma_3)^2 + (\sigma_3 - \sigma_1)^2]} = \sigma^0$$

考虑一定的安全储备,强度条件则为

$$\sqrt{\frac{1}{2}[(\sigma_1 - \sigma_2)^2 + (\sigma_2 - \sigma_3)^2 + (\sigma_3 - \sigma_1)^2]} \leqslant [\sigma] \tag{23-14}$$

式(23-14)即为形状改变比能理论的强度条件。

由以上所述可见,各强度理论在建立强度条件时,都是与轴向拉伸(单向应力状态)相对比,而各强度理论的强度条件从形式看,又与轴向拉伸相类似,因之将各强度条件左边的表达式称为**相当应力**并用 σ_{xd} 来表示。各强度条件中的相当应力分别为:

第一强度理论: $\sigma_{xd1} = \sigma_1$

第二强度理论: $\sigma_{xd2} = \sigma_1 - \mu(\sigma_2 + \sigma_3)$

第三强度理论：$\sigma_{xd3} = \sigma_1 - \sigma_3$

第四强度理论：$\sigma_{xd4} = \sqrt{\dfrac{1}{2}[(\sigma_1 - \sigma_2)^2 + (\sigma_2 - \sigma_3)^2 + (\sigma_3 - \sigma_1)^2]}$

23.9.3 各强度理论的适用范围

上面介绍的四种常用的强度理论，都是针对材料的两种破坏形式研究的。由于脆性材料的破坏一般为脆性断裂，而塑性材料的破坏一般为塑性流动，所以，一般情况下，第一和第二强度理论适用脆性材料，第三和第四强度理论适用于塑性材料。

上面介绍的各种强度理论都不是很完善的，都不同程度地存在着一些缺点。例如，第一强度理论的强度条件中，只反映了 σ_1 对强度的影响而没有考虑 σ_2 和 σ_3 的影响；再如，第三强度理论的强度条件中，只反映了 σ_1 和 σ_3 对强度的影响而未考虑 σ_2 的影响。这显然不够全面，事实上，三个主应力 σ_1、σ_2 和 σ_3 都会对材料的强度产生影响，然而在相应的强度条件中，却没有完全反映（强度理论还在进一步发展）。

例 23-15 由 3 号钢制成的某一受力杆件，其危险点处的应力情况如图 23-42 所示，已知 $\sigma_x = 60$ MPa, $\sigma_y = -30$ MPa, $\tau_x = 40$ MPa, 材料的容许应力 $[\sigma] = 160$ MPa, 试分别用第三和第四强度理论校核该危险点处的强度。

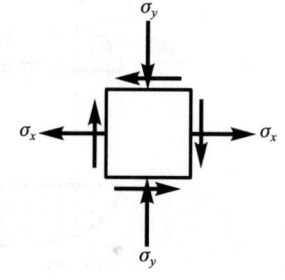

图 23-42

解 按强度理论校核强度时，需求出相当应力，再与材料的容许应力相比较。相当应力是以主应力来表示的，应首先求出危险点的主应力。该点的主应力分别为

$$\sigma'_{主} = \dfrac{\sigma_x + \sigma_y}{2} + \sqrt{\left(\dfrac{\sigma_x - \sigma_y}{2}\right)^2 + \tau_x^2}$$

$$= \dfrac{60 - 30}{2} + \sqrt{\left(\dfrac{60 + 30}{2}\right)^2 + 40^2} = 75.2 \text{ MPa}$$

$$\sigma''_{主} = \dfrac{\sigma_x + \sigma_y}{2} - \sqrt{\left(\dfrac{\sigma_x - \sigma_y}{2}\right)^2 + \tau_x^2}$$

$$= \dfrac{60 - 30}{2} - \sqrt{\left(\dfrac{60 + 30}{2}\right)^2 + 40^2} = -45.2 \text{ MPa}$$

按 σ_1、σ_2、σ_3 的代数值排列，则为

$$\sigma_1 = 75.2 \text{ MPa} \qquad \sigma_2 = 0 \qquad \sigma_3 = -45.2 \text{ MPa}$$

（1）按第三强度理论校核。

第三强度理论的强度条件为

$$\sigma_1 - \sigma_3 \leqslant [\sigma]$$

$$\sigma_{xd3} = \sigma_1 - \sigma_3 = 75.2 + 45.2 = 120.4 \text{ MPa} < [\sigma]$$

满足强度条件。

（2）按第四强度理论校核。

$$\sigma_{xd4} = \sqrt{\dfrac{1}{2}[(\sigma_1 - \sigma_2)^2 + (\sigma_2 - \sigma_3)^2 + (\sigma_3 - \sigma_1)^2]}$$

$$= \sqrt{\frac{1}{2}[75.2^2 + 45.2^2 + (-45.2 - 75.2)^2]}$$

$$= 105.3 \text{ MPa} < [\sigma]$$

满足强度条件。

从上面的计算结果看到,同一问题按不同强度理论算得的相当应力值却不相同。第三强度理论与第四强度理论相比,第三强度理论更偏于安全,或者说偏于保守。

例 23-16 两端简支的工字形钢板梁,梁的尺寸及梁上荷载如图 23-43 中所示,已知 $P = 120$ kN,$q = 2$ kN/m,材料的容许应力$[\sigma] = 160$ MPa,$[\tau] = 100$ MPa,试全面校核梁的强度。

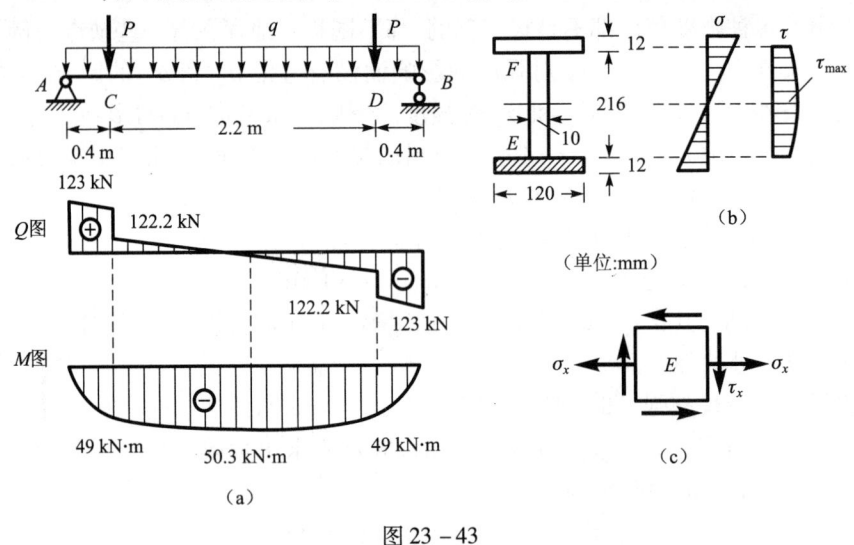

图 23-43

解 (1) 分析。

由第 21 章知道,梁需同时满足正应力和剪应力强度条件,进行强度校核时,是在弯矩最大截面的上下边缘处按 $\frac{M_{\max}}{W_z} \leq [\sigma]$ 校核正应力强度,在剪力最大截面的中性轴处按 $\frac{Q_{\max} S_{z,\max}}{I_z b} \leq [\tau]$ 校核剪应力强度。现已讨论了强度理论,涉及是否需按强度理论对梁进行强度校核问题。对此梁来说,是需要的。该梁的剪力图和弯矩图如图 23-43 中所示,从图上看到,C(或 D)截面上的剪力值和弯矩值都比较大;而截面是工字形,从图 23-43(b)所示的应力分布看到,在腹板与翼缘交界处 E(或 F)点的正应力和剪应力也都比较大,该点处于二向应力状态[图 23-43(c)]。因而 E 点也可能是危险点,存在破坏的可能。所以,对 E(或 F)点还应按强度理论校核强度。这样,对本题来说,对梁进行全面的强度校核应包括:① 校核正应力;② 校核剪应力;③ 按强度理论校核 C 截面 E(或 F)点的强度。

(2) 校核正应力强度。

梁跨中的最大弯矩、截面对中性轴的惯性矩和抗弯截面模量分别算得为

$$M_{\max} = 50.3 \text{ kN} \cdot \text{m} \quad I_z = 458 \times 10^{-7} \text{ m}^4 \quad W_z = 382 \times 10^{-6} \text{ m}^3$$

梁中横截面上的最大正应力为

$$\sigma_{\max} = \frac{M_{\max}}{W_z} = \frac{50.3 \times 10^3}{382 \times 10^{-6}} = 131.7 \text{ MPa} < [\sigma]$$

满足正应力强度条件。

（3）校核剪应力强度。

Q_{max} 和 $S_{z,\,max}$ 分别算得为

$$Q_{max} = 123 \text{ kN} \qquad S_{z,\,max} = 222 \times 10^{-6} \text{ m}^3$$

梁中横截面上的最大剪应力为

$$\tau_{max} = \frac{Q_{max} \cdot S_{z,\,max}}{I_z b} = \frac{123 \times 10^3 \times 222 \times 10^{-6}}{458 \times 10^{-7} \times 10 \times 10^{-3}} = 59.6 \text{ MPa} < [\tau]$$

满足剪应力强度条件。

（4）按强度理论校核 E 点的强度。

首先算出 E 点横截面上的正应力 σ_x 和剪应力 τ_x

$$\sigma_x = \frac{M_C}{I_z} y = \frac{49 \times 10^3}{458 \times 10^{-7}} \times 0.108 = 115.5 \text{ MPa}$$

$$\tau_x = \frac{Q_C S_z}{I_z b} = \frac{122.2 \times 10^3 \times 164 \times 10^{-6}}{458 \times 10^{-7} \times 10 \times 10^{-3}} = 43.8 \text{ MPa}$$

[τ_x 式中的 164×10^{-6} 为图 23 – 43（b）中阴影面积对中性轴的静矩。]

E 点的主应力分别为

$$\sigma'_{\pm} = \frac{\sigma_x}{2} + \sqrt{\left(\frac{\sigma_x}{2}\right)^2 + \tau_x^2} = \sigma_1 \tag{a}$$

$$\sigma''_{\pm} = \frac{\sigma_x}{2} - \sqrt{\left(\frac{\sigma_x}{2}\right)^2 + \tau_x^2} = \sigma_3 \tag{b}$$

$$\sigma_2 = 0$$

这里采用第三强度理论。为了计算上的简便，可不必计算 σ_1 和 σ_3 的具体值，而是将式（a）和式（b）表达的 σ_1 和 σ_3 直接代入第三强度理论的相当应力，得

$$\sigma_{xd3} = \sigma_1 - \sigma_3 = 2\sqrt{\left(\frac{\sigma_x}{2}\right)^2 + \tau_x^2}$$

$$= \sqrt{\sigma_x^2 + 4\tau_x^2} = \sqrt{115.5^2 + 4 \times 43.8^2} = 144.8 \text{ MPa} < [\sigma]$$

满足强度条件。

从以上各项计算结果看到，虽然（2）、（4）两项校核都满足强度要求，但 C 截面上 E 点的相当应力 σ_{xd3} 却大于跨中截面上的最大正应力 σ_{max}，所以对梁来说，从强度角度看，E 点更危险些。

这里需指明一点：并非所有的梁都要按强度理论进行强度校核，只是在某些特殊情况下，例如焊接的组合工字梁且梁上某一截面的剪力值和弯矩值都比较大时，才需应用强度理论对相应的危险点进行强度校核，这种情况一般多发生在靠近梁的支座处作用有很大的集中力时。

 小　结

1. 应力状态和强度理论在第二篇中属难点内容。由于本章研究的内容具有概念上比较抽象、理论上概括性比较强、应用时联系内容比较广等特点，因而构成难点。读者自学本章时，一定要立足于对有关概念、理论和方法的理解。

2. 应力状态

（1）应力状态是对点而言的，即点的应力状态。同一点的位于不同截面上的应力都是不同的，研究一点的应力状态就是研究同一点的位于不同截面上的正应力和剪应力的变化规律和计算方法。

应力状态通过单元体来研究，单元体为微小的直角六面体，它代表一个点。

（2）应力状态分为平面应力状态与空间应力状态。平面应力状态下任意斜截面上的应力计算公式为式(23-1)和式(23-2)

$$\sigma_\alpha = \frac{\sigma_x + \sigma_y}{2} + \frac{\sigma_x - \sigma_y}{2}\cos 2\alpha - \tau_x \sin 2\alpha$$

$$\tau_\alpha = \frac{\sigma_x - \sigma_y}{2}\sin 2\alpha + \tau_x \cos 2\alpha$$

这里说的斜截面都是垂直于纸面的截面。公式中的 σ_x、σ_y、τ_x、α 均为代数量，应用时应注意正负号。

（3）剪应力等于零的平面称为主平面，主平面上的正应力称为主应力。平面应力状态下主应力的计算公式为式(23-4)

$$\left. \begin{array}{l} \sigma'_\text{主} = \dfrac{\sigma_x + \sigma_y}{2} + \sqrt{\left(\dfrac{\sigma_x - \sigma_y}{2}\right)^2 + \tau_x^2} \\[2ex] \sigma''_\text{主} = \dfrac{\sigma_x + \sigma_y}{2} - \sqrt{\left(\dfrac{\sigma_x - \sigma_y}{2}\right)^2 + \tau_x^2} \end{array} \right\}$$

平面应力状态下，一点处一般均存在不为零的两个主应力，二主应力的方向是相互垂直的，主应力值为过该点的各截面上正应力中的极值。

（4）利用公式(23-1)、(23-2)、(23-4)计算杆件一点处任意斜截面上的应力和主应力时，需首先从受力杆件中围绕该点截取出单元体并分析单元体上的应力情况，此为最关键的一步。截取单元体时，为了便于分析与计算，一般取单元体的左、右侧面位于杆件的横截面上。

（5）应力圆是一种图解法，公式(23-1)、(23-2)、(23-4)表达的 σ_α、τ_α、$\sigma'_\text{主}$、$\sigma''_\text{主}$ 等均可通过应力圆求得。

（6）空间应力状态下，一点处均存在三个主应力且三者相互垂直。三个主应力 σ_1、σ_2、σ_3 按代数值排列。

排 σ_1、σ_2、σ_3 时，平面应力状态可视为空间应力状态的特例，即三个主应力中的一个（或两个）等于零。只存在一个主应力的应力状态称为单向应力状态，又称为简单应力状态；存在两个或三个主应力的应力状态称为复杂应力状态。

（7）广义胡克定律是变形体力学中的重要定律，它表示材料在弹性范围内的应力与应变间的关系。空间应力状态下，正应力与线应变间的关系为：

$$\varepsilon_1 = \frac{1}{E}[\sigma_1 - \mu(\sigma_2 + \sigma_3)] \qquad \varepsilon_x = \frac{1}{E}[\sigma_x - \mu(\sigma_y + \sigma_z)]$$

$$\varepsilon_2 = \frac{1}{E}[\sigma_2 - \mu(\sigma_1 + \sigma_3)] \quad \text{或} \quad \varepsilon_y = \frac{1}{E}[\sigma_y - \mu(\sigma_x + \sigma_z)]$$

$$\varepsilon_3 = \frac{1}{E}[\sigma_3 - \mu(\sigma_1 + \sigma_2)] \qquad \varepsilon_z = \frac{1}{E}[\sigma_z - \mu(\sigma_x + \sigma_y)]$$

式中 σ 与 ε 均为代数量,应用时应注意它们的正负号。

3. 强度理论

(1) 强度理论是用于建立复杂应力状态下的强度条件。

(2) 四种强度理论的强度条件:

第一强度理论: $\sigma_1 \leq [\sigma]$

第二强度理论: $\sigma_1 - \mu(\sigma_2 + \sigma_3) \leq [\sigma]$

第三强度理论: $\sigma_1 - \sigma_3 \leq [\sigma]$

第四强度理论: $\sqrt{\dfrac{1}{2}[(\sigma_1-\sigma_2)^2+(\sigma_2-\sigma_3)^2+(\sigma_3-\sigma_1)^2]} \leq [\sigma]$

各强度理论的强度条件都是针对材料的破坏形式——脆性断裂与塑性流动建立的,应注意其适用范围。一般情况下,第一、第二强度理论适用于脆性材料,第三、第四强度理论适用于塑性材料。

(3) 按强度理论校核强度的步骤为:

① 分析受力杆件中的危险点,在危险点处截取出单元体并标明单元体上的应力情况。

② 根据单元体上的应力情况,算出危险点处的主应力。

③ 依杆件的材料性质,选用相应的强度理论并算出相应的相当应力。

 思考题

23-1 某单元体上的应力情况如图 23-44 所示,已知 $\sigma_x = \sigma_y$,试分别用解析法和图解法(应力圆)求出该点处垂直于纸面的任意斜截面上的正应力、剪应力及主应力,从而可得出什么结论?

23-2 某单元体上的应力情况如图 23-45 所示。欲求该点处的最大剪应力,现分别按下列两种方法计算:

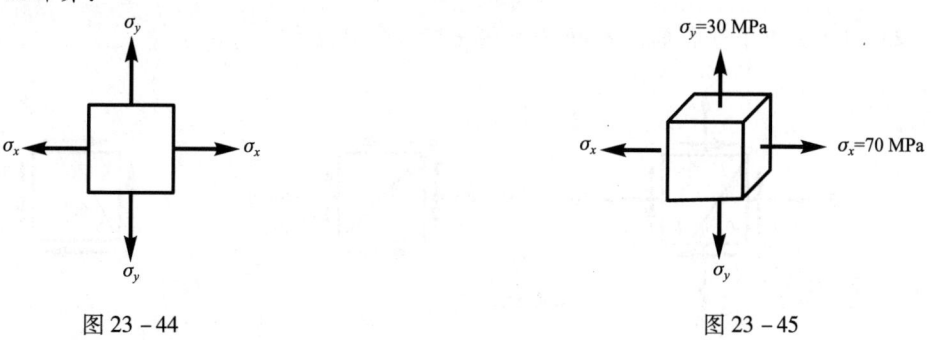

图 23-44　　　　　　　　　　图 23-45

(1) 按平面应力状态的极值剪应力公式计算

$$\tau'_{max} = \sqrt{\left(\dfrac{\sigma_x - \sigma_y}{2}\right)^2 + \tau_x^2} = \sqrt{\left(\dfrac{70-30}{2}\right)^2} = 20 \text{ MPa}$$

(2) 视平面应力状态为空间应力状态的特例($\sigma_1 = 70$ MPa, $\sigma_2 = 30$ MPa, $\sigma_3 = 0$),按空间应力状态的最大剪应力公式计算

$$\tau''_{max} = \frac{\sigma_1 - \sigma_3}{2} = \frac{70}{2} = 35 \text{ MPa}$$

问：① τ'_{max} 与 τ''_{max} 中何者为该点处的最大剪应力？② 分别指出 τ'_{max} 和 τ''_{max} 所在截面的方位。

23-3 平面应力状态下，由公式 $\tan 2\alpha_0 = -\dfrac{2\tau_x}{\sigma_x - \sigma_y}$ 可求出 α_0 与 $\alpha_0 + 90°$，从而可确定两个主平面的方位。试考虑：如何判定哪个面上的主应力为 $\sigma'_{主}$。

23-4 图 23-46(a) 为承受均布荷载的矩形截面简支梁。从 1—1 截面 K 点处截取一单元体，单元体上的应力情况如图 23-46(b) 所示，该点为复杂应力状态。当校核该梁的强度时，除按 $\sigma_{max} \leqslant [\sigma]$ 和 $\tau_{max} \leqslant [\tau]$ 校核外，是否还需对 K 点按强度理论进行校核？为什么？

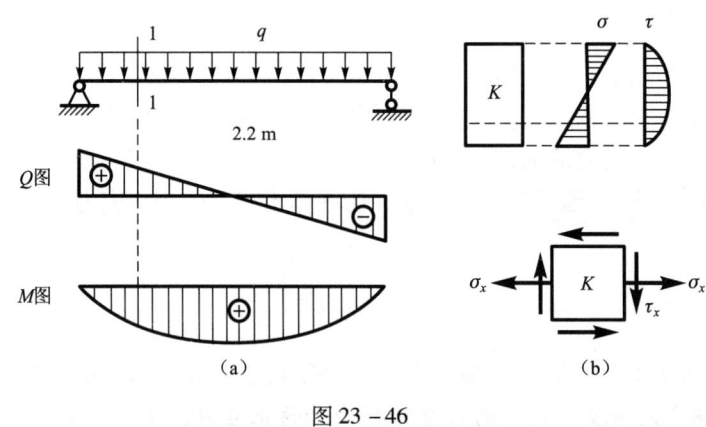

图 23-46

习　题

23-1 试求下列各单元体 ab 面上的正应力和剪应力。

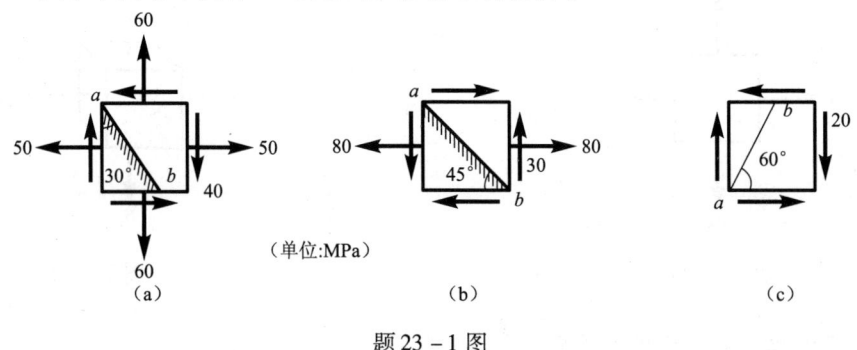

题 23-1 图

23-2 各单元体上的应力情况如图所示，试求各点的主应力和极值剪应力。

23-3 图示为承受均布荷载的简支梁，试在 1—1 横截面处从 1、2、3、4、5 点截取出五个单元体(点 1、5 位于上下边缘处，点 3 位于 $h/2$ 处)，并标明各单元体上的应力情况(标明存在何种应力及应力方向)。

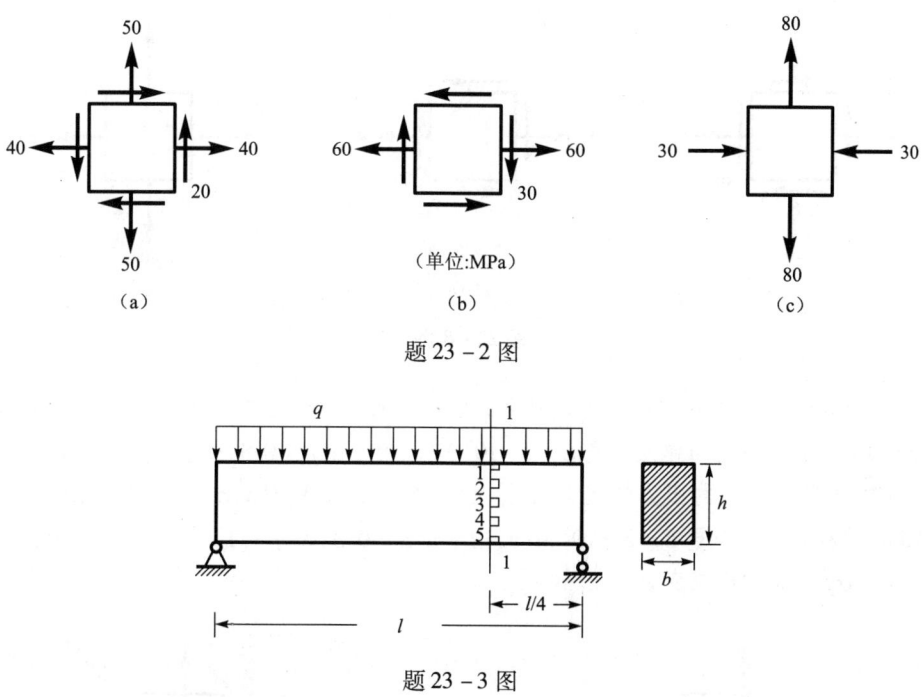

题 23-2 图

题 23-3 图

23-4 图示梁中,已知 $P=2$ kN, $l=2$ m, $b=100$ mm, $h=160$ mm,试求:(1)1—1 截面 A 点处沿图示 45°方向斜截面上的正应力和剪应力;(2)A 点的主应力。

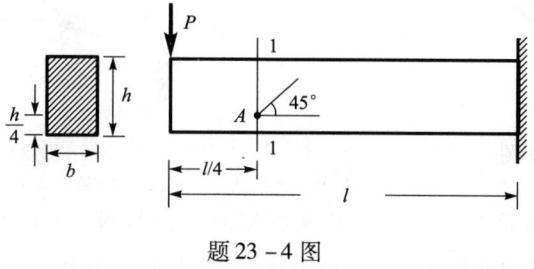

题 23-4 图

23-5 直径 $d=100$ mm 的受扭圆杆如图所示,已知 n—n 截面边缘处 A 点的两个主应力分别为 $\sigma'_{主}=60$ MPa, $\sigma''_{主}=-60$ MPa,试求作用在杆件上的外力偶矩 m。

23-6 图示受力杆件中,已知直径 $d=60$ mm,轴向拉力 $P=50$ kN, $m=2$ kN·m,试求 1—1 截面边缘处 A 点的主应力。

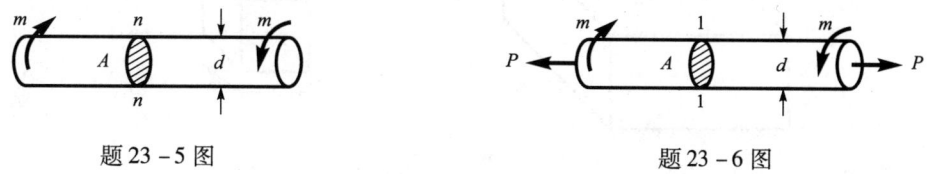

题 23-5 图   题 23-6 图

23-7 试用应力圆求题 23-1 中各指定截面上的应力。

23-8 各单元体上的应力情况如图所示。(1)分别画出应力圆;(2)求出各点的主应力并在单元体上标出主应力的大小与方向。

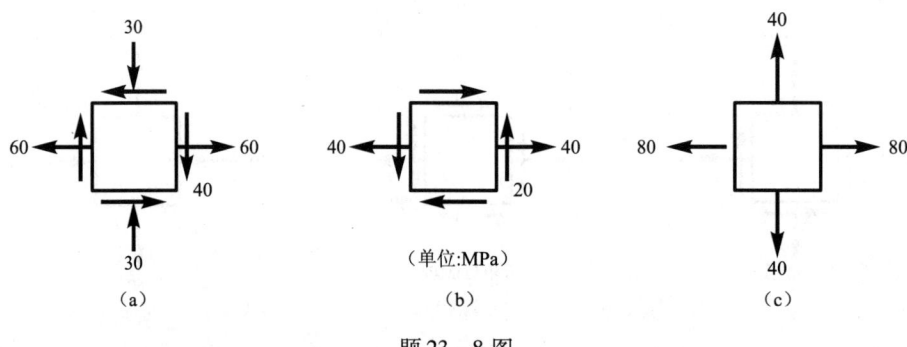

题 23-8 图

23-9 某单元体上的应力情况如图所示,已知沿 σ_x 和 σ_y 方向的线应变分别为 $\varepsilon_x = 0.2 \times 10^{-3}$, $\varepsilon_y = 0.15 \times 10^{-3}$,材料的弹性模量 $E = 2 \times 10^5$ MPa,泊松比 $\mu = 0.3$,试求 σ_x、σ_y 和 ε_z。

23-10 某单元体上的应力情况如图所示,已知 $\sigma_x = 30$ MPa,$\sigma_y = 50$ MPa,$\sigma_z = 20$ MPa,$\tau_x = 40$ MPa,材料的弹性模量 $E = 2 \times 10^5$ MPa,泊松比 $\mu = 0.3$,试求:(1) 该点的主应力;(2) 该点处沿 σ_x、σ_y、σ_z 方向的线应变 ε_x、ε_y 和 ε_z。

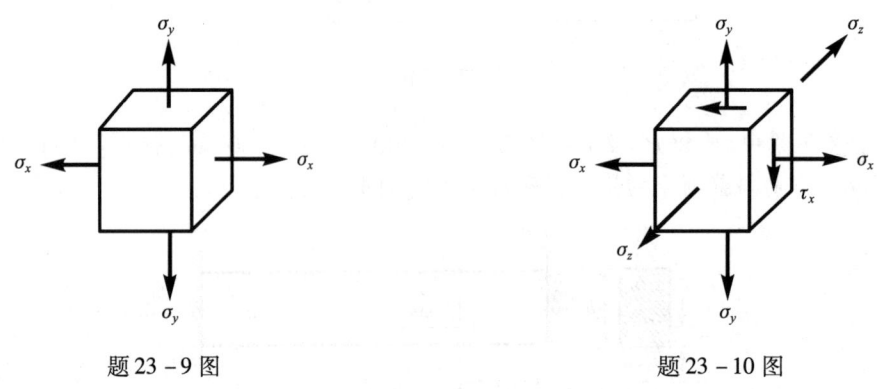

题 23-9 图   题 23-10 图

23-11 边长为 a 的正立方体钢块放置在图示的刚性槽内(立方体与刚性槽间没有空隙),在钢块的顶面上作用 $q = 140$ MPa 的均布压力,已知 $a = 20$ mm,材料的弹性模量 $E = 2 \times 10^5$ MPa,泊松比 $\mu = 0.3$,试求钢块中沿 x、y、z 三个方向的正应力。

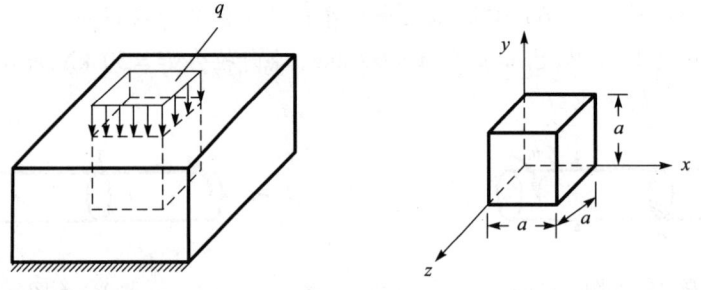

题 23-11 图

23-12 受扭圆杆如图所示,已知 $d = 100$ mm,$m = 5$ kN·m,材料的弹性模量 $E = 2 \times 10^5$ MPa,泊松比 $\mu = 0.3$,试求横截面边缘处 A 点沿与水平线成 45°方向的线应变。

23-13 某铸铁杆件危险点处的应力情况如图所示,已知材料的容许拉应力$[\sigma]=40$ MPa,泊松比$\mu=0.3$,试校核该点的强度。

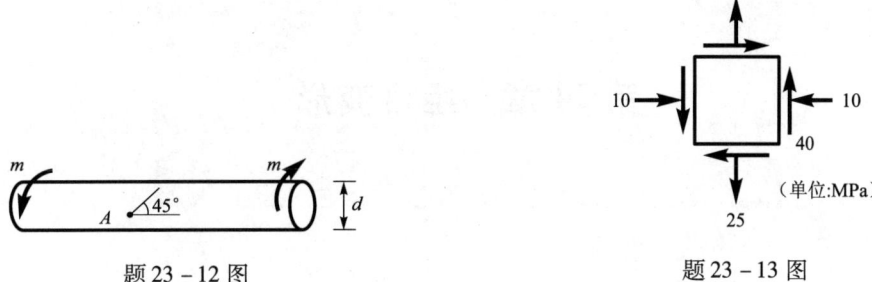

题 23-12 图　　　　题 23-13 图

23-14 用钢板制成的工字形截面梁其尺寸及梁上荷载如图所示,已知$P=90$ kN,钢材的容许应力$[\sigma]=160$ MPa,$[\tau]=100$ MPa,试全面校核梁的强度。

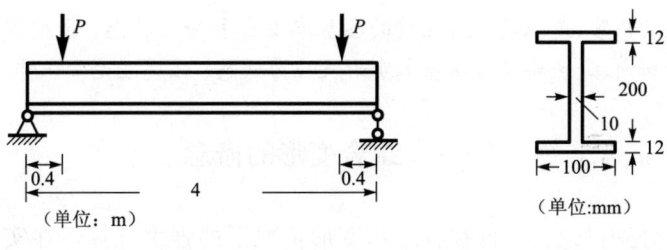

题 23-14 图

第 24 章　组合变形

导言

- 本章主要研究杆件在组合变形情况下的应力和强度计算。
- 本章所研究的内容,是以前面讨论过的各基本变形和应力状态、强度理论为基础的。从内容上看,没有更多的新内容,主要是对各基本变形及应力状态、强度理论知识作进一步的应用。

24.1　组合变形的概念

前面有关章节分别讨论了杆件在各基本变形情况下的强度计算。在实际工程中,杆件受力后发生的变形,往往不仅是单一的基本变形,可能同时发生两种或两种以上的基本变形。例如,图 24-1(a)所示的水塔,水箱中的水重使下面支承的杆件受压,杆件发生压缩变形,由于水塔比较高,同时还受一定的侧向风压,杆件还要发生弯曲变形,这样,水塔在水重和风力的共同作用下,同时发生压缩和弯曲两种基本变形。又如,图 24-1(b)所示的受力杆件,P 作用下杆件发生弯曲变形,m 作用下杆件发生扭转变形,P、m 共同作用下,杆件同时发生弯曲和扭转两种基本变形。杆件在荷载作用下,同时产生两种或两种以上基本变形的情况称为**组合变形**。

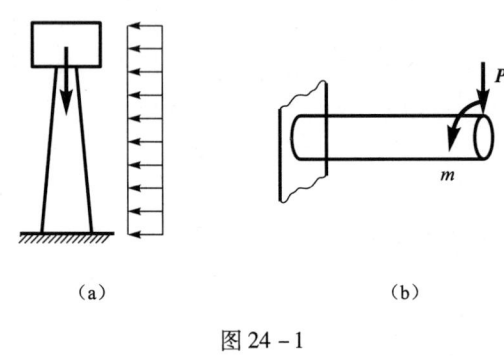

图 24-1

本章主要研究杆件在组合变形时的应力和强度计算。

计算组合变形杆件的应力时,是先将作用在杆件上的荷载分解或简化为若干个荷载,而每个荷载均对应于一种基本变形,然后分别计算各基本变形下的应力,再将同类应力进行叠加。即用叠加法计算应力,叠加法的适用条件为:杆件的变形是微小的;材料服从胡克定律。

24.2　斜　弯　曲

前面讨论过梁的平面弯曲,例如图 24-2(a)所示的矩形截面梁,外力 P 的作用线与截面的竖向对称轴重合,梁弯曲后,梁的挠曲线位于外力所在的纵向对称平面内,这类弯曲为平面弯曲。图24-2(b)所示的矩形截面梁,外力 P 的作用线虽然通过截面的形心(对矩形截面来说,形心就是弯曲中心),但不与截面的对称轴(形心主轴)重合,此时,梁弯曲后的挠曲线不再位于外力 P 所在的纵向平面内,这类弯曲则称为**斜弯曲**。本节主要研究斜弯曲时的应力和强度计算。

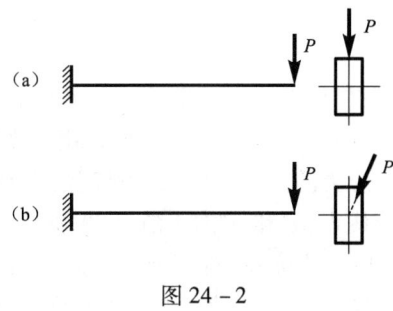

图 24-2

24.2.1 正应力计算

梁斜弯曲时,其横截面上一般同时存在正应力和剪应力。由于剪应力一般都很小,通常多不考虑,这里只讨论正应力。下面结合图24-3所示杆件说明斜弯曲时正应力的计算方法。

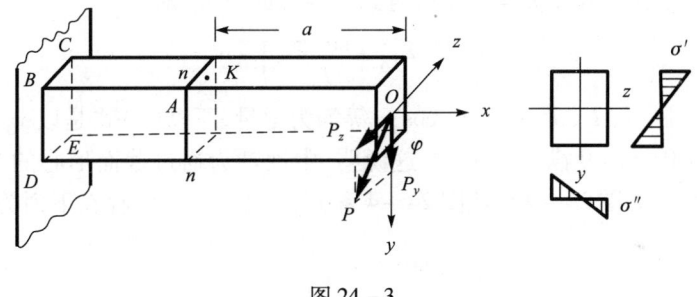

图 24-3

计算正应力时,先将外力 P 沿横截面两个对称轴(即形心主轴)方向分解为 P_y 和 P_z。P_y 单独作用下,梁于竖直平面(xOy 平面)内发生平面弯曲,此时横截面上的正应力用 σ' 表示,σ' 沿截面高度成直线分布,P_z 单独作用下,梁于水平面(xOz 平面)内发生平面弯曲,此时横截面上的正应力用 σ'' 表示,σ'' 沿截面宽度成直线分布(见图24-3)。横截面上某点总的正应力为 σ' 与 σ'' 的代数和。也就是说,计算梁斜弯曲时的正应力,是将斜弯曲分解为两个平面弯曲,再进行叠加。

由图24-3可知,P_y 和 P_z 分别为

$$P_y = P \cdot \cos\varphi \qquad P_z = P \cdot \sin\varphi$$

任一截面 n—n 上,由 P_y 和 P_z 引起的弯矩分别为

$$M_z = P_y \cdot a = Pa \cdot \cos\varphi = M \cdot \cos\varphi$$
$$M_y = P_z \cdot a = Pa \cdot \sin\varphi = M \cdot \sin\varphi$$

式中:$M = Pa$ 是外力 P 引起的 n—n 截面上的弯矩。P_y 和 P_z 单独作用下,该截面上任一点 K 处的正应力分别为

$$\sigma' = \frac{M_z}{I_z} y \qquad \sigma'' = \frac{M_y}{I_y} z$$

P_y 和 P_z 共同作用下,K 点的正应力则为

$$\sigma = \sigma' + \sigma'' = \frac{M_z}{I_z} y + \frac{M_y}{I_y} z \tag{24-1}$$

或写成

$$\sigma = \sigma' + \sigma'' = M\left(\frac{\cos\varphi}{I_z}y + \frac{\sin\varphi}{I_y}z\right) \quad (24-1)'$$

式中:I_z 和 I_y 分别为截面对 z 轴和 y 轴的惯性矩;y 和 z 分别为求应力的点到 z 轴和到 y 轴的距离。式(24-1)或(24-1)′就是梁斜弯曲时横截面上任一点的正应力计算公式。

应力的正负号可采用**直观法**来判定。即按式(24-1)计算应力时,M_z、M_y、y、z 等均以绝对值代入,σ' 和 σ'' 的正负,可根据梁的具体变形和点的位置来判定(拉为正,压为负)。例如,图 24-3 中 n—n 截面上 A 点的应力,P_y 单独作用下梁凹向下弯曲,A 点位于受拉区,P_y 引起的正应力 σ' 为正值;P_z 单独作用下,A 点位于受压区,P_z 引起的正应力 σ'' 为负值。

24.2.2 中性轴的位置

梁斜弯曲时,横截面上也存在中性轴,下面讨论中性轴的位置。

中性轴上各点的正应力都等于零,若用 y_0、z_0 代表中性轴上任意点的坐标,将式(24-1)′中的 y、z 用 y_0、z_0 来代替并令 $\sigma = 0$,便可得到中性轴的方程,即

$$M\left(\frac{\cos\varphi}{I_z}y_0 + \frac{\sin\varphi}{I_y}z_0\right) = 0 \quad (1)$$

对任一具体截面来说,M、I_z、I_y、$\sin\varphi$、$\cos\varphi$ 等均为常量,所以(1)式是以 y_0、z_0 为变量的直线方程。显然,$y_0 = 0$、$z_0 = 0$ 满足该方程,这说明,中性轴为通过截面形心的一条斜直线。令其与 z 轴的夹角为 α(见图 24-4),从图 24-4 看到,α 与 y_0、z_0 间存在下列关系

$$\tan\alpha = \left|\frac{y_0}{z_0}\right| \quad (2)$$

另外,由(1)式可得

$$\left|\frac{y_0}{z_0}\right| = \frac{I_z}{I_y}\tan\varphi \quad (3)$$

比较(2)、(3)二式,则有

$$\tan\alpha = \frac{I_z}{I_y}\tan\varphi \quad (24-2)$$

式(24-2)即为确定中性轴位置的公式。当 I_z、I_y 和角 φ 已知时,便可求出中性轴与 z 轴的夹角 α,从而确定中性轴的位置。

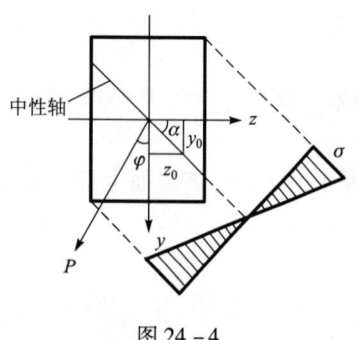

图 24-4

与平面弯曲类似,斜弯曲时,横截面上的正应力以中性轴为界,一侧为拉应力,另一侧为压应力,各点的正应力值与该点到中性轴的距离成正比,最大正应力位于距中性轴最远处。横截面上正应力的分布规律如图 24-4 中所示。

一般情况下,式(24-2)中的 I_z 值与 I_y 值不相等,故 $\alpha \neq \varphi$。α 是中性轴与 z 轴的夹角,φ 是外力 P 的作用线与 y 轴的夹角,α 与 φ 不相等,这说明中性轴不与 P 的作用线垂直。这一点是与平面弯曲不同的,平面弯曲时,二者相互垂直。请读者思考:当 $I_z = I_y$ 时,会得出什么结论。

24.2.3　正应力强度条件

知道中性轴位置后,对斜弯曲杆件来说,就不难算出危险截面上的最大正应力(当材料的抗拉与抗压性能不同时,应分别算出最大拉应力和最大压应力),令最大正应力不超过材料的容许应力,便可建立正应力强度条件,从而进行强度计算。

对工程中常用的矩形截面、工字形截面等有棱角的截面梁,在计算斜弯曲危险截面上的最大正应力时,可不必先确定中性轴的位置。因为这类梁的横截面具有两个对称轴,最大正应力一定位于截面边缘的角点处,当将斜弯曲分解为两个平面弯曲后,很容易找到最大正应力的所在位置。例如图 24-3 所示的矩形截面梁,其左侧固端截面的弯矩最大,为危险截面,P_y 引起的最大拉应力位于截面上边缘 BC 线上各点,而 P_z 引起的最大拉应力位于 CE 线上各点,叠加后,显然 BC 与 CE 的交点 C 处拉应力最大。同理,最大压应力发生在 D 点,其绝对值与最大拉应力相同。在这种情况下,根据式(24-1),其最大正应力为

$$\sigma_{\max} = \frac{M_{z,\max}}{I_z} y_{\max} + \frac{M_{y,\max}}{I_y} z_{\max} = \frac{M_{z,\max}}{W_z} + \frac{M_{y,\max}}{W_y}$$

由于危险点的应力状态为简单应力状态(单向应力状态),所以斜弯曲时的强度条件为

$$\sigma_{\max} = \frac{M_{z,\max}}{W_z} + \frac{M_{y,\max}}{W_y} \leq [\sigma] \tag{24-3}$$

最后还要说明一点:前面介绍斜弯曲的概念时,是结合矩形截面梁来说明的,矩形截面具有两个对称轴,截面的形心就是弯曲中心,外力 P 通过截面形心,实际上是通过弯曲中心。当外力不通过弯曲中心时,梁除发生斜弯曲外,还要发生扭转变形。例如,图 24-5 所示的槽形截面梁,外力 P 的作用线虽然也通过截面的形心,但由于形心不是弯曲中心(即外力 P 没有通过弯曲中心),这时,梁除发生斜弯曲外,还要产生扭转。

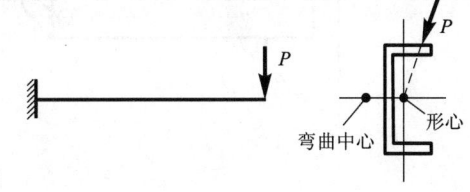

图 24-5

例 24-1　矩形截面简支梁受力如图 24-6 所示,P 的作用线通过截面形心且与 y 轴成 φ 角。已知 $P = 3.2$ kN,$\varphi = 14°$,$l = 3$ m,$b = 100$ mm,$h = 140$ mm,材料的容许正应力 $[\sigma] = 160$ MPa,试校核该梁的强度。

解　梁的弯矩图如图 24-6 中所示,梁中的最大正应力发生在跨中截面的角点处。将荷载 P 沿截面二对称轴方向分解为 P_y 和 P_z,它们引起的跨中截面上的弯矩分别为

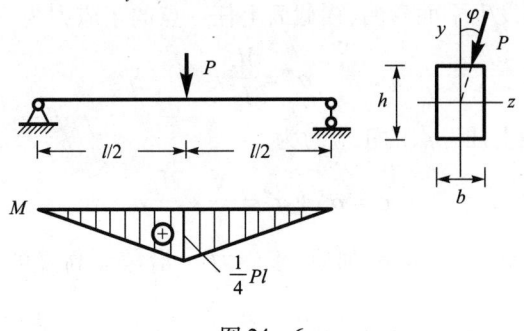

图 24-6

$$M_{z,\max} = \frac{1}{4}P_y l = \frac{1}{4}Pl\cos\varphi = \frac{1}{4} \times 3.2 \times 3 \times 0.97 = 2.33 \text{ kN·m}$$

$$M_{y,\max} = \frac{1}{4}P_z l = \frac{1}{4}Pl\sin\varphi = \frac{1}{4} \times 3.2 \times 3 \times 0.242 = 0.58 \text{ kN·m}$$

梁中的最大正应力为

$$\sigma_{\max} = \frac{M_{z,\max}}{W_z} + \frac{M_{y,\max}}{W_y} = \frac{M_{z,\max}}{\frac{1}{6}bh^2} + \frac{M_{y,\max}}{\frac{1}{6}b^2 h}$$

$$= \frac{2.33 \times 10^3}{\frac{1}{6} \times 0.1 \times 0.14^2} + \frac{0.58 \times 10^3}{\frac{1}{6} \times 0.14 \times 0.1^2} = 9.61 \text{ MPa} < [\sigma]$$

满足正应力强度条件。

24.3 拉伸(压缩)与弯曲的组合变形

杆件上同时作用有轴向力和横向力时,轴向力使杆件拉伸(压缩),横向力使杆件弯曲,此时杆件的变形为拉伸(压缩)与弯曲的组合变形。下面结合图 24-7 所示的受力杆件,说明拉(压)弯组合变形时的正应力和强度计算。剪应力一般都很小,可不予考虑。

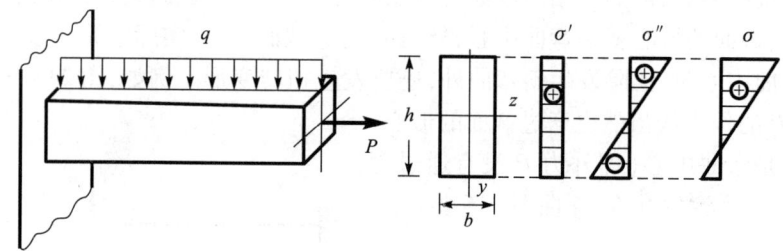

图 24-7

计算正应力时,仍采用叠加法,即分别计算拉伸和弯曲下的正应力,再代数相加。轴向力 P 单独作用时,杆件横截面上的正应力均匀分布,其值为

$$\sigma' = \frac{N}{A}$$

横向力 q 单独作用时,梁发生平面弯曲,横截面上任一点的正应力为

$$\sigma'' = \frac{M_z}{I_z}y$$

P、q 共同作用下,横截面上任一点的正应力为

$$\sigma = \sigma' + \sigma'' = \frac{N}{A} + \frac{M_z}{I_z}y \tag{24-4}$$

正应力仍以拉为正,压为负,σ' 与 σ'' 叠加后,正应力 σ 沿截面高度的分布规律如图 24-7 中所示。

图 24-7 所示的拉弯组合变形杆件,最大正应力发生在弯矩最大截面的上边缘处,其值为

$$\sigma_{\max} = \frac{N}{A} + \frac{M_{\max}}{W_z}$$

因上、下边缘处均为简单应力状态(单向应力状态),故强度条件为

$$\sigma_{\max} = \frac{N}{A} + \frac{M_{\max}}{W_z} \leqslant [\sigma] \qquad (24-5)$$

这里应指明一点:处于压弯组合变形的杆件(图 24 – 8),在横向力使杆件弯曲后,力 P 对杆件的作用就不是纯轴向压缩了,它在横向力引起的位移上还要产生附加弯矩(例如,梁跨中的附加弯矩 $M^* = Pf$),此附加弯矩又会影响杆件在横向力作用下产生的挠度,这种问题称为杆件的**纵横弯曲**问题(这类问题分析比较复杂,这里不详细介绍)。所以,对压弯组合变形杆件来说,只有当杆件的抗弯刚度 EI 比较大时,按式(24 – 4)与式(24 – 5)的计算才是正确的。

例 24 – 2 矩形截面悬臂梁受力如图 24 – 9 所示,已知 $l = 1.2$ m,$b = 100$ mm,$h = 150$ mm,$P_1 = 2$ kN,$P_2 = 1$ kN,试求梁横截面上的最大拉应力和最大压应力。

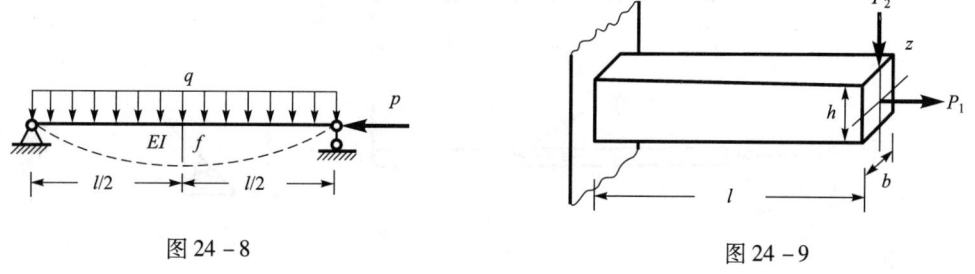

图 24 – 8

图 24 – 9

解 P_1 作用下杆件轴向受拉,P_2 作用下杆件发生平面弯曲。梁横截面上最大拉应力发生在固端截面上边缘处,其值为

$$\sigma_{\text{拉,max}} = \frac{N}{A} + \frac{M_{\max}}{W_z} = \frac{P_1}{bh} + \frac{P_2 l}{\frac{1}{6}bh^2}$$

$$= \frac{2 \times 10^3}{0.1 \times 0.15} + \frac{1 \times 10^3 \times 1.2}{\frac{1}{6} \times 0.1 \times 0.15^2}$$

$$= 3.33 \text{ MPa}$$

最大压应力发生在固端截面下边缘处,其值为

$$\sigma_{\text{压,max}} = \frac{P_1}{bh} - \frac{P_2 l}{\frac{1}{6}bh^2} = -3.07 \text{ MPa}$$

例 24 – 3 图 24 – 10(a)所示结构中,横梁 BD 为 20a 号工字钢,已知 $P = 15$ kN,$l_1 = 2.6$ m,$l_2 = 1.4$ m,钢材的容许应力 $[\sigma] = 160$ MPa,试校核横梁 BD 的强度。

解 横梁 BD 的受力图如图 24 – 10(b)所示。将 N_{AC} 沿水平与竖直方向分解,用 N_x 和 N_y 代替 N_{AC}。横梁 BD 在 R_{Bx}、R_{By}、N_x、N_y 和 P 共同作用下保持平衡,由平衡方程求得

$$N_y = 23.1 \text{ kN} \qquad N_x = R_{Bx} = 40 \text{ kN} \qquad R_{By} = 8.1 \text{ kN}$$

从图 24-10(b)所示的受力图可知,在 R_{Bx} 和 N_x 作用下,横梁的 BC 段轴向受压,其轴力图如图 24-10(c)中所示;在 R_{By}、N_y 和 P 作用下,横梁 BD 相当于图 24-10(d)所示的外伸梁,其弯矩图如图中所示。这样,对横梁的 BC 段来说,既存在轴力,又存在弯矩,所以该段梁为压、弯组合变形。显然,C 左侧截面为危险截面,该截面的下边缘处压应力最大,其值为

$$\sigma_{压,max} = \frac{N}{A} - \frac{M_{max}}{W_z} = \frac{N_x}{A} - \frac{Pl_2}{W_z} \tag{1}$$

对 20a 号工字钢,在型钢表中查得

$$A = 35.5 \text{ cm}^2 = 35.5 \times 10^{-4} \text{ m}^2$$
$$W_z = 237 \text{ cm}^3 = 237 \times 10^{-6} \text{ m}^3$$

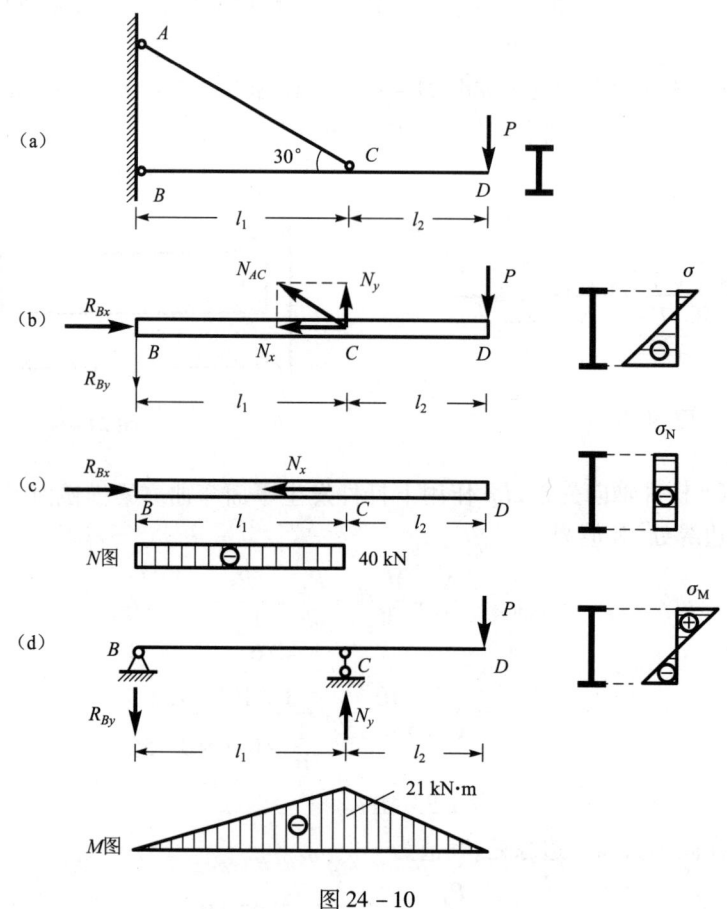

图 24-10

将 A、W_z 代入式(1),得

$$\sigma_{压,max} = \frac{N_x}{A} - \frac{Pl_2}{W_z}$$

$$= \frac{-40 \times 10^3}{35.51 \times 10^{-4}} - \frac{15 \times 10^3 \times 1.4}{237 \times 10^{-6}} = -99.9 \text{ MPa} < [\sigma]$$

满足强度条件。

24.4 偏心拉伸(压缩)

作用在杆件上的拉力(或压力),当其作用线只平行于杆件轴线但不与轴线重合时,称为**偏心拉伸**(或**偏心压缩**)。偏心拉伸(压缩)也是一种组合变形,这里主要讨论偏心拉、压杆件的正应力计算。

24.4.1 单向偏心拉伸(压缩)

图 24-11(a)所示的矩形截面偏心受拉杆件,外力 P 的作用点位于截面的一个形心主轴(对称轴 y)上,这类偏心拉伸称为**单向偏心拉伸**,当 P 为压力时,称单向偏心压缩。

计算单向偏心拉伸(压缩)杆件的正应力时,是将外力 P 平移到截面形心处,使其作用线与杆件轴线重合,同时附加一矩为 $m_z = Pe$ 的力偶[图 24-11(b)]。此时,P 使杆件发生轴向拉伸,而 m_z 使杆件发生平面弯曲,即单向偏心拉伸(压缩)为轴向拉伸(压缩)与平面弯曲的组合变形。与前一节类似,此时横截面上任一点的正应力算式为

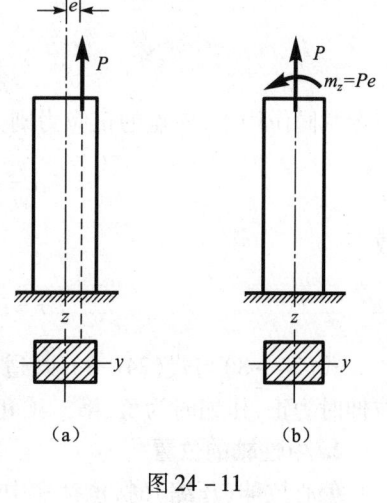

图 24-11

$$\sigma = \sigma' + \sigma'' = \frac{P}{A} + \frac{m_z}{I_z}y \qquad (24-6)$$

式中:$m_z = Pe$,e 称为**偏心距**(正应力仍是以拉为正,压为负)。

单向偏心拉伸(压缩)时,杆件横截面上最大正应力的位置很容易判断。例如,图 24-11(b)所示的情况,最大拉应力显然位于截面的右边缘处,其值为

$$\sigma_{max} = \frac{P}{A} + \frac{m_z}{W_z} \qquad (24-7)$$

24.4.2 双向偏心拉伸(压缩)

图 24-12(a)所示的偏心受拉杆件,外力 P 的作用点不在截面的任何一个形心主轴上,而是位于到 z、y 轴的距离分别为 e_y 和 e_z 的某一点处,这类偏心拉伸称为**双向偏心拉伸**(P 为压力时,称双向偏心压缩)。

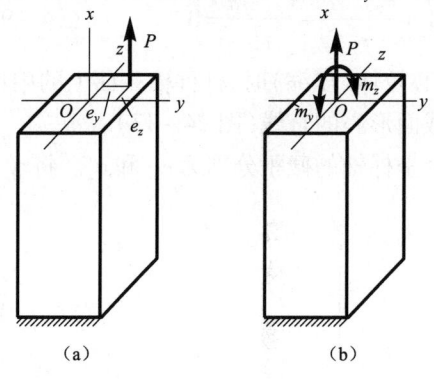

图 24-12

1. 正应力计算

双向偏心拉伸(压缩)时,杆件横截面上任一点正应力的计算方法,与单向偏心拉伸(压缩)时类似,仍是将外力 P 平移到截面形心处,使其作用线与杆件轴线重合,P 平移的同时,附加矩分别为 $m_z = Pe_y$ 与 $m_y = Pe_z$ 的两个力偶[图 24-12(b)]。此时,P 使杆件发生轴向拉伸,m_z 使杆件在 xOy 平面内发生弯曲,m_y 使杆件在 xOz 平面内发生弯曲。即双向偏心拉伸(压缩)为轴向拉伸(压缩)与两个平面弯曲的组合

变形。

轴向力 P 作用下,横截面上任一点处的正应力为

$$\sigma' = \frac{N}{A} = \frac{P}{A}$$

m_z 和 m_y 单独作用下,同一点处的正应力分别为

$$\sigma'' = \frac{M_z}{I_z}y = \frac{m_z}{I_z}y$$

$$\sigma''' = \frac{M_y}{I_y}z = \frac{m_y}{I_y}z$$

三者共同作用下,该点的正应力则为

$$\sigma = \sigma' + \sigma'' + \sigma''' = \frac{P}{A} + \frac{m_z}{I_z}y + \frac{m_y}{I_y}z \tag{24-8}$$

或

$$\sigma = \sigma' + \sigma'' + \sigma''' = \frac{P}{A} + \frac{Pe_y}{I_z}y + \frac{Pe_z}{I_y}z \tag{24-8}'$$

式(24-8)与式(24-8)′既适用于双向偏心拉伸,又适用于双向偏心压缩。式中第一项拉伸时为正,压缩时为负;第二项和第三项的正负,则根据杆件的弯曲变形及点的位置来确定。

2. 中性轴的位置

偏心拉伸(压缩)时,也存在中性轴。

由于中性轴上各点的正应力等于零,因而,令式(24-8)′等于零(此时,y、z 用 y_0、z_0 表示),便可得中性轴的方程,即

$$\frac{P}{A} + \frac{Pe_y}{I_z}y_0 + \frac{Pe_z}{I_y}z_0 = 0$$

将该式改写为

$$\frac{P}{A}\left(1 + \frac{e_y \cdot y_0}{I_z/A} + \frac{e_z \cdot z_0}{I_y/A}\right) = 0$$

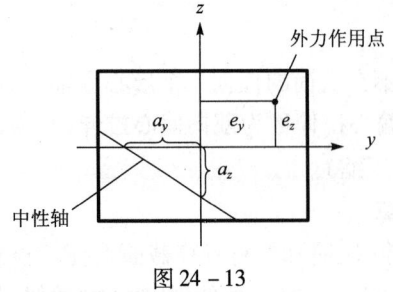

图 24-13

令式中的 $\frac{I_z}{A} = r_z^2$、$\frac{I_y}{A} = r_y^2$(r_z、r_y 分别称为截面对 z 轴、y 轴的**惯性半径**),则有

$$1 + \frac{e_y \cdot y_0}{r_z^2} + \frac{e_z \cdot z_0}{r_y^2} = 0 \tag{24-9}$$

由此可见,双向偏心拉伸(压缩)时,杆件横截面上的中性轴是一条不通过截面形心的直线(图 24-13)。

中性轴与两个坐标轴的截距分别为 a_y 和 a_z。将 $z_0 = 0$ 和 $y_0 = 0$ 分别代入式(24-9),得

$$\left. \begin{array}{l} z_0 = 0, \quad y_0 = a_y = -\dfrac{r_z^2}{e_y} \\[2mm] y_0 = 0, \quad z_0 = a_z = -\dfrac{r_y^2}{e_z} \end{array} \right\} \tag{24-10}$$

通过式(24-10)可求出上述截距,从而确定中性轴的位置。

截面上各点的正应力与到中性轴的距离成正比,当确定了中性轴的位置后,便可求出最大拉应力和最大压应力。

对矩形、工字形等有棱角的截面,最大拉应力和最大压应力总是出现在截面的棱角处,因此,求这类截面杆件的最大正应力时,不需确定中性轴的位置,可用式(24-8)直接算出。

偏心拉伸(压缩)时,杆内最大正应力的所在点,均为单向应力状态,故强度条件为

$$\sigma_{\max} \leqslant [\sigma]$$

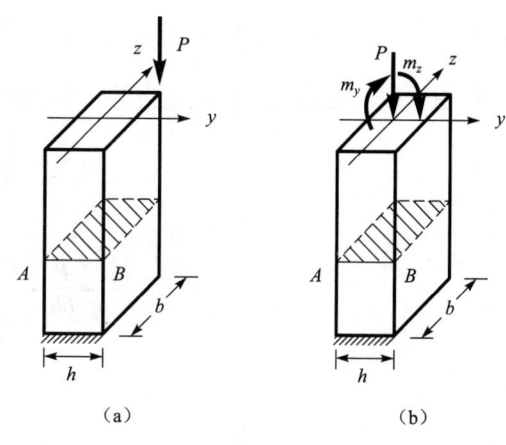

图 24-14

例 24-4 图 24-14(a)所示偏心受压杆件中,已知 $P = 42$ kN,$b = 300$ mm,$h = 200$ mm,试求阴影截面上 A 点和 B 点的正应力。

解 将 P 平移至截面形心处后,对 z 轴和 y 轴的附加力偶矩分别为

$$m_z = P \cdot \frac{h}{2} = 42 \times 10^3 \times \frac{1}{2} \times 0.2 = 4\,200 \text{ N} \cdot \text{m}$$

$$m_y = P \cdot \frac{b}{2} = 42 \times 10^3 \times \frac{1}{2} \times 0.3 = 6\,300 \text{ N} \cdot \text{m}$$

轴向压力 P 作用下,A、B 两点均产生压应力,其值均为 $-\frac{P}{A}$。m_z 作用下,A 点产生拉应力,其值为 $\frac{m_z}{W_z}$;B 点产生压应力,其值为 $-\frac{m_z}{W_z}$。m_y 作用下,A、B 两点均产生拉应力,其值均为 $\frac{m_y}{W_y}$。三者共同作用下,A 点和 B 点的正应力分别为

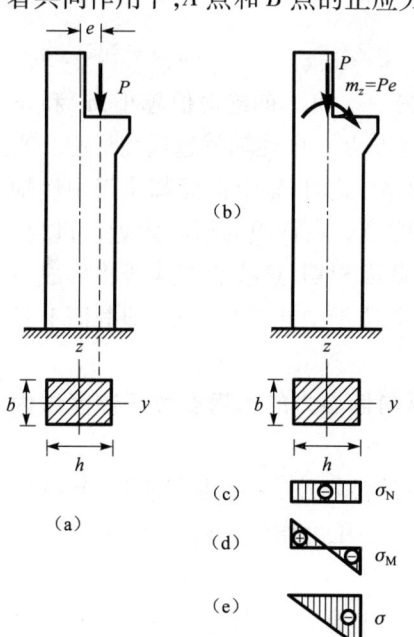

图 24-15

$$\sigma_A = -\frac{P}{A} + \frac{m_z}{W_z} + \frac{m_y}{W_y}$$

$$= -\frac{42 \times 10^3}{0.2 \times 0.3} + \frac{4\,200}{\frac{1}{6} \times 0.3 \times 0.2^2} + \frac{6\,300}{\frac{1}{6} \times 0.2 \times 0.3^2}$$

$$= 3.5 \text{ MPa}$$

$$\sigma_B = -\frac{P}{A} - \frac{m_z}{W_z} + \frac{m_y}{W_y} = -0.7 \text{ MPa}$$

例 24-5 图 24-15(a)所示矩形截面偏心受压柱中,力 P 的作用点位于 y 轴上,偏心距为 e,P、b、h 均为已知,试求柱的横截面上不出现拉应力时的最大偏心距。

解 P 平移到截面形心处后,附加的对 z 轴的力偶矩为 $m_z = Pe$[图 24-15(b)]。

P 作用下,横截面上各点均产生压应力,其值为 $-\frac{P}{A}$。在 m_z 作用下,截面上 z 轴左侧受拉,最大拉应力发

生在截面的左边缘处[图 24-15(d)]，其值为 $\frac{m_z}{W_z}$。欲使横截面上不出现拉应力，应使 P 与 m_z 共同作用下截面左边缘处的正应力等于零，即

$$\sigma = -\frac{P}{A} + \frac{m_z}{W_z} = 0$$

亦即

$$-\frac{P}{bh} + \frac{P \cdot e_{\max}}{\frac{1}{6}bh^2} = 0$$

从而解得

$$e_{\max} = \frac{h}{6}$$

由此结果可知，当压力 P 作用在 y 轴上时，只要偏心距 $e \leq \frac{h}{6}$，截面上就不会出现拉应力。$e = \frac{h}{6}$ 时，正应力（均为压应力）沿截面 h 方向的分布规律如图 24-15(e)所示。

24.5　截面核心的概念

在前一节中，已求得杆件双向偏心拉伸（压缩）时确定中性轴位置的两个截距的计算公式

$$a_y = -\frac{r_z^2}{e_y}$$

$$a_z = -\frac{r_y^2}{e_z}$$

由该式看到，截距 a_y 和 a_z 与外力作用点的坐标 e_y 和 e_z 有关。e_y 和 e_z 的绝对值越小，a_y 和 a_z 的绝对值就越大，这说明，外力作用点越靠近截面形心（坐标原点），中性轴就越远离形心。当外力作用点位于截面形心附近某一点时，中性轴则与截面相切，此时，整个截面都位于中性轴的一侧，截面上只存在同一种正负号的应力（拉应力或压应力）。在截面的形心附近，可以找到一系列类似的点，当外力作用在这些点上时，中性轴都与截面相切，这些点的连线将形成一个小区域，只要外力作用点位于这个小区域内，整个截面就会位于中性轴的一侧，即截面上只出现同一正负号的应力。该小区域称为**截面核心**。

综上可知，**截面核心是截面形心附近的一个区域，当纵向偏心力的作用点位于该区域内时，整个截面上只产生同一种正负号的应力**（拉应力或压应力）。

截面核心的概念在工程中是有意义的。工程中的某些材料如砖、石、混凝土等，其抗拉强度远低于抗压强度，对这类材料制成的偏心受压杆件，当偏心压力作用在截面核心内时，杆件截面上就不会出现拉应力。

截面核心是截面的一种几何特征，它只与截面的形状和尺寸有关，而与外力的大小无关。

工程中常见的矩形、圆形、工字形、槽形等截面的截面核心如图 24-16 中所示。

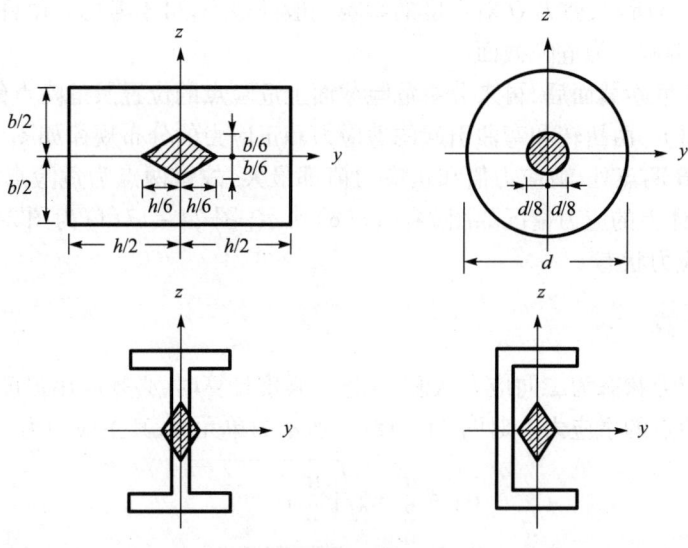

图 24-16

§24.6 弯曲与扭转的组合变形

弯、扭组合变形杆件的强度计算,与前面讨论过的几类组合变形有所不同。斜弯曲、拉(压)弯组合变形及偏心拉伸(压缩)时,杆件危险截面上的危险点都是处于单向应力状态,在进行强度计算时,只需求出杆件中的最大正应力,然后将其与材料的容许应力进行比较。而弯、扭组合变形时,杆件中的危险点是处于复杂应力状态,进行强度计算时,需应用有关的强度理论。

下面结合图 24-17(a)所示的圆形截面杆件,说明弯、扭组合变形时的强度计算方法。

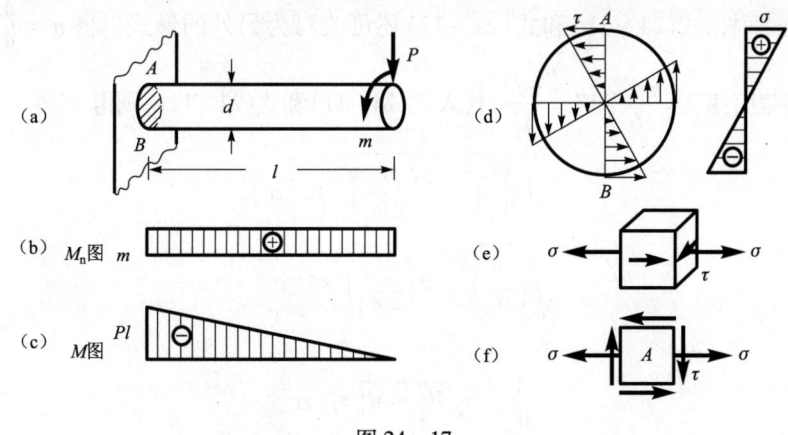

图 24-17

24.6.1 内力与应力分析

图 24-17(a)中,m 使杆件受扭,扭矩图如图 24-17(b)所示;P 使杆件发生平面弯曲,弯

矩图如图 24-17(c)所示,剪力 Q 对强度的影响一般都很小,可不考虑。由杆件的扭矩图和弯矩图可知,左侧固端截面为危险截面。

知道了杆件的危险截面后,再来分析危险截面上危险点的位置及危险点的应力状态。

左侧固端截面上,由扭转和弯曲引起的剪应力和正应力的分布规律如图 24-18(d)所示,上、下边缘的 A、B 两点处,剪应力值和正应力值都最大,故该两点为危险点。从 A 点截取出一单元体,该单元体上的应力情况如图 24-17(e)所示[图 24-17(f)为图 24-17(e)的俯视图],该点为二向应力状态。

24.6.2 强度计算

因危险点的应力状态为二向应力状态,在进行强度计算时,必须应用强度理论。

首先求出危险点的主应力。对图 24-18(f)所示的单元体,其主应力为

$$
\begin{aligned}
\sigma_1 &= \frac{\sigma}{2} + \sqrt{\left(\frac{\sigma}{2}\right)^2 + \tau^2} \\
\sigma_3 &= \frac{\sigma}{2} - \sqrt{\left(\frac{\sigma}{2}\right)^2 + \tau^2} \\
\sigma_2 &= 0
\end{aligned}
\tag{1}
$$

弯、扭组合变形杆件(如传动轴)一般采用塑性材料制成,所以应选用第三或第四强度理论。将式(1)表示的主应力代入第三强度理论的强度条件 $\sigma_1 - \sigma_3 \leq [\sigma]$,得

$$\sqrt{\sigma^2 + 4\tau^2} \leq [\sigma] \tag{24-11}$$

将式(1)代入第四强度理论的强度条件(23-14)中,经整理后得

$$\sqrt{\sigma^2 + 3\tau^2} \leq [\sigma] \tag{24-12}$$

式(24-11)和式(24-12)就是杆在弯、扭组合变形时分别按第三和第四强度理论建立的强度条件。

对于圆形截面杆,式(24-11)和式(24-12)还可改写为另外的形式。将 $\sigma = \frac{M}{W_z}$、$\tau = \frac{M_n}{W_P}$ 及 $W_P = 2W_z$(圆形截面:$W_P = \frac{\pi d^3}{16}$、$W_z = \frac{\pi d^3}{32}$)代入式(24-11)和式(24-12),则得

$$\sqrt{\left(\frac{M}{W_z}\right)^2 + 4\left(\frac{M_n}{2W_z}\right)^2} \leq [\sigma]$$

$$\sqrt{\left(\frac{M}{W_z}\right)^2 + 3\left(\frac{M_n}{2W_z}\right)^2} \leq [\sigma]$$

即

$$\frac{1}{W_z} \cdot \sqrt{M^2 + M_n^2} \leq [\sigma] \tag{24-13}$$

$$\frac{1}{W_z} \cdot \sqrt{M^2 + 0.75 M_n^2} \leq [\sigma] \tag{24-14}$$

使用式(24-13)和式(24-14)时应注意:该二式是从圆形截面条件导出的,故它只适用于圆形截面的弯、扭组合变形杆件。

例 24-6 图 24-18(a)为某传动轴的受力简图,圆轴由钢材制成,已知 $l = 0.8$ m,圆轴直

径 $d = 50$ mm,$P_1 = 4$ kN,$P_2 = 3$ kN,$m = 1.2$ kN·m,钢材的容许应力 $[\sigma] = 160$ MPa,试按第三强度理论校核该轴的强度。

解 轴在 m 作用下受扭,P_1、P_2 作用下受弯,此题为弯、扭组合变形问题。

m 作用下轴的扭矩图如图 24-18(b)中所示,P_1 和 P_2 作用下,轴相当于图 24-18(c)所示的外伸梁,其弯矩图如图中所示。在 AC 段中,各截面上的扭矩相同,而弯矩值(绝对值)则是 B 截面上最大,所以 B 截面为危险截面。B 截面上的弯矩和扭矩分别为

$$M_B = P_1 \cdot \frac{l}{4} = 4 \times 10^3 \times \frac{0.8}{4}$$
$$= 0.8 \times 10^3 \text{ N·m}$$
$$M_n = m = 1.2 \times 10^3 \text{ N·m}$$

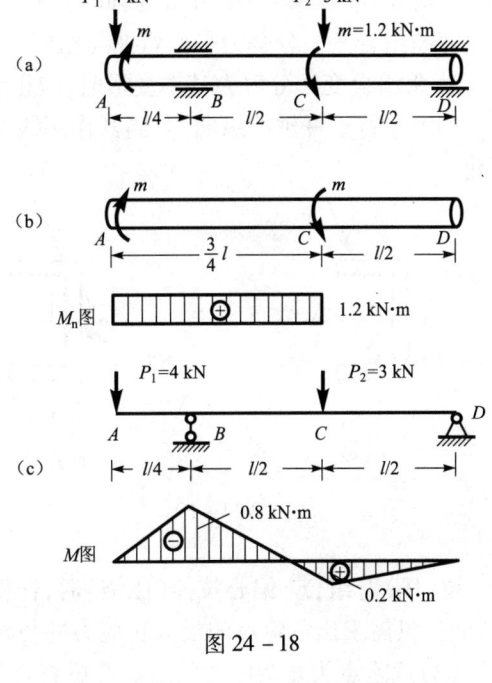

图 24-18

危险点位于 B 截面的上、下边缘处。上边缘点的正应力和剪应力分别为

$$\sigma = \frac{M_B}{W_z} = \frac{0.8 \times 10^3}{\frac{\pi}{32} \times 0.05^3} = 65.2 \text{ MPa}$$

$$\tau = \frac{M_n}{W_P} = \frac{1.2 \times 10^3}{\frac{\pi}{16} \times 0.05^3} = 48.9 \text{ MPa}$$

将它们代入式(24-11)得

$$\sqrt{\sigma^2 + 4\tau^2} = \sqrt{65.2 + 4 \times 48.9^2} = 117.5 \text{ MPa} < [\sigma]$$

满足强度条件。

本例题中,轴为圆形截面,用第三强度理论校核强度时,也可按下式进行

$$\frac{1}{W_z}\sqrt{M^2 + M_n^2} \leq [\sigma]$$

小 结

1. 本章是研究组合变形杆件的应力和强度计算。从内容上看,本章主要是对前面讨论过的各基本变形及应力状态、强度理论等作进一步的应用。

2. 计算组合变形杆的应力是用叠加法。即先将组合变形分解为有关的基本变形,然后计算各基本变形下的应力,再将同类应力进行叠加。其关键是将组合变形分解为基本变形,回顾讨论过的几种组合变形:

斜弯曲——分解为两个平面弯曲。

拉(压)弯组合——分解为轴向拉伸(压缩)与平面弯曲。

偏心拉伸(压缩)——分解为轴向拉伸(压缩)与一个或两个平面弯曲。

弯扭组合——分解为平面弯曲与扭转。

3. 将组合变形分解为基本变形时,应正确地对外力进行简化和分解,其要点为:

(1) 平行于杆轴的纵向力,当其作用线不通过截面形心时(偏心拉、压),一律向截面形心简化。

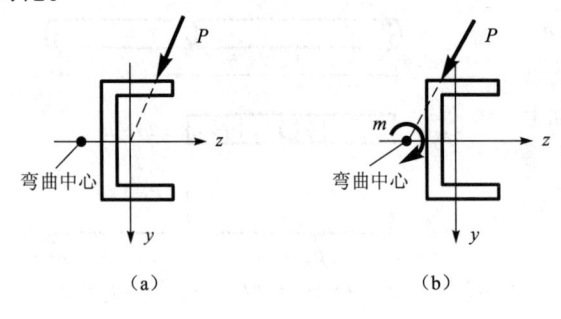

(2) 垂直于杆轴线的横向力,当其作用线通过弯曲中心但不与形心主轴重合(或平行)时(斜弯曲),应将横向力沿两个主轴方向分解;当横向力不通过弯曲中心时[如图24-19(a)],需先将横向力向弯曲中心处简化[图24-19(b)],然后再将横向力沿两个主轴方向分解。

图 24-19

4. 组合变形杆件的强度计算分为两类:

(1) 危险点为单向应力状态。斜弯曲、拉(压)弯组合、偏心拉伸(压缩)时,杆件危险点的应力状态均为单向应力状态,进行强度计算时,只需求出危险点的最大正应力并与材料的容许应力相比较,即可建立强度条件。

(2) 危险点为复杂应力状态。弯扭组合(或拉扭组合)变形时,杆件危险点的应力状态为二向应力状态,进行强度计算时,必须应用强度理论。

不论危险点是处于单向应力状态还是复杂应力状态,强度计算的步骤都是:① 将组合变形分解为基本变形并分析杆件的内力,从而确定危险截面;② 分析危险截面上危险点的位置并算出危险点的应力;③ 对危险点进行强度计算。

 习 题

24-1 图示梁中,P_1 与 P_2 分别作用在梁的竖向与水平对称面内,已知 $l=1.5$ m,$a=1$ m,$b=100$ mm,$h=150$ mm,$P_1=1.2$ kN,$P_2=0.8$ kN,试求梁横截面上的最大拉应力并指明所在位置。

24-2 由22a号工字钢制成的外伸梁承受均布荷载 q,q 的作用线与 y 轴成10°角且通过截面形心,已知 $q=4.5$ kN/m,$l=6$ m,材料的容许应力 $[\sigma]=160$ MPa,试校核该梁的强度。

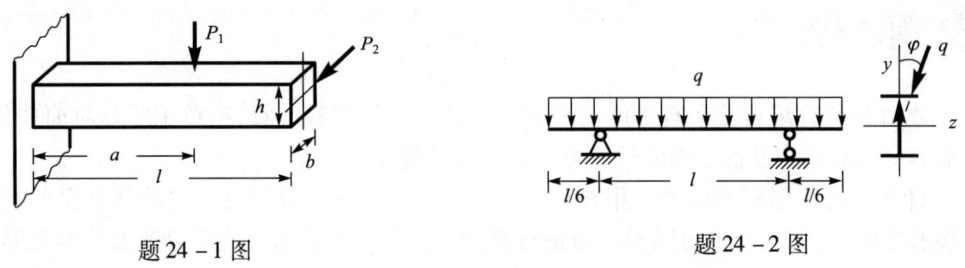

题 24-1 图   题 24-2 图

24-3 承受均布荷载的矩形截面简支梁如图所示,q 的作用线通过截面形心且与 y 轴成15°角,已知 $l=4$ m,$b=80$ mm,$h=120$ mm,材料的容许应力 $[\sigma]=10$ MPa,试求梁容许承受的

最大荷载 q_{max}。

24-4 图示受力杆件中,P 的作用线平行于杆件轴线,P、l、b、h 均为已知,试求杆件横截面上的最大拉应力并指明所在位置。

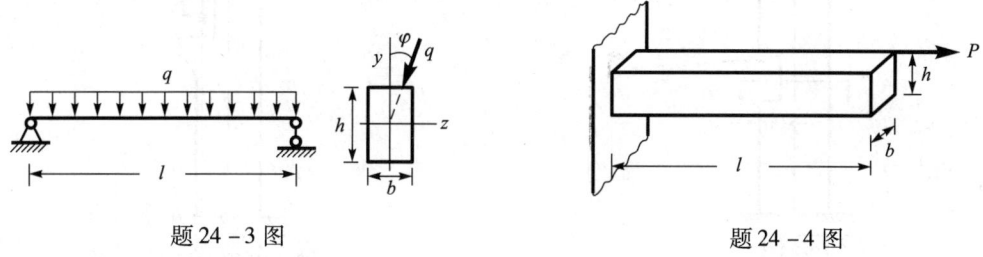

题 24-3 图   题 24-4 图

24-5 图示结构中,BC 为矩形截面杆,已知 $a = 1$ m,$b = 120$ mm,$h = 160$ mm,$P = 4$ kN,试求 BC 杆横截面上的最大拉应力和最大压应力。

24-6 图示结构中,AD 杆为 16 号工字钢,已知 $P = 10$ kN,钢材的容许应力 $[\sigma] = 160$ MPa,试校核 AD 杆的强度。

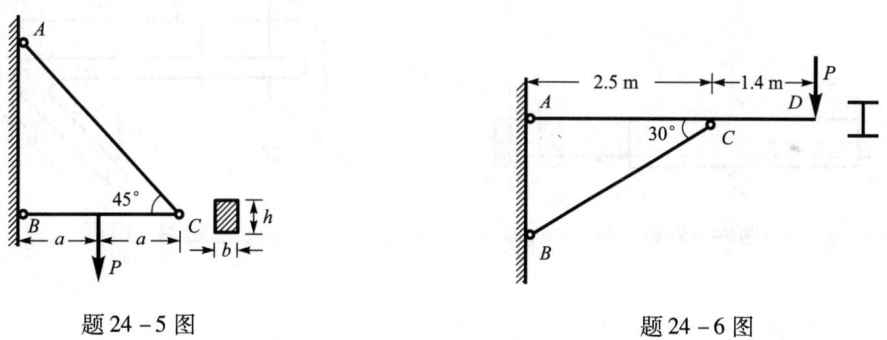

题 24-5 图   题 24-6 图

24-7 一矩形截面轴向受压杆,在中间某处挖一槽口,已知 $P = 20$ kN,$b = 160$ mm,$h = 240$ mm,槽口深 $h_1 = 60$ mm,试求槽口处横截面 m—m 上的最大压应力。

24-8 矩形截面受压柱如图所示,其中 P_1 的作用线与柱轴线重合,P_2 的作用点位于 y 轴上,已知 $P_1 = P_2 = 80$ kN,$b = 240$ mm,P_2 的偏心距 $e = 100$ mm。(1)求柱的横截面上不出现拉应力时 h 的最小尺寸;(2)当 h 确定后,求柱横截面上的最大压应力。

24-9 $b = 60$ mm,$h = 120$ mm 的矩形截面钢杆,在偏心拉力(力的作用点位于 y 轴上)作用下,测得上边缘处的纵向线应变 $\varepsilon = 1.75 \times 10^{-5}$,已知 $P = 100$ kN,材料的弹性模量 $E = 2 \times 10^5$ MPa,试求偏心距 e。

24-10 图示的直角折杆位于水平面内,P 沿竖直方向作用在自由端,已知 $P = 1.2$ kN,材料的容许应力 $[\sigma] = 160$ MPa,试按第三强度理论选择杆的直径。

24-11 在图示的圆截面钢杆中,已知 $l = 1$ m,$d = 100$ mm,$P_1 = 6$ kN,$P_2 = 50$ kN,$m = 12$ kN·m,材料的容许应力 $[\sigma] = 160$ MPa,试校核该杆的强度。

24-12 钢制圆截面杆受力如图所示,已知 $P = 120$ kN,$m = 3$ kN·m,$d = 60$ mm,材料的容许应力 $[\sigma] = 160$ MPa,试用第三强度理论校核该杆的强度。

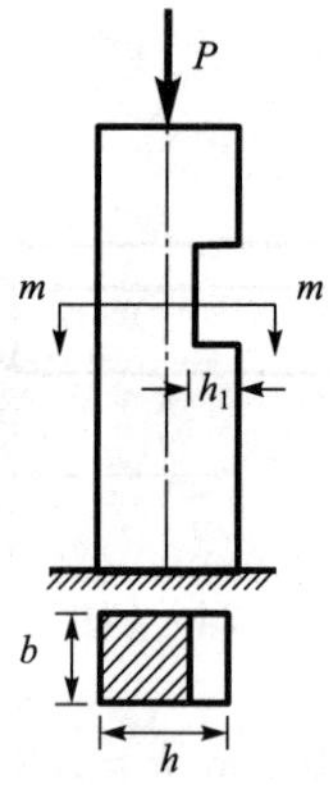

题 24-7 图

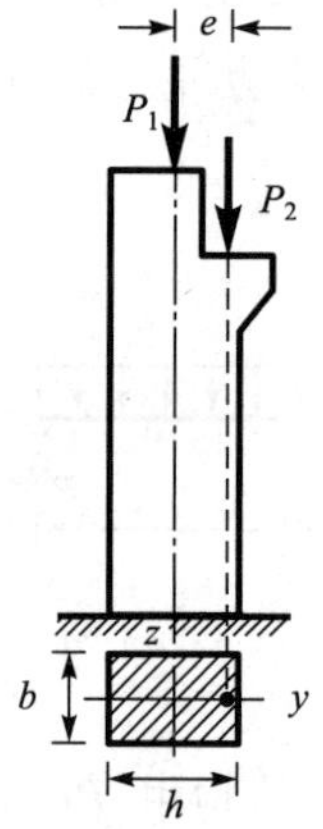

题 24-8 图

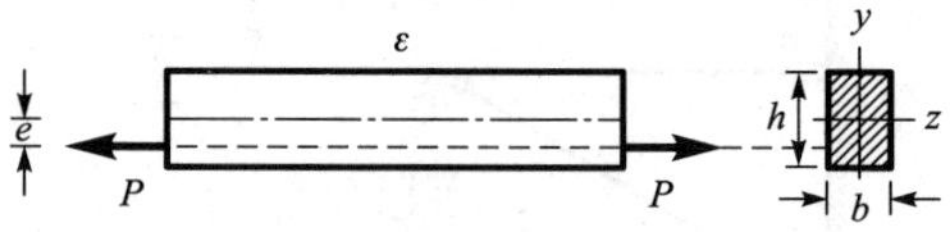

题 24-9 图

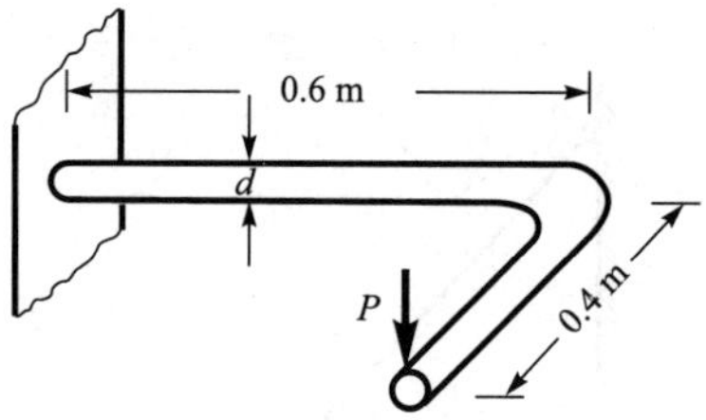

题 24-10 图

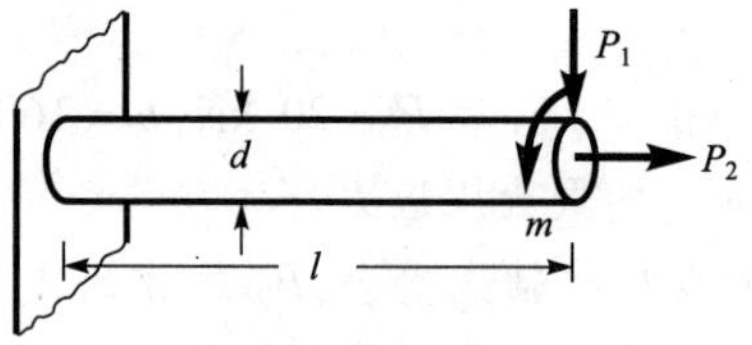

题 24-11 图

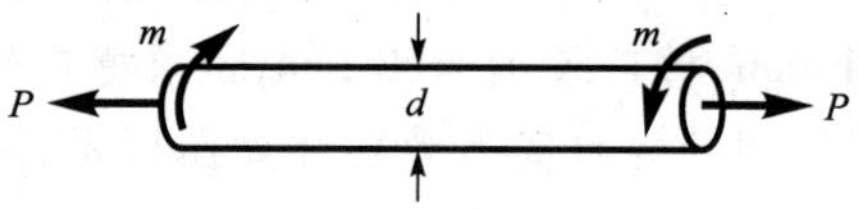

题 24-12 图

24-13 不同截面的悬臂梁如图所示，在梁的自由端均作用有垂直于梁轴线的集中力 P。问：(1) 哪些属基本变形？哪些属组合变形？(2) 属组合变形者是由哪些基本变形组合的？

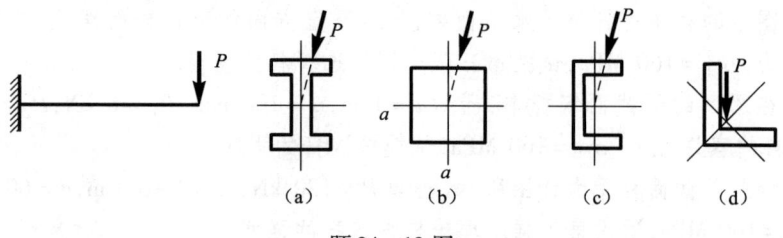

题 24-13 图

第 25 章 压杆稳定

导言

- 本章将研究受压杆件的稳定计算。稳定问题是构件正常工作的三方面要求(强度、刚度、稳定)之一,虽然压杆稳定只占一章篇幅,但却占有重要地位。

25.1 压杆稳定的概念

在本册开篇中曾提到,细长的受压直杆,当压力达到一定值时,直杆会丧失原有直线形式的平衡而突然变弯,这类问题就是压杆的稳定问题。

稳定的概念与强度的概念不同。对轴向受压杆件来说,从强度角度看,只要横截面上的正应力不超过材料的强度极限(或屈服极限),材料就不会破坏,这对短粗的受压杆件是正确的,但对细长的受压杆件却不是如此。由实验得知,在轴向压力作用下的细长直杆,当杆内的应力远小于材料的强度极限(或屈服极限)时,就会出现突然弯曲甚至折断的现象,这种现象称为**压杆丧失稳定**,简称为**失稳**。

压杆的稳定是指受压杆件保持其原有平衡形式的稳定性。图 25-1(a)为轴向受压的细长直杆,杆在压力 P 作用下处于直线形式的平衡。由实验得知,当压力 P 小于某一临界值 P_{cr} 时,压杆可始终保持直线形式的平衡,即使对该压杆加一横向干扰力使杆弯曲,但在横向干扰力去掉后,杆仍能恢复到原来的直线形式,这时 ($P < P_{cr}$),称压杆**直线形式的平衡是稳定的**。当压力 P 增加到该临界值 P_{cr} 时,如果加一横向干扰力使杆发生微小的弯曲变形,在干扰力去掉后,压杆则不能恢复到原来的直线形式,而是在微弯状态下平衡[图 25-1(b)],若继续增大 P 值使之超过 P_{cr},杆将继续弯曲直到折断,$P \geq P_{cr}$ 时,压杆原有**直线形式的平衡是不稳定的**。

由此可知,压杆直线形式的平衡是否是稳定的,决定于轴向压力 P 的大小,P 小于临界值 P_{cr} 时是稳定的,P 等于与大于 P_{cr} 时是不稳定的。压杆直线形式的平衡由稳定转为不稳定时,即为丧失稳定。压力 P 的临界值 P_{cr} 称为**临界力**。轴向压力 P 达到临界力 P_{cr} 时的特点是:不加横向干扰力时,压杆可处于直线形式的平衡;加一微小的横向干扰力使杆发生微小的弯曲,在干扰力去掉后,杆可保持微弯状态下的平衡。

稳定问题非常重要,当受压杆不满足稳定要求时,常会造成十分严重的后果,甚至导致整个建筑物或结构物的倒塌。例如1907年加拿大魁北克的圣劳伦斯河上的一座钢桥,在施工中突然倒塌,就是由于某些受压杆件的失稳造成的。

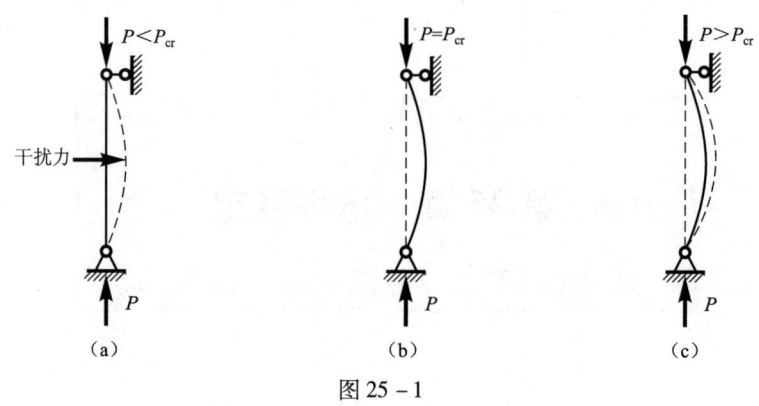

图 25-1

25.2 两端铰支细长压杆的临界力

受压杆件的临界力既与杆件的几何尺寸有关,又与杆件两端的支承情况有关,本节将推导两端为球形铰支座的细长压杆的临界力计算公式。细长的受压杆件,当轴向压力 P 到达临界力 P_{cr} 时,杆内的应力较小,材料处于弹性阶段,这类问题称为弹性稳定问题。

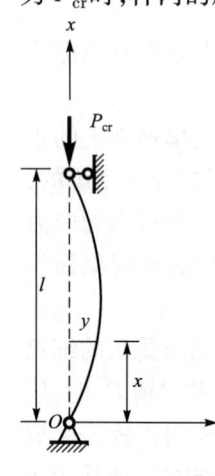

图 25-2

图 25-2 为两端铰支(球形铰)的细长受压杆件。由前节知道,当轴向压力 P 达到临界力 P_{cr} 时,压杆的特点是:既可保持直线形式的平衡,又可保持微弯状态下的平衡。现令压杆在 P_{cr} 作用下处于微弯状态的平衡(图 25-2)。杆微弯后,横截面上均存在弯矩,任意横截面上的弯矩为

$$M(x) = P_{cr} \cdot y \tag{a}$$

由第 22 章可知,对微小的弯曲,杆弯曲后的挠曲线近似微分方程为

$$\frac{d^2 y}{dx^2} = -\frac{M(x)}{EI} \tag{b}$$

将式(a)代入式(b),得

$$\frac{d^2 y}{dx^2} = -\frac{P_{cr}}{EI} \cdot y \tag{c}$$

令式中

$$\frac{P_{cr}}{EI} = k^2 \tag{d}$$

则式(c)变为

$$\frac{d^2 y}{dx^2} + k^2 y = 0 \tag{e}$$

此式即为压杆微弯后挠曲线的微分方程,这是一个常系数线性二阶齐次微分方程,其通解为

$$y = C_1 \sin kx + C_2 \cos kx \tag{f}$$

式中:C_1、C_2 为待定常数,由杆的边界条件来确定。图 25-2 所示压杆的边界条件为

当 $x = 0$ 时,$y = 0$ ①

当 $x = l$ 时,$y = 0$ ②

将边界条件①代入式(f),可得

$$C_2 = 0$$

于是式(f)变为
$$y = C_1 \sin kx \qquad (g)$$

将边界条件②代入式(g),得
$$C_1 \sin kl = 0$$

式中的 C_1 不能为零,因 C_1 若为零,则式(g)变为 $y=0$,这对应着压杆没有发生弯曲的情况,与图 25-2 所示的微弯状态相矛盾,所以
$$\sin kl = 0$$

由此得
$$kl = n\pi \quad \text{或} \quad k = \frac{n\pi}{l} \quad (n = 0,1,2,\cdots,n)$$

而
$$k^2 = \frac{n^2\pi^2}{l^2}$$

将 k^2 代回式(d),得
$$P_{cr} = \frac{n^2\pi^2 EI}{l^2} \quad (n = 0,1,2,\cdots,n)$$

式中若取 $n=0$,则得 $P_{cr}=0$,与讨论的前提不符,这里应取 n 不为零的最小值,即应取 $n=1$,所以

$$P_{cr} = \frac{\pi^2 EI}{l^2} \qquad (25-1)$$

式(25-1)即为两端铰支细长压杆的临界力计算公式。该公式是由欧拉首先导出的,所以又称为**欧拉公式**。式中,l 为杆长,EI 为杆的抗弯刚度(I 为截面的形心主惯性矩)。这里应指出:式(25-1)是从两端为球形铰的铰支压杆导出的,当压杆失稳时,杆将在其刚度最小的平面内发生弯曲,所以式中的 I 应是截面的最小形心主惯性矩。例如,图 25-3 所示的矩形截面($h>b$)受压杆,其两端均为球铰,在用公式 $P_{cr} = \frac{\pi^2 EI}{l^2}$ 计算该杆的临界力时,式中的 I 应为 I_z。

将 $k = \frac{\pi}{l}$(即 $n=1$)代入(g)式,可得压杆微弯时的挠曲线方程
$$y = C_1 \sin \frac{\pi x}{l}$$

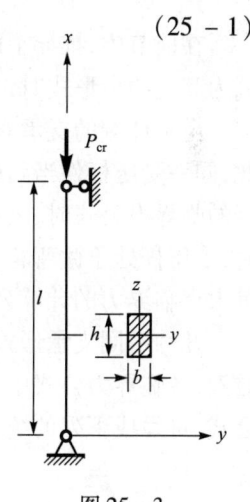

图 25-3

此式为一半波正弦曲线[25-4(a)]图。当 $x = \frac{l}{2}$ 时,$y = C_1 = f$,由此可知,C_1 为杆中点处的位移。

当取 $n=2$ 时,由 $y = C_1 \sin \frac{2\pi x}{l}$ 可知,挠曲线将为两个半波的正弦曲线[图 25-4(b)]。取 $n=3$ 时,由 $y = C_1 \sin \frac{3\pi x}{l}$ 可知,挠曲线则为三个半波正弦曲线[图 25-4(c)]。但这些只有在图 25-4(b)、(c)所示的支承情况下,才可能出现。在两端铰支的情况下,只能出现图 25-4(a)所示的形式,所以,在前面导出的临界力公式 $P_{cr} = \frac{n^2\pi^2 EI}{l^2}$ 中,只能取 $n=1$。

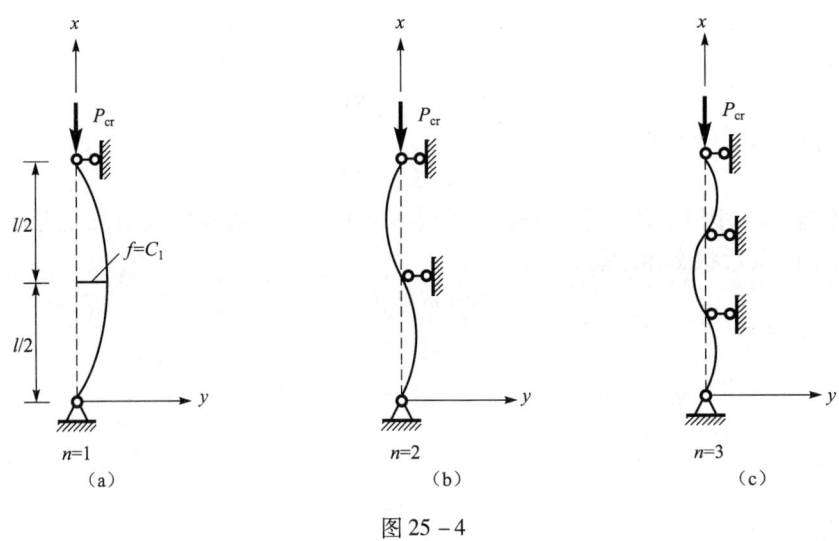

图 25-4

25.3 杆端约束对临界力的影响

在前节中,推导了两端为铰支的细长压杆的临界力计算公式。本节将讨论细长压杆的两端为其他约束形式时,如何计算其临界力。

由于杆端的支承对杆件的变形起约束作用,不同的支承形式对杆件的约束作用也不同,因此,同一受压杆件当两端的支承情况不同时,其临界力值也各不相同。推导各种支承情况下压杆的临界力公式时,其过程与前节推导铰支压杆的过程完全相同。即当轴向压力达到临界力时,令压杆处于微弯状态的平衡,在此基础上,建立杆的挠曲线微分方程,通过解微分方程,便可求得临界力的计算公式。这里不作推导,只介绍其结果。

几种不同支承形式的细长压杆(均为等截面杆)的临界力公式列于表 25-1 中。从表中看到,各临界力公式中,只是分母中 l 前边的系数不同,因此,细长压杆在不同支承下的临界力公式,可写成下列的统一形式

$$P_{cr} = \frac{\pi^2 EI}{(\mu l)^2} = \frac{\pi^2 EI}{l_0^2} \qquad (25-2)$$

式中:$l_0 = \mu l$ 称为**计算长度**,μ 称为**长度系数**。压杆不同支承下的计算长度 l_0 及长度系数 μ 如表 25-1 中所列。

表中所示压杆在各种不同支承情况下的计算长度 l_0,也可通过其挠曲线与两端铰支压杆的挠曲线的对比来理解。两端铰支压杆的挠曲线为半波正弦曲线,不同支承情况下,挠曲线对应于半波正弦曲线的杆长即为计算长度 l_0。例如,一端固定另端自由的压杆,其挠曲线为半个半波正弦曲线,它的两倍相当于一个半波正弦曲线[图 25-5(a)],故计算长度 l_0 为 $2l$;一端固定另一端可上下移动而不能转动的压杆,其挠曲线存在两个反弯点(反弯点处的弯矩为零),反弯点位于距端点 $0.25l$ 处,中间 $0.5l$ 部分为半波正弦曲线[图 25-5(b)],故计算长度 l_0 为 $0.5l$;一端固定另一端铰支的压杆,挠曲线的反弯点位于距铰支端 $0.7l$ 处,故计算长度 l_0 为 $0.7l$。

表 25-1 各种支承情况下等截面细长压杆的临界力公式

支承情况	两端铰支	一端固定另端自由	一端固定,另端可上下移动但不能转动	一端固定另端铰支
挠曲线形状				
临界力公式	$P_{cr}=\dfrac{\pi^2 EI}{l^2}$	$P_{cr}=\dfrac{\pi^2 EI}{(2l)^2}$	$P_{cr}=\dfrac{\pi^2 EI}{(0.5l)^2}$	$P_{cr}=\dfrac{\pi^2 EI}{(0.7l)^2}$
计算长度	$l_0=l$	$l_0=2l$	$l_0=0.5l$	$l_0=0.7l$
长度系数	$\mu=1$	$\mu=2$	$\mu=0.5$	$\mu=0.7$

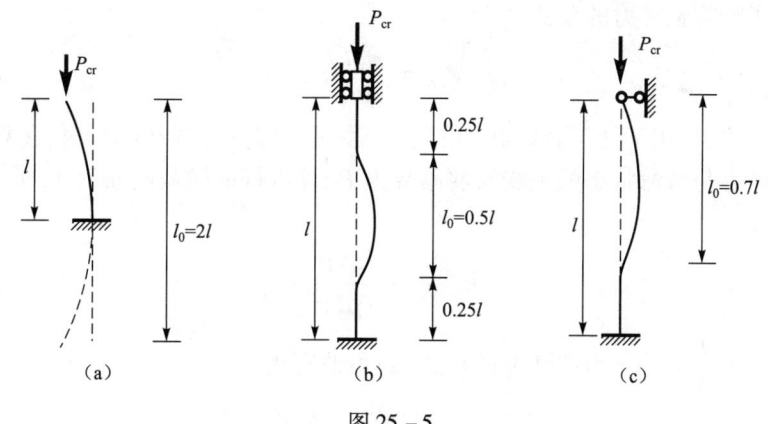

图 25-5

例 25-1 一端固定另一端铰支(球铰)的细长压杆如图 25-6 所示,该杆是由 14 号工字钢制成,已知钢材的弹性模量 $E=2\times 10^5$ MPa,材料的屈服极限 $\sigma_s=240$ MPa,杆长 $l=4$ m。(1) 求该杆的临界力;(2) 从强度方面计算该杆的屈服荷载 P_s,并将 P_{cr} 与 P_s 进行比较。

解 (1) 计算临界力。

对 14 号工字钢,由型钢表查得

$$I_y = 712 \text{ cm}^4 = 712\times 10^{-8} \text{ m}^4$$

$$I_z = 64.4 \text{ cm}^4 = 64.4\times 10^{-8} \text{ m}^4$$

$$A = 21.5 \text{ cm}^2 = 21.5\times 10^{-4} \text{ m}^2$$

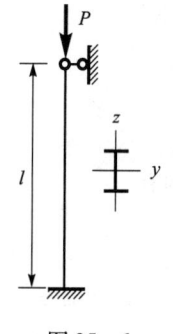

图 25-6

压杆在刚度最小的平面内失稳,所以 $P_{cr}=\dfrac{\pi^2 EI}{(\mu l)^2}$ 中,$I=I_{\min}=I_z$,该杆的临界力为

$$P_{cr} = \frac{\pi^2 EI_z}{(\mu l)^2}$$

$$= \frac{\pi^2 \times 2 \times 10^5 \times 10^6 \times 64.4 \times 10^{-8}}{(0.7 \times 4)^2} \text{ N} = 162 \text{ kN}$$

(2) 计算屈服荷载 P_s。

该杆屈服荷载为

$$P_s = \sigma_s \cdot A = 240 \times 10^6 \times 21.5 \times 10^{-4} \text{ N} = 516 \text{ kN}$$

P_{cr} 与 P_s 的比值为

$$P_{cr} : P_s = 162 : 516 = 1 : 3.19$$

由此结果看到,对图 25-6 所示的压杆来说,其临界力 P_{cr} 比屈服荷载 P_s 小很多,若忽视了稳定问题,将是十分危险的。

25.4 临界应力·欧拉公式的适用范围

25.4.1 临界应力

前面导出了计算临界力的公式

$$P_{cr} = \frac{\pi^2 EI}{(\mu l)^2}$$

当压杆在临界力 P_{cr} 作用下处于直线状态的平衡时(前曾提到,当 $P = P_{cr}$ 时,压杆可维持两种状态——直线状态与微弯状态的平衡),将临界力 P_{cr} 除以杆的横截面面积 A,即可得到压杆的**临界应力**,即

$$\sigma_{cr} = \frac{P_{cr}}{A} = \frac{\pi^2 E}{(\mu l)^2} \cdot \frac{I}{A} \tag{a}$$

在前一章已经知道 $\frac{I}{A} = r^2$(r 为惯性半径),式(a)可改写为

$$\sigma_{cr} = \frac{\pi^2 E r^2}{(\mu l)^2} = \frac{\pi^2 E}{\left(\frac{\mu l}{r}\right)^2} \tag{b}$$

令

$$\lambda = \frac{\mu l}{r} \tag{c}$$

则有

$$\sigma_{cr} = \frac{\pi^2 E}{\lambda^2} \tag{25-3}$$

该式即为临界应力的计算公式。式(25-3)实际上是欧拉公式的另一种表达形式。

式(25-3)中的 λ 称为压杆的**柔度**,又称为长细比。柔度 λ 是稳定计算中的一个重要物理量。由式 $\lambda = \frac{\mu l}{r}$ 可知,柔度 λ 与 r、μ、l 有关,$r = \sqrt{\frac{I}{A}}$ 其值取决于压杆的截面形状与尺寸,μ 值决定于压杆两端的支承情况,因而从物理意义上看,λ 综合地反映了压杆的长度、截面的形

状与尺寸以及压杆两端的支承情况对临界应力(或临界力)的影响,从式(25-3)还可看到,当 E 值一定时,σ_{cr} 与 λ^2 成反比,这表明,对由一定材料制成的压杆来说,临界应力仅决定于柔度 λ,λ 值越大,σ_{cr} 值越小,压杆就越容易失稳。反之,λ 值越小,σ_{cr} 值越大,压杆就越不易失稳。

25.4.2 欧拉公式的适用范围

欧拉公式 $P_{cr} = \dfrac{\pi^2 EI}{(\mu l)^2}$ 或 $\sigma_{cr} = \dfrac{\pi^2 E}{\lambda^2}$ 是有一定的适用范围的。

在推导欧拉公式时,应用了挠曲线的近似微分方程

$$\frac{d^2 y}{dx^2} = -\frac{M(x)}{EI}$$

此近似微分方程是以下式为基础的

$$\frac{1}{\rho(x)} = -\frac{M(x)}{EI} \tag{d}$$

而式(d)是建立在胡克定律 $\sigma = E\varepsilon$ 的基础上,因此,欧拉公式成立的条件是:当压杆所受的压力达到临界力 P_{cr} 时,材料仍服从胡克定律,也就是临界应力 σ_{cr} 不超过材料的比例极限,即

$$\sigma_{cr} \leq \sigma_p \tag{e}$$

将式(25-3)表达的 σ_{cr} 代入式(e),则有

$$\frac{\pi^2 E}{\lambda^2} \leq \sigma_p$$

从而得

$$\lambda \geq \pi \sqrt{\frac{E}{\sigma_p}} \tag{f}$$

令

$$\lambda_p = \pi \sqrt{\frac{E}{\sigma_p}}$$

式(f)可写成

$$\lambda \geq \lambda_p = \pi \sqrt{\frac{E}{\sigma_p}} \tag{25-4}$$

式(25-4)就是欧拉公式适用范围的表达式。只有满足该式时,才能应用欧拉公式计算临界力或临界应力。λ 大于 λ_p 的压杆称为**大柔度杆**,即欧拉公式只适用于较细长的大柔度杆。

将式(25-3)的临界应力 σ_{cr} 与柔度 λ 间的函数关系用曲线表示,如图25-7所示。图中的实线部分为欧拉公式适用范围内的曲线,曲线的虚线部分,因与其相应的临界应力超过了材料的比例极限,欧拉公式已不适用,故没有意义。

由于每种材料都有自己的 E 值和 σ_p 值,所以,由不同材料制成的压杆,其 λ_p 值也各不相同。例如,3号钢的弹性模量和比例极限分别为 $E = 2 \times 10^5$ MPa,$\sigma_p = 200$ MPa,其 λ_p 值为

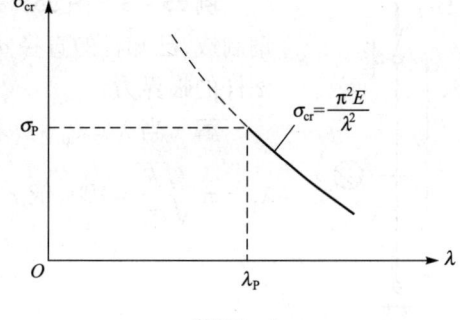

图 25-7

$$\lambda_p = \pi\sqrt{\frac{E}{\sigma_p}} = \pi\sqrt{\frac{2\times 10^5}{200}} \approx 100$$

即对 3 号钢制成的压杆来说，只有当压杆的柔度 $\lambda \geq 100$ 时，才能使用欧拉公式。

在表 25-2 中，列出了几种常用材料的 λ_p 值。

表 25-2 一些常用材料的 λ_p 值

材 料	λ_p	材 料	λ_p
3 号钢	100	优质碳钢	100
硅钢	100	铬钼钢	55
硬铝	50	松木	59

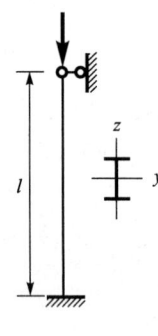

图 25-8

例 25-2 图 25-8 所示压杆是由 20a 号工字钢制成，其下端固定，上端铰支（球铰），已知 $l = 4$ m，材料的弹性模量 $E = 2\times 10^5$ MPa，比例极限 $\sigma_p = 200$ MPa，试求该杆的临界力。

解 应首先依 $\lambda \geq \lambda_p$ 判断该压杆可否用欧拉公式来计算临界力。

该杆两端的支承情况沿各方向均相同，故 $\lambda = \dfrac{\mu l}{r} = \dfrac{\mu l}{\sqrt{I/A}}$ 中的惯性矩 I 应是以 y、z 轴中的较小者，即 $I = I_{\min} = I_z$，因而式中的 r 应为对 z 轴的惯性半径即 $r_z = \sqrt{I_z/A}$。对型钢来说，r_z 不需计算，可由型钢表中直接查得。对 20a 号工字钢查得

$$r_z = 2.12 \text{ cm} = 2.12\times 10^{-2} \text{ m}$$
$$I_z = 158 \text{ cm}^4 = 158\times 10^{-8} \text{ m}^4$$

λ_z 与 λ_p 值分别为

$$\lambda_z = \frac{\mu l}{r_z} = \frac{0.7\times 4}{2.12\times 10^{-2}} = 132$$

$$\lambda_p = \pi\sqrt{\frac{E}{\sigma_p}} = 100$$

可见 $\lambda \geq \lambda_p$，欧拉公式适用，此压杆的临界力为

$$P_{cr} = \frac{\pi^2 EI}{(\mu l)^2} = \frac{\pi^2\times 2\times 10^5\times 10^6\times 158\times 10^{-8}}{(0.7\times 4)^2} = 398 \text{ kN}$$

例 25-3 图 25-9 为两端铰支（球铰）的圆截面受压杆，该杆是用 3 号钢制成，已知杆的直径 $d = 100$ mm，问：杆长为多少时，方可用欧拉公式计算该杆的临界力？

解 当 $\lambda \geq \lambda_p$ 时，才能用欧拉公式计算该杆的临界力。已知 3 号钢的

$$\lambda_p = \pi\sqrt{\frac{E}{\sigma_p}} = 100，依 \lambda \geq \lambda_p，有$$

$$\frac{\mu l}{\sqrt{\dfrac{I}{A}}} \geq 100 \text{ 即 } l \geq \frac{100}{\mu}\sqrt{\frac{I}{A}}$$

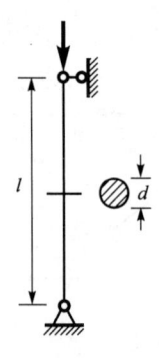

图 25-9

将 $\mu=1$, $I=\dfrac{\pi d^4}{64}$, $A=\dfrac{\pi d^2}{4}$ 代入，得

$$l \geqslant \dfrac{100}{\sqrt{\mu}}\sqrt{\dfrac{I}{A}} = 100 \times \dfrac{d}{4} = 100 \times \dfrac{0.1}{4} = 2.5 \text{ m}$$

即当杆长 $l \geqslant 2.5$ m 时，方可用欧拉公式计算该杆的临界力。

例 25-4　图 25-10(a) 为一细长松木压杆（$\lambda \geqslant \lambda_p$）的示意图，其两端的支承情况为：下端固定；上端在 xOy 平面内不能水平移动与转动，在 xOz 平面内可水平移动与转动。已知 $l=3$ m，$b=100$ mm，$h=150$ mm，材料的弹性模量 $E=10 \times 10^3$ MPa。(1) 计算该压杆的临界力；(2) 从该杆的稳定角度考虑（在满足 $\lambda \geqslant \lambda_p$ 的情况下），确定最合理的 b 与 h 的比值。

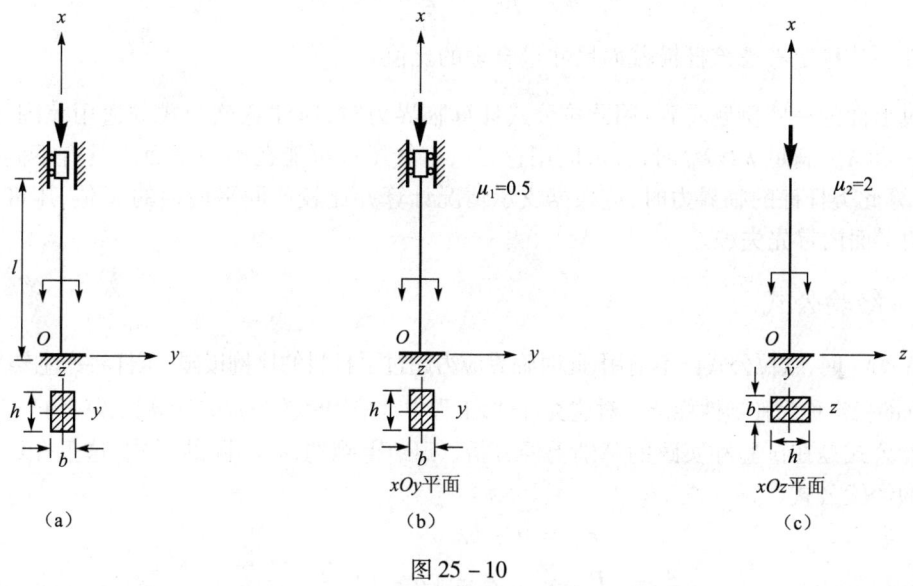

图 25-10

解　(1) 计算临界力。

由于杆的上端在 xOy 平面（纸面平面）与 xOz 平面（与纸面垂直的平面）内的支承情况不同，因而，压杆在这两个平面内的柔度 λ 不同，压杆将在 λ 值大的平面内失稳。压杆在 xOy 平面和 xOz 平面内的支承情况分别相当于图 25-10(b) 和 (c) 所示，其柔度值分别为

$$xOy \text{ 平面}\quad \lambda_z = \dfrac{\mu_1 l}{\sqrt{\dfrac{I_z}{A}}} = \dfrac{\mu_1 l}{b\sqrt{\dfrac{1}{12}}} = \dfrac{0.5 \times 3}{0.1 \times \sqrt{\dfrac{1}{12}}} = 52$$

$$xOz \text{ 平面}\quad \lambda_y = \dfrac{\mu_2 l}{\sqrt{\dfrac{I_y}{A}}} = \dfrac{\mu_2 l}{h\sqrt{\dfrac{1}{12}}} = \dfrac{2 \times 3}{0.15 \times \sqrt{\dfrac{1}{12}}} = 138.6$$

$\lambda_y > \lambda_z$，该杆若失稳，将发生在 xOz 平面内。$\lambda_y = 138.6 > \lambda_P$（松木 $\lambda_p = 59$，见表 25-2），故可用欧拉公式计算临界力，其值为

$$P_{\text{cr}} = \dfrac{\pi^2 E I_y}{(\mu_2 l)^2} = \dfrac{\pi^2 \times 10 \times 10^3 \times 10^6 \times \dfrac{0.1 \times 0.15^3}{12}}{(2 \times 3)^2} = 77.1 \text{ kN}$$

(2) 确定合理的 b 与 h 的比值。

合理的 b 与 h 的比值，应使压杆在 xOy 和 xOz 两个平面内具有相同的稳定性，即应使两个临界力 $P'_{cr} = \dfrac{\pi^2 EI_z}{(\mu_1 l)^2}$ 与 $P''_{cr} = \dfrac{\pi^2 EI_y}{(\mu_2 l)^2}$ 相等。$P'_{cr} = P''_{cr}$ 有

$$\frac{\pi^2 E \cdot \dfrac{hb^3}{12}}{(\mu_1 l)^2} = \frac{\pi^2 E \cdot \dfrac{bh^3}{12}}{(\mu_2 l)^2}$$

由此得

$$\frac{b}{h} = \frac{\mu_1}{\mu_2} = \frac{0.5}{2} = \frac{1}{4}$$

$\dfrac{b}{h} = \dfrac{1}{4}$ 即为从稳定考虑该杆横截面尺寸最合理的比值。

通过上面的一些例题看到：用欧拉公式计算临界力时，应注意该公式的适用范围，即应首先算出 λ 和 λ_p，满足 $\lambda \geqslant \lambda_p$ 时，方可应用；另外，有些压杆可能在不同平面内具有不同的支承情况，计算此类杆件的临界力时，应根据支承情况计算并比较不同平面内的 λ 值，压杆总是在 λ 值大的平面内首先失稳。

25.4.3 经验公式

当 $\lambda < \lambda_p$ 时，欧拉公式已不适用，此时临界应力超过了材料的比例极限，压杆将产生塑性变形，此类压杆的稳定称为弹塑性稳定。对这类杆件，工程中常采用经验公式来计算临界应力与临界力。

经验公式是在试验和实践的基础上经分析、归纳得到的，有不同的形式，这里介绍一种直线形式的经验公式

$$\sigma_{cr} = a - b\lambda$$
$$P_{cr} = \sigma_{cr} A = (a - b\lambda)A \tag{25-5}$$

式中：λ 为压杆的柔度，a 和 b 为与材料有关的常数（其单位为 MPa），A 为杆的横截面面积，在表 25-3 中列出了几种材料的 a 和 b 的数值。

表 25-3 直线公式的 a、b 值   MPa

材　　料	a	b
A3 钢	304	1.12
优质碳钢	461	2.568
铸铁	332.2	1.454
松木	28.7	0.19

式(25-5)是在临界应力 σ_{cr} 小于材料的屈服极限时才适用，若用 λ_s 表示临界应力 σ_{cr} 达到材料屈服极限 σ_s 时的柔度，则有

$$\sigma_{cr} = \sigma_s = a - b\lambda_s$$
$$\lambda_s = \frac{a - \sigma_s}{b} \tag{25-6}$$

λ_s 为可用式(25-5)计算临界应力的最小柔度,其值随压杆的材料而不同。例如,对 A3 钢来说,σ_s = 235 MPa,a = 304 MPa,b = 1.12 MPa,将它们代入式(25-6),则得

$$\lambda_s = \frac{a - \sigma_s}{b} \approx 60$$

柔度在 λ_s 与 λ_p 之间的压杆($\lambda_s \leq \lambda \leq \lambda_p$)称为**中柔度杆**。$\lambda < \lambda_s$ 的压杆称为**小柔度杆**,此时压杆按强度问题计算。

式(25-5)与式(25-3)表达的临界应力 σ_{cr} 与柔度 λ 间的关系可用图 25-11 表示,该图称为**临界应力总图**。

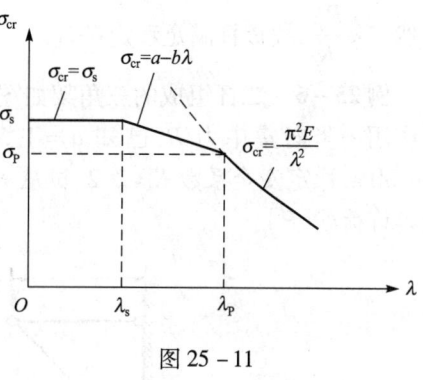

图 25-11

25.5 压杆的稳定条件

工程中,为了保证受压杆件具有足够的稳定性,需建立压杆的稳定条件,从而对压杆进行稳定计算。

25.5.1 安全系数法

轴向受压杆件,当轴向压力 P 达到杆的临界力 P_{cr} 时,杆件将失稳。为了保证压杆的稳定,将临界力 P_{cr} 除以大于 1 的稳定安全系数 K 作为压杆容许承受的最大轴向压力,即

$$P \leq \frac{P_{cr}}{K} \quad (25-7)$$

该式即为压杆的**稳定条件**。式中 P 为工作压力。

稳定安全系数一般都大于强度安全系数,这是因为难以避免的一些因素,如杆件的初弯曲、压力的偏心、材料的不均匀等都会影响压杆的稳定性,使压杆的临界力降低。稳定安全系数的取值,在有关规范或手册中均有具体规定。

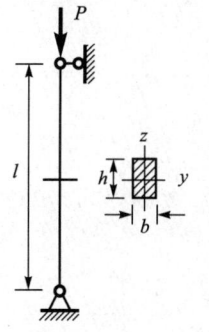

图 25-12

例 25-5 两端铰支(球铰)矩形截面松木压杆如图 25-12 所示,已知 P = 40 kN,l = 3 m,b = 120 mm,h = 160 mm,材料弹性模量 E = 10 × 10^3 MPa,稳定安全系数 K = 3.2,试校核该压杆的稳定性。

解 校核压杆稳定性即验算其是否满足稳定条件 $P \leq \dfrac{P_{cr}}{K}$。该杆的柔度为

$$\lambda = \frac{\mu l}{\sqrt{\dfrac{I_z}{A}}} = \frac{\mu l}{b\sqrt{\dfrac{1}{12}}} = \frac{1 \times 3}{0.12 \times \sqrt{\dfrac{1}{12}}} = 86.6$$

由表 25-2 得知松木杆 λ_p = 59,$\lambda > \lambda_p$,故可用欧拉公式计算该杆的临界力

$$\frac{P_{cr}}{K} = \frac{\pi^2 E I_z}{(\mu l)^2 K} = \frac{\pi^2 \times 10 \times 10^3 \times 10^6 \times \dfrac{0.16 \times 0.12^3}{12}}{(1 \times 3)^2 \times 3.2} = 78.9 \text{ kN}$$

显然 $P < \dfrac{P_{cr}}{K}$，故该杆满足稳定条件。

例 25-6 二杆组成的三角架如图 25-13(a)所示，其中 BC 杆为 10 号工字钢。在节点 B 处作用一竖向集中力 P，已知 $a = 1.5$ m，钢材弹性模量 $E = 2 \times 10^5$ MPa，比例极限 $\sigma_p = 200$ MPa，稳定安全系数 $K = 2.2$，试从 BC 杆的稳定考虑（只考虑纸面平面内稳定），求该结构的容许荷载 $[P]$。

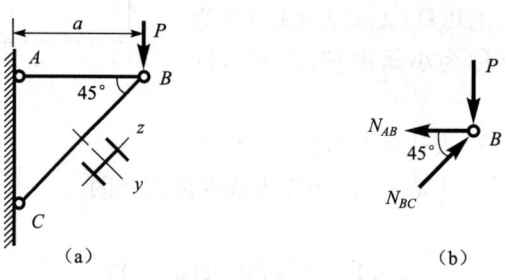

图 25-13

解 首先求出外力 P 与 BC 杆所受压力间的关系。考虑节点 B 平衡[图 25-13(b)]，由平衡方程

$$\sum Y = 0: \quad N_{BC} \cdot \cos 45° - P = 0$$

得

$$P = \frac{\sqrt{2}}{2} N_{BC}$$

依稳定条件，BC 杆允许承受的最大压力为

$$N_{BC} = \frac{P_{cr}}{K}$$

结构的容许荷载则为

$$[P] = \frac{\sqrt{2}}{2} \frac{P_{cr}}{K}$$

对 10 号工字钢，由型钢表查得

$$r_z = 1.52 \text{ cm} = 1.52 \times 10^{-2} \text{ m}$$
$$I_z = 33 \text{ cm}^4 = 33 \times 10^{-8} \text{ m}^4$$

BC 杆的长度求得为 $l_{BC} = 2.12$ m，BC 杆两端为铰支，其柔度为

$$\lambda = \frac{\mu l}{r_z} = \frac{1 \times 2.12}{1.52 \times 10^{-2}} = 139.5$$

而 $\lambda_p = \pi \sqrt{\dfrac{E}{\sigma_p}} = 100$，$BC$ 杆可用欧拉公式计算临界力。该结构的容许荷载为

$$[P] = \frac{\sqrt{2}}{2} \frac{P_{cr}}{K} = \frac{\sqrt{2}}{2} \frac{\pi^2 E I_z}{(\mu l)^2 \cdot K}$$

$$= \frac{\sqrt{2}}{2} \times \frac{\pi^2 \times 2 \times 10^5 \times 10^6 \times 33 \times 10^{-8}}{(1 \times 2.12)^2 \times 2.2} = 46.6 \text{ kN}$$

25.5.2 稳定系数法

轴向受压杆,当横截面上的应力达到临界应力时,杆将失稳。为了保证压杆的稳定性,将临界应力除以大于 1 的稳定安全系数 K 作为压杆可承受的最大应力,则可得

$$\sigma = \frac{P}{A} \leqslant \frac{\sigma_{cr}}{K} \tag{1}$$

将式中的 $\dfrac{\sigma_{cr}}{K}$ 写为下列形式

$$\frac{\sigma_{cr}}{K} = \varphi [\sigma] \tag{2}$$

由此得

$$\varphi = \frac{\sigma_{cr}}{K[\sigma]} \tag{3}$$

式中:$[\sigma]$ 为强度计算时的容许应力,φ 称为**稳定系数**,其值小于 1。将式(3)代入式(1),则有

$$\sigma = \frac{P}{A} \leqslant \varphi [\sigma] \qquad \text{或} \qquad \frac{P}{A\varphi} \leqslant [\sigma] \tag{25-8}$$

式(25-8)即为压杆的稳定条件。

式(25-8)中的 φ 值按(3)式确定。当 $[\sigma]$ 一定时,φ 决定于 σ_{cr} 与 K。由于临界应力 σ_{cr} 值随压杆的柔度 λ 而改变,而不同柔度的压杆一般又采用不同的稳定安全系数,故稳定系数 φ 为 λ 的函数,当材料一定时,φ 值决定于 λ 值(λ 值越大,φ 值越小,φ 值在 0~1 间变化)。工程中,为了计算上的方便,根据不同材料,将 φ 与 λ 间的关系列成表,当知道 λ 值后,便可直接查得 φ 值。

我国钢结构设计规范(GBJ17—1988)中,稳定条件采用下列形式

$$\frac{N}{A\varphi} \leqslant f \tag{25-9}$$

式中:N 为压杆的轴力;A 为杆的横截面面积;f 为材料的强度设计值;φ 为稳定系数,其值与压杆材料、杆的柔度及截面形状(涉及焊接应力等)有关。f 值和 φ 值均可在规范中查得。使用式(25-9)时,涉及规范中其他有关内容,这里不作详细介绍。

与强度条件类似,利用式(25-8)或式(25-9)的稳定条件,可解决稳定计算中常见的三类典型问题,即校核稳定、选择(设计)截面和求容许荷载。

选择(设计)截面时,通常是采用**试算法**。在稳定条件

$$\frac{P}{A\varphi} \leqslant [\sigma] \qquad \text{或} \qquad \frac{N}{A\varphi} \leqslant f$$

中,φ 已知后才能标出 A 值,但在杆件尺寸未确定之前,无法确定 λ 值,因而也就无法确定 φ 值,故可采用试算的办法。试算法是先假定一个 φ 值(φ 在 0 与 1 之间变化),由稳定条件算出面积 A,从而确定截面的尺寸。然后,根据截面尺寸及杆长算出柔度 λ,由 λ 查出 φ,再以算得的面积 A 和查得的 φ 值验算其是否满足稳定条件。如不满足,需在第一次假定的 φ 值与查得的 φ 值之间重新选取 φ 值,重复上述过程,直到满足稳定条件为止。

最后指明一点:在进行稳定计算时,压杆的横截面面积 A 均采用所谓**毛面积**,即当压杆的横截面有局部削弱(如铆钉孔等)时,可不予考虑,仍采用未削弱的面积。因为压杆的稳定性

取决于杆的整体抗弯刚度,截面的局部削弱对整体刚度的影响甚微。但对削弱处的横截面应进行强度验算。

25.6 提高压杆稳定性的措施

在受压杆件来说,其临界力(或临界应力)越大,稳定性越好。从欧拉公式(25 – 2)

$$P_{cr} = \frac{\pi^2 EI}{(\mu l)^2}$$

看到,临界力 P_{cr} 与 I、l、μ、E 有关,即影响压杆稳定性的因素有:压杆横截面的形状与尺寸、压杆的长度、两端的约束(支承)情况和杆件所用的材料。因而,为了提高压杆的稳定性,可从下列几方面考虑:

(1) 选择合理的截面形状。

从式(25 – 2)看到,临界力 P_{cr} 与 I(截面的形心主惯性矩)成正比,因此,在杆的横截面面积相同的条件下,应尽量采用 I 值较大的截面形式。例如,图 25 – 14(a)所示的环形截面与

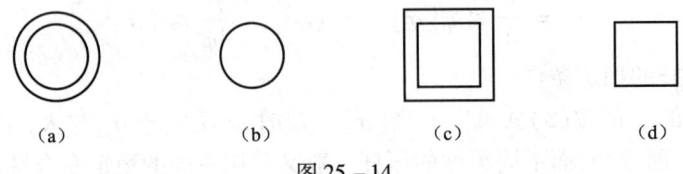

图 25 – 14

图 25 – 14(b)所示的圆形截面相比,显然环形截面更为合理;图 25 – 14(c)所示的箱形截面比图 25 – 14(d)所示的正方形截面合理。同理,对于由型钢组成的组合截面,应尽量使型钢分散布置。例如,由四个相同的等边角钢组成的组合截面,图 25 – 1(a)的布置,就远比图 25 – 15(b)的布置合理。再如,由两个槽钢组成的组合截面,图 25 – 16(a)的布置,就比图 25 – 16(b)

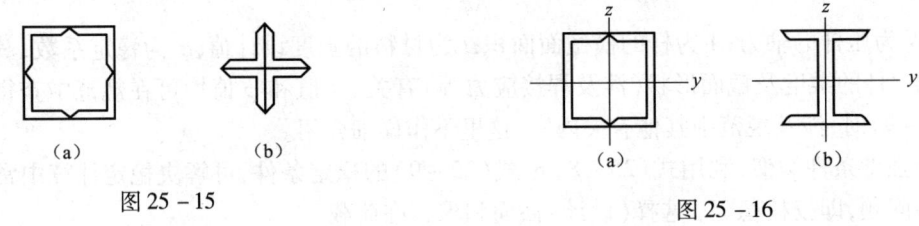

图 25 – 15　　　　　　　　　图 25 – 16

的布置合理(两种布置中,I_y 相同但 I_z 不同)。

另外,在选择压杆的合理截面形状时,还要考虑杆两端的支承情况。当两端的支承情况沿各方向相同时(例如两端均为球铰),应使 $I_y = I_z$,这样 $\lambda_y = \lambda_z$,压杆沿不同方向具有相同的稳定性,在这种情况下,应采用图 25 – 14 和图 25 – 15 之类的截面;当沿两个方向的支承情况不同时(例如例题 25 – 4 中的压杆),应尽量使杆沿两个方向的 λ 值相等或接近,这时,选用矩形或工字形截面比较合理(见例 25 – 4)。

(2) 减小压杆的长度。

由式(25 – 2)看到,细长压杆的临界力与杆长的平方成反比,这说明压杆的长度对其稳定性影响很大,因此,在可能的情况下,应尽量减小受压杆件的长度。

(3) 加强杆件的约束。

在式(25-2)中,临界力与 μ^2 成反比,而 μ 值决定于杆端的约束(支承)情况,杆端的约束作用越强,μ 值越小,临界力就越大。也就是说,杆端约束作用越强,压杆的稳定性越好。

(4) 选用适当的材料。

对大柔度压杆,临界力与材料的弹性模量成正比,E 值越大,压杆的稳定性越好。对钢材来说,各类钢材的 E 值基本相同,例如合金钢与普通钢的 E 值都在 200 GPa 左右,所以,对大柔度杆,从稳定角度看,选用合金钢并不比普通钢优越。

小 结

1. 稳定问题是构件正常工作的三方面要求(强度、刚度、稳定)之一,虽然压杆稳定只占一章篇幅,但却占有重要地位。受压杆件若不能满足稳定要求,会导致严重的后果,所以对受压杆的稳定问题,不容忽视。

2. 压杆的稳定,是指杆件在轴向压力作用下能保持其原有平衡形式的稳定。受轴向压力的直杆,当它能始终保持原有的直线形式的平衡时,原来的直线形式的平衡是稳定的,否则便是不稳定的。压杆从稳定平衡转为不稳定平衡就是失稳,压杆是否会失稳,则是以临界力为标志的。

稳定问题不同于强度问题,压杆失稳时,并非抗压强度不足被压坏,而是由于失稳,不能保持原有的直线平衡形式而发生弯曲。

3. 欧拉公式是计算临界力的重要公式,该公式是通过解微分方程得到的,微分方程的建立,则是基于压杆在临界力作用下可保持微弯状态的平衡。

从欧拉公式 $P_{cr} = \dfrac{\pi^2 EI}{(\mu l)^2}$ 看到,细长压杆的临界力与杆件的长度(l)、横截面的形状和尺寸(I)、杆两端的支承情况(μ)、杆件所用材料(E)有关,设计压杆时,应综合考虑这些因素。

4. 欧拉公式是在 $\sigma \leqslant \sigma_p$ 的条件下导出的,该公式有其严格的适用范围,该适用范围以柔度的形式表示为

$$\lambda \geqslant \lambda_p = \pi \sqrt{\dfrac{E}{\sigma_p}}$$

在应用欧拉公式计算临界力或临界应力时,应首先算出杆的 λ 和 λ_p,满足 $\lambda \geqslant \lambda_p$ 时方可应用此公式。

5. 柔度 λ 是压杆稳定计算中的一个重要物理量,不论是计算压杆的临界力(或临界应力),还是根据稳定条件对压杆进行稳定计算,都需首先算出 λ 值。从物理意义上看,λ 值综合地反映了压杆的长度、截面的形状和尺寸、杆两端支承情况对临界力(或临界应力)的影响,杆的 λ 值越大,越容易失稳。当两个方向的 λ 值不同时,杆总是沿 λ 值大的方向失稳。

6. 本章介绍了工程中的两种压杆稳定计算方法,即安全系数法与稳定系数法。与强度条件类似,利用稳定条件可解决稳定计算中的三类典型问题,即校核稳定、选择(设计)截面和求容许荷载。

25-1 图 25-17 所示均为大柔度圆形截面杆,试分析如何计算各杆的临界力(只考虑纸

面平面内的稳定)。

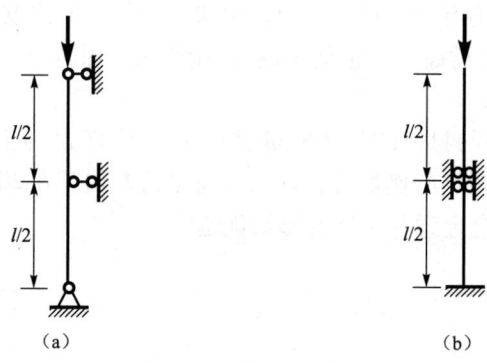

图 25-17

25-2 为什么只在 $\sigma \leqslant \sigma_p$ 时欧拉公式才成立?

25-3 柔度 λ 有何物理意义? 如何理解 λ 在压杆稳定计算中的作用?

25-4 两端铰支(球形铰)的各细长压杆,其截面形状分别如图 25-18 所示,当压杆失稳时,各杆将沿哪个方向弯曲?

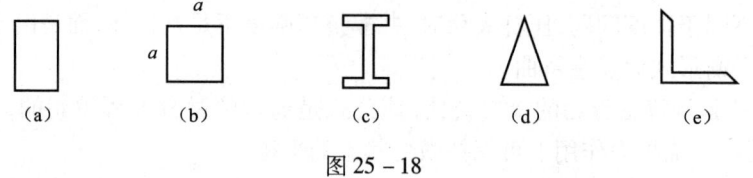

图 25-18

25-1 图示为大柔度杆,杆两端均为铰支(球形铰),已知 $l = 4$ m, $b = 120$ mm, $h = 150$ mm, 材料的弹性模量 $E = 10 \times 10^3$ MPa,试求该压杆的临界力。

25-2 下端固定、上端铰支(球形铰)的矩形截面压杆如图所示,已知 $l = 1.4$ m, $b = 50$ mm, $h = 30$ mm,材料的比例极限 $\sigma_p = 200$ MPa,弹性模量 $E = 2 \times 10^5$ MPa,试求该杆的临界力。

题 25-1 图　　　　　　　　题 25-2 图

25-3 支承情况不同的圆截面压杆如图所示,已知各杆的直径和材料均相同且都为大柔度杆,问:何杆的临界力最大?(只考虑纸面平面内的稳定)。

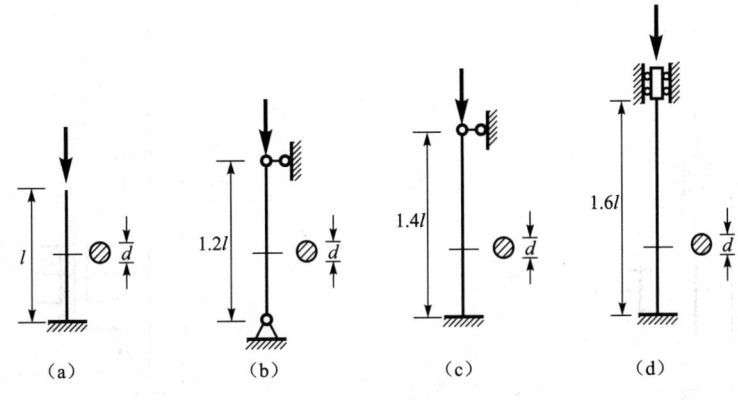

题 25-3 图

25-4 两端铰支(球形铰)的压杆是由两个 18a 号槽钢组成,槽钢可分别按图(a)和图(b)所示布置,已知 $l=7.2$ m,材料的比例极限 $\sigma_p = 200$ MPa,弹性模量 $E = 2 \times 10^5$ MPa。(1)分析两种布置中哪种布置合理(从稳定考虑);(2)求合理布置下该杆的临界力。

25-5 两端铰支(球铰)压杆如图所示,该杆是由 16a 号槽钢制成,已知材料的比例极限 $\sigma_p = 200$ MPa,弹性模量 $E = 2 \times 10^5$ MPa,试求可用欧拉公式计算该杆临界力的最小杆长。

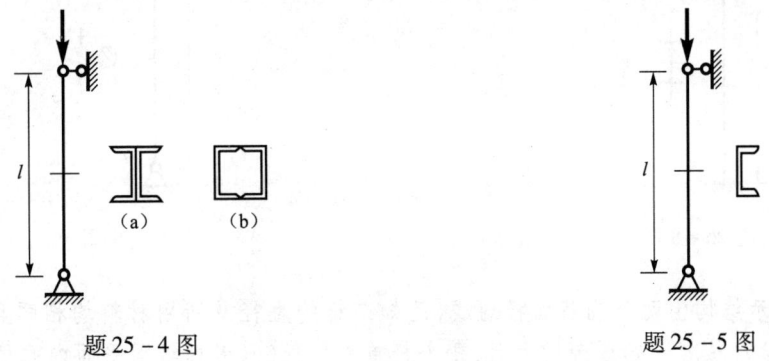

题 25-4 图 题 25-5 图

25-6 图示压杆是由 16 号工字钢制成,两端支承情况为:

下端:固定

上端:在 xOy 平面(纸面平面)内不能水平移动与转动,在 xOz 平面(垂直纸面的平面)内可水平移动与转动。

已知 $l=4.2$ m,材料的比例极限 $\sigma_p = 200$ MPa,弹性模量 $E = 2 \times 10^5$ MPa,试求该杆的临界力。

25-7 由两个 10 号槽钢组成的铰支(球铰)压杆如图所示,欲使该压杆在 xOy 和 xOz 两个平面内具有相同的稳定性,问:a 值应为多大?

25-8 由 18 号工字钢制成的压杆如图所示,其下端固定上端铰支(球铰),已知 $P=120$ kN,钢材的弹性模量 $E = 2 \times 10^5$ MPa,比例极限 $\sigma_p = 200$ MPa,$l=4$ m,稳定安全系数 $K=2.2$,试校核该杆的稳定性。

25-9 图示受力结构中,BC 为 $d=26$ mm 的圆截面杆,已知 $l=1$ m,材料的弹性模量 $E = 2 \times 10^5$ MPa,比例极限 $\sigma_p = 200$ MPa,稳定安全系数 $K=2$,试从 BC 杆的稳定考虑,求该结构的容许荷载 $[P]$。

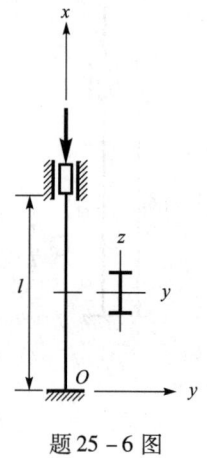

题 25-6 图

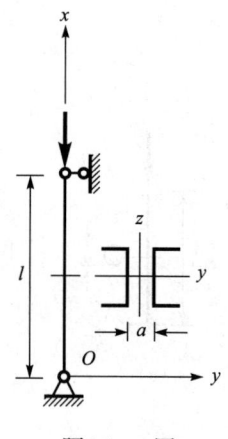

题 25-7 图

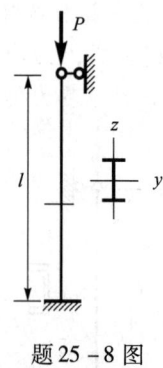

题 25-8 图

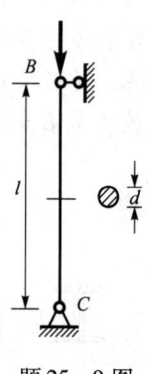

题 25-9 图

25-10 图示结构由两个圆截面杆组成,已知二杆的直径及所用材料均相同且二杆均为大柔度杆。问:当 P 从零开始逐渐增大时,哪个杆首先失稳(只考虑纸面平面内的稳定)?

25-11 图示为两端铰支的等截面圆杆,已知杆长 $l=2$ m,直径 $d=50$ mm,材料的比例极限 $\sigma_p=200$ MPa,弹性模量 $E=2\times10^5$ MPa,线温度膨胀系数 $\alpha=125\times10^{-7}$(α 为单位长度的杆件当温度升高一摄氏度时的伸长)。问:当温度升高多少摄氏度时该杆失稳?

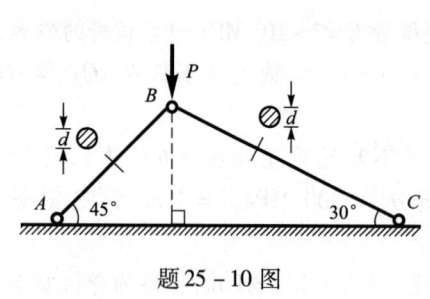

题 25-10 图

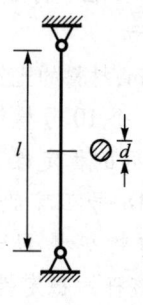

题 25-11 图

第26章 动 应 力

导言

- 本章主要研究杆件作匀加速运动和杆件受冲击时的应力和强度计算。通过对匀加速杆件和受冲击杆件的研究,可了解动荷载与静荷载的区别及动应力的计算方法。
- 计算杆件在动荷载作用下的动应力,是以前面讨论的静荷载作用下的静应力计算为基础的。

26.1 概 述

在本篇前面各章中,讨论杆件的强度、刚度和稳定计算时,都是在静荷载作用下。所谓静荷载,是指荷载是从零开始缓慢地逐渐增加,当其达到一定值后,就不再随时间而改变。因荷载是逐渐缓慢增加的,在加载过程中,杆件内各质点的加速度都很小,因而可忽略不计。与此相反,当作用在杆件上的荷载使杆件内各质点产生的加速度比较大或杆件本身处于加速运动状态时,加速度这一因素则不能忽略,此时,杆件受到的荷载即为**动荷载**。杆件在动荷载作用下产生的应力,称为**动应力**。

工程中常见的动荷载有下列几种:

(1) 作匀加速直线运动或匀速转动物体的惯性力。例如起重机起吊重物时吊索受的惯性力。

(2) 冲击荷载。例如土建工程中打桩时汽锤对桩的冲击力、吊车突然刹车时对吊车梁的冲击力等。

(3) 振动荷载。例如工业厂房中转动的机械设备对楼板与楼板梁的振动荷载、地震时的地震荷载等。

(4) 交变荷载。例如机械中各类旋转轴受的弯曲交变荷载。

动荷载问题远比静荷载问题复杂。本章只讨论杆件在匀加速直线运动和匀速转动时及杆受冲击时的应力和强度计算。另外,对交变应力和疲劳破坏的概念作一简略介绍。

26.2 杆件作匀加速直线运动时的应力

本节将讨论杆件作匀加速直线运动时横截面上的内力和应力计算。

图 26-1(a)为起吊一杆件的示意图。杆件通过吊索以加速度 a 向上提升,杆长 l、横截面面积 A、杆件材料的容重 γ 均为已知,现求杆件任一横截面 $n—n$ 上的内力和应力。对此可用第一篇中讨论过的动静法。在第 15 章已知,匀加速直线运动体对施力物体作用着惯性力,根据达朗贝尔原理,若将惯性力假想地加在加速运动的物体上,物体上的外力和惯性力则组成平衡力系,这样,通过平衡方程便可求得内力。

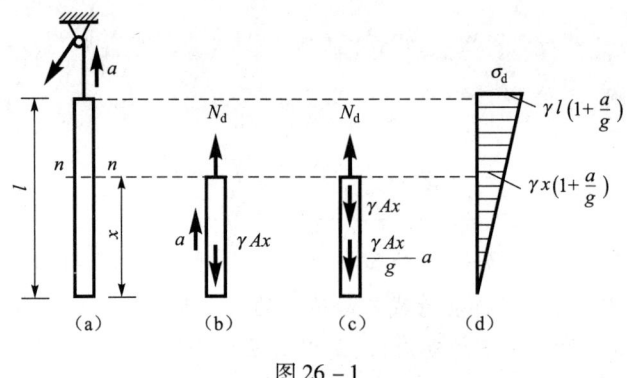

图 26-1

将杆件沿 $n—n$ 截面截开并取下部分离体,该分离体在其自重 γAx 和轴力 N_d 共同作用下,作向上的匀加速运动[图 26-1(b)]。在分离体上加一与加速度方向相反的惯性力 $\dfrac{\lambda Ax}{g} \cdot a$ 后,分离体上的自重 γAx、轴力 N_d 和惯性力 $\dfrac{\lambda Ax}{g} \cdot a$ 组成平衡力系[图 26-1(c)]。由平衡方程

$$\sum X = 0: \quad N_d - \gamma Ax - \frac{\lambda Ax}{g} \cdot a = 0$$

得

$$N_d = \gamma Ax + \frac{\lambda Ax}{g} \cdot a = \gamma Ax\left(1 + \frac{a}{g}\right)$$

$n—n$ 截面上的正应力则为

$$\sigma_d = \frac{N_d}{A} = \gamma x\left(1 + \frac{a}{g}\right) \tag{1}$$

因杆件在自重作用下 $n—n$ 截面上静应力为

$$\sigma = \frac{\lambda Ax}{A} = \gamma x$$

所以式(1)也可改写为

$$\sigma_d = \sigma\left(1 + \frac{a}{g}\right) = \sigma \cdot K_d \tag{26-1}$$

式(26-1)即为图 26-1(a)所示的作匀加速直线运动杆件任意横截面上的动应力计算公式。式中:σ 为静应力;

$$K_d = 1 + \frac{a}{g} \tag{26-2}$$

称为**动荷系数**。显然,加速度 a 越大,动荷系数就越大,式(26-1)表明,动应力可通过静应力来计算,即动应力等于相应的静应力乘以动荷系数。

由式(1)看到,σ_d 随截面的位置而不同,并沿杆长按直线规律变化[图 26-1(d)],最大动应力发生在杆的上端,其值为 $\gamma l \left(1 + \dfrac{a}{g}\right)$。强度条件则为

$$\sigma_d \cdot_{max} = K_d \cdot \sigma_{max} \leq [\sigma] \qquad (26-3)$$

$[\sigma]$ 为杆件在静荷载下的容许应力。

例 26-1 图 26-2(a)表示一起重机在起吊重物,已知重物的重量 $Q=60$ kN,起吊时的加速度 $a=4$ m/s²,试求吊索所受的拉力。

解 取图 26-2(b)所示的分离体,此分离体在 N_d 和 Q 作用下作匀加速运动,在分离体上加一与加速度方向相反的惯性力 $\dfrac{Q}{g} \cdot a$,作用在分离体上的 N_d、Q 和 $\dfrac{Q}{g} \cdot a$ 组成平衡力系。由平衡方程

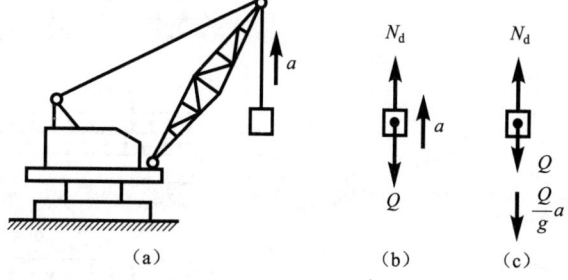

图 26-2

$$\sum X = 0: \quad N_d - Q - \dfrac{Q}{g} \cdot a = 0$$

得

$$N_d = Q + \dfrac{Q}{g} \cdot a = Q\left(1 + \dfrac{a}{g}\right)$$

$$= 60 \times \left(1 + \dfrac{4}{9.8}\right) = 84.5 \text{ kN}$$

例 26-2 用起重机起吊一矩形等截面梁 AB[图 26-3(a)],已知起吊过程中的加速度 $a=3$ m/s²,$l=4$ m,$b=220$ mm,$h=280$ mm,梁材料的容重 $\gamma=24$ kN/m³,试求起吊过程中梁内横截面上的最大正应力。

解 取 AB 梁为分离体,AB 梁在其自重 q_1 和吊索的拉力 N_{CD}、N_{EF} 作用下,作向上的匀加速运动。将惯性力 q_2 加到 AB 梁上后,作用在梁上的 q_1、q_2、N_{CD}、N_{EF} 组成平衡力系,此时 AB 梁的受力情况如图 26-3(b)所示。图 26-3(b)所示的受力情况相当于图 26-3(c)所示的承受均布荷载的外伸梁,当算出 q_1 和 q_2 后,便可画出该梁的弯矩图,进而算出梁横截面上的最大正应力。

AB 梁单位长度的自重为

$$q_1 = A\gamma' = 0.22 \times 0.28 \times 24 = 1.48 \text{ kN/m}$$

惯性力是分布在梁的质量上,梁单位长度上的惯性力即惯性力的集度为

$$q_2 = \dfrac{A\lambda}{g} \cdot a = \dfrac{0.22 \times 0.28 \times 24}{9.8} \times 3 = 0.45 \text{ kN/m}$$

梁上的均布荷载集度为

$$q = q_1 + q_2 = 1.48 + 0.45 = 1.93 \text{ kN/m}$$

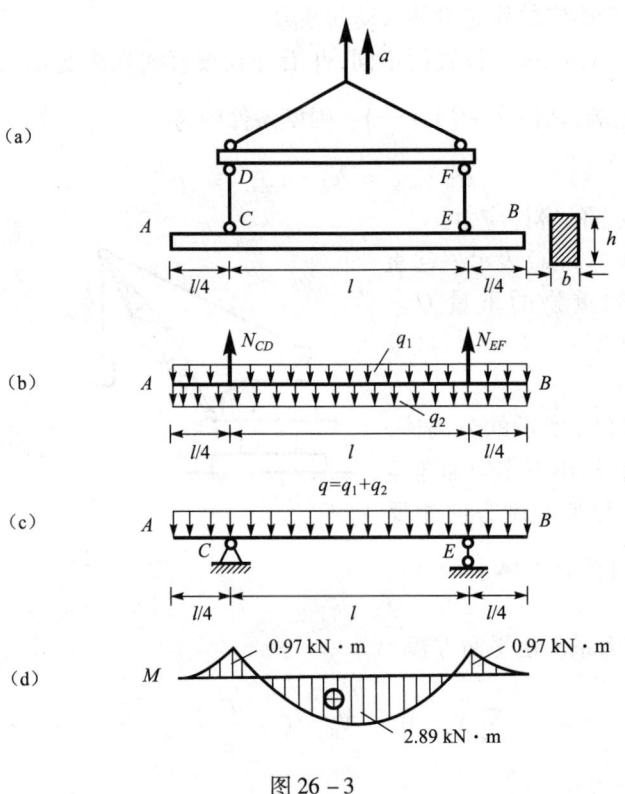

图 26-3

梁的弯矩图如图 26-3(d)所示,最大弯矩发生在梁的跨中处,其值为 2.89 kN·m。梁中的最大正应力为

$$\sigma_{d,\max} = \frac{M_{\max}}{W_z} = \frac{2.89 \times 10^3}{\frac{1}{6} \times 0.22 \times 0.28^2} = 1.01 \text{ MPa}$$

本题也可先分别算出动荷系数 K_d 和最大静应力 $\sigma_{\max}$,然后再按

$$\sigma_{d,\max} = K_d \cdot \sigma_{\max}$$

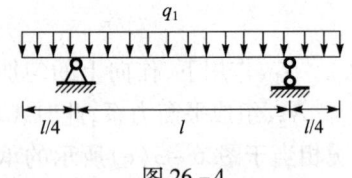

图 26-4

算出最大动应力。动荷系数仍为 $K_d = 1 + \frac{a}{g}$,$\sigma_{\max}$ 则为梁上只作用 q_1 时(图 26-4)梁中的最大正应力。

26.3 杆件作匀速转动时的应力

本节将讨论杆件匀速转动时其横截面上的内力和应力计算。下面举例说明其计算方法。

图 26-5(a)为用绳索拉着的小球在光滑水平面上绕 O 点作匀速转动,绳索长度 l、绳索横截面面积 A、小球的重量 Q、角速度 ω 均为已知,现求绳索的轴力和横截面上的正应力(不考虑绳索的质量)。

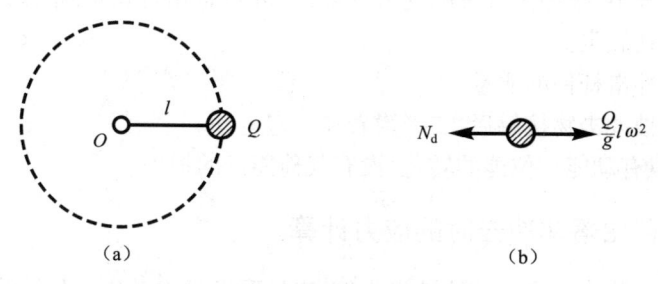

图 26-5

求绳索的轴力仍采用动静法。小球在绳索拉力(N_d)下作匀速转动,当加上惯性力后,作用在小球上的拉力和惯性力组成平衡力系[图 26-5(b)],通过平衡方程便可求出绳索的轴力。

小球相当于一个质点,质点作匀速转动时,其切向加速度等于零,向心加速度为 $a_n = R\omega^2 = l\omega^2$,加在小球上的惯性力为

$$ma_n = \frac{Q}{g}l\omega^2$$

由平衡方程

$$\sum X = 0: \quad \frac{Q}{g}l\omega^2 - N_d = 0$$

得

$$N_d = \frac{Q}{g}l\omega^2 \tag{1}$$

绳索横截面上的正应力则为

$$\sigma_d = \frac{N_d}{A} = \frac{Ql\omega^2}{Ag} \tag{2}$$

例 26-3 在图 26-5(a)中,若已知小球重量 $Q = 100$ N、绳索长 $l = 1$ m,角速度 $\omega = 40$ rad/s,求绳索所受的拉力。

解 将各已知量代入式(1),绳索受的拉力为

$$N_d = \frac{Q}{g}l\omega^2 = \frac{100}{9.8} \times 1 \times 40^2 = 16.3 \text{ kN}$$

26.4 杆件受冲击时的应力

当运动着的物体(称为冲击物)以一定的速度冲击静止的杆件(称为被冲击物)时,杆件承受的荷载即为冲击荷载。

冲击时,在冲击物与被冲击的杆件之间存在相当大的相互作用力,冲击物在极短的时间内发生了很大的速度变化,即获得很大的反向加速度(与冲击物运动方向相反的加速度);与此同时,在被冲击的杆件中,则产生很大的内力。由于冲击持续的时间极为短促,冲击时间和冲击物获得的反向加速度都不容易确定,因而难以用加惯性力的方法(即动静法)来计算被冲击

杆件中的内力。工程中,被冲击杆件的内力计算,一般是采用近似但偏于安全的能量方法,并在计算中采用了下列假定:

(1) 不考虑被冲击杆件的质量。
(2) 冲击物与被冲击物接触后,二者附着在一起运动。
(3) 冲击时,只有动能与位能的转化,没有其他能量的损失。

26.4.1 杆件受自由落体冲击时的应力计算

下面以简支梁在跨中受自由落体冲击为例,来说明杆件中动应力的计算方法。

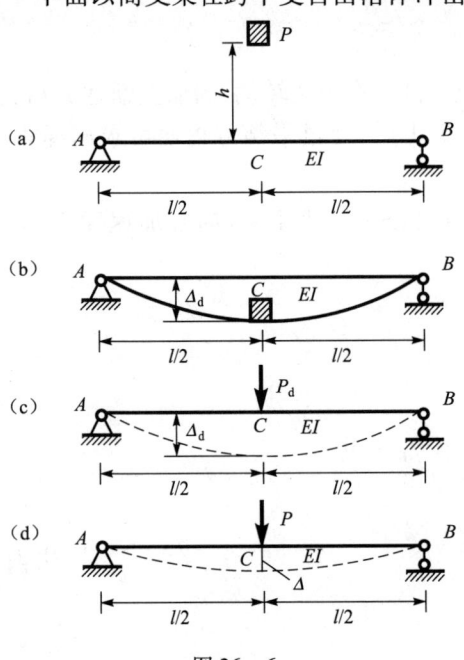

图 26-6

图 26-6(a)所示的简支梁,其抗弯刚度为 EI,重量为 P 的冲击物从高度为 h 处自由落下,冲击在梁的跨中处。当冲击物与梁接触后,根据假定(2),二者将附着在一起成为一个系统向下运动。由于梁对冲击物的阻碍,冲击物的速度迅速减小,当速度为零时(此时冲击物的动能为零),梁达到最大变形位置[图 26-6(b)],其跨中最大挠度为 Δ_d。根据假定(3),此时,冲击物的动能全部转化为梁内的弹性变形能。以 T 表示冲击物的动能,以 U 表示梁内的弹性变形能,根据能量守恒定律,则有

$$T = U \tag{1}$$

冲击物为自由落体,其动能 T 可用冲击物原有的位能来表示,即

$$T = P(h + \Delta_d) \tag{2}$$

U 为图 26-6(b)所示的梁内的弹性变形能,它相当于梁的跨中处作用集中力 P_d 时[图 26-6(c)]梁内的弹性变形能(跨中挠度为 Δ_d)。P_d 与 Δ_d 都是从零开始逐渐增加的,当材料服从胡克定律时,梁内的弹性变形能在数值上等于外力所做的功,即

$$U = \frac{1}{2} P_d \Delta_d \tag{3}$$

将式(2)和式(3)代入式(1),得

$$P(h + \Delta_d) = \frac{1}{2} P_d \Delta_d \tag{4}$$

式中:Δ_d 是 P_d 作用下梁跨中的挠度,其值为

$$\Delta_d = \frac{P_d l^3}{48EI} \tag{5}$$

将其代入式(4),得

$$P\left(h + \frac{P_d l^3}{48EI}\right) = \frac{P_d}{2} \cdot \frac{P_d l^3}{48EI} \tag{6}$$

将式(6)改写成

$$Ph + P_d \cdot \frac{Pl^3}{48EI} = \frac{P_d^2}{2} \cdot \frac{Pl^3}{48EI} \cdot \frac{1}{4P} \tag{7}$$

该式中的 $\frac{Pl^3}{48EI}$ 可用 Δ 来表示，Δ 是将冲击物重量 P 当作静荷载作用在梁上 C 点时被冲击点 C 处的挠度[图 26 - 6(d)]。于是式(7)可改写为

$$Ph + P_d \Delta = \frac{1}{2} P_d^2 \Delta \cdot \frac{1}{P}$$

经整理，得

$$P_d^2 - 2PP_d - \frac{2P^2 h}{\Delta} = 0$$

由此解得

$$P_d = P\left[1 \pm \sqrt{1 + \frac{2h}{\Delta}}\right]$$

式中右端根号前的 ± 号应取正号(由 $P_d > P$ 可知)，令

$$K_d = 1 + \sqrt{1 + \frac{2h}{\Delta}} \tag{26-4}$$

则

$$P_d = K_d P \tag{26-5}$$

K_d 称为**冲击时的动荷系数**。式(26-5)表示，冲击时，杆件受到的冲击荷载 P_d 为冲击物重量 P 的 K_d 倍。

当材料在弹性范围内工作时，梁的应力（及变形）与荷载成正比，所以有

$$\sigma_d = K_d \sigma \tag{26-6}$$

式中：σ_d 为冲击荷载作用下杆件中的动应力；σ 为以冲击物的重量作为静荷载作用在杆件的受冲击点上时，杆件中的静应力；K_d 为按式(26-4)计算的动荷系数。

式(26-6)即为杆件受自由落体冲击时的应力计算公式。

由式(26-6)可知，杆件受冲击时的动应力，仍是通过静应力来计算的，即动应力等于静应力乘以冲击时的动荷系数。具体计算杆件中某点的动应力时，是先将冲击物的重量作为静荷载作用在杆件的受冲击点处，算出该点的静应力，再按公式(26-4)算出动荷系数，最后按式(26-6)计算该点的动应力。

算出动应力后，便可建立相应的强度条件。冲击时的强度条件采用与静荷载作用时相同的形式。对于上面讨论的简支梁，其强度条件为

$$\sigma_{d,\max} \leqslant [\sigma]$$

最后需指出：虽然上面是以简支梁为例，说明受自由落体冲击的杆件中动应力的计算方法，并导出式(26-4)表达的动荷系数公式，但上述方法和公式(26-4)都具有普遍意义。只要冲击物为自由落体，不论杆件受的是横向冲击[图 26 - 7(a)、图 26 - 8(a)]还是轴向冲击[图 26 - 9(a)]，式(26-4)表示的动荷系数都是成立的。用式(26-4)计算动荷系数时，应注意静位移 Δ 的计算。Δ 是将冲击物的重量作为静荷载作用在冲击点处时冲击点处的静位移[见图 26 - 7(b)、图 26 - 8(b)和图 26 - 9(b)]。

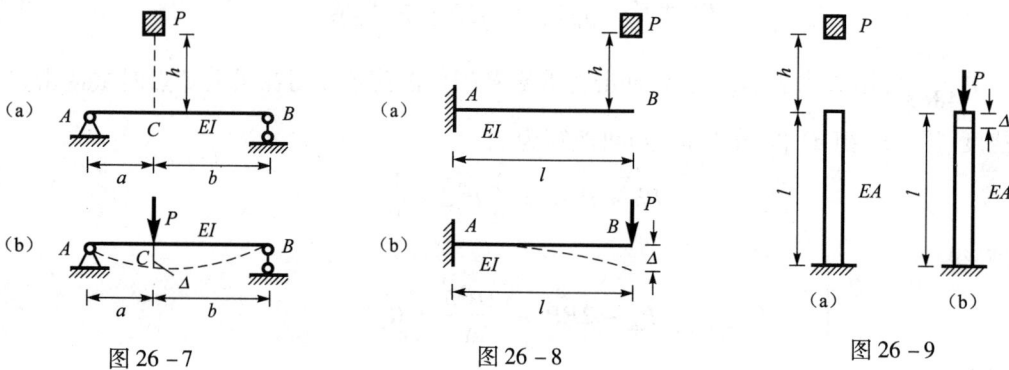

图 26-7　　　　图 26-8　　　　图 26-9

26.4.2　对杆件抗冲击能力的分析

下面讨论杆件本身的几何尺寸和所用材料对杆件抗冲击能力的影响。

1. 杆件几何尺寸的影响

图 26-10 所示为材料和横截面尺寸相同而长度不同的两个杆件,它们受到重量 Q 和高度 h 都相同的自由落体的冲击,现分析一下哪个杆的抗冲击能力强。

在 $\sigma_d = K_d \sigma$ 中,二杆的静应力 σ 相同,均为 $\dfrac{Q}{A}$(不考虑杆的自重),而动荷系数分别为

杆 1：$\quad K_{d_1} = 1 + \sqrt{1 + \dfrac{2h}{\Delta_1}}$

杆 2：$\quad K_{d_2} = 1 + \sqrt{1 + \dfrac{2h}{\Delta_2}}$

式中　　　　$\Delta_1 = \dfrac{Q l_1}{EA} \quad\quad \Delta_2 = \dfrac{Q l_2}{EA}$

因 $\Delta_2 > \Delta_1$,所以 $K_{d_2} < K_{d_1}$,因而杆 2 中的动应力小于杆 1 中的动应力。即杆 2 的抗冲击能力强于杆 1。

用同样的分析方法,也可分析图 26-11 所示两杆的抗冲击能力(两杆的材料相同)。当不考虑杆的自重时,两杆中的最大静应力(σ)相同,而杆 2 的动荷系数小于杆 1 的动荷系数,所以杆 2 中的动应力小于杆 1 中的最大动应力,即杆 2 的抗冲击能力强于杆 1。

从上面讨论的两个具体问题看到,随着杆件几何尺寸的不同,动荷系数公式中静位移 Δ 值也不同,Δ 值越大,动荷系数 K_d 越小,从杆件抗冲击角度看,就越有利。

2. 材料的影响

不同材料其弹性模量 E 不同,即抵抗变形的能力不同。E 值较小的材料容易变形,相应的静位移也大,由动荷系数公式

$$K_d = 1 + \sqrt{1 + \dfrac{2h}{\Delta}}$$

可知,静位移越大,K_d 值越小,杆件中的动应力也就越小。因此,对承受冲击的杆件采用弹性模量较低的材料,有利于降低冲击应力。但弹性模量较低的材料往往其强度也低,所以应全面地进行考虑。

上面是就杆件本身的尺寸和所用的材料来分析杆件的抗冲击能力。在工程中,为了提高抗冲击能力,还常采取其他的一些措施,例如在火车车厢与轮轴之间安装压缩弹簧,在某些机器或零件下面安放橡胶垫等。这些措施增大了静位移,从而减小了动荷系数和动应力,这对提高抗冲击能力,都是行之有效的。

例 26 - 4 重量 $P = 500$ N 的自由落体从高度 $h = 100$ mm 处下落在悬臂梁的自由端处[图 26 - 12(a)],已知梁由 16 号工字钢制成,梁长 $l = 2$ m,钢材弹性模量 $E = 2 \times 10^5$ MPa,试求梁中横截面上的最大正应力。

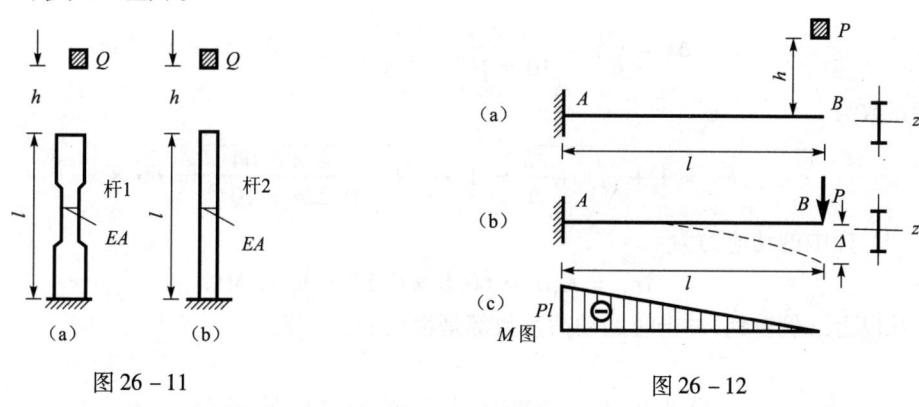

图 26 - 11　　　　　　　　　　图 26 - 12

解　(1) 计算梁横截面上的最大静正应力。

将冲击物的重量 P 作为静荷载作用在 B 处[图 26 - 12(b)],此时梁中横截面上的最大静正应力发生在 A 截面的上、下边缘处,其值为

$$\sigma_{max} = \frac{M_{max}}{W_z} = \frac{Pl}{W_z}$$

由型钢表查得 16 号工字钢的 W_z 和 I_z 值分别为

$$W_z = 141 \text{ cm}^3 = 141 \times 10^{-6} \text{ m}^3$$
$$I_z = 1130 \text{ cm}^4 = 1130 \times 10^{-8} \text{ m}^4$$

所以

$$\sigma_{max} = \frac{Pl}{W_z} = \frac{500 \times 2}{141 \times 10^{-6}} = 7.1 \text{ MPa}$$

(2) 求动荷系数。

P 作用下冲击点 B 处的静位移(挠度)为

$$\Delta = \frac{Pl^3}{3EI_z} = \frac{500 \times 2^3}{3 \times 2 \times 10^{11} \times 1130 \times 10^{-8}} = 0.59 \times 10^{-3} \text{ m}$$

动荷系数为

$$K_d = 1 + \sqrt{1 + \frac{2h}{\Delta}} = 1 + \sqrt{1 + \frac{2 \times 0.1}{0.59 \times 10^{-3}}} = 19.4$$

(3) 计算梁横截面上的最大动应力。

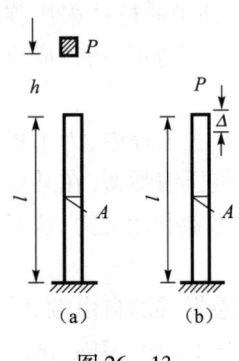

图26-13

$$\sigma_d \cdot_{max} = K_d \sigma_{max} = 19.4 \times 7.1 = 137.7 \text{ MPa}$$

例26-5 重量 $P = 1.4$ kN 的自由落体从高度 $h = 40$ mm 处下落在竖杆的顶端[图26-13(a)]，已知杆长 $l = 1.6$ m，杆的横截面面积 $A = 1 \times 10^{-2}$ m²，材料的弹性模量 $E = 10 \times 10^3$ MPa，试求杆中横截面上的动应力。

解 （1）将 P 作用在杆的顶端[图26-13(b)]，杆中的静应力为

$$\sigma = \frac{N}{A} = \frac{1.4 \times 10^3}{1 \times 10^{-2}} = 0.14 \text{ MPa}$$

（2）杆在 P 作用下杆顶的轴向静位移为

$$\Delta = \Delta l = \frac{Nl}{EA} = \frac{1.4 \times 10^3 \times 1.6}{10 \times 10^9 \times 1 \times 10^{-2}} = 0.224 \times 10^{-4} \text{ m}$$

动荷系数为

$$K_d = 1 + \sqrt{1 + \frac{2h}{\Delta}} = 1 + \sqrt{1 + \frac{2 \times 0.04}{0.224 \times 10^{-4}}} = 60.8$$

（3）杆中的动应力为

$$\sigma_d = K_d \sigma = 60.8 \times 0.14 = 8.51 \text{ MPa}$$

从以上二例看到，冲击时的动荷系数都是很大的。

26.5 交变应力与疲劳破坏的概念

工程中的某些杆件，其工作时的应力是随着时间按某种规律改变的。例如，图26-14(a)所示的火车轮轴，在荷载 P 作用下发生弯曲变形[图26-14(b)]，虽然外力的大小和方向都是不变的[弯矩图如图26-14(c)所示]，但由于轮轴的转动，轴横截面上各点的位置在不断改变，各点的应力也将不断地变化。例如 $n—n$ 截面边缘处的任一点 A，当它位于点1的位置时[图26-14(d)]，该点的正应力为最大拉应力；当它位于点2的位置时，该点的正应力为零；位于点3的位置时，该点的正应力为最大压应力；位于点4的位置时，正应力又为零；转回到点1的位置时，A 点的正应力再次为最大拉应力。这样，轮轴每转动一周，A 点的正应力就按上述规律重复交替变化一次，这种随时间作周期性变化的应力，称为**交变应力**。

实践表明，在交变应力下的杆件，其强度和破坏形式与静荷载作用时截然不同。长期在交变应力作用下，会在应力远小于其静荷载下的极限应力时，突然破坏。这种破坏表现为脆性断裂，即使是塑性较好的材料，在破坏前也不发生明显的塑性变形。金属在交变应力作用下的这种破坏，称为**疲劳破坏**。

疲劳破坏的主要原因是：当交变应力达到一定值且经过多次交替变化后，在最大应力处或材料有缺陷处，就会出现极微小的裂纹，在裂纹的尖端处存在着应力集中。随着交变应力的不断作用，微小裂纹不断扩展，使杆件的截面随之削弱，当裂纹扩展到一定程度时，杆件在偶然的振动或冲击下，就会发生突然断裂。

由于疲劳破坏通常是在事先没有明显预兆的情况下突然发生的，且常常会造成严重的后果，所以对在交变应力下工作的杆件，必须进行疲劳强度计算。

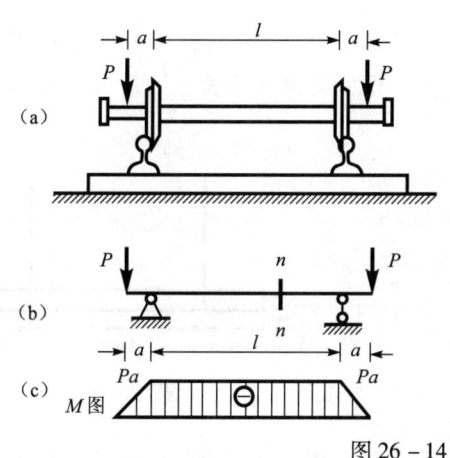
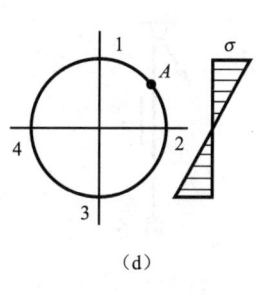

图 26 – 14

这里,只是对交变应力和疲劳破坏的概念作一简单介绍。有关这方面的详细论述以及疲劳强度的具体计算方法,可参看其他有关教材或专著。

1. 本章主要研究杆件作匀加速运动和杆件受冲击时的应力和强度计算。通过对匀加速运动杆件和受冲击杆件的研究,可了解动荷载与静荷载的区别及动应力的计算方法。

2. 杆件作匀加速直线运动和匀速转动时,其内力的计算采用动静法。即将惯性力假想地作用在加速运动的杆件上,作用在杆件上的外力和惯性力将组成平衡力系,这样,通过平衡方程便可求出杆件的内力。动静法中重要的一步是计算惯性力。加惯性力时应注意:① 惯性力是作加速运动的物体对施力物体的反作用力,将它加在作加速运动的杆件上是假想的;② 惯性力的方向与加速度的方向相反。

3. 杆件受冲击时的内力计算常采用能量方法,动应力可通过静应力来计算,即 $\sigma_d = K_d \sigma$。杆件受自由落体冲击的动荷系数为

$$K_d = 1 + \sqrt{1 + \frac{2h}{\Delta}}$$

应注意:① 该式具有普遍意义,只要冲击物为自由落体,不论杆件受横向冲击还是轴向冲击,该式均成立;② Δ 是将冲击物的重量作为静荷载作用在冲击点处时,杆件受冲击点处的静位移(参看图 26 – 7、图 26 – 8 和图 26 – 9)。

4. 随时间作周期性变化的应力称为交变应力,杆件在交变应力作用下的破坏称为疲劳破坏。

26 – 1 图示为起吊重物的示意图,重物以匀加速度 $a = 4\text{m/s}^2$ 向上提升,已知重物的重量 $Q = 20$ kN,吊索材料的容许应力 $[\sigma] = 80$ MPa,试求吊索所需的最小横截面面积(不计吊索的质量)。

26-2 用两条平行的吊索起吊一根20a号的工字形钢梁,吊索的位置如图所示,若吊索以 $a=2.5 \text{ m/s}^2$ 的加速度向上提升,试求起吊过程中梁内横截面上的最大正应力。

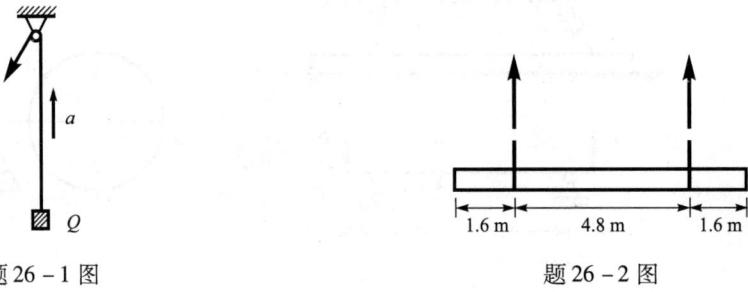

题 26-1 图　　　　　　　　　题 26-2 图

26-3 自重为 20 kN 的起重设备安放在由两个25a号工字钢组成的梁的跨中处,已知梁的长度 $l=6$ m,被起吊物的重量 $Q=40$ kN,若重物以 $a=2$ m/s² 的匀加速度向上提升,试求吊索所受的拉力和梁中的最大正应力。

26-4 重量 $P=2$ kN 的物体从高度 $h=50$ mm 处自由下落在简支梁的跨中处,已知梁长 $l=6$ m,梁由 20a 号工字钢制成,钢材弹性模量 $E=2\times 10^5$ MPa,试求梁横截面上的最大正应力。

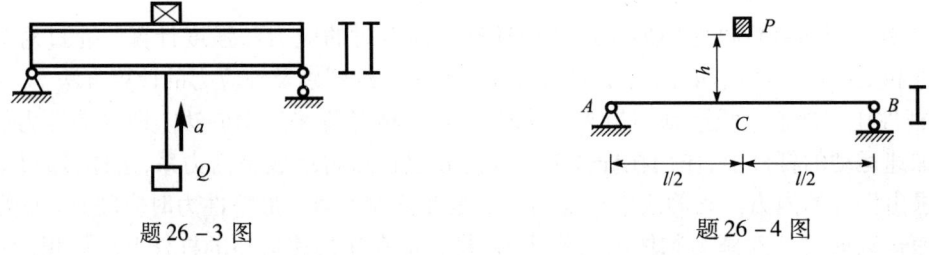

题 26-3 图　　　　　　　　　题 26-4 图

26-5 重量 $P=2$ kN 的物体从高度 $h=40$ mm 处自由下落在图示外伸梁的自由端处,已知 $l=2$ m,梁由 18 号工字钢制成,钢材弹性模量 $E=2\times 10^5$ MPa,试求梁横截面上的最大正应力。

26-6 重量为 Q 的物体从高度为 h 处自由下落在图示杆件的顶端,杆的尺寸和抗拉(压)刚度如图中所示,试求冲击时的动荷系数。

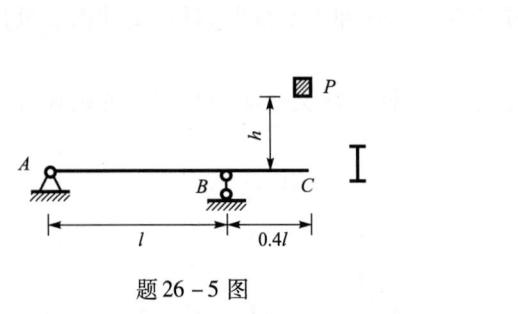 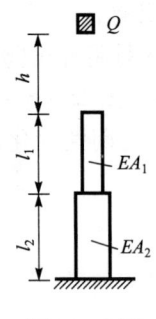

题 26-5 图　　　　　　　　　题 26-6 图

附表 型 钢 表

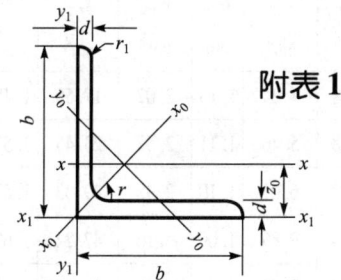

附表1 热轧等边角钢(GB 9787—1988)

符号意义：b——边宽度； I——惯性矩；
d——边厚度； i——惯性半径；
r——内圆弧半径； W——截面系数；
r_1——边端内圆弧半径； z_0——重心距离。

角钢号数	尺寸 mm			截面面积 cm^2	理论重量 kg/m	外表面积 m^2/m	参考数值										z_0 cm
							$x-x$			x_0-x_0			x_0-y_0			x_1-x_1	
	b	d	r				I_x cm^4	i_x cm	W_x cm^3	I_{x0} cm^4	i_{x0} cm	W_{x0} cm^3	I_{y0} cm^4	i_{y0} cm	W_{y0} cm^3	I_{x1} cm^4	
2	20	3	3.5	1.132	0.889	0.078	0.40	0.59	0.29	0.63	0.75	0.45	0.17	0.39	0.20	0.81	0.60
		4		1.459	1.145	0.077	0.50	0.58	0.36	0.78	0.73	0.55	0.22	0.38	0.24	1.09	0.64
2.5	25	3		1.432	1.124	0.098	0.82	0.76	0.46	1.29	0.95	0.73	0.34	0.49	0.33	1.57	0.73
		4		1.859	1.459	0.097	1.03	0.74	0.59	1.62	0.93	0.92	0.43	0.48	0.40	2.11	0.76
3.0	30	3		1.749	1.373	0.117	1.46	0.91	0.68	2.31	1.15	1.09	0.61	0.59	0.51	2.71	0.85
		4		2.276	1.786	0.117	1.84	0.90	0.87	2.92	1.13	1.37	0.77	0.58	0.62	3.63	0.89
3.6	36	3	4.5	2.109	1.656	0.141	2.58	1.11	0.99	4.09	1.39	1.61	1.07	0.71	0.76	4.68	1.00
		4		2.756	2.163	0.141	3.29	1.09	1.28	5.22	1.38	2.05	1.37	0.70	0.93	6.25	1.04
		5		3.382	2.654	0.141	3.95	1.08	1.56	6.24	1.36	2.45	1.65	0.70	1.09	7.84	1.07
4.0	40	3	5	2.359	1.852	0.157	3.59	1.23	1.23	5.69	1.55	2.01	1.49	0.79	0.96	6.41	1.09
		4		3.086	2.422	0.157	4.60	1.22	1.60	7.29	1.54	2.58	1.91	0.79	1.19	8.56	1.13
		5		3.791	2.976	0.156	5.53	1.21	1.96	8.76	1.52	3.1	2.3	0.78	1.39	10.74	1.17
4.5	45	3	5	2.659	2.088	0.177	5.17	1.40	1.58	8.20	1.76	2.58	2.14	0.89	1.24	9.12	1.22
		4		3.486	2.736	0.177	6.65	1.38	2.05	10.56	1.74	3.32	2.75	0.88	1.54	12.18	1.26
		5		4.292	3.369	0.176	8.04	1.37	2.51	12.74	1.72	4.00	3.33	0.88	1.81	15.25	1.30
		6		5.076	3.985	0.176	9.33	1.36	2.95	14.76	1.70	4.64	3.89	0.88	2.06	18.36	1.33
5.0	50	3	5.5	2.971	2.332	0.197	7.18	1.55	1.96	11.37	1.96	3.22	2.98	1.00	1.57	12.50	1.34
		4		3.897	3.059	0.197	9.26	1.54	2.56	14.70	1.94	4.16	3.82	0.99	1.96	16.69	1.38
		5		4.803	3.77	0.196	11.21	1.53	3.13	17.79	1.92	5.03	4.64	0.98	2.31	20.9	1.42
		6		5.688	4.465	0.196	13.05	1.52	3.68	20.68	1.91	5.85	5.42	0.98	2.63	25.14	1.46

续表

角钢号数	尺寸 mm			截面面积 cm²	理论重量 kg/m	外表面积 m²/m	参考数值										z_0 cm
	b	d	r				$x-x$			x_0-x_0			x_0-y_0			x_1-x_1	
							I_x cm⁴	i_x cm	W_x cm³	I_{x0} cm⁴	i_{x0} cm	W_{x0} cm³	I_{y0} cm⁴	i_{y0} cm	W_{y0} cm³	I_{x1} cm⁴	
5.6	56	3	6	3.343	2.624	0.221	10.19	1.75	2.48	16.14	2.20	4.08	4.24	1.13	2.02	17.56	1.48
		4		4.390	3.446	0.220	13.18	1.73	3.24	20.92	2.18	5.28	5.46	1.11	2.52	23.43	1.53
		5		5.415	4.251	0.220	16.02	1.72	3.97	25.42	2.17	6.42	6.61	1.10	2.98	29.33	1.57
		8		8.367	6.568	0.219	23.63	1.68	6.03	37.37	2.11	9.44	9.89	1.09	4.16	47.24	1.68
6.3	63	4	7	4.978	3.907	0.248	19.03	1.96	4.13	30.17	2.46	6.78	7.89	1.26	3.29	33.35	1.70
		5		6.143	4.822	0.248	23.17	1.94	5.08	36.77	2.45	8.25	9.57	1.25	3.90	41.73	1.74
		6		7.288	5.721	0.247	27.12	1.93	6.00	43.03	2.43	9.66	11.20	1.24	4.46	50.14	1.78
		8		9.515	7.469	0.247	34.46	1.90	7.75	54.56	2.40	12.25	14.33	1.23	5.47	67.11	1.85
		10		11.657	9.151	0.246	41.09	1.88	9.39	64.85	2.36	14.56	17.33	1.22	6.36	84.31	1.93
7	70	4	8	5.570	4.372	0.275	26.39	2.18	5.14	41.80	2.74	8.44	10.99	1.40	4.17	45.74	1.86
		5		6.875	5.397	0.275	32.21	2.16	6.32	51.08	2.73	10.32	13.34	1.39	4.95	57.21	1.91
		6		8.160	6.406	0.275	37.77	2.15	7.48	59.93	2.71	12.11	15.61	1.38	5.67	68.73	1.95
		7		9.424	7.398	0.275	43.09	2.14	8.59	68.35	2.69	13.81	17.82	1.38	6.34	80.29	1.99
		8		10.667	8.373	0.274	48.17	2.12	9.68	76.37	2.68	15.43	19.98	1.37	6.98	91.92	2.03
7.5	75	5	9	7.412	5.818	0.295	39.97	2.33	7.32	63.30	2.92	11.94	16.63	1.50	5.77	70.56	2.04
		6		8.797	6.905	0.294	46.95	2.31	8.64	74.38	2.90	14.02	19.51	1.49	6.67	84.55	2.07
		7		10.160	7.976	0.294	53.57	2.30	9.93	84.96	2.89	16.02	22.18	1.48	7.44	98.71	2.11
		8		11.503	9.030	0.294	59.96	2.28	11.20	95.07	2.88	17.93	24.86	1.47	8.19	112.97	2.15
		10		14.126	11.089	0.293	71.98	2.26	13.64	113.92	2.84	21.48	30.05	1.46	9.56	141.71	2.22
8	80	5	9	7.912	6.211	0.315	48.79	2.48	8.340	77.33	3.13	13.67	20.25	1.60	6.66	85.36	2.15
		6		9.397	7.376	0.314	57.35	2.47	9.87	90.98	3.11	16.08	23.72	1.59	7.65	102.50	2.19
		7		10.860	8.525	0.314	65.58	2.46	11.37	104.07	3.10	18.40	27.09	1.58	8.58	119.70	2.23
		8		12.303	9.658	0.314	73.49	2.44	12.83	116.60	3.08	20.61	30.39	1.57	9.46	136.97	2.27
		10		15.126	11.874	0.313	88.43	2.42	15.64	140.09	3.04	24.76	36.77	1.56	11.08	171.74	2.35
9	90	6	10	10.637	8.350	0.354	82.77	2.79	12.61	131.26	3.51	20.63	34.28	1.80	9.95	145.87	2.44
		7		12.301	9.656	0.354	94.83	2.78	14.54	150.47	3.50	23.64	39.18	1.78	11.19	170.30	2.48
		8		13.944	10.946	0.353	106.47	2.76	16.42	168.97	3.48	26.55	43.97	1.78	12.35	194.80	2.52
		10		17.167	13.476	0.353	128.58	2.74	20.07	203.90	3.45	32.04	53.26	1.76	14.52	244.07	2.59
		12		20.306	15.940	0.352	149.22	2.71	23.57	236.21	3.41	37.12	62.22	1.75	16.49	293.76	2.67

续表

角钢号数	尺寸 mm			截面面积 cm²	理论重量 kg/m	外表面积 m²/m	参考数值										z_0 cm
							$x-x$			x_0-x_0			x_0-y_0			x_1-x_1	
	b	d	r				I_x cm⁴	i_x cm	W_x cm³	I_{x0} cm⁴	i_{x0} cm	W_{x0} cm³	I_{y0} cm⁴	i_{y0} cm	W_{y0} cm³	I_{x1} cm⁴	
10	100	6	12	11.932	9.366	0.393	114.95	3.01	15.68	181.98	3.90	25.74	47.92	2.00	12.69	200.07	2.67
		7		13.796	10.830	0.393	131.86	3.09	18.10	208.97	3.89	29.55	54.74	1.99	14.26	233.54	2.71
		8		15.638	12.276	0.393	148.24	3.08	20.47	235.07	3.88	33.24	61.41	1.98	15.75	267.09	2.76
		10		19.261	15.120	0.392	179.51	3.05	25.06	284.68	3.84	40.26	74.35	1.96	18.54	334.48	2.84
		12		22.800	17.898	0.391	208.90	3.03	29.48	330.95	3.81	46.80	86.84	1.95	21.08	402.34	2.91
		14		26.256	20.611	0.391	236.53	3.00	33.73	374.06	3.77	52.90	99.00	1.94	23.44	470.75	2.99
		16		29.627	23.257	0.390	262.53	2.98	37.82	414.16	3.74	58.57	110.89	1.94	25.63	539.80	3.06
11	110	7	12	15.196	11.928	0.433	177.16	3.41	22.05	280.94	4.30	36.12	73.38	2.20	17.51	310.64	2.96
		8		17.238	13.532	0.433	199.46	3.40	24.95	316.49	4.28	40.69	82.42	2.19	19.39	355.20	3.01
		10		21.261	16.690	0.432	242.19	3.38	30.60	384.39	4.25	49.42	99.98	2.17	22.91	444.65	3.09
		12		25.200	19.782	0.431	282.55	3.35	36.05	448.17	4.22	57.62	116.93	2.15	26.15	534.60	3.16
		14		29.056	22.809	0.431	320.71	3.32	41.31	508.01	4.18	65.31	133.40	2.14	29.14	625.16	3.24
12.5	125	8	14	19.750	15.504	0.492	297.03	3.88	32.52	470.89	4.88	53.28	123.16	2.50	25.86	521.01	3.37
		10		24.373	19.133	0.491	361.67	3.85	39.97	573.89	4.85	64.93	149.46	2.48	30.62	651.93	3.45
		12		28.912	22.696	0.491	423.16	3.83	41.17	671.44	4.82	75.96	174.88	2.46	35.03	783.42	3.53
		14		33.367	26.193	0.490	481.65	3.80	54.16	763.73	4.78	86.41	199.57	2.45	39.13	915.61	3.61
14	140	10	14	27.373	21.488	0.551	514.65	4.34	50.58	817.27	5.46	82.56	212.04	2.78	39.20	915.11	3.82
		12		32.512	25.522	0.551	603.68	4.31	59.80	958.79	5.43	96.85	248.57	2.76	45.02	1 099.28	3.90
		14		37.567	29.490	0.550	688.81	4.28	68.75	1 093.56	5.40	110.47	284.06	2.75	50.45	1 284.22	3.98
		16		42.539	33.393	0.549	770.24	4.26	77.46	1 221.81	5.36	123.04	318.67	2.74	55.55	1 470.07	4.06
16	160	10	16	31.502	24.729	0.630	779.53	4.98	66.70	1 237.30	6.27	109.36	321.76	3.20	52.76	1 365.33	4.31
		12		37.441	29.391	0.630	916.58	4.95	78.98	1 455.68	6.24	128.67	377.49	3.18	60.74	1 639.57	4.39
		14		43.296	33.987	0.629	1 048.36	4.92	90.95	1 665.02	6.20	147.17	431.70	3.16	68.24	1 914.68	4.47
		16		49.067	38.518	0.629	1 175.08	4.89	102.63	1 865.57	6.17	164.89	484.59	3.14	75.31	2 190.82	4.55
18	180	12	16	42.241	33.159	0.710	1 321.35	5.59	100.82	2 100.10	7.05	165.00	542.61	3.58	78.41	2 332.80	4.89
		14		48.896	38.383	0.709	1 514.48	5.56	116.25	2 407.42	7.02	189.14	625.53	3.56	88.38	2 723.48	4.97
		16		55.467	43.542	0.709	1 700.99	5.54	131.13	2 703.37	6.98	212.40	698.60	3.55	97.83	3 115.29	5.05
		18		61.955	48.634	0.708	1 875.12	5.50	145.64	2 988.24	6.94	234.78	762.01	3.51	105.14	3 502.43	5.13

续表

角钢号数	尺寸 mm			截面面积 cm²	理论重量 kg/m	外表面积 m²/m	参考数值											z_0 cm
							x—x			x_0—x_0			x_0—y_0			x_1—x_1	
	b	d	r				I_x cm⁴	i_x cm	W_x cm³	I_{x0} cm⁴	i_{x0} cm	W_{x0} cm³	I_{y0} cm⁴	i_{y0} cm	W_{y0} cm³	I_{x1} cm⁴	
20	200	14	18	54.642	42.894	0.788	2 103.55	6.20	144.70	3 343.26	7.82	236.40	863.83	3.98	111.82	3 734.10	5.46
		16		62.013	48.680	0.788	2 366.15	6.18	163.65	3 760.89	7.79	265.93	971.41	3.96	123.96	4 270.39	5.54
		18		69.301	54.401	0.787	2 620.64	6.15	182.22	4 164.54	7.75	294.48	1 076.74	3.94	135.52	4 808.13	5.62
		20		76.505	60.056	0.787	2 867.30	6.12	200.42	4 554.55	7.72	322.06	1 180.04	3.93	146.55	5 347.51	5.69
		24		90.661	71.168	0.785	3 338.25	6.07	236.17	5 294.97	7.64	374.41	1 381.53	3.90	166.65	6 457.16	5.87

注：截面图中的 $r_1 = d/3$ 及表中 r 值的数据用于孔型设计，不作为交货条件。

附表 2 热轧不等边角钢(GB 9788—1988)

符号意义：B——长边宽度；
b——短边宽度；
d——边厚度；
r——内圆弧半径；
r_1——边端内圆弧半径；
I——惯性矩；
i——惯性半径；
W——截面系数；
x_0——重心距离；
y_0——重心距离。

角钢号数	尺寸 mm				截面面积 cm²	理论重量 kg/m	外表面积 m²/m	参考数值													
	B	b	d	r				$x-x$			$y-y$			x_1-x_1	y_1-y_1		$u-u$				$\tan\alpha$
								I_x cm⁴	i_x cm	W_x cm³	I_y cm⁴	i_y cm	W_y cm³	I_{x_1} cm⁴	I_{y_1} cm⁴	y_0 cm	x_0 cm	I_u cm⁴	i_u cm	W_u cm³	
2.5/1.6	25	16	3	3.5	1.162	0.912	0.080	0.70	0.78	0.43	0.22	0.44	0.19	1.56	0.43	0.86	0.42	0.14	0.34	0.16	0.392
			4		1.499	1.176	0.079	0.88	0.77	0.55	0.27	0.43	0.24	2.09	0.59	0.90	0.46	0.17	0.34	0.20	0.381
3.2/2	32	20	3		1.492	1.171	0.102	1.53	1.01	0.72	0.46	0.55	0.30	3.27	0.82	1.08	0.49	0.28	0.43	0.25	0.382
			4		1.939	1.522	0.101	1.93	1.00	0.93	0.57	0.54	0.39	4.37	1.12	1.12	0.53	0.35	0.42	0.32	0.374
4/2.5	40	25	3	4	1.890	1.484	0.127	3.08	1.28	1.15	0.93	0.70	0.49	5.39	1.59	1.32	0.59	0.56	0.54	0.40	0.385
			4		2.467	1.936	0.127	3.93	1.26	1.49	1.18	0.69	0.63	8.53	2.14	1.37	0.63	0.71	0.54	0.52	0.381
4.5/2.8	45	28	3	5	2.149	1.687	0.143	4.45	1.44	1.47	1.34	0.79	0.62	9.10	2.23	1.47	0.64	0.80	0.61	0.51	0.383
			4		2.806	2.203	0.143	5.39	1.42	1.91	1.70	0.78	0.80	12.13	3.00	1.51	0.68	1.02	0.60	0.66	0.380
5/3.2	50	32	3	5.5	2.431	1.908	0.161	6.24	1.60	1.84	2.02	0.91	0.82	12.49	3.31	1.60	0.73	1.20	0.70	0.68	0.404
			4		3.177	2.494	0.160	8.02	1.59	2.39	2.58	0.90	1.06	16.65	4.45	1.65	0.77	1.53	0.69	0.87	0.402
5.6/3.6	56	36	3	6	2.743	2.153	0.181	8.88	1.80	2.32	2.92	1.03	1.05	17.54	4.70	1.78	0.80	1.73	0.79	0.87	0.408
			4		3.590	2.818	0.180	11.45	1.79	3.03	3.76	1.02	1.37	23.39	6.33	1.82	0.85	2.23	0.79	1.13	0.408
			5		4.415	3.466	0.180	13.86	1.77	3.71	4.49	1.01	1.65	29.25	7.94	1.87	0.88	2.67	0.78	1.36	0.404

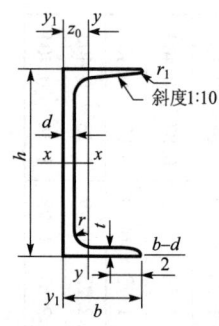

附表3 热轧槽钢(GB 707—1988)

符号意义：h——高度；　　　　　r_1——腿端圆弧半径；
　　　　　b——腿宽度；　　　　　I——惯性矩；
　　　　　d——腰厚度；　　　　　W——截面系数；
　　　　　t——平均腿厚度；　　　i——惯性半径；
　　　　　r——内圆弧半径；　　　z_0——y—y轴与y_1—y_2轴间距。

型号	尺寸 mm						截面面积 cm²	理论重量 kg/m	参考数值						
									x—x			y—y			y_1—y_1	z_0 cm
	h	b	d	t	r	r_1			W_x cm³	I_x cm⁴	i_x cm	W_y cm³	I_y cm⁴	i_y cm	I_{y1} cm⁴	
5	50	37	4.5	7	7.0	3.5	6.928	5.438	10.4	26.0	1.94	3.55	8.30	1.10	20.9	1.35
6.3	63	40	4.8	7.5	7.5	3.8	8.451	6.634	16.1	50.8	2.45	4.50	11.9	1.19	28.4	1.36
8	80	43	5.0	8.0	8.0	4.0	10.248	8.045	25.3	101	3.15	5.79	16.6	1.27	37.4	1.43
10	100	48	5.3	8.5	8.5	4.2	12.748	10.007	39.7	198	3.95	7.8	25.6	1.41	54.9	1.52
12.6	126	53	5.5	9	9.0	4.5	15.692	12.318	62.1	391	4.95	10.2	38.0	1.57	77.1	1.59
14a	140	58	6.0	9.5	9.5	4.8	18.516	14.535	80.5	564	5.52	13.0	53.2	1.70	107	1.71
14b	140	60	8.0	9.5	9.5	4.8	21.316	16.733	87.1	609	5.35	14.1	61.1	1.69	121	1.67
16a	160	63	6.5	10	10.0	5.0	21.962	17.240	108	866	6.28	16.3	73.3	1.83	144	1.80
16	160	65	8.5	10	10.0	5.0	25.162	19.752	117	935	6.10	17.6	83.4	1.82	161	1.75
18a	180	68	7.0	10.5	10.5	5.2	25.699	20.174	141	1 270	7.04	20.0	98.6	1.96	190	1.88
18	180	70	9.0	10.5	10.5	5.2	29.299	23.000	152	1 370	6.84	21.5	111	1.95	210	1.84
20a	200	73	7.0	11.0	11	5.5	28.837	22.637	178	1 780	7.86	24.2	128	2.11	244	2.01
20	200	75	9.0	11.0	11	5.5	32.837	25.777	191	1 910	7.64	25.9	144	2.09	268	1.95
22a	220	77	7.0	11.5	11.5	5.8	31.846	24.999	218	2 390	8.67	28.2	158	2.23	298	2.10
22	220	79	9.0	11.5	11.5	5.8	36.246	28.453	234	2 570	8.42	30.1	176	2.21	326	2.03
25a	250	78	7.0	12	12.0	6.0	34.917	27.410	270	3 370	9.82	30.6	176	2.24	322	2.07
25b	250	80	9.0	12	12.0	6.0	39.917	31.335	282	3 530	9.41	32.7	196	2.22	353	1.98
25c	250	82	11.0	12	12.0	6.0	44.917	35.260	295	3 690	9.07	35.9	218	2.21	384	1.92
28a	280	82	7.5	12.5	12.5	6.2	40.034	31.427	340	4 760	10.9	35.7	218	2.33	388	2.10
28b	280	84	9.5	12.5	12.5	6.2	45.634	35.823	366	5 130	10.6	37.9	242	2.30	428	2.02
28c	280	86	11.5	12.5	12.5	6.2	51.234	40.219	393	5 500	10.4	40.3	268	2.29	463	1.95
32a	320	88	8.0	14	14.0	7.0	48.513	38.083	475	7 600	12.5	46.5	305	2.50	552	2.24

续表

型号	尺寸 mm						截面面积 cm^2	理论重量 kg/m	参考数值						
									$x-x$			$y-y$			y_1-y_1	z_0 cm
	h	b	d	t	r	r_1			W_x cm^3	I_x cm^4	i_x cm	W_y cm^3	I_y cm^4	i_y cm	I_{y1} cm^4	
32b	320	90	10.0	14	14.0	7.0	54.913	43.107	509	8 140	12.2	49.2	336	2.47	593	2.16
c	320	92	12.0	14	14.0	7.0	61.313	48.131	543	8 690	11.9	52.6	374	2.47	643	2.09
a	360	96	9.0	16	16.0	8.0	60.910	47.814	660	11 900	14.0	63.5	455	2.73	818	2.44
36b	360	98	11.0	16	16.0	8.0	68.110	53.466	703	12 700	13.6	66.9	497	2.70	880	2.37
c	360	100	13.0	16	16.0	8.0	75.310	59.118	746	13 400	13.4	70.0	536	2.67	948	2.34
a	400	100	10.5	18	18.0	9.0	75.068	58.928	879	17 600	15.3	78.8	592	2.81	1 070	2.49
40b	400	102	12.5	18	18.0	9.0	83.068	65.208	932	18 600	15.0	82.5	640	2.78	1 140	2.44
c	400	104	14.5	18	18.0	9.0	91.068	71.488	986	19 700	14.7	86.2	688	2.75	1 220	2.42

注:截面图和表中标注的圆弧半径r、r_1的数据用于孔型设计,不作为交货条件。

附表4 热轧工字钢(GB 706—1988)

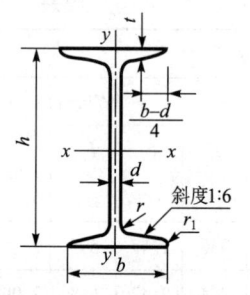

符号意义：

- h——高度；
- b——腿宽度；
- d——腰厚度；
- t——平均腿厚度；
- r——内圆弧半径；
- r_1——腿端圆弧半径；
- I——惯性矩；
- W——截面系数；
- i——惯性半径；
- S——半截面的静距。

型号	尺寸 mm						截面面积 cm^2	理论重量 kg/m	参考数值						
									$x-x$				$y-y$		
	h	b	d	t	r	r_1			I_x cm^4	W_x cm^3	i_x cm	$I_x:S_x$	I_y cm^4	W_y cm^3	i_y cm
10	100	68	4.5	7.6	6.5	3.3	14.345	11.261	245	49.0	4.14	8.59	33.0	9.72	1.52
12.6	126	74	5.0	8.4	7.0	3.5	18.118	14.223	488	77.5	5.20	10.8	46.9	12.7	1.61
14	140	80	5.5	9.1	7.5	3.8	21.516	16.890	712	102	5.76	12.0	64.4	16.1	1.73
16	160	88	6.0	9.9	8.0	4.0	26.131	20.513	1130	141	6.58	13.8	93.1	21.2	1.89
18	180	94	6.5	10.7	8.5	4.3	30.756	24.143	1660	185	7.36	15.4	122	26.0	2.00
20a	200	100	7.0	11.4	9.0	4.5	35.578	27.929	2370	237	8.15	17.2	158	31.5	2.12
20b	200	102	9.0	11.4	9.0	4.5	39.578	31.069	2500	250	7.96	16.9	169	33.1	2.06
22a	220	110	7.5	12.3	9.5	4.8	42.128	33.070	3400	309	8.99	18.9	225	40.9	2.31
22b	220	112	9.5	12.3	9.5	4.8	46.528	36.524	3570	325	8.78	18.7	239	42.7	2.27
25a	250	116	8.0	13.0	10.0	5.0	48.541	38.105	5020	402	10.2	21.6	280	48.3	2.40
25b	250	118	10.0	13.0	10.0	5.0	53.541	42.030	5280	423	9.94	21.3	309	52.4	2.40
28a	280	122	8.5	13.7	10.5	5.3	55.404	43.492	7110	508	11.3	24.6	345	56.6	2.50
28b	280	124	10.5	13.7	10.5	5.3	61.004	47.888	7480	534	11.1	24.2	379	61.2	2.49
32a	320	130	9.5	15.0	11.5	5.8	67.156	52.717	11100	692	12.8	27.5	460	70.8	2.62
32b	320	132	11.5	15.0	11.5	5.8	73.556	57.741	11600	726	12.6	27.1	502	76.0	2.61
32c	320	134	13.5	15.0	11.5	5.8	79.956	62.765	12200	760	12.3	26.8	544	81.2	2.61
36a	360	136	10.0	15.8	12.0	6.0	76.480	60.037	15800	875	14.4	30.7	552	81.2	2.69
36b	360	138	12.0	15.8	12.0	6.0	83.680	65.689	16500	919	14.1	30.3	582	84.3	2.64
36c	360	140	14.0	15.8	12.0	6.0	90.880	71.341	17300	962	13.8	29.9	612	87.4	2.60
40a	400	142	10.5	16.5	12.5	6.3	86.112	67.598	21700	1090	15.9	34.1	660	93.2	2.77

续表

型号	尺寸 mm						截面面积 cm^2	理论重量 kg/m	参考数值						
									x—x				y—y		
	h	b	d	t	r	r_1			I_x cm^4	W_x cm^3	i_x cm	$I_x:S_x$	I_y cm^4	W_y cm^3	i_y cm
40b	400	144	12.5	16.5	12.5	6.3	94.112	73.878	22 800	1 140	15.6	33.6	692	96.2	2.71
40c	400	146	14.5	16.5	12.5	6.3	102.112	80.158	23 900	1 190	15.2	33.2	727	99.6	2.65
45a	450	150	11.5	18.0	13.5	6.8	102.446	80.420	32 200	1 430	17.7	38.6	855	114	2.89
45b	450	152	13.5	18.0	13.5	6.8	111.446	87.485	33 800	1 500	17.4	38.0	894	118	2.84
45c	450	154	15.5	18.0	13.5	6.8	120.446	94.550	35 300	1 570	17.1	37.6	938	122	2.79
50a	500	158	12.0	20.0	14.0	7.0	119.304	93.654	46 500	1 860	19.7	42.8	1 120	142	3.07
50b	500	160	14.0	20.0	14.0	7.0	129.304	101.504	48 600	1 940	19.4	42.4	1 170	146	3.01
50c	500	162	16.0	20.0	14.0	7.0	139.304	109.354	50 600	2 080	19.0	41.8	1 220	151	2.96
56a	560	166	12.5	21.0	14.5	7.3	135.435	106.316	65 600	2 340	22.0	47.7	1 370	165	3.18
56b	560	168	14.5	21.0	14.5	7.3	146.635	115.108	68 500	2 450	21.6	47.2	1 490	174	3.16
56c	560	170	16.5	21.0	14.5	7.3	157.835	123.900	71 400	2 550	21.3	46.7	1 560	183	3.16
63a	630	176	13.0	22.0	15.0	7.5	154.658	121.407	93 900	2 980	24.5	54.2	1 700	193	3.31
63b	630	178	15.0	22.0	15.0	7.5	167.258	131.298	98 100	3 160	24.2	53.5	1 810	204	3.29
63c	630	180	17.0	22.0	15.0	7.5	179.858	141.189	102 000	3 300	23.8	52.9	1 920	214	3.27

注:截面图和表中标注的圆弧半径 r、r_1 的数据用于孔型设计,不作为交货条件。

习题答案

第一篇

第17章

17-5　$\sigma = 2$ MPa

17-6　$\sigma = 5.63$ MPa

17-7　$\sigma_{木} = 1.57$ MPa，$\sigma_{钢} = 50.9$ MPa

17-8　杆① $\sigma = 103$ MPa，杆② $\sigma = 92.3$ MPa

17-9　$A = 125$ mm²

17-10　$d = 12.9$ mm，$a = 49$ mm

17-11　$[P] = 35.5$ kN

17-12　$[P] = 25.1$ kN

17-13　$[P] = 62.1$ kN

17-15　(1) 0.5 mm；(2) 0.75 mm

17-16　$x = \dfrac{4}{7}a$

17-18　$E = 2 \times 10^3$ MPa；$\mu = 0.25$

17-19　$P = 13.1$ kN

17-20　$P = 3.2$ kN

17-21　$y_B = \dfrac{8\sqrt{2}a}{EA}P$

17-23　$R_A = \dfrac{E_1 A_1}{E_1 A_1 + E_2 A_2} \cdot P$；$R_B = \dfrac{E_2 A_2}{E_1 A_1 + E_2 A_2} \cdot P$

17-24　$R_A = R_B = \dfrac{P}{3}$

17-25　$N_1 = \dfrac{P}{5}$；$N_2 = \dfrac{2}{5}P$

17-26　$N_1 = \dfrac{P}{4}$(拉)；$N_2 = \dfrac{P}{4}$(压)

17-27　$N_1 = N_3 = \dfrac{P}{4}$；$N_2 = \dfrac{P}{2}$

17-28　$N_1 = N_3 = \dfrac{\cos^2 \alpha}{2(1 + \cos^3 \alpha)} \cdot P$；$N_2 = \dfrac{P}{1 + \cos^3 \alpha}$

17-29　$\sigma_{钢} = 45.9$ MPa

17-30　$N_1 + N_2 + N_3 - P = 0$；$\dfrac{N_1 l}{EA} = \dfrac{N_2 l}{EA} + \delta$

第18章

18-1　$\tau = 99.5$ MPa ； $\sigma_C = 104.2$ MPa ； $\sigma = 78$ MPa

18-2　$A_{剪} = \pi dt$ ； $A_C = \dfrac{\pi}{4}(D^2 - d^2)$

18-4　$\tau = 136.8$ MPa ； $\sigma_C = 156$ MPa ； $\sigma = 92.6$ MPa

18-5　$d = 21$ mm

18-6　$n = 3$

18-8　$\tau_K = 9.95$ MPa ； $\tau_{max} = 29.8$ MPa

18-9　$\tau_{max} = 35.7$ MPa

18-10　$\varphi_{BC} = 0.248 \times 10^{-2}$ rad ； $\varphi_D = 0.373 \times 10^{-2}$ rad

18-11　$d = 91.4$ mm

18-12　$A_{空}/A_{实} = 0.51$

第20章

20-2　$y_C = 0.275$ m ； $S_z = 2 \times 10^{-2}$ m^3

20-3　$I_z = 143 \times 10^6$ mm^4 ； $I_y = 282 \times 10^5$ mm^4

20-4　$I_z = \dfrac{bh^3}{12} - \dfrac{\pi d^2}{32}(d^2 + h^2)$

20-5　$I_z = \dfrac{a^4}{3}$ ； $I_p = \dfrac{2}{3}a^4$

20-6　$I_z = 0.878 \times 10^{-2}$ m^4

20-7　$a = 97.6$ mm

第21章

21-1　$\sigma_a = 9.76$ MPa ； $\sigma_k = 4.88$ MPa

21-2　$\sigma_{max} = 9.05$ MPa

21-3　$\sigma_{拉,max} = 13.8$ MPa ， $\sigma_{压,max} = 21.7$ MPa

21-5　$\sigma_{max} = 3.82$ MPa

21-6　$[P] = 29.6$ kN

21-7　$b = 83$ mm

21-8　$P_{max} = 17.3$ kN

21-9　$\tau_a = 0.23$ MPa ； $\tau_c = 0.3$ MPa

21-10　$\tau_a = 5.12$ MPa ； $\tau_c = 6.91$ MPa

21-11　$\tau_{max} = 2.49$ MPa

21-12　$\sigma_{max} = 8.79$ MPa ； $\tau_{max} = 0.469$ MPa

21-13　$32a$

21-14　$P_{max} = 8.1$ kN

21-15　$P_{max} = 1.85$ kN

21-16 $\Delta l = \dfrac{3Pl^2}{4bh^2 E}$

21-17 $20a$

21-18 $b = \dfrac{\sqrt{3}}{3}d$; $h = \dfrac{\sqrt{6}}{3}d$

第22章

22-1 $\theta_A = -\dfrac{Pl^2}{2EI}$; $y_A = \dfrac{Pl^3}{3EI}$

22-2 $\theta_B = -\dfrac{ml}{6EI}$; $y_C = \dfrac{ml^2}{16EI}$

22-3 $\theta_A = -\dfrac{2ql^3}{3EI}$; $y_A = \dfrac{11ql^4}{24EI}$

22-5 (a) $\theta_C = \dfrac{7Pl^2}{24EI}$; $y_C = \dfrac{Pl^3}{8EI}$

(b) $\theta_C = \dfrac{ma}{EI}$; $y_C = \dfrac{3ma^2}{2EI}$

22-8 $\theta_C = \dfrac{5ql^3}{48EI}$; $y_C = \dfrac{5ql^4}{64EI}$

22-9 $\theta_B = \dfrac{3Pa^2}{2EI}$; $y_B = \dfrac{5Pa^3}{6EI}$

22-10 (a) $y_C = \dfrac{3Pl^3}{32EI}$; (b) $y_C = \dfrac{Pl^3}{6EI}$

22-11 $y_B = \dfrac{5ql^4}{768EI}$

22-12 14 号

22-15 $N_{AD} = \dfrac{5Al^3}{16(3aI + Al^3)} \cdot P$

22-17 $y_B = \dfrac{7Pl^3}{768EI}$

第23章

23-5 $m = 11.8 \text{ kN} \cdot \text{m}$

23-6 $\sigma'_{主} = 56.8 \text{ MPa}$; $\sigma''_{主} = -39.1 \text{ MPa}$

23-9 $\sigma_x = 53.8 \text{ MPa}$; $\sigma_y = 46.1 \text{ MPa}$; $\varepsilon_z = -0.15 \times 10^{-3}$

23-10 $\sigma_1 = 81.2 \text{ MPa}$; $\sigma_2 = 20 \text{ MPa}$; $\sigma_3 = -1.2 \text{ MPa}$

$\varepsilon_x = 0.45 \times 10^{-4}$; $\varepsilon_y = 0.175 \times 10^{-3}$; $\varepsilon_z = -0.2 \times 10^{-4}$

23-11 $\sigma_x = \sigma_z = -60 \text{ MPa}$; $\sigma_y = -140 \text{ MPa}$

23-12 $\varepsilon_{45°} = 0.166 \times 10^{-3}$

23-13 $\sigma_{xd3} = 34.1 \text{ MPa}$

第 24 章

24 – 1 $\sigma_{拉,max} = 7$ MPa

24 – 2 $\sigma_{max} = 134$ MPa

24 – 3 $q_{max} = 0.71$ kN·m

24 – 4 $\sigma_{拉,max} = \dfrac{7P}{bh}$

24 – 5 $\sigma_{拉,max} = 3.8$ MPa ； $\sigma_{压,max} = 4$ MPa

24 – 6 $\sigma_{max} = 109.6$ MPa

24 – 7 $\sigma_{压,max} = -1.39$ MPa

24 – 8 $h = 0.3$ m ； $\sigma_{压,max} = -4.44$ MPa

24 – 9 $e = 15$ mm

24 – 10 $d = 38$ mm

24 – 11 $\sigma_{xd3} = 139.6$ MPa

24 – 12 $\sigma_{xd3} = 147.6$ MPa

第 25 章

25 – 1 $P_{cr} = 133.2$ kN

25 – 2 $P_{cr} = 231.2$ kN

25 – 3 （d）

25 – 4 $P_{cr} = 548.7$ kN

25 – 5 $l \geq 1.8$ m

25 – 6 $P_{cr} = 316$ kN

25 – 7 $a = 43.2$ mm

25 – 8 $P_{cr} = 307$ kN

25 – 9 $[P] = 22.1$ kN

25 – 10 BC 杆

25 – 11 $\Delta t = 30.8$ ℃

第 26 章

26 – 1 $A = 0.352 \times 10^{-3}$ m^2

26 – 2 $\sigma_{d,max} = 17.8$ MPa

26 – 3 $N = 48.2$ kN ； $\sigma_{d,max} = 127.3$ MPa

26 – 4 $\sigma_{d,max} = 86.6$ MPa

26 – 5 $\sigma_{d,max} = 138$ MPa

26 – 6 $K_d = 1 + \sqrt{1 + \dfrac{2EA_1A_2h}{Q(l_1A_2 + l_2A_1)}}$